普通高校应用型本科机械类专业系列教材

机械制造装备设计

主　编◎安虎平　安德麟
主　审◎盛冬发

西南交通大学出版社
·成　都·

图书在版编目（CIP）数据

机械制造装备设计 / 安虎平，安德麟主编. —成都：西南交通大学出版社，2023.6
ISBN 978-7-5643-9317-5

Ⅰ. ①机… Ⅱ. ①安… ②安… Ⅲ. ①机械制造－工艺装备－设计－高等学校－教材 Ⅳ. ①TH16

中国国家版本馆 CIP 数据核字（2023）第 102234 号

Jixie Zhizao Zhuangbei Sheji
机械制造装备设计

主编 安虎平 安德麟

责任编辑 / 何明飞
封面设计 / 何东琳设计工作室

西南交通大学出版社出版发行
（四川省成都市金牛区二环路北一段 111 号西南交通大学创新大厦 21 楼 610031）
发行部电话：028-87600564 028-87600533
网址：http://www.xnjdcbs.com
印刷：四川森林印务有限责任公司

成品尺寸 185 mm × 260 mm
印张 22.25 字数 541 千
版次 2023 年 6 月第 1 版 印次 2023 年 6 月第 1 次

书号 ISBN 978-7-5643-9317-5
定价 68.00 元

课件咨询电话：028-81435775
图书如有印装质量问题 本社负责退换

前言 Preface

本书是基于新工科教育和装备设计人才培养需要而著，适合普通高等院校机械设计制造及其自动化专业、机器人工程专业、人工智能等专业教学使用，也可作为机械制造装备设计、机电工程技术人员学习参考。

本书是在作者多年授课实践的基础上，对内容进行反复提炼加以总结完善而成。本书既注重对机械制造装备设计基础理论知识的阐述，又强调具体机床和工艺装备实例的设计方法，做到理论与设计实践相结合，图文并茂，逻辑性强。同时，把典型产品结构知识与加工工艺方法和工艺装备（刀具、夹具）设计相融合，反映国内外金属切削机床（数控、组合机床）、切削刀具、机床夹具发展的先进科技成果和趋势，保留传统机床设计理论的核心内容，具有连接设计理论与设计实践的桥梁作用，适合于高素质现代装备设计人才培养。

本书主要内容包括机床总体方案设计的内容、基本方法和步骤；机床主传动系统设计、等比数列转速分解、转速图设计理论、扩大变速范围的方法，确定齿轮齿数的方法，现代数控机床无级变速系统设计方法；机床主要部件（主轴组件、支承件、导向装置、传动装置）的设计；组合机床设计；专用刀具（成形车刀、拉刀、孔加工复合刀具等）设计；机床夹具设计基本理论知识以及典型夹具设计方法。

本书由兰州城市学院的安虎平教授、University of Notre Dame 的安德麟博士担任主编。其中，第 1 章、第 5 章由安虎平编写，第 2 章、第 3 章、第 4 章、第 6 章由安德麟和安虎平共同编写，全书由安虎平教授统稿、定稿，并由昆明林业大学的博士生导师盛冬发教授审阅。

在本书编写过程中，兰州城市学院、西安交通大学和昆明林业大学等学校的优秀学者，对教材编写内容提出了宝贵意见，在此谨致谢意！

本书大部分内容经多年的教学实践和对机床产品结构设计实践的总结，对许多插图和文字叙述进行了修正和完善，同时参考了一些文献资料，在此对文献资料的作者表示感谢！但由于时间和水平所限，难免有不妥之处，恳请读者朋友提出宝贵意见。意见和建议可发至邮箱：ahp2004@126.com。

本书出版受 2022 年兰州市科技发展指导性计划（2022-5-45）支持。

编 者

2022 年 11 月

目 录 Contents

绪论

0.1 机械制造业及其在国民经济中的地位

我国工业、农业、交通运输业、国防和科研等部门以及日常生活中使用的各种机器、机械、仪器仪表和工具大部分是由一定形状、尺寸和位置精度的零件组成的。把生产这些零件并将其装配成机器、机械、仪器和工具的工业称为机械制造工业（简称为机械制造业）。因此，机械制造业的任务不仅是为国民经济各部门、科研单位和国防等部门提供现代化的技术装备，也是为制造业包括机械制造业本身提供机械制造装备。机械制造业是国民经济各部门赖以发展的基础，是国民经济的重要支柱，是社会生产力的重要组成部。机械制造业的生产能力和制造水平，标志着一个国家或地区的科学技术水平和经济实力。

机械制造业的生产能力和制造水平，主要取决于机械制造装备的先进程度，而机械制造装备的核心是金属切削机床（Metal-cutting machine tool）。金属切削机床（简称机床）是用切削方法将金属毛坯加工成机器零件的机器，可以说它是制造机器的机器，又称为“工作母机”或“工具机”。在现代机械制造业中，切削加工是将金属毛坯加工成具有一定尺寸、形状和位置精度的零件的主要方式。精密零件的生产主要依赖于切削加工来达到所需要的精度和表面粗糙度。据统计，金属切削机床所担负的工作量约占机器制造总工作量的 40%～60%，机床技术水平直接影响到机械制造业的产品质量和劳动生产率。换句话说，一个国家的机床工业水平在很大程度上代表着国家的工业生产能力和科学技术水平。

0.2 机械制造装备的发展现状及前景

制造装备应与经济发展模式相适应，不同的“经济模式”对制造装备的要求不同，一定的制造装备决定相应的“经济模式”。在国际上，工业发达国家非常重视机械制造业的发展，尤其是机械制造装备工业的发展，它们把先进技术、先进生产模式、先进工艺应用于制造业，以更好地增强其经济实力。在 20 世纪中，机械制造装备已经进行了多次更新换代：20 世纪五六十年代为“规模效益”模式，即少品种、大批量生产模式；70 年代是“精益生产”（Lean Production）模式，以提高产品质量、降低成本为标志；80 年代较多地采用数控机床、机器人、柔性制造单元和柔性系统等高技术的集成机械制造装备；90 年代以来，机械制造装备普遍具有“柔性化”“自动化”和“精密化”的特点，以适应多品种、小批量和经常更新产品的需要。

20 世纪 80 年代以前，我国传统产业改造发展较为缓慢，机械制造业的装备基本上处于发达国家 20 世纪 50 年代的水平，比较适应“规模效益”的生产模式。改革开放以来，我国机械制造装备工业迅猛发展。目前，我国已能生产从小型仪表机床到重型机床的各种制造装备，能够生产出各种精密的、高自动化的、高效率的机床和自动生产线，能够生产 20 多种机床。我国自行研制的六轴五联动的数控系统，分辨率可达 1 μm，适用于复杂形体的零件加工；我国生产的几种数控机床已成功用于日本富士通公司的无人化工厂。

目前，我国机械制造装备工业虽然取得了很大成就，但与世界先进水平相比还存在很大差距。主要表现为：现有的大部分高精度和超精密机床还不能满足现实需求，精度保持性较差；国外数控系统的平均无故障工作时间为 10 000 h，而我国自主开发的数控系统仅为 3 000 ~ 5 000 h；国外数控机床整机平均无故障工作时间为 800 h 以上，而国产数控机床仅为 548 h。2013 年，我国数控机床的产量仅为全部机床产量的 34.6%，远低于发达国家的 65%；我国数控机床的产值数控化率为 54.7%，而发达国家为 80%左右；国产数控机床约有 80%采用国外数控系统，高档数控机床几乎完全依赖进口，国产的仅占 2%；五轴联动数控机床国外产品无故障运行时间为 1 500 h，而国内相应的数控产品大约为 1 000 h。

在经济全球化时代，我国机械制造工业面临着严峻挑战。我们必须发奋图强，努力学习和工作，学习并引进国外的先进科学技术，不断培养高端人才，扩大技术队伍，提高从业人员技术素质，大力开展科学研究，为达到世界先进水平而奋斗。

我国中长期科技发展规划纲要（2006—2026）中提出：提高设备设计、制造和集成能力，以促进企业技术创新为突破口，通过科技攻关，基本实现高档数控机床、工作母机、重大成套技术装备、关键材料与关键零部件的自主设计制造。“高档数控机床与基础制造装备”国家科技重大专项在“十二五”期间重点实施的内容和目标分别是：重点攻克数控系统、功能部件的关键核心技术，增强我国高档数控机床和基础制造装备的自主创新能力，实现主机与数控系统、功能部件协同发展，重型、超重型装备与精细装备要统筹部署，打造完整产业链。国产高档数控系统在国内市场占有率达到 8% ~ 10%。研制 40 种重大、精密、成套装备，数控机床主机可靠性提高 60%以上，可基本满足航天、船舶、汽车、发电设备制造四个领域的重大需求。

0.3 机械制造装备的组成

一般来说，机械制造装备包括加工设备、工艺装备、工件输送装备和辅助装备及其控制系统等部分。它与制造方法、制造工艺和自动化程度紧密关联，是机械制造技术的重要载体。

1. 加工设备

加工设备主要是指各种金属切削机床，包括普通机床、数控机床、特种加工机床、电加工机床、超声波加工机床、激光加工机床等，此外还有金属成形机床，如锻压机床、冲压机床、挤压机床等。

（1）按照加工性质和所用刀具分类，如图 0.1 所示。

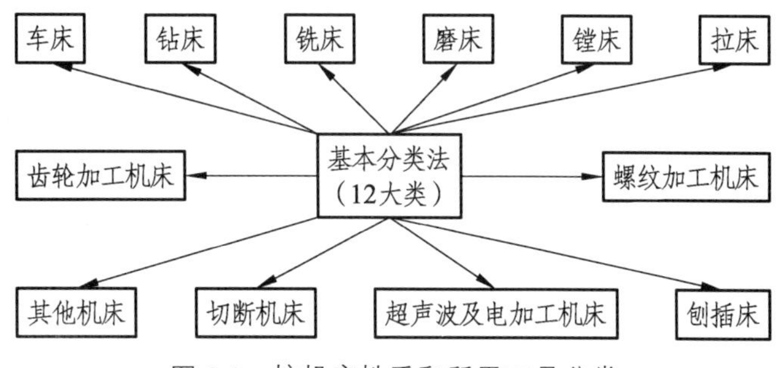

图 0.1　按机床性质和所用刀具分类

（2）按照万能性程度分类，如图 0.2 所示。

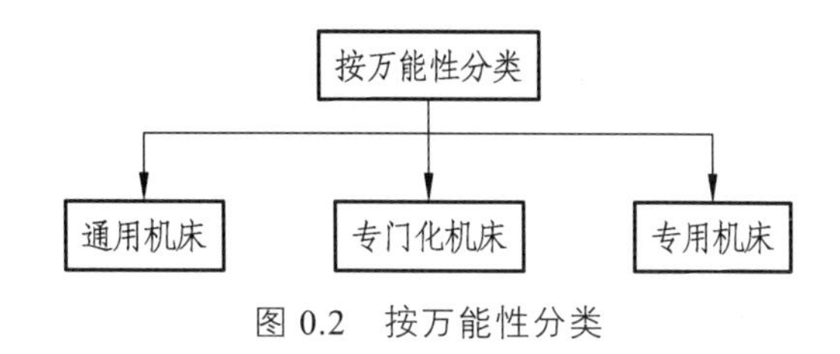

图 0.2　按万能性分类

（3）按照加工精度不同分类。

按照加工精度不同，同一种机床可分为普通精度、精密和高精度三种精度等级。

（4）按照自动化程度分类。

按照自动化程度不同，机床可分为手动、机动、半自动和自动机床。

（5）按照机床重量分类。

按照重量不同，机床可分为仪表机床、中型机床、大型机床和重型机床。

2. 工艺装备

工艺装备是指在机械加工中所使用的机床夹具、刀具、量具、工具和模具的总称。

3. 工件输送装备

工件输送装备主要是指坯料、半成品或成品等在车间内不同工作地点间或工位间的转移输送装置，以及机床的上、下料装置。

转移输送装置主要应用于流水线和自动生产线上。转移输送装置的主要类型有：悬挂输送装置；辊道输送装置，即由一系列装在固定架（通常为型钢组成）上的托辊形成的转移输送装置，靠人力或工件重力输送工件；由刚性推杆推动工件做同步输送的步伐式输送装置；带有抓取机构，既能为机床上料、下料，又能在两个工位之间输送工件的机械手；由连续运动的链条带动工件或随行夹具做非同步运行的链输送装置。

4. 辅助装备

辅助装备包括排屑装置、计量装置、辅助支承装置、润滑装置、清洗机和保护装置等。

排屑装置主要用于自动线或自动机床上，从加工区域将切屑清除，运送到机床加工区域以外或自动加工生产线以外的小车内。排屑装置常用压缩空气、切削液冲刷等方法清除切屑。输送切屑装置常用平带输送器、螺旋输送器、刮板输送器。辅助支承装置包括中心架、跟刀架等，主要用于细长件、薄壁件的支承，以减小变形误差。润滑装置主要用于对机床各运动副进行润滑，包括油泵、滤油器、管路、分油器等。保护装置主要用于对导轨表面、操作人员等起保护作用，一是防止切屑、灰尘等进入运动表面间，二是防止高速运动时出现意外事故对人身造成伤害。

0.4 本课程主要研究内容

根据专业指导委员会推荐性指导教学计划，本教材主要学习金属切削机床设计、刀具设计、机床夹具设计等内容。工件输送装备、辅助装备设计等内容可并入机械制造自动化技术课程。

思考与练习题

1. 简述机械制造业在国民经济中所处的地位。
2. 从国内外发展看，我国机械制造装备的状况和前景如何？
3. 简述机械制造装备的组成包括哪些部分，如何学习本课程。

第1章 金属切削机床总体设计

本章主要内容：机床的基本要求、设计步骤、总体布局、主要技术参数确定。

重点和难点：分配机床运动的原则；提高机床动刚度的措施；确定机床主要技术参数的方法。

金属切削机床（简称机床）的总体设计是机床设计的第一步，也是机床整个设计过程的关键环节。其合理性对机床的总体结构、功能、技术性能和经济指标具有决定性作用。机床总体设计就是根据机床要实现的主要功能和设计要求，首先通过调研、资料检索，确定机床设计的基本依据（即加工要求）；然后进行加工工艺分析（即对加工对象可实现的加工工序），拟定出可能的各种工艺方案；再通过分析比较，确定出技术先进、经济合理的工艺方案，并画出必要的加工示意图；最后确定出能实现切削运动的机床总体布局和功能部件的各组成部分，并且画出机床各部分的联系尺寸图，同时确定所设计机床的主要技术参数（尺寸参数、运动参数和动力参数等）。

1.1 机床的基本要求

机床是利用电机所提供的动力，通过传动系统来驱动刀具和工件做相对运动，在适当操作或控制下，去除工件表面多余材料，以获得所需形状、尺寸以及面表质量零件的设备。金属切削机床主要是用来对金属零件进行加工的机床，通常所说的机床是指金属切削机床。机床性能直接影响到零件的加工精度、生产效率和生产成本，因此，机床首先应具有良好的技术性能，以满足预定的使用要求。此外，机床还要造型美观、色彩协调以及良好的人机关系。同时，在设计机床时还必须考虑其经济性，做到经济适用、质优价廉。

1.1.1 机床应具有的性能指标

为了使所设计的机床获得一定的技术经济效果，一般应使其满足如下基本要求。

1. 工艺范围

机床的工艺范围是指机床适应不同生产要求的能力，它包括可加工零件的类型、形状和尺寸范围，可完成的工序种类等。任何一台机床所能加工的零件类型、尺寸大小、毛坯形式和工序都是有一定范围的。例如，通用机床可以完成一定尺寸范围内的多种零件、多种工序加工；而专用机床只能完成一个或几个零件的特定工序。

因为不同的生产模式对机床加工工艺范围的要求不同。按照产品的产量不同，生产模式可分为大量生产、成批生产（有大批、中批和小批）和单件生产。大批量生产的特点：工序分散，即在一台机床上只完成一个零件的某一道或较少几道工序，但加工效率高，工艺范围窄，加工零件的品种少数量较多。适应这种生产模式的机床是专用机床和组合机床。单件、小批量生产的特点：工序集中，要求在一台机床上尽量能完成较多的生产工序，工艺范围广。适应这种生产模式的机床是通用机床和万能机床。多品种、小批量生产的特点：工序有一定的分散性和产量，即机床能适应一定加工对象的变化，在同一周期内可适应多品种加工。这种机床的运动数目多、刀具种类和数量多，工艺范围更广，且加工精度和加工效率高。适应这一生产模式的机床是数控机床和柔性制造单元、柔性制造系统。

一般来说，当工艺范围窄时，机床的结构简单，容易实现自动化，生产率高。当工艺范围过窄，会限制机床加工工艺和产品技术革新；而当工艺范围过宽时，将使机床的结构趋于复杂，不能充分发挥各部件的性能，甚至影响主要性能的提高，而且会增加制造成本。为扩大机床加工工艺范围，可在各种通用机床上，尤其是大型机床和专用机床上增设各种附件，或把不同的工种综合到一台机床上，如镗铣床、车镗床等就是典型例子。

2. 加工精度

机床的加工精度是指机床所加工工件表面的形状、位置、尺寸的准确度以及表面的粗糙度。加工精度是由机床、刀具、夹具、工件组成的工艺系统以及切削条件和操作者等方面的因素决定。按精度高低不同，可将机床分为三级：普通精度机床、精密机床和高精度机床。同一类型机床的三种精度，按公差值大小的比例约为 1：0.4：0.25。不同类型的普通级机床，其公差等级是不同的，它们可按工艺特点来确定。如车床 CW6163A 与万能磨床 M1432A 均为普通机床，但 M1432A 的精度明显要比 CW6163A 高。

就机床而言，要保证被加工零件的精度和表面粗糙度，机床本身必须具备一定几何精度、传动精度、运动精度和定位精度等。

（1）几何精度是指机床在不运转（机床主轴不转动、工作台不移动等情况下）或者低速空载运动时的精度。它反映了机床主要零部件的几何形状精度和它们之间的相对位置与相对运动轨迹精度，如导轨副的直线度、主轴旋转轴心线对工作台移动方向的平行度或垂直度，主轴跳动等。它主要取决于零部件的设计、制造和装配与调整精度。几何精度是评价机床质量的基本指标。

（2）传动精度是指机床传动链各末端执行件之间相对运动的精度（协调性和均匀性）。这对内联系传动链来说，传动精度尤为重要。例如，精密丝杠车床主轴和刀架之间的传动链，滚齿机的刀具主轴与工作台主轴之间的传动链，它们都要求传动链的两末端件能保持严格的定比传动。传动精度由传动系统的设计合理性、传动件的制造和装配精度等决定。

（3）运动精度是指机床在额定负载下运动时主要零部件的几何位置精度。运动精度是评价机床质量和负荷能力的重要指标，它取决于运动零部件的制造精度、机床零部件的动态刚度（在载荷下机床抵抗变形的能力、油膜动压效应、滑动面形位误差变化）以及机床热变形的程度。机床动刚度与静刚度成正比，在共振区中与阻尼比近似成正比。因此，可通过提高机床零部件的静刚度和阻尼来防止共振，提高动刚度和抗振能力。

（4）定位精度是指机床工作零部件运动到终了时，所达到的位置相对于要求位置的准确性和机床的调整精度。

设计机床时不仅要保证其加工精度，还要使机床的工作精度保持一定的时间，即精度保持性。精度保持性又称为机床的使用寿命。一般随着技术的发展，零件的精度要求在不断提高；设备的更新在加速，机床使用寿命在缩短。中小型普通精度级的通用机床，包括组合机床的使用寿命约为 8 年；由于产品更新换代加快，专用机床的使用寿命比通用机床的短；大型机床和精密机床、高精度机床，因质量大、价格高，设计时使其使用寿命较长。提高机床关键零部件（如主轴轴承和导轨）的耐磨性，可延长机床的使用寿命。

3. 生产率和自动化程度

生产率是指机床在单位时间内所能加工的工件数量或加工单个工件所用的时间。

$$Q=\frac{1}{T_{总}}=\frac{1}{T_{切}+T_{辅}+T_{准}/n} \tag{1.1}$$

式中，Q——为单位时间内生产的工件数量；

$T_{总}$——单件加工的总时间；

$T_{切}$——单件加工的切削的时间；

$T_{辅}$——单件加工的辅助时间（如装卸工件、开机停机、快进快退等）；

$T_{准}$——加工一批工件的准备终结时间（如调整机床、装卸工夹具等循环外的辅助时间）；

n——每批工件的数量。

由（1.1）式可知，要提高机床生产率，必须要缩短单个工件加工过程的总时间，包括切削时间、辅助时间以及分摊到每个工件的准备终结时间。因此，可采取提高切削用量，采用多刀、多刃、多件、多工位同时切削等措施，提高加工效率，如将刨削平面改为铣削，采用多刃加工，可减少单件加工时间。采用机械手等机构进行自动装卸工件、自动换刀；利用气动、液动、电动、离心等夹紧机构可减少辅助时间，也可提高生产率。机床自动化程度越高，其生产率就越高。另外，自动化还可以减少人的干预，保证加工精度的稳定性，减少操作者劳动强度。

机床的自动化分为大批量生产自动化和单件、小批量生产自动化。大批量生产自动化采用自动化单机（如组合机床、自动机床、数控机床）组成流水线生产。单件小批量生产自动化采用数控机床、加工中心等组成自动控制加工，工件输送的灵活性高、高效的自动化系统，简称柔性制造系统（FMS）。用多个柔性制造系统可以形成工厂自动化（FA），能够进行多品种、小批量自动化生产。

4. 可靠性

机床可靠性是指机床在整个使用寿命期内完成规定功能的能力。机床可靠性包括两个方面：一是在规定时间内机床发生失效的难易程度；二是机床失效后在规定时间内可修复的难易程度。可靠性是机床的一项重要的技术经济指标。按可靠性的要求，机床不仅要在使用中不易发生故障，即无故障性，而且在发生故障后容易维修，即维修性。所谓故障就是指机床或零部件失去所规定的性能。按可靠性形成机理，机床可靠性分为固有可靠性和使用可靠性。固有可靠性是通过设计、制造赋予机床的；使用可靠性既受设计、制造的影响，又受使用条件和使用方法的影响。一般固有可靠性总高于使用可靠性。衡量机床可靠性的指标有平均无故障工作时间、有效度。部分机床可靠性和有效度见表 1.1。

表 1.1　不同机床的可靠性和有效度

机床类型	平均无故障率/h	有效度	大修周期/a
CA6140	5 000	0.95	10
Ck3263B	200	0.95	
SG8630、SI-235	4 500	0.95	7
MG1050	100	0.98	
M1040	120	0.99	

1.1.2　人机关系

机床除应达到一定的技术性能指标外，还应具有良好的人机关系。

人机关系是指机床的结构尺寸、外观、色彩等要符合人的生理和心理特征，达到人机环境的高度协调统一，为操作者创造一个安全可靠、高效、舒适的工作条件。良好的人机关系有助于消除操作者精神紧张和身体疲劳，如：机床的操作位置、操作手柄、按钮等要符合人的动作习惯；信号显示方式、颜色、显示器位置等要使人易于无误接受；操作者从接收信号到产生动作不需过多思考，以提高操作速度，并且不易产生误操作。

1.2　机床设计的步骤

机床设计是一个比较复杂的技术过程，它大体包括总体设计、技术设计、零件设计及资料编写、工艺设计、样机试制和试验鉴定等几个阶段。

1.2.1　总体设计

1. 掌握机床的设计依据

首先，要根据设计要求进行市场调研，了解同类产品发展情况和已有的先进结构；检索相关资料，包括技术信息、有关研究成果、新技术应用成果等；掌握同类机床的典型结构和使用情况，对本设计机床的先进程度、技术水平等进行分析比较。另外，通过调研讨论，搜集整理技术资料，充分掌握机床设计的技术依据。

2. 工艺分析

根据机床的使用要求和对典型零件的加工进行工艺分析，拟定各种可行的加工方案；对各个方案进行经济效果和技术先进性进行预测、对比，分析其优缺点，从中找出综合性能优良、经济适用的工艺方案（加工方法），并且画出必要的加工示意图。

3. 总体布局

按照已经确定的工艺方案，进行机床总体布局的设计。首先确定机床上刀具与工件的相对运动，进而确定实现其运动的主要部件和各部件的相对位置。

1）基本步骤

分配机床运动，即确定机床的主运动和进给运动由哪些部件实现；选择传动形式和机床的支承形式，即为实现需要的主运动和进给运动所采取的典型传动形式和适当支承结构；安排操作件位置，即根据机床结构和对人机关系的要求，确定机床各操作件应有的适当位置；拟定提高机床刚度的措施，即为了使机床具有较高的刚度，采取必要的技术措施进行设计；造型设计与色彩选择，即根据机床的人机关系和美观协调等需要进行外形设计。

在设计过程中应画出传动原理图、主要部件结构草图、液压系统原理图、电气控制电路图、操纵控制系统原理图。画出机床各部分的联系尺寸图，即原始总图。在图中应标注部件轮廓尺寸和各部件间的相互关系尺寸，便于检查部件正确的空间位置及运动关系。

2）技术措施

在总体设计阶段按照可靠性设计原理进行预防故障的设计，应遵循下述6个原则：

（1）尽量采用成熟的经验或经过分析试验验证过的技术方案。

（2）结构要尽量简单，零部件数量少。

（3）尽量采用品种系列化、零部件标准化、通用化和部件模块化的设计。

（4）充分考虑维修性和装配性的要求，结构要便于检查维修、调整和零件拆换。

（5）要特别重视关键零部件的可靠性设计及其材料选择。

（6）充分运用故障分析的研究成果，及时改进设计。利用概率设计，将零件失效的概率限制在允许的范围内，以满足可靠性高的定量要求。

4. 确定主要技术参数

机床主要技术参数包括尺寸参数、运动参数和动力参数。

尺寸参数主要是指对机床加工性能影响较大的一些尺寸。

运动参数是指机床主轴转速或主运动速度，以及移动部件的速度等。

动力参数包括主电机功率、伺服电机的功率或转矩、步进电机的转矩等。

1.2.2 技术设计

技术设计是指根据已确定的主要技术参数设计机床的运动系统，画出传动系统图。采用可靠性设计、优化设计及计算机辅助设计等方法，进行相关设计计算，确定关键尺寸，参考设计手册确定典型结构参数，绘制部件装配图、电气系统图及接线图、液压系统图和控制操作系统装配图。然后，修改完善机床各部分联系尺寸图，按比例绘制机床总装配图及部件装配图等。

1.2.3 零件设计及资料编写

绘制机床全部零件图，并修改完善部件装配图和总图。图纸设计完工后，要编制零部件目录、零件明细表，整理撰写设计说明书，制定机床的检验方法和检验标准，撰写机床使用说明书、装箱验收清单等有关技术文件。

1.2.4 样机试制和试验鉴定

在零件设计完成后，应由生产部门组织进行样机的试制。供应人员应根据设计要求采购标准件、通用件。在试制中，设计部门应安排专门设计技术人员进行产品管理，设计人员应跟踪产品的试制过程，特别要关注关键零件的制造过程，处理制造过程中存在的具体技术问题，并做好相关记录和图纸修改标注，指导并协商工艺部门及时修正加工工艺和装配工艺，确保样机试制工作顺利进行。

样机试制后，应进行空车运转试验，观测其运转性能是否正常。随后进行工业性试验，即在额定载荷下进行负载试验，按规定使其工作一段时间后，协同相关检验人员进行检验并记录其工作精度，写出试验报告。然后，根据生产过程中的试验记录，撰写试验报告、鉴定意见，并进行全面分析，明确修改内容；最后，进行图纸整改、工艺完善设计，保证零件图、装配图和工艺文件要求完整统一，为批量生产做好技术储备。

1.3 机床总体方案设计

确定总体方案是机床设计的第一步。总体设计是机床部件和零件设计的依据，对整个设计过程和效果影响较大。因此，在拟定总体方案过程中，必须全面、周密地考虑，使所确定的方案技术上先进合理、经济效益高。一般来说，机床总体设计要由具有丰富设计经验的工程师担任总设计师，负责总体方案的规划、协调各部分设计过程和最终产品图纸审核等工作。

经过前期对工件的加工工艺分析、优化设计、性价比较后，确定最佳工艺方案，然后画出加工示意图。工艺分析的主要目的只是确定零件的加工方法，进而确定获得零件的加工表面应具有的刀具和工件的相对运动，共有哪几个运动，如何实现这些运动，怎样产生这些运动以及由哪个部件产生运动，运动的传递方式；主轴布置是立式的还是卧式的，运动如何控制及其操作位置的布置等，这将是总体布局中所要解决的主要问题。机床总体方案设计包括下列内容：

（1）调查研究：包括调查和分析所加工的工件，了解所设计机床的用途、使用要求和制造条件，调查研究现有的同类机床和有关的科技成就等。

（2）工艺分析：包括确定在机床上加工零件的工艺方法、主要运动等。对于专用机床，还必须初步拟定专用夹具方案、绘制加工示意图等。

（3）机床总体布局：一般包括分配运动，选择传动形式和支承形式，安排机床操作的部位，拟定从布局上改善机床技术经济指标的措施等。

（4）确定机床主要技术参数：包括计算和选择尺寸参数、运动参数、动力参数等。

另外，对于自动化机床，尚需拟定机床的控制方案。当机床传动和控制方案较复杂时，需要分别绘制机械传动系统、液压系统和电气原理草图。对于较新的、在实践中认为经验不足的、没有把握的工艺方案和结构方案，须通过工艺试验和结构试验来验证和分析论证。

还应注意：对于不同类型的机床，总体方案设计的侧重点有所不同。例如，对于专用机床（包括组合机床），总体方案设计应侧重于工件分析和工艺分析；对于通用机床，则应侧重于现有同类型机床的调查、分析、改进、新技术成果的应用，尽量实现机床品种系列化、零部件通用化和标准化等。

1.3.1 机床运动的分配

运动分配就是把机床的所需的运动合理地分配给各个运动部件，以保证通过适当控制运动部件来完成对工件的顺利加工。当机床的加工工艺方法确定后，刀具和工件在切削加工时的相对运动就随之规定了。但是，这个相对运动可分配给刀具，也可分配给工件，或者由刀具和工件共同来完成。机床运动的合理分配，是由多方面因素决定的。

一般来说，分配运动时应遵循 4 个原则。

1. 将运动分配给质量小的零部件

运动件的质量小，则惯性小，所需要的驱动力和功率就小，传动机构的体积小，结构紧凑，制造成本就会低。例如，铣削小型工件的铣床，其铣刀只做旋转运动，而工件的纵向、横向、垂直运动分别由工作台、床鞍、升降台来实现；加工大型工件的龙门铣床，工件与工作台的质量之和远大于铣削动力头的质量，因此，让铣削主轴除做旋转的主运动外，还应有垂直、横向两个方向的间歇进给运动，而工作台只带动工件做纵向往复运动；大型镗铣加工中心，在加工时工件不动，全部进给运动都由镗铣主轴箱来完成。

2. 运动分配应有利于提高工件的加工精度

一般来说，机床的运动部件不同，加工精度就不同。例如，在钻床上对工件进行钻孔，钻头旋转并做轴向进给，其钻孔精度较低；在深孔钻床上钻孔时，工件旋转，专用深孔钻头做轴向进给移动，切削液从钻杆周围进入冷却钻头，并将切屑从空心钻杆中排出，这种深孔钻床加工孔的精度就高于一般钻床；在车床上钻孔的精度也比在钻床上钻孔精度高。

3. 运动分配应有利于提高运动部件的刚度

机床运动应分配给刚度高的部件。例如，小型外圆磨床，工件较短，工作台结构简单且刚度较高，纵向往复运动则由工作台来完成；大型外圆磨床，工件较长，工作台相对较窄，往复移动时支承导轨长度大于工件导轨的两倍，其刚度较差，而砂轮架移动距离短，结构刚度相对较高，故其纵向进给运动由砂轮架完成。

4. 运动分配应视工件形状而定

工件形状不同，加工所需要的运动部件也不一样。例如，圆柱形工件的内孔常在车床上加工，此时，使工件做旋转运动，刀具做纵向进给移动；而箱体上的内孔则在镗床上加工，加工时工件在工作台带动下做进给移动，刀具在镗杆的带动下做旋转的主运动。因此，在设计机床时应根据加工工件形状来分配运动。

1.3.2　传动形式和支承形式的选择

1. 机床传动形式

主运动驱动电机：按驱动电机的类型不同，主运动驱动形式分为交流电动机驱动和直流电机驱动；交流电机又分为单速电机、双速电机及变频调速电机，如图 1.1 所示。

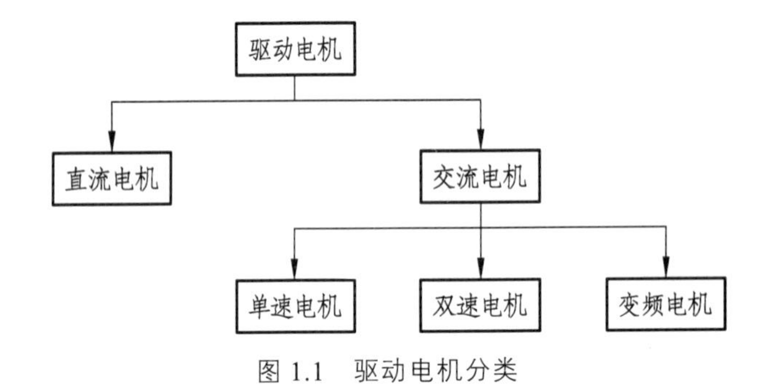

图 1.1　驱动电机分类

普通机床的主运动传动链由 Y 系列异步电动机驱动；具有电变速组的主运动传动链由 YD 系列异步电动机驱动；绝大多数数控机床的主运动传动链由变频调速电动机驱动。

传动形式：机床常用的传动形式有机械传动、液压传动、气压传动等，如图 1.2 所示。机械传动靠滑移齿轮变速，属于有级变速，变速级数一般少于 30 级，其优点是传递功率大，变速范围较广，传动比准确，工作可靠，广泛用于通用机床中，尤其是中小型机床中；缺点是有相对转速损失，并且在机床工作中不能变速。

随着变频技术迅速的发展，使得变频调速电机-多楔带-齿轮传动组合的传动已逐渐成为机床传动的主导形式。液压传动属于无级变速传动，其特点是传动平稳，运动换向时冲击力小，易于实现直线运动，比较适合刨床、拉床、大型往复工作台矩形平面磨床等机床的主运动。主运动通常采用皮带传动、齿轮传动，或电主轴直接驱动等形式，即所谓零传动。

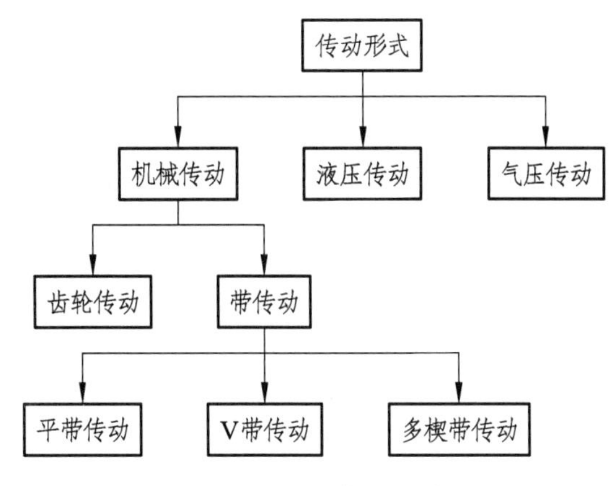

图 1.2 常用传动形式

进给运动传动：普通机床的进给运动多采用机械传动（齿轮副、丝杠螺母副、齿轮齿条传动等）和液压无级传动，如图 1.3 所示。数控机床进给运动采用伺服电动机-齿轮传动-滚珠丝杠副传动。设计进给系统时应根据具体情况合理选择，以满足使用要求为原则。

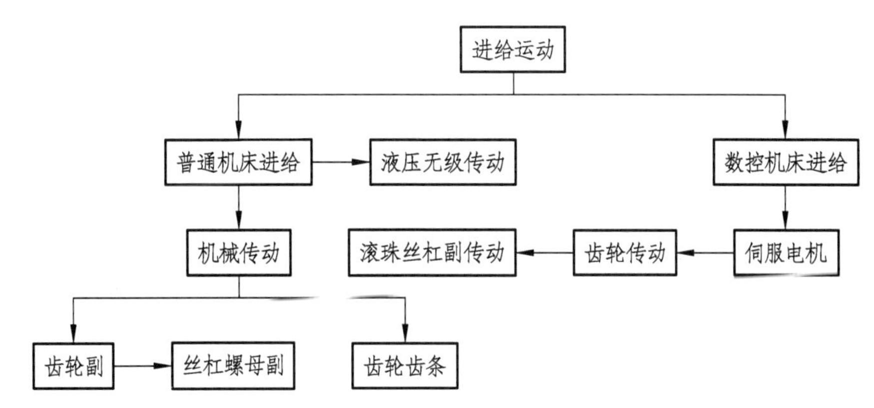

图 1.3 机床进给运动传动

2. 支承形式

机床形式与支承形式有关，但含义不同。机床形式是指其主运动执行件的状态，如卧式机床的主轴或主运动方向是水平的，也称卧轴机床，立式机床的主轴是垂直的。支承形式是指支承件的形状，当支承件的高度方向尺寸小于长度方向尺寸时称为卧式支承；当支承件的高度方向尺寸大于长度方向尺寸时称为立式支承。卧式机床可采用卧式支承，也可采用立式支承。例如，CA6140 卧式机床采用卧式支承，X6132A 卧式机床采用立式支承。单臂式和龙门式机床是按照机床形状定义的，实质上就是支承形式。

卧式支承的机床重心低、刚度大，是中小型机床的首选支承形式。

立式支承又称为柱式支承，简称为立柱，这种支承占地面积小，刚度较卧式的差，但机床的操作位置比较灵活。立式支承适用于加工大尺寸工件的机床（落地式车床除外）、箱形零件加工的机床、工作台进给移动的机床，如镗床、铣床，以及钻床、齿轮加工机床等。单臂支承是在立柱的基础上增加了可上下移动的横向悬臂梁，结构简单，但刚度差，应尽量不用。

摇臂钻床为单臂支承，更换加工位置方便，在对大中型工件或群孔加工时，可不移动工件，而利用摇臂的转动和主轴箱沿摇臂水平移动来找准加工钻孔的位置，通过齿轮齿条手动进给和主轴转动来实现加工，摇臂的升降可进行上下位置的调整。

单柱立车是单臂支承的机床，刀具可随刀架上下移动，也可做径向进给运动。这类支承的机床需要有提高刚度的措施。

龙门框架式支承，可以看成单臂支承的组合形式，又称为双柱式支承，它的刚度大于单柱式支承，但结构较复杂，适用于立式大型机床，如龙门刨床、龙门铣床、双柱立车、双柱立式坐标镗床等。这类支承的机床适用于大型工件的加工，或多件同时加工。必要时，龙门框架式支承做成封闭框架，可以承受巨大的冲击力。

1.3.3 操作部位的安排

机床总体设计，应在保证达到技术性能指标的同时，还要考虑机床操作者的生理和心理特征，充分发挥人和机床各自的优势特点，达到最佳结合的目的。机床各部件相对位置的安排，应保证：

（1）操作者和工件要有适当的位置，操作者要有足够的活动空间，便于对工件的装卸、刀具的安装调试，有利于对工件加工过程进行观察和检验测量。

（2）操作者与操作手柄、按钮等控制元件位置适当，有足够的操作空间，达到操作准确、省力、方便和安全。

（3）操作件应按标准 GB 4141 选用，操作手柄或按钮之间应有合理的距离。

（4）功能不同的按钮应有不同的颜色，这些颜色应和人的视觉习惯一致，符合人的心理、生理特点，防止误操作。

机床上安装工件的高度，应考虑操作者的身高，按照机床的形式合理确定。对于卧式机床，主轴高度应在 900 ~ 1 200 mm。若机床主轴高度过大时，应设置操作垫板，以降低操作高度；若机床操作高度过低时，应将机床基础加高或用垫铁抬高机床；在卧式机床的下部应留有操作者双脚站立的空间，以便操作时能靠近机床观察加工情况。对于立式大型机床，为了使操作者弯腰装卸工件方便，工作台面高度应较低一些，一般在 700 mm 左右。中小型立式支承的机床，工件尺寸较小，工件安装高度应与人的脐部高度一致为宜，一般在 950 ~ 1 050 mm，以方便操作和观察加工过程。

当操作者站立不动时，手臂最大可及的工作范围是 1 600 mm，正常活动范围是 1 200 mm。常用手柄应集中设置在操作者正常活动的范围内，不常用的手柄可就近设置。需要在多个位置工作的机床，可采用联动控制机构。大型和重型机床，其切削刃或切削面太高，超出人体视觉和操作的最佳高度，应设置阶梯式操作平台，便于观察不同高度的工件加工；并采用悬挂式按钮控制箱，实现多位置控制。当运动部件做直线运动或旋转运动时，手柄操作方向应与运动件的运动方向一致；当操作件是手轮，如运动件做直线运动，则顺时针转动手轮时，运动件应离开、向右、向上运动；如运动件做旋转运动，手轮的转向应与运动件转向一致；如运动件做径向运动，顺时针转动手轮，运动件做向心运动。

视距是指人在操作机床过程中正常的观察距离，一般为50～760 mm，最佳视距为560 mm。视距过大或过小都会影响人的阅读速度及准确性，应根据工作要求的性质和精确程度来确定最佳视距。

一般来说，人的眼睛沿水平方向的运动比沿垂直方向运动灵活，目测水平尺寸比垂直尺寸精确，且不易疲劳，因而视觉接受的信号源应尽量水平排列。人的视线习惯是从左到右、从上到下、顺时针移动。观察某一区域时，视距观察效果最佳的象限依次是右上象限（第一象限）、左上象限（第二象限）、左下象限（第三象限）、右下象限（第四象限）。

相比曲线轮廓，人的眼睛更容易接受直线轮廓。人的眼睛最容易辨别的颜色依次是红色、绿色、黄色、白色；通常用红色表示危险、禁止，要求立即处理的状态，在机床上红色按钮为停车；黄色表示提醒、警告，表示状态变得危险，达到临界状态，黄色按钮为点动；绿色表示安全、正常的工作状态，绿色按钮为工作起动。当两种颜色配合在一起时，最容易辨别的顺序是黄底黑字、黑底白字、蓝底白字、白底黑字等。

1.3.4 提高机床刚度的措施

提高机床刚度可提高抗振性、降低噪声、减少变形、提高加工精度和机床寿命。

1. 提高抗振性能

机床的抗振性是指机床工作部件在交变载荷作用下抵抗变形的能力，它包括抵抗受迫振动和自激振动的能力。习惯上称前者为抗振性，后者为切削稳定性。

受迫振动的振源可能来自机床外部，如电机转子轴的质量偏心等，也可能来自机床传动系统内部，如机床上回转运动工作部件的质量偏心、受载后工作部件的弹性弯曲变形等。机床受迫振动的频率与振源激振力的频率相同。振幅与振动方向的静刚度成反比，即与机床的质量成反比、与振动方向的固有频率的平方成反比；在共振区与阻尼比近似成反比。机床是由许多零部件装配而成的复杂振动系统，各部分在不同方向的静刚度（如卧式机床床身的横向抗弯刚度、纵向抗弯刚度以及床身与床腿的接触刚度）不一定相同，因而机床可有多个固有频率。固有频率较低的振动容易与激振力的频率接近从而形成共振。因此，应根据对机床性能影响较大的较低固有频率的几种振型，制订提高刚度的措施。

对来自机床外部的振源，最可靠、最有效的抗振方法就是隔离振源。应尽量使主电机与主机分离，并且采用带传动（如平带传动、V 带传动、多楔带传动）驱动机床的主运动，可避免电动机振动向传动系统的传递。对无法隔离的振源（如立式机床的电动机）或传动链内部形成的振源，则应采取如下措施：

（1）选择合理的传动形式（如采用变频无级电动机或双速电动机），尽量缩短传动链，减少传动件个数，即减少振源数量。

（2）提高传动链各传动轴组件，尤其是主轴组件的刚度，可提高其固有频率。

（3）对于大的传动件，应做动平衡检测或设置阻尼机构。

（4）在箱体外表面涂刷高阻尼涂层，如在机床部件非工作表面上刮腻子等，以增加阻尼比。

（5）提高各部件结合面的表面精度和接触刚度，以增强结合面的局部刚度。

自激振动与机床的阻尼比，特别是主轴组件的阻尼比、刀具以及切削用量，尤其是切削宽度密切相关。除增大工作部件的阻尼比外，还可调整切削用量来避免自激振动，使切削过程稳定。

2. 减小热变形

机床工作时受到外部和内部热源的作用，影响机床加工精度。外部热源，如电动机、液压泵、阀、环境温度等；内部热源，如摩擦热、切削热等，都会使机床各部分温度发生变化。

一般来说，热源在机床上的分布不均匀，且产生的热量也不同，自然会导致机床各部分不同的温升。由于不同的金属材料具有不同的热膨胀系数，造成机床各部分变形不均匀，使机床加工精度降低，运动部件磨损加快，严重时会导致机床无法正常工作或加工精度达不到要求。据统计，机床热变形导致的加工误差的最大值约占全部误差的 70%。尤其是精密机床、大型机床、自动化机床、数控机床，热变形的影响较大，不容忽视。

减少热变形最简单且有效的方法是隔离热源。除电动机尽量与主机分离外，液压泵、液压阀、油箱等也应与主机隔离，以减少传给机床的热量，从而减少机床的热变形。此外，加强空气流通，改善环境温度，也是减少热变形的有效措施之一。对于不能分离的热源，应采取以下措施：

（1）对产生热量较大的热源，进行强制冷却。如用切削液冷却加工部位，用压力油循环冷却主轴轴承等。精密机床可在恒温环境中加工。

（2）使热源相对结构对称，热变形后中心位置不变。如卧式车床主轴水平位置基本对称，机床温度升高后，机床主轴水平偏移很小。

（3）改善排屑状态。数控车床的床身导轨倾斜于主轴后方，使切屑在自重作用下落入下面小车中或切屑输送机上，切屑不与床身和导轨副接触，可避免将切屑携带的切削热传给床身导轨，减少热变形。

3. 降低噪声

机床振动是机床的噪声源，主要包括：

（1）齿轮、滚动轴承及其他传动零件的振动、摩擦等造成的机械噪声。当传动件的运动线速度增加一倍，噪声增加 6 dB；载荷增加一倍，噪声增加 3 dB。

（2）液压泵、液压阀、管道中的油液冲击造成的液压噪声。

（3）电动机风扇、转子旋转搅动空气形成的空气噪声。

（4）电动机定子内磁滞伸缩产生的电磁噪声。

齿轮振动影响传动的平稳性，是机床主要的噪声源。影响传动平稳性的主要误差是齿轮的单个齿距偏差（f_{pt}）和一齿切向综合偏差（f_i'）。单个齿距偏差 f_{pt} 是指实际齿距与理论齿距的代数差。一齿切向综合偏差（f_i'）是指在一个齿距内齿轮分度圆上齿廓实际圆周位置与理论位置的最大差值。当两齿轮的齿距不相同和齿的圆周位置产生变化时，齿轮在进入啮合和退出啮合时会造成撞击，引起振动和噪声。f_{pt} 与 f_i' 主要是由滚齿刀的制造误差和安装误差

（径向圆跳动和轴向窜动）、展成运动链中分度蜗杆误差、齿坯的安装误差产生的。根据共轭齿轮的啮合原理，实际齿形与渐开线有差异，会使齿轮在一齿啮合范围内的瞬时传动比不断变化，形成振动和噪声。另外，齿轮的啮合重合度大于 1，啮合的初始和退出时都是两齿同时啮合，可部分消除齿距偏差和一齿切向综合偏差的影响。因此，一对齿轮啮合的重合度越大，振动和噪声就越小。

降低齿轮噪声的措施：

（1）缩短传动链，减少传动件个数。

（2）采用小模数、硬齿面的齿轮，降低传动件的线速度。实践证明，线速度降低 50%，噪声降低 6 dB。

（3）提高齿轮的精度。

（4）采用增加齿数、减小压力角的方式或采用圆柱螺旋齿轮，增加齿轮啮合的重合度，机床齿轮的重合度应不小于 1.3。

（5）提高传动件的阻尼比，增加支承件的刚度。

1.3.5 造型设计

机床的造型必须与功能相适应，功能决定造型，造型体现功能。机床造型不是将各功能部件简单地组合，而是在保证人机关系的基础上，应用艺术规律和造型美学法则加以提炼和塑造，达到恰到好处的造型。机床造型总的原则是经济实用，美观大方。尽管各人的审美观不尽相同，但还是有规律可循的，良好的外观造型应从机床造型设计和色彩两方面去评价。

1. 外观造型

应使机床整体统一，均衡稳定，比例协调。部件的形体目前多流行小圆角过渡的棱柱体造型，长、宽、高的比例要适当，常用的比例有：黄金分割比例、均方根比例、整数比例等。其中，长宽比为黄金分割比例的矩形称为黄金矩形。各部分的形体比例相互协调，做到衔接紧密、转换自然，组合而成的外形轮廓的几何线型要大体一致，达到线型风格协调统一；整体造型应使人感到稳定巧妙，而不笨重。

2. 色彩的选用

色彩分无彩色系、有彩色系和特别色三种类型，在设计机床时选择适当的色彩配合造型，可使机床达到人的审美要求。

机床的主色调是绿色。实践证明，绿色有助于提高劳动生产率，蓝色和紫色则会降低劳动生产率。国内外各种机床多采用绿色，它给人以贴近自然、适宜和舒适的感觉，同时也是一种耐油污的隐蔽色。机床色彩应适宜不同的使用环境，热带地区使用的机床宜采用冷色，如乳白色、奶黄色，使人产生清凉、心情平静的感觉；寒冷地区应采用暖色，如橘黄色、橘红色等，以增强人们的温暖感。另外，出口机床应注意不同国家和地区对色彩的好恶，使机床适合这些国家和地区人们的审美观。目前，有些机床，特别是加工中心和数控机床，倾向于采用套色，以减弱形体的笨重，上浅下深的色彩又可收到稳重的效果。

中小型机床，应按其工作环境确定主体色调，通常用明快、活泼的配色；大型、重型机床，不宜用太浅的颜色，而是用纯度、明度都较浅的色调为主色调，增加视觉的稳定感和力度感；可使用少部分与主体调和的、明度较高的其他色彩，有目的、有重点地装饰和点缀，可提高机床的生动活泼效果。

1.4 机床主要技术参数的确定

机床的主要技术参数包括主参数和基本参数，基本参数又包括尺寸参数、运动参数和动力参数。

1.4.1 主参数

主参数也称为主要规格，表示机床的加工范围。主参数代表机床的规格大小，是最重要的尺寸参数。另外，机床的尺寸参数还包括第二主参数和一些重要的尺寸参数。机床的主参数在国家标准（GB/T 15375—2008）《金属切削机床　型号编制方法》中有规定，每种机床的主参数是按等比数列排列。通用机床主参数的值，是通过系列设计确定的。例如，根据生产需要和机床制造经济性，确定我国摇臂钻床的主参数（最大钻孔直径，mm）为 25、40、63、80、100。专用机床主参数值，一般以被加工零件和被加工表面来代表，如专用铣床的主参数用加工 6135G 型柴油机机体上的工艺基面和安装管子基面来代表。

如中型卧式车床的主参数为床身上工件的最大回转直径（mm），主参数系列为 250、320、400、500、630、800、1 000 七种规格，系列的公比为 1.25。工件回转的机床主参数都是指工件的最大加工尺寸，如车床、外圆磨床、无心磨床、钻床、齿轮加工机床等；工件移动的机床主参数都是指工作台面的最大宽度，如龙门铣床、龙门刨床、升降台式铣床、矩形工作台平面磨床等；主运动为直线运动的机床（拉床、插齿机例外），主参数是主运动的最大位移，如刨床、插床等；卧式铣镗床的主参数是镗轴的直径；拉床不是用尺寸作为主参数，而是用拉力值（N）作为主参数。

有些机床还有第二主参数，如卧式车床的第二主参数为最大加工工件长度；升降台式铣床、龙门刨床的第二主参数为工作台面长度；摇臂钻床的第二主参数为最大跨距等。

第二主参数是对主参数的补充，用于进一步明确限定机床的加工范围。另外，还要确定与被加工零件有关的尺寸，以及与标准化工具或夹具安装有关的尺寸参数，如卧式车床刀架上工件的最大回转直径、主轴锥孔的莫氏锥度及主轴孔所允许通过的最大棒料直径等；龙门机床横梁的最高、最低位置等；摇臂钻床主轴下端面至底座的最大、最小距离，主轴的最大伸出量等。

1.4.2 基本参数

1. 尺寸参数

尺寸参数是指机床的主要结构尺寸。它包括：

（1）与被加工零件有关尺寸，如摇臂钻床的跨距 L，主轴端面至底座工作面最大距离 H，主轴行程 h 等。

（2）标准化工具或夹具安装面的尺寸，如摇臂钻床的主轴锥孔尺寸等。

（3）主要结构尺寸，如摇臂钻床的外立柱直径 d，加工 6135G 柴油机机体专用铣床的工作台面宽度和长度等。

设计机床时，尺寸参数一般参考现有机床确定，对于某些与被加工工件有关的尺寸参数，可按被加工零件的尺寸确定。对于已经系列化的通用机床尺寸参数按尺寸系列设计的规定来确定。

2. 运动参数

运动参数是指机床执行件的运动速度，如主轴转速，工作台、刀架等的移动速度等。各种运动的运动速度见表 1.2。

表 1.2　机床运动参数

<table>
<tr><th colspan="2">运动</th><th>运动参数</th></tr>
<tr><td rowspan="2">主运动</td><td>直线</td><td>工作台（滑枕）双行程数（双行程/分）</td></tr>
<tr><td>回转</td><td>主轴转速（r/min）</td></tr>
<tr><td rowspan="3">进给运动</td><td rowspan="2">直线</td><td>工作台（刀架）进给量（r/min）</td></tr>
<tr><td>工作台（刀架）进给量（mm/min）</td></tr>
<tr><td>回转</td><td>转台（头架）进给量（r/min）</td></tr>
<tr><td>辅助运动</td><td>直线</td><td>工作台（刀架）快速运动速度（m/min）</td></tr>
</table>

主运动为旋转运动的机床，其主运动参数为主轴转速。主轴转速与切削速度的关系为

$$n = \frac{1\,000v}{\pi d} \tag{1.2}$$

式中　n——主轴转速（r/min）;

v——切削速度（m/min）;

d——工件或刀具直径（mm）。

主运动是直线运动的机床，如刨床、插床、插齿机等，其主运动参数是每分钟的往复次数或每分钟的移动距离。

不同的机床，对主运动参数的要求不同。专用机床和组合机床是为特定工件的某一特定工序加工而设计的，每根主轴只有一种转速，可根据最佳切削速度来确定。某些专用机床为了工艺上的灵活性和留有一定的技术储备（适应工艺改变，采用先进的刀具，加工其他类似零件等），也要求主轴变速，但一般变速级数不多。

通用机床是为了适应多种工序和工件材料的加工而设计的，工艺范围广，工件尺寸变化

大，主轴需要变速。因此需确定主轴的变速范围，即最高转速、最低转速。主运动可以采用分级变速，也可采用无级变速。如果采用分级变速，则还应确定转速级数。比如，钻孔时要求转速高，而攻丝则要求转速低；钻大孔时所用主轴转速比小孔时低，等等。例如，最大钻孔直径为 40 mm 的 Z3040 型摇臂钻床，共有 16 级主轴转速，即

n = 25、40、63、80、100、125、160、200、250、320、
400、500、630、800、1 250、1 600（r/min）。

前三级转速为低速，后三级转速为高速，其公比都是 1.58；其余为中等转速，公比是 1.26，所以该转速系列是混合公比。

1）最低转速和最高转速的确定

调查和分析在所设计机床上可能进行的所有工序，从中选择要求的最高转速和最低转速的典型工序。按照典型工序的切削速度和刀具（或工件）直径，由式（1.3）计算出最低转速 $n_{\min}$、最高转速 $n_{\max}$ 和变速范围 $R_{\rm n}$。

$$n_{\min}=\frac{1\,000v_{\min}}{\pi d_{\max}},\quad n_{\max}=\frac{1\,000v_{\max}}{\pi d_{\min}},\quad R_{\rm n}=\frac{n_{\max}}{n_{\min}} \tag{1.3}$$

根据金属切削原理知识，切削速度 v 主要与刀具和工件材料及其状态有关。常用刀具材料有高速钢、硬质合金、陶瓷等。工件材料可以是钢材、铸铁以及铜、铝合金等有色金属。不同牌号的同种材料，其硬度等性能不同。一般情况下，切削速度可通过查阅《金属切削工艺手册》或调查统计基础上用类比法确定，也可以通过切削试验来合理确定。其中，$d_{\max}$、$d_{\min}$ 不是指机床可能加工的最大、最小加工直径，而是指在实际使用情况下，采用 $v_{\max}$（或 $v_{\min}$）时常用的经济加工最大和最小直径。对于通用机床，一般取

$$d_{\max}=kD$$

$$\frac{d_{\min}}{d_{\max}}=R_{\rm d}$$

式中 D——在机床上加工的最大直径（主参数）(mm)；
k——系数，根据对现有同类型机床使用情况的调查来确定（普通卧式车床 $k=0.5$，摇臂钻床 $k=1.0$）；
$R_{\rm d}$——为计算直径范围（$R_{\rm d}=0.20\sim0.25$）。

经统计分析，车床上最高转速出现在用硬质合金刀具精车钢料工件的外圆加工工艺中，最低转速出现在高速钢刀具精车合金钢工件的梯形丝杠工艺中。

【例 1.1】 以某 ϕ400 普通车床的设计为例，计算主轴最高、最低转速。

解：(1) 计算主轴最高转速 $n_{\max}$。

由《金属切削工艺手册》分析，用硬质合金车刀对小直径钢材半精车外圆时，主轴转速最高。按经验，并参考切削用量资料，取速度 $v_{\max}=200$ m/min，$k=0.5$，$R_{\rm d}=0.25$，则

$$d_{\max}=kD=0.5\times400=200\ \text{mm}$$

$$d_{\min} = R_d d_{\max} = 0.25 \times 200 = 50 \text{ mm}$$

$$n_{\max} = \frac{1\,000 v_{\max}}{\pi d_{\min}} = \frac{1\,000 \times 200}{\pi \times 50} = 1\,274(\text{r/min})$$

（2）计算主轴最低转速 $n_{\min}$。

根据分析，下列两道工序所要求的主轴转速中，较低的一个为主轴最低转速：

① 用高速钢车刀对铸铁材料的盘形零件粗车端面。按经验，并参考切削用量资料，取 $v_{\min} =$ 15 m/min，则

$$n_{\min} = \frac{1\,000 v_{\min}}{\pi d_{\max}} = \frac{1\,000 \times 15}{\pi \times 200} = 24\ (\text{r/min})$$

② 用高速钢车刀精车合金钢材料的梯形螺纹（丝杠）。据调查，用ϕ400 的车床加工丝杠的最大直径为ϕ40，取 $v_{\min} = 1.5$ m/min，则

$$n_{\min} = \frac{1\,000 v_{\min}}{\pi d_{\max}} = \frac{1\,000 \times 1.5}{\pi \times 40} = 11.9(\text{r/min})$$

可见，后面一道工序所要求的主轴转速最低，因此取该转速作为最低转速。

【例 1.2】 若车床 CA6140 的主参数为 400 mm，加工丝杠的最大直径 $d = 50$ mm，则按典型低速工艺加工时，高速钢车刀精车丝杠计算的最低转速为

$$n_{\min} = \frac{1\,000 v_{\min}}{\pi d_{\max}} = \frac{1\,000 \times 1.5}{\pi \times 50} = 9.55\ (\text{r/min})$$

CA6140 车床主轴的最低转速为 10 m/min，最高转速为 1 400 r/min，满足计算结果要求。考虑今后发展和技术储备，新设计最大切削直径 400 mm 的车床主轴转速取 10 ~ 1 600 r/min。

2）主轴转速的合理排列

最高、最低转速确定后，还需确定中间转速。为了获得合理的切削用量，机床最好能连续地变速，这样就能在最高和最低转速范围内提供任何转速，这叫无级变速。目前，无级变速在机床中应用日益增多，但是有的无级变速装置比较复杂，有的变速范围较小，这限制了无级变速的推广。目前，对于回转运动，在机床中应用最广的还是有级变速。

机床中主轴转速大多数是按照等比数列排列，以符号φ表示公比，则转速数列为

$$n_1 = n_{\min}\text{，}\ n_2 = n_1\varphi\text{，}\ n_3 = n_1\varphi^2\text{，}\ \cdots\text{，}\ n_j = n_1\varphi^{j-1}\text{，}\ \cdots\text{，}\ n_Z = n_1\varphi^{Z-1}$$

$$R_{\mathrm{n}} = \frac{n_Z}{n_1} = \varphi^{Z-1} \tag{1.4}$$

式中 R_{n}——变速范围；

Z——转速级数；

n_1——最低转速（r/min）；

n_{j}——第 j 级转速（r/min）；

n_z——最高转速（r/min）。

主轴转速按照等比数列排列的原因：设计简单，使用方便，最大相对转速损失率相等。

（1）简化设计。如果机床主轴转速数列是等比的，设转速级数为 Z，公比为 φ，则这个数列可分解成几个等比的子数列的乘积，且因子数列的项数为 3 或 2，可使传动设计简化。

例如，设 $Z=24$，则该等比转速数列可分解成

$$\begin{Bmatrix} n_1 \\ n_2 \\ \vdots \\ n_{24} \end{Bmatrix} = n_1 \begin{Bmatrix} 1 \\ \varphi \\ \vdots \\ \varphi^{23} \end{Bmatrix} = n_1 \begin{Bmatrix} 1 \\ \varphi \\ \varphi^2 \end{Bmatrix} \begin{Bmatrix} 1 \\ \varphi^3 \\ \vdots \\ \varphi^{21} \end{Bmatrix} = n_1 \begin{Bmatrix} 1 \\ \varphi \\ \varphi^2 \end{Bmatrix} \begin{Bmatrix} 1 \\ \varphi^3 \end{Bmatrix} \begin{Bmatrix} 1 \\ \varphi^6 \end{Bmatrix} \begin{Bmatrix} 1 \\ \varphi^{12} \end{Bmatrix}$$

上式中右边 4 个子比数列的变速组串联，使机床主轴获得 24 种等比数列转速。各因子数列从左到右分别称为 a、b、c、d 数列；相应各因子数列的项数分别用 P_a、P_b、P_c、P_d 表示；将各因子数列的公比称为级比，以防止与主轴转速数列的公比概念相混淆；各因子数列的级比是公比的整数次幂，幂指数称为级比指数，分别用 x_a、x_b、x_c、x_d 表示。从数列分解式中可知：各因子数列项目数之积等于 Z，即

$$Z = P_a \times P_b \times P_c \times P_d$$

将因子数列的级比指数写在该因子数列项数的右下角，形成机床设计最基本的公式称为结构式，即

$$Z = (P_a)_{x_a} \times (P_b)_{x_b} \times (P_c)_{x_c} \times (P_d)_{x_d} \tag{1.5}$$

则上例中主轴转速数列的结构式为

$$Z = 3_1 \times 2_3 \times 2_6 \times 2_{12}$$

若转速级数 Z 为大于 3 的质数或分解的因子数列的项数大于 3 时，可采用重复主轴转速的方法分解。

例如，$Z=21$，则该转速数列可分解成

$$\begin{Bmatrix} n_1 \\ n_2 \\ \vdots \\ n_{21} \end{Bmatrix} = n_1 \begin{Bmatrix} 1 \\ \varphi \\ \vdots \\ \varphi^{20} \end{Bmatrix} = n_1 \begin{Bmatrix} 1 \\ \varphi \\ \varphi^2 \end{Bmatrix} \begin{Bmatrix} 1 \\ \varphi^3 \end{Bmatrix} \begin{Bmatrix} 1 \\ \varphi^6 \end{Bmatrix} \begin{Bmatrix} 1 \\ \varphi^9 \end{Bmatrix}$$

主轴转速 $n_{10}=n_1\varphi^9$、$n_{11}=n_1\varphi^{10}$、$n_{12}=n_1\varphi^{11}$ 各重复一次，即有两条传动路线产生。

（2）使用方便。最大相对转速损失率相等，等比数列转速的转速通式为

$$n_j = n_1\varphi^{j-1} \tag{1.6}$$

则机床切削速度与工件（或刀具）直径的关系为

$$d=\frac{1\ 000v}{\pi n_j}=\frac{1\ 000v}{\pi n_1\varphi^{j-1}}$$

将上式两边取对数得

$$\lg d=\lg v+(3-0.497-\lg n_1)-(j-1)\lg\varphi=\lg v-(j-1)\lg\varphi+k$$

从上式可知，d 的对数值是 v 的对数值的一次函数，斜率为 1，函数图象是与切削速度对数坐标轴成 45°的斜线，取 $j=1\sim Z$。可得到 Z 条间距相等的平行斜线，如图 1.4 所示，即转速选择图。在该图中，先从选择的速度点向上作平行于纵轴（d 轴）的直线，再从已知工件（或刀具）直径点向右作平行于横轴（v 轴）的直线，两直线垂直相交点就是要选择的转速点。

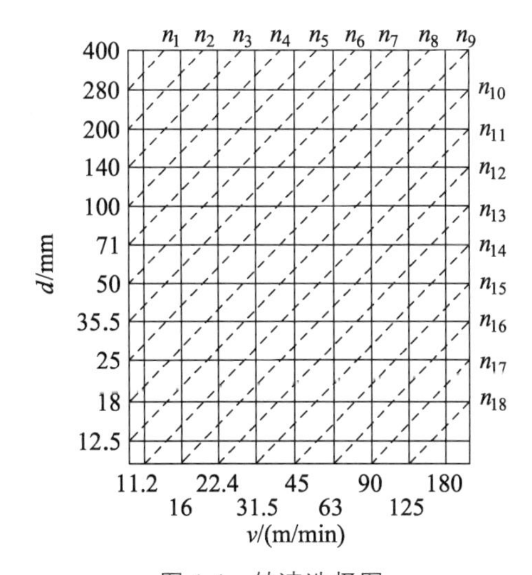

图 1.4　转速选择图

一般在机床上都配有速度选择表。该转速表的转速与机床变速手柄上的速度是对应的。

切削线速度是按金属切削原理中讲到的刀具和工件材料等条件来选择。在实际加工中，当通过查阅切削工艺手册，确定了切削速度 v，已知要加工工件的直径 d，就需要通过计算确定所需要的转速 n，可利用公式 $n=1\ 000v/\pi d$ 进行计算。

（3）最大相对转速损失率相等。如果加工某一工件所需的最佳切削速度为 v，相应转速为 n。一般情况下，n 不可能正好在某一转速线上，而是在两转速线 n_j 和 n_{j+1} 之间，即

$$n_j<n<n_{j+1}$$

当采用较高转速 n_{j+1} 时，会提高切削速度，使刀具使用寿命降低。为保证刀具的使用寿命，应选择较低的转速 n_j，这样可使切削速度较低，但却能延长刀具寿命，这时转速的损失为 $n-n_j$，相对转速损失率为

$$A=\frac{n-n_j}{n}\times 100\%$$

最大相对转速损失率为，当 n 趋近于 n_{j+1} 时 A 的值，即

$$A_{\max}=\frac{n_{j+1}-n_j}{n_{j+1}}\times 100\%=1-\frac{n_j}{n_{j+1}}=\left(1-\frac{1}{\varphi}\right)\times 100\% \tag{1.7}$$

由式（1.7）可见，最大相对转速损失率 $A_{\max}$ 只与公比 φ 有关，对于给定机床来说，公比 φ 是常数，因此 $A_{\max}$ 是常数。最大相对转速损失率影响机床的劳动生产率，特别是加工时间长的大重型机床，因此，最大相对转速损失率 $A_{\max}$ 是机床设计的重要指标之一。

3）标准公比原则

（1）为使机床满足不同的工艺需求，机床需具有一系列等比数列转速。

因转速从 n_1 到 $n_{\max}$ 依次增大，故 $\varphi>1$；公比 φ 越大，最大相对转速损失率 $A_{\max}$ 就越大，对机床劳动生产率的影响就大，因此需要对 $A_{\max}$ 加以限制。我们规定，最大相对转速损失率 $A_{\max}\leqslant 50\%$，则

$$A_{\max}=1-\frac{1}{\varphi}\leqslant\frac{1}{2}，\quad \varphi\leqslant 2$$

故　$1<\varphi\leqslant 2$

（2）为方便记忆，要求转速 n_j 经 E_1 级变速后，转速呈 10 的倍数关系。即

$$n_{j+E_1}=10n_j$$

由等比数列可知

$$n_{j+E_1}=10n_j=\varphi^{E_1}n_j，\quad \varphi=\sqrt[E_1]{10}\ （E_1 为自然数）$$

（3）为方便记忆及适应双速电机驱动的需要，要求转速 n_j 经 E_2 级变速后，转速呈 2 的倍数关系，即

$$n_{j+E_2}=2n_j$$

由等比数列可知

$$n_{j+E_2}=2n_j=\varphi^{E_2}n_j$$

$$\varphi=\sqrt[E_2]{2}\ （E_2 为自然数）$$

标准数列见表 1.3 中。标准公比共有 7 个，可从表 1.4 中选取。它不仅可用于主传动（包括旋转运动和直线运动），也可用于等比进给传动。无级变速传动系统，电动机的当量公比（实际上是变速范围）较大，且不是标准数，其后面串联的机械传动链短，因此公比不按标准公比选取。

表 1.3　R40 的标准数列（摘自 GB/T 2822—2005）

100	106	112	118	125	132	140	150	160	170	180	190
200	212	224	236	250	265	280	300	315	335	355	375
400	425	450	475	500	530	560	600	630	670	710	750
800	850	900	950	1 000	1 060	1 120	1 180	1 250	1 320	1 400	1 500

注：1. R40 表示 $\sqrt[40]{10}\approx 1.06$ 。

2. 因为 $1.06^{40}\approx 10$，故可获得 10～150、1 000～1 500 之间的标准数列；但 10～12.5 之间无 10.6、11.8 数值，即 10～12.5 之间标准数列的公比为 $\sqrt[20]{10}\approx 1.12$ 。

3. 由于 $1.06^{4}\approx 1.26$，可从该表中选择 R10（$\sqrt[10]{10}\approx 1.26$）的标准数列。

4. 由于 $1.06^{6}\approx 1.41$，可从该表中选择公比 $\varphi=1.41$ 的标准数列。

表 1.4　标准公比

φ	1.06	1.12	1.26	1.41	1.58	1.78	2
$\sqrt[E_1]{10}$	$\sqrt[40]{10}$	$\sqrt[20]{10}$	$\sqrt[10]{10}$		$\sqrt[5]{10}$	$\sqrt[4]{10}$	
$\sqrt[E_2]{2}$	$\sqrt[12]{2}$	$\sqrt[6]{2}$	$\sqrt[3]{2}$	$\sqrt{2}$			
A_{max}	5.7%	10.7%	20.6%	29.1%	36.7%	43.8%	50%
		1.06^{2}	1.06^{4}	1.06^{6}	1.06^{8}	1.06^{10}	1.06^{12}

机床主轴的等比数列转速与数学中的等比数列是有区别的，虽然标准公比写成精度为1/100 的小数，但标准公比（2 除外）都是无理数，机械传动无法实现 $\sqrt{2}$、$\sqrt[3]{2}$ 等传动比，尤其是 1.26，$\sqrt[3]{2}\approx 1.26\approx\sqrt[10]{10}$，但 $\sqrt[3]{2}\neq\sqrt[10]{10}$，因而主轴转速数列的公比是近似的，确定主轴转速数列时应参照标准数，R40 的标准数列见表 1.3；当公比 $\varphi=1.41$ 时，n_1 应选取标准数列的值。

【例 1.3】 根据下列两种情况，分别确定转速值和数列。

（1）某机床主轴共有 18 级等比数列转速，$n_{18}=1\,500$ r/min，公比 $\varphi=1.26$，试确定其各级主轴转速。

（2）若已知某机床 $n_1=30$ r/min，$\varphi=1.26$，怎样确定主轴转速数列？

解：（1）由 $\varphi^3=1.26^3=2$，$\varphi^{15}\approx 31.5$ 得 $n_3=n_{18}\varphi^{-15}=47.5\ \text{r/min}$

以两端转速 n_3、n_{18} 为基准，确定 n_6、n_9、n_{12}、n_{15} 的值为

$$n_{15}=n_{18}\varphi^{-3}=750\ \text{r/min}\ ,\quad n_{12}=n_{18}\varphi^{-6}=375\ \text{r/min}$$

$$n_9=n_3\varphi^{6}=190\ \text{r/min}\ ,\quad n_6=n_3\varphi^{3}=95\ \text{r/min}$$

由 $\varphi^{10}=10$ 、$\varphi^{15}=31.5$ 可得 n_1 和 n_{16} 的基准转速值为

$$n_{16}=n_6\varphi^{10}=10n_6=950\ \text{r/min}\ ,\quad n_1=n_{16}\varphi^{-15}=30\ \text{r/min}$$

由 $\varphi^3\approx 2$ 确定 n_4、n_7、n_{10}、n_{13} 的值为

$$n_4 = n_1\varphi^3 = 60 \text{ r/min}, \quad n_7 = n_1\varphi^6 = 120 \text{ r/min}$$

$$n_{10} = n_1\varphi^9 = 240 \text{ r/min}, \quad n_{13} = n_3\varphi^{10} = 10n_3 = 475 \text{ r/min}$$

根据 φ^{10}=10 得 n_2、n_5、…、n_{17} 的转速值为

$$n_2 = n_{12}\varphi^{-10} = 10^{-1}n_{12} = 37.5 \text{ r/min}, \quad n_5 = 10^{-1}n_{15} = 75 \text{ r/min}$$

$$n_8 = 10^{-1}n_{18} = 150 \text{ r/min}, \quad n_{11} = 10n_1 = 300 \text{ r/min}$$

$$n_{14} = 10n_4 = 600 \text{ r/min}, \quad n_{17} = 10n_7 = 1\,200 \text{ r/min}$$

（2）由 $\varphi^{15} \approx 31.5$ 得 n_1、n_4、…、n_{16} 数列转速的另一基准转速值 n_{16} 为

$$n_{16} = \varphi^{15}n_1 = 950 \text{ r/min}$$

由 $\varphi^3 \approx 2$ 确定 n_4、n_7、n_{10}、n_{13} 的值为

$$n_4 = \varphi^3 n_1 = 60 \text{ r/min}, \quad n_7 = \varphi^6 n_1 = 120 \text{ r/min}$$

$$n_{10} = \varphi^9 n_1 = 240 \text{ r/min}, \quad n_{13} = \varphi^{-3}n_{16} = 475 \text{ r/min}$$

根据 φ^{10}=10 、$\varphi^{15} \approx 31.5$ 得 n_3、n_{18} 数列转速的基准转速值为

$$n_3 = \varphi^{-10}n_{13} = 10^{-1}n_{13} = 47.5 \text{ r/min}, \quad n_{18} = \varphi^{15}n_3 = 1\,500 \text{ r/min}$$

由 $\varphi^3 \approx 2$ 确定 n_6、n_9、n_{12}、n_{15} 的转速值为

$$n_6 = \varphi^{-1}n_{16} = 95 \text{ r/min}, \quad n_9 = \varphi^6 n_3 = 190 \text{ r/min}$$

$$n_{12} = \varphi^{-6}n_{18} = 375 \text{ r/min}, \quad n_{15} = \varphi^{-3}n_{18} = 750 \text{ r/min}$$

根据 φ^{10}=10 得 n_2、n_5、…、n_{17} 的转速值为

$$n_2 = 10^{-1}n_{12} = 37.5 \text{ r/min}, \quad n_5 = 10^{-1}n_{15} = 75 \text{ r/min}, \quad n_8 = 10^{-1}n_{18} = 150 \text{ r/min}$$

$$n_{11} = 10n_1 = 300 \text{ r/min}, \quad n_{14} = 10n_4 = 600 \text{ r/min}, \quad n_{17} = 10n_7 = 1\,200 \text{ r/min}$$

说明：确定主轴转速数列时，需保证 φ^{10}=10，兼顾 $\varphi^3 \approx 2$、$(\varphi^3)^5 \approx 2^5 \approx 31.5$ 的关系，必要时计算校正。如 $n_2 = n_1\varphi \approx 37.77 \text{ r/min}$，考虑 $4n_2$ 末尾数为 0 便于记忆，取 $n_2 = 37.5 \text{ r/min}$，则 $n_{17} = n_2\varphi^{15} \approx 1\,194 \text{ r/min} \approx 1\,200 \text{ r/min}$，但 $n_{17}/n_2 = 1\,200/37.5 = 32$。

该转速数列中，转速值 120、240、1 200 不是 R40 标准数列（表 1.3）中的数值，但（120、240、1 200）与相邻转速的比值更接近公比，且更符合便于记忆的要求。实质上机床的实际转速值取决于传动比，该转速数列只不过是名义转速值，因而没必要完全照搬标准数列数值。

4）公比选用原则

由表 1.4 可知，公比 φ 越小，最大相对转速损失率 $A_{\max}$ 就越小，但变速范围 R_n 也随之变小。要达到一定的变速范围，就必须增加变速组数目、传动副个数，使系统结构变得复杂。因此，公比选用一般遵循下列原则：

对于中型机床：公比φ一般取 1.26 或 1.41；对于大型机床或重型机床，加工时间长，为提高效率，公比应小一些，φ一般取 1.06、1.12 或 1.26；对于非自动化小型机床，加工时间小于辅助时间，转速损失对机床效率影响不大，为使机床结构简单，公比φ应选大一些，可取 1.58、1.78 甚至 2；专用机床原则上不变速，但为适应技术发展，进行适当技术储备，公比φ可选 1.12、1.26。

3. 动力参数

动力参数包括驱动机床的各种电动机的功率、转矩，液压马达和液压缸的牵引力等。机床传动件的结构参数都是根据动力参数设计的。如果动力参数取得过大，传动件的结构尺寸参数就变大，机床就会笨重，将增加制造成本和机床工作的功率消耗，造成电力浪费；如果动力参数选取过小，机床传动链及电动机长期超载工作，影响机床的使用寿命。通常动力参数是在调查研究、统计分析基础上，结合计算分析，用类比法确定。

1）主运动电动机功率的确定

主电机功率应根据机床主运动所需的功率来确定。

机床主运动的功率 $P_{主}$为

$$P_{主} = P_{切}+P_{空}+P_{辅} \tag{1.8}$$

式中 $P_{切}$——切削工件所消耗的功率（kW）；

$P_{空}$——空载功率（kW）；

$P_{辅}$——随负载增大而增加的机械摩擦损耗功率（kW）。

$P_{切}$与刀具材料、工件材料和所采用的切削用量有关。对于专用机床，刀具、工件材料与切削用量都是不变的，计算比较准确；对于通用机床，刀具与工件材料和切削用量变化较大，可根据机床检验标准中规定的切削条件进行计算确定。$P_{切}$的具体计算式可参考《金属属切削原理与刀具》教材或机床设计手册有关内容。

机床主运动的空载功率 $P_{空}$与传动件的预紧程度及装配质量等有关，是由传动件摩擦、搅油等因素引起的，即克服摩擦损耗和带动油液运动所消耗的功率，其大小随传动件转速的增大而增大。中型机床主传动空载功率可用下列经验公式进行计算：

$$P_{空}=k_1\left(d_{\mathrm{a}}\sum n_i + k_2 d_{主} n_{主}\right)\times 10^{-6} \tag{1.9}$$

式中 d_a——主运动链中除主轴以外的所有传动轴的平均直径（mm）。

$d_{主}$——主轴前、后支承轴径的平均值（mm）；

$n_{主}$——机床主轴转速（r/min），估算空载功率时，$n_{主}$可按主轴计算转速确定；

$\sum n_i$——当主轴转速为 $n_{主}$时，传动链内除主轴以外各传动轴的相应转速之和（r/min）；

k_1——润滑油黏度影响系数，润滑油为 N46 时，$k_1 = 3.5$，润滑油为 N32 时，$k_1 = 3.15$；

k_2——主轴轴承系数，两支承主轴 $k_2 = 2.5$，三支承主轴 $k_2 = 3$。

1）当主运动链的结构尺寸未确定时，按主电动机的功率估算，可按下式确定

$$\left.\begin{array}{l}1.5 < P_{主} \leqslant 2.8\ \mathrm{kW},\ d_a = 30\ \mathrm{mm} \\ 2.5 < P_{主} \leqslant 7.5\ \mathrm{kW},\ d_a = 35\ \mathrm{mm} \\ 7.5 < P_{主} \leqslant 14\ \mathrm{kW},\ d_a = 40\ \mathrm{mm}\end{array}\right\}$$

在机床切削工件时，齿轮、轴承等零件上的接触压力增大，摩擦无用功耗增大。除切削功率外，比 $P_{空}$ 多出的那部分功率，称为附加机械摩擦损失功率。切削功率 $P_{切}$ 越大，附加机械摩擦损失功率 $P_{辅}$ 也越大。$P_{辅}$ 可按式（1.10）计算

$$P_{辅} = \frac{P_{切}}{\eta_{机}} - P_{切} = P_{切}\left(\frac{1}{\eta_{机}} - 1\right) \tag{1.10}$$

式中，$\eta_{机} = \eta_1\eta_2\eta_3\cdots$，其中 η_1、η_2、η_3、…为主传动链中各传动副的机械效率。

因此，主运动电机的功率为

$$P_{主} = \frac{P_{切}}{\eta_{机}} + P_{空} \tag{1.11}$$

（2）当机床结构未确定，无法计算主运动的空载功率和机械效率时，可按式（1.12）粗略估算主电动机功率：

$$P_{主} = \frac{P_{切}}{\eta_{总}} \tag{1.12}$$

式中，$\eta_{总}$ 为机床总机械效率，主运动为旋转运动的机床，$\eta_{总} = 0.7 \sim 0.85$，当机构简单或主轴转速较低时，$\eta_{总}$ 取大值；主运动为直线运动的机床，$\eta_{总} = 0.6 \sim 0.7$。

也可在统计分析的基础上，参考同类型机床确定主电机功率。部分机床主运动参数、主动力参数见表 1.5。

表 1.5　部分机床的主运动参数和主动力参数

机床型号	主轴转速/（r/min）	公比	主电动机功率/kW
CA6140	10 ~ 1 400	1.26	7.5*
CW61100	3.15 ~ 315	1.26	22*
Z3040×16	25 ~ 2 000	双公比 1.26/1.58	3*
X6132	30 ~ 1 500	1.26	7.5
M1432A×1000	1 670	恒速	4
CK6150D	30 ~ 2 800	无级	30
CK3263B	20 ~ 1 500	无级	37
XK5040-1	20 ~ 1 500	1.26	7.5
JCS-018	22.5 ~ 4 500	无级	7.5

注：*进给运动和主运动共用一台电动机。

2）进给运动电动机功率的确定

机床进给运动速度较低，消耗功率也不大，机械效率为 0.15 ~ 0.2。进给所消耗的功率与切削功率之比：卧式车床 $P_f / P_{切} = 0.03 \sim 0.04$；升降台铣床、卧式镗床 $P_f / P_{切} = 0.15 \sim 0.20$；钻床 $P_f / P_{切} = 0.04 \sim 0.05$；齿轮加工机床 $P_f / P_{切} = 0.2$。

（1）进给运动与主运动合用一台电动机时，可不单独计算进给功率，而是在确定主电动机功率时引入一个系数 k，机床主电动机功率为

$$P_{主} = \frac{P_{切}}{\eta_{机} k} + P_{空} \tag{1.13}$$

卧式车床 $k = 0.96$；自动车床 $k = 0.92$；铣床、卧式镗床 $k = 0.85$；齿轮机床 $k = 0.8$；在空行程中进刀的机床（如刨床、插床）$k = 1$。

（2）进给运动与快速移动合用一台电动机时，快速移动起动时间短，且加速度大，所消耗的功率远大于进给运动所消耗功率，且进给运动与快速移动不同时进行。所以该电动机功率按快速移动功率选取。数控机床就属于这类情况。

（3）进给运动单独使用一台电动机时，进给运动电动机功率 P_f（kW）按式（1.14）计算

$$P_f = \frac{Q v_f}{60\,000 \eta_f} \tag{1.14}$$

式中 Q——最大进给牵引力（N）；

v_f——最大进给速度（m/min）；

η_f——进给传动系统机械效率。

进给牵引力 Q 等于进给方向上切削分力与摩擦力之和。进给牵引力 Q 的估算公式参见表 1.6。

表 1.6 进给牵引力 Q 的计算

导轨形式	水平进给	垂直进给
三角形矩形导轨组合	$KF_z + \mu'(F_x + G)$	$K(F_z + G) + \mu' F_x$
矩形导轨组合	$KF_z + \mu'(F_x + F_y + G)$	$K(F_z + G) + \mu'(F_x + F_y)$
燕尾形导轨	$KF_z + \mu'(F_x + 2F_y + G)$	$K(F_z + G) + \mu'(F_x + 2F_y)$
钻床主轴		$F_f + \mu \frac{2M}{d}$

注：G—移动部件的重力（N）；F_z—导轨的纵向（长度方向）分力（N）；F_x—垂直于导轨面的分力（N）；F_y—导轨的横向分力（N）；F_f—钻削进给力（N）；μ'—当量摩擦因数；在正常润滑条件下，铸铁副三角导轨 $\mu' = 0.17 \sim 0.18$，铸铁矩形导轨 $\mu' = 0.12 \sim 0.13$，铸铁燕尾形导轨 $\mu' = 0.12$，铸铁（或淬火钢）与氟塑料组成的导轨副 $\mu' = 0.03 \sim 0.05$，滚动导轨 $\mu' = 0.01$；μ—钻床主轴套上的摩擦系数；K—考虑颠覆力矩的影响系数，三角形和矩形导轨 $K = 1.1 \sim 1.15$，燕尾形导轨 $K = 1.4$；d—主轴直径（mm）；M—主轴的转矩（N·mm）。

数控机床进给运动转矩可按式（1.15）计算：

$$M_{f电}=\frac{9\,550P_f}{n_{f电}} \tag{1.15}$$

式中　$M_{f电}$——电动机额定转矩（N·m）；

P_f——电动机额定功率（kW）；

$n_{f电}$——电动机额定转速（r/min）。

中小型外圆磨床的圆周进给和轴向进给均采用单独的动力驱动。如 M1432A×1000，工件头架为等比数列转速，转速范围 30～270 r/min，公比为 1.41，电动机型号 YD100L-8/4，功率（0.85/1.5）kW；轴向进给运动采用液压无级变速，变速范围 50～4 000 mm/min，电动机功率为 0.75 kW。

3）快速移动电动机功率的确定

（1）快速移动交流异步电动机功率的确定。

一般来说，快速移动电动机的载荷特性是满载起动，起动时间短、移动部件加速度大。起动时，在较短时间（0.5～1 s）内，使质量较大的移动部件达到所需要的移动速度，一方面，电动机要克服移动部件和传动系统的惯性力，使其起动并迅速加速；另一方面，电动机需要克服移动部件因移动而产生的摩擦力。故起动过程中消耗的功率最大。起动过程中消耗的功率 P 由克服惯性力所需的功率 P_1 和克服摩擦力所需的功率 P_2 组成。其中，P_2 是变化的，随移动速度的增大而增大。移动部件在起动过程中，是匀加速运动，平均速度是 $v_{max}/2$，但由于起动时间短，计算电动机起动功率时可按最大移动速度计算。起动后，当移动部件达到所需要的移动速度后，移动部件变为恒速运动，这时电动机只需克服移动部件的摩擦力就能维持其运动，即快速移动时所消耗的功率仅为 P_2。因此，快速移动电动机的功率应按起动时所需功率选取，由于电动机起动转矩大于额定转矩，而电动机的功率是按连续工作状态确定的，起动功率折算成连续（额定）功率为

$$P=\frac{P_1+P_2}{k_1}=\frac{M_a n}{9\,550k_1\eta}+\frac{P_2}{k_1} \tag{1.16}$$

式中　n——电动机额定转速（r/min）；

η——快速移动传动链的机械效率；

k_1——电动机起动转矩与额定转矩之比，异步电动机 $k_1=1.6\sim2.2$；

M_a——克服惯性力所需电动机轴上的转矩（N·m）。

$$M_a=J_e\varepsilon=J_e\frac{\omega}{t_a}=J_e\frac{\pi n}{30t_a}=(J_M+J_L)\frac{\pi n}{30t_a} \tag{1.17}$$

式中　ε——电动机的角加速度（rad/s²）；

ω——电动机的角速度（rad/s）；

J_e——折算到电动机轴上的转动惯量（kg·m²）；

J_M——电动机转子自身转动惯量（kg·m²）；

J_L——传动件、负载折算到电动机轴上的转动惯量（kg·m²）；

t_a——电动机起动时转速加速过程的时间（s），异步电动机 $t_a = 0.5 \sim 1$ s。

根据能量守恒定律，J_L 可由下式计算

$$J_L = \sum_{i=1} J_i \left(\frac{\omega_i}{\omega}\right)^2 + \sum_{j=1} m_j \left(\frac{v_j}{\omega}\right)^2 \tag{1.18}$$

式中 J_i、ω_i——各旋转件的转动惯量（kg·m²）、角速度（rad/s）；

m_j、v_j——各移动部的质量（kg）、移动速度（m/s）。

空心圆柱形零件的转动惯量

$$J = \frac{m}{8}(D^2 + d^2) = \frac{\pi}{32}\rho(D^4 - d^4)l \tag{1.19}$$

式中 m——旋转零件的质量（kg）；

D——零件的外径（m）；

d——零件的内径（m）；

l——旋转零件的长度（m）；

ρ——材料密度（kg/m³），钢材 $\rho = 7.85 \times 10^3 \text{kg/m}^3$。

如果快速移动部件做垂直运动，则电动机要同时克服部件重力和摩擦力，即 P_2 为

$$P_2 = \frac{(mg + \mu' F)}{60\ 000\eta} v \tag{1.20}$$

如果移动部件做水平运动，则

$$P_2 = \frac{mg\mu'}{60\ 000\eta} v \tag{1.21}$$

式中 m——移动部件的质量（kg）；

V——移动部件的移动速度（m/min）；

g——重力加速度，$g = 9.8 \text{ m/s}^2$；

F——移动部件重心与升降丝杠不同轴而引起，施加在导轨上的挤压力（N）；

μ'——当量摩擦系数。

（2）伺服电动机的选择。

对于数控机床，快速移动和进给运动共用一台电动机，多数采用伺服电动机；只有小型数控机床采用步进电动机。伺服电动机的选择原则：

① 进给运动的平稳性。伺服电动机的转子由永磁材料制成，是同步型电机，即只要电磁

驱动转矩大于负载转矩，电动机转速与定子磁场转速相等，且进给运动速度不受切削负载变化的影响；数控进给系统具有恒转矩特性，为使进给运动平稳，伺服电动机的额定转矩 M_e 应不小于最大切削负载转矩 M_L，即

$$M_L = \left(\frac{F_{max} P_h}{2\,000\pi\eta} + M_{f1} + M_{f2} \right) i \leqslant M_e \tag{1.22}$$

式中 F_{max}——丝杠上的最大轴向载荷（最大轴向进给力与导轨摩擦力之和）；

P_h——丝杠导程（mm）；

η——丝杠的机械效率；

M_{f1}——丝杠螺母预加载荷引起的附加摩擦转矩（N・m）；

M_{f2}——丝杠轴承的摩擦转矩（N・m）；

i——伺服进给机构的传动比，即伺服电动机与丝杠间的传动比。

② 伺服电动机的转子惯量 J_M 应与负载惯量 J_L 匹配。这是因为折算到伺服电动机轴上的惯量 J_e 等于转子自身惯量 J_M 与负载折算惯量 J_L 之和。对于不同的加工工序，工件与夹具的质量不同，即 J_L 是变化的。如希望 J_e 变化较小，则应使 J_L 所占的比例小一些；但 J_M 增大，J_e 随之增大，同样的角加速度，伺服电动机输出转矩也必然增大。惯量匹配条件为

$$J_L < J_M < 4J_L \tag{1.23}$$

③ 起动转矩和加速特性。伺服电动机可用式（1.17）计算所需的起动转矩，直流伺服电机和步进电机 t_a 为机械时间的 4 倍；交流伺服电机 t_a 为伺服系统时间常数的一半。对于交流伺服电机，由工作台的移动速度 $v = niP_h = 30\omega P_h i/\pi$，根据电动机的最大转矩计算工作台的加速时间 t_a 和加速度 a，即

$$t_a = (J_M + J_L)\frac{\pi n_{max}}{30M_{max}} \tag{1.24}$$

$$a = \frac{M_{amax}}{J_M + J_L}\frac{P_h}{2\pi}i = \frac{n_{max}}{60t_a}P_h i = \frac{v_{max}}{60t_a} \tag{1.25}$$

式中 a——加速度（m/s^2）；

P_h——丝杠螺距（m）；

M_{amax}——电动机轴上的最大转矩（N・m）；

v_{max}——工作台移动的最大速度（mm/s）；

n_{max}——电动机最高转速（r/min）。

伺服电动机（步进电动机除外）已不再要求“惯量匹配”，因为伺服电动机电磁额定转矩取决于电动机的电磁参数，转子惯量仅影响起动或换向时加速度的大小，且最大转矩一定时，转子惯量与加速度近似成反比。加速度高的数控伺服系统，应采用磁感应强度高的钕铁硼永磁转子、低惯量甚至超低惯量的伺服电动机。日本三菱样本《三菱电机》、安川电机《AC 伺

服驱动Σ-Ⅱ系列》中指出，负载折算到伺服电动机轴惯性矩推荐比例为，伺服电动机转子惯性矩的 5 倍以下，也说明了这一点。

根据伺服系统的增益 K_s，计算工作台的最大加速度 a_{max}，并使 a_{max} 略小于 a。交流伺服系统的时间常数 t_s 是指工作台的速度从 $-v_{max}$ 变为 $+v_{max}$ 的时间。交流伺服系统的时间常数 $t_s=K_s^{-1}$，伺服系统要求的最大加速度在系统时间常数 t_s 内，工作台的速度从 $-v_{max}$ 变为 $+v_{max}$，因此用式（1.17）计算所需起动转矩时，加速时间 $t_a=0.5t_s$，系统需要的增益 K_s 为

$$K_s=\frac{1}{2t_a}=\frac{15M_{max}}{J_M+J_L}\cdot\frac{1}{\pi n_{max}}=\frac{30a}{v_{max}} \tag{1.26}$$

增加伺服电动机的最大转矩，可提高伺服系统增益。伺服系统的增益 $K_s=(8\sim25)s^{-1}$，数控钻床取小值，数控车床、数控镗铣加工中心取大值。

【例 1.4】 某镗铣加工中心采用半闭环数控进给系统，最大纵向进给力 $F_z=5\ 000$ N，工作台质量 $m_1=300$ kg，工件及夹具的最大质量 $m_2=500$ kg；工作台纵向行程 $l_z=750$ mm；进给速度 $v=10\sim4\ 000$ mm/min，快速移动速度 $v_{max}=10$ m/min。矩形导轨副，支承导轨材料为淬硬铸铁，动导轨粘贴聚四氟乙烯软带；定位精度为 ± 0.12/300 mm，重复定位精度为 ± 0.006 mm。最大主切削力 $F_c=10\ 000$ N，最大吃刀抗力（横向分力）$F_c=2\ 500$ N；根据定位精度选用滚珠丝杠型号为 FFZD4010-4-1。试选择伺服电动机。

解：（1）伺服电动机经轴套联轴器与进给滚珠丝杠直接连接，即传动比 $i=1$

① FFZD4010-4-1 丝杠导程 $P_h=10$ mm，伺服电动机最高转速为

$$n_{max}=\frac{v_{max}}{i\cdot P_h}=\frac{10}{1\times0.01}=1\ 000\ \text{r/min}$$

② 最大负载转矩。矩形导轨的颠覆力矩影响系数 $K=1.1$，淬硬铸铁与聚四氟乙烯导轨副的当量摩擦因数 $\mu'=0.04$，于是最大进给载荷为

$$\begin{aligned}F_{max}&=KF_z+\mu'(F_x+F_y+G)\\&=1.1\times5\ 000+0.04\times[10\ 000+2\ 500+(500+300)\times9.8]\approx6\ 315\ \text{N}\end{aligned}$$

由丝杠样本可得：1 级精度滚珠丝杠的传动效率 $\eta=0.95$，摩擦力矩 $M_{f1}=0.3$ N · m；丝杠采用一端固定、一端简支，固定端采用接触角为 60°的推力角接触球轴承，其型号为 7602030TVP/DF，面对面组配；由轴承样本可知：预紧后轴承 7602030TVP/DF 的摩擦力矩 $M_{f2}=0.64$ N · m；简支端轴承不预紧，其摩擦力矩忽略，则最大负载转矩为

$$\begin{aligned}M_e&=\left(\frac{F_{max}P_h}{2\pi\eta}+M_{f1}+M_{f2}\right)i\\&=\left(\frac{6\ 315\times0.01}{2\pi\times0.95}+0.3+0.64\right)\times1=11.52\ (\text{N}\cdot\text{m})\end{aligned}$$

伺服电动机的最高转速 n_{max} 为额定转速，根据最大负载转矩 M_e 初选日本三棱公司中的 HC-SFS201 型伺服电动机，其额定转矩为 M_e = 19.1 N · m，最大转矩 M_{max} = 57.3 N · m，额定转速为 n_{max} = 1 000 r/min，转子惯量 J_M = 0.008 2 kg · m^2；功率为 2 kW，质量为 19 kg。

③ 加速特性。经结构设计，确定丝杠长度为 l = 1.2 m，丝杠直径 d = 40 mm，丝杠材料密度为 $\rho = 7.85\times10^3\ \mathrm{kg/m^3}$，工作台移动速度 $v = P_h ni = 0.01n$；初选联轴器外径为 55 mm，长度为 120 mm，联轴器的最大转动惯量和丝杠的转动惯量分别为

$$J_1 = \frac{\pi}{32}\rho D^4 l = \frac{\pi}{32}\times7.85\times10^3\times0.055^4\times0.12 = 0.000\ 8\ (\mathrm{kg\cdot m^2})$$

$$J_s = \frac{\pi}{32}\times7.85\times10^3\times0.04^4\times1.2 = 0.002\ 37\ (\mathrm{kg\cdot m^2})$$

折算到电动机轴上的负载惯量为

$$\begin{aligned} J_L &= \text{工件工作台的转动惯量} + \text{丝杠转动惯量} + \text{联轴器转动惯量} \\ &= (m_1+m_2)\left(\frac{v}{\omega}\right)^2 + J_s + J_1 \\ &= (300+500)\left(\frac{0.01n}{2\pi n}\right)^2 + 0.002\ 37 + 0.000\ 08 = 0.005\ 2\ (\mathrm{kg\cdot m})^2 \end{aligned}$$

电动机转子惯量应满足条件 $J_L < J_M < 4J_L$，即

$$0.005\ 2 < J_M < 0.021$$

根据电动机转子惯量匹配条件，可知选用日本三菱公司的 HC-SFS201 型交流伺服电动机，其额定转矩为 M_e = 19.1 N · m，最大转矩 M_{max} = 57.3 N · m，额定转速为 1 000 r/min，最高转速为 n_{max} = 1 200 r/min，转子惯量 $J_M = 0.008\ 2\ (\mathrm{kg\cdot m})^2$，满足惯量匹配要求。交流伺服电动机转子惯量约为负载惯量的 1.5 倍，这为联轴器的具体选择留有足够余地。

根据电动机克服惯性力的最大转矩，计算工作台的加速时间 t_a 和加速度 a。快速移动时，克服的摩擦力为

$$F_{min} = \mu' G = 0.04\times(500+300)\times9.8 = 314\ \mathrm{N}$$

则快速移动时，克服摩擦力需要的驱动力矩为

$$M_{min} = \left(\frac{F_{min}P_h}{2\pi\eta} + M_{f1} + M_{f2}\right)i = \left(\frac{314\times0.01}{2\pi\times0.95} + 0.3 + 0.6\right)\times1 = 1.466\ (\mathrm{N\cdot m})$$

克服惯性力的最大转矩为

$$M_{a\max} = M_{max} - M_{min} = (57.3 - 1.466) = 55.834\ (\mathrm{N\cdot m})$$

伺服电动机加速时间为

$$t_a=(J_{\rm M}+J_{\rm L})\frac{\pi n_{\max}}{30M_{\rm a\max}}=(0.008\ 2+0.005\ 2)\times\frac{1\ 000\pi}{30\times 55.834}=0.025\ ({\rm s})$$

快速移动时克服摩擦力需要的转矩较小，且电动机最大转矩仅影响加速时间的大小。因而粗略计算时，可用电动机的最大转矩来计算加速时间，即

$$t_{\rm a}=(J_{\rm M}+J_{\rm L})\frac{\pi n_{\max}}{30M_{\max}}=(0.008\ 2+0.005\ 2)\times\frac{1\ 000\pi}{30\times 57.3}=0.024\ ({\rm s})$$

可见，采用 $M_{\max}$、$M_{\rm amax}$ 计算得到的 $t_{\rm a}$ 值相差较小。

采用 $M_{\max}$、$M_{a\max}$ 计算工作台能达到的加速度 a 分别为

$$a=\frac{M_{\max}}{J_{\rm M}+J_{\rm L}}\cdot\frac{P_{\rm h}}{2\pi}=\frac{57.3}{0.008\ 2+0.005\ 2}\times\frac{0.01}{2\pi}=6.8\ ({\rm m/s^2})$$

$$a=\frac{M_{\rm a\max}}{J_{\rm M}+J_{\rm L}}\cdot\frac{P_{\rm h}}{2\pi}=\frac{55.834}{0.008\ 2+0.005\ 2}\times\frac{0.01}{2\pi}=6.63\ ({\rm m/s^2})$$

采用 $M_{\max}$、$M_{\rm amax}$ 计算时，该伺服系统能达到的增益分别为

$$K_{\rm s}=\frac{30a}{v_{\max}}=\frac{30\times 6.8}{10}=20.4\ {\rm s^{-1}}$$

$$K_{\rm s}=\frac{30a}{v_{\max}}=\frac{30\times 6.63}{10}=19.89\ {\rm s^{-1}}$$

可见，采用 $M_{\max}$、$M_{\rm amax}$ 计算的增益相差较小，因而可按 $M_{\max}$ 计算增益。该伺服系统的增益较大，说明所选择的伺服电动机是合理的。

④ 功率验证。最大进给速度时，交流伺服电动机的转速为

$$n_{\rm w\max}=\frac{v_{\rm w\max}}{iP_{\rm h}}=\frac{4}{0.01}=400\ ({\rm r/min})$$

则在最大进给速度时，交流伺服电动机的功率为

$$P_{\rm f}=\frac{M_{\rm e}n_{\rm w\max}}{9\ 550}=\frac{11.52\times 400}{9\ 550}=0.482\ 5\ ({\rm kW})$$

在快速移动时，伺服系统克服摩擦力需要的驱动功率为

$$P_2=\frac{M_{\rm e\min}n_{\max}}{9\ 550}=\frac{1.466\times 1\ 000}{9\ 550}=0.153\ 5\ ({\rm kW})$$

综上可知，进给运动的功率小于快速移动时的功率。且快速移动时克服惯性力需要的功率远大于克服摩擦力所需的功率。

*设 $K_s = 20\ \text{s}^{-1}$，则伺服系统的时间常数为 $t_s = 0.05\ \text{s}$。伺服系统需要的加速度为

$$a_{max} = \frac{v_{max} K_s}{30} = \frac{10 \times 20}{30} = 6.7\ (\text{m/s}^2)$$

a_{max} 略小于 a，说明 K_s 选择合理。

（2）伺服电动机产生的运动和转矩经传动比 $i = 1/2$ 的齿轮减速器、轴套联轴器传递到进给滚珠丝杠。减速器齿轮模数为 2 mm，齿轮齿数分别为 25、50，齿厚为 12 mm；轴套联轴器兼作从动轮轴。

① 伺服电动机的最高转速为

$$n_{max} = \frac{v_{max}}{iP_h} = \frac{10}{0.01} = 2\ 000\ (\text{r/min})$$

② 最大负载转矩为

$$M'_e = M_e i = 11.52 \times \frac{1}{2} = 5.76\ (\text{N} \cdot \text{m})$$

伺服电动机的最高转速 n_{max} 作为额定转速，根据 M_e 初选三菱公司的低惯量 HC-LFS152 型交流伺服电动机，其额定转矩为 $M_e = 7.16\ \text{N} \cdot \text{m}$，最大转矩 $M_{max} = 21.6\ \text{N} \cdot \text{m}$，额定转速为 $n_{max} = 2\ 000\ \text{r/min}$，转子惯量 $J_M = 0.000\ 64\ \text{kg} \cdot \text{m}^2$，功率为 1.5 kW，质量为 10 kg。

③ 加速特性。齿轮副的转动惯量为

$$J_g = \frac{\pi}{32} \times 7.85 \times 10^3 \times 0.012 \times \left[0.05^2 + 0.1^4 \times \left(\frac{1}{2} \right)^2 \right] = 0.000\ 289\ (\text{kg} \cdot \text{m}^2)$$

负载转动惯量为

$$J_L = 0.005\ 2 \times \left(\frac{1}{2} \right)^2 + 0.002\ 89 = 0.001\ 589\ (\text{kg} \cdot \text{m}^2)$$

则伺服电动机的加速时间为

$$t_a = (J_M + J_L) \frac{\pi n_{max}}{30 M_{a\,max}} = (0.000\ 64 + 0.001\ 589) \times \frac{2\ 000\pi}{30 \times \left(21.6 - 1.466 \times \frac{1}{2} \right)} = 0.022\ 4\ (\text{s})$$

此时，工作台能达到的加速度 a 为

$$a=\frac{M_{a\max}}{J_M+J_L}\cdot\frac{iP_h}{2\pi}=\frac{21.6-1.466\times\frac{1}{2}}{0.000\ 64+0.000\ 158\ 9}\times\frac{1}{2}\times\frac{0.01}{2\pi}=7.45\ (\mathrm{m/s^2})$$

该伺服系统能达到的增益为

$$K_s=\frac{30a}{v_{\max}}=22.35\ \mathrm{s^{-1}}$$

K_s较大，选择的伺服电动机是合理的。

（3）若该镗铣加工中心要求的快速移动速度为 $v_{\max}=15$ m/min。仍采用伺服电动机经传动比 $i=1/2$ 的齿轮减速器、轴套联轴器驱动进给滚珠丝杠的方案。

伺服电动机最高转速为

$$n_{\max}=\frac{v_{\max}}{iP_h}=\frac{15\times 2}{0.01}=3\ 000\ (\mathrm{r/min})$$

最大负载转矩仍为 $M_e'=5.76\ \mathrm{N\cdot m}$。伺服电动机的最高转速 $n_{\max}$ 作为额定转速，根据最大负载转矩 M_e' 初选三棱公司的超低惯量 HC-RFS353B 型伺服电动机，额定转矩为 $M_e=11.1\ \mathrm{N\cdot m}$，最大转矩 $M_{\max}=27.9\ \mathrm{N\cdot m}$，额定转速为 $n_{\max}=3\ 000$ r/min，转子惯量 $J_M=0.000\ 86\ \mathrm{kg\cdot m^2}$，功率为 3.5 kW，质量为 12 kg。

伺服系统的加速时间为

$$t_a=(J_M+J_L)\frac{\pi n_{\max}}{30M_{a\max}}=(0.000\ 86+0.001\ 589)\times\frac{3\ 000\pi}{30\times\left(27.9-1.466\times\frac{1}{2}\right)}=0.028\ (s)$$

工作台能达到的加速度 a 为

$$a=\frac{v_{\max}}{60t_a}=\frac{15}{60\times 0.028\ 3}=8.83\ \mathrm{m/s^2}$$

该伺服系统能达到的增益为

$$K_s=\frac{30a}{v_{\max}}=\frac{30\times 8.83}{15}=17.66\ \mathrm{s^{-1}}$$

增益较高，则选择的伺服电动机是合理的。

注意：伺服系统加速时间与增益成反比，若追求高增益，则会使驱动功率增加；但加速时间减少不明显。如上例中，要求增益 $K_s=20\ \mathrm{s^{-1}}$，则只能选超低惯量 HC-RFS503 型交流伺服电动机，其额定转矩 $M_e=15.9\ \mathrm{N\cdot m}$，最大转矩 $M_{\max}=39.7\ \mathrm{N\cdot m}$，额定转速 $n_{\max}=300$ r/min，转子惯量 $J_M=0.001\ 2\ \mathrm{kg\cdot m^2}$，功率为 5 kW，质量为 17 kg。则伺服系统的加速时间为

$$t_a=(J_M+J_L)\frac{\pi n_{\max}}{30M_{a\max}}=(0.001\ 2+0.001\ 589)\times\frac{3\ 000\pi}{30\times\left(39.7-1.466\times\frac{1}{2}\right)}=0.022\ \mathrm{s}$$

$$a=\frac{v_{\max}}{60t_{\mathrm{a}}}=\frac{15}{60\times 0.022}=11.12\ (\mathrm{m/s^2})$$

该伺服系统能达到的增益为

$$K_{\mathrm{s}}=\frac{30a}{v_{\max}}=\frac{30\times 11.12}{15}=22.24\ (\mathrm{s^{-1}})$$

伺服电动机额定功率增加 1.5 kW，而加速时间减少 0.006 s，没有任何现实意义。即伺服系统的实际效果是以加速时间体现的，增益只不过是伺服系统加速时间的另一种简单表达方式。设计时应重视伺服系统加速时间（即伺服系统的时间常数）这一关键参数。

采用减速伺服系统，既减小了所需伺服电动机的驱动转矩，又可减小伺服电动机的功率。故高增益伺服系统，多采用额定转速较高的低惯量伺服电动机、一级齿轮减速的传动方案。

对于结构尚未确定，不能计算部件质量和转动部件惯性的普通机床，可根据现有机床，在统计分析的基础上，用类比法确定。普通机床的快速移动电机功率及移动速度参见表 1.7。

表 1.7　机床部件快速移动速度和功率

机床类型	主参数/min	移动部件名称	速度/（m/min）	功率/kW
卧式车床	400 630～800 1 000	溜板箱 溜板箱 溜板箱	3～5 4 3～4	0.25～0.6 1.1 1.5
单柱立车	1 250～1 600	横梁	0.44	2.2
双柱立车	2 000～3 150 5 000～10 000	横梁 横梁	0.35 0.3～0.37	7.5 17
摇臂钻床	40～50 75～100 125	摇臂 摇臂 摇臂	0.9～1.4 0.6 1.0	1.1～1.2 3 7.5
卧式镗床	ϕ63～ϕ75 ϕ85～ϕ110 ϕ125	主轴箱、工作台 主轴箱、工作台 主轴箱、工作台	2.8～3.2 2.5 2	1.5～2.2 2.2～2.8 4
升降台铣床	250 320 400	升降台、工作台 升降台、工作台 升降台、工作台	2.5～2.9 2.3 2.3～2.8	0.6～1.7 1.5～2.2 2.2～3
龙门铣床	800～1 000	横梁 工作台	0.65 2.0～3.2	5.5 4
龙门刨床	1 000～1 250 1 250～1 600 2 000～2 500	横梁 横梁 横梁	0.57 0.57～0.9 0.42～0.6	3.0 3.0～5.5 7.5～10

思考与练习题

一、概念解释

1. 机床工艺范围
2. 机床加工精度
3. 传动精度
4. 运动精度
5. 定位精度
6. 可靠性
7. 级比
8. 级比指数

二、填空题

1. 机床的精度分三级，即____________机床、精密机床、_________机床。

2. 机床的精度包括__________、传动精度、____________和定位精度等。

3. 机床设计不仅要保证机床的______________，而且要使机床的加工精度保持一定时间，即__________

4. 衡量机床可靠性的指标有____________________、_________。

5. 机床技术参数包括__________、运动参数、___________。

6. 减少机床热变形最简单、最有效的方法是__________。

7. 主运动为旋转运动的机床，其主运动的运动参数为___________；主运动为直线运动的机床，其主运动参数为_______________。

三、判断题（错的打“×”，对的打“√”）

1. 受迫振动的振源一定来自机床外部。 (　　)

2. 机床具有多个固有频率，较低的固有频率易与激振力的频率接近，从而形成共振。 (　　)

3. 影响传动平稳性的主要误差是齿轮的齿距误差 f_{pt} 和一齿切向综合误差 f_i'。 (　　)

4. 机床的造型必须与功能相适应，造型决定功能，功能服从造型。 (　　)

5. 机床设计时，主轴转速数列绝大多数是按照等比数列排列的，优点是设计简单、使用方便、最大相对转速损失率相等。 (　　)

四、问答题

1. 机床应满足哪些基本要求？何谓人机关系？
2. 机床设计的内容和步骤是什么？
3. 机床总体方案拟定包括哪些内容？机床总布局的内容和步骤是什么？
4. 机床分配运动的原则是什么？驱动形式如何选择？
5. 机床的尺寸参数包括哪些参数？如何确定？
6. 怎样减少机床的振动，减小齿轮的噪声值？

7. 机床的运动参数如何确定？等比传动有何优点？通用机床公比选用原则是什么？

8. 标准公比有哪些，是根据什么确定的？数控机床分级传动的公比是否为标准值？

9. 机床的动力参数如何选择？数控机床与普通机床的动力参数确定方法有什么不同？

10. 转速损失的含义是什么？相对转速损失率是什么？最大相对转速损失率怎么表示，它对机床工作效率有什么影响？

五、计算题

1. 试用查表法求主轴各级转速：

（1）已知 $\varphi=1.58$，$n_{max}=190\ r/min$，$Z=6$；

（2）已知 $n_{min}=100\ r/min$，$Z=6$，其中 $n_1 \sim n_3$、$n_{10} \sim n_{12}$ 的公比 $\varphi=1.26$，其余各级转速的公比为 $\varphi=1.58$。

2. 试用计算法求下列参数：

（1）已知 $R_n=10$，$Z=11$，求公比 φ；

（2）已知 $R_n=355$，$\varphi=1.41$，求转速级数 Z；

（3）已知 $\varphi=1.06$，$Z=24$，求主轴变速范围 R_n。

3. 拟定变速系统时，

（1）公比取太大和太小各有什么缺点？较大的（$\varphi \geqslant 1.58$）、中等的（$\varphi=1.26$、$\varphi=1.41$）、较小的（$\varphi<1.12$）的标准公比各适用于哪些场合？

（2）若采用三速电动机，可以取哪些标准公比？

第 2 章

机床主传动设计

本章主要内容： 分级变速主传动系统设计、扩大变速范围的传动系统设计、计算转速、无级变速系统设计、进给传动系统设计、变速系统结构设计。

重点和难点： 分级变速和扩大变速范围传动系统设计；无级变速系统设计；变速系统的结构设计。

主传动系统是实现机床的主运动的机构，该运动直接完成对工件的切削加工，形成所要求表面的形状和精度，其特点是运动速度高，消耗功率大，一般变速范围较宽，是机床中最重要的传动链。它对机床的使用性能、结构和制造成本都有着重要影响，因此，在机床设计的过程中应予以充分重视。

主传动运动设计的任务：运用转速图的基本原理，拟定满足给定转速的合理传动该系统方案，其主要内容包括选择变速组及其传动副数，确定各变速组中的齿轮传动比，以及计算齿轮齿数和带轮直径等。

设计时应满足的基本要求：

（1）满足机床的使用要求。旋转运动机床应有足够的变速范围和转速级数；直线运动机床，应有足够的双行程数范围和变速级数；合理地满足机床自动化及生产率的要求；具有良好的人机关系。

（2）满足机床传递动力的要求。传动系统应能够传递足够的功率、转矩或牵引力，并具有较高的传动效率。

（3）满足机床工作性能的要求。执行件（如主轴组件）须有足够的精度、刚度、抗振性能以及小于许可的热变形和温升等。

（4）噪声应在允许的范围内；操作要轻便灵活、迅速、安全可靠，并便于调整和维修。

（5）满足经济性要求。机床设计应做到结构简单、润滑与密封良好，便于加工和装配，材料、能耗及成本要低。

2.1 分级变速主传动系统设计

分级变速主传动系统一般是通过齿轮变速组来进行变速的系统，是属于机械变速，也是最常用的变速方式。分级变速主传动系统的设计方法和步骤是：在已确定传动形式、主变速传动系统的运动参数基础上，首先拟定转速结构式、转速图，合理分配各传动副的传动比；

再确定齿轮齿数和带轮直径等；最后绘制主传动的传动系统图。在此基础上，才能确定齿轮的轴向布置，进行主传动系统的结构设计。

2.1.1 转速图

1. 转速度图概念

转速图是表示主轴各级转速的传递路线和转速值，各传动轴的转速数列和转速大小，以及各传动副的传动比的线图。概括地说，转速图包括一点三线。一点是指转速点，三线是指主轴转速线、传动轴线、传动线。

（1）转速点是主轴和各传动轴的转速值，用小圆圈或小黑点表示。转速图中的转速值是对数值。

（2）主轴转速线，由于主轴的转速数列是等比数列，故主轴转速线是间距相等的水平线，相邻转速线间距为 $\lg\varphi$。

（3）传动轴线是转速图上距离相等的铅垂线。一般按从左到右的先后顺序排列，轴的编号写在各轴线上面。铅垂线之间的距离相等是为了图示清楚，不表示传动轴间实际距离。

（4）传动线是两转速点之间的连线。传动线的倾斜方式代表传动比的大小，传动比大于 1 时，其对数值为正，传动线向上倾斜，表示升速；传动比小于 1 时，其对数值为负，传动线向下倾斜，表示降速。传动线的倾斜程度表示了升降速度的大小。从一个主动转速点引出的传动线的数目，代表该变速组的传动副数；平行的传动线是同一条传动线，只是主动转速点不同。

如图 2.1 所示是某中型车床的传动系统图和转速图，主轴转速级数 $Z=24$，公比 $\varphi=1.41$，主轴转速 $n=31.5\sim1400\ \mathrm{r/min}$。轴 Ⅰ 的转速为

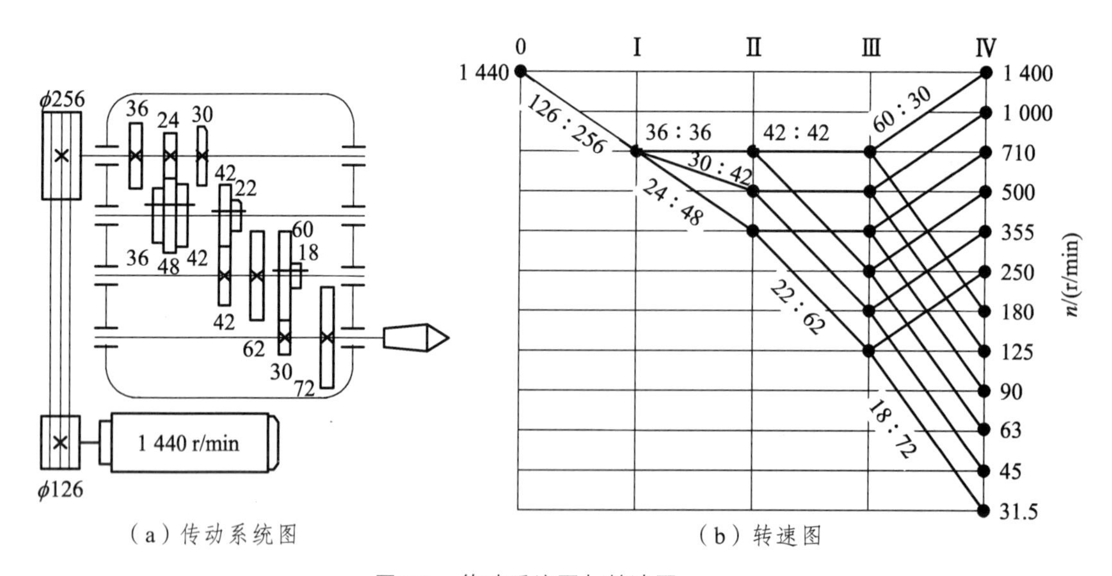

（a）传动系统图　　（b）转速图

图 2.1　传动系统图与转速图

$$n_1 = 1\ 440 \times \frac{126}{256} \approx 710\ (\text{r/min})$$

电动机与轴Ⅰ的传动比为 $i = \frac{126}{256} = \frac{1}{2.03} = \frac{1}{1.41^{2.04}} = \frac{1}{\varphi^{2.04}}$，即电动机轴与轴Ⅰ之间的传动线向下倾斜 2.04 格，使轴Ⅰ的转速正好位于转速线上。轴Ⅰ-Ⅱ之间的变速组为第一变速组，轴Ⅰ转速点上引出三条传动线，说明该变速组有三个传动副；传动线在轴Ⅱ上相距一格，说明该变速组是等比数列转速，级比为 φ，级比指数为 1。

2. 转速图原理

下面通过一个实例来说明转速图的拟定原理。

通常，按照动力传递的顺序（即从电机到执行件的先后顺序），即传动顺序分析机床的转速图。按照传动顺序，变速组依次为第一变速组、第二变速组、第三变速组……分别用字母 a、b、c……表示。传动副数用字母 P 表示。变速范围用 r 表示。

如图 2.1 所示，中型车床主轴的转速数列为

$$n = 1\ 440 \times \frac{126}{256} \times \begin{Bmatrix} 24/48 \\ 30/42 \\ 36/36 \end{Bmatrix} \times \begin{Bmatrix} 22/62 \\ 42/42 \end{Bmatrix} \times \begin{Bmatrix} 18/72 \\ 60/30 \end{Bmatrix}$$

$$= 1\ 440 \times \frac{126}{256} \times \frac{24}{48} \times \frac{22}{62} \times \frac{18}{72} \times \begin{Bmatrix} 1 \\ \varphi \\ \varphi^2 \end{Bmatrix} \times \begin{Bmatrix} 1 \\ \varphi^3 \end{Bmatrix} \times \begin{Bmatrix} 1 \\ \varphi^6 \end{Bmatrix}$$

$$= 31.5 \times \begin{Bmatrix} 1 \\ \varphi \\ \varphi^2 \end{Bmatrix} \times \begin{Bmatrix} 1 \\ \varphi^3 \end{Bmatrix} \times \begin{Bmatrix} 1 \\ \varphi^6 \end{Bmatrix}$$

该机床主运动传动链的结构式为

$$12 = 3_1 \times 2_3 \times 2_6$$

分析结构式：第一变速组 a（即轴Ⅰ-Ⅱ之间的变速组）：传动副数 $P_a = 3$ 级比 $\varphi^{x_a} = \varphi$，级比指数 $x_a = 1$，变速范围 $r_a = \varphi^2$；三个传动副的传动比分别是

$$i_{a1} = \frac{24}{48} = \frac{1}{2} = \frac{1}{\varphi^2}$$

$$i_{a2} = \frac{30}{42} = \frac{1}{1.41} = \frac{1}{\varphi}$$

$$i_{a3} = \frac{36}{36} = 1 = \frac{1}{\varphi^0}$$

即在转速图上，三条传动线分别下降 2 格、下降 1 格、水平。

在变速组中，两相邻的传动比之比，即级比，把级比写成公比幂的形式，其幂指数称为级比指数，用 x 表示。

变速组 a 中，$i_{a_3}:i_{a2}:i_{a1}=1:\dfrac{1}{\varphi}:\dfrac{1}{\varphi^2}=\varphi^2:\varphi:1$，即其级比等于$\varphi$；级比指数 $x_a=1$；变速范围 $r_a=\varphi^{x_a(P_a-1)}=\varphi^2=1.41^2=2$。

分级变速中，把级比或级比指数从小到大的顺序，称为扩大顺序。把级比等于公比或级比指数等于 1 的变速组，称为基本组。基本组的传动副数用 P_0 表示，级比指数用 x_0 表示。则该车床主传动中，第一变速组 a 为基本组，$P_0=3$，$x_0=1$，其变速范围为 $r_0=\varphi^{x_1(P_0-1)}=\varphi^{1\times(3-1)}=\varphi^2=2$。

经基本组的变速，使轴Ⅱ得到 P_0 级等比数列转速。同理可得其余变速组。

第二变速组 b（轴Ⅱ-Ⅲ之间的变速组）：$P_b=2$，传动比分别是

$$i_{b1}=\frac{22}{62}=\frac{1}{2.82}=\frac{1}{1.41^3}=\frac{1}{\varphi^3}$$

$$i_{b2}=\frac{42}{42}=1$$

在转速图上，传动比 i_{b1} 的传动线下降三格、i_{b2} 的传动线水平。级比为 φ^3，级比指数 $x_b=3$，变速范围 $r_b=\varphi^{x_b(P_b-1)}=\varphi^3=2.82$。在转速图上，轴Ⅱ的 P_0 条等比数列转速线相距 $P_0-1=2$ 格，即在变速组 b 中，传动线 i_{b1} 可作 P_0 条平行线占据 $P_0-1=2$ 格，传动线 i_{b2} 产生的最低转速点必须与 i_{b1} 产生的最低转速点相距 $P_0-1+1=3$ 格，才能使轴Ⅲ得到连续而不重复的等比数列转速；即 $x_b=3=P_0$。因此，在扩大顺序中，级比指数等于基本组传动副数的变速组，称为第一扩大组。其传动副数、级比指数、变速范围分别用 P_1、x_1 和 r_1 表示。在该传动中 $P_1=2$，$x_1=3$，变速范围 $r_1=\varphi^{x_1(P_1-1)}=\varphi^{P_0(P_1-1)}=\varphi^{3\times(2-1)}=\varphi^3=2.82$。经第一扩大组后，该车床得到 P_0P_1 级连续而不重复的等比数列转速。

第三变速组 c（轴Ⅲ-Ⅳ之间的变速组），$P_c=2$，传动比分别是

$$i_{c1}=\frac{18}{72}=\frac{1}{4}=\frac{1}{\varphi^4}$$

$$i_{c2}=\frac{60}{30}=2=\varphi^2$$

在转速图上，传动线 i_{c1} 下降 4 格、i_{c2} 上升 2 格。级比为 φ^6，级比指数 $x_c=6$；变速范围 $r_c=\varphi^{x_c(P_c-1)}=\varphi^6=8$。在转速图中，轴Ⅲ的 P_0P_1 个转速点占据 P_0P_1-1 格，在变速组 c 中传动线 i_{c1} 可作的 P_0P_1 条平行线，占据 P_0P_1-1 格，传动线 i_{c2} 产生的最低转速点必须与 i_{c1} 产生的最低转速点相距 P_0P_1-1+1 格，才能使轴Ⅳ得到连续而不重复的等比数列转速；即 $x_c=P_0P_1=3\times 2=6$。因此，在此扩大顺序中，级比指数等于 P_0P_1 的变速组，称为第二扩大组。第二扩大组的传动副数、级比指数、变速范围分别用 P_2、x_2、r_2 表示。在该车床主传动系统中，第二扩大组的传动副数 $P_2=2$，级比指数 $x_2=x_1P_1=P_0P_1=6$，其变速范围为 $r_2=\varphi^{x_2(P_2-1)}=\varphi^{P_0P_1(P_2-1)}=\varphi^{3\times2(2-1)}=\varphi^6=8$。经过第二扩大组的进一步扩大，使主轴（轴Ⅳ）得到

$Z=3\times2\times2=12$ 级连续的等比转速。总的变速范围是

$$R=r_0r_1r_2=\varphi^{P_0-1+P_0(P_1-1)+P_0P_1(P_2-1)}=\varphi^{Z-1}=\varphi^{12-1}=45$$

综上所述，该车床的扩大顺序与传动顺序一致。一般来说，在一个等比数列变速系统中，必须有基本组、第一扩大组、第二扩大组、第三扩大组……

第 j 扩大组的级比指数为 $x_j=P_0P_1P_2\cdots P_{(j-1)}$。

第 j 扩大组的变速范围为 $r_j=\varphi^{x_j(P_j-1)}=\varphi^{P_0P_1P_2\cdots P_{(j-1)}(P_j-1)}$。

总变速范围为

$$R=r_0r_1r_2\cdots r_j=\varphi^{P_0P_0P_1P_2\cdots(P_j-1)}=\varphi^{Z-1}$$

3. 结构式和结构网

把只表示传动比的相对关系，而不表示传动轴（主轴除外）转速值大小的线图，称为结构网。由于不表示传动轴转速值，因此结构网可画成对称形式，如图 2.2 所示。从结构网中，可看出各变速组的传动副数、级比指数、传动顺序，以及扩大顺序和传动路线。与转速图 2.1 对照可知，结构网是传动轴上各转速数列传动线下移到与主轴转速数列对称位置而形成的，因而其传动路线保持不变。

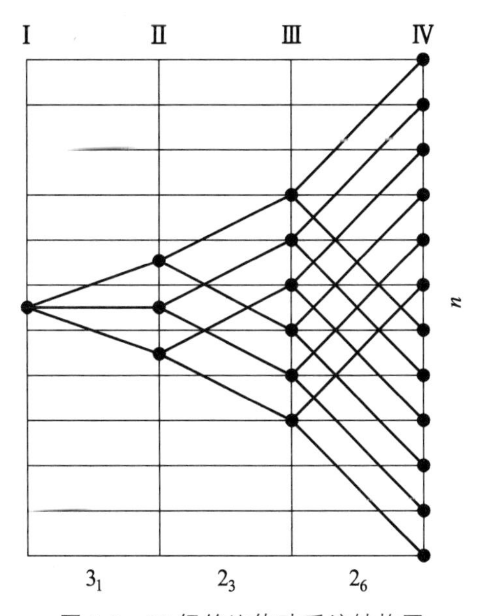

图 2.2　12 级等比传动系统结构网

各变速组传动副数的乘积等于主轴的转速级数 Z，将这一关系式按传动顺序写出数学式，且将级比指数写在变速组传动副数的右下角，就形成结构式。与图 2.2 所示结构网相应的结构式为

$$12=3_1\times2_3\times2_6$$

式中　12——主轴转速级数；

3，2，2——第一、二、三变速组的传动副数；

下角标 1，3，6——表示第一、二、三变速组的级比指数。

在上述结构式中，有三个变速组。第一变速组的级比指数为 1，是基本组；第二变速组的级比指数是 3，等于基本组的传动副数，是第一扩大组；第三变速组的级比指数是 6，等于基本组与第一扩大组传动副数的乘积，是第二扩大组。这种级比关系，可称为级比规律。

通过上述分析，可总结出一般规律，即

$$Z=(P_0)_{x_1}\times(P_1)_{x_2}\times(P_2)_{x_3}\times\cdots\times(P_{j-1})_{x_j} \tag{2.1}$$

式中　P_0，P_1，P_2，……，P_{j-1}——基本组、第一扩大组、第二扩大组，……，第 j 扩大组的传动副数；

x_1，x_2，x_3，……，x_j——基本组、第一扩大组、第二扩大组，……，第 j 扩大组的级比指数。

总结：第一扩大组的级比指数等于基本组的传动副数，第二扩大组的级比指数等于基本组传动副数与第一扩大组传动副数的乘积，……，第 j 扩大组的级比指数等于前面 $j-1$ 个变速组传动副数的乘积，把这种等比数列传动链的扩大顺序规律称为级比规律。

4. 传动系统的转速重合及空转速

等比传动系统只要符合级比规律，就能获得连续而不重复的等比转速。此外，尚有以下几种情况需要注意：

（1）若某变速组的实际级比指数小于级比规律所要求的理论值，则会产生转速重合；如果该变速组为双变速组，那么实际级比指数与理论值的差就是重复转速的级数，且重合转速发生在主轴转速数列的中间位置，如图 2.3 所示。如果产生重合转速的变速组为三速变速组，那么重合转速级数为理论与实际级比指数差的两倍。

（2）若某变速组的级比指数大于级比规律要求的理论值，则会产生空转速；如果该变速组为双变速组（即本组除外），则实际级比指数与理论值的差就是空转速的级数，且空转速发生在主轴转速数列的中间位置；若空转速产生于两个传动副的基本组，则将形成对称双公比（或称为混合公比）传动系统；空转速均匀插入主轴转速数列的两端，形成高低转速端的大公比，且大公比为小公比的平方。

注意：在非最后扩大组的级比指数小于理论值时，会影响到该扩大组之后扩大组的级比指数的大小。如 10 级主轴转速的结构式 $10=3_1\times2_2\times2_5$，第二扩大组级比指数 $x_2=5$，机床主轴可获得 10 级连续等比数列转速；若第二扩大组级比指数 $x_2=6$，则会产生一级空转速，即主轴第 6、5 级转速的比值为公比的平方。这是因为基本组与第一扩大组产生 5 级等比数列转速，相当于基本组与第一扩大组形成新基本组 5_1。又如 12 级主轴转速的结构式 $12=3_1\times2_{2.5}\times2_{2.5}$，基本组与第一扩大组产生的 6 级转速重叠 0.5 级，即变速范围为 $\varphi^{(3-1)+2.5}=\varphi^{4.5}$，为使主轴获得等比数列转速，第二扩大组级比指数需为 4.5 + 1；变速范围 $R=\varphi^{3-1+2.5+5.5}=\varphi^{12-1-0.5\times2}=\varphi^{10}$。

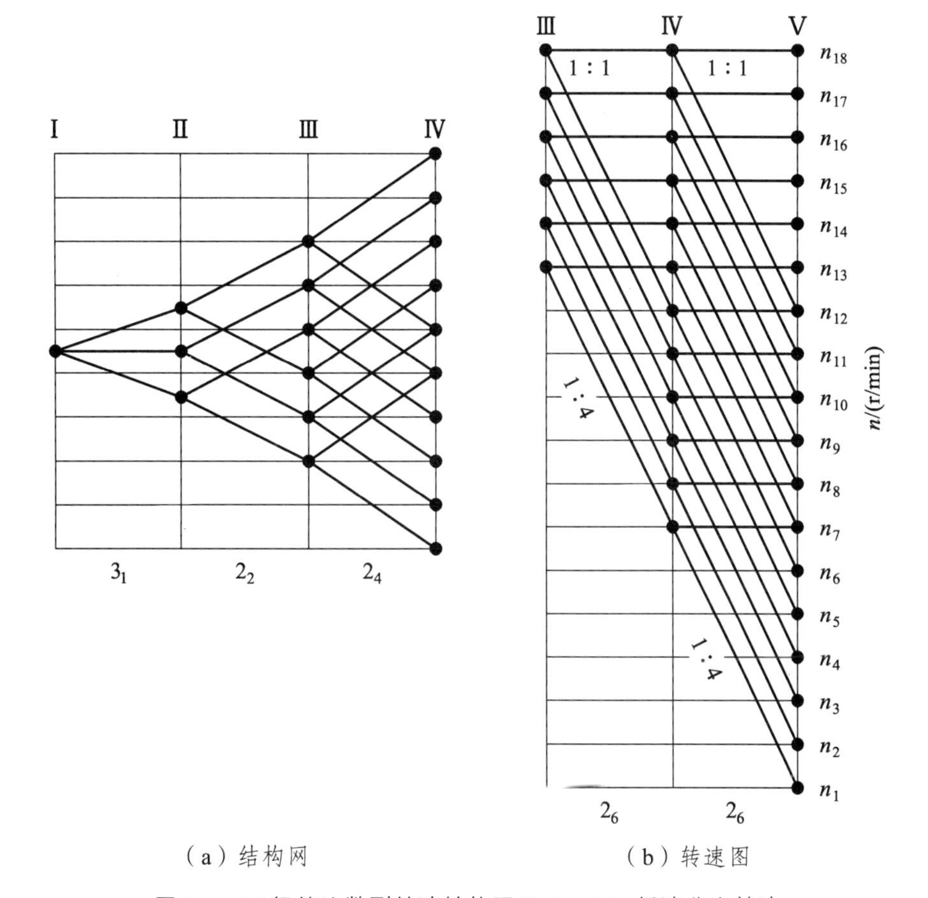

（a）结构网　　　　（b）转速图

图 2.3　10 级等比数列转速结构网及 CA6140 低速分支转速

以主轴转速数列高低端各有两级大公比的 12 级转速的传动系统为例，证明：

$$1, \ \varphi^2, \ \varphi^4, \ \varphi^5, \ \cdots, \ \varphi^{11}, \ \varphi^{13}, \ \varphi^{15} = \begin{Bmatrix}1\\ \varphi^5\end{Bmatrix}\begin{Bmatrix}1\\ \varphi^2\\ \varphi^4\end{Bmatrix}\begin{Bmatrix}1\\ \varphi^6\end{Bmatrix}$$

该传动系统结构式为$12 = 3_2 \times 2_5 \times 2_6$，其中$3_2$、$2_6$变速组符合级比规律，分别为第一扩大组、第二扩大组；2_5变速组肯定为基本组，级比指数增加了 4，主轴转速数列高低端各出现两级空转速。

2.1.2　转速图的拟定原则

根据已确定的机床尺寸参数、运动参数和动力参数，拟定主传动系统转速图。其设计步骤是：根据转速图的拟定原则，确定结构式，画出结构网，然后分配各变速组的最小传动比，拟定出转速图。

1. 极限传动比、极限变速范围原则

在设计机床传动系统时，既要保证结构紧凑、体积不能过大，又要满足精度要求。一方面，为防止传动比过小造成从动齿轮太大，从而增大变速箱的尺寸，一般应限制最小传动比为 $i_{max} \geqslant 1/4$；另一方面，为减少振动，提高传动精度，直齿轮的最大传动比 $i_{max} \leqslant 2$，斜齿圆柱齿轮的最大传动比 $i_{max} \leqslant 2.5$。则直齿圆柱齿轮变速组的极限变速范围为不大于

$$r = \frac{i_{max}}{i_{min}} = \frac{2}{1/4} = 8$$

斜齿圆柱齿轮变速组的极限变速范围为不大于

$$r = \frac{i_{max}}{i_{min}} = \frac{2.5}{1/4} = 10$$

在设计传动系统时，应检查各变速组的变速范围是否超过上述限制。由于变速组的变速范围为 $r_j = \varphi^{x_j(P_j-1)} = \varphi^{P_0P_1P_2\cdots P_{(j-1)}(P_j-1)}$，$j$ 越大，变速范围越大；所以，一般只检查最后扩大组。如结构式 $12 = 3_1 \times 2_3 \times 2_6$，$\varphi = 1.41$，第二扩大组 2_6 为最后扩大组，检查如下：

$$r_2 = \varphi^{x_2(P_2-1)} = \varphi^{6\times(2-1)} = 8 \qquad （未超限制）$$

再如，结构式 $18 = 3_1 \times 3_6 \times 2_3$，$\varphi = 1.26$，第一变速组的传动副数 $P_0 = 3$，级比指数为 $x_a = 1$，是基本组；第三变速组的传动副数 $P_1 = 2$，级比指数 $x_c = 3$，是第一扩大组；第二变速组的传动副数 $P_2 = 3$，级比指数 $x_b = 6 = P_0P_1$，是第二扩大组，其变速范围为

$$r_2 = \varphi^{x_2(P_2-1)} = \varphi^{6\times(3-1)} = 16 \qquad （超出限制）$$

2. 确定传动顺序及传动副数的原则

获得同一等比数列的转速，可有不同的变速组组合的方案。仍以上述机床为例，$Z = 12$，$\varphi = 1.41$，$n_{min} = 31.5$ r/min，电动机功率为 7.5 kW，额定转速 $n_m = 1\,440$ r/min。变速组和传动副数的组合有以下方案：

①$12 = 3 \times 2 \times 2$；②$12 = 2 \times 3 \times 2$；③$12 = 2 \times 2 \times 3$；④$12 = 4 \times 3$；⑤$12 = 3 \times 4$；⑥$12 = 6 \times 2$；⑦$12 = 2 \times 6$。

比较各方案的优劣：首先，方案④、⑤和方案⑥、⑦都有 2 个变速组，最少传动轴数为 3 根；当最少传动轴数为 3 根时，方案⑥、⑦有 8 对齿轮副，比方案④、⑤多 1 对齿轮，致使轴Ⅱ的长度大于方案④、⑤，这使得变速箱变长，故方案⑥、⑦劣于方案④、⑤。其次，方案①、②、③传动系统各有三个变速组，最少传动轴数为四根，此时有 7 对齿轮，与方案④、⑤相同，但它们轴的数量比④、⑤多 1 根，而轴向尺寸较短。所以不能直接判断这几个方案的优劣。从极限传动比、极限变速范围考虑，在方案④、⑤中，若传动副数为 4 的变速组是扩大组，则

$$r_1 = \varphi^{x_1(P_1-1)} = \varphi^{3(4-1)} = \varphi^9 = 22.6 \gg 8 \qquad （超出极限值）$$

若传动副数为 3 的变速组是扩大组，则 $r_1=\varphi^{x_1(P_1-1)}=\varphi^{4(3-1)}=\varphi^8=16>8$，也超出极限值，故应采用方案①、②、③。

进一步分析方案①、②、③，由于该车床的最高转速为 1 400 r/min，低于电动机的额定转速 1 440 r/min，所以车床的主传动系统为降速传动。传动件越靠近电机，其转速就越高，在电动机功率一定的情况下，所需转矩就越小，传动件和传动轴的几何尺寸就可以越小。因此从传动顺序来讲，应尽量使前面的传动件多一些，是较为合理的，即应遵循前多后少的原则。一般应采用三联或双联滑移齿轮变速组，且三联滑移齿轮变速组在前，数学表达式为

$$3\geqslant P_a\geqslant P_b\geqslant P_c\geqslant\cdots$$

综上所述，应选取方案①。

3. 确定扩大顺序的原则

在方案 $12=3\times2\times2$ 中，还有几种扩大方案：

① $12=3_1\times2_3\times2_6$；② $12=3_1\times2_6\times2_3$；③ $12=3_2\times2_1\times2_6$；④ $12=3_4\times2_1\times2_2$；⑤ $12=3_2\times2_6\times2_1$；⑥ $12=3_4\times2_2\times2_1$。

首先，扩大方案①、②、③、⑤的极限变速范围是

$$r_2=\varphi^{x_2(P_2-1)}=\varphi^{6(2-1)}=8 \quad（未超限制）$$

扩大方案④、⑥的极限变速范围是

$$r_2=\varphi^{x_2(P_2-1)}=\varphi^{4(3-1)}=16 \quad（超过限制）$$

因此，扩大方案④、⑥不宜采用。

变速组 j 的变速范围是 $r_j=\varphi^{x_j(p_j-1)}$。在公比一定的情况下，级比指数和传动副数是影响变速范围的关键因素。只有控制 $x_j(P_j-1)$ 的大小，才能使变速组的变速范围不超过允许值。传动副数多时，级比指数应小一些。考虑到传动顺序中有前多后少的原则，扩大顺序应采用前小后大的原则。为与传动顺序区别，这里称之为前密后疏，即变速组中，级比指数小，传动线密；级比指数大，传动线疏。数学表达式为

$$x_a<x_b<x_c<\cdots$$

故应采用扩大方案①。

4. 确定最小传动比的原则

为了使更多的传动件能在相对较高速度下工作，以减小传动件和变速箱的结构尺寸，除遵循在传动顺序上前多后少，扩大顺序上前密后疏的原则外，最小传动比还应采用前缓后急的原则（也称递降原则），即在传动顺序上，越靠前的变速组最小传动比越大，越靠后的最小传动比越小。最后变速组的最小传动比常取 1/4。其数学表达式为

$$i_{a\min}\geqslant i_{b\min}\geqslant i_{c\min}\geqslant\cdots\geqslant\frac{1}{4} \tag{2.2}$$

由于制造和安装误差等原因，传动件在工作中存在转角误差。传动件在传递转矩和运动时，也将其自身的转角误差按传动比的大小放大或缩小，并依次向后传递，最终反映到执行件上。如果最后变速组的传动比小于 1，就会将前面各传动件传递来的转角误差缩小；传动比越小，传递来的误差缩小倍数就越大，从而可提高传动链的精度。故采用前缓后急的最小传动比原则，有利于提高传动链末端执行件的旋转精度。

特别应注意：传动比不能超过极限传动比的限制，各变速组的最小传动比应尽量为公比的整数次幂，以便于计算和绘制转速图。

一般情况下，设计传动链时应遵循上述原则。但具体情况下要灵活运用，如采用双速电动机驱动时，电动机的级比为 2，而一般机床主传动的公比不会为 2。此时，电动机不可能是基本组，只能为第一扩大组，这样传动顺序和扩大顺序就不一致。再如，在 CA6140 车床主传动系统中，轴 I 上装有双向摩擦离合器，占据一定的轴向长度，为了不使轴 I 过长，第一变速组采用双联滑移齿轮变速，第二变速组采用三联滑移齿轮变速，这样传动顺序中的传动副数不是前多后少；同时，轴 I 上的双向摩擦离合器的径向尺寸较大，为了使第一变速组齿轮的中心距不致过大，第一变速组采用升速传动等，这都是结合实际采取了灵活措施设计的。

2.1.3　转速图的绘制

根据转速图的拟定原则，在确定结构式和结构网后，再确定是否需要有定比传动，如果需要定比传动，首先确定定比传动的大小，并且应尽量保证轴 I 转速为主轴转速线上的一个转速点，然后根据结构式，再分配各变速组的传动比，并确定其他中间轴的转速。这样就可以画转速图了。

【例 2.1】某中型车床：转速级数 $Z=12$，公比 $\varphi=1.41$，$n_{\min}=31.5$ r/min，电机转速 $n_{电}=$ 1 440 r/min。主轴的转速数列见表 2.1 所示。

表 2.1　某车床主轴的转速数列

31.5	45	63	90	125	180	250	355	500	710	1000	1400

（1）确定轴 I 的转速值为 710 r/min，则定比传动的传动比为

$$i_0=\frac{n_I}{n_{电}}=\frac{710}{1\,440}=\frac{1}{2.03}$$

（2）确定各变速组的最小传动比　从 I 轴的转速点 710 r/min 到主轴Ⅳ的最小转速点 31.5 r/min 共有 9 格，3 个变速组的最小传动线平均下降 3 格；按照前缓后急的原则，第二变速组最小传动线下降 3 格，第一变速组的最小传动线下降 3 − 1 = 2 格，第三变速组的最小传动线下降 3 + 1 = 4 格。

（3）绘制转速图的步骤：

① 画出转速线、传动轴线，标出转速点、标注转速值，在传动轴的上方注明传动轴号，电动机轴线用 0 标注。

② 在传动轴Ⅰ上用圆圈标出转速点 710 r/min，计算电动机额定转速点在传动轴线 0 上的位置，按照 $-\lg 2.03/\lg 1.41=-2.04$，电动机额定转速在转速点 710 r/min 以上 2.04 格，用小圆圈标注，并在其旁边注明转速值，0 轴和Ⅰ轴上两小圆圈之间的连线就是定比传动线。

③ 画出各变速组最小传动比的传动线，如图 2.4 所示。

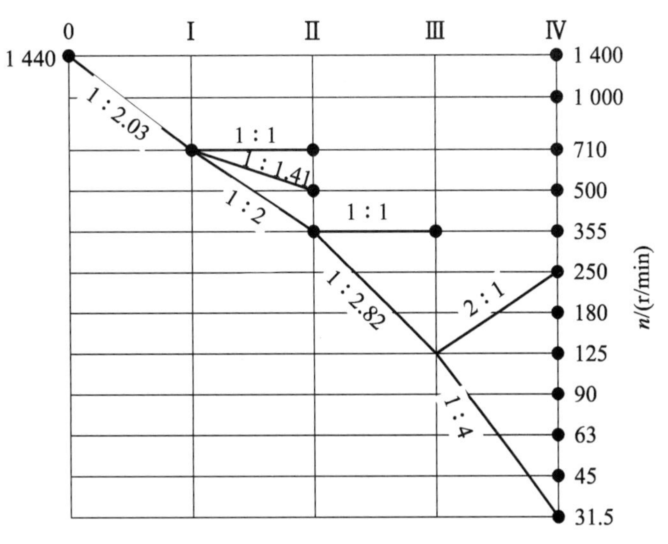

图 2.4 12 级转速的转图拟定

④ 画出基本组其他传动线，按结构式 $12=3_1\times 2_3\times 2_6$，第一变速组三条传动线在轴Ⅱ上相距 1 格；画出第一扩大组第二条传动线，两传动线在轴Ⅲ上相距 3 格；作第二扩大组第二条传动线，与第一条传动线相距 6 格，如图 2.4 所示。

⑤ 在各传动线上标出传动比或齿数比（直径比）的大小，如图 2.4 所示。

⑥ 作扩大各组传动线的平行线，就可得到图 2.5 所示的转速图。

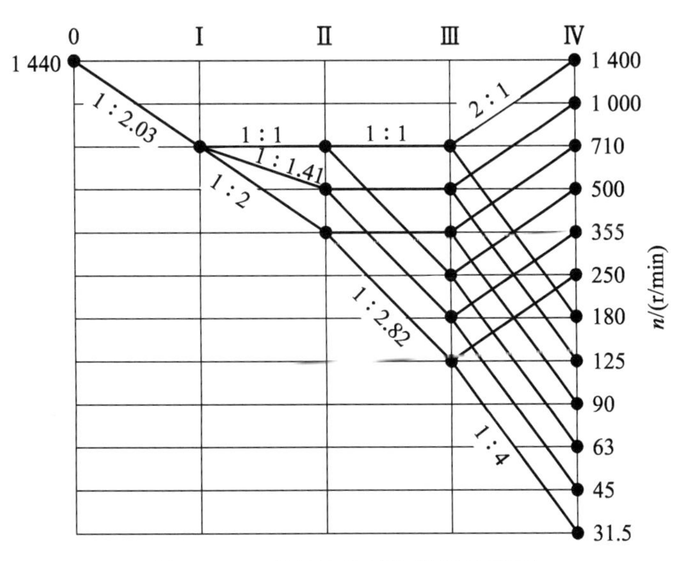

图 2.5 12 级转速的等比数列转速图

若该车床与CA6140车床一样，在轴Ⅰ上安装双向摩擦离合器，可采取如下方案：

$$12 = 2_1 \times 3_2 \times 2_6$$

考虑变速箱装配工艺：由于双向摩擦离合器从轴Ⅰ两端组装，致使轴Ⅰ组件必须整体装入变速箱；因离合器的摩擦片压力应根据需要适时调节，因而轴Ⅰ必须在轴Ⅱ的上面，在轴Ⅱ装配后才能装入轴Ⅰ组件；又因摩擦离合器的直径较大，为保证装配关系，轴Ⅰ上的最小齿轮的分度圆应比离合器大两个模数，为使第一变速组轴距不致太大，第一变速组从动齿轮应小一些，则转速图如图2.5所示。

2.1.4　齿轮齿数的确定

1. 齿轮齿数确定的原则

在保证输出转速准确的前提下，应尽量减少齿轮齿数，使齿轮结构尺寸紧凑。一般情况下，确定齿轮齿数应遵循的原则：

（1）实际转速 n' 与标准转速 n 的相对误差 δ_{n} 为

$$\delta_{\mathrm{n}} = \frac{n-n'}{n} = 1-\frac{n'}{n} < \pm(\varphi-1)\times 100\% \tag{2.3}$$

（2）齿轮副的齿数和 $S_z \leqslant 100 \sim 120$；受啮合时重合度的限制，非变位直齿圆柱齿轮，不发生根切的最小齿数 $z_{\min} \geqslant 17$；正变位直齿轮，保证不发生根切的最小齿数为 $z_{\min} \geqslant 14$；若齿轮和传动轴采用键连接，如图2.6（a）所示，则应保证齿根圆至键槽顶面的距离大于两个模数，以满足其强度要求，$d_{\min} = z_{\min} m$，$h_{\mathrm{f}} = 1.25$ m 即

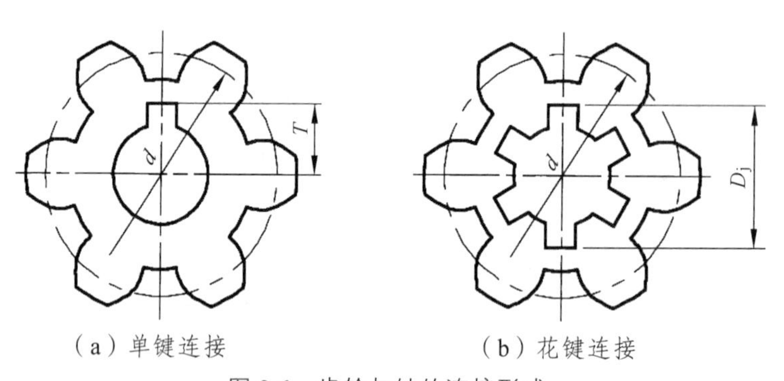

（a）单键连接　　（b）花键连接

图2.6　齿轮与轴的连接形式

$$\frac{z_{\min} m - 2.5m}{2} - T \geqslant 2m$$

得

$$z_{\min} \geqslant \frac{2T}{m} + 6.5 \tag{2.4}$$

式中　T——齿轮键槽顶面至孔中心的距离；

m——齿轮模数。

如果齿轮和传动轴为花键连接如图 2.6（b）所示，内花键的大径为 D_j，同样道理，为保证齿轮强度，$\frac{z_{min}m-2h_f-D_j}{2}\geqslant 2m$，$h_f=1.25$ m，则最小齿数应按下式计算

$$z_{min}\geqslant\frac{D_j}{m}+6.5 \tag{2.5}$$

在满足下述情况的条件下，需取较大值。

（3）为满足结构安装要求，在箱体上相邻轴孔的壁厚应不小于 3 mm。

（4）当变速组内各齿轮副的齿数和不相等时，其齿数和的差不能大于 3。

（5）齿轮传动副，尤其是主轴和最后传动轴上的齿轮传动副的两轮齿数应互为质数，或没有较大的公约数。

2. 确定齿轮齿数的方法

在一个变速组中，设主动齿轮的齿数用 z_j 表示，从动齿轮的齿数用 z_j' 表示，$z_j+z_j'=S_{zj}$，则传动比 i_j 为

$$i_j=\frac{z_j}{z_j'}=\frac{a_j}{b_j}$$

式中 a_j、b_j 互为质数，设 $a_j+b_j=S_{0j}$，则

$$z_j=a_j\frac{S_{zj}}{S_{0j}},\quad z_j'=b_j\frac{S_{zj}}{S_{0j}} \tag{2.6}$$

由于 z_j 是整数，S_{zj} 必定能被 S_{0j} 整除；如果各传动副的齿数和均为 S_z，则 S_z 就能同时被 S_{01}、S_{02}、S_{03} 所整除，换言之，S_z 是 S_{01}、S_{02}、S_{03} 的公倍数。所以确定齿轮齿数时，应在允许的误差范围内，确定合理的 a_j、b_j，进而求得 S_{01}、S_{02}、S_{03}，并要尽量使 S_{01}、S_{02}、S_{03} 的最小公倍数为最小，最小公倍数用 S_0 表示，则 S_z 必定为 S_0 的整倍数。设 $S_z=kS_0$，k 为整数。然后，根据最小传动比或最大传动比中的小齿轮确定 k 值，再确定各齿轮的齿数。

【例 2.2】 在如图 2.1 所示的车床主轴箱基本组中，$i_{a1}=1/\varphi^2$，$i_{a2}=1/\varphi$，$i_{a3}=1$，$\varphi=1.41$ 试确定该基本组的各齿轮齿数。

解： 因为 $i_{a1}=\frac{1}{\varphi^2}=\frac{1}{2}$，则 $S_{01}=3$；$i_{a2}=\frac{1}{\varphi}=\frac{5}{7}$，则 $S_{02}=12$；$i_{a3}=\frac{1}{1}$，则 $S_{03}=2$。

S_{01}、S_{02}、S_{03} 的最小公倍数为 12，即 $S_{02}=12$，$S_z=kS_0=12$ k。最小齿轮齿数发生在 i_{a1} 中，有 $z_{a1}=a_1\frac{S_z}{S_{01}}=\frac{12k}{3}=4k\geqslant 17$，即 $k\geqslant 5$。取 $k=6$，得 $z_{a1}=4$ k $=24$；$z_{a2}=a_2\frac{S_z}{S_{02}}=5\times\frac{12k}{12}=5k=30$；$z_{a3}=a_3\frac{S_z}{S_{03}}=1\times\frac{12k}{2}=6k=36$。

因 $S_z=12$ k $=72$；则有 $z_{a1}'=S_z-z_{a1}=72-24=48$，$z_{a2}'=S_z-z_{a2}=72-30=42$，$z_{a3}'=S_z-z_{a3}=72-36=36$。

【例 2.3】 图 2.7 所示为铣床转速图的基本组，试确定该铣床基本组的各齿轮齿数。

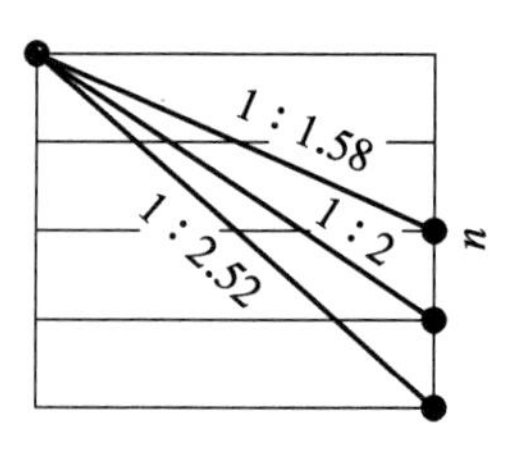

图 2.7 转速图

解：（1）由图可知，$i_{a2}=\frac{1}{2}$，则 $S_{02}=a_2+b_2=3$；要使 S_{01}、S_{02}、S_{03} 的最小公倍数为最小，须使 S_{01}、S_{03} 为 3 的倍数。在转速误差允许的范围内，最大传动比为 $i_{a3}=\frac{1}{1.58}\approx\frac{5}{8}\approx\frac{7}{11}\approx\frac{8}{13}$，取 $i_{a3}=\frac{8}{13}$，则 $S_{03}=a_3+b_3=21$；$i_{a1}=\frac{1}{2.52}\approx\frac{2}{5}\approx\frac{7}{18}\approx\frac{11}{28}$，如取 $i_{a1}=\frac{2}{5}$，则 $S_{01}=a_1+b_1=2+5=7$，则 S_{01}、S_{02}、S_{03} 的最小公倍数为 $S_0=21$，$S_z=kS_0$。

于是有

$$z_{a1}=a_1\frac{S_z}{S_{01}}=\frac{21k}{7}=6k\text{，取 }k=3\text{，则 }z_{a1}=18$$

$$z_{a2}=a_2\frac{S_z}{S_{02}}=\frac{21k}{3}=7k=21\text{，}\quad z_{a3}=a_3\frac{S_z}{S_{03}}=8\times\frac{21k}{21}=8k=24$$

$$S_z=kS_0=3\times21=63$$

从动轮齿数为 $z'_{a1}=S_z-z_{a1}=63-18=45$，$z'_{a2}=S_z-z_{a2}=63-21=42$，$z'_{a3}=S_z-z_{a3}=63-24=39$

分析：由于该变速组的级比指数为 1，是基本组，按转速图拟定原则，它应为第一变速组，因而其转速相对较高，而所传递的转矩相对较低，则该变速组的齿轮模数较小。若该变速组的齿轮模数 $m=2.5$ mm，则最小齿轮的齿根圆直径 $d_{fa1}=38.75$ mm，这样，该齿轮只能与传动轴制成一体，即为齿轮轴；这是因为该齿轮若为花键连接，则该齿轮传动轴花键大径应不大于 28 mm，花键大径与齿轮根圆距离小，其承载能力很小。

（2）如果取 $i_{a3}=\frac{7}{11}$，则 $S_{03}=a_3+b_3=7+11=18$；因 S_{01} 不是 3 的倍数，只好采用变位齿轮，减少（或增加）S_{z1}。但 i_{a1} 是最小传动比，最小齿轮齿数为 z_{a1}，必须按 $S_{01}=18$ 确定 S_z，因而选择

$$i_{a1}=\frac{1}{2.52}\approx\frac{2}{5}\approx\frac{5.142\,857}{12.857\,143}$$

则 $S_0=18$，$S_z=kS_0=18k$，于是

$$z_{a1}=a_1\frac{S_z}{S_0}=5.142\,857\times\frac{18k}{18}=5.142\,857k\geqslant17\text{，取 }k=4\text{，}\quad z_{a1}>17$$

$$z_{a2}=a_2\frac{S_z}{S_{01}}=1\times\frac{18k}{3}=6k=24\text{，}\quad z_{a3}=a_3\frac{S_z}{S_{03}}=7\times\frac{18k}{18}=7k=28$$

$$S_z=18k=18\times4=72$$

$$z'_{a2}=S_z-z_{a2}=72-24=48\text{，}\quad z'_{a3}=S_z-z_{a3}=72-28=44$$

由确定齿轮齿数的原则可知，$69\leqslant S_{z1}=k_1S_0=7k_1\leqslant75$，取 $k_1=10$，则 $S_{z1}=70$。

于是有

$$z_{a1}=a_1\frac{S_{z1}}{S_{01}}=2\times\frac{70}{7}=20\text{，}\quad z'_{a1}=S_{z1}-z_{a1}=70-20=50$$

齿轮 z_{a1}、z'_{a1} 的总变位系数为 1；最小齿轮变位系数 $\xi=0.5$ 时，$d_{fa1}=46.25$ mm。

（3）如果取 $i_{a3}=\frac{5}{8}$，$i_{a1}=\frac{11}{28}$，则 $S_{03}=a_3+b_3=5+8=13$；$S_{01}=a_1+b_1==11+28=39$，$S_{02}=a_2+b_2=3$，最小公倍数 $S_0=39$。则

$$z_{a1}=a_1\frac{S_z}{S_{01}}=11\times\frac{39k}{39}=11k\text{，取 }k=2\text{，则 }S_z=kS_0=78$$

$$z_{a2}=a_2\frac{S_z}{S_{02}}=1\times\frac{39k}{3}=13k=26\text{，}\quad z_{a3}=a_3\frac{S_z}{S_{03}}=5\times\frac{39k}{13}=15k=30$$

从动轮齿数 $z'_{a2}=S_z-z_{a2}=kS_0-z_{a2}=2\times39-26=52$

$$z'_{a3}=S_z-z_{a3}=kS_0-z_{a3}=2\times39-30=48$$

但是，$i_{a1}=\frac{1}{2.52}\approx\frac{2}{5}$，与 $\frac{1}{2.52}$ 的相对误差为 $A=\frac{2.52-2.5}{2.5}=0.8\%$；$i_{a1}\approx\frac{11}{28}$，与 $\frac{1}{2.52}$ 的相对误差为 $A=\frac{2.52\times11-28}{28}=-1\%$。显然，$i_{a1}\approx\frac{2}{5}$ 的精度高于 $i_{a1}\approx\frac{11}{28}$；故 i_{a1} 仍按 $i_{a1}\approx\frac{2}{5}$ 计算齿轮副的齿数。由确定齿轮齿数的原则可知，$75\leqslant S_{z1}=7k_1\leqslant81$，取 $k_1=11$，则

$$S_{z1}=77\text{，}\quad z_{a1}=a_1\frac{S_{z1}}{S_0}=2\times\frac{77}{7}=22\text{，}\quad z'_{a1}=S_{z1}-z_{a1}=77-22=55$$

齿轮 z_{a1}、z'_{a1} 的总变位系数为 0.5；最小齿轮变位系数 $\xi=0.5$ 时，$d_{fa1}=51.25$ mm。此时，最小齿轮可与轴为花键连接。

3. 最后变速组齿轮齿数的确定

在最后变速组中，两传动副齿轮可采用不同的模数。大模数齿轮，抗弯能力强，传动转矩大，用于低速传动中；小模数则用于高速多齿数齿轮，可增加啮合的重合度，提高运动的平稳性，并减少齿轮振动和噪声值。

假定低速传动的齿轮副齿数和、模数、传动比、主动齿轮齿数分别用 S_{z1}、m_1、i_1、z_1 表示；高速传动的齿轮副齿数和、模数、传动比、主动齿轮齿数分别用 S_{z2}、m_2、i_2、z_2 表示。由于两传动副中心距相等，所以

$$S_{z1}m_1=S_{z2}m_2\text{，}\quad\frac{S_{z1}}{S_{z2}}=\frac{m_2}{m_1}=\frac{c_2}{e_1}\qquad\text{（}e_1\text{、}e_2\text{互为质数）}$$

$$z_1=a_1\frac{S_{z1}}{S_{01}}=a\frac{S_0k}{S_{01}}\tag{2.7}$$

$$z_2=a_2\frac{S_{z2}}{S_{02}}=a_2\frac{S_{z1}e_1}{S_{02}e_2}=a_2e_1\frac{S_0k}{S_{02}e_2}\tag{2.8}$$

由式（2.8）可知，S_{z1} 是 S_{01}、S_{02}、e_2 的最小公倍数，因而，确定最后变速组齿轮齿数的步骤如下：

（1）选择 m_1、m_2；计算出 e_1、e_2。

（2）由 S_{01}、S_{02}、e_2 算出其最小公倍数 S_0，则 $S_{z1}=kS_0$。

（3）确定变速组中最小齿轮齿数 z_1，使 $z_1 \geqslant 17$，求出 k 值；最后确定其他齿轮齿数。

【例 2.4】 设某车床的最后变速组传动副的传动比分别为，$i_1=\dfrac{1}{4}$，$i_2=2$，确定两齿轮副的齿数。

解：（1）由已知传动副的传动比可知 $S_{01}=a_1+b_1=1+4=5$，$S_{02}=a_2+b_2=2+1=3$；

选择 $m_1=4$，$m_2=3$，则 S_{01} 和 S_{02} 的最小公倍数为 $S_0=15$，$S_{z1}=kS_0=15\text{ k}$；取 $k=6$，由 $z_1=\dfrac{S_{z1}}{S_{01}}=\dfrac{15\times 6}{5}=18$，$S_{z1}=\text{kS}_0=15\text{ k}=90$，由此可得

$$z_1'=S_{z1}-z_1=90-18=72$$

$$z_2=a_2e_1\frac{S_0k}{S_{02}e_2}=2\times 4\times\frac{15\times 6}{3\times 3}=80,\quad S_{z2}=\frac{S_{z1}m_1}{m_2}=\frac{15km_1}{m_2}=\frac{15\times 6\times 4}{3}=120$$

得 $z_2'=S_{z2}-z_2=120-80=40$。

【例 2.5】 某车床的最后变速组，$i_1=\dfrac{1}{4}$，$m_1=4.5$；$i_2=2$，$m_2=3.5$，确定两齿轮副的齿数。

解：（1）由已知条件可知，$S_{01}=5$，$S_{02}=3$；$e_1=9$，$e_2=7$，选择 $S_0=21$，则 $S_{z1}=21k$

$$i_1=\frac{1}{4}=\frac{4.2}{16.8},\quad z_1=a_1\frac{S_{z1}}{S_0}=4.2\times\frac{21k}{21}=4.2k$$

取 $k=4$，则 $\text{z}_1=17$。

$$z_1'=\frac{z_1}{i_1}=17\times 4=68,\quad a=\frac{m_1(z_1+z_2)}{2}-m_1\xi=189,$$

$$z_2=a_2e_1\frac{S_0k}{S_{02}e_2}=2\times 9\times\frac{21\times 4}{3\times 7}=72,\quad z_2'=e_1\frac{S_0k}{S_{02}e_2}=9\times\frac{21\times 4}{3\times 7}=36$$

（2）选择 $S_0=7$，则 $S_{z1}=7k$，$i_1=\dfrac{1.4}{5.6}$，$i_2=\dfrac{4.666\ 67}{2.333\ 33}$

$$z_1=a_1\frac{S_{z1}}{S_0}=1.4\times\frac{7k}{7}=1.4k$$

取 $k=13$。

$S_{z1}=7k=91$，中心距为 $a=\dfrac{S_{z1}m_1}{2}=204.75\text{ mm}$，取 $a=205\text{ mm}$。可在 $S_{z1}=91$ 附近选取能被 5 整除的数字，利用齿轮变位，保持中心距不变。显然，S_{z1} 应为 90。

$z_1=\dfrac{90}{5}=18$，$z_1'=\dfrac{z_1}{i_1}=\dfrac{18}{1/4}=72$，总变位系数 $\xi=0.555$

$S_{z2}=\dfrac{S_{z1}m_1}{m_2}=\dfrac{91\times4.5}{3.5}=117$，它能够被 3 整除，故

$z_2=a_2\dfrac{S_{z2}}{3}=2\times\dfrac{117}{3}=78$， $z_2'=\dfrac{117}{3}=39$，总变位系数$\xi=0.071$

4. 传动系统齿轮副齿数的调整

齿轮传动副的两齿轮齿数互为质数，可以减少或避免周期性振动，提高传动精度；减少齿轮磨损，延长使用寿命。

齿轮传动副的两齿轮齿数互为质数，就是确定传动比$i=\dfrac{z_j}{z_j'}=\dfrac{a_j}{b_j}$中的 a_j、b_j，可对两个变速组的各传动比微调，结合变速组内齿数和的差不能大于 3 的原则，改变齿轮副的齿数。以图 2.1 所示的车床为例，第三变速组以分数表示的两传动比 i_{c1}、i_{c2} 的分子、分母皆为整数，故乘以$\sqrt[12]{2}=1.06$，第一变速组的各传动比则都除以 1.06，即

$$i_a=\frac{1}{1.06}\times\begin{Bmatrix}1/2\\1/1.41\\1\end{Bmatrix},\quad i_c=1.06\times\begin{Bmatrix}1/4\\2\end{Bmatrix}$$

则

$$z_{a1}=\frac{72}{1.06\times2+1}=23,\quad z_{a1}'=S_{z1}-z_{a1}=72-23=49$$

$$z_{a2}=\frac{72}{1.06\times1.41+1}=29,\quad z_{a1}'=S_{z2}-z_{a2}=72-29=43$$

$$z_{a3}=\frac{72}{1.06+1}=35,\quad z_{a3}'=S_{z3}-z_{a3}=72-35=37$$

取 $S_{zc1}=91$，大齿轮 z_c' 的变位系数$\xi=-0.5$，则

$$z_{c1}=\frac{91\times1.06}{1.06+4}=19,\quad z_{c1}'=S_{zc1}-z_{c1}=91-19=72$$

齿轮 z_{c1}' 的变位系数$\xi=-0.5$

$$z_{c2}=\frac{90\times1.06\times2}{1.06\times2+1}=61,\quad z_{c2}'=S_{zc2}-z_{c1}=90-61=29$$

根据《金属切削机床设计》理论，在确定齿轮齿数时，应符合转速图上传动比的要求。实际传动比（齿轮齿数之比）与理论传动比（转速图上要求的传动比）之间允许有误差，但不能过大。确定齿轮齿数所造成的转速误差，一般应不超过 $\pm10(\varphi-1)\%$，即

$$\frac{n_{理}-n_{实}}{n_{理}}<\pm10(\varphi-1)\%$$

式中　$n_{理}$—— 要求的主轴转速；

$n_{实}$—— 齿轮传动实现的主轴转速。

第二变速组在保证传动比近似不变的前提下，微量调整齿轮副齿数，z_{b1}、z'_{b1}为

$$\frac{z_{b1}}{z'_{b1}}=\frac{1}{2.82}=\frac{22}{62}=\frac{23}{65}$$

且此数化 23/65 相当于$1/\left(2\sqrt{2}\right)$的误差更小，即

$$\delta_{b1}=\left(\frac{23}{65}-\frac{1}{2\sqrt{2}}\right)\times 2\sqrt{2}=0.083\%<10(1.41-1)\%=4.1\%$$

则 $S_z=88$、$z_{b2}=44$、$z'_{b2}=45$，z'_{b2}的变位系数$\xi=-0.5$。因而相对误差为

$$\delta_{b2}=1-\frac{44}{45}=2.2\%<10(1.41-1)\%=4.1\%$$

满足转速误差要求。

2.2 扩大变速范围的传动系统设计

为了使机床尽可能满足实际生产的需要，其变速范围要足够大。根据前多后少的传动顺序原则，最后扩大组一定是双速变速组。若最后扩大组的变速范围为极限是 8，则对公比$\varphi=1.41$的传动系统，级比指数为 6，结构式为 $12=3_1\times 2_3\times 2_6$，传动系统总变速范围是$R=\varphi^{z-1}=\varphi^{11}=45$；对于公比为$\varphi=1.26$的传动系统，最后扩大组的级比指数为 9，结构式为$18=3_1\times 3_3\times 2_9$，总变速范围是$R=\varphi^{z-1}=\varphi^{17}=50$。一般来说，这样的变速范围是不能满足普通机床的要求。

例如，车床 CA6140 的主轴最低转速为 10 m/min，最高转速为 1 400 r/min，变速范围$R=140$；数控铣床 XK5040-1 的主轴最低转速为 12 r/min，最高转速为 1 500 r/min，变速范围$R=125$；摇臂钻床 Z3040 的变速范围是 80。因此，在设计时，必须扩大传动系统的变速范围，以满足机床的工艺需求。

扩大变速范围的可能途径有三种，下面具体讨论其可行性。

2.2.1 增加变速组的传动系统

由变速范围$R=\varphi^{Z-1}=\varphi^{P_0P_1\cdots P_j-1}$可知，增加公比$\varphi$、增加某一变速组中传动副数$P_j$和增加变速组数$j$，均可扩大变速范围。但是，增加公比，会导致相对转速损失率的增大，影响机床劳动生产率，且各类机床已规定了相应的公比大小，不可随意增大。一般来说，机床类型一定时，公比大小是固定的，因此，通过增大公比来扩大变速范围是不可行的。同样，根据传动顺序前多后少的原则，为便于操作控制，变速组内传动副数一般不大于 3，因而，通过增加某一变速组内传动副数的方法来扩大变速范围也是不可行的。在原有的传动系统中再增加一个双联齿轮变速组，可增大主轴转速级数，从而扩大变速范围。但由于受变速组极限变速范围的限制，增加的变速组级比指数往往小于理论值，这就会导致部分转速出现重复。

例如，公比$\varphi=1.41$，结构式为 $12=3_1\times 2_3\times 2_6$ 的传动系统，第二扩大组的级比指数为

$x_2=6$，变速范围已达到极限值 8，再增加第三扩大组后，其级比指数的理论值应为 $x_3=12$，传动副数为 $P_3=2$，则其变速范围为 $r_3=\varphi^{12(2-1)}=\varphi^{12}=64\gg 8$，变速范围远远超过极限变速范围规定。因此，必须减小其级比指数，使变速范围不大于极限值，根据 $r_3=\varphi^{x_3(2-1)}=\varphi^{x_3}\leqslant 8=\varphi^6$，这样 $x_3=6$，比理论值 12 减小 6。可见，增加第三扩大组后，主轴转速级数的理论值为 24 级，但实际只获得 24 – 6 = 18 级转速，因为主轴转速有 6 级是重复的，故总的变速范围为

$$R_{n+1}=(r_0r_1r_2)r_3=\varphi^{12-1}\times\varphi^{6(2-1)}\approx 45\times 8=360$$

将主轴变速范围扩大了 8 倍，转速级数增加了 6 级。

若再增加第四扩大组，则总变速范围将再扩大 8 倍，主轴转速级数再增加 6 级。

再比如，公比 $\varphi=1.26$，结构式为 $18=3_1\times 3_3\times 2_9$ 的系统，第二扩大组的级比指数为 $x_2=9$，变速范围已达到极限值 $r_2=8$；若增加第三扩大组后，级比指数理论值应为 $x_3=18$，传动副数 $P_3=2$，受极限变速范围的限制，实际级比指数为 9，比理论值要小 9；主轴转速级数的理论值应该是 36 级，实际转速级数是 27 级，因为有 9 级转速是重复的。增加扩大组后，结构式应为 $27=3_1\times 3_3\times 2_9\times 2_9$，故总变速范围是

$$R_{n+1}=(r_0r_1r_2)r_3=\varphi^{18-1}\times\varphi^{9(2-1)}\approx 50\times 8=400$$

同样，增加第三变速组后，将变速范围扩大了 8 倍，主轴转速级数增加 9 级。若再增加第四扩大组，则变速范围将再扩大 8 倍，主轴转速级数再增加 9 级。

综上所述，在扩大机床变速范围的途径中，通过增大公比和增加某一变速组内传动副数的方法都是不可行的，只有增加变速组数的方法是可行的，但该方法将使机床系统变得复杂，并且存在重复转速。

2.2.2 背轮机构

单回曲机构又称为背轮机构，其传动原理如图 2.8 所示。图中轴 I 是输出轴，z_1、z_4 空套于轴 I 上，M 是双向离合器，它与轴 I 通过花键配合连接。当 M 向右滑移并与 z_4 结合子结合时，运动和转矩经 z_1、z_2、z_3 和 z_4 传动，传动比为 $i_1=\dfrac{z_1}{z_2}\times\dfrac{z_3}{z_4}$。若这两个传动副的传动比均为最小极限值 1/4，则 $i_1=\dfrac{1}{4}\times\dfrac{1}{4}=\dfrac{1}{16}$。当 M 向左滑移与 z_1 结合子结合时，轴 I 的运动就不经过 z_1、z_2、z_3 和 z_4 传动，而直接由轴 I 输出，所以称其为单回曲机构，此时 $i_2=1$。单回曲机构的极限变速范围是 $r'=\dfrac{i_2}{i_1}=16$，扩大了变速范围。

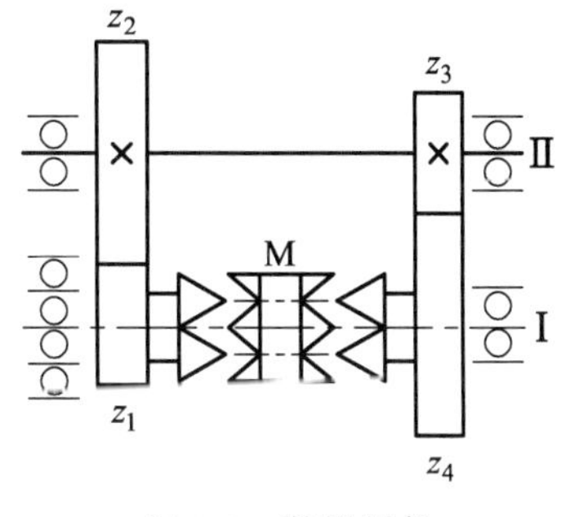

图 2.8 背轮机构

（1）当公比 $\varphi=1.41$ 时，采用单回曲机构的结构式为 $16=2_1\times 2_2\times 2_4\times 2_8$，变速范围为 $R=\varphi^{16-1}\approx 180$，为常规传动的 4 倍。

（2）当公比 $\varphi=1.26$ 时，采用单回曲机构的结构式为 $24=3_1\times 2_3\times 2_6\times 2_{12}$，变速范围为 $R=\varphi^{24-1}\approx 203$，也是常规传动的 4 倍。

如果增加的变速组为单回曲机构，则结构式为 $36 = 3_1 \times 3_3 \times 2_9 \times 2_{12}$，变速范围可扩大 16 倍。回曲部分变速的背轮机构称为分支传动机构，其变速范围与单回曲机构相同。

如果增加变速组或采用回曲机构后，传动系统的总变速范围超过机床的需要，若不保留主轴转速级数，则可减少最后扩大组的级比指数，级比指数减少值为自然数 y，主轴转速有 y 级转速，变速范围缩小 φ^y；若保留主轴转速级数不变，则可以使最后变速组的级比指数为 $0.5k$（k 为奇数），使高低速转速段部分重合。如 CA6140 车床，公比 $\varphi = 1.26$，高低速分支间的级比为 $\varphi^{x_{分支}} = (63/50)/(26/58) \approx \varphi^{4.5}$，比其理论值 6 要小 1.5，主轴转速重叠 1.5 级，有 $1.5 \times 2 + 1 = 4$ 级主轴转速的级比为 $\varphi^{0.5}$。

2.2.3 对称双公比传动系统

在机床主轴转速数列中，每级转速的使用概率是不相等的。使用最频繁、使用时间最长的往往是转速数列的中段，而转速数列中较高或较低的几级转速是为特殊工艺设计的，一般使用概率都较小。如果保持常用的主轴转速数列中段的公比 φ 不变，增大不常用的转速公比，就可在不增加主轴转速级数的前提下扩大变速范围。为了设计和使用的方便，让大公比是小公比的平方，高速端大公比转速级数与低速端相等。这样，在转速图上就形成上下两端为大公比，且大公比的转速级数上下对称，因此该混合公比传动系统又称为对称双公比传动系统，如图 2.9 所示。对称双公比传动系统常用的公比为 $\varphi = 1.26$。

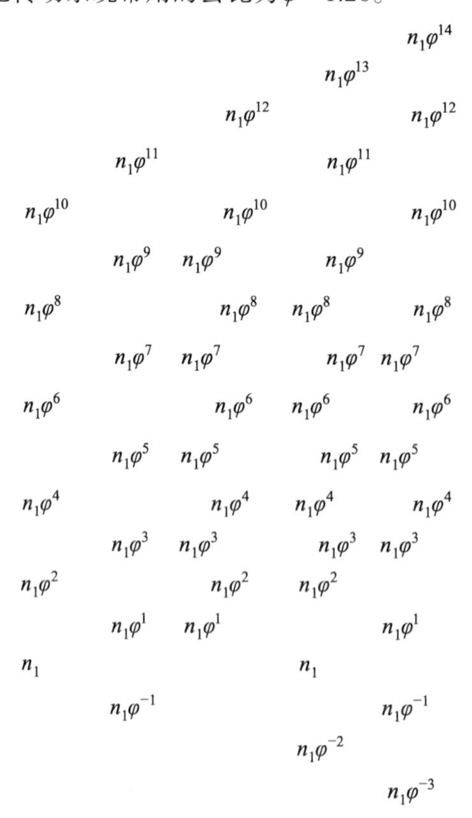

图 2.9 对称双公比传动链原理

1. 基本组传动副数 $P_0=2$ 的对称双公比传动系统

基本组传动副数 $P_0=2$ 的传动链，主轴转速数列为：n_1、$n_1\varphi$、$n_1\varphi^2K$、$n_1\varphi^{2(y-1)}$。由等比传动原理可知：转速数列 $n_1\varphi^{2(y-1)}$（y 为自然数）是由基本组的最小传动比 i_{01} 产生的；转速数列 $n_1\varphi^{2y-1}$ 是由基本组的最大传动比 i_{02} 产生的，级比为 φ^2。

如果将转速数列 $n_1\varphi^{2y-1}$ 乘以 φ，即将 i_{02} 乘以 φ，i_{02} 产生的转速数列变成 $n_1\varphi^{2y}$；$n_1\varphi^{2(y-1)}$ 除以 φ，即将 i_{01} 除以 φ，i_{01} 产生的转速数列变成 $n_1\varphi^{2y-3}$。由于 y 为自然数，故 $2y$ 为偶数，$2y-3$ 为奇数，没有重复转速。由于 $n_1\varphi^{2y-2}>n_1\varphi^{2y-3}$，则高速端将出现一级大公比转速；由于 $n_1\varphi^{2y}>n_1\varphi^{2y-1}$，低速端也出现一级大公比转速。同样，转速数列 $n_1\varphi^{2y-1}$ 分别乘以 φ^2、φ^3，$n_1\varphi^{2(y-1)}$ 分别除以 φ^2、φ^3，该转速数列的高、低速两端将各出现二、三级大公比转速，如图 2.10 所示。

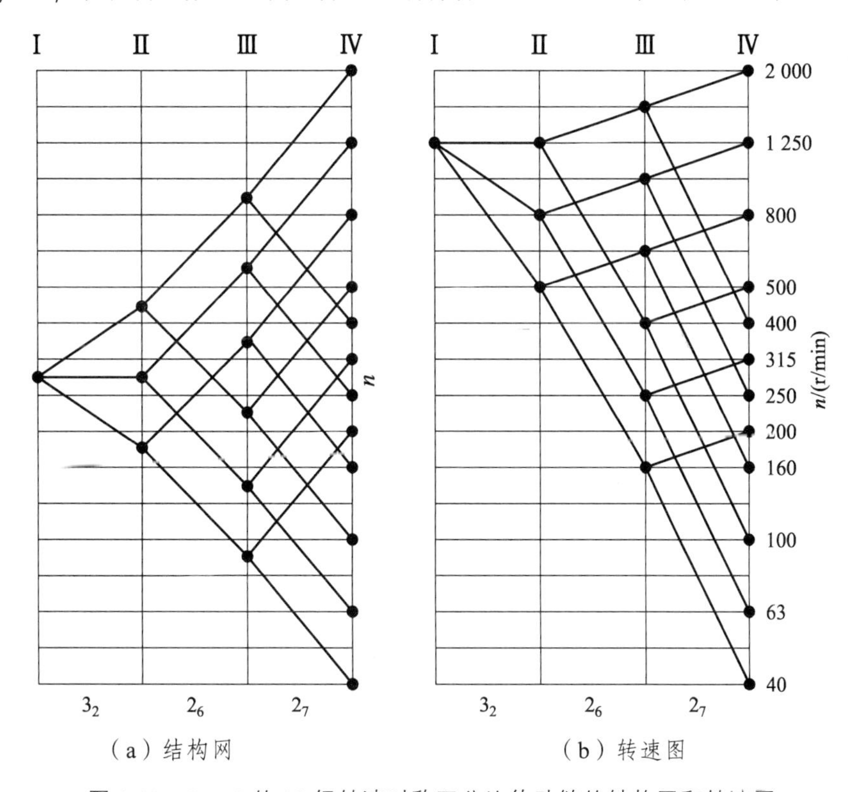

图 2.10　$P_0=2$ 的 12 级转速对称双公比传动链的结构网和转速图

$P_0=2$ 的 12 级转速对称双公比传动链结构网和转速图如图 2.10 所示。对称双公比传动链的基本组为变形基本组，级比指数为 $x'+1$，图 2.10 所示的结构网和转速图的基本组，级比指数 $x'+1=7$。

$P_0=2$ 的对称双公比传动链的设计原则：

（1）基本组的传动副数 $P_0=2$，级比指数为 $x'+1$。x' 为高、低速端大公比转速级数的总和。

（2）大公比转速级数必须是偶数。由于变形基本组的变速范围 $r_0\leqslant1.26^9=8$，所以 $x'\leqslant8$。若变形基本组是单回曲机构，则 $r_0\leqslant1.26^{12}=16$，$x'\leqslant10$。

利用基本组传动副数为 2 的对称双公比传动系统理论，可以方便地分析双速变速组级比指数为非整数的结构式的主轴转速特性。如公比$\varphi=1.41$，$18=3_1\times3_3\times2_{5.5}$，设$\varphi'=\sqrt{\varphi}$，以$\varphi'$为公比的结构式是对称双公比传动系统，高、低速两端各有 6 级转速为大公比$\varphi=1.41$，中间段 10 级转速为小公比$\varphi'=1.19$。

*2. 基本组传动副数 $P_0=3$ 的对称双公比传动系统

基本组传动副数 $P_0=3$ 的传动系统，主轴转速数列的因子数列$n_1\varphi^{3(y-1)}$（y 为自然数）是由 i_{01}产生的；因子数列$n_1\varphi^{3y-2}$是由 i_{02}产生的；$n_1\varphi^{3y-1}$是由 i_{03}产生的，级比为φ^3。如果将 i_{03}产生的转速数列乘以公比φ，则$n_1\varphi^{3y-1}\times\varphi=n_1\varphi^{3y}$；将 i_{01}产生的转速数列除以φ，则$n_1\varphi^{3(y-1)}\div\varphi=n_1\varphi^{3y-4}$，基本组的级比指数为 2，则高低速两端各有一级大公比转速（$n_1\varphi^{3y}/(n_1\varphi^{3y-2})=\varphi^2$、$n_1\varphi^{3y-2}/(n_1\varphi^{3y-4})=\varphi^2$）；$3y-2$、3（$y+1$）$-4$、$3y$为自然数列，形成小公比连续等比的转速数列。如果将 i_{03}产生的转速数列乘以φ^2，则$n_1\varphi^{3y-1}\times\varphi^2=n_1\varphi^{3y+1}$；将 i_{01}产生的转速数列除以φ^2，则$n_1\varphi^{3(y-1)}/\varphi^2=n_1\varphi^{3y-5}$，基本组的级比指数为 3，由于第一扩大组的级比指数为 3，转速数列出现重复转速，此时转速数列的公比为φ^3。受极限变速范围限制，$P_0=3$ 的基本组的级比指数最大为 4。如果将 i_{03}产生的转速数列乘以公比φ^3，将 i_{01}产生的转速数列除以φ^3，则形成三公比混合传动系统，如图 2.11 所示。

图 2.11　对称双公比传动链原理

综上所述，$P_0=3$ 的对称双公比传动链中，基本组的级比指数 $x_0=2$，如图 2.11 所示。当第一扩大组的传动副数为 2 时，与 $P_0=2$ 的对称双公比传动链相同，但是 $P_0=2$ 的双公比传动链可实现 8 级大公比转速，而 $P_0=3$ 的对称双公比传动链仅能实现两级大公比转速。因此，$P_0=3$ 的对称双公比传动链仅适合 18 级转速的传动链。基本组传动副数 $P_0=3$ 的传动系统，只有结构式 $9=3_2\times3_3$ 能够形成对称双公比，转速数列为

$$n=n_1\begin{Bmatrix}1\\ \varphi^2\\ \varphi^4\end{Bmatrix}\begin{Bmatrix}1\\ \varphi^3\\ \varphi^6\end{Bmatrix}=n_1\begin{Bmatrix}1\\ \varphi^2\\ \varphi^3\\ \vdots\\ \varphi^8\\ \varphi^{10}\end{Bmatrix}$$

18 级主轴转速的结构网如图 2.12 所示。

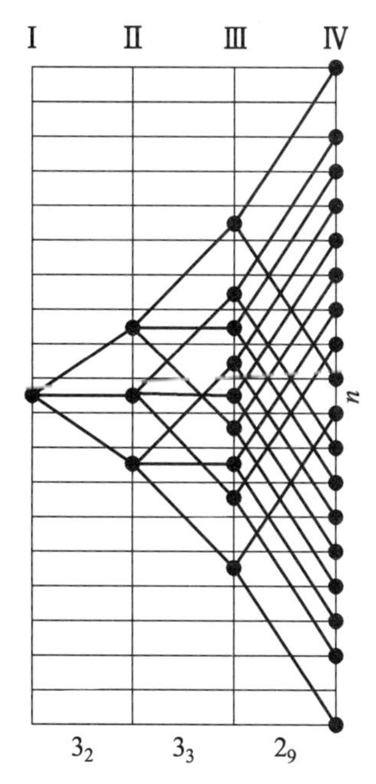

图 2.12　18 级转速对称双公比传动链结构网

【例 2.6】　某摇臂钻床的主轴转速范围为 $n=25\sim2\,000$ r/min，公比 $\varphi=1.26$，主轴转速级数 $z=16$，试确定该传动系统。

解： 首先确定该钻床的变速范围

$$R=\frac{n_{16}}{n_1}=\frac{2\,000}{25}=80$$

需要的理论转速级数为

$$Z' = \frac{\lg R}{\lg \varphi} + 1 = \frac{\lg 80}{\lg 1.26} + 1 = 20 > 16$$

采用混合公比传动，转速图中大公比所占格数为 $x' = Z' - Z = 20 - 16 = 4$，为偶数，且小于 8，则该钻床的结构式为

$$16 = 2_{1+4} \times 2_2 \times 2_4 \times 2_8$$

按照前密后疏的原则，结构式为

$$16 = 2_2 \times 2_4 \times 2_5 \times 2_8$$

该传动系统的结构网，如图 2.13 所示。

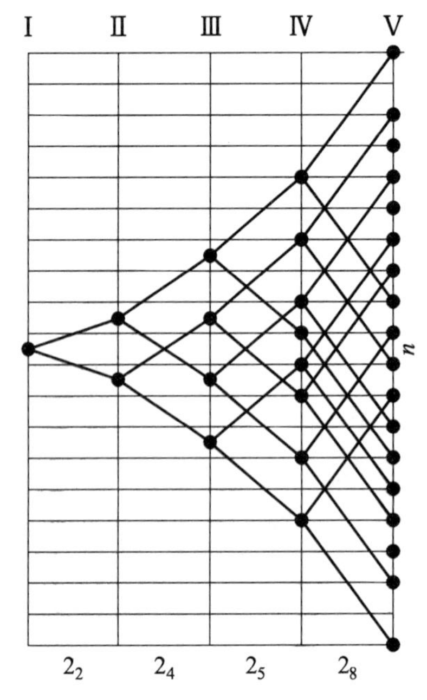

图 2.13　某摇臂钻床主传动链结构网

如果把混合公比传动与单回曲机构结合，能够产生极大的变速范围。例如结构式为

$$24 = 3_2 \times 2_6 \times 2_9 \times 2_{12}$$

其中，第三变速组 c 为变形基本组，大公比格数为 8，第四变速组 d 为单回曲机构，其变速范围为

$$R = \varphi^{24-1+8} = \varphi^8 \times \varphi^{23} \approx 6.35 \times 203 = 1\ 290$$

2.2.4　双速电动机传动效率

通常在机床上使用的双速电动机是 YD 系列异步电动机，它是利用改变定子绕组的接线方

法和改变绕组的磁极数来实现变速，即低速时将定子绕组连接成三角形，高速时将定子绕组连接成双星形，并改变绕组的通电相序。一方面，由于双速电动机是动力源，故必须为第一变速组（电变速组）；另一方面，因其级比是 2，除可为混合公比传动系统中的变型基本组外，不可能是常规传动系统的基本组，只能作为第一扩大组。因此，当机床采用双速电动机时，传动顺序和扩大顺序不一致。由于第一扩大组的级比指数等于基本组的传动副数，故双速电动机对基本组的传动副数有严格要求。由于 $2\approx1.26^3\approx1.41^2$，当传动系统的公比采用 1.26 时，基本组的传动副数为 3；传动系统的公比为 1.41 时，基本组的传动副数为 2。

【例 2.7】 某多刀半自动车床，主传动采用双速电动机驱动，电动机型号为 YD160L-8/4，额定转速为 730 r/min/1 450 r/min，功率为 7 kW/11 kW；车床主轴的转速级数为 8，最低转速为 90 r/min，最高转速为 1 000 r/min。试确定其传动系统。

解：该车床主传动需要的公比为

$$\lg\varphi=\frac{\lg R}{Z-1}=\frac{\lg(1\,000/90)}{8-1}=0.149\,,\quad \varphi=1.41$$

结构式为

$$8=2_2\times2_1\times2_4$$

其结构网和转速图如图 2.14 所示。

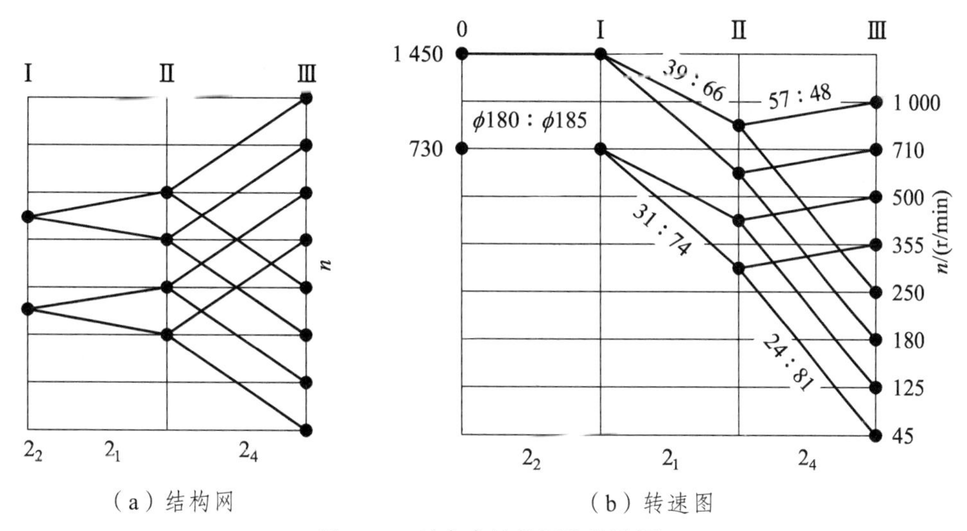

（a）结构网　　（b）转速图

图 2.14　某车床结构网和转速图

从图中可知，主轴的 4 级低速是电动机在 730 r/min 时产生的。双速电动机的应用，缩短了机械传动链，变相扩大了变速范围。车床采用同步转速为 1 000 r/min/1 500/r/min 的电动机时，级比是 1.5，公比为非标准值。另外，电动机定子绕组的级数不同，其功率不同，一般按小值选择。如上例中车床的功率选为 7 kW。

2.3 计算转速

机械零件设计的主要依据是其所承受的载荷大小，而载荷又取决于它所传递的功率和转速。当外载荷一定时，速度越高，所传递的转矩就越小。对于机床设计来说，电动机的功率是根据典型工艺确定的，在一定程度上代表着该机床额定负载的大小。对于转速恒定的零件，可以算出传递转矩的大小，从而进行强度设计。对于有几种转速的传动件，则必须确定一个经济合理的计算转速，作为强度计算和校核的依据。

2.3.1 机床的功率转矩特性

由金属切削原理可知，对于一定的材料来说，其切削力主要取决于切削面积（背吃刀量和进给量的乘积）的大小。因此，当切削面积一定时，不论切削速度多大，所承受的切削力是相同的。因此，机床的传动可分为恒转矩传动和恒功率传动。

（1）主运动为直线运动的机床。在任何能实现的切削速度中，都能进行最大切削面积的切削，即最大切削力存在于一切可能的切削速度中。驱动直线运动的传动件，在不考虑摩擦力等因素时，在所有转速下承受的最大转矩是相等的，这类机床的主传动属于恒转矩传动。

工作台及主传动链所传递的功率随其速度或转速的降低而线性下降，因而工作台及主传动链中传动件的计算速度或计算转速是工作台及主传动链传动件的最高速度或最高转速。

（2）主运动为旋转运动的机床。传动件传递的转矩不仅与切削力有关，而且与工件或刀具的半径有关。按照工艺需求，在粗加工时采用较大的背吃刀量、大进给量，即较大的切削力矩，较低的转速；精加工时则相反，转速高，背吃刀量和进给量都较小，切削力矩小。工件和刀具尺寸小时，同样的切削面积，切削力矩小，主轴转速高；工件或刀具尺寸大时，切削力矩相对较大，主轴转速则较低。由于功率 $P = Fv = \omega T$，即转矩与角速度的乘积等于功率，转速提高时，转矩下降。因而主运动是旋转运动的机床维持功率近似相等，这类机床属于恒功率传动。

（3）通用机床的工艺范围广，变速范围大。有些典型工艺，如精车丝杠、铰孔等，工件尺寸小，刚性较差，加工中必须采用小的背吃刀量和进给量，低的主轴转速，消耗的功率小，此时，主传动不需要传递电动机的全部功率。机床的运动参数是在完全考虑这些典型工艺后确定的。在进行零件设计时，必须找出需要传递全部功率的最低转速（即计算转速），依此再确定传动件所能传递的最大转矩。

把机床主轴或其他传动件传递全部功率的最低转速称为计算转速，用 n_j 表示。图 2.15 所示为主轴的功率转矩特性图，主轴从计算转速 n_j 到最高转速 n_{max} 之间的每级转速都能传递全部功率，而其输出的转矩则随转速的提高而降低，称之为恒功率变速范围（见图 2.15 中的区间Ⅰ）。从计算转速 n_j 到最低转速 n_1 之间的每级转速都能传递计算转速时的转矩（由结构强度决定的转矩），输出的功率则随转速线性下降，称之为恒转矩变速范围，如图 2.15 所示的区间Ⅱ。

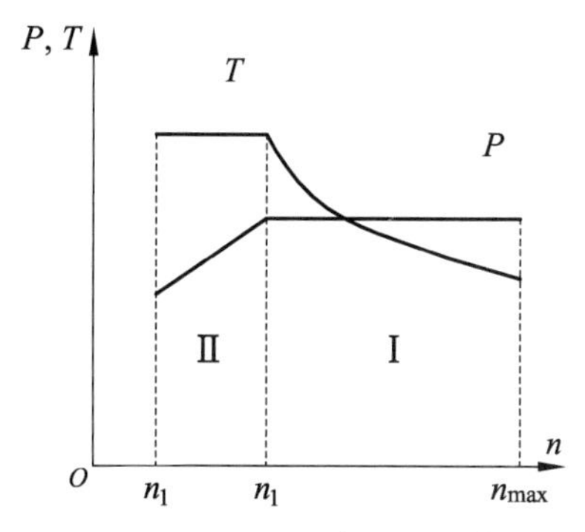

图 2.15 主轴的功率和转矩特性

各类通用机床主轴的计算转速见表 2.2。数控机床由于考虑切削轻金属，变速范围比普通机床宽，计算转速应比表中的高一些。但目前数控机床尚无统一标准，确定计算转速时可参考同类机床，并结合统计分析来进行合理确定。

表 2.2 各类通用机床主轴的计算转速

机床类型		计算转速 n_j	
		等比数列传动	双公比、无级传动
中型通用机床和半自动机床	车床，升降台铣床，转塔车床，仿形半自动车床，多刀半自动车床，单轴、多轴自动车床，立式多轴半自动车床，卧式镗铣床（ϕ63～ϕ90）	$n_j = n_1\varphi^{\frac{Z}{3}-1}$	$n_j = n_1\left(\frac{n_{max}}{n_1}\right)^{0.3}$
	立式钻床、摇臂钻床、滚齿机	$n_j = n_1\varphi^{\frac{Z}{4}-1}$	$n_j = n_1\left(\frac{n_{max}}{n_1}\right)^{0.25}$
大型机床	卧式车床（ϕ1 250～ϕ4 000）、 单柱立车（ϕ1 400～ϕ3 200）、 双柱立车（ϕ2 000～ϕ12 000）、 卧式镗铣床（ϕ110～ϕ1 600）、 落地式镗铣床（ϕ125～ϕ160）	$n_j = n_1\varphi^{\frac{Z}{3}}$	$n_j = n_1\left(\frac{n_{max}}{n_1}\right)^{0.35}$
	落地式镗铣床（ϕ160～ϕ260）	$n_j = n_1\varphi^{\frac{Z}{2.5}}$	$n_j = n_1\left(\frac{n_{max}}{n_1}\right)^{0.4}$
高精度和精密机床	坐标镗床、高精度车床	$n_j = n_1\varphi^{\frac{Z}{4}-1}$	$n_j = n_1\left(\frac{n_{max}}{n_1}\right)^{0.25}$

2.3.2 机床变速系统中传动件的计算转速

变速传动中传动件的计算转速，可根据主轴的计算转速和转速图确定。确定传动轴计算转速时，先确定主轴计算转速，再按传动顺序由后往前追踪，依次确定，最后确定各传动件的计算转速。仍以图 2.1 所示的车床为例来加以说明。

1. 主轴计算转速为

$$n_j = n_1\varphi^{\frac{Z}{3}-1} = 31.5\times\varphi^{\frac{12}{3}-1} = 31.5\varphi^3 = 90 \quad (\text{r/min})$$

2. 各传动轴的计算转速

主轴的计算转速是由轴Ⅲ经 18/72 的传动副获得的，此时，轴Ⅲ相应转速为 355 r/min，但变速组 c 有两个传动副，轴Ⅲ的最低转速为 125 r/min 时，通过 60/30 的传动副可使主轴获得 250 r/min，由于 250 r/min>90 r/min，应能传递全部功率，所以轴Ⅲ的计算转速为 125 r/min；轴Ⅲ的计算转速是通过轴Ⅱ的最低转速 355 r/min 获得的，所以轴Ⅱ的计算转速为 355 r/min；同理，轴Ⅰ的计算转速为 710 r/min。

3. 各齿轮副的计算转速

由齿轮副 18/72 产生主轴的计算转速，轴Ⅲ的相应转速 355 r/min 就是主动齿轮的计算转速，从动轮的计算转速是 90 r/min；由齿轮副 60/30 产生的最低主轴转速大于主轴的计算转速，所对应的轴Ⅲ的最低转速 125 r/min 就是主动轮 z60 的计算转速，从动轮 z30 的计算转速就是 250 r/min。

同理，变速组 b 中的两对传动副主动齿轮 z22 和 z42 的计算转速都是 355 r/min。变速组 a 中的主动轮 z24、z30 和 z36 的计算转速都是 710 r/min。

2.4 无级变速系统的设计

采用无级变速能使机床获得最佳切削速度，无相对转速损失，且能够在加工过程中变速，保持恒速切削。无级变速器通常是电变速组，恒功率变速范围为 2 ~ 8.5，恒转矩变速范围大于 100，这样缩短了传动链长度，简化了结构设计。无级变速系统容易实现自动化操作，因而是数控机床的主要变速方式。

2.4.1 直流调速

由于直流电动机的电流、电压恒定，便于控制，所以直流调速在无级调速中一直处于主导地位。直流电动机可单独减小励磁电流进行恒功率调速，也可独立减小电枢电压，实现恒转矩调速。减小励磁电流时，磁通量减小（弱磁调速），电动机转速与磁通量成反比，致使直流电动机转速随磁通量的降低而升高。在额定外载、电枢电压不变时，电枢电流不变，电磁转矩与磁通量成正比，因此电磁转矩随磁通量的降低而线性降低。电磁功率为电磁转矩与电枢角速度的乘积保持恒定值不变，故称为恒功率变速范围，该范围可达到 2 ~ 4。减小电枢电压时，磁通量不变，转速与电枢电压成正比，因而转速随电枢电压线性下降；在额定外载时，电枢电流不变，因而电磁转矩维持额定状态值不变，电枢的电磁功率随转速线性降低，故称降低电枢电压的调速为恒转矩调速。直流电动机恒转矩变速范围可达到几十甚至一百以上。直流电动机采用机械换向器将电枢电路与电源连接起来，换向器限制了电动机的最高转速。因而直流无级调速适用于大型机床（如龙门铣床、刨床等）或起动力矩较大的机床。

2.4.2 交流调速

随着新型自关断电力电子器件、智能功率集成电路的出现，以及现代控制理论的发展和计算机技术的应用，现代交流变频调速技术已进入了实用性阶段。在中小功率领域，交流调速电机已占优势，进入了替代直流调速时代。交流调速电动机利用正弦脉宽调制技术、矢量控制技术等实现无级调速。交流调速电动机同样具有恒功率和恒转矩调速两种方式。

由于定子电动势与磁通量和定子电流频率的乘积成正比，即 $E_1 \propto f_1\phi$（ϕ为磁通量、f_1为定子电流频率），当忽略了定子绕组的电阻和漏感抗时，定子电动势 E_1 在数值上等于定子绕组相电压，三相假想转子电动势为定子电动势与转差率的乘积，$E_2 = E_1 s$（s 为转差率）；感应电动机的转差率为 $s = 1\% \sim 9\%$。在额定相电压、额定载荷下工作时转差率不变，转子电流也为恒定值。因而当 f_1 高于额定频率时，定子电动势 E_1 恒定不变，磁通量ϕ随定子电流频率 f_1 的增大而线性降低，转速随定子电流频率 f_1 的增大而线性增大，假想转子的电磁转矩与磁通量ϕ成正比而线性下降，输出功率维持额条件下的大小不变，故定子电流频率 f_1 高于额定频率的调速为恒功率调速。

交流变频电动机的额定转速为 1 500 r/min 或 2 000 r/min，恒功率变速范围为 2.25 ~ 16。因受抗振性能、散热条件等诸多因素的制约，普通感应电动机的恒功率变速范围为 1.5，即最高连续转速是额定转速的 1.5 倍。由于电动机在额定条件下工作时，磁场已达到近似饱和的程度，因而当频率 f_1 低于额定频率时，磁通量ϕ近似不变，致使转子的电磁转矩为恒定值，定子电动势 E_1 随电流频率的降低而线性降低，假想转子的输出功率随定子电流频率 f_1 的降低而线性降低，故称定子频率 f_1 低于额定频率的调速为恒转矩调速。恒转矩变速范围大于 200，最低转速可达到 6 r/min。

伺服电机和步进电机变速都是恒转矩变速范围相同，且功率不大，只能用于直线进给运动和辅助运动，而不能驱动主运动传动链。

（1）如果调速电机驱动载荷特性是恒转矩的直线运动部件，如龙门刨床的工作台、立式车床刀架等，就可直接利用电动机的恒转矩转速范围，将电动机直接或通过定比传动来拖动直线运动部件，即使电动机的恒转矩变速范围等于直线运动部件的恒转矩变速范围，电动机的额定转速产生直线运动部件的最高速度。

（2）如果机床主运动传动链的执行件为旋转运动主轴，主轴要求的恒功率变速范围 R_{Pn} 远大于调速电动机的恒功率变速范围 R_{Pm}，因此必须串联分级变速系统来扩大电动机的恒功率变速范围，以满足机床需要。电动机的额定转速产生主轴的计算转速，电动机的最高转速产生主轴的最高转速。主轴的恒转矩变速范围 R_T 则决定了电动机的恒转矩变速范围 R_{Tm} 的大小，即 $R_{Tm} = R_T$，电动机的恒转矩变速范围 R_{Tm} 经分级传动系统的最小传动比，产生主轴的恒转矩变速范围。由于电动机恒功率变速范围的存在，简化了分级传动系统。

由于调速电机能在加工过程中自动调速，故一般要求串联的分级传动系统也能够自动控制。分级传动系统可采用电磁离合器和液压缸控制的滑移齿轮自动变速机构。电磁离合器变速结构复杂、体积大，因而其应用受到一定限制；液压缸控制的滑移齿轮自动变速机构，靠电磁换向阀控制齿轮滑移方向。为使滑移齿轮定位精确，使液压缸结构及控制程序简单，常采用双作用液压缸控制双联滑移齿轮的方案，即串联的滑移齿轮变速组都是双速变速组，传

动副数 $2=P_a=P_b=\cdots$

设调速电机的恒功率变速范围为φ_m，如图 2.16 所示，在保证无级变速连续的前提下，串联一个双变速组，获得的最大变速范围为φ_m^2，此时，$Z=P_a=2$，$\varphi_m^2=\varphi_F^Z$，即$\varphi_F=\varphi_m$。串联两个双速变速组后，能得到的连续无级转速的最大变速范围是φ_m^4，此时，$Z=P_aP_b=2^2=4$，$\varphi_m^4=\varphi_F^Z$。因而，调速电动机串联 k 级双速变速组后，能获得的最大变速范围是$R_{Pn}=\varphi_F^Z$，$Z=2^k$，分级传动公比$\varphi_F=\varphi_m$。即串联的分级传动系统的公比等于电动机恒功率变速范围时，输出的无级转速的变速范围最大。换言之，在变速范围一定，当分级传动系统的公比$\varphi_F=\varphi_m$时，需串联的变速组数最少。

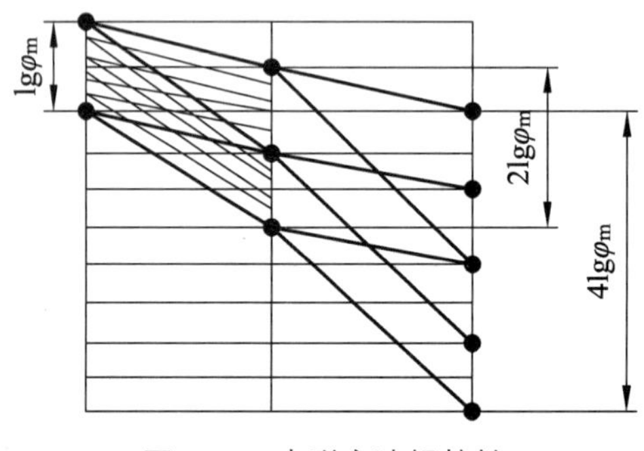

图 2.16　串联变速组特性

设计无级变速系统时，当主轴的变速范围一定时，可用如下关系式求得至少需要串联的变速组数 Z_{min}，即

$$Z_{min}=\frac{\lg R_{Pn}}{\lg\varphi_m} \tag{2.9}$$

$$k_{min}=\frac{\lg Z_{min}}{\lg 2} \tag{2.10}$$

式中，k 为自然数，且采用收尾法圆整（即 $1<Z_{min}\leqslant 2$ 时，$Z=2$；$2<Z_{min}\leqslant 4$ 时，$Z=4$）。

理论上，当$\varphi_m>8$ 时，不能用上式计算 Z_{min}，但实际上由于 R_{Pn} 远小于 64，用上式计算不会出现问题。采用收尾法圆整，分级传动系统的公比一般比电动机的恒功率变速范围小，分级传动系统的实际公比为

$$\varphi_F=\sqrt[Z-1]{R_{PF}}=\sqrt[Z-1]{\frac{R_{Pn}}{R_{Pm}}}=\sqrt[Z-1]{\frac{R_{Pn}}{\varphi_m}} \tag{2.11}$$

为了减小中间传动轴及齿轮副的结构尺寸，分级传动的最小传动比应遵循“前缓后急”的原则；为降低中间轴齿轮的制造成本，应尽量使齿轮的速度 $v\leqslant 15$ m/s（硬齿面 HBW>350）或 $v\leqslant 18$ m/s（软齿面 HBW≤350），扩大顺序与传动顺序应一致，并遵循“前密后疏”的原则。另外，串联的分级传动系统还应遵循极限传动比、极限变速范围的原则。

【例 2.8】　一数控机床，主运动由变频调速电机驱动，电动机连续功率为 7.5 kW，额定转速 $n_0 = 1\ 500$ r/min，最高转速 $n_{0\max} = 4\ 500$ r/min，最低转速 $n_{0\min} = 6$ r/min；主轴转速 $n_{\max} = 3\ 550$ r/min，$n_{\min} = 37.5$ r/min，计算转速 $n_j = 150$ r/min。要求试设计所串联的分级传动系统。

解：由题意可知

（1）主轴的恒功率变速范围为

$$R_{Pn} = \frac{n_{\max}}{n_j} = \frac{3\ 550}{150} \approx 23.7 \approx 24$$

（2）电动机的恒功率变速范围是

$$\varphi_m = R_{Pm} = \frac{n_{\max}}{n_0} = \frac{4\ 500}{1\ 500} = 3$$

（3）该变速系统至少需要的转速级数和变速组数分别为

$$Z_{\min} = \frac{\lg R_{Pn}}{\lg \varphi_m} = \frac{\lg 24}{\lg 3} = 2.89\ ,\quad k_{\min} = \frac{\lg Z_{\min}}{\lg 2} = \frac{\lg 2.89}{\lg 2} = 1.53$$

取 $Z = 4$，$k = 2$。

（4）分级传动系统的实际公比为

$$\varphi_F = \sqrt[Z-1]{\frac{R_{Pn}}{R_{Pm}}} = \sqrt[4-1]{\frac{24}{3}} = 2$$

（5）结构式为

$$4 = 2_1 \times 2_2$$

（6）恒功率传动的分级传动系统的最小传动比为

$$i_{\min} = \frac{n_j}{n_0} = \frac{150}{1\ 500} = \frac{1}{10} = \frac{1}{2^{3.322}} = \frac{1}{2^x} \qquad \left(x = \frac{\lg 10}{\lg 2} = \frac{1}{\lg 2} = 3.322\right)$$

因为

$$i_{\min} = \frac{1}{i_0 i_{a1} i_{b1}}\ ,$$

根据“前缓后急”的原则，取

$$i_{b1} = \frac{1}{2.82}\ ,\quad i_{a1} = \frac{1}{2}\ ,\quad i_0 = \frac{1}{1.77}$$

（7）其他传动副的传动比为

$$i_{a2} = i_{a1}\varphi_F = \frac{1}{2} \times 2 = 1\ ,\quad i_{b2} = i_{b1}\varphi_F^2 = \frac{1}{2.82} \times 2^2 = 1.41$$

（8）调速电动机的最低工作转速

因为

$$i_{\min} = \frac{n_{\min}}{n_{m\min}} = \frac{37.5}{n_{m\min}} = \frac{1}{10}$$

所以，变频调速电动机的最低工作转速为

$$n_{\text{mmin}} = 37.5 \times 10 = 375\ (\text{r/min})$$

（9）电动机最低工作转速时所传递的功率为

$$P_{\text{mmin}} = P_{\text{m}} \times \frac{n_{\text{mmin}}}{n_0} = 7.5 \times \frac{375}{1500} = 1.875\ (\text{kW})$$

转速图如图 2.17 所示。从转速图中可知，电动机的额定转速产生主轴的计算转速；电动机的最高转速产生主轴的最高转速；电动机的最低工作转速产生主轴的最低转速。区域 M 是恒转矩变速范围，由分级传动的最小传动比产生，电动机的恒转矩变速范围等于主轴的恒转矩变速范围。区域 P 为恒功率变速范围，有四段部分重合的无级转速，分别是 150 ~ 450 r/min，300 ~ 900 r/min，600 ~ 1 800 r/min，1 200 ~ 3 550 r/min。段与段之间是等比的，比值是分级传动的公比。每段的无级变速范围 $R_{\text{Fj}} = \varphi_{\text{m}}$。因此，无级变速系统利用调速电机的电变速特性，能在加工中连续变速，实现恒速切削。

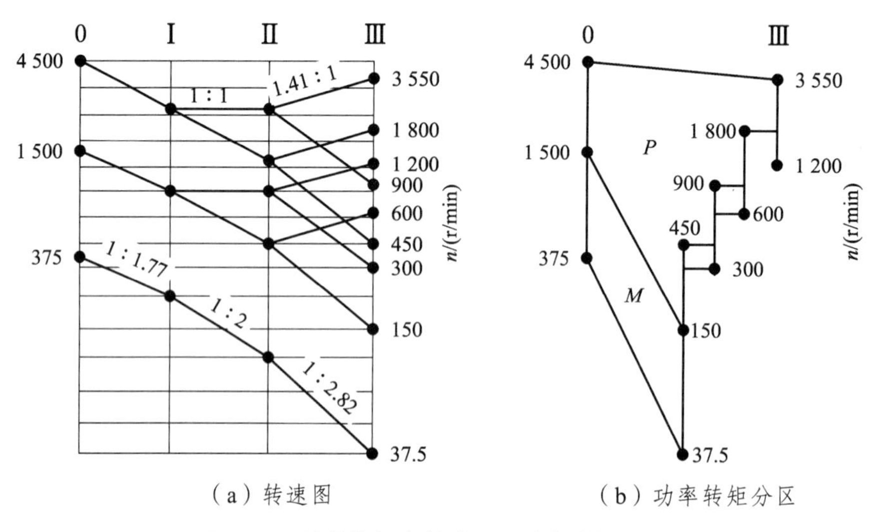

（a）转速图　　（b）功率转矩分区

图 2.17　某数控机床转速图及功率转矩分区

如果要增大每段恒功率无级变速范围 R_{Fj}，应采用恒功率变速范围 φ_{m} 较大的交流变频主电动机，并适当提高电动机的功率。若电动机功率增加到 P'_{m}，增大的比率为 $k_{\text{m}} = \dfrac{P'_{\text{m}}}{P_{\text{m}}}$，即电动机的功率变为 $P'_{\text{m}} = k_{\text{m}} P_{\text{m}}$，则传递功率 P_{m} 的最低转速为 $n'_0 = \dfrac{n_0}{k_{\text{m}}}$，从而使电动机传递功率 P_{m} 的转速范围变为 $\varphi'_{\text{m}} = \varphi_{\text{m}} k_{\text{m}}$。从另一个角度考虑，电动机传递功率 P'_{m} 的最低转速（额定转速）仍为 n_0，主轴传递电动机额定功率的最低转速（计算转速）为 $n'_{\text{j}} = k' n_{\text{j}}$，对于增加功率后的电动机来说，提高了主轴的计算转速，这在某种程度上，简化了无级变速中串联的分级传动系统的设计。

【例 2.9】　在例 2.8 机床变频无级调速中，若采用 1PH7107-□■F02-0L..型电动机（见表 2.3），额定功率 $P = 9$ kW，运行 30 min 内的最大功率 12 kW，额定转速 $n_0 = 1500$ r/min，连续转速 $n_{0\,\max} = 10\ 000$ r/min，最低转速 $n_{0\,\min} = 6$ r/min。试确定其分级变速系统。

表 2.3 常用 1PH7 主轴电动机规格

常用规格	轴高/mm	额定转速/(r/min)	连续转速/(r/min)	不同运行状态下功率/kW		额定转矩/(N·m)	惯量/(kg·m²)	质量/kg
				S1	S2-(30 min)			
1PH7101-□NF..-0L(*)	100	1 500	10 000	3.7	4.9	23.6	0.017	40
1PH7103-□■G02-0▲		2 000	5 500	7	9.25	33.4	0.017	40
1PH7103-□■G02-0L..(*)		2 000	10 000	7	9.25	33.4	0.017	40
1PH7103-□■F02-0L..(*)		1 500	10 000	5.5	7	35	0.017	40
1PH7107-□■F02-0▲		1 500	5 500	9	12	57.3	0.029	63
1PH7107-□■F02-0L..(*)		1 500	10 000	9	12	57.3	0.029	63
1PH7131-□NF..-0L..(**)	132	1 500	8 500	11	15	70	0.076	90
1PH7133-□■D02-0▲		1 000	4 500	12	16	114.6	0.076	90
1PH7133-□ND02-0L.(*)		1 000	8 500	12	16	114.6	0.076	90
1PH7133-□■G02-0▲		2 000	4 500	20	27.5	95.5	0.076	90
1PH7133-□■G02-0L..		2 000	8 500	20	27.5	95.5	0.076	90
1PH7133-□■F02-0L..(*)		1 500	8 500	15	20.5	95.5	0.076	90
1PH7133-2GZ02-0 MJ3-Z(*)		1 500	12 000	15	20	95	0.076	90
1PH7135-□■F02-0L..(*)		1 500	8 500	18.2	25.5	117.8	0.109	130
1PH7137-□■D02-0▲		1 000	4 500	17	22.5	162.3	0.109	130
1PH7137-□ND02-0L..(**)		1 000	8 500	17	22.5	162.3	0.109	130
1PH7137-□■G02-0▲		2 000	4 500	28	39	133.7	0.109	130
1PH7137-□■G02-0L..		2 000	8 500	28	39	133.7	0.109	130
1PH7137-□■F02-0L..(*)		1 500	8 500	22	30	140.1	0.109	130
1PH7137-2GZ02-0 MJ3-Z(*)		1 500	12 000	22	28	134	0.109	130
1PH7163-□■D03-0▲	160	1 000	3 700	22	30	210.1	0.19	180
1PH7163-□■D02-0L..		1 000	7 000	22	30	210.1	0.19	180
1PH7163-□■F03-0▲		1 500	3 700	30	41	191.0	0.19	180
1PH7163-□■F03-0L..		1 500	7 000	30	41	191.0	0.19	180
1PH7167-□■F03-0▲		1 500	3 700	37	51	235.5	0.23	228
1PH7167-□■F03-0L..		1 500	7 000	37	51	235.5	0.23	228
1PH7167-□■B..-0L..(*)		500	7 000	16	21.5	305.5	0.23	228

注：1. S1——连续负载时的功率；S2——30 min 内的最大功率。
2. □——风扇动力接线法。2 分离式风扇，接线盒内动力线端子台；7 分离式风扇，盒外标准接动力接头。
3. ■——信号界面。N 增量式编码器，非 Drive-CliQ 通信电缆；Q 增量式编码器，Drive-CliQ 通信电缆。
4. B、D、F、G——同步转速 500、1 000、1 500、2 000（r/min）。
5. 平衡等级——B 整体 R 级平衡，轴端 Flange 精度 R 级；C 整体 S 级平衡，轴端 Flange 精度 R 级；D 整体 SR 级平衡，轴端 Flange 精度 R 级；L 整体 SE 级平衡，轴端 Flange 精度 R 级，整体转速高。
6. 心轴前端，出风方向——A 有键槽心轴（含键），向后出风，半键平衡；B 有键槽心轴（含键），向后出风，全键平衡；J 无键槽直心轴，向后出风。
7. 驱动轴数——0 单轴电动机；2 双轴电动机。
8. ▲保护等级（IP55，风扇 IP54）——0 无油封设计，无涂漆；2 有油封，无涂漆；3 无油封设计，涂漆；5 有油封，涂漆；6 无油封设计，两层涂漆；8 有油封设计，两层涂漆。
9.（*）建议选择型；（**）建议选择型，适用于高转矩负载。

解： 依据前面计算可得

（1）主轴要求的恒功率变速范围为

$$R_{\mathrm{Fn}} \approx 24$$

（2）电动机功率增大系数为

$$k_{\mathrm{m}} = \frac{9}{7.5} = 1.2$$

电动机传递 7.5 kW 时的最低转速为

$$n_0 = \frac{1\ 500}{1.2} = 1\ 250\ (\mathrm{r/min})$$

电动机传递 7.5 kW 时，恒功率变速范围为

$$\varphi'_m = k_m \frac{n_{0\max}}{n'_0} = 1.2 \times \frac{10\ 000}{1\ 500} = 8$$

（3）至少需要串联的双速变速组数和传动副数

$$Z_{\min} = \frac{\lg R_{\mathrm{Pn}}}{\lg \varphi'_{\mathrm{m}}} == \frac{\lg 24}{\lg 8} = 1.52$$

$$k_{\min} = \frac{\lg Z_{\min}}{\lg 2} = \frac{\lg 1.52}{\lg 2} = 0.61$$

取 $Z = 2$，$k = 1$。

（4）分级传动的实际公比为

$$\varphi_{\mathrm{F}} = \frac{24}{8} = 3$$

（5）结构式为

$$2 = 2_1$$

（6）分级传动系统的最小传动比为

$$i_{\min} = \frac{n_{\mathrm{j}}}{n'_0} = \frac{150}{1\ 250} = \frac{1}{8.33}$$

根据“前缓后急”的原则，由 $i_{\min} = \dfrac{1}{i_0 i_{\mathrm{a}1}}$

取 $i_{\mathrm{a}1} = \dfrac{1}{4}$，$i_0 = \dfrac{1}{2.08}$

（7）其他传动副的传动比为

$$i_{a2} = i_{a1}\varphi_F = \frac{1}{4}\times 3 = \frac{1}{1.33}$$

（8）调速电动机的最低工作转速

$$n_{mmin} = 37.5\times 8.33 = 312.5\ (\text{r/min})$$

（9）电动机最低工作转速时所传递的功率为

$$P_{mmin} = P_m\times\frac{n_{mmin}}{n_0} = 7.5\times\frac{312.5}{1\ 250} = 1.875\ (\text{kW})$$

转速图如图 2.18 所示。

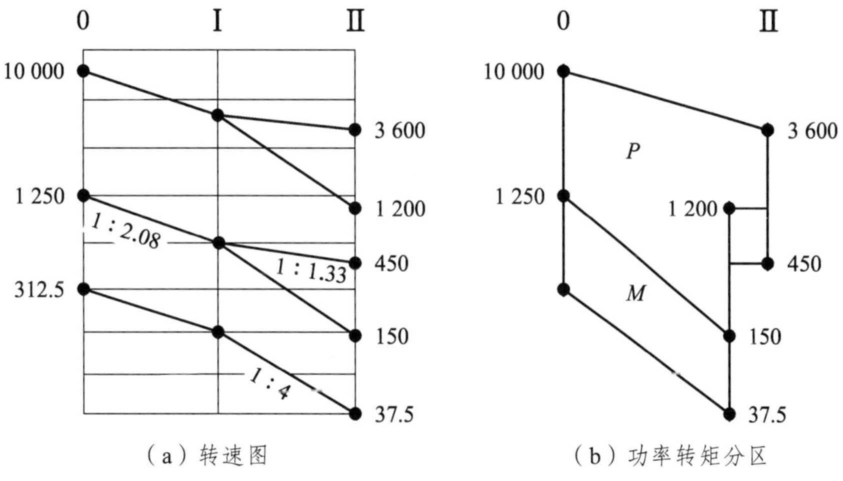

（a）转速图　　（b）功率转矩分区

图 2.18　某数控车床转速图与功率转矩分区

（10）主轴传递电动机额定功率（9 kW）的最低转速为

$$n'_j = i_{min}n_j = \frac{1}{8.33}\times 1\ 500 = 180\ (\text{r/min})$$

利用 n'_j、P'_m 设计该传动系统，可获得与上述同样的结构式、机械变速系统公比、系统最小传动比等关键参数。

*利用增大电动机功率的方法，提高主轴的计算转速，可简化传动设计，是数控机床常用的设计方法之一。如车床 C6163 的主电动机功率为 17 kW；车床 C61100 的主电动机功率为 22 kW；数控车床 CK3263B 的主电动机功率为 37 kW，主轴计算转速为 90 r/min；数控车床 CK6150D 的主电动机功率为 30 kW。但电动机功率增大后，不仅使电动机成本提高，而且机床工作中的空载功率损耗也会增大。因此，实际设计时应根据具体情况，结合对经济效益的对比，合理选用电动机功率。

*对于小型数控机床，选择较大的功率增大系数 k_m 和恒功率变速范围 φ_m 的主动电机，使电动机传递功率为 P_m 的转速范围 $\varphi'_m = \varphi_m k_m \geqslant R_{Pn}$，可省去滑移齿轮变速组，采用齿形带或多

楔带直接将动力传递到主轴上。

【例 2.10】 某全功能数控车床，最大切削直径为ϕ320 mm，滑板上的最大回转直径为ϕ260 mm，最大切削长度为 500 mm；主轴的计算转速 $n_j = 160$ r/min，主轴计算转速时的功率 $P_j = 4$ kW，主轴的转速范围为 4 ~ 4 000 r/min，试确定该传动系统。

解：主轴要求的恒功率变速范围为

$$R_{Pn} = \frac{n_{max}}{n_j} = \frac{4\ 000}{160} = 25$$

（1）选择 1PH7133-2 ND02-0L 主轴电动机，额定功率 $P = 12$ kW，30 min 功率 16 kW，S-60%功率 15 kW，额定转速 $n_0 = 1\ 000$ r/min，连续转速 $n_{0\max} = 8\ 500$ r/min；额定转矩 $M_e =$ 114.6 N・m，质量 90 kg，惯量 0.076 kg・m^2。

① 电动机功率增大系数为

$$k_m = \frac{P_e}{P_j} = \frac{12}{4} = 3$$

电动机传递 4 kW 时最低转速为

$$n_{0\min} = \frac{n_0}{k_m} = \frac{1\ 000}{3} = 333\ (\text{r/min})$$

电动机传递 4 kW 时的恒功率变速范围为

$$\varphi_m = k_m \frac{n_{0\max}}{n_0} = 3 \times \frac{8\ 500}{1\ 000} = 25.5$$

实质上，1PH7133-2 ND02-0L 主轴电动机的转速从 333 ~ 1 000 r/min 产生的功率是随转速线性地增大；4 ~ 12 kW，为恒转矩调速，转矩近似为 114.6 N・m；主轴电动机转速从 1 000 ~ 8 500 r/min,则都能传递 12 kW 功率。为使主轴电动机在计算转速时产生的功率较高，让主轴电动机的最高转速产生主轴的最高转速，主轴的计算转速 n_j 对应于主轴电动机的计算转速 n_{mj}，即

$$n_{mj} = \frac{8\ 500}{25} = 340\ (\text{r/min})$$

主轴电动机在计算转速时产生的功率为

$$P_{mj} = P\frac{n_{mj}}{n_0} = 12 \times \frac{340}{1\ 000} = 4.08\ (\text{kW})$$

② 至少需要串联的双变速组的转速级数为

$$Z_{\min} = \frac{\lg R_{Pn}}{\lg \varphi_m} = \frac{\lg 25}{\lg 25} = 1$$

即该传动系统只有定比传动。

③ 确定电动机在 340 r/min、主轴转速为 160 r/min 的传动比，即

$$i_0 = \frac{160}{340} = \frac{1}{2.125}$$

1PH7133-2 ND02-0L 型电动机外形尺寸为 260 mm（宽）×270 mm（高），质量 90 kg，需要与主轴有较大的距离，且安装调整应方便。因此，对于主运动传动系统只有定比传动的机床，其传动方式首选带传动。电动机转速越高，带轮直径越小，电动机的最高转速决定了同步带轮直径，且同步带的带宽小、载荷修正系数（工况系数）大，因此，该类机床广泛采用多楔带传动，只有小功率机床采用同步带传动。

PL 多楔带带体薄（10 mm），柔性好，适应带轮直径不小于 75 mm 的带传动，带速可达 40 m/s，振动小、发热少、运转平稳。带轮直径分别为 90 mm、190 mmm，多楔带的楔数可采用 16、18、20，即带宽可为 75.2 mm、84.6 mm、94 mm。

④ 主电动机的最低工作转速为

$$n_{\text{mmin}} = i_0 n_{\min} = 2.125 \times 40 = 85 \ (\text{r/min})$$

⑤ 电动机最低工作转速时所传递的功率为

$$P_{\text{mmin}} = P_{\text{mj}} \frac{n_{\text{mmin}}}{n_0} = 4.08 \times \frac{85}{340} = 1.02 \ (\text{kW})$$

⑥ 电动机额定转速时的主轴最低转速为

$$n'_{\text{j}} = n_0 i_0 = \frac{1\,000}{2.125} = 470 \ (\text{r/min})$$

不论是恒转矩变速还是恒功率变速，都是靠改变主轴电动机的电源频率来实现的。

*举例验证：如用主偏角 75°、前角 10°，刀具寿命为 60 min 的硬质合金车刀，车削 ϕ160 mm×50 mm 的圆柱体 45 钢。用硬质合金车刀粗车时的切削用量为

$$v_{\text{c}} = 80 \sim 100 \text{ m/min}，f = 0.3 \sim 0.6 \text{ mm/r}，a_{\text{p}} = 2 \sim 5 \text{ mm}$$

则粗车工件时最低转速为

$$n_{\text{cmin}} = \frac{1\,000 v_{\min}}{160\pi} = \frac{80}{0.16\pi} = 160 \text{ r/min} = n_{\text{j}}$$

主切削力的经验公式为

$$F_{\text{c}} = C_{\text{Fc}} a_{\text{P}}^{X_{\text{Fc}}} f^{y_{\text{Fc}}} v_{\text{c}}^{n_{\text{Fc}} k_{\text{Fc}}}$$

由《机械工程手册（第二版）机械制造工艺及设备卷（二）》表 1.2-2 可知：$C_{\text{Fc}} = 2\,650$，$x_{\text{Fc}} = 1$，$y_{\text{Fc}} = 0.75$；修正系数 K_{Fc} 与被加工工件的力学性能、刀具前角、主偏角、刃倾角、刀尖圆弧半径、刀具寿命有关，根据《机械制造工艺及设备卷（二）》表 1.2-3、表 1.2-4 计算修

正系数为 $K_{Fc}=0.87$。

当 $f=0.5$ mm/r，$a_p=5$ mm，$v_c=80$ m/min 时，主切削力及理论主切削功率分别为

$$F_{c0.5}=3\ 552\ (\mathrm{N})$$

$$P_{c0.5}=F_{c0.5}\frac{v_c}{60}\times10^{-3}=3\ 552\times\frac{80}{60}\times10^{-3}=4.736\ (\mathrm{kW})$$

当 $f=0.6$ mm/r，$a_p=5$ mm，$v_c=80$ m/min 时，主切削力及理论主切削功率分别为

$$F_{c0.6}=4\ 072\ \mathrm{N}$$

$$P_{c0.6}=F_{c0.6}\frac{v_c}{60}\times10^{-3}=4\ 072\times\frac{80}{60}\times10^{-3}=5.43\ (\mathrm{kW})$$

定比采用多楔带传动，其机械效率为 0.96 ~ 0.98；为留有一定安全余量，主运动的机械效率按 $\eta=0.9$ 计算，则电动机应输出的功率为

$$P_{mc0.5}=\frac{P_{c0.5}}{\eta}=\frac{4.736}{0.9}=5.26\ (\mathrm{kW})$$

$$P_{mc0.6}=\frac{P_{c0.6}}{\eta}=\frac{5.43}{0.9}=6.03\ (\mathrm{kW})$$

长度 500 mm 的工件粗车外圆消耗的最长时间为

$$t_{max}=\frac{l}{n_c f}=\frac{500}{160\times0.3}=10.42\ (\mathrm{min})<30\ (\mathrm{min})$$

该车床粗车时，主轴端最低转速为 160 r/min，电动机输出的最小理论功率为

$$P_{mcmin}=4.08\times\frac{16}{12}=5.44\ (\mathrm{kW})$$

$$P_{mc0.5}=5.26<P_{mcmin}<P_{mc0.6}=6.03\ (\mathrm{kW})$$

因此，该类车床的主运动采用 1PH7133-2 ND02-0L 型电动机驱动时，能实现切削用量 $f=0.5$ mm/r，$a_p=5$ mm 的粗加工，具有一定的粗加工能力。

（2）选择 1PH7133-2GZ02-0 MJ3-Z（*）电动机，额定功率 $P=15$ kW，30 min 功率 20 kW，额定转速 $n_0=1\ 500$ r/min，连续转速 $n_{0\,max}=12\ 000$ r/min；额定转矩 $M_e=95$ N·m，质量 90 kg，惯量 0.076 kg · m^2。

① 按照 $n_{0\,max}=12\ 000$ r/min 计算，多楔带主动轮直径为

$$d_1=\frac{60v_{max}}{\pi n_{0\,max}}\times10^3=\frac{60\times40}{12\ 000\pi}\times10^3=63.66\ (\mathrm{mm})<75\ (\mathrm{mm})$$

② 按照最小带轮直径 $d_{min}=75$ mm 计算，电动机最高转速为

$$n'_{0\max} = \frac{60v_{\max}}{\pi d_{\min}} \times 10^3 = \frac{60 \times 40}{75\pi} \times 10^3 \approx 10\ 200\ (\text{r}/\text{min})$$

电动机的计算转速为

$$n_{\text{mj}} = \frac{10\ 200}{25} = 408\ (\text{r}/\text{min})$$

电动机在计算转速时产生的功率为

$$P_{\text{mj}} = \frac{15 \times 408}{1\ 500} = 4.08\ (\text{kW})$$

满足设计要求。

主运动传动链的传动比为

$$i = \frac{160}{400} = \frac{1}{2.5}$$

与采用 1PH7133-2 ND02-0L 型电动机的方案相比，传动比小，从动带轮直径为 187 mm，在不采用压轮的情况下，多楔带的主动轮包角小。故应采用 1PH7133-2 ND02-0L 型电动机的方案。

2.5 进给传动系统的设计

进给传动系统是机床传动系统的重要组成部分，主要是带动机床工作台或刀架运动，实现持续切削加工所必需的运动。

2.5.1 进给传动的载荷特点

进给传动是用来驱动机床的进给机构，实现进给运动或辅助运动。机床的进给运动大多为直线运动。直线运动的载荷是切削力，与切削面积成正比。不同的机床，有其相应的最大切削面积，对应有最大切削力，其最大切削力可能出现在任何进给速度中。因此，直线运动的进给传动载荷是恒转矩载荷，传动件的计算转速（速度）是该传动件可能出现的最大转速（或速度）。

2.5.2 进给传动的组成和类型

1. 进给传动的类型

进给传动按运动链的性质，可分为外联系进给传动链和内联系进给传动链；按其控制方式及变速形式，可分为普通机床分级变速进给链和数控机床无级变速进给链。

2. 进给传动的组成

通用机床的外联系进给运动传动链可与快速移动共用一台电动机，这种驱动形式的传动链短，结构紧凑；也可与主运动共用一台电动机，这种驱动形式的传动链，空载功率小，容易保证传动链执行件之间的严格传动比，它特别适用于内联系进给传动链。外联系进给传动链，一般包括变速机构、换向机构（如换向惰轮）、运动分配机构、过载保护机构、运动转换（将回转运动变换成直线运动）机构（如齿轮齿条副、丝杠螺母副等）。若快速移动由单独的电动机驱动，快速移动与机动进给的交汇处应有超越机构，以避免进给运动与快速运动发生干涉。多方向进给传动的运动分配机构，在传动顺序上应位于变速机构之后，以减少变速组的数目、简化结构、方便操作。内联系进给传动链只包括传动比准确的变速机构，外联系传动链的传动比要求不严格。

数控机床的进给传动系统，每一进给运动采用一个伺服电动机，直接或通过定比传动机构与滚珠丝杠连接，在丝杠（或伺服电动机）等旋转零件的端部安装脉冲发生器，或在工作台侧面安装光栅，用同步脉冲控制伺服电动机，保证工作台精确的运动速度和定位精度。

2.5.3 进给传动的基本要求

机床进给传动系统应满足以下要求：

（1）应有较高的静刚度。

（2）具有良好的快速响应性；抗振性能好；噪声低；有良好的防爬行能力，切削稳定性好。

（3）进给系统要有较高的传动精度和定位精度。

（4）能满足工艺需求，要有足够的变速范围。

（5）结构简单，制造工艺性好，调整维修方便，操纵轻便灵活。

（6）制造成本低，具有较好的经济性。

2.5.4 分级进给传动设计的原则

机床进给传动系统转速可采用等比数列、也可采用等差数列排列。

对于等差数列进给传动，设计时以满足工艺需求为目的。对于随机数列进给传动系统，如齿轮加工机床的分齿运动链、车床的非标准螺纹进给传动链等，采用交换齿轮机构。等比进给传动应遵循以下原则：

1. 进给传动系统的极限传动比、极限变速范围

进给传动系统速度低、负荷小、功耗小，因而齿轮薄、模数小，极限传动比为 $i_{\min} \geqslant \frac{1}{5}$，$i_{\max} \leqslant 2.8$，则极限变速范围为 $R = i_{\max} / i_{\min} = 2.8 \times 5 = 14$。

2. 进给传动链传动顺序、扩大顺序、最小传动比原则

由于进给系统是恒转矩变速，末端执行件的转矩一定，为减小中间轴及其传动件的结构尺寸，提高进给传动系统的传动精度，等比数列转速的进给运动传动链，其转速图的拟定应遵循以下原则：传动顺序应“前多后少”；扩大顺序应 “前疏后密”；最小传动比应 “前缓后急”。

2.5.5 无级变速进给传动系统

对于无级变速进给传动系统，在普通机床中多采用液压系统无级调速，而在数控机床中一般采用伺服电动机进行无级调速。

1. 液压系统无级调速

液压无级调速是利用调速阀等流量控制阀，通过改变阀口过流面积或液流通道的长度来调节液体阻力大小，来调节液压缸出口流量，从而实现速度变化。其特点是运动平稳性好，变速范围大（可达到 200），但不易获得准确的速度，故适用于外联系传动链中。

2. 伺服电机的无级调速

伺服电机分为直流伺服电机和交流伺服电机两类。

直流伺服电动机主要有小惯量直流电机和大惯量直流电机。小惯量直流电机的长径比约为 5，其转动惯量约为普通直流电机的 1/10，响应速度快，适用于高速轻载的数控机床。大惯量直流电动机又称为宽调速直流电动机，又分为电励磁和永磁型两种。电励磁直流电动机可通过调整励磁绕组的磁通量来调速，属于恒功率调速，成本较低；永磁型直流电动机调速方式属于恒转矩调速，能在较大过载转矩下长期工作，并能直接与滚珠丝杠连接，可在低速下稳定地运转，输出转矩大；但由于转动惯量大，响应速度慢。直流伺服电动机可根据需要内装光电编码器等速度和角度测量元件及制动器。

交流伺服电动机是在异步电动机和永磁同步电动机的基础上发展起来的，采用矢量变换控制技术调速，与直流伺服电动机相比，具有结构简单、动态响应性能好的优点；交流伺服电动机的输出功率比同体积的直流伺服电动机高 10% ~ 70%，质量约为同容量直流伺服电动机的 1/2，价格约为直流电动机的 1/3。交流伺服电动机与无刷直流伺服电动机结构相同，转子磁场由永久磁铁形成，属于同步电动机，恒转矩调速，内装光电编码器。采用矢量控制技术调速的为交流伺服电动机，采用脉宽调制技术的为直流伺服电动机。伺服电动机分为小惯量、中惯量、大惯量伺服电机。小惯量电动机的长径比约为 5，其转动惯量约为直流电动机的 1/10，响应快，适用于数控机床；大惯量电动机能在较大过载转矩下长期工作，并能直接与滚珠丝杠连接而不需要中间传动装置，还可在低速下稳定地运转，输出转矩大。

随着新型永磁稀土材料（钕铁硼）的出现，内装永磁交流伺服电动机发展迅速，应用前景好。

3. 伺服系统类型

伺服电动机组成的无级调速系统，按有无检测和反馈装置分为开环伺服系统、闭环伺服系统。按检测反馈装置的位置不同，闭环伺服系统分全闭环伺服系统和半闭环伺服系统。

1）开环伺服系统

开环伺服系统是没有检测和反馈装置的伺服系统，数控装置发出的脉冲经环形分配器、功率分配器，驱动步进电机旋转，电机运动经齿轮（或同步带）、滚珠丝杠螺母副，带动工作台等执行件移动，如图 2.19 所示。

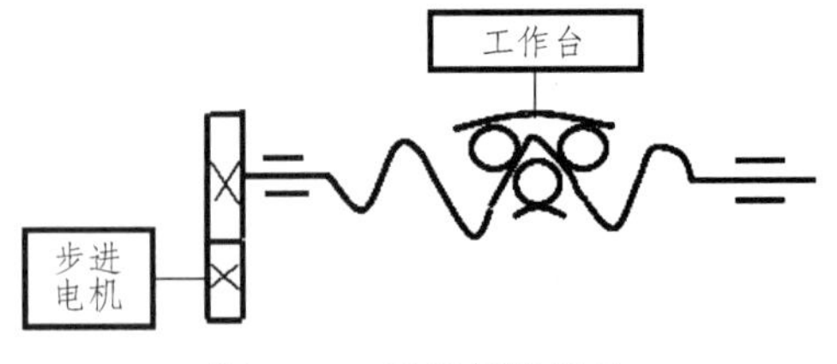

图 2.19　开环伺服系统

当步进电机每接受一个脉冲时，就旋转一个固定的角度（称为步进角）α，并带动工作台移动一个距离（称脉冲当量）Q。滚珠丝杠的导程为 P_{h}，步进电动机到工作台执行件的传动比为 i，则脉冲当量为

$$Q=\frac{\alpha}{360}P_{\mathrm{h}}i \tag{2.12}$$

如果数控系统发出 N 个脉冲，工作台等执行件的移动量 S 为

$$S=NQ=\frac{\alpha}{360}P_{\mathrm{h}}iN \tag{2.13}$$

由式（2.13）可知，开环系统的精度与步进角、传动系统的传动精度和滚珠丝杠的精度有关。定位精度一般为 0.01 ~ 0.02 mm。开环系统结构简单、成本低，但工作精度较低；突然加载或脉冲频率剧烈变化时，执行件运动可能会产生误差，发生“失步”现象。故开环伺服系统适用于精度要求不高的数控机床。

2）闭环伺服系统

闭环伺服系统是将检测装置安装在工作台等执行件上的伺服系统。检测装置将执行件的实际位移量反馈给数控装置，并与控制量相比较，根据比较结果对伺服电动机进行控制，或对伺服电动机的指令进行修正补偿，从而控制其运动，能完全消除工作台等执行件的移动误差，如图 2.20 所示。常用的检测装置有旋转变压器（角度测量）、测速发电机（测量转速）、脉冲编码器（测量位移或速度）、直线光栅（位置检测）。闭环系统的定位精度取决于检测装置的精度，其特点是结构复杂、成本较高，适用于伺服电动机进给系统和步进电动机驱动的精密数控机床上。

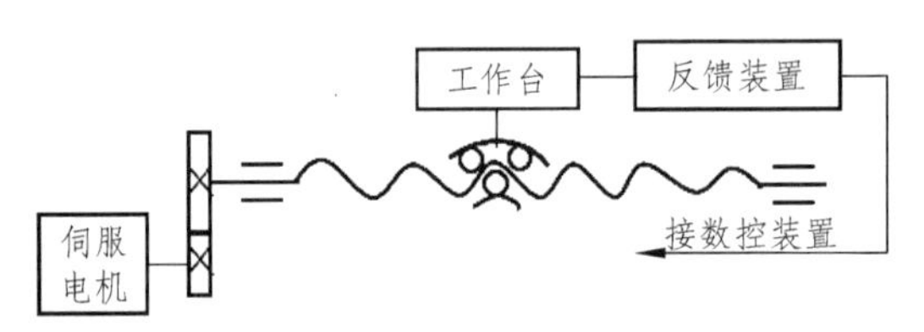

图 2.20　闭环伺服系统传动原理

3）半闭环伺服系统

半闭环伺服系统是检测装置不安装在工作台等执行件上，而是安装在进给传动中的旋转部件上的伺服系统。半闭环伺服系统的补偿环是伺服系统的一部分，不能检测工作台等执行件的运动误差，只能补偿部分传动误差，所以半闭环伺服系统的精度比开环系统高，但低于闭环系统。在图 2.21（a）所示的半闭环伺服系统中，反馈装置安装在丝杠端部，补偿环路包括伺服电机、定比传动，丝杠螺母副在补偿环之外。伺服系统可消除补偿环路中传动系统的转角误差和转速误差，但不能消除滚珠丝杠螺母的导程误差。提高滚珠丝杠螺母的刚度和精度，可提高半闭环伺服系统的传动精度。在图 2.21（b）所示的半闭环伺服系统中，反馈装置安装在伺服电动

机轴的端部，补偿环路仅包括伺服电机，该系统调试简单，但不能补偿传动机构和丝杠螺母的传动误差，因此伺服系统的精度较低。数控机床的进给系统多数为半闭环伺服系统。

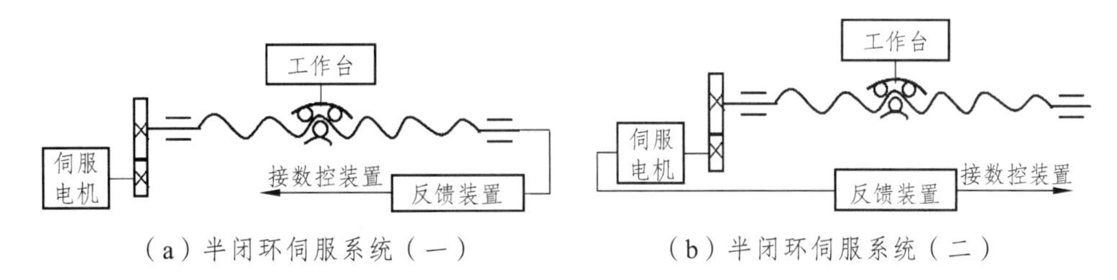

（a）半闭环伺服系统（一）　（b）半闭环伺服系统（二）

图 2.21　半闭环伺服系统传动原理

数控进给传动链为恒转矩调速，工作台的最高速度（转速）为其计算速度（转速），进给传动链仅有定比传动。因而伺服电动机的额定转速为电动机的计算转速，产生工作台的快速移动速度；伺服电动机的额定转矩应不小于最大负载转矩，为减小负载转矩，进给传动链可采用减速传动；另外，进给传动链应有良好的加速特性。

2.5.6　直线伺服电动机进给传动系统

直线伺服电动机是直接将电能转化为直线运动机械能的电力驱动装置，是为了适应高速加工或微量进给的精加工发展的需要而研制的新型电动机，它可直接驱动工作台或刀架做直线运动。直线伺服电动机用于开环控制系统时，定位精度约为 0.03 mm，最高速度可达 0.4 ~ 0.5 m/s；直线伺服电动机用于闭环控制系统时，定位精度可达到 0.001 mm，最高速度可达 1 ~ 2 m/s。

1. 直线伺服电动机工作原理

它与旋转伺服电动机相似，直线伺服电动机可看作旋转伺服电动机沿径向剖分开，向两边拉伸展平后形成的，如图 2.22 所示。因此，旋转伺服电动机的定子演变为直线伺服电动机的初级，转子演变成次级，旋转磁场变为直线运动磁场。动子与机床工作台直接相连，直线伺服电动机通电后，在初级中产生行波磁场，推动动子（工作台）做直线运动。

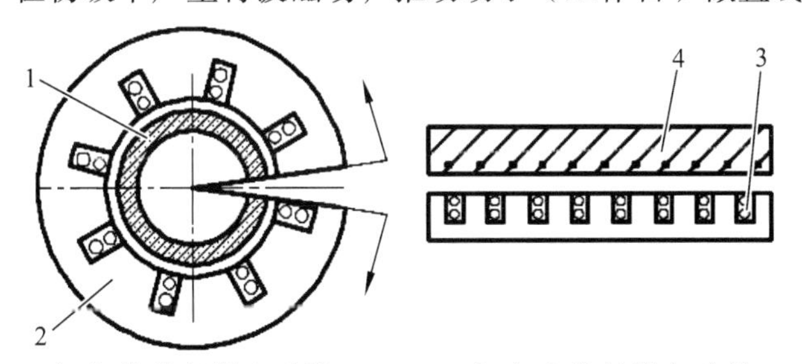

（a）旋转伺服电动机　（b）直线伺服电动机

1—转子；2—定子；3—初级；4—次级。

图 2.22　直线伺服电动机的形成原理

2. 直线伺服电动机的结构特点

为了获得较大驱动力，直线伺服电动机在宽度方向上采用了双初级、双次级的对称磁路结构；为使直线伺服电动机的初级与次级能做相对运动，其初级与次级应有不同长度，相对长的级固定不动（作为定子），相对短的级做直线运动（作为动子），如图 2.23 所示。

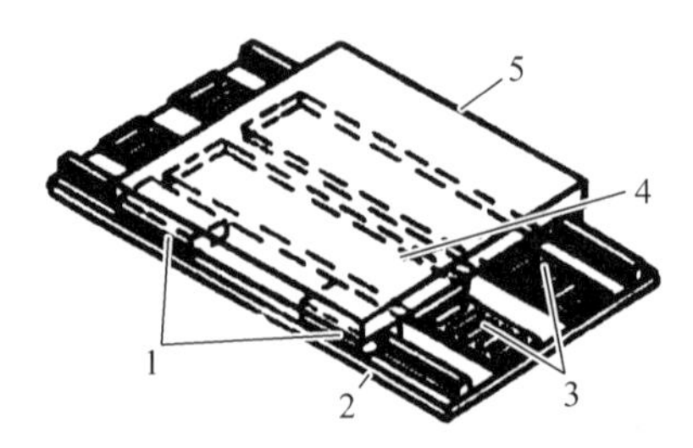

1—滚动导轨；2—床身；3—直线电机次级；4—直线电机初级；5—工作台。

图 2.23　直线伺服电动机传动示意图

3. 直线伺服电动机的类型

直线伺服电动机分为同步式和感应式两类。同步式的次级是由永久磁铁排列而成；感应式的次级与笼型异步旋转电动机相似，可认为是笼型异步旋转电动机的转子沿径向剖开，向两边拉伸展平后形成的。直线伺服电动机的初级是嵌装在磁性铁心中的通电线圈。

4. 直线伺服电动机的优点及应用

采用直线伺服电动机直接驱动工作台，可省去齿轮、齿形带和滚珠丝杠副等传动件，使机床结构简化，且避免了由传动机构的制造误差、弹性变形、磨损、热变形等因素引起的传动误差。这种非接触式直接驱动，结构简单，维护方便，可靠性高，体积小，传动刚度高，响应快，可获得较高的瞬时加速度。但是，由于直线伺服电动机的磁力线外泄，机床在装配、操作、维护时，必须有效地隔磁、防磁。另外，直线伺服电动机安装在工作台下面，散热困难，使用时应考虑采取必要的散热措施。

目前，有直线伺服电动机应用于加工中心机床、导弹高速发射等领域，其进给速度大幅度提高，可达到 60 m/min，缩短了定位时间，提高了生产效率和机床的加工精度。

2.6　传动系统结构设计

2.6.1　变速箱结构及传动轴组件的布置

1. 功能和要求

变速箱是传动系统的支承件，其主要功能为，支承传动件，承受传动载荷，保证机床的传动运动有较高的几何精度、传动精度和运动精度。要求有足够的强度、刚度；抗振动性好，噪声低；便于加工和装配，变速过程的操作应方便。

2. 变速箱结构设计分析

图 2.24 所示为立式镗削加工中心的主轴箱展开图。设计变速箱时，主要是考虑传动轴的布置，首先应充分考虑其安装、调整、维修、散热等问题，传动轴应按空间三角形分布，并

根据运动的性能、标准零部件尺寸及机床的形式合理确定各传动轴位置。其次，还应考虑制造加工的工艺性、传动件的可装配性。

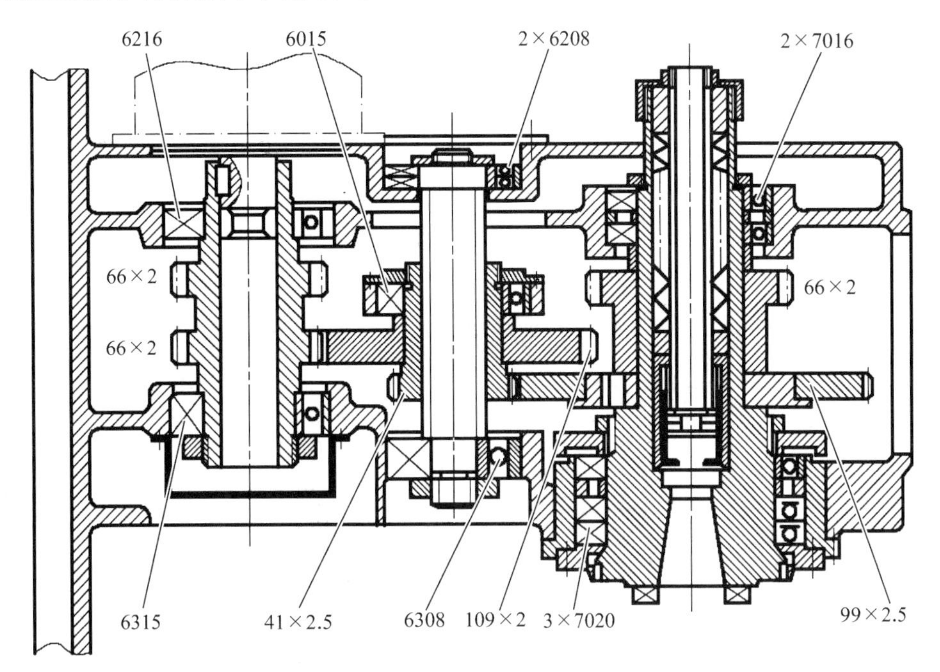

图 2.24　立式镗铣加工中心主轴箱展开图

图 2.25 所示为镗铣主轴箱传动轴布置及装配关系，三根轴Ⅰ、Ⅱ、Ⅲ是典型的三角形布置方式。主运动采用变频电动机驱动，连续输出功率为 7.5 kW，两条传动线的传动比 $i_1=\frac{66}{109}\times\frac{41}{99}\approx\frac{1}{4}$，$i_2=\frac{66}{109}\times\frac{109}{66}=1$，级比为 4，主轴转速为 15 ~ 4 500 r/min。

该立式数控机床的主轴是铅锤的，为提高传动精度，其传动轴也应是铅锤的，以避免使用传动精度较低的锥齿轮。电动机安装形式为 V1，直接与轴Ⅰ相连。空心主轴内装有吹屑管，主轴上部装有进气管和换刀控制机构，为安装、维修方便，轴Ⅰ与电动机应有一定距离，因此传动副的中心距 a 较大，因为 $\frac{z_1}{z_1'}=\frac{1}{4}$，有

$$a=\frac{m(z_1+z_1')}{2}=\frac{5}{4}\times\frac{mz_1'}{2}=\frac{5}{8}mz_1'=\frac{5}{8}d_1'$$

得

$$d_1'=mz_1'=\frac{8}{5}a$$

由上式可知，从动轮直径 d_1' 较大。为减小 d_1'，需增大其传动比，因此，必须增加定比降速传动。由于主轴最高转速等于电动机的最高转速，所以增加定比机构后，传动比 i_{a2} 等于定比机构传动比 i_0 的倒数，变为升速。由齿轮的齿面接触疲劳强度公式可知，当齿轮副的齿数比

相同，传递转矩相等时，中心距相等，故定比传动（轴Ⅰ-Ⅱ）的中心距与轴Ⅱ-Ⅲ的中心距相等。为使主轴轴承受热后，主轴轴心的横向位置保持不变，使轴Ⅰ、轴Ⅲ的轴心连线为主轴箱的对称中心线。为提高传动精度，避免主轴上的小齿轮过小，根据误差传递规律，传动比 i_0、i_{a1} 应采用“先缓后急”的分配原则，即

$$i_0=\frac{1}{1.65}\text{，}\ i_{a1}=\frac{1}{2.41}\text{，}\ i_{a2}=1.65$$

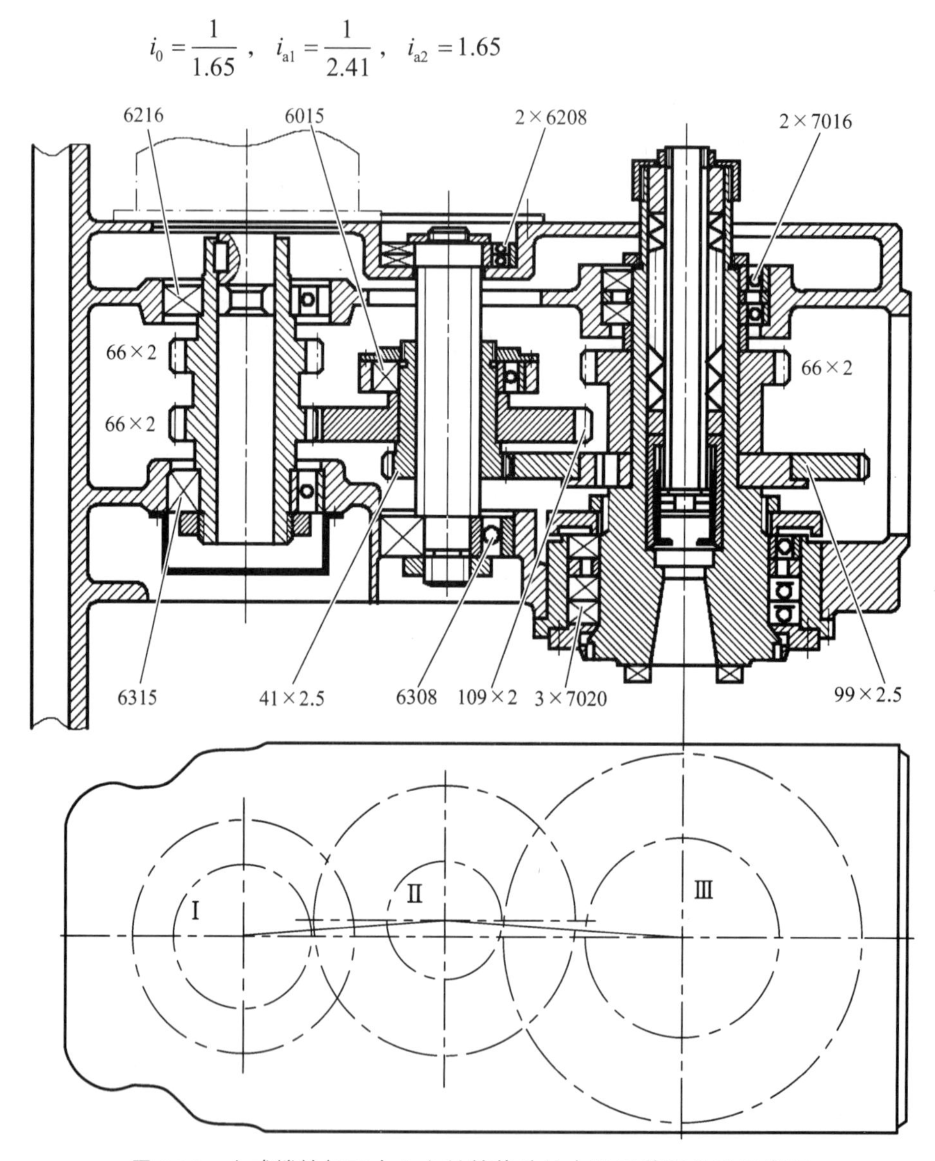

图 2.25 立式镗铣加工中心主轴箱传动轴布置及装配关系示意图

对于定比机构传动比 i_0 与传动比 i_{a2}，从整体上可认为 i_0 的从动齿轮 z_0' 和 i_{a2} 的主动齿轮 z_{a2} 为惰轮。为简化系统结构和设计，齿轮的尺寸参数可取相等值。为缩短主轴箱的轴向长度，在与 i_{a1} 对应啮合位置的轴Ⅰ上增加一个齿轮 z_0，把齿轮 z_0' 与 z_{a2} 合并为一。另外，定比机构的传动比 i_0 相对较大，增加了齿轮 z_0 的齿数，可方便轴Ⅰ组件与电动机轴的装配连接。轴Ⅰ上

端与下端的轴承孔的挡肩应大于齿轮顶圆直径，目的是保证齿轮轴Ⅰ能顺利装入变速箱的箱体中，改善装配工艺性能。轴Ⅰ上的螺纹孔主要用于拆卸齿轮轴用。在螺纹孔中拧入一个螺钉，螺钉顶在固定电动机轴的端面上，拧紧螺钉就可以将齿轮轴拆卸下来。由于螺纹的有效承载圈数是 8 ~ 10 圈，故在螺纹孔下面做出较深的沉孔，以减小螺钉和螺孔的螺纹长度，提高工作效率。

从另一方面考虑，要减小 d_1'，可将传动比 $i_1=\dfrac{1}{4}$ 分为两个传动副的串联传动，增加中间传动轴Ⅱ。这样，在传动比 i_2 中需增加惰轮，从而使两轴Ⅰ-Ⅱ的中心距与轴Ⅱ-Ⅲ的中心距相等。为简化齿轮轴Ⅰ的结构，方便加工，轴Ⅰ上的两齿轮采用相同的尺寸参数，则轴Ⅱ上的从动齿轮 z_{11} 与惰轮尺寸参数相同。同时，为减小轴向长度，将齿轮 z_{11} 与惰轮合并为一个，就形成与上述方案相同的结构。在结构设计中，有时设计的出发点虽不同，但合理考虑到各个因素，可能会得出相同的结论。

在主轴箱结构及展开图 2.24 中，该机床的齿轮线速度，除传动比 i_{a1} 的齿轮副（齿轮线速度为 15 m/s）外，其余都超过 30 m/s。故齿轮的第Ⅱ组精度等级都为 5 级，齿轮的精加工应采用磨齿方法。

根据机床布置形式，安装深沟球轴承的传动轴Ⅰ、轴Ⅱ，采用一端轴承的内外圈轴向固定，而另外一端轴承外圈轴向自由的定位方式，这样可使轴受热膨胀时能自由伸展，避免过定位；若采用圆锥滚子轴承时，应两端轴向定位。由于轴Ⅲ的最高转速是 4 500 r/min，超过了轻系列角接触球轴承的极限转速，所以，轴Ⅲ的支承轴承采用超轻系列角接触轴承，下端采用三联组配（型号为 7020TBT，T 表示三联组配；BT 表示两套轴承同向，T 表示同向，B 表示与第三套轴承背靠背安装）；主轴上端为双联组配（型号为 7016T，T 表示两角接触轴承同向安装）。精度等级为 P4（或 SP）级。

2.6.2　齿轮的轴向布置

1. 三联滑移齿轮顺利啮合的条件

如图 2.26 所示，当三联滑移齿轮右移使齿轮 z_1 与 z_4 啮合时，齿轮 z_2 要越过固定的小齿轮 z_6，为防止滑移过程中，三联滑移齿轮中的次大齿轮 z_2 与固定的小齿轮 z_6 的齿顶发生相碰，必须使齿轮 z_2 与 z_6 的齿顶圆半径之和不大于其中心距，即

$$\frac{m(z_2+z_6)}{2}+2m\leqslant\frac{m(z_3+z_6)}{2}$$

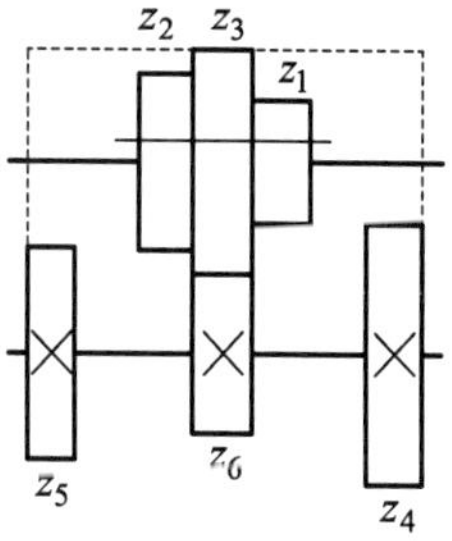

图 2.26　三联滑移齿轮

整理，得到三联滑移齿轮顺利滑移啮合的条件为

$$z_3-z_2\geqslant 4 \tag{2.14}$$

即三联滑移的最大与次大齿轮的齿数差要不小于 4。

2. 齿轮轴向布置的原则

（1）固定齿轮轴向间距的确定。滑移齿轮机构中，必须当一对齿轮副完全脱离啮合后，另一对齿轮才能进入啮合。为此，固定齿轮间的最小距离理论值应为齿轮宽度 b 的 2 倍，并留有间隙$\varDelta=1\sim2$ mm 的行程余量，因此，齿轮的齿宽为 $b=(6\sim12)m_n$，m_n为齿轮的法向模数，即两固定齿轮间的距离实际上要大于 $2b+\varDelta$。

（2）滑移齿轮齿数要求。为避免滑移齿轮与固定的小齿轮发生齿顶碰撞，三联滑移齿轮的最大与次大齿轮齿数之差应不小于 4。否则，应采用变位齿轮，使两齿轮齿顶圆直径之差不小于 4 个模数；或让滑移的小齿轮越过固定的小齿轮，改变啮合变速条件，使最大和最小齿轮齿数差不小于 4；或采用牙嵌式离合器变速，使齿轮不动。

（3）尽量减小变速组的轴向长度，齿轮应采用窄式排列。

（4）滑移齿轮应装在主动轴上 由于降速传动时主动轴速度高，转矩小，齿轮尺寸和重量都较小，这样可使操作轻便。

3. 一个变速组中齿轮的轴向布置

1）窄式排列

在三联滑移齿轮变速组中，滑移齿轮紧靠在一起，大齿轮居中，而固定齿轮分离安装，相隔距离为 $2b+\varDelta$，相邻变速位置的滑移行程也是 $2b+\varDelta$，如图 2.27 所示。变速组轴向总长度等于相距最远的两个固定齿轮外侧的距离，这种排列称为窄式排列。双联滑移齿轮变速组窄式排列的总长度为 $B>4b+\varDelta$；三联滑移齿轮变速组窄式排列的总长度为 $B>7b+2\varDelta$。其中，还没有计入齿轮加工时刀具越程槽的宽度等工艺尺寸。概括地说，窄式排列是指变速组中滑移齿轮紧靠在一起，固定齿轮分离安装的排列方式。

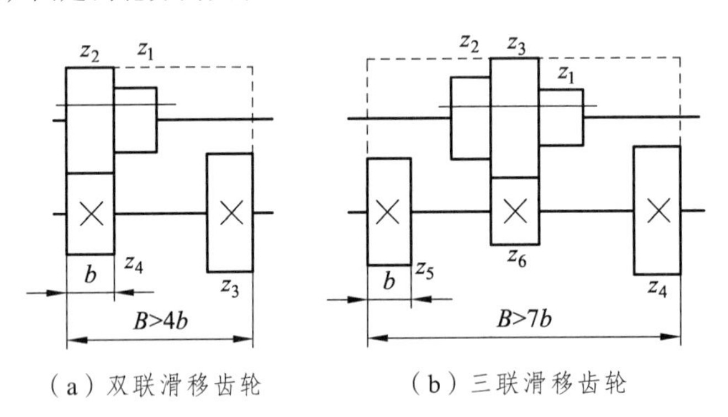

（a）双联滑移齿轮　　（b）三联滑移齿轮

图 2.27　齿轮的窄式排列

2）宽式排列

与窄式排列相反，宽式排列是指固定齿轮紧靠在一起，滑移齿轮分离安装的排列方式，两滑移齿轮的内侧距离为 $2b+\varDelta$，相邻变速位置的滑移行程也为 $2b+\varDelta$，如图 2.28 所示。双联齿轮变速组宽式排列的轴向总长度是 $B>6b+2\varDelta$；三联滑移齿轮变速组宽式排列的轴向总长度为 $B>11b+4\varDelta$。

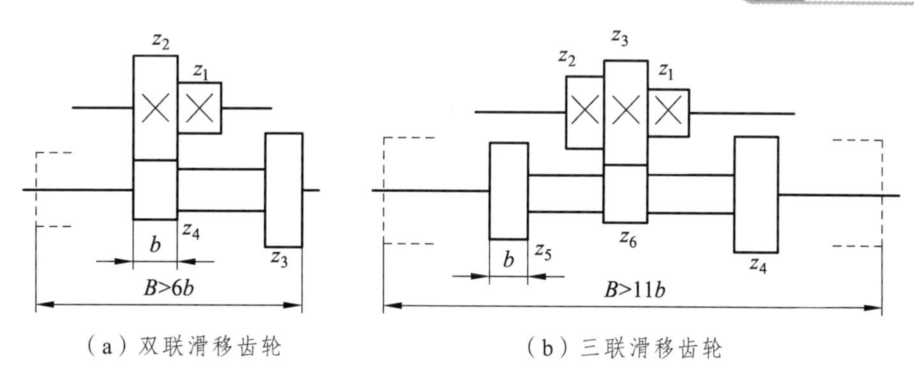

（a）双联滑移齿轮　　（b）三联滑移齿轮

图 2.28　齿轮的宽式排列

3）亚宽式排列

三联滑移齿轮中的两齿轮紧靠在一起，另一齿轮与之分离，分隔距离为 $2b+\varDelta$，这种排列的轴向总长度为 $B>9b+3\varDelta$，介于宽式与窄式之间，故称为亚宽式排列，如图 2.29 所示。亚宽式排列能够实现转速由低到高（或由高到低）的顺序变速，三联滑移齿轮能使滑移的小齿轮越过固定的小齿轮。改变顺利啮合的条件为：滑移的大齿轮与小齿轮的齿数差不小于 4，即 $z_3-z_1\geqslant 4$。

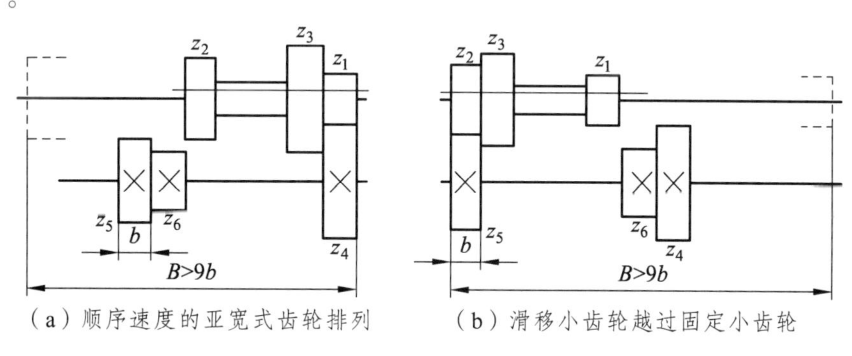

（a）顺序速度的亚宽式齿轮排列　　（b）滑移小齿轮越过固定小齿轮

图 2.29　齿轮的亚宽式排列

*双联滑移齿轮变速组不存在齿顶干涉现象，因而双联滑移齿轮没有亚宽式排列。

*4）滑移齿轮分组排列

对于 4 个传动副的变速组，滑移齿轮可分为两组，并联合控制，保证同一时间只有一组齿轮处于啮合状态，如图 2.30 所示。分组排列的缺点是操作机构复杂，优点是能缩短轴向长度。

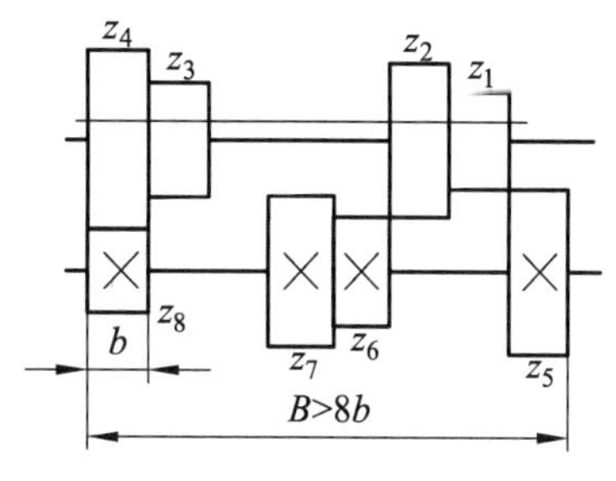

图 2.30　齿轮的分组排列

4. 相邻两个变速组齿轮的轴向排列

1）并行排列

在相邻两个变速组的公共传动轴上，从动齿轮和主动齿轮分别安装在两端；三条传动轴上的齿轮排列呈梯形，其轴向总长度为两个变速组轴向长度之和，如图 2.31 所示。这种排列的结构简单，应用范围广，但轴向长度较大。

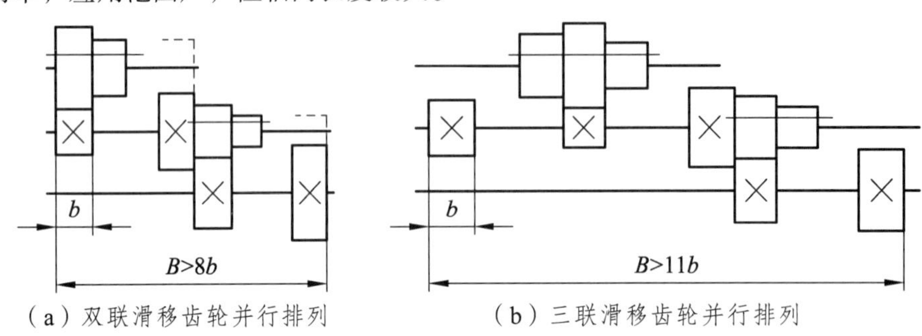

（a）双联滑移齿轮并行排列　（b）三联滑移齿轮并行排列

图 2.31　两变速组的并行排列

2）交错排列

如图 2.32 所示，相邻两个变速组的公共传动轴上的主、从动齿轮交替安装，使两变速组的滑移行程部分重叠，从而缩短了轴向长度。为使齿轮顺利滑移啮合，相邻齿轮模数相同时，齿数差应不小于 4，且大齿轮位于外侧。

在图 2.32 中，第一变速组有三对齿轮副，窄式排列时其轴向长度为 $B_a>7b+2\Delta$；第二变速组有两对齿轮副，窄式排列时其轴向长度为 $B_b>4b+\Delta$，两相邻变速组并行排列时轴向总长度为 $B>11b+3\Delta$。交错排列时，轴Ⅱ上第二变速组的 z_{36} 齿的主动齿轮比第一变速组的从动齿轮 z_{41} 的少 5 个齿，满足齿数差的要求；第一变速组 z_{33} 齿的滑移齿轮能够越过 z_{36} 齿的齿轮，因而将其安装在 z_{41} 齿的从动齿轮的内侧；z_{52} 齿的主动齿轮比 z_{48} 齿的从动齿轮多 4 个齿，也满足齿数差要求，因而固定在 z_{48} 从动齿轮的外侧。第一变速组的齿轮排列中插入了 z_{36} 齿的主动齿轮，轴向长度增加一个齿宽，长度变为 $B_a>8b+2\Delta$；第二变速组的齿轮排列中公共轴上插入了 z_{48} 齿的从动齿轮，轴向长度也增加一个齿宽，因此长度变为 $B_b>5b+\Delta$；交错排列的轴向总长度为公共轴Ⅱ的轴向长度 $B>9b+2\Delta$，比并行排列的轴向长度短。

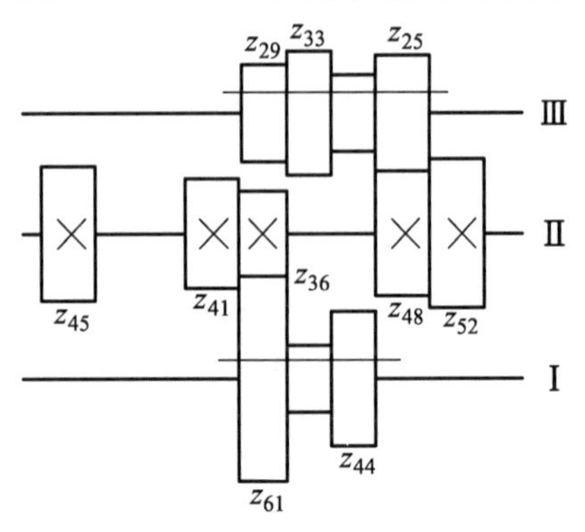

图 2.32　两个变速组的交错排列

3）公用齿轮传动结构

（1）单公用齿轮：在相邻两个变速组的公共传动轴上，将某一从动齿轮和主动轮合二为一，形成既是第一变速组的从动齿轮，又是第二变速组的主动齿轮的单公用齿轮，这种变速组称为单公用齿轮传动。

这样两变速组可减少一个齿轮，轴向长度可减少一个齿宽。公用齿轮的应力循环次数是非公用齿轮的两倍，根据寿命理论，公用齿轮应为变速组中齿数较多的齿轮。因此，公用齿轮常出现在前一级变速组的最小传动比和后一级变速组的最大传动比中。图 2.33 所示为单工用齿轮变速组，第一变速组的主动齿轮，不满足最大、次大齿轮齿数差的要求，采用亚宽式排列，在 z_{36} 齿和 z_{33} 齿从动齿轮之间插入了第二变速组的 z_{27} 齿和 z_{17} 齿的主动齿轮，由于第二变速组采用窄式排列，故 z_{37} 齿和 z_{17} 齿的主动齿轮间隔为 $2b+\Delta$，致使轴 I 上最大、次大滑移齿轮分相离 $2b+\Delta$；第一变速组 z_{38} 齿的从动齿轮（图中有剖面线的齿轮）作为公用齿轮；同样，在第二变速组的 z_{17} 齿和 z_{38} 齿的齿轮之间，插入 z_{33} 齿的从动齿轮，由于 $17<33<38$，z_{38} 齿的齿轮位于最外边，z_{17} 齿的齿轮位于 z_{33} 齿的从动齿轮内侧，致使最大、最小滑移齿轮分离一个齿宽；两级三联滑移齿轮变速组的总轴向长度为 $B>11b+3\Delta$。

（2）双公用齿轮：在两个相邻变速组的公共轴上具有两个齿轮，这两个齿轮可分别是前一变速组的主动轮和后一变速组的从动轮，这两个齿轮称为双公用齿轮。如图 2.34 所示，为双公用齿轮变速组，轴Ⅱ上的 z_{35} 齿和 z_{23} 齿的齿轮为公用齿轮，分别是最大、最小齿轮。最小公用齿轮为易损件。两变速组的轴向长度与变速组 b 的相等。由于在降速传动中转矩增加，转速降低，因而变速组 a 的中心距小于变速组 b，轴Ⅲ上的齿轮大于轴Ⅱ上的齿轮，轴Ⅱ上的齿轮大于轴 I 上的齿轮。一般情况下，基本组在后，扩大组在前，可从级比上来证明这一点。在图 2.34 所示的传动系统中，第一变速组的级比为

$$\varphi^{x_a}=\frac{i_{a2}}{i_{a1}}=\frac{32/23}{18/35}\approx 2.82$$

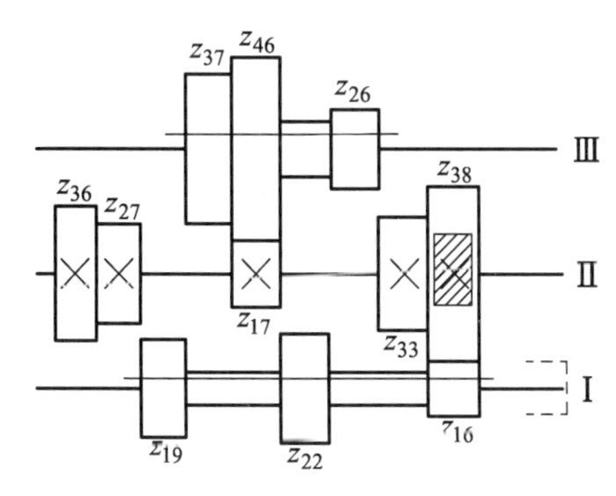

图 2.33　单公用齿轮交错排列

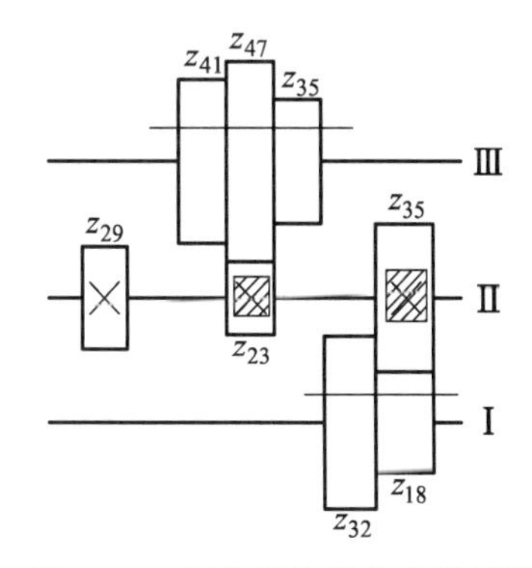

图 2.34　双公用齿轮的交错排列

第二变速组的级比为

$$(\varphi^{x_b})^2=\frac{i_{b2}}{i_{b1}}=\frac{35/35}{23/47}\approx 2,\quad \varphi^{x_b}=\sqrt{2}=1.41$$

即第二变速组的公比为 1.41，变速组 b 为基本组，传动副数 $P_0 = 3$，变速组 a 为第一扩大组。为保证传动精度，具有双公用齿轮的变速系统，一般采用变位齿轮。

2.6.3 提高传动精度的措施

1. 误差传递规律

在齿轮的齿坯制造、齿形加工及其装配时都存在着误差，在传动时这些误差会按照传动比大小向后逐级传递。为简化分析，仅从齿形加工开始来分析误差的产生和传递规律。

1）加工偏心

在齿轮的齿形加工时，必然存在齿坯的几何中心 O 与机床工作台旋转转轴中心 O_1 的同轴度误差，假设 O 与 O_1 的偏心量为 e_1，这样当齿坯绕 O_1 转动时，加工的齿形是在以 O_1 为圆心的分度圆上均匀分布，任意两相邻齿距应相等；但对于以 O 为圆心的分度圆来说齿距是不均匀的。

2）安装偏心

当齿轮装在传动轴上时，因为是间隙配合，同样齿轮的几何中心 O 与传动轴的中心 O_2 也存在同轴度误差，假设其偏心量为 e_2。当齿轮工作时是绕着 O_2 旋转的，在以 O_2 为中心的分度圆圆周上，齿距大小不均匀。

3）总偏心量

设 O_1、O_2 与 O 位于同一直线上，且相对于 O 的方向相同，如图 2.35 所示，则总偏移量为 $e = e_1 + e_2$。设齿轮的齿廓在以 O_1 为中心的分度圆上均匀分布，分度圆半径为 r，分度圆上的理论齿距（弧长）为 $2\pi r/z$；但由于实际上存在偏心，齿轮的工作是绕传动轴 O_2 转动的，每转一转，齿轮分度圆的理论转角、最大、最小转角分别为 $360°/z$、$360°r/[(r-e)z]$、$360°r/[(r+e)]z]$，最大、最小齿距分别为 $2\pi(r+e)/z$、$2\pi(r-e)/z$；分度圆上的理论齿距、最大齿距、最小齿距在以 O_2 为圆心的分度圆上对应的圆心角分别为

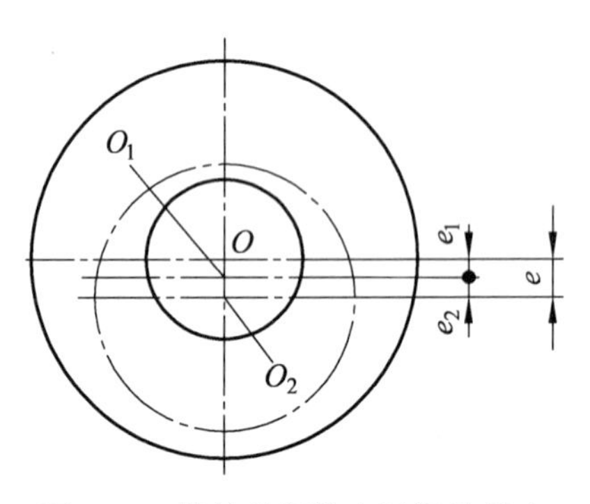

图 2.35 齿轮几何偏心及运动偏心

$$\theta = \frac{2\pi r/z}{r} = \frac{360°}{z} \tag{2.15}$$

$$\theta_{\max} = \frac{2\pi(r+e)/z}{r} = 360°\frac{r+e}{rz} \tag{2.16}$$

$$\theta_{\min} = \frac{2\pi(r-e)/z}{r} = 360°\frac{r-e}{rz} \tag{2.17}$$

则齿轮绕传动轴中心 O_2 转动时，齿轮啮合一齿的最大转角误差 $\delta_{\theta\max\pm}$ 为

$$\delta_{\theta\max+} = \theta_{\max} - \theta = \frac{360^\circ e}{rz} \tag{2.18}$$

$$\delta_{\theta\max-} = \theta_{\min} - \theta = 360^\circ \frac{r-e}{rz} - \frac{360^\circ}{z} = -\frac{360^\circ e}{rz} \tag{2.19}$$

概括起来，齿轮转动一齿的最大转角误差应为

$$\delta_{\theta\max} = \pm 360^\circ \frac{e}{rz}\text{。}$$

可见，齿轮的最大转角误差与总偏心量成正比，与齿轮齿数和分度圆半径的乘积成反比。

设与之啮合的另一从动齿轮的分度圆半径为 $2r$，即传动比为 1/2。当主动轮转过θ角时，从动轮转过$\theta/2$ 角；当主动轮转过$\theta' = \theta \pm \delta_\theta$时，理论上从动齿轮应转过$\theta'/2 = \theta/2 \pm \delta_\theta/2$。由于齿轮啮合传动时，彼此转过的齿数相等，从动齿轮实际转过的角度为$\theta/2$。由主动齿轮引起的从动齿轮的最大转角误差为

$$\frac{\theta'}{2} - \frac{\theta}{2} = \frac{\theta}{2} \pm \frac{\delta_\theta}{2} - \frac{\theta}{2} = \pm\frac{\delta_\theta}{2} = \pm i\delta_\theta$$

即从动齿轮的最大转角误差为主动齿轮的转角误差与传动比之乘积。在齿轮传动中，如果传动比大于 1，转角误差将被扩大；如果传动比小于 1，转角误差将被缩小。

在实际传动链中，前一级传动件的转角误差，经缩小或放大后，与从动齿轮本身的转角误差一起，传到后一级传动副；再按后一级传动副传动比的大小进行扩大或缩小，依次向后传递，最终反映到执行件上。如某传动件至执行件的总传动比小于 1，则该传动件的转角误差在传动中被缩小；反之，将被扩大。

2. 提高传动精度的措施

实际上，在机械传动系统中，传动件的制造误差、装配误差、轴承的径向圆跳动及传动轴的弯曲等，都可能使齿轮等传动件形成几何偏心和运动偏心，产生转角误差。要提高传动系统的精度，就需要从以下几方面采取措施。

（1）尽量缩短传动链。传动件越少，误差来源就越少。

（2）使尽量多的传动路线采用先缓后急的降速传动，其末端传动件（包括轴承）要有较高的制造精度、支承刚度，必要时采用校正机构，这样可将前面传动件的误差在传动中缩小，且末端组件不产生或少产生传动误差。

（3）对于升速传动，尤其是传动比大的升速传动，传动件的制造精度应高一些，且传动轴组件应有较高的支承刚度。这样可减小误差源的误差值，避免误差在传动中扩大，减少其对末端执行件的影响。

（4）传动链应有较高的刚度，以减少传动件的受载弯曲变形。主轴及较大传动件应作动平衡，或采用阻尼减振结构，以提高系统的抗振性能。

思考与练习题

一、基本概念

1. 转速图
2. 结构式
3. 转速点
4. 传动线
5. 级比规律
6. 扩大顺序
7. 计算转速
8. 恒功率变速范围
9. 恒转矩变速范围
10. 亚宽式排列

二、判断题

1. 转速图上传动轴线之间的距离，不表示传动轴间距离。 (　　)

2. 转速图上传动线的倾斜方向及倾斜程度代表传动比的大小，传动线向右上方倾斜表示传动比小于1，传动线向右下方倾斜表示传动比大于1。 (　　)

3. 转速图上的一个主动转速点引出的传动线的数目，代表该变速组的传动副数；平行的传动线是一条传动线。 (　　)

4. 在分级变速中，级比等于公比或级比指数等于1的变速组称为基本组。 (　　)

5. 等比传动系统只要符合级比规律，就能获得连续等比转速。 (　　)

6. 若某变速组的实际级比指数小于级比规律要求的理论值，则会产生空转速。 (　　)

7. 若某变速组的实际级比指数大于级比规律要求的理论值，则会产生转速重合。
(　　)

8. 拟定转速图中，传动顺序上要遵循“前多后少”的原则，是指应尽量使前面变速组的传动件多一些，后面变速组的传动件少一些。 (　　)

9. 拟定转速图中，扩大顺序上采用“前密后疏”的原则，是指变速组中，级比指数小，传动线就密；级比指数大，传动线就越稀疏。 (　　)

10. 拟定转速图中，最小传动比应采取“前缓后急”的原则，即传动顺序上，越靠前最小传动比越小，越靠后最小传动比越大，最后变速组的最小传动比常取1/4。 (　　)

三、问答题

1. 何谓转速图中的一点三线？机床转速图是表示什么的？

2. 结构式和结构网表示机床的什么内容？

3. 等比传动系统中，总变速范围与各变速组的变速范围有什么关系？与主轴的转速级数有什么关系？

4. 等比传动系统中，各变速组的级比指数有何规律？

5. 拟定转速图的原则有哪些？

6. 机床转速图中，为什么要有传动比限制，各变速组的变速范围是否一定在限定的范围内？为什么？

7. 机床传动系统为什么要前多后少，前密后疏，前缓后急？

8. 举例说明避免背轮机构高速空转的措施。

9. 无级变速有哪些优点？

10. 数控机床主传动设计有哪些特点？

11. 机床进给传动链与主传动链相比，有哪些不同？

12. 三联滑移齿轮的最大与次大齿轮的齿数差小于 4 时，为顺利滑移啮合变速，应采取什么措施？

13. 有公用齿轮的交错排列有什么优点？

14. 提高传动链的传动精度应采用什么措施？

15. 结构式是转速图的数学表达式，它是否具有乘法的交换率和分配率？为什么？

16. 直线运动的主传动链和进给传动链及其载荷特性是否相同？其计算转速怎样确定？

17. 误差传递规律是什么？如何提高传动链的传动精度？传动件的转角误差与哪些因素有关？

18. 若某机床主轴转速级数 $Z=12$，限定采用 2 级和 3 级变速组，试写出符合级比规律的全部结构式。

19. 判断下列结构式，哪些符合级比规律，哪些不符合？不符时，主轴转速排列有何特点？

（1）$8=2_1\times 2_2\times 2_4$；

（2）$8=2_4\times 2_2\times 2_1$；

（3）$8=2_2\times 2_2\times 2_3$；

（4）$8=2_1\times 2_3\times 2_5$。

四、计算题

1. 公比 $\varphi=1.26$，结构式为 $24=3_2\times 2_3\times 2_6\times 2_{12}$ 的传动系统，计算各变速组的级比、变速范围及总变速范围，并指出该结构式表示什么类型的传动链。在保证该结构式性质不变的情况下，若想缩短传动链，应采用什么措施？

2. 某机床公比 $\varphi=1.26$，主轴转速级数 $Z=16$，$n_1=40$ r/min，$n_{max}-2\,000$ r/min，要求：① 试拟定出结构式、画出结构网；② 若电动机功率 $P=4$ kW，额定转速 $n_m=1\,440$ r/min，确定齿轮齿数，并画出转速图。

3. 某机床的主轴转速为 $n=40\sim 1\,800$ r/min，公比 $\varphi=1.41$，电动机转速 $n_m=1\,440$ r/min，要求：① 试拟定结构式、画出转速图；② 确定齿轮齿数、带轮直径比，验算转速误差；③ 画出传动系统图。

4. 某机床的主轴转速为 $n=100\sim 1\,120$ r/min，转速级数 $Z=8$，电动机转速 $n_m=1\,440$ r/min，试拟定结构式、画出转速图和传动系统图。

5. 机床公比 $\varphi=1.26$，转速级数 $Z=18$，要求：拟定结构式、画出结构网，并说出拟定结构式的依据。

6. 适用于大批量生产的某专门化机床，主轴转速 $n=45\sim500$ r/min，为简化结构，采用了双速电动机，$n_m=720/1\ 440$ r/min，试画出该机床的转速图和传动系统图。

7. 某数控机床，主轴转速 $n=31.5\sim3\ 000$ r/min，计算转速 $n_j=125$ r/min；主轴传动采用变频电动机驱动，电动机转速为 $n_m=6\sim4\ 500$ r/min，额定转速 $n_d=1\ 500$ r/min，功率为 $P=$ 7.5 kW。试设计该电动机串联的分级传动系统。

8. 某数控机床，主轴转速 $n=22.5\sim4\ 500$ r/min，计算转速 $n_j=750$ r/min；主轴采用变频电动机驱动，电动机转速为 $n_m=6\sim4\ 500$ r/min，额定转速 $n_d=1\ 500$ r/min，功率为 $P=7.5$ kW。试设计电动机串联的分级传动系统。

9. 某数控机床，主轴转速 $n=31.5\sim2\ 400$ r/min，计算转速 $n_j=200$ r/min；主传动采用变频电动机驱动，电动机转速为 $n_m=6\sim4\ 500$ r/min，额定转速 $n_d=1\ 500$ r/min，功率为 P = 7.5 kW。试计算电动机串联的分级传动系统。

10. 画出结构式为 $12=2_3\times3_1\times2_6$ 的结构网，并分别求出当 $\varphi=1.41$ 时，第二变速组和扩大组的级比、级比指数和变速范围。

11. 某机床采用双速电电动机，主轴转速级数 $Z=12$，设选取公比为 $\varphi=1.26$ 和 $\varphi=1.41$，试分别写出其结构式，并讨论其合理现实可能性。

12. 某机床的公比 $\varphi=1.26$，转速级数为 $Z=18$，要求拟定结构式、画出结构网，说出拟定结构式的依据。

13. 某机床主轴转速取等比数列，其公比 $\varphi=1.58$，主轴最高转速 $n_{max}=1\ 600$ r/min，主轴变速范围 $R_n=10$，电动机转速为 1 450 r/min，要求：

（1）拟定合理的转速图；

（2）求各变速齿轮的齿数；

（3）画出主传动系统图。

第3章 机床主要部件及其设计

本章主要内容： 主轴组件、支承件及导轨设计与滚珠丝杠螺母机构选择。

重点和难点： 主轴组件结构设计，支承件设计，导轨设计。

机床是由多个部分组合而成的机器，各部分有着不同的功能和作用。普通机床主要由机械和电器两大部分组成。机械部分包括主轴箱、进给箱、溜板箱、床鞍、刀架、尾座、挂轮箱和附件等部分，主要为完成切削加工提供适当速度的主运动和进给运动。此外，油盘、冷却系统、润滑系统是保证机床正常工作必需的辅助系统。电器部分包括电机和电器箱，主要为机床工作提供足够的动力。数控机床除了机械部分和电气部分外，还有控制系统，其机械传动系统较为简单。前面介绍了机床主传动系统的设计原理，本章主要介绍主轴组件、支承件、机床导轨、滚珠丝杠螺母副机构的概念、结构特点和典型结构的设计方法。

3.1 主轴组件的设计

主轴组件隶属于机床主轴箱，主要实现机床的主运动。主轴组件由主轴及其支承件、传动件、定位元件和调整件等组成。它是机床主运动的执行件，是机床最重要的组成部分之一。其功用是缩小主运动的传动误差，保证足够的运动精度；将运动和动力传递给工件或刀具，以实现对工件的切削加工，形成表面加工的成形运动；承受切削力和传动力等载荷。主轴组件直接参与切削，其规格和性能影响着机床加工范围、加工精度和生产率等，因此，主轴组件是影响机床性能和经济性指标的关键部件。

3.1.1 主轴组件应满足的基本要求

主轴组件对机床的性能具有重要影响，因此在设计和制造时，主轴组件应满足如下几个方面的基本要求。

1. 旋转精度

旋转精度是指主轴组件装配后，在静止或低速空载状态下，刀具或工件安装基面上的全跳动值。它是机床几何精度的重要组成部分。旋转精度取决于主轴、主轴的支承轴承、箱体孔的制造精度、装配精度和调整精度等。如主轴支承轴颈的圆柱度，轴承内径、滚道的圆柱度及其同轴度，滚动体的圆柱度，主轴内径、两箱体孔的圆柱度及其同轴度等因素，均可使刀具或工件的定位基面产生径向圆跳动。轴承支承端面、主轴的轴肩等对回转轴线的垂直度误差，推力轴承的滚道与支承端面的平行度误差，滚动体的圆柱度误差等因素，可使主轴产生径向圆跳动、端面跳动。刀具或工件定位基面自身的制造误差，也是影响主轴组件旋转精度的主要因素之一。

2. **静刚度**

静刚度是主轴组件在静载荷作用下抵抗变形的能力，简称为刚度。通常以主轴端部产生单位位移的弹性变形时在位移方向上所施加的力来表示。

典型的主轴力学模型为外伸梁（是简支梁和悬臂梁的组合），如图 3.1 所示。当外伸端受径向力 F（单位：N）作用时，在受力方向上的弹性位移为δ（单位：μm），则主轴刚度 K 为

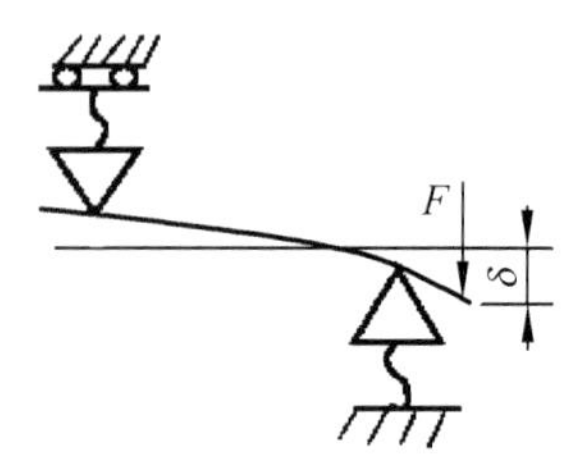

图 3.1　主轴组件刚度简图

$$K=\frac{F}{\delta} \tag{3.1}$$

由材料力学可知，弹性位移为δ是位移方向上的力 F、主轴组件结构参数（如尺寸、支承跨距、支承刚度等）的函数。为简化刚度的计算，引入柔度 H（单位：μm/N），即刚度的倒数。机床主轴刚度是一个综合性参数，受许多因素的影响，主要与主轴自身的刚度和支承件的刚度有关。主轴自身的刚度取决于主轴的惯性矩、主轴端部的悬伸量和支承跨距；支承刚度由轴承的类型、精度、安装形式、预紧的程度等因素决定。

3. **动刚度**

机床在额定载荷下切削时，主轴组件抵抗变形的能力，称为动刚度。这主要是由于实际工件毛坯材料的组织和硬度不均匀、形状和尺寸误差、断续切削、多刃刀具切削等因素，使切削力成为变量。主轴组件的弹性位移随之成为变化值，形成切削振动。所以，主轴动刚度实际上是主轴组件抵抗受迫振动和自激振动的能力。切削力等外载荷引起的弹性位移的不断变化称为受迫振动；主轴、刀具、工件、导轨、支承件等工艺系统内部的自身变形形成的振动称为自激振动，习惯上称为切削稳定性。通常把机床、刀具、夹具和工件组成的系统称为机床工艺系统。

主轴组件的动刚度直接影响机床的加工精度和刀具的使用寿命，是机床重要的性能指标。但目前，抗振性的指标尚无统一标准，设计机床时可在统计分析基础上结合实验和有关振动理论研究的成果进行确定。机床的噪声是衡量机床性能和等次的一个重要指标，它间接反映了机床的抗振性能。

一般动刚度与静刚度成正比，在共振区（系统固有频率附近的区域），动刚度与阻尼（振动的阻力）近似成正比。因此，可通过增加静刚度，增加阻尼比来提高动刚度。

4. **温升与热变形**

主轴组件在工作中，轴承中的摩擦形成的热源，齿轮啮合的摩擦热和切削热的传递，导

致主轴部件的温度升高，产生热变形。主轴的热变形可引起轴承间隙变化、轴心位置偏移、定位基面形状尺寸和位置发生变化；同时，润滑油温度升高后，黏度下降，阻尼降低，主轴组件的抗振能力就会下降。因此，主轴组件的热变形将严重影响机床的加工精度。

在设计和使用机床时，对各类机床的温升都有一定限制。对于高精度机床，在室温 20 °C 时，连续运转条件下，其允许温升为 $T_{20}=8\sim10$ °C；对于精密机床，其允许温升为 $T_{20}=15\sim20$ °C；对于普通机床则为 $T_{20}=30\sim40$ °C。当室温不是 20 °C 时，温升允许值 T_t 可按式（3.2）计算

$$T_t = T_{20} + K_t(t-20) \tag{3.2}$$

式中 K_t——为润滑剂修正系数。润滑油牌号为 N32、N46 时，K_t 分别为 0.6、0.5；脂润滑时，$K_t=0.9$。

5. 精度保持性

主轴组件的精度保持性是指长期保持其原始精度的能力。主轴组件的主要失效形式是磨损，所以精度保持性又称耐磨性。主要磨损有：主轴轴承的疲劳磨损、主轴轴颈表面磨损、装卡刀具的定位基面磨损等。磨损的速度与摩擦性质、摩擦副材料及其结构特点、摩擦副表面硬度、摩擦面积、摩擦表面精度以及润滑方式等有关。轴颈是指主轴上安装轴承的表面。普通机床主轴一般采用 45 钢或 60 优质结构钢，主轴支承轴颈及装卡刀具的定位基面需要进行高频淬火，硬度应达到 50～55 HRC。精密机床和高精度机床主轴应采用性能稳定的优质钢。

3.1.2 主轴滚动轴承

1. 轴承的选择

根据机床的类型和载荷不同，机床主轴轴承有多种，其中最常用的是滚动轴承，主要原因如下：

（1）适度预紧后，滚动轴承有足够的刚度，有较高的旋转精度，能满足机床主轴的性能要求，它能在转速和载荷变化幅度较大的条件下稳定工作。

（2）该类轴承一般由专门厂家大批量生产，质量稳定、成本低、经济性好。

特别是轴承行业针对机床主轴的工作性质，研制生产的 NN3000K、234400 及 Gamet（加梅）轴承，使滚动轴承占主轴轴承的主导地位。

（3）滚动轴承容易润滑，滚动轴承与滑动轴承相比，缺点为：①其滚动体的数量有限，因此滚动轴承旋转中的径向刚度是变化的；②滚动轴承摩擦力大，摩擦系数为 $f=0.002\sim0.008$，阻尼比小，$\xi=0.02\sim0.04$；③滚动轴承的径向尺寸较大，因此在动刚度性能高的卧式精密机床（如外圆磨床、卧轴平面磨床、精密车床）中，滑动轴承仍有一定应用领域。主轴组件的抗振性主要取决于前轴承，因而有些机床主轴前支承采用滑动轴承，后支承采用滚动轴承。因为滑动轴承可形成液体润滑状态。

2. 主轴滚动轴承的类型选择

一般机床主轴轴颈较粗，因此主轴轴承的直径较大，而轴承实际所承受的载荷远小于其额定动载荷，约为 1/10。因此，一般情况下，承载能力和疲劳寿命不是选择主轴轴承的依据。

应根据主轴对刚度、旋转精度和极限转速的要求来选择主轴轴承。轴承的刚度与轴承的类型有关，线接触的滚子轴承比点接触的球轴承刚度高；双列轴承比单列轴承的刚度高；刚度是载荷的函数；适当预紧轴承不仅能提高旋转精度，也能提高刚度。

轴承的极限转速与轴承滚动体的形状有关。同等尺寸的轴承，球轴承的极限转速高于滚子轴承；而圆柱滚子轴承的极限转速高于圆锥滚子轴承；同一类型的轴承，滚动体分布圆越小，滚动体越小，极限转速越高。

滚动轴承的轴向承载能力和刚度，由强到弱的顺序依次为：推力球轴承→推力角接触球轴承→圆锥滚子轴承→角接触球轴承；承受轴向载荷轴承的极限转速由高到低的顺序为：角接触球轴承→推力角接触球轴承→圆锥滚子轴承→推力球轴承。可见，滚动轴承承载能力的高低与其极限转速正好相反。

1）双列圆柱滚子轴承

图 3.2（a）所示为型号为 NN3000K 的双列圆柱滚子轴承，滚子直径小，数量多（5～60 个），具有较高刚度；两列滚子交错排列，减小了刚度的变化量；外圈无挡边，加工方便；主轴内孔为锥孔，锥度为 1∶12，安装时可轴向移动内圈使之产生径向变形，可调整轴承内外圈径向间隙和预紧量；采用黄铜实体保持架，有利于轴承散热降温。

对于切削力方向固定不变的机床主轴，由于影响其旋转精度的最主要因素是轴承内圈的径向圆跳动，因而 NN3000K 的派生系列轴承 NNU4900K 内圈无挡边，其滚动体、保持架与外圈为一体组装，内圈滚道可装在主轴上精磨，进一步减少内圈滚道与主轴旋转轴心的同轴度误差，提高了旋转精度。

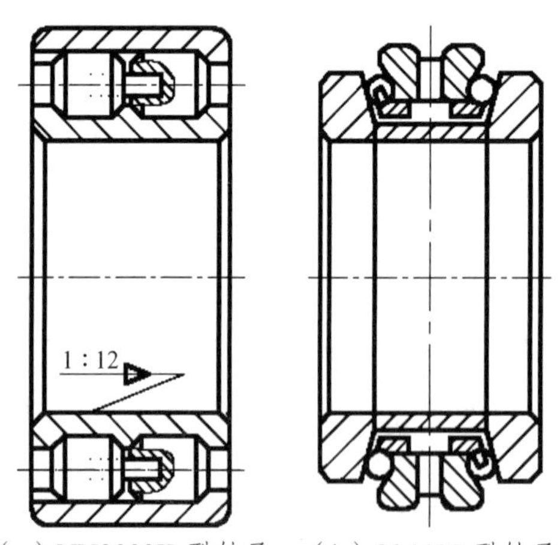

（a）NN3000K 型轴承　（b）234400 型轴承

图 3.2　轴承示意图

另外，NN3000K 为超轻系列轴承；NNU4900K 属于特轻系列轴承，且内孔直径较大，以保证外圈滚道的加工精度。双列圆柱滚子轴承只能承受径向载荷。

2）双向推力角接触球轴承

图 3.2（b）所示为型号为 234400 的双向推力角接触球轴承，接触角为 60°，滚动体直径小，极限转速高；其外圈与箱体孔为间隙配合，安装方便，且不承受径向载荷；与双列圆柱滚子轴承配套使用。

3）角接触球轴承

图 3.3（a）所示为角接触球轴承。接触角是过外圈上滚珠接触长度的中点和滚珠球心的直线，该直线与各滚珠球心组成平面的夹角。接触角越大，轴向载荷的承载能力就越强，径向载荷的承载能力则相反。角接触球轴承常用的型号有 7000C 系列和 7000AC 系列，前者接触角为 15°，后者为 25°。7000C 系列多用于极限转速高、轴向负载小的机床，如内圆磨床主轴等；7000AC 系列多用于极限转速高于双列滚子轴承，且轴向载荷较大的机床，如车床主轴和加工中心的主轴等。

图 3.3（b）所示为型号为 30000 的圆锥滚子轴承，与锥齿轮相似，其内圈滚道锥面、外圈滚道锥面及圆锥滚子轴线形成的锥面相交于一点，以保证圆锥滚子轴承的纯滚动。圆锥滚子的轴线形成的锥面与轴承轴线的夹角为半锥角。由于圆锥滚子轴承是线接触，所以轴承承载能力和刚度较高。圆锥滚子旋转时，离心力的轴向分力使滚子大端与内圈挡边之间产生滑动摩擦，摩擦面积大，发热量大，因而极限转速较低。

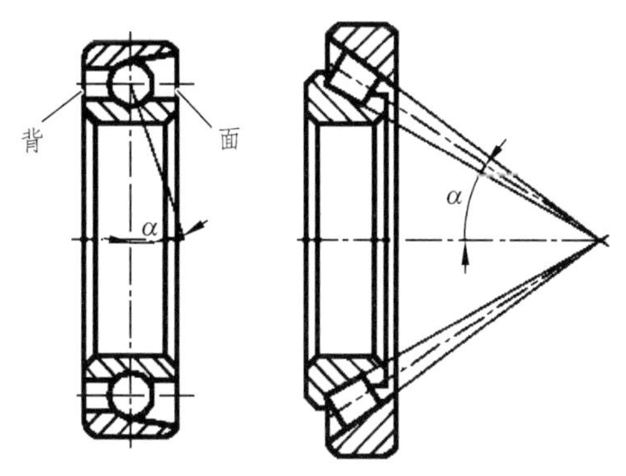

（a）角接触球轴承　（b）圆锥滚子轴承

图 3.3　轴承示意图

一般来说，为了提高支承刚度，可采用两个角接触球轴承的组合安装。角接触轴承的组合方式有三种：背靠背组合（配置代号 DB），如图 3.4（a）所示；面对面组合（配置代号 DF）如图 3.4（b）所示；同向组合（配置代号 DT），如图 3.4（c）所示。

从图 3.4 中可知，背靠背组合的支点 *A*、*B*（是指接触线法线与轴线的交点）的间距大，所以其支承刚度比面对面组合的高。轴承工作时，滚动体与内外圈摩擦产生热量，使轴承温度升高。轴承外圈安装在箱体上，散热条件比内圈好。所以内圈的温度高，径向热膨胀使轴承的过盈量增加；轴向热变形伸长，背靠背组合使轴承过盈量减少，可部分补偿径向变形导致的过盈量增加。而面对面组合则因轴伸长而使轴承过盈量增加，使得轴承的过盈在径向膨胀增加的基础上进一步增加。因此，机床主轴使用的轴承组合应为背靠背组合或同向组合安装形成的轴承组。两同向安装的轴承组形成背靠背配置。另外，还有三联组配轴承（即 3 个轴承组合安装），前面两个轴承同向组合，其接触线朝前，后一个轴承与之背靠背。数控机床主轴的角接触球轴承就是采用三联组合安装。

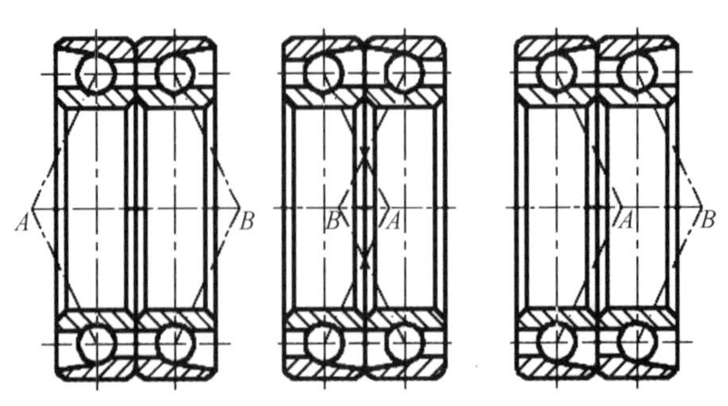

（a）背靠背组合 （b）面对面组合 （c）同向组合

图 3.4 角接触球轴承组合

4）双列圆锥滚子轴承

图 3.5 所示为双列圆锥滚子轴承，它有 1 个公用外圈，2 个内圈，且内圈的小端无挡边，可取出内圈，修磨中间隔套，调整预紧量。双列圆锥滚子轴承是背靠背的角接触轴承，支点间的距离大，线接触，滚子数量多，刚度和承载能力大，可承受径向力，也可承受以径向力为主的径向与轴向双向载荷，适用于中低速、中等以上载荷的机床主轴前轴承。图 3.5（a）所示为型号 35200 的系列轴承；图 3.5（b）所示为加梅（Gamet）轴承 H 系列，用于前支承；图 3.5（c）所示为加梅（Gamet）轴承 P 系列，与 H 系列配套使用，用于后支承。这类轴承是法国 Gamet 公司研制生产的，其特点是：空心滚子，且两列滚子的数量相差一个，改善了轴承的动刚度；保持架为黄铜实体保持架，并充满空间，润滑油只能通过空心滚子进行冷却，且旋转中在离心力轴向分力的作用下润滑油流向滚子大端摩擦面，润滑和冷却效果好；后支承的受力小，单列滚子，外圈有 16～20 根弹簧，能自动预紧。

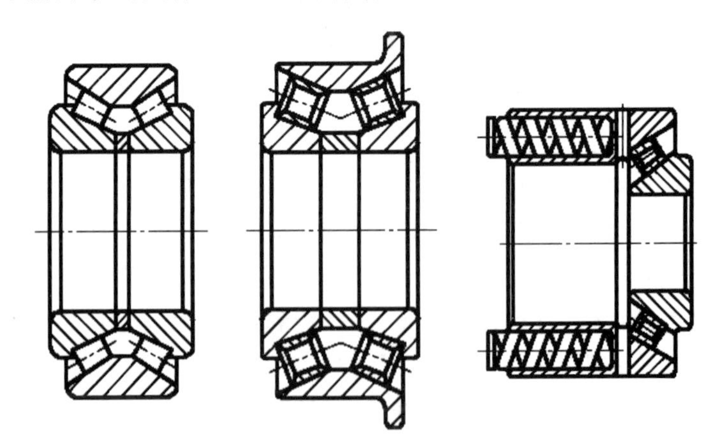

（a）双列圆锥滚子轴承（b）加梅轴承 H 系列（c）加梅轴承 P 系列

图 3.5 圆锥滚子轴承示意图

3. 轴承的精度选择

主轴上应采用精度为 P2、P4、P5 级和 SP、UP 级的轴承。其中，SP、UP 级轴承的旋转精度相当于 P4、P2 级，内外圈尺寸精度比旋转精度低一级，相当于 P5、P4 级。这是因为轴承的工作精度主要取决于旋转精度，主轴支承轴颈和箱体轴承孔可按一定配合要求进行配作（以轴承为准），这样可适当降低轴承内外圈的尺寸精度，从而降低轴承的制造成本。

对于切削力方向固定不变的主轴，如车床、铣床、磨床等，通过轴承滚动体，始终间接地与切削力方向上的轴承外圈滚道表面的一条线（线接触轴承）或一个点（球轴承）接触，由于轴承的滚动体是大批量生产，且直径小，圆柱度误差小，其圆度误差可忽略，因此，决定该主轴旋转精度的是轴承内圈径向圆跳动 t_{ir}，即内圈滚道表面相对于轴承内径轴线的同轴度。

对于切削力方向随主轴的旋转而同步变化的主轴，主轴支承轴颈的某一条线或一个点间接地与半径方向上轴承外圈滚道表面对应的线或接触点接触。因此，影响主轴旋转精度的因素为轴承内圈的径向圆跳动、滚动体的圆度误差、外圈的径向圆跳动。轴承内圈滚道直径小，且滚道外表面磨削工艺较容易，其磨削加工精度高，因而内圈误差较小，且滚动体圆柱度误差小，因此，该主轴旋转精度主要取决于外圈的径向圆跳动 t_{er}，即外圈滚道表面相对于轴承外径轴线的同轴度。

对于推力轴承，影响主轴旋转精度（即轴向圆跳动）的最大因素是动圈支承面的轴向圆跳动 t_s。轴承内圈（动圈）的精度见表 3.1，轴承外圈的精度见表 3.2。

表 3.1　主轴滚动轴承内圈（动圈）的旋转精度　　单位：μm

轴承内径/mm		>50～80			>80～120			>120～150		
精度等级		P2	P4	P5	P2	P4	P5	P2*	P4	P5
圆柱滚子轴承及角接触球轴承	t_{ir}	2.5	4	5	2.5	5	6	2.5	6	8
	t_{is}	2.5	5	8	2.5	5	9	2.5	7	10
圆锥滚子轴承	t_{ir}	—	4	7	—	5	8	—	6	11
	t_{is}	—	4	—	—	5	—	—	7	—
推力球轴承	t_s	—	3	4	—	3	4	—	4	5

注：*P2 级轴承最大内径为 150 mm。

表 3.2　主轴滚动轴承外圈（动圈）的旋转精度　　单位：μm

轴承外径/mm	>80～120			>120～150			>150～180			180～250		
精度等级	P2	P4	P5	P2	P4	P5	P2	P4	P5	P2	P4	P5
向心轴承 t_{er}	5	6	10	5	7	11	5	8	13	7	10	15
圆锥滚子轴承 t_{er}	—	6	10	—	7	11	—	8	13	—	10	15

4. 主轴支承分析

根据几何原理，两点确定一条直线。从制造和装配工艺的角度考虑，采用三点支承的旋转轴一定存在同轴度误差，运动中必然会出现干涉。因而，理论上主轴是两支承，可简化为外伸梁。其中，前后轴承的精度对主轴旋转精度的影响是不同的。下面分别就前、后轴承的轴心偏移时对主轴端部产生的偏移量进行分析。首先，假设主轴为刚体主轴，且前轴承无偏心，则从图 3.6（a）表示的几何关系可知，当后轴承的轴心偏移为δ_b（径向圆跳动值）时，主轴端部产生的偏移量δ_2为

$$\delta_2=\frac{a}{l}\delta_b \tag{3.3}$$

式中 a——主轴端部的悬伸量（mm）；

l——主轴前后两支承点之间的距离（mm）。

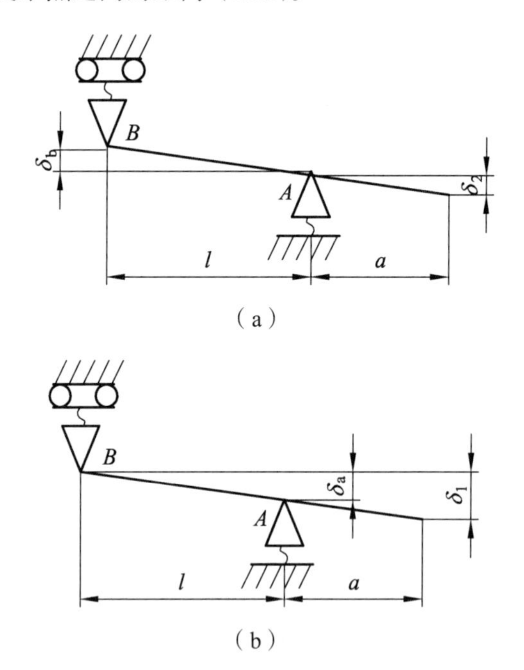

图 3.6 轴承轴心线线偏移对主轴端部偏移的影响

其次，同样假设主轴为刚体主轴，且后轴承无偏心，从图 3.6（b）可知，当前轴承轴心偏移量为δ_a时，主轴端部所产生的轴心偏移量δ_1为

$$\delta_1=\left(1+\frac{a}{l}\right)\delta_a \tag{3.4}$$

由于实际上$l \gg a$，故由（3.3）式和（3.4）式可知，前轴承的精度对主轴的旋转精度影响较大。因此，在设计时，应使前轴承的精度等级比后轴承高一级。

对于切削力方向固定不变的机床，主轴精度应按表 3.3 选取。对于切削力方向随主轴旋转而同步变化的主轴，轴承按外圈径向圆跳动选择。由于外圈的尺寸较大，相同精度时其误差

较大，若保持径向圆跳动值不变，可按内圈高一级的轴承精度来选择。

表 3.3 主轴轴承精度选择

机床精度等级	前轴承	后轴承
普通精度等级	P5 或 P4（SP）	P5 或 P4（SP）
精密级机床	P4（SP）或 P2（UP）	P4（SP）
高精度机床	P2（UP）	P2（UP）

5. **轴承刚度选择**

当轴承存在间隙时，在机床工作中只有切削力方向上的少数几个滚动体承载，其径向承载能力和刚度极低；当轴承为零间隙时，在外力作用下，轴线沿 F_r 方向移动一个距离 δ_r，与 F_r 方向对应的半圈滚动体承受载荷，其中处于外载作用线上的滚动体受力最大，其载荷 Q_r 是滚动体平均载荷的 5 倍，滚动体承受的载荷随着与外载作用线距离的增大而减小；当轴承受轴向载荷时，各滚动体承受的轴向力 Q_a 相等。滚动体受力 Q_r、Q_a 方向相同，都在接触线上。这里分别先求得滚动体所受载荷和产生的变形量，再求轴承的刚度。

当接触角为 α，滚动体的列数为 i，单列滚动体个数为 z 时，轴承所受的径向力、轴向力分别为 F_r、F_a，则单个滚动体所承受的径向和轴向最大载荷 Q_r、Q_a 分别为

$$Q_r = \frac{5F_r}{iz\cos\alpha}, \quad Q_a = \frac{F_a}{z\sin\alpha} \tag{3.5}$$

对于点接触的球轴承，钢球直径为 d_b，在外载荷作用下轴承的径向和轴向的变形量分别为

$$\delta_r = \frac{0.436}{\cos\alpha}\sqrt[3]{\frac{Q_r^2}{d_b}}, \quad \delta_a = \frac{0.436}{\sin\alpha}\sqrt[3]{\frac{Q_a^2}{d_b}} \tag{3.6}$$

对于线接触的滚子轴承，线接触的长度（滚子不包括两端倒角宽度的长度）为 l_a，则在外载作用下的变形量为

$$\delta_r = \frac{0.077}{\cos\alpha}\frac{Q_r^{0.9}}{l_a^{0.8}}, \quad \delta_a = \frac{0.077}{\sin\alpha}\frac{Q_a^{0.9}}{l_a^{0.8}} \tag{3.7}$$

零间隙时，球轴承的刚度为

$$\left.\begin{aligned} K_r &= \frac{dF_r}{d\delta_r} = 1.18\sqrt[3]{F_r d_b (iz)^2 (\cos\alpha)^5} \\ K_a &= \frac{dF_a}{d\delta_a} = 3.44\sqrt[3]{F_a d_b z^2 (\sin\alpha)^5} \end{aligned}\right\} \tag{3.8}$$

滚子轴承的刚度为

$$\left.\begin{aligned}K_r &= \frac{dF_r}{d\delta_r} = 3.39F_r^{0.1}l_a^{0.8}(iz)^{0.9}(\cos\alpha)^{1.9}\\K_a &= \frac{dF_a}{d\delta_a} = 14.43F_a^{0.1}l_a^{0.8}z^{0.9}(\sin\alpha)^{1.9}\end{aligned}\right\}\tag{3.9}$$

式中　K_r——径向刚度（N/ μm）;

　　K_a——轴向刚度（N/ μm）。

机床主轴常用轴承的 d_b、z、l_a 见表 3.4。

表 3.4　主轴常用轴承的滚动体参数

轴承内径/mm		50	60	70	80	90	100	110	120
7000C、7000AC	z	18	18	19	20	20	20	20	20
	d_b	8.731	10.716	12.303	12.7	14.233	15.875	17.463	19.05
轴承内径/mm			80	90	100	110	120	140	160
234400	z		26	28	28	28	30	30	30
	d_b		10	11	11.113	13.493	13	15.875	18
NN3000K	iz		52	54	60	52	50	56	52
	l_a		9	10	10	12.8	13.8	14.8	16.6

从上述公式可以看出，滚动轴承的刚度随载荷的增加而增大。计算轴承刚度时，若载荷无法确定，可取该轴承额定动载荷的 1/10 代替外载。

线接触轴承，载荷的 0.1 次幂与刚度成正比，载荷对刚度影响较小。计算刚度时，可忽略预紧载荷。点接触轴承，载荷的 1/3 次幂与刚度成正比，预紧力对轴承刚度影响较大，计算其刚度时应考虑预紧力。当有预紧力 F_{a0} 时，径向和轴向载荷分别为

$$\left.\begin{aligned}F_r &= F_{re} + F_{a0}\cot\alpha\\F_a &= F_{ae} + F_{a0}\end{aligned}\right\}\tag{3.10}$$

式中　F_{re}、F_{ae}——径向和轴向的外载荷（N）。

角接触球轴承的预紧分为轻预紧、中预紧、重预紧三种。其中，轻预紧用于高速主轴；中预紧用于中低速主轴；重预紧用于分度主轴。这主要是因为，高速主轴旋转速度高，摩擦发热较严重，预紧量过大时温升热膨胀会使轴承产生卡死现象而损坏，因此选用轻预紧；中低速主轴转速不太高，温升变形不太大，适当增大预紧量，对减小间隙、提高主轴旋转精度有利，故选用中预紧；一般分度主轴采用手动分度，旋转速度很低，基本没有温升变形的影响，而对分度精度要求较高，重预紧可彻底消除间隙对分度精度的影响，所以采用重预紧较为合适。双联组配轴承最小预紧力 F_{a0} 为最大轴向载荷 F_{ae} 的 35%；三联组配为 24%。角接触球轴承是通过内外圈轴向错位来实现预紧的；双联或三联组配轴承是通过改变轴承间的隔套

宽度或修磨内外圈宽度实现预紧的。

虽然载荷对圆柱滚子轴承的刚度影响不大，但轴承的径向游隙影响旋转精度。因此，也必须通过预紧，消除轴承游隙并使之产生一定的过盈量，使轴承承载后不受力一侧的滚动体仍能保持与滚道接触。内径小于 200 mm 的 NN3000K 和 NNU4900K 系列轴承径向预紧量（滚子包络圆直径 D_2 与外圈滚道孔径 D_1 之差）为 5 ~ 10 μm。预紧的步骤：将轴承外圈装入箱体孔中并测量滚道直径 D_1，在不安装内圈定位隔套的情况下装上轴承内圈；旋转螺母推动轴承内圈沿锥度为 1 : 12 的主轴移动，直到滚子包络圆直径 $D_2 - D_1 \geqslant 5 \sim 10$ μm 为止；然后测量定位隔套的长度 l，如图 3.7 所示；再按此尺寸精磨隔套端面；装上隔套后，拧紧螺母后就可得到所需要的预紧量。在螺母径向有紧定螺钉，起防松作用。

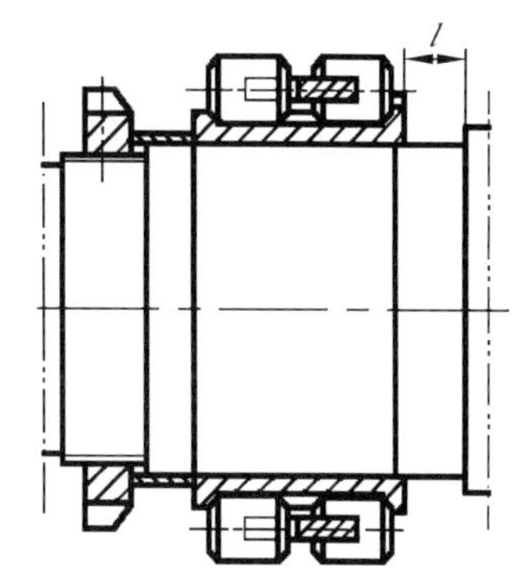

图 3.7 NN3000K 轴承预紧示意图

3.1.3 主 轴

设计主轴时应根据机床和主轴类型，首先合理选择确定主轴的结构、材质和技术要求。

1. 主轴的结构及材质选择

机床主轴的端部是用于安装夹具和刀具，随着夹具和刀具的标准化，主轴端部已有统一的国家标准。因为主轴是外伸梁，它所承受的载荷从前到后依次降低，根据强度理论设计，主轴外形应该为阶梯形。此外，车床、铣床、加工中心等机床，为通过棒料或拉紧刀具的装置，主轴还应做成空心轴。因此，机床主轴设计为阶梯形空心轴结构。

机床主轴的所受载荷相对较小，一般情况下，工作应力远小于钢的屈服强度。因此，机械强度不是选择主轴材料的依据。

当主轴的直径、支承跨距、悬伸量等尺寸参数一定时，主轴的惯性矩为定值；主轴刚度取决于材料的弹性模量。各种钢材的弹性模量近似为 $E = (2.06 + 0.1) \times 10^5$ MPa，差别很小，因此刚度也不是主轴选择的依据。

主轴的材料只能根据耐磨性、热处理方法及热处理后的变形大小来选择。耐磨性取决于材料硬度，故机床主轴材料为淬火钢或渗碳淬火钢，进行高频淬硬。普通机床主轴，一般采用 45 或 60 优质结构钢，主轴支承轴颈及装卡刀具的定位基面高频淬火，硬度为 50 ~ 55 HRC；精密机床主轴，可采用 40Cr 高频淬硬或低碳合金钢（如 20Cr、16 MnCr5）渗碳淬火，硬度不低于 60 HRC。高精度机床主轴，可采用 65 Mn，淬硬 52 ~ 58 HRC；高精度磨床砂轮主轴，镗床、加工中心主轴，采用渗氮钢（38CrMoAlA），表面硬度 110 ~ 1200 HV。必要时，进行冷处理。

2. 主轴的技术要求

一般主轴轴承是根据载荷性质、转速、机床的精度来选择的。设计主轴箱传动系统时，应先选择支承轴承，而主轴支承轴颈和箱体轴承孔的精度必须要与配合的轴承相适应，以保证主轴的旋转精度和刚度。以图 3.8 所示的车床主轴和箱体轴承孔为例来说明其标注技术要求，各项指标见表 3.5。

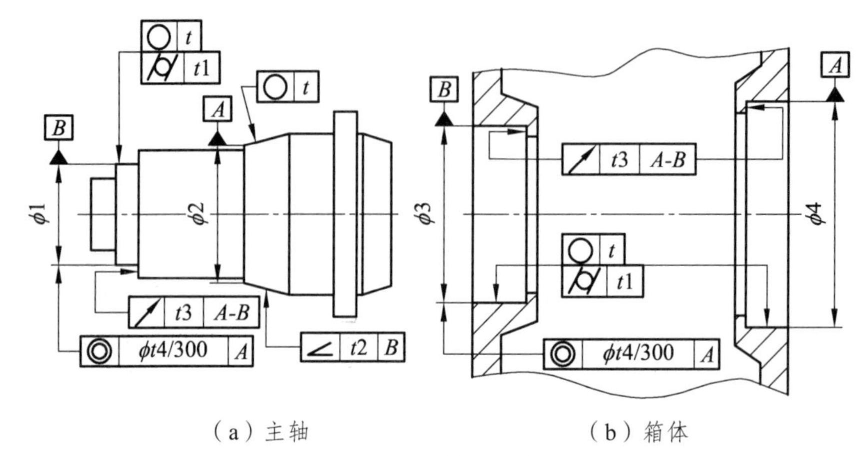

（a）主轴　　（b）箱体

图 3.8　车床主轴、主轴箱轴承孔简图及其技术要求

表 3.5　主轴支承轴颈及箱体轴承孔的精度指标

公差名称		轴承精度					
		P5	P4（SP）	P2（UP）	P5	P4（SP）	P2（UP）
直径 ϕ		JS5 或 k5	JS4	JS3	JS5[①]	JS5[①]	JS4[①]
					H5[②]	H5[②]	H4[②]
圆度 t 和圆柱度 t_1		IT3/2	IT2/2	IT1/2	IT3/2	IT2/2	IT1/2
倾斜度 t_2		—	IT3/2	IT2/2	—	—	—
跳动 t_3		IT1	IT1	IT0	IT1	IT1	IT0
同轴度 t_4		IT5	IT4	IT3	IT5	IT4	IT3
表面粗糙度 Ra/ μm	D、$d \leqslant 80$ mm	0.2	0.2	0.1	0.4	0.4	0.2
	D、$d \leqslant 250$ mm	0.4	0.4	0.2	0.8	0.8	0.4

注：① 轴向固定端的直径公差代号。
② 轴向非固定端的直径公差代号。

定位基面的精度按机床精度标准选择（即按所设计机床的工作精度，查相应的国家机床精度标准）。普通机床主轴、安装齿轮等传动件部位的配合表面与两支承轴颈轴心的同轴度允差，可取尺寸公差的 1/2。对于转速大于 600 r/min 的主轴，非配合表面的表面粗糙度值 $R_a \leqslant$ 1.6 μm；线速度 $v \geqslant 3$ m/s 的主轴，主轴组件应做一级动平衡。

3.1.4 主轴组件

主轴组件设计包括传动方式选择、传动件布置以及主轴轴向定位等。

1. 传动方式选择

主轴的传动方式主要有：带传动、齿轮传动和“零传动”。

带传动是靠摩擦力传递动力的，结构简单，中心距调整方便；能抑制振动，噪声低，工作平稳，特别适用于高速主轴。当线速度小于 30 m/s 时，可采用 V 形带传动；当线速度大于 30 m/s 时，可采用多楔带传动。多楔带是在绳心结构平带的基础上增加若干纵向 V 形楔的环形带，它既具有平带的柔软性，也具有 V 形带摩擦力大的特点。但其承载机理与平带相同，带体薄，强度和传动效率高，曲挠性能好，虽然线速度不很高，但带轮尺寸小，转速可达 6 000 r/min，是近年来发展较快、应用较广泛的一种传动带，有取代普通 V 带的趋势。同步齿形带是以玻璃纤维绳心、钢丝绳为强力层，外覆聚氨酯或氯丁橡胶的环形带，带的内周有梯形齿，当与齿形带轮啮合传动时，传动比准确，线速度小于 50 m/s；高速环形平带用于带速恒定的传动，丝织（天然丝、锦纶或涤纶丝）高速平带线速度可达 100 m/s。

齿轮传动能传递较大的转矩，结构紧凑，尤其适合于变速传动。为降低噪声，通常采用硬齿面、小模数齿轮，尽量降低齿轮的线速度；线速度小于 15 m/s 时，采用 6 级精度的齿轮；线速度大于 15 m/s 时，则采用 5 级精度的齿轮。

另外，电动机直接驱动主轴，也是精密机床、高速加工中心和数控车床常用的一种驱动形式，如平面磨床的砂轮主轴、高速内圆磨床的磨头等。转速小于 3 000 r/min 的主轴，采用异步电动机通过联轴器直接驱动主轴，机床变速可通过改变电动机磁极对数来实现。转速小于 8 000 r/min 的主轴，可采用变频调速电动机直接驱动。

高速主轴，可将电动机与主轴做成一体，即内装电动机主轴，也称为电主轴。采用机电一体化主轴，由电动机直接驱动主轴，没有中间齿轮机构，故称为零传动。“零传动”是现代高速机床的主要传动方式，转子就是主轴。恒速切削可采用中频电动机。

2. 传动件的布置

为了使传动带更换方便，防止油类的侵蚀，带轮通常安装在主轴箱后支承的外侧。

在一般机床中，多数主轴采用齿轮传动。齿轮可位于两支承之间，也可位于后支承外侧。齿轮在两支承之间时，应尽量靠近前支承；若主轴上有多个齿轮，则大齿轮靠近前支承。这是因为，前支承直径大，刚度高，大齿轮靠近前支承时可减少主轴的弯曲变形，且转矩传递长度短，扭转变形小。当齿轮位于主轴箱后支承的外侧时，前后支承能获得理想的支承跨距，支承刚度高；前后支承距离较小，加工方便，容易保证孔的同轴度，能够实现模块化生产。为提高动刚度，限制最大变形量，在齿轮外侧可增加辅助支承。辅助支承应为径向游隙较大的轴承，且安装时不能预紧，以避免辅助支承同轴度误差造成影响。由于辅助支承存在间隙，因而当主轴载荷较小、变形量小于该间隙值时，辅助支承不起作用；只有载荷较大、主轴辅助支承部位的变形大于其间隙值时，辅助支承才起作用。

3. **主轴轴向定位**

推力轴承在主轴上的位置，影响主轴的轴向精度和主轴热变形的大小和方向。为使主轴具有足够的轴向刚度和轴向定位精度，必须恰当地配置推力轴承的位置。轴向推力轴承的配置有三种形式，如图 3.9 所示。图 3.9（a）所示为前端定位，推力轴承安装在前支承的内侧，此时，前支承结构复杂、受力大、温升高，主轴受热膨胀向后伸长，对主轴前端位置影响较小。故前端定位适合于轴向精度和刚度要求高的高精度机床和数控机床。图 3.9（b）所示为后端定位，此时，前支承结构简单，无轴向力影响，温升低；但主轴受热膨胀将向前伸长，主轴前端轴向误差较大。故该定位适用于轴向精度要求不高的普通机床，如卧式车床、立式铣床等。图 3.9（c）所示为两端定位，推力轴承安装在前后两支承内侧，前支承发热较小，两推力轴承之间的主轴受热膨胀时会产生弯曲变形，既影响轴承的间隙，还会使轴承处产生角位移，影响机床精度。故这种定位适用于较短的主轴或轴向间隙变化不影响正常工作的机床，如钻床、组合机床等。

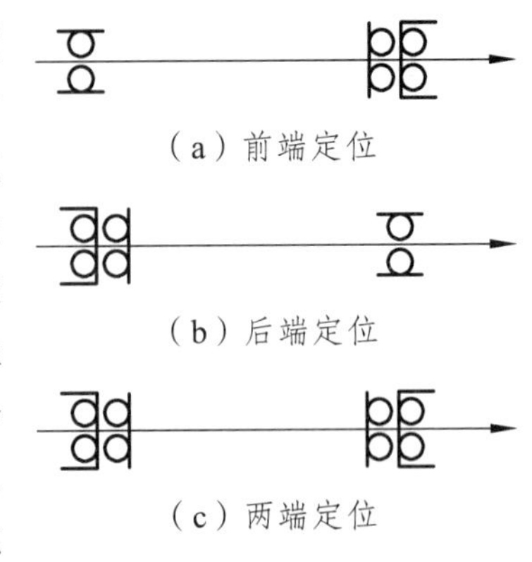

图 3.9　推力轴承配置形式

3.1.5　主轴主要尺寸参数的确定

主轴的尺寸参数主要有：主轴前、后支承轴颈的直径 D_1、D_2，主轴内孔直径 d，主轴前端的悬伸量 a 和主轴的支承跨距 l。这些参数直接影响主轴旋转精度和刚度。

1. **主轴前支承轴颈的确定**

机床主轴是属于外伸梁。由材料力学可知，外伸梁的刚度为

$$K=\frac{F}{\delta}=\frac{3EI}{a^2(l+a)} \tag{3.11}$$

式中　F——主轴端部所受的载荷（N）；

δ——主轴端部载荷作用处的弯曲变形量（μm）；

E——主轴材料弹性模量（MPa）；

l——主轴前后支承跨距（m）；

a——主轴前端的载荷作用点距前支承点之间的轴向距离（m）；

I——主轴截面惯性矩（m^4）。

由（3.11）式可知，主轴刚度与其截面惯性矩成正比，而惯性矩与直径的四次方成正比。主轴直径越大，则其刚度越大；但直径增大，轴承及相应传动件的尺寸随之增大，在精度相同的前提下，尺寸误差和形位误差会增大；主轴组件的质量增加，会导致主轴的空载功率增加；轴承的直径增大，将使其极限转速降低。因此，在设计时应综合考虑，合理地确定机床主轴前支承轴颈，在保证组件刚度的前提下，尽量减小其结构尺寸。

主轴前支承轴颈可按主传动功率选择，参考参数见表 3.6；也可按主参数选择，或参考同

类机床，在统计分析的基础上，可结合计算来确定。

表 3.6 主轴前支承轴颈 单位：mm

主功率、机床	前支承轴颈			
主传动功率/kW	5.5	7.5	11	15
车床	60 ~ 90	75 ~ 110	90 ~ 120	100 ~ 160
升降台铣床	60 ~ 90	75 ~ 100	90 ~ 110	100 ~ 120
外圆磨床	55 ~ 70	70 ~ 80	75 ~ 90	75 ~ 100

车床和铣床，主轴为阶梯形，$D_2 =（0.7 \sim 0.9）D_1$；磨床主轴，$D_2 = D_1$。

2. 主轴内孔直径的确定

机床主轴一般采用空心轴。由材料力学可知，外径为 D、内径为 d 的空心轴的惯性矩 I_k 为

$$I_k = \frac{\pi}{64}(D^4 - d^4) \tag{3.12}$$

与实心主轴惯性矩 I_s 的比值为

$$\frac{I_k}{I_s} = \frac{D^4 - d^4}{D^4} = 1 - \left(\frac{d}{D}\right)^4 = 1 - \omega^4 \tag{3.13}$$

式中 ω —刚度衰减系数，$\omega = d/D$。

则空心主轴的刚度损失为

$$\frac{K_s - K_k}{K_s} = \frac{I_s - I_k}{I_s} \times 100\% = \omega^4 \times 100\% \tag{3.14}$$

刚度衰减系数表示孔对主轴刚度的影响，见表 3.7。从表 3.7 中可见，当ω>0.7 时，主轴刚度衰减加快。因此，机床的设计规定ω≤0.7。对不同机床主轴中心孔都有具体要求，如车床主轴ω≤0.55 ~ 0.6；铣床主轴的孔径 d 比拉杆直径大 5 ~ 10 mm。

表 3.7 刚度衰减系数对主轴刚度的影响

刚度衰减系数ω	0.5	0.6	0.7	0.75	0.8
刚度损失ω^4/%	6.25	12.96	24.01	31.64	40.96

3. 主轴前端部悬伸量 a 的确定

主轴前端部悬伸量 a 是指主轴定位基面至前支承径向支反力作用点之间的距离。悬伸量的大小一般取决于主轴端部的结构形式和尺寸、主轴轴承的布置形式及密封形式。在满足结构要求的前提下，应尽量减少其悬伸量 a，以提高主轴的刚度。初步确定时，可根据主轴前轴

颈确定，取 $a = D_1$。为缩短悬伸量 a，主轴前端部可采用短锥结构；推力轴承放在前支承的内侧，采用角接触轴承取代径向轴承，这样接触线的法线与主轴轴线的交点在前支承的前面。当推力轴承和主轴传动件产生位置矛盾时，由于悬伸量 a 对主轴刚度影响大，故首先应考虑悬伸量，使传动件距前支承略远一些。

4. 主轴支承跨距 l 的确定

主轴支承跨距 l 是指两支承支反力作用点之间的距离，它是影响主轴组件刚度的重要尺寸参数。

主轴组件的刚度主要取决于主轴自身的刚度和主轴支承的刚度。主轴自身的刚度与支承跨距和悬伸量之和 $l+a$ 成反比，即在主轴惯性矩 I 一定时，$l+a$ 越大，主轴端部变形越大；主轴轴承弹性变形也引起的主轴端部变形，但它随跨距的增大而减小，即跨距越大，轴承刚度对主轴端部的影响越小。

根据线性叠加原理，主轴端部最大变形量 δ 是在刚性支承上弹性主轴引起的主轴端部变形量 δ_1 与刚性主轴弹性支承引起的主轴端部变形 δ_2 的代数和。其力学模型如图 3.10 所示。

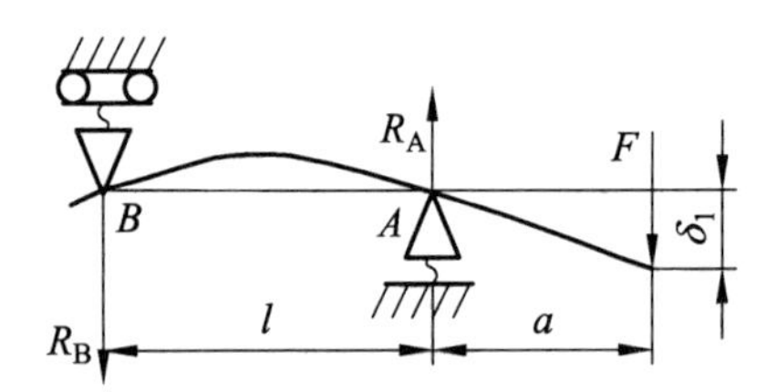

（a）主轴自身刚度对主轴端部的影响

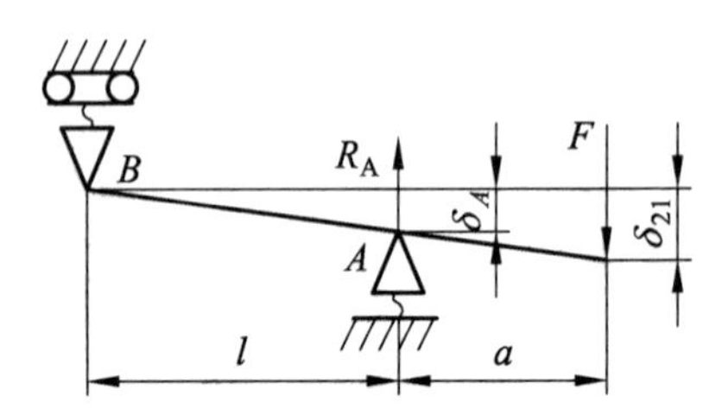

（b）前支承刚度对主轴端部的影响

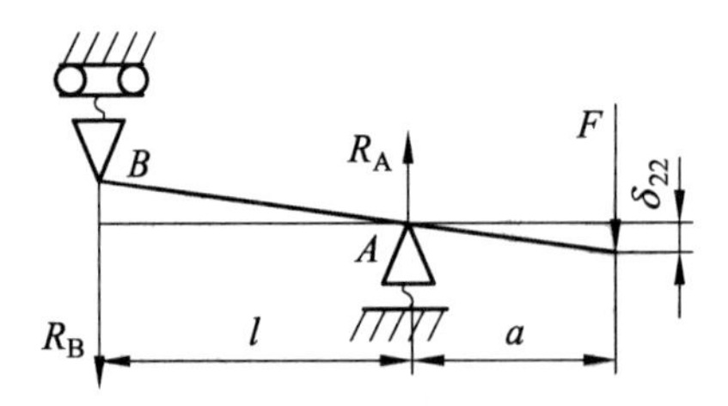

（c）后支承刚度对主轴端部的影响

图 3.10　主轴组件刚度分解简图

图 3.10（a）所示为弹性主轴在刚性支承上的受力简图。由材料力学理论可知，当轴的端部受力 F 时，主轴端部变形 δ_1 为

$$\delta_1 = \frac{Fa^2}{3EI}(l+a) \tag{3.15}$$

图 3.10（b）、（c）所示分别为刚性主轴弹性支承的受力简图，其中，R_A、R_B 分别为前后支承的支反力，K_A、K_B 分别为前后支承的刚度，则前后支承的变形量δ_A、δ_B 分别为

$$\delta_A = \frac{R_A}{K_A} = \frac{F}{K_A}\left(1+\frac{a}{l}\right),\quad \delta_B = \frac{R_B}{K_B} = \frac{F}{K_B}\cdot\frac{a}{l}$$

刚性主轴弹性支承引起的主轴端部变形δ_2为

$$\begin{aligned}\delta_2 &= \delta_{21} + \delta_{22}\\ &= \delta_A\left(1+\frac{a}{l}\right) + \delta_B\frac{a}{l} = \frac{F}{K_A}\left(1+\frac{a}{l}\right)^2 + \frac{F}{K_B}\left(\frac{a}{l}\right)^2\end{aligned} \tag{3.16}$$

则主轴端部的总挠度δ为

$$\begin{aligned}\delta &= \delta_1 + \delta_2\\ &= \frac{Fa^2}{3EI}(l+a) + \frac{F}{K_A}\left[\left(1+\frac{a}{l}\right)^2 + \frac{K_A}{K_B}\left(\frac{a}{l}\right)^2\right]\end{aligned} \tag{3.17}$$

主轴组件的柔度 H 为

$$H = \frac{\delta}{F} = \frac{a^2}{3EI}(l+a) + \frac{1}{K_A}\left[\left(1+\frac{a}{l}\right)^2 + \frac{K_A}{K_B}\left(\frac{a}{l}\right)^2\right] \tag{3.18}$$

在式（3.18）中，弹性模量 $E = 2.06\times10^5$ MPa。计算惯性矩时，外径 $D =（D_1 + D_2）/2$；设计主轴时悬伸量 a 已确定；轴承型号确定后，刚度 K_A、K_B 可计算出来。因此，引起柔度变化的唯一因素是跨距 l。

为使主轴刚度最大，柔度应该最小。柔度 H 的二阶导数为

$$H'' = \frac{1}{K_A}\left(\frac{6a^2}{l^4} + \frac{4a}{l^3}\right) + \frac{1}{K_B}\frac{6a^2}{l^4}$$

由上式可知，柔度 H 的二阶导数大于零，因此，主轴组件存在最小柔度值，即刚度值最大。根据极值理论，当柔度 H 的一阶导数等于零时，主轴组件刚度为最大值，这时的跨距 l 应为最佳跨距 l_0。即

$$H' = \frac{a^2}{3EI} + \frac{1}{K_A}\left(\frac{-2a}{l_0^2} - \frac{2a^2}{l_0^3}\right) + \frac{1}{K_B}\frac{-2a^2}{l_0^3} = 0$$

整理后可得

$$l_0^3 - \frac{6EI}{K_A a}l_0 - \frac{6EI}{K_A}\left(1+\frac{K_A}{K_B}\right) = 0 \tag{3.19}$$

通过解上面一元三次方程，可得到最佳支承跨距 l_0。考虑到剪切变形的影响，在式（3.19）中，加入修正项，用计算机循环迭代计算。修正后的 l_0 写为

$$l_0=\left\{\left[\frac{6EI}{K_{\mathrm{A}}a}+0.541\,7(D^2-d^2)\right]l+\frac{6EI}{K_{\mathrm{A}}}\left(1+\frac{K_{\mathrm{A}}}{K_{\mathrm{B}}}\right)\right\}^{\frac{1}{3}} \tag{3.20}$$

计算步骤：

① 将 $l=4a$ 代入式中，计算出 l_{01}。

② 再将 $l=l_{01}$ 代入式中，计算出 l_{02}。

③ 再次将 $l=l_{02}$ 代入式中，计算出 l_{03}。

④ 最后将 $l=l_{03}$ 代入式中，计算出 l_{04}，l_{04} 即为千分位的精确值。

以计算确定的 $l_0=l_{04}$ 为依据，可进行主轴组件的结构设计。当结构确定的主轴跨距较大或次最后变速组与最后变速组采用并行排列时，可增加中间支承，即采用三支承主轴；若中间支承可预紧，则应将中间支承作为后支承，以缩小主轴跨距、增加后支承轴颈，提高主轴组件的静刚度，后支承作为辅助支承，且该轴承的径向游隙较大。

5. 主轴组件的刚度校核

对主轴组件的结构设计完成后，所有的结构和尺寸已经确定，但由于主轴组件是机床最关键的部件之一，对其精度要求较高。因此，还必须校核计算主轴组件在计算转速和额定载荷时的刚度或挠度。

径向轴承（深沟球轴承、圆柱滚子轴承或双列圆柱滚子轴承）简化后的支承点在轴承宽度的中部。角接触轴承（角接触球轴承、圆锥滚子轴承）的支承点在接触线中点法线与轴心线的交点处，设支承点到轴承宽度中点的距离为 e，轴承的平均直径为 d_{m}，接触角为 α，则 $e=\dfrac{d_{\mathrm{m}}}{2}\tan\alpha$。双联组配角接触轴承及双内圈的圆锥滚子轴承，其支承点为最前面轴承接触线中点法线与轴线的交点，如图 3.11 所示。图 3.11（a）所示为背靠背配置的轴承；图 3.11（b）所示为同向配置的轴承；图 3.11（c）所示为双列圆锥滚子轴承，由于是双内圈轴承，所以支承点位置按两个轴承确定。

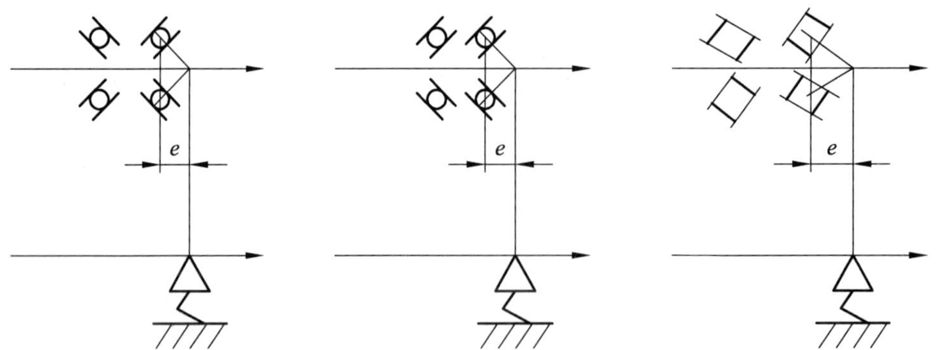

（a）背靠背轴承的支承简化（b）同向组配轴承的支承简化（c）双列圆锥滚子轴承的支承简化

图 3.11　轴承的支承简化

1）对主轴组件静刚度的校核

主轴两支承之间的外径、内径可按当量直径 D_e、d_e 计算。当量直径可按式（3.21）计算

$$D_e = \sqrt[4]{\frac{1}{l}\sum_{i=1}^{n} D_{ei}^4 l_i}, \quad d_e = \sqrt[4]{\frac{1}{l}\sum_{i=1}^{n} d_{ei}^4 l_i} \tag{3.21}$$

式中　D_{ei}，d_{ei}，l_i——阶梯轴各段外径、内径及其长度（mm）。

主轴的当量惯性矩为

$$I = \frac{\pi}{64}(D_e^4 - d_e^4) = 0.049(D_e^4 - d_e^4) \tag{3.22}$$

主轴悬伸端的最小直径为两支承间的最大直径 D_1，其当量直径、惯性矩 I_a 可根据式(3.21)、式（3.22）计算。

主轴弹性变形所引起轴端的变形为

$$\delta_1 = \frac{Fa^2}{3E}\left(\frac{l}{I} + \frac{a}{I_a}\right) \tag{3.23}$$

从式（3.23）可知，由于 $a \approx l_0/3$，其长度小，而 I_a 相对较大，所以第二项引起的轴端变形小，对主轴刚度的影响较轻，故在初步校核计算时可忽略主轴悬伸部分的变形所引起的端部变形。只有 δ_1 的计算结果接近或大于要求的值时，才做详细计算。有时将 I 替代 I_a 进行计算，即主轴自身的刚度 K_s 为

$$K_s = \frac{3EI}{a^2(l+a)} = \frac{30.28}{a^2(l+a)}(D_e^4 - d_e^4) \tag{3.24}$$

式中，$E = 2.06 \times 10^5\ \text{N/mm}^2$。当量内径与外径之比 $d_e/D_e \leqslant 0.5$ 时，可不考虑内孔对刚度的影响。

轴承的弹性变形引起的主轴端部的变形 δ_2 为

$$\delta_2 = \frac{F}{K_A}\left(1 + \frac{a}{l}\right)^2 + \frac{F}{K_B}\left(\frac{a}{l}\right)^2 \tag{3.25}$$

由于后轴承相对刚度较大，承受的负载相对较轻，故其变形较小，且它对主轴端部的影响也小。初步校核主轴组件刚度时，可忽略后轴承造成的影响。

由式（3.23）、式（3.25）可得出主轴组件受力后的端部变形，进而计算出主轴组件的刚度。

2）对主轴组件动刚度的校核

当切削力为交变力 $F\cos\omega t$ 时，ω为激振频率，可以作为 $Fe^{j\omega t}$ 的实部，因为

$$Fe^{j\omega t} = F(\cos\omega t + j\sin\omega t)$$

主轴组件在激振力方向上做弯曲振动，振源在作用力延长线与轴线的交点处。主轴组件的质量为 m，静刚度为 K，主轴阻尼系数为 c，则振动方程为

$$m\frac{d^2x}{dt^2}+c\frac{dx}{dt}+Kx=Fe^{j\omega t}$$

由高等数学、机械振动、控制工程基础等对运动方程分析可知，$c \geqslant 2\sqrt{mk}=2m\omega_0$ 时，主轴组件受力点的运动是非周期性运动，即非振动。因而将 c_0（$c_0=2\,m\omega_0$）称为临界阻尼系数。让 $c=c_0\xi$，ξ称为阻尼比。当主轴前轴承采用双列圆柱滚子轴承或角接触球轴承组合配置时，$\xi=0.02\sim0.03$；当前轴承采用圆锥滚子轴承或双列圆柱滚子轴承与推力角接触球轴承组合时，$\xi=0.03\sim0.04$；当轴承预紧载荷较大或采用三支承时，阻尼比取大值，则上式可改写为

$$\frac{d^2x}{dt^2}+2\xi\omega_0\frac{dx}{dt}+\omega_0^2x=\frac{F}{m}e^{j\omega t} \tag{3.26}$$

其解包括通解和特解两部分。通解 x_1 为

$$x_1=Ae^{-\xi\omega_0 t}\sin\left(\sqrt{1-\xi^2}\,\omega_0 t+\alpha\right) \tag{3.27}$$

式中，通解 x_1 为衰减振动的位移，振幅 $Ae^{-\xi\omega_0 t}$ 随时间而减小，最终消失，所以称为瞬态解。系数 A 为初始状态的振幅；$e^{-\xi\omega_0 t}$ 为振幅的衰减速度；$\omega_0=\sqrt{\frac{k}{m}}$，是系统固有频率。

微分方程的特解 x_2 为

$$x_2=Be^{j\omega t} \tag{3.28}$$

特解 x_2 为谐振运动，B 为振幅。当 $t\to\infty$ 时，$x=x_2$，x_2 又称为稳态解。将 x_2 代入微分方程式（3.26），整理得

$$B(-\omega^2+j2\xi\omega_0\omega+\omega_0^2)e^{j\omega t}=\frac{F}{m}e^{j\omega t}$$

则

$$B=\frac{F}{m}\cdot\frac{1}{\omega_0^2-\omega^2+j2\xi\omega_0\omega}=\frac{F}{k}\cdot\frac{1}{1-\lambda^2+j2\xi\lambda}$$

$\lambda=\frac{\omega}{\omega_0}$，称为频率比。则

$$x_2=\frac{F}{k}\cdot\frac{1}{1-\lambda^2+j2\xi\lambda}e^{j\omega t} \tag{3.29}$$

动柔度 H_ω为

$$H_\omega=\frac{x_2}{Fe^{j\omega t}}=\frac{1}{k}\frac{1}{(1-\lambda^2)+j(2\xi\lambda)}=\frac{1}{k}\frac{(1-\lambda^2)-j(2\xi\lambda)}{(1-\lambda^2)^2+4\xi^2\lambda^2} \tag{3.30}$$

也可写为

$$H_{\omega}=\left|H_{\omega}\right|e^{-\mathrm{j}\varphi}=G_{\omega}+\mathrm{j}I_{\omega} \tag{3.31}$$

动柔度的模｜H_{ω}｜（幅值）为

$$\left|H_{\omega}\right|=\frac{1}{k}\cdot\frac{1}{\sqrt{(1-\lambda^{2})^{2}+4\xi^{2}\lambda^{2}}}$$

动柔度的相角φ为

$$\varphi=\arctan\left(\frac{2\xi\lambda}{1-\lambda^{2}}\right)$$

动刚度 k_{ω}的模为

$$k_{\omega}=k\sqrt{(1-\lambda^{2})^{2}+4\xi^{2}\lambda^{2}} \tag{3.32}$$

由式（3.32）可见，动刚度 k_{ω}与静刚度 k 成正比，是频率比λ的函数。为分析频率比对动刚度的影响，可将动刚度对频率比求导数，并使其一阶导数等于零，得到动刚度极值（或拐点）对应的频率比。即

$$k'_{\omega}=2k\cdot\frac{-\lambda(1-\lambda^{2})+2\xi^{2}\lambda}{\sqrt{(1-\lambda^{2})^{2}+4\xi^{2}\lambda^{2}}}=0$$

整理得 $\lambda=\sqrt{1-2\xi^{2}}$，通过动刚度的二阶导数判断频率比为该极值时的性质

$$k'_{\omega} - 2k\cdot\frac{(\lambda^{2}-1)^{3}+2\xi^{2}(1+3\lambda^{4})}{\sqrt{\left[(1-\lambda^{2})^{2}+4\xi^{2}\lambda^{2}\right]^{3}}}$$

由于 $\lambda=\sqrt{1-2\xi^{2}}$，将 $2\xi^{2}=1-\lambda^{2}$ 代入上式分子，得

$$k''_{\omega}=2k\cdot\frac{(\lambda^{2}-1)^{3}+(1-\lambda^{2})(1+3\lambda^{4})}{\sqrt{\left[(1-\lambda^{2})^{2}+4\xi^{2}\lambda^{2}\right]^{3}}}=2k\frac{2\lambda^{2}(1+\lambda^{2})(1-\lambda^{2})}{\sqrt{\left[(1-\lambda^{2})^{2}+4\xi^{2}\lambda^{2}\right]^{3}}}>0$$

所以，根据极值理论，当 $\lambda=\sqrt{1-2\xi^{2}}$ 时的动刚度为最小值，最小动刚度为

$$k_{\omega\min}=2k\xi\sqrt{1-\xi^{2}} \tag{3.33}$$

动柔度的实部 G_{ω}为

$$G_{\omega}=\frac{1}{k}\cdot\frac{1-\lambda^{2}}{(1-\lambda^{2})^{2}+4\xi^{2}\lambda^{2}}$$

G_{ω}为极值时，$G'_{\omega}=0$，即

$$G'_{\omega}=\frac{1}{k}\cdot\frac{2\lambda(1-\lambda^{2})^{2}-8\xi^{2}\lambda}{\left[(1-\lambda^{2})^{2}+4\xi^{2}\lambda^{2}\right]^{2}}=\frac{u}{v}=0$$

所以，$u=0$，$4\xi^2=(1-2\lambda^2)^2$，即 $\lambda=\sqrt{1\pm 2\xi}$。此时，动柔度实部为极值，即 $G'_\omega=0$，$u=0$ 时，G_ω的二阶导数为

$$G''_\omega=\frac{u'}{v}+\left(\frac{1}{v}\right)'u=\frac{u'}{v}+\left(\frac{1}{v}\right)'\times 0=\frac{u'}{v}$$
$$=\frac{1}{K}\times\frac{2(1-\lambda^2)^2-8\lambda^2(1-\lambda^2)-8\xi^2}{\left[(1-\lambda^2)^2+4\xi^2\lambda^2\right]^2}=\frac{1}{K}\times\frac{-\lambda^2(1-\lambda^2)}{2\xi^2(1+\lambda^2)^2}$$

当 $\lambda=\sqrt{1-2\xi}$ 时，$G''_\omega<0$，动柔度的实部有最大值 $G_{\omega\max}$

$$G_{\omega\max}=\frac{1}{4K\xi(1-\xi)} \tag{3.34}$$

当 $\lambda=\sqrt{1+2\xi}$ 时，$G''_\omega>0$，动柔度的实部有最小值 $G_{\omega\min}$

$$G_{\omega\min}=\frac{-1}{4K\xi(1+\xi)} \tag{3.35}$$

3）切削稳定性计算

在图 3.12 所示的切削系统中，如果上次切削后工件表面留下的切削波纹，其幅值为δ_0；本次切削后表面波纹的幅值为δ_1。则本次切削过程中切削厚度的实际变化量为$\delta_0-\delta_1$，由此引起切削力的变动量为ΔF，则

$$\Delta F=bK_{cb}(\delta_0-\delta_1)$$

式中　b——切削宽度（mm）；

　　K_{cb}——单位切削宽度时的切削刚度[N/（μm · mm）]。

根据动柔度的定义，则有

$$\delta_1=\Delta F\cdot H_\omega$$

联立上面两式，可得

$$\frac{\delta_1}{H_\omega}=\Delta F=bK_{cb}(\delta_0-\delta_1)$$

整理上式，得

$$\frac{\delta_0}{\delta_1}=\frac{H_\omega K_{cb}b+1}{H_\omega K_{cb}b}=\frac{H_\omega+\dfrac{1}{bK_{cb}}}{H_\omega}=\frac{G_\omega+\mathrm{i}I+\dfrac{1}{bK_{cb}}}{G_\omega+\mathrm{i}I_\omega}$$

切削稳定的条件为：$\delta_0-\delta_1\geqslant 0$，即多次切削后，工件表面的波纹幅度逐渐减小。稳定切削的临界值为$\delta_0/\delta_1=1$。考虑到波纹振幅都是矢量，其比值按绝对值代入上式

$$\frac{\delta_0}{\delta_1}=\frac{G_\omega+\mathrm{i}I_\omega+\dfrac{1}{bK_{cb}}}{G_\omega+\mathrm{i}I_\omega}=\pm 1$$

分子、分母的实部、虚部的绝对值应分别相等，即

$$G_\omega+\frac{1}{bK_{cb}}=\pm G_\omega$$

由于 K_{cb} 的倒数不可能为零，等式右边只能取负值时，则

$$b=-\frac{1}{2G_\omega K_{cb}}$$

当 G_ω为最小值时，可得到临界切削宽度 b_{lim}，即

$$b_{lim}=\frac{2K\xi(1+\xi)}{K_{cb}} \tag{3.36}$$

对于一般机床，存在一个不产生自激振动的最大切削宽度。在设计机床时，可根据其性能要求，规定在切削稳定时的最大切削宽度，从而求出对机床要求的刚度。一般来说，机床在各方向的刚度是不同的，其中横向变形对机床加工精度的影响最大，所以，一般只计算径向（横向）切削力 F_x 方向上的刚度 K_x，如图 3.12 所示。

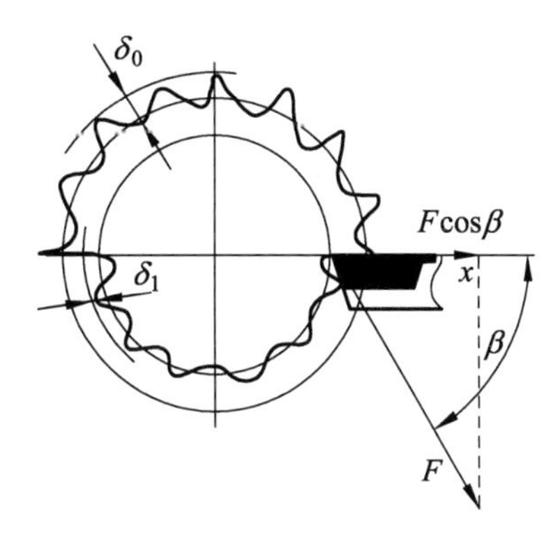

图 3.12 切削稳定性计算简图

$$F_x=F\cos k_r\cos\beta$$

$$K_x\geqslant\frac{K_{cb}b_{lim}}{2\xi(1+\xi)}\cos k_r\cos\beta \tag{3.37}$$

式中 k_r——刀具的主偏角。

当机床的最大切削力一定时，刀具的主偏角 k_r 越小，径向切削力越大，需要的横向刚度值 K_x 就越大，因而通常计算横向切削（切槽或切断）时的横向刚度，可按式（3.28）计算。

$$K_x\geqslant\frac{K_{cb}b_{lim}}{2\xi(1+\xi)}\cos\beta \tag{3.38}$$

K_{cb}、β与切削用量有关，见表 3.8。切削速度或进给量增大，则 K_{cb} 减小，β增大；当 K_x 一定时，K_{cb} 降低，b_{lim} 增大，即高速时允许的极限切削宽度 b_{lim} 较大。为安全考虑，机床设计时，取稳定性的下限来决定极限切削宽度，即取 $K_{cb} = 2.46$ N/（μm · mm），$\beta = 68.8°$。

表 3.8　切削 45 钢时的 K_{cb}、β

切削速度 v/（m/min）	50				100				200			
进给量 f/（mm/r）	0.1	0.2	0.4	0.8	0.1	0.2	0.4	0.8	0.1	0.2	0.4	0.8
K_{cb}/[N/（μm · mm）]	2.46	2.06	1.73	1.47	2.21	1.81	1.50	1.25	2.06	1.67	1.36	1.12
β/（°）	68.8	73.3	77	80	73.2	77	79.8	82	75.5	78.4	80.7	82.5

注：1. 切削试验条件，硬质合金刀具，前角 $\gamma_0 = 6°$，后角 $\alpha_0 = 5°$，刃倾角 $\lambda_s = 0°$，主偏角 $k_r = 45°$。刀尖圆弧半径 $r = 0.8$ mm。
2. 切削速度单位为 m/min；进给量单位，车削时为 mm/r，铣削时为 mm/齿。

不同机床，具有不同的极限切削宽度 b_{lim}，设计时可查阅《机床设计手册》。如推荐的车床稳定性指标为：工件材料为 45 钢；工件悬臂安装，横向切削；工件直径 $d = 0.2D_{max}$，长度 $l = 0.3D_{max}$，D_{max} 为机床主参数；硬质合金刀具，前角 $\gamma_0 = 6°$，后角 $\alpha_0 = 5°$；切削速度 $v = 50$ m/min，进给量 $f = 0.1 \sim 0.2$ mm/r。稳定性良好时，极限宽度 $b_{lim} \geqslant (0.01 \sim 0.02) D_{max}$；稳定性一般或轻型机床的极限宽度 $b_{lim} \geqslant 0.005D_{max}$。

如果代入床身的阻尼比系数ξ，则式（3.38）计算出的刚度为床身 x 方向的刚度。

利用式（3.38）计算出的刚度是切削力在 D 点的刚度 K_D，如图 3.13 所示，而机床标准规定，主轴组件的刚度为端部（C 点）受力的刚度 K_C，因而需要把 K_D 折算为 K_C。

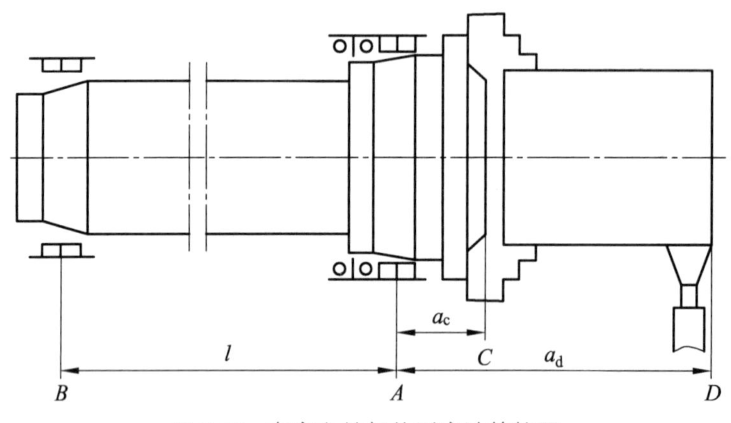

图 3.13　车床主轴部件刚度计算简图

为简化计算，主轴 AB 段和 AC 段的当量惯性矩视为相等，皆为 I，则当力 F 作用于 C 点时，主轴端部的变形为

$$\delta_{sc} = \frac{Fa_c^2}{3EI}(l + a_c)$$

当径向力 F 作用于 D 点时，设 CD 段的惯性矩为 I，主轴上 D 点的弹性位移为

$$\delta_{sd}=\frac{Fa_d^2}{3EI}(l+a_d)$$

则

$$\frac{\delta_{sd}}{\delta_{sc}}=\frac{a_d^2}{a_c^2}\cdot\frac{l+a_d}{l+a_c}$$

由前面分析可知，前后轴承产生的弹性变形对主轴端部的影响是以前支承为主。为简化计算，可认为轴承产生的变形主要是由前轴承引起的，而后支承的影响可忽略，即由轴承产生的变形而引起的主轴端部变形为

$$\delta_{zc}=\frac{F}{K_A}\frac{(l+a_c)^2}{l^2}\text{，}\quad \delta_{zd}=\frac{F}{K_A}\frac{(l+a_d)^2}{l^2}$$

则

$$\frac{\delta_{zd}}{\delta_{zc}}=\frac{(l+a_d)^2}{(l+a_c)^2}$$

由对许多机床的计算分析和测试可知，主轴自身变形引起的端部变形约占主轴组件总变形的 60%；支承引起的变形约占总变形的 40%。即

$$\delta_c=\delta_{sc}+\delta_{zc}\text{，}\quad \delta_{sc}=0.6\delta_c$$

$$\begin{aligned}\delta_d&=\delta_{sd}+\delta_{zd}=\delta_{sc}\cdot\frac{a_d^2}{a_c^2}\cdot\frac{l+a_d}{l+a_c}+\delta_{zc}\cdot\frac{(l+a_d)^2}{(l+a_c)^2}\\&=\delta_c\left[0.6\frac{a_d^2}{a_c^2}\cdot\frac{l+a_d}{l+a_c}+0.4\frac{(l+a_d)^2}{(l+a_c)^2}\right]\end{aligned}$$

则力 F 作用于 D 点时主轴组件的柔度为

$$\begin{aligned}H_d&=\frac{\delta_d}{F}=\frac{\delta_c}{F}\left[0.6\frac{a_d^2}{a_c^2}\cdot\frac{l+a_d}{l+a_c}+0.4\frac{(l+a_d)^2}{(l+a_c)^2}\right]\\&=H_c\left[0.6\frac{a_d^2}{a_c^2}\cdot\frac{l+a_d}{l+a_c}+0.4\frac{(l+a_d)^2}{(l+a_c)^2}\right]\end{aligned}$$

力 F 作用于 D 点时主轴组件的刚度为

$$K_c=K_d\left[0.6\frac{a_d^2}{a_c^2}\cdot\frac{l+a_d}{l+a_c}+0.4\frac{(l+a_d)^2}{(l+a_c)^2}\right]=K_d\frac{l+a_d}{l+a_c}\left(0.6\frac{a_d^2}{a_c^2}+0.4\frac{l+a_d}{l+a_c}\right)\qquad(3.39)$$

由于测算刚度 K_d 时工件的直径 $d=0.2D_{max}$，主轴上 A 点至工件悬伸端 D 点的当量惯性矩 I_D 小于主轴悬伸段当量惯性矩 I_C，根据式（3.23）可知，由式（3.39）计算出的主轴刚度应略

大于由式（3.23）和式（3.25）计算出的主轴刚度。

6. 提高主轴部件性能的措施

1）提高旋转精度

在保证主轴制造精度和轴承精度的同时，采用定向误差装配法可进一步提高主轴组件的旋转精度。

在主轴组件装配后，用心轴测量跳动。设插入主轴锥孔的测量心轴的径向圆跳动值为δ_1。它是主轴前、后轴承的径向圆跳动量引起的主轴端部的径向圆跳动值δ_{z1}、δ_{z2}和主轴锥孔相对于前后支承轴颈的径向圆跳动量δ_{zc}的综合反映。δ_{z1}、δ_{z2}和δ_{zc}都是矢量，因此，按一定方向装配后可使这三项误差相互抵消。

首先，测出前后轴承内圈的径向圆跳动值及其方向，计算出δ_{z1}、δ_{z2}；将主轴放在V形架上，测出锥孔的径向圆跳动值δ_{zc}；然后，这三项误差的矢量首尾连接，形成封闭三角形，如图3.14（a）所示；再利用余弦定理，求出角度α、β值，按此角度装配，可基本抵消误差，提高主轴旋转精度。为简化装配，或三项误差矢量不能形成封闭三角形时，可将数值小的两项误差矢量朝向一个方向，而把较大的误差矢量朝向相反方向，使得矢量和δ_1减小，如图3.14（b）所示。

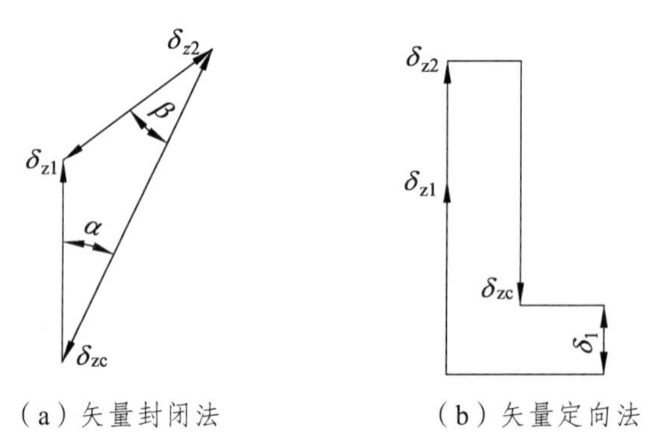

（a）矢量封闭法　　（b）矢量定向法

图3.14　误差矢量装配法

2）提高刚度

除提高主轴自身刚度外，可采用以下措施：

（1）角接触轴承为前支承时，接触线法线与主轴轴线的交点应位于轴承前面。

（2）传动件应位于后支承外侧，且传动力使主轴端部变形的方向，不能和切削力造成主轴端部的变形方向相同，两者夹角应大一些，最佳为180°，以部分补偿切削力造成的变形；主轴为带传动时，应采用卸荷式机构，避免主轴承受传动带拉力；齿轮也可采用卸荷式结构。

（3）适当增加一个支承内的轴承数目，适度预紧轴承，采用辅助支承，以提高支承刚度。

3）提高动刚度

除提高主轴组件的静刚度，使其固有频率增高，避免共振外，还可采用如下措施：

（1）采用圆锥液压涨套取代螺纹等轴向定位件；径向定位采用小锥度过盈配合或渐开线花键；滑移齿轮采用渐开线花键配合。

（2）采用三支承主轴。

（3）对旋转零件的非配合面，全部进行较精密的切削加工，并做动平衡。

（4）设置消振装置，增加阻尼。可在较大的齿轮上切出一个圆环槽，槽内灌注铅。当主轴转动时，铅就会产生相对微量运动，消耗振动能量，从而抑制振动。如果是水平主轴，可采用动压滑动轴承，提高轴承阻尼。圆锥滚子轴承的滚子大端有滑动摩擦，阻尼比其他滚动轴承高，因而在极限转速许可的情况下，优先采用圆锥滚子轴承，增加滚动轴承的预紧力，也可增加轴承的阻尼。

5）采用动力油润滑轴承，控制温升，减少热变形。

3.2 支承件设计

各种机床的支承件包括床身、立柱、横梁、摇臂、箱体、底座、工作台、升降台等。它们相互连接构成机床的基础，支承机床的工作部件，并保证机床零部件的相对位置和相对运动精度。因此，机床的支承部件决定了机床的动刚度，支承件的设计是机床设计的一个重要环节。

3.2.1 支承件应满足的基本要求

为保证机床的刚度和工作精度，机床支承件应满足如下要求。

1. 支承件应有足够的静刚度和较高的固有频率

支承件的静刚度包括整体刚度、局部刚度和接触刚度。如卧式车床床身，载荷通过支承导轨面施加到床身上，使床身产生整体弯曲和扭转变形，且使导轨产生局部变形和导轨面产生接触变形。

支承件的整体刚度又称为自身刚度，与支承件的材料以及截面形状、尺寸等影响惯性矩的参数有关。局部刚度是指支承件在载荷集中的局部结构处抵抗变形的能力。如床身导轨的刚度、主轴箱在主轴轴承孔附近部位的刚度、摇臂钻床的摇臂在靠近立柱处的刚度以及底座安装立柱部位的刚度等。接触刚度是指支承件的结合面在外载荷作用下抵抗变形的能力。接触刚度 K_j 用结合面的平均压强 P（MPa）与变形量δ（μm）之比表示。由于结合面在加工中存在平面高度误差和表面精度误差，当接触压强很小时，结合面只有几个高点接触，实际接触面积很小，接触变形大，接触刚度低；当接触压强较大时，接触面上的高点产生变形，接触面积扩大，变形量的增加比率小于接触压强的增加比率，因而接触刚度较高，即接触刚度是压强的函数，随接触压强的增加而增大。接触刚度还与结合面的结合形式有关，活动接触面（结合面间有相对运动）的接触刚度小于等于固定接触面（结合面间无相对运动）的接触刚度。由此可见，接触刚度取决于结合面的表面粗糙度和平面度、结合面的大小、材料硬度、接触面的压强和结合形式等因素。

支承件的固有频率是刚度与质量比值的平方根，即 $\omega_0=\sqrt{K/m}$ ，固有频率的单位为 rad/s；当激振力（断续切削、旋转零件的离心力等）的频率ω接近固有频率ω_0时，支承件将产生共振。设计时，应使支承件固有频率高于激振力频率 30%，即$\omega_0>1.3\omega$。由于激振力多为低频，故支承件应有较高的固有频率。在满足刚度的前提下，应尽量减小支承件质量。另外，支承件的质量往往占机床总质量的 80%以上，固有频率在很大程度上反映了支承件的设计合理性。

2. 良好的动态特性

支承件应有较高的静刚度、固有频率，使整机的各阶固有频率远离激振频率，在切削过程中不发生共振；支承件还必须要有较大的阻尼，以抑制振动的振幅；薄壁面积应小于 400 mm×400 mm，可避免薄壁振动。

3. 支承件应结构合理，性能稳定

成形后应进行时效处理，充分消除内应力；形状对称稳定，热变形小，受热变形后对加工精度影响较小。

4. 支承件应满足使用要求

设计应考虑使排屑畅通；工艺性好，易于制造，成本低；吊运安装方便，安全可靠。

3.2.2　支承件的受力分析

支承件的静力分析是支承件设计的首要环节。通过受力分析，找出影响支承件刚度的最大因素；根据分析计算及相关技术资料，进行结构设计。

支承件的功能是支承和承载。通常支承件承受多个载荷，如切削力、所支承零部件的重力、传动力、惯性力等。按照各载荷对机床支承件的不同影响，将机床分为中小型机床、精密和高精度机床、大型机床。

（1）中小型机床。该类机床的载荷以切削力为主。工件的质量、移动部件（如中小型卧式车床的刀架）的质量等相对较小，在对支承件进行受力分析时可忽略不计。

（2）精密和高精度机床。该类机床的工艺特点是精加工，切削力小，在对支承件进行受力分析时可忽略。载荷以移动部件的重力和热应力为主。如双柱立式坐标镗床的横梁，受力分析时，主要考虑主轴箱在横梁中部时所引起的梁弯曲和扭转变形。

（3）大型机床。该类机床加工的工件大而重，切削力大，移动部件的质量也大，因而在对支承件进行受力分析时，工件质量、移动部件质量和切削力都要考虑。如重型车床、落地式车床、落地式镗铣床、龙门式刨床等。

在进行静力分析时，通常将最小截面的最大尺寸远小于其法向尺寸的支承件称为梁或柱；将最大截面的最小尺寸远大于其法向尺寸的支承件称为板；支承件的三维尺寸为同一尺寸数量级的支承件称为体。

下面以中型卧式车床床身为例，进行静力和变形的分析。中型卧式车床床身受力状况如

图 3.15 所示，设工件直径为 d，工件中心至床身几何中心 O 的距离为 h。假设车刀位于床身中部，横向切削，载荷分别为主切削力 F_y、径向切削力 F_x，床身扭转变形的中心为其几何中心 O 点。径向力 F_x 使床身在 x 方向上产生弯曲变形，设变形量为δ_x，如图 3.16（a）所示；主切削力 F_y 使床身在 y 方向上产生弯曲变形，设其变形量为δ_y，如图 3.16（b）所示。此外，力 F_x、F_y 还会产生使床身绕 z 轴转动的扭转力矩：$M=F_y\cdot\dfrac{d}{2}+F_xh$，该力矩使床身发生扭转变形，设扭转角为$\theta$，如图 3.16（c）所示。

（1）床身的横向弯曲变形量就等于工件的半径误差，即$\delta_{r1}=\delta_x$。

（2）设床身的纵向弯曲变形量引起工件的半径误差为δ_{r2}，由图 3.16（b）可知，在 RtΔO_1AD 中，利用麦克劳林公式，取前两项得

$$\delta_{r2}=\overline{O_1D}-\frac{d}{2}=\sqrt{\overline{O_1A}^2+\overline{AD}^2}-\frac{d}{2}=\sqrt{\frac{d^2}{4}+\delta_y^2}-\frac{d}{2}\approx\frac{d}{2}\left(1+\frac{2\delta_y^2}{d^2}\right)-\frac{d}{2}=\frac{\delta_y^2}{d} \tag{3.40}$$

由于δ_y很小，而 d 较大，$\dfrac{\delta_y^2}{d}$ 的值是一个很小的数，所以δ_{r2}对于工件的影响较小，在计算中可以忽略。

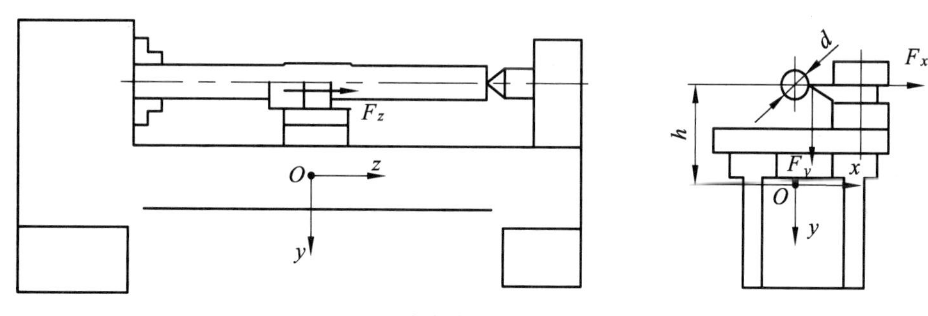

图 3.15　卧式车床床身静力分析简图

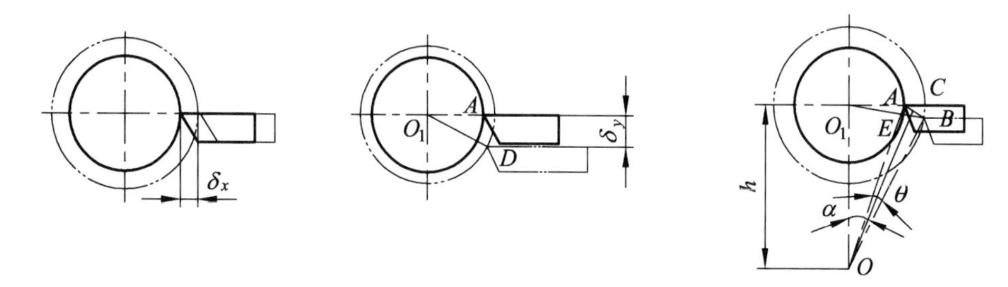

图 3.16　车床床身变形对加工精度的影响简图

（3）设床身的扭转变形引起工件的半径误差为δ_{r3}，在图 3.16（c）中，床身未发生扭转变形时，刀尖在 A 点，在床身发生扭转变形后刀尖到达 B 点，O_1A 为工件的半径，即 $\overline{O_1A}=\dfrac{d}{2}$，由$\triangle OO_1A$ 和$\triangle OAB$ 可得

$$\overline{OA}=\sqrt{\overline{O_1O}^2+\overline{O_1A}^2}=\sqrt{h^2+\frac{d^2}{4}}$$

在等腰三角形$\triangle OAB$中，从O点作垂直于AB的直线，交AB于C点，设角$\angle AOO_1=\alpha$，$\angle AOB=\theta$，则$\angle AOC=\theta/2$，E点为床身未发生扭转变形时O_1B与工件外圆的交点，于是

$$\angle O_1AB=\angle O_1AO+\angle OAB=[90°-\alpha]+\left[90°-\frac{\theta}{2}\right]=180°-\left(\alpha+\frac{\theta}{2}\right)$$

$$\overline{AC}=\overline{OA}\cdot\sin\frac{\theta}{2}=\sqrt{h^2+\frac{d^2}{4}}\cdot\sin\frac{\theta}{2}$$

$$\overline{AB}=2\overline{AC}=2\sqrt{h^2+\frac{d^2}{4}}\cdot\sin\frac{\theta}{2}=\sqrt{4h^2+d^2}\sin\frac{\theta}{2}$$

由$\triangle O_1AB$可得

$$\begin{aligned}\overline{O_1B}&=\sqrt{\overline{O_1A}^2+\overline{AB}^2-2\overline{O_1A}\cdot\overline{AB}\cos\angle O_1AB}\\&=\sqrt{\frac{d^2}{4}+\left(4h^2+d^2\right)\sin^2\frac{\theta}{2}-2\cdot\frac{d}{2}\cdot\sqrt{4h^2+d^2}\sin\frac{\theta}{2}\cos\angle O_1AB}\\&=\sqrt{\frac{d^2}{4}+\left(4h^2+d^2\right)\sin^2\frac{\theta}{2}+d\sqrt{4h^2+d^2}\sin\frac{\theta}{2}\cos\left(\alpha+\frac{\theta}{2}\right)}\end{aligned}$$

则因床身扭转变形而引起的工件半径误差为

$$\delta_{r3}=\overline{O_1B}-\overline{O_1E}=\sqrt{(4h^2+d^2)\sin^2\frac{\theta}{2}+\frac{d^2}{4}+d\sqrt{4h^2+d^2}\sin\frac{\theta}{2}\cos\left(\alpha+\frac{\theta}{2}\right)}-\frac{d}{2}\quad(3.41)$$

由于一般扭转变形角θ（单位：rad）很小，所以$\sin\frac{\theta}{2}\approx\frac{\theta}{2}$，于是有

$$\cos\frac{\theta}{2}=\sqrt{1-\sin^2\frac{\theta}{2}}\approx\sqrt{1-\left(\frac{\theta}{2}\right)^2}\approx1-\frac{\theta^2}{8}\approx1$$

$$\cos\left(\alpha+\frac{\theta}{2}\right)\approx\cos\alpha-\frac{\theta}{2}\sin\alpha=\frac{2h}{\sqrt{4h^2+d^2}}-\frac{\theta d}{2\sqrt{4h^2+d^2}}$$

代入δ_{r3}的表达式中，可得

$$\delta_{r3}=\sqrt{(4h^2+d^2)\frac{\theta^2}{4}+\frac{d^2}{4}+hd\theta-\left(\frac{d\theta}{2}\right)^2}-\frac{d}{2}=h\theta$$

当θ的单位为度时

$$\delta_{r3}=\frac{\pi}{180°}h\theta\approx0.017\ 5h\theta\quad(3.42)$$

由此可知，扭转变形造成的工件半径误差与扭转角成正比。

综上所述，由车床床身弯曲变形和扭转变形所引起的工件半径误差为δ，则

$$\delta = \delta_{r1} + \delta_{r2} + \delta_{r3} \approx \delta_{r1} + \delta_{r3} \tag{3.43}$$

因此，在设计卧式车床时，主要可根据横向弯曲变形、扭转变形进行结构设计。

3.2.3 支承件的结构设计

机床支承件的变形主要是弯扭变形。而抗弯刚度、抗扭刚度都是截面惯性矩的函数，并随支承件截面惯性矩的增大而增加。表3.9列出了不同截面形状支承件的抗弯和抗扭惯性矩及其比较，表中支承件的截面积均为10 000 mm²。

表3.9 截面形状与惯性矩的关系

序 号		1	2	3	4
截面形状		实心圆截面 ϕ113	圆环截面 ϕ160	圆环截面 ϕ196	开口圆环截面 ϕ196
I_w	cm⁴	800	2 416	4 027	—
	%	100	302	503	—
I_n	cm⁴	1 600	4 832	8 054	108
	%	100	302	503	7
序 号		5	6	7	8
截面形状		实心方截面 100×100	方框截面 141×141	方框截面 173×173	矩形框截面 外95×250，内63×218
I_w	cm⁴	833	2 460	4 170	6 930
	%	104	308	521	866
I_n	cm⁴	1 406	4 151	7 037	5 590
	%	88	259	440	350

在表3.9中，I_w为抗弯截面惯性矩，EI_w称为抗弯刚度；I_n为支承件抗扭截面惯性矩，GI_n称为抗扭刚度，E、G分别为材料的杨氏弹性模量、剪切弹性模量。从表中可以看出：

（1）在同样截面积条件下，空心截面比实心截面的惯性矩大；加大轮廓尺寸，减小壁厚，可提高支承件的刚度。因此，设计支承件时，在满足工艺要求的前提下，应尽量减小壁厚。

（2）方形截面的抗弯刚度比圆形截面的抗弯刚度大，而其抗扭刚度比圆形截面的抗扭刚度小；矩形截面在高度方向上的抗弯刚度比方形截面的抗弯刚度大，而其宽度方向上的抗弯刚度和抗扭刚度比方形截面的抗弯刚度和抗扭刚度小。因此，以承受一个方向弯矩为主的支承件，其截面形状应为矩形，且高度方向应为受弯方向；承受弯扭组合作用的支承件，截面形状应为方形；承受纯扭矩的支承件，其截面形状应为圆环形。

（3）不封闭截面的刚度远小于封闭截面的刚度，其抗扭刚度下降更大。因此，在可能情况下，应尽量把支承件做成封闭形状。截面不能封闭的支承件应采用补强刚度措施。

3.2.4 提高支承件静刚度的措施

在制造空心床身时，从铸造工艺考虑，需要安装型芯和型砂，且支承件的截面也不能完全封闭；为减小机床的占地面积，使其结构紧凑，床身、主轴箱等支承件中还要安装电器件、液压件或传动件等零部件；从工作性能上考虑，支承件的截面也不能完全封闭；由于要考虑排屑、切削液的回流问题，卧式机床的床身中间部分往往不能上下封闭。而支承件不封闭的部位，将存在刚度损失，必须采取措施进行补偿。机床导轨支承运动工作部件，并为其导向，因而导轨的刚度要求高，壁厚相对较大；导轨与床身的连接部位除要求平滑过渡、防止应力集中外，还应加强过渡连接处的局部刚度。另外，箱体上的轴承孔处也应有提高刚度的措施。

1. 隔板和加强肋

连接外壁之间的内壁称为隔板，又称肋板。隔板的作用是将局部载荷传递给其他壁板，从而使整个支承件能比较均匀地承受载荷。因此，支承件不能采用全封闭截面时，应采用隔板等措施来加强支承件的刚度。

纵向隔板能提高抗弯刚度，如图 3.17 所示。当纵向隔板的高度方向与载荷 F 的方向相同时，增加的惯性矩为 $\frac{1}{12}h^3b$；当纵向隔板的高度方向与作用力 F 的方向垂直时，增加的惯性矩为 $\frac{1}{12}hb^3$。由于 $h>>b$，所以纵向隔板的高度方向应垂直于弯曲面的中性层。

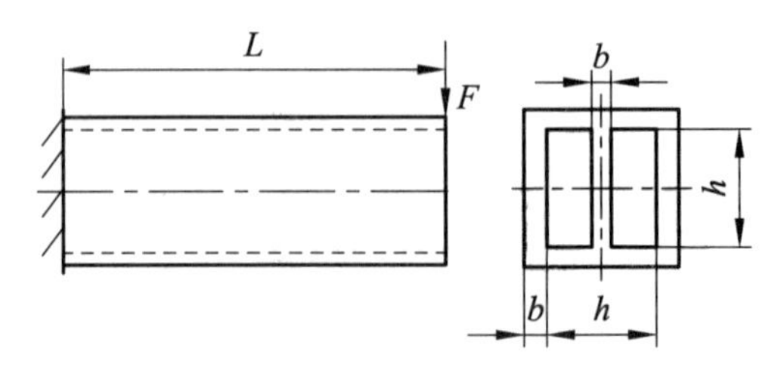

图 3.17　支承件的纵向隔板

横向隔板能提高抗扭刚度。如图 3.18 所示，方框形截面（$H=B$）悬臂梁的长度为 L，

$L = 2.62H$，抗扭刚度为 GI_n；横向隔板的极惯性矩为 I_{np}，则增加 k 条横向隔板后，其抗扭刚度增加为 $G(I_n + kI_{np})$。一般情况下，横向隔板的间距 $l = (0.865 \sim 1.31)H$。

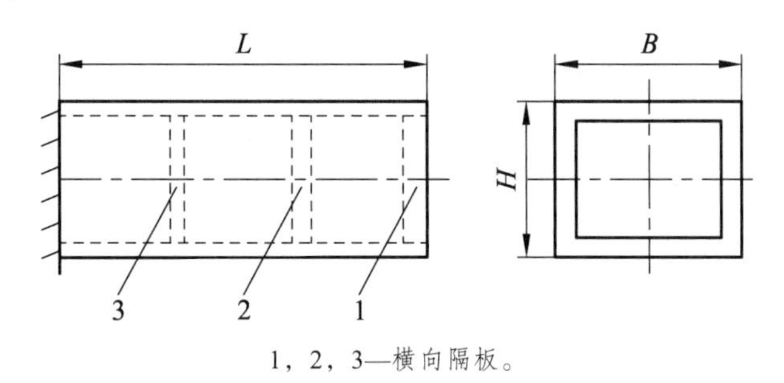

1，2，3—横向隔板。

图 3.18　支承件的横向隔板

斜向隔板既能提高抗弯刚度，又能提高抗扭刚度。可将斜向隔板视为折线式或波浪形的纵向隔板，隔板和前后壁每连接一次，形成一个横隔板，即斜隔板是由多个横隔板和纵隔板连续组合而形成的，如图 3.19 所示，因此，它可提高抗弯和抗扭刚度。对于较长的支承件常采用这种斜隔板。

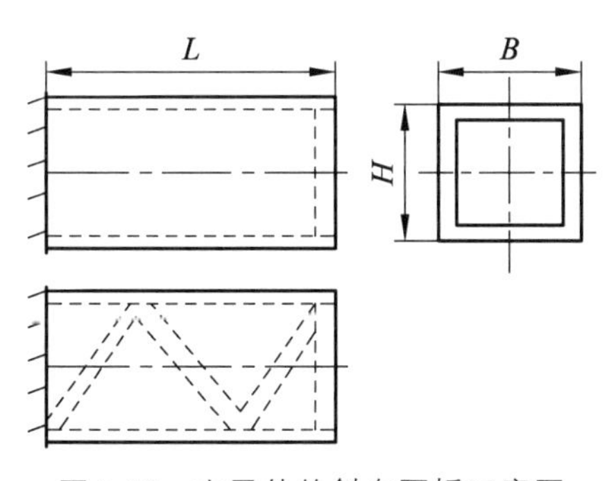

图 3.19　支承件的斜向隔板示意图

加强肋又称为肋条。一般配置在外壁的内侧或内壁上。其主要用途是加强局部刚度、减少薄壁振动。图 3.20（a）所示的加强肋是用来提高导轨与床身过渡连接处的局部刚度；图 3.20（b）所示的加强肋用来提高箱体轴承孔处的局部刚度；图 3.20（c）、（d）、（e）所示为工作台等板形支承件的加强肋，可提高抗弯刚度，避免薄壁件的振动。加强肋的高度约为支承件壁厚的 5 倍。

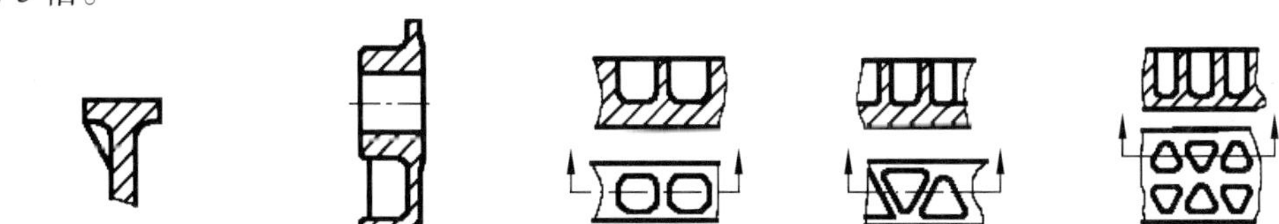

（a）床身与导轨处肋条（b）轴承孔肋条（c）工作台的方形肋条（d）工作台的 W 形肋条（e）工作台的 X 形肋条

图 3.20　支承件的加强肋示意图

如图 3.21 所示为立柱的隔板和加强肋布置简图。在满足工艺要求和刚度的前提下，设计时应尽量减少支承件的壁厚和隔板、加强肋的厚度。铸铁支承件的外壁厚可根据当量尺寸 C

来选择（见表 3.10）。当量尺寸 C 由式（3.44）确定

$$C=\frac{1}{3}(2L+B+H) \tag{3.44}$$

式中，L、B、H——分别为支承件的长、宽、高（m）。

支承件的壁厚、隔板和加强肋的厚度也可按支承件的质量（kg）或最大外形尺寸（mm）确定。设支承件的壁厚为 t，则隔板的厚度可取（0.8～1）t，加强肋的厚度可取（0.7～0.8）t，见表 3.11。

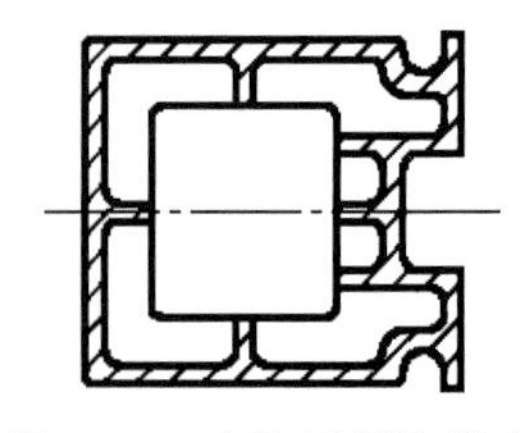

图 3.21　立柱隔板和肋条

表 3.10　根据当量尺寸 C 选择支承件的壁厚

C/m	0.75	1.0	1.5	1.8	2.0	2.5	3.0	3.5	4.0
t/mm	8	10	12	14	16	18	20	22	25

表 3.11　支承件壁厚、隔板和加强肋的厚度

质量/kg	外形尺寸	壁厚	隔板厚	加强肋厚	质量/kg	外形尺寸	壁厚	隔板厚	加强肋厚
≤5	≤300	7	6	5	101～500	1 700	14	12	8
6～10	500	8	7	5	501～800	2 500	16	14	10
11～60	750	10	8	6	801～1 200	3 000	18	16	12
61～100	1 250	12	10	8	>1 200	>3 000	20～30		

2. **支承件开孔后的刚度补强**

为在立柱或梁中安装机件，或考虑加工工艺上的需要，往往需要开孔。而立柱或梁上开孔会造成刚度损失。刚度降低程度与孔的位置和大小有关。立柱或梁上孔的尺寸对刚度的影响见表 3.12。由表 3.12 可知，在与弯曲平面垂直的壁面上开孔，其抗弯刚度的损失大于在与弯曲平面平行的壁上的开孔；在立柱或梁上开孔，抗扭刚度的损失比抗弯刚度的损失大。对于矩形截面的抗扭刚度，在较窄的壁面上开孔，对刚度的影响比在较宽的壁上开孔的影响大。为弥补开孔后的刚度损失，可在孔上加盖板，并用螺栓将盖板固定在壁面上；也可将孔的周边加厚（翻边），如表 3.12 中点序号 6；如在翻边的基础上，再加嵌入式盖板，其补偿效果最佳。表 3.12 中的序号 6 加嵌入式盖板后，相对抗弯刚度为 0.91，相对抗扭刚度为 0.41。另外，在孔周边翻边后，可增加局部刚度，翻边直径 D 与孔 d 之比 D/d≤2，壁厚 t 与翻边高度 h 的比值 t/h≤2 时，其刚度增加较大。

表 3.12 立柱或梁上孔的加工尺寸对刚度的影响

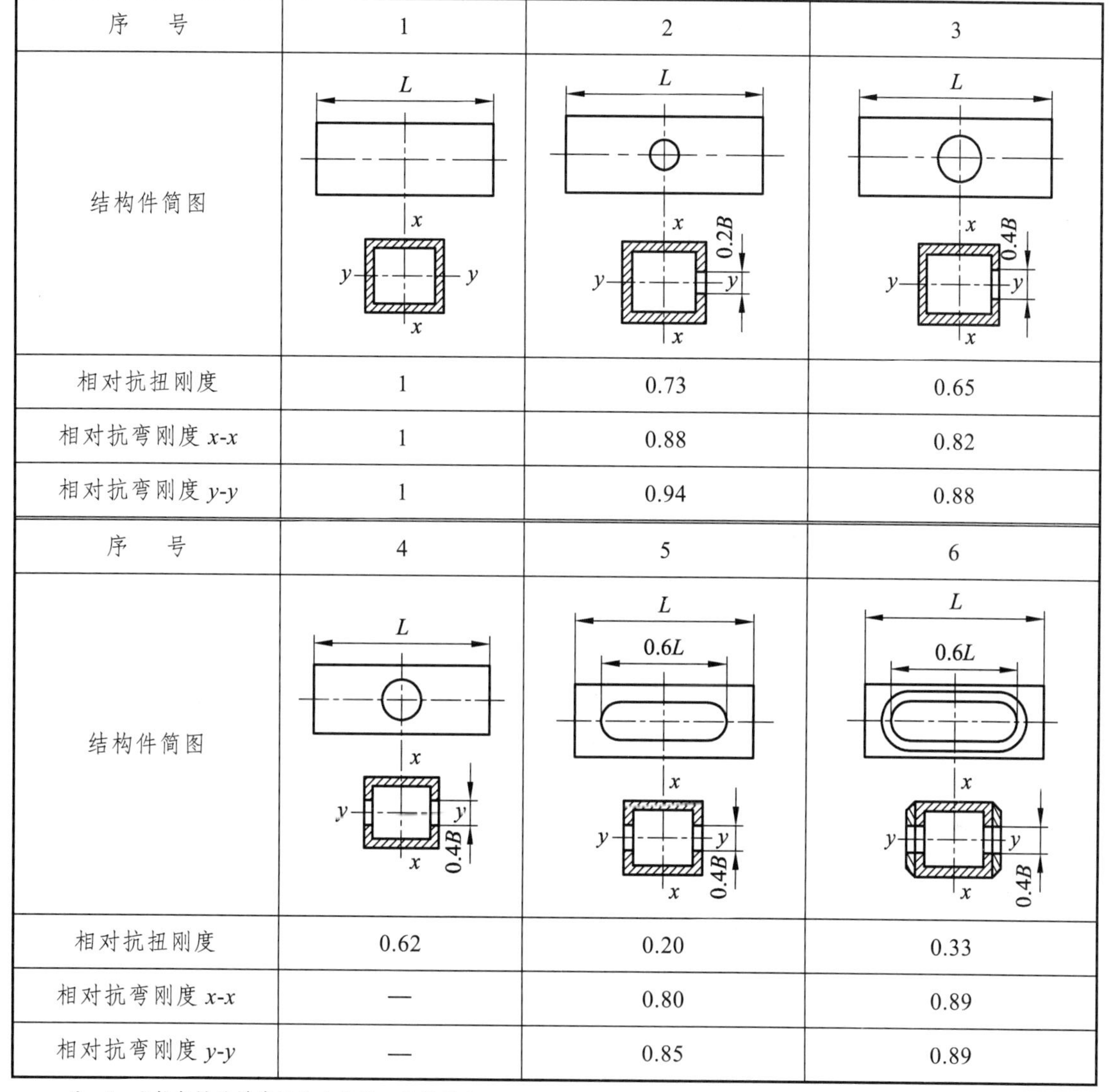

序　号	1	2	3
结构件简图			
相对抗扭刚度	1	0.73	0.65
相对抗弯刚度 *x-x*	1	0.88	0.82
相对抗弯刚度 *y-y*	1	0.94	0.88
序　号	4	5	6
结构件简图			
相对抗扭刚度	0.62	0.20	0.33
相对抗弯刚度 *x-x*	—	0.80	0.89
相对抗弯刚度 *y-y*	—	0.85	0.89

注：1. 立柱或梁的横截面为方框形，边长为 *B*。

2. *x-x*、*y-y* 平行于弯曲中性层。

一般情况下，在立柱或梁外壁上开孔的尺寸应小于该方向尺寸的 20%；如开孔尺寸不大于该方向尺寸的 10%，则孔的存在对刚度的影响较小，故无须进行刚度补偿。

3. 提高接触刚度

相对滑动的连接面或重要的固定结合面，需进行精磨或配对刮研，以增加真实的接触面积，提高其接触刚度。固定结合面精磨时，表面粗糙度 $Ra \leqslant 1.6$ μm；配对刮削时，在 25.4 mm × 25.4 mm 平面内，高精度机床均布的刮研点数不得少于 12 点，精密机床不少于 8 点，普通机床应不少于 6 点。

紧固螺栓应使其连接件的结合面有不小于 2 MPa 的接触压强，以消除结合面的平面度误差，增大真实的结合面积，提高接触刚度。当结合面承受弯矩时，应使较多的紧固螺栓布置在受拉的一侧，以承受拉应力；当结合面承受转矩时，螺栓应远离扭转中心，均匀地分布于四周。支承件的连接凸缘可采用加强肋以增加局部刚度，如图 3.22 所示。

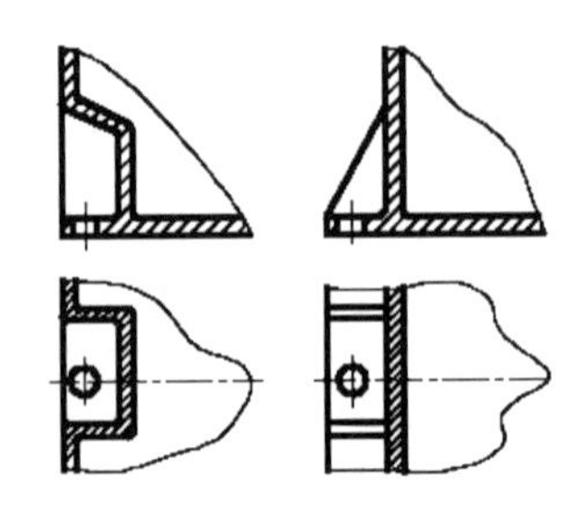

（a）壁龛式加强肋（b）三角形加强肋

图 3.22　连接凸缘加强肋简图

3.2.5　支承件的材料

1. 铸　铁

支承件一般采用灰铸铁制成，在铸铁中加入少量合金元素，如铬、硅、稀土元素等，可提高其耐磨性。铸铁有良好的铸造性能，容易得到复杂的形状；阻尼大，有良好的抗振性能，阻尼比$\zeta=(0.5\sim3)\times10^{-3}$。缺点：铸铁因壁厚不均匀导致在冷却过程中产生铸造应力，所以铸造后必须进行时效处理，并尽量采用自然时效。自然时效是将铸件放在露天环境中任其日晒雨淋，少则 1 年，多则 3 ~ 5 年；精密机床支承件，除粗加工前进行自然时效外，粗加工后还应进行人工时效处理，以充分消除制造应力。人工时效是将工件放在 200 °C 以下的退火炉中，以 60 ~ 80 °C/h 的加热速度缓慢加温到 530 ~ 550 °C，当铸件壁厚 20 mm 时保温 4 h，壁厚每增加 25 mm，保温时间增加 2 h，然后以 30 °C/h 的冷却速度随炉冷却至 200 °C 以下出炉。对于梁类支承件，如床身、立柱、横梁等，也可利用共振原理进行时效，以消除内应力。振动时效时，将支承件放在弹性支承（如废轮胎）上，激振器安装在支承件的中部，激振器的频率为一次横向弯曲振动的共振频率。激振器可视为质量偏心的、偏心距可调的无级变速电动机。这种方法的优点是时效时间短，较人工时效节能。缺点是按照一次弯曲共振频率时效，其中间部分振幅大，消除应力效果好，而两端振幅小，效果较差。

材料选择：对于镶装导轨的支承件，如床身、立柱、横梁、底座、工作台等，常用的灰铸铁牌号 HT150；与导轨制作在一起的支承件，常采用 HT200；齿轮箱体常采用 HT250；主轴箱箱体常采用 HT300、HT350。

2. 钢　材

采用钢板和型钢焊接的支承件，制作周期短，无须制作木模，特别适合于生产数量少、品种多的大中型机床床身的制造。由于钢的弹性模量为 $E=2.06\times10^5$ MPa，铸铁的弹性模量为 $E=1.22\times10^5$ MPa，钢的弹性模量约为铸铁的 1.7 倍，所以钢板焊接床身的抗弯刚度约为铸铁床身的 1.45 倍。在刚度要求相同时，钢板焊接床身的壁厚比铸铁床身减小 1/2，质量减小 20%～30%。焊接床身还可做成封闭的结构。钢板焊接床身的缺点是阻尼约为铸铁的 1/3，抗振性能差。为提高其抗振性能，可采用阻尼焊接结构或在空腔内充入混凝土等措施。

焊接床身常用钢材型号为 Q235、20 钢。焊接床身壁厚选择见表 3.13。

表 3.13　焊接床身壁厚　　单位：mm

机床规格	外壁、隔板厚度	加强肋厚度	导轨支承壁厚度
大型机床	20～25	15～20	30～40
中型机床	8～15	6～12	18～25

3. 预应力钢筋混凝土

预应力钢筋混凝土主要用于制作不常移动的大型机床的床身、底座、立柱等支承件。钢筋的配置和预应力的大小对钢筋混凝土性能的影响较大。当三个坐标方向都设置钢筋，且预应力皆为 120～150 kN 时，预应力钢筋混凝土支承件的刚度比铸铁高几倍，且阻尼比铸铁大，抗振性能优于铸铁，制造工艺简单，成本低。其缺点是脆性大，耐蚀性差，油渗入后会导致材质疏松，所以对其表面应进行喷漆或涂塑料，或将钢筋混凝土周边用金属板覆盖，金属板间焊接为封闭结构。支承件的连接，可采用预埋加工后的金属件，或二次浇注。

4. 树脂混凝土

树脂混凝土是制造机床床身的新型材料，又称为人造花岗岩。之所以称为树脂混凝土，是因为它是以树脂和稀释剂代替混凝土中的水泥和水，与各种尺寸规格的花岗岩块或大理石块等骨料均匀混合、捣实固化而形成的。树脂为黏结剂，相当于水泥，常用不饱和聚酯树脂、环氧树脂、丙烯酸树脂等合成树脂。稀释剂的作用是降低树脂黏度，浇注时有较好的渗透力，防止固化时产生气泡。有时还要加入固化剂，改变树脂分子链结构，使原有的线型或支链型结构转化成体型分子链结构。有时还要加入增韧剂，提高树脂混凝土的抗冲击性能和抗弯强度。

树脂混凝土的力学性能及其与铸铁的对比见表 3.14。

表 3.14　树脂混凝土的力学性能及其与铸铁的对比

性　能	树脂混凝土	铸铁	性　能	树脂混凝土	铸铁
密度/（g/cm^3）	2.4	7.0	对数衰减率	0.04	
弹性模量/MPa	3.8×10^4	1.22×10^5	线膨胀系数	16×10^{-6}	11×10^{-6}
抗压强度/MPa	145		热导率/[W/（m·K）]	1.5	54
抗拉强度/MPa	14	250	比热容/[J/（kg·K）]	1 250	544

树脂混凝土的阻尼比为灰铸铁的 8 ~ 10 倍，因而抗振性能好；对切削液、润滑剂等有极好的耐蚀性；与金属黏结力强，可根据不同的结构要求，预埋金属件，减少金属加工量；生产周期短，浇注时无大气污染；浇注出的床身静刚度比铸铁床身的静刚度高 16% ~ 40%。树脂混凝土的缺点是某些力学性能，如抗拉强度较低。可用增加预应力钢筋或加强纤维来提高其抗弯强度；用钢板焊接出支承件的周边框架，在空腔中充入树脂混凝土而形成的结构，适合于用作大中型机床结构中较简单的支承件。

3.2.6 提高支承件的动刚度

机床是由零部件组合而成的，部件由许多零件或构件装配形成。因此，机床上存在许多运动接触面和固定接触面，这些接触面的接触刚度和接触面的阻尼比是不相同的。机床结构在不同方向上具有不同的刚度，因而机床存在许多固有频率和主振型。常见的振动有整机摇晃振动、结合面间的相对振动和零部件的本体振动。

整机摇晃振动是机床整体在地基支承上的振动。摇晃振动时，机床上各点振幅沿高度和长度方向呈线性分布。垂直于宽度方向平面内的摇晃，共振频率最低。整机摇晃振动刚度主要取决于支承件连接部位和基础的刚度与阻尼。共振频率为 15 ~ 30 Hz，阻尼比ζ= 0.03 ~ 0.06。

结合面处部件间的相对振动是指整个部件作为一个刚体在结合面处相，对于另一部件的直线振动或扭转振动。对于移动结合面，共振频率较低（40 ~ 100 Hz），阻尼比ζ= 0.04 ~ 0.1；对于固定结合面，共振频率为 80 ~ 150 Hz，高于移动结合面，阻尼比ζ= 0.02 ~ 0.05，比移动结合面低。

机床零部件的本体振动，如主轴组件的弯曲振动、传动系统的扭转振动、支承件的弯曲振动和扭转振动等。床身的一次水平弯曲振动，主振系统是床身，共振频率为 80 ~ 140 Hz，其振动的特点是：各点的振动方向一致，同一横截面上的上下各点的振幅相差不大，越接近长度方向（z 轴），中部振幅越大。床身的一次扭转振动，共振频率为 30 ~ 120 Hz，其振动的特点是：两端振动方向相反，振幅为两端大中间小。床身的二次水平弯曲振动，共振频率为 90 ~ 150 Hz。

各种振动对加工精度的影响并不相同。对车床来说，整机摇晃振动引起刀具和工件的相对振动较小，只要刀架、溜板箱、主轴箱中没有与整机摇晃振动相同固有频率的零件，其危害就不大。一次水平弯曲，引起工件与刀具之间的相对振动，该振动直接影响加工精度。床身的扭转振动，也在刀具和工件之间引起有害的振动，且影响是线性的，使加工件表面留下振纹。扭转振动和一次弯曲振动频率低，容易在主轴转速范围内进行多刃切削时形成共振，危害较大。

由式（3.32）可知，主轴组件的刚度为

$$K_{\omega} = K\sqrt{(1-\lambda^2)^2 + 4\xi^2\lambda^2}$$

将支承件振动系统的阻尼比（振动系统的阻尼由结合面的摩擦阻尼和材料的内摩擦阻尼

组成，通常结合面的阻尼占主要地位）取代主轴轴承的阻尼比，上式就成为支承件的动刚度。利用导数性质，可求出动刚度相对于频率比的极值，即共振时的动刚度 $K_{\omega\min}$。

$$K_{\omega\min} = 2K\xi\sqrt{1-\xi^2} \approx 2K\xi \tag{3.45}$$

共振时，$\lambda = \dfrac{\omega}{\omega_0} = \sqrt{1-2\xi^2} \approx 1-\xi^2 \approx 1$。为便于对机床支承件的动刚度进行分析比较，一般以共振时的动刚度作为支承件的动刚度。由式（3.45）可知，要提高支承件的动刚度，应提高支承件的静刚度 K 和阻尼比 ξ；或通过提高静刚度来提高支承件的固有频率（根据 $\omega_0 = \sqrt{K/m}$），使激振频率远小于支承件自身的固有频率，以避免共振，从而提高动刚度。

1. **提高静刚度和固有频率**

在不增加支承件质量的前提下，合理地选择支承件的截面形状，合理地布置隔板和加强肋，是提高静刚度和固有频率的简单而有效的方法。

2. **增加阻尼**

（1）在封闭的空心支承件中充注高阻尼材料。对于铸铁支承件，可保留型芯，采用封砂结构。对于普通卧式车床床身，可采用双壁支承导轨，把型芯安装在铁板上（铁板为床身外壁的一部分）。该铁板固定在型腔中，并与床身外壁浇注在一起形成局部的封砂结构，如图 3.23 所示。

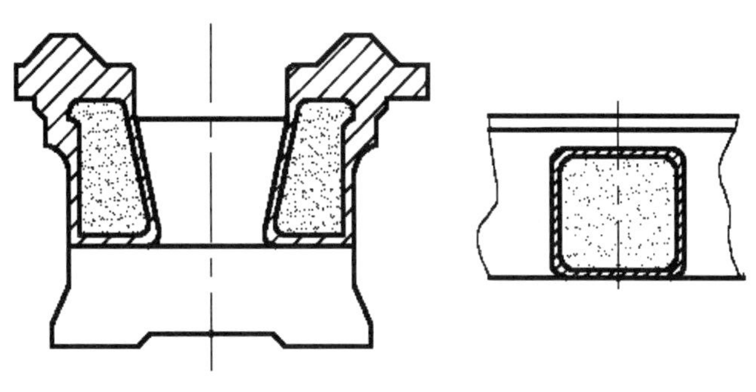

图 3.23 普通卧式车床床身

对于卧式数控车床，为减少床身的热变形，将床身导轨倾斜于工件的后上方，使切屑不与床身停留接触，避免了切屑所携带的切削热传递给床身；床身可采用封闭结构，以提高床身的静刚度；型腔内可保留型芯，以提高动刚度，如图 3.24 所示。图 3.24（a）所示为中型卧式数控车床；图 3.24（b）所示为大型卧式数控车床，床身底座可为焊接结构。

图 3.25 所示为升降台铣床悬梁悬伸部分的断面图，在箱形铸件中装入 4 个铁块，并充满直径为 6 ~ 8 mm 的钢球，再注满高黏度油，振动时，油在钢球间运动产生的黏性摩擦及钢球与铁块间的碰撞，可消散振动能量，增大阻尼。

（2）阻尼焊接结构。焊接支承件的阻尼比与焊接方式、焊接长度和焊缝间距有关，见表 3.15。焊接长度为结构长度的 58.7%时，静刚度略有降低，而动刚度显著提高，这种断续焊接的结构称为阻尼焊结构。其实质是结合面受载后产生较大压力，未焊接的部位在振动中做微小的相对滑移，消耗一部分动能，从而提高了动刚度。如图 3.26 所示，为增加结合面阻尼的焊接结构，它是通过预加载荷使焊接部位宽度为 B 的平面紧密接触，振动时具有一定接触应力的平面做相对的微小滑移，利用材料结合面的摩擦阻尼提高抗振性能。在焊接结构中，也可在空腔内充注水泥或高阻尼材料[见图 3.24（b）]，可进一步提高阻尼比。

（a）中型卧式数控车床（b）大型卧式数控车床

图 3.24　卧式数控车床斜床身

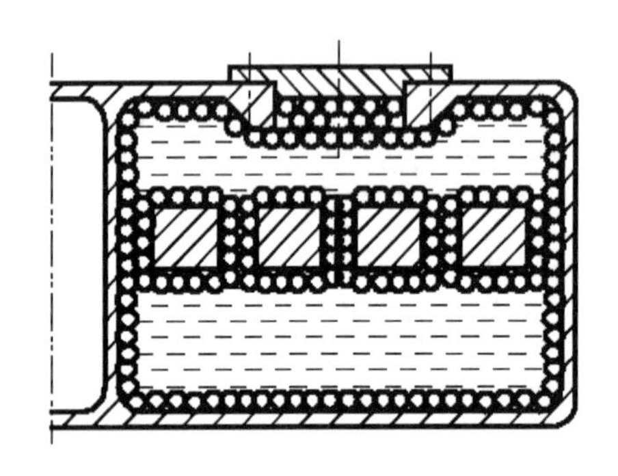

图 3.25　铣床悬梁悬伸部分的断面

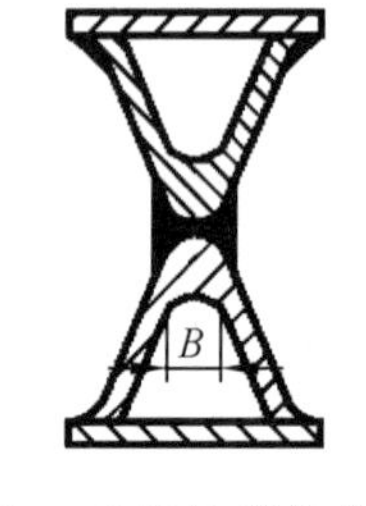

（a）X 形阻尼焊接结构（b）倒 U 形阻尼焊接结构

图 3.26　增加结合面阻尼的焊接结构

（3）可采用树脂混凝土等高阻尼材料作为支承件。

（4）在支承件的外表面刷涂高阻尼材料。支承件外表面可刷涂高阻尼材料，如沥青基胶泥减振剂、高分子聚合物、机床腻子等。涂层厚度越大，阻尼越大。这是在改变结构设计和刚度条件的条件下，提高阻尼的方法，阻尼比可达到 $\zeta = 0.05 \sim 0.1$。

表 3.15 不同焊缝尺寸对构件刚度的影响

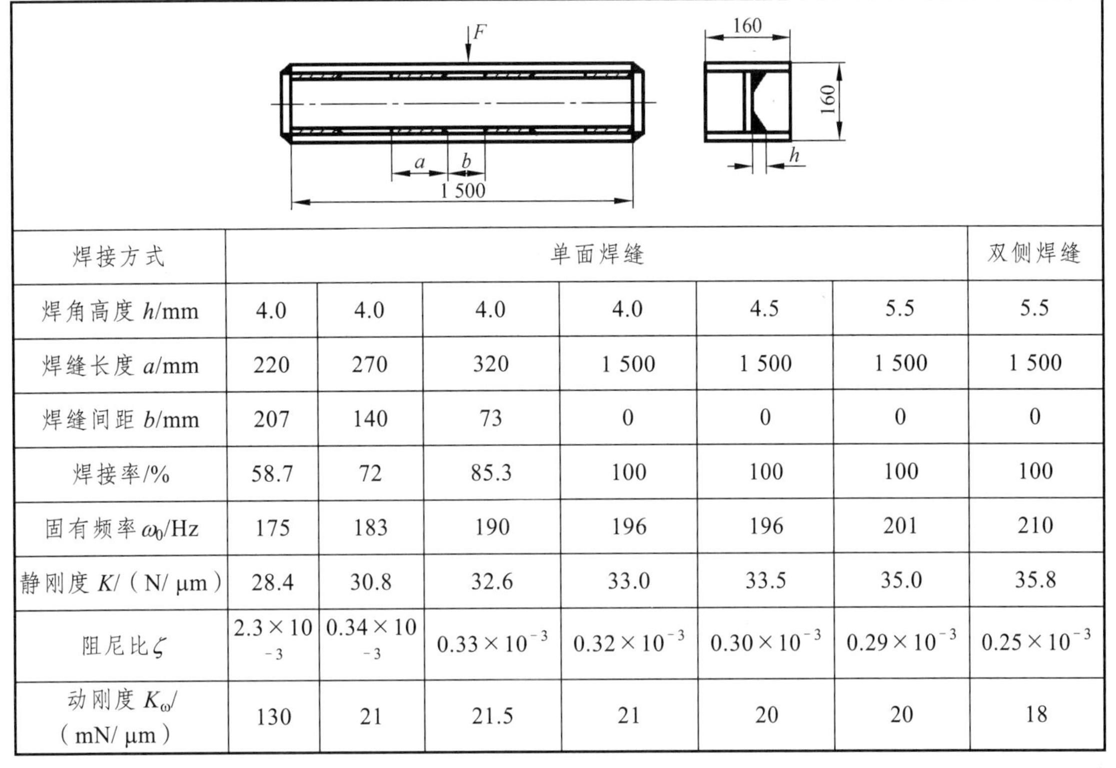

焊接方式	单面焊缝						双侧焊缝
焊角高度 h/mm	4.0	4.0	4.0	4.0	4.5	5.5	5.5
焊缝长度 a/mm	220	270	320	1 500	1 500	1 500	1 500
焊缝间距 b/mm	207	140	73	0	0	0	0
焊接率/%	58.7	72	85.3	100	100	100	100
固有频率 ω_0/Hz	175	183	190	196	196	201	210
静刚度 K/（N/ μm）	28.4	30.8	32.6	33.0	33.5	35.0	35.8
阻尼比 ζ	2.3×10^{-3}	0.34×10^{-3}	0.33×10^{-3}	0.32×10^{-3}	0.30×10^{-3}	0.29×10^{-3}	0.25×10^{-3}
动刚度 K_ω/（mN/ μm）	130	21	21.5	21	20	20	18

注：$K_\omega \approx 2K\zeta$

3.3 导轨设计

导轨设计是机床运动部件设计的重要组成部分，要使导轨能实现一定的功能和性能，设计和制造时就必须要满足一定的技术要求。

3.3.1 导轨的功用和基本要求

导轨的功用是支承并引导运动部件沿一定的轨迹运动；它承受所支承的运动部件和工件（或刀具）的质量及切削力。

按运动性质不同，导轨可分为主运动导轨、进给运动导轨和移置导轨。主运动导轨副之间的相对运动速度较高，主要用于立式车床花盘、龙门铣床、刨床、普通刨插床、拉床和插齿机等主运动导轨。进给运动导轨副之间的相对运动速度较低，机床中大多数导轨副属于进给运动导轨。移置导轨的功能是调整部件之间的相对位置，在机床工作中没有相对运动，如卧式车床的尾座导轨。

按摩擦性质不同，导轨可分为滑动导轨和滚动导轨。滑动导轨又可细分为静压滑动导轨、动压滑动导轨和普通滑动导轨。

静压导轨是液体摩擦，导轨副之间有一层液压油膜，多用于高精度机床进给导轨。动压导轨也是液体摩擦，它与静压导轨的区别仅在于油膜形成方式不同，静压导轨靠液压系统提供油膜；动压导轨利用滑移速度带动润滑油从大间隙处向狭窄处流动，形成动压油膜，因而动压导轨适用于运动速度较高的主运动导轨。普通滑动导轨为混合摩擦，导轨间有一定的动压效应，但由于速度较低，油楔不能完全隔开导轨面，导轨面仍处于直接接触状态。机床中大多数导轨属于混合摩擦。滚动导轨在导轨面间装有滚动元件（绝大多数为钢球），因而其摩擦是滚动摩擦，广泛用于数控机床和精密、高精度机床中。

导轨按受力状态可分为开式导轨和闭式导轨。开式导轨利用部件的重量和载荷，使导轨副在全长上始终保持接触。开式导轨不能承受较大的倾覆力矩，适用于大型机床的水平导轨。当倾覆力矩较大时，为保持导轨副始终接触，需要增加辅助导轨副，如图 3.27 所示的压块和床身导轨的下底面 a 组成辅助导轨副，从而形成闭式导轨。也可以说，闭式导轨去掉辅助导轨副就是开式导轨。

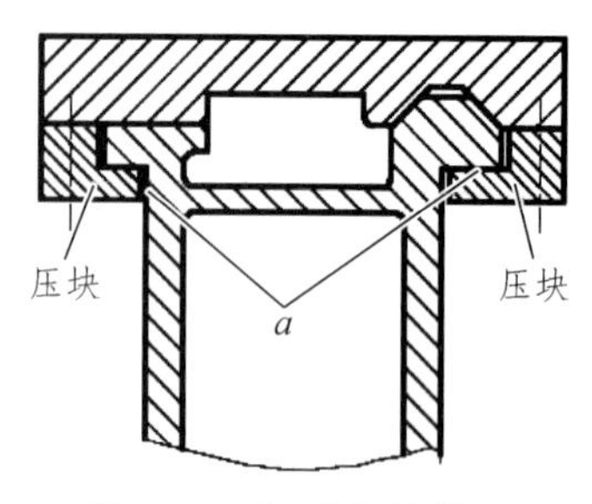

图 3.27　闭式导轨简图

导轨具有承载和导向功能，且多数导轨的摩擦状态为混合摩擦。所以，机床导轨应满足以下基本要求：

1. 导向精度

导向精度主要是指导轨副相对运动时的直线度（对直线运动导轨而言），或圆度（对圆周运动导轨而言）。影响导向精度的因素很多，如导轨的几何精度和接触精度、导轨的结构形式和装配精度、导轨和支承件的刚度及热变形等。对于动压导轨和静压导轨，还与油膜刚度有关。导轨的几何精度直接影响导向精度，因此，在国家标准中对导轨纵向直线度及横向直线度的检查都有明确规定。

接触精度是指导轨副摩擦面实际接触面积占理论面积的百分比。磨削和刮削的导轨面，接触精度按 JB/T 9874—1999 标准，用着色法检验，以 25.4 mm × 25.4 mm 面积内的接触点数来衡量。

2. 精度保持性

精度保持性是导轨设计制造的关键，也是衡量机床优劣的重要指标之一。影响精度保持性的主要因素是磨损，即导轨的耐磨性。常见的磨损形式有磨料（或磨粒）磨损、黏着磨损（或称咬焊）和接触疲劳磨损。

磨料磨损常发生在边界摩擦和混合摩擦状态，磨粒夹在导轨面间并随之相对运动，形成对导轨面的“切削”，使导轨面刮伤。磨料的来源是润滑油中的杂质和切屑微粒。磨料的硬度越高，相对运动速度越高，所受压强越大，对导轨副的危害就越大。磨料磨损是不可避免的，因而减少磨料磨损是导轨保护的重点。

黏着磨损又称为分子机械磨损。在载荷作用下，实际接触点上的接触应力很大，以致产生塑性变形，形成小平面接触，在没有油膜的情况下，裸露的金属材料分子之间的相互吸引和渗透，将使接触面形成黏结而发生咬焊。当存在薄而不均匀的油膜时，随导轨副的相对运动，油膜就会被压碎破裂，造成新生表面直接接触，产生咬焊黏着。导轨副间的相对运动使摩擦面形成黏结咬焊、撕裂、再黏着的循环过程。由此可知，黏着磨损与润滑状态有关。干摩擦和半干摩擦状态时，极易产生黏着磨损。机床导轨应避免黏着磨损。

接触疲劳磨损发生在滚动导轨中。滚动导轨在反复接触应力的作用下，材料表层疲劳，产生点蚀。同样，接触疲劳磨损也是不可避免的，它是滚动导轨、滚珠丝杠的主要失效形式。

3. 刚　度

机床导轨承载后的变形，影响部件之间的相对位置和导向精度，因此要求导轨应具有足够的刚度。导轨的变形包括接触变形、扭转变形以及由于导轨支承件变形而引起的导轨变形。导轨的变形主要取决于导轨的形状、尺寸及与支承件的连接形式、受载情况等。

4. 低速运动平稳性

当进给传动系统低速转动或间歇微量进给时，应保证导轨运行平稳、进给量准确，不产生爬行（时快时慢或时走时停）现象。低速运动平稳性与导轨的材料及结构尺寸、润滑状况、动静摩擦系数之差、导轨运动的传动系统刚度等有关。低速运动平稳性对高精度机床尤为重要。

另外，导轨除满足上述要求外，还应具有结构简单、工艺性好。

3.3.2 滑动导轨结构设计

滑动导轨在各种机床中都有应用，是机床主要导轨形式。

1. 导轨的截面形状

导向是导轨的主要功能。要使动导轨严格按规定的轨迹运动，必须限定除运动方向外的五个自由度。支承导轨制造或安装在床身、立柱、横梁摇臂等支承件上，导轨的摩擦面宽度远小于运动轨迹的长度，因而导轨可视为窄定位板（图3.28中的平面a），只能限制两个自由度（沿y轴的移动和绕x轴的转动自由度）；在一个坐标面中的两条窄支承平面a、b形成一个定位平面，可限制三个自由度（沿y轴的移动和绕x轴、z轴的转动自由度）；要准确导向，需增加另一个坐标面上的窄支承平面c，以限制另两个自由度（沿x轴的移动和绕y轴的转动自由度），从而形成最基本的双矩形导轨。该导轨优点是结构简单、制造容易、刚度和承载能力大、安装调整方便；缺点是导轨面磨损后不能自动补偿，应有间隙调整机构。这种导轨广泛用于普通精度机床和中型机中，如中型车床、组合机床、升降台铣床、数控机床等。为使c面定位可靠，保证导向精度，应该用镶条调整c面与动导轨结合面之间的间隙。

如将窄支承面a、c绕纵向（z轴）旋转45°，则形成如图3.29所示的导轨组合。三角形与矩形导轨的组合兼有导向性好、刚度高和制造方便的优点，它广泛用于车床、磨床、龙门铣床、龙门刨床、滚齿机、坐标镗床等机床导轨。当减小角度α的值时，三角形导轨的导向性能提高，而承载能力和刚度下降；增加角度α的值时，则相反。因此，一般机床的三角形导轨的角度α常取值为90°，重型机床的三角形导轨$\alpha \geqslant 90°$，精密机床和滚齿机的三角形导轨$\alpha<90°$。

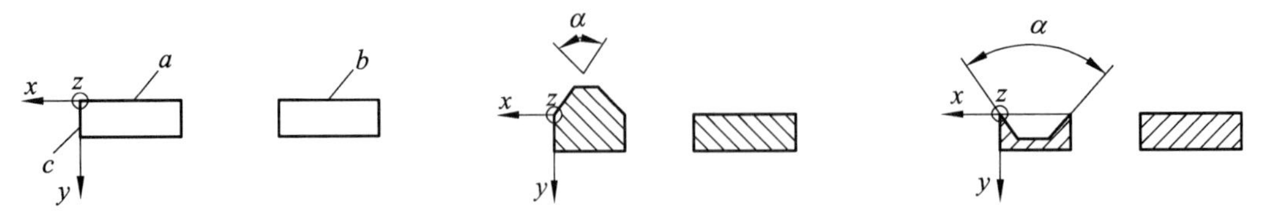

（a）凸三角形、矩形导轨组合　（b）凹三角形、矩形导轨组合

图 3.28　双矩形基本导轨副　　图 3.29　三角形导轨与矩形导轨的组合

如果将图3.28中的c面旋转并移动，则形成图3.30所示的燕尾形和矩形导轨的组合。燕尾导轨与矩形导轨的组合具有调整方便、承受力矩大的特点，多用于横梁、立柱、摇臂的导轨副。

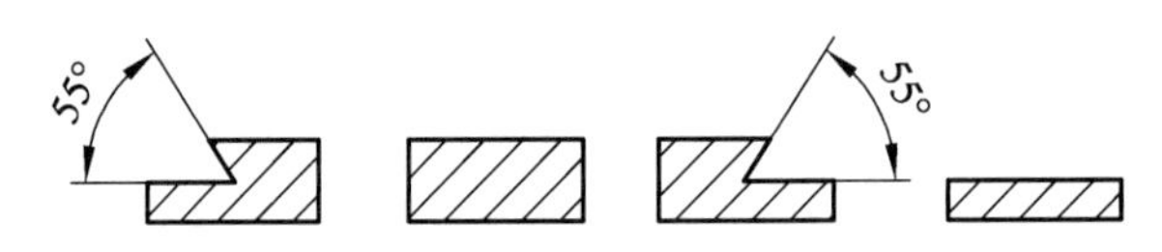

（a）凸燕尾与矩形导轨的组合（b）凹燕尾与矩形导轨的组合

图 3.30　燕尾形与矩形导轨的组合

三角形导轨是矩形导轨的一个角旋转而成的，可限制四个自由度。两个平行的三角形导轨组合，为过定位。虽然它具有接触刚度好，导向性和精度保持性高的优点，但加工困难，只能配合加工，故应用较少，仅用于精密机床中。如丝杠车床、单柱坐标镗床等。双燕尾形导轨（通常称为燕尾导轨）是没有辅助导轨副的闭式导轨，如图3.31所示。燕尾导轨高度小，可承受倾覆力矩。同样，燕尾导轨是过定位，必须用镶条调整摩擦面的间隙。这种导轨刚度差，加工、检验、维修不方便，适用于受力小、结构层数多、间隙调整方便的地方。如卧式刨床的滑枕导轨、卧式升降台铣床的床身导轨、卧式车床的横向进给导轨和刀架导轨等。

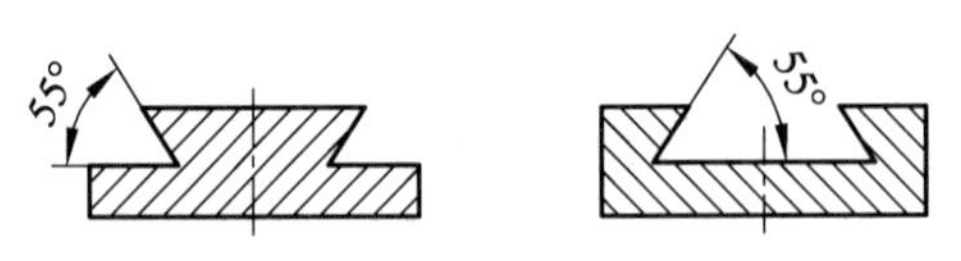

（a）凸燕尾形导轨（b）凹燕尾形导轨

图 3.31　双燕尾形导轨副

2. **导轨间隙调整**

1）辅助导轨副的间隙调整

辅助导轨副用压板来调整间隙。压板用螺钉紧固在运动部件上，如图3.32所示。图3.32（a）所示是通过精磨或刮研压板厚度来调整间隙，该方法结构简单，应用广泛；图3.32（b）所示为利用改变垫片层数和垫片厚度调整间隙，垫片是由许多薄钢片组成的；图3.32（c）所示为通过压板与导轨间的平镶条来调节间隙。

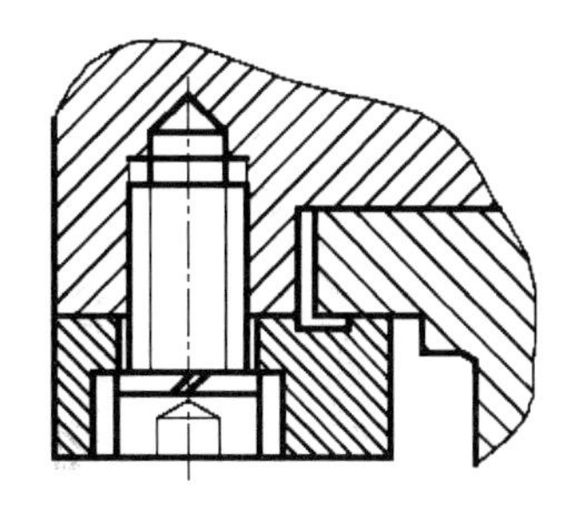

（a）精磨或刮削压板厚度调整

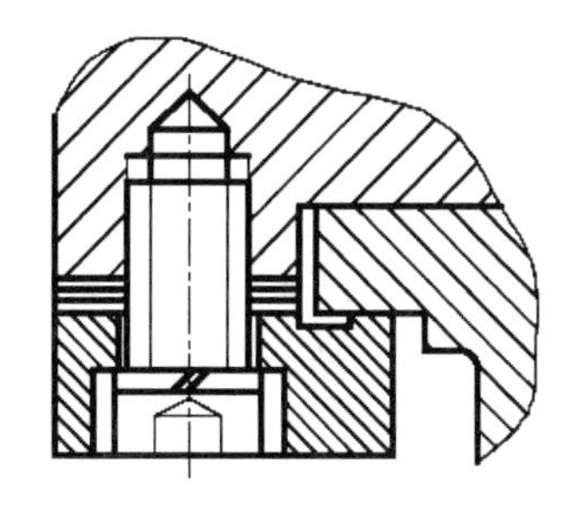

（b）垫片调整

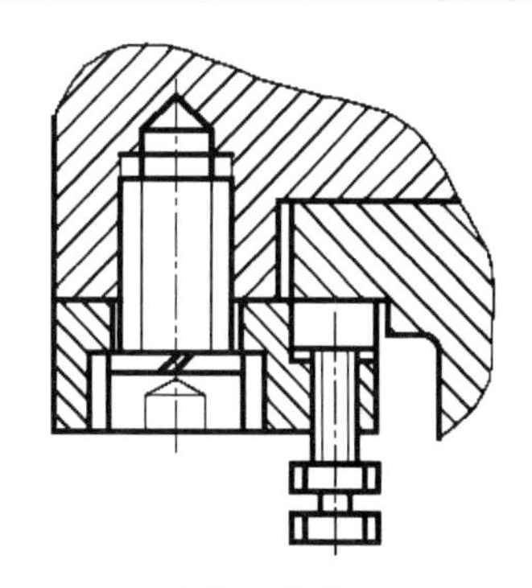

（c）平镶条调整

图 3.32 辅助导轨副的间隙调整方法

2）矩形导轨和燕尾形导轨的间隙调整

矩形导轨和燕尾形导轨常用镶条来调整侧面间隙。从提高刚度考虑，镶条应放在不受力或受力较小的一侧。镶条分为平镶条和斜镶条两种。全长厚度相等，横截面为平行四边形或矩形的薄镶条称为平镶条。平镶条靠横向移动来调整导轨侧面间隙。全长厚度按 1∶100 ~ 1∶40 斜度变化的镶条称为斜镶条。斜镶条通过两斜面的相对纵向移动来调整导轨的侧面间隙。

导轨副的平镶条及其调整方法如图 3.33 所示。图 3.33（a）用于矩形导轨；图 3.33（b）、（c）用于燕尾形导轨。图 3.33（c）所示的导轨间隙调整有顺序要求，必须在间隙调整完毕后，才能拧紧紧固螺栓。平镶条易于制造，且调整方便。但图 3.33（a）、（b）所示的平镶条较薄，调整间隙的各螺钉单独调整，调整力不均匀，在调整螺钉与平镶条接触处存在变形，故刚度较差。

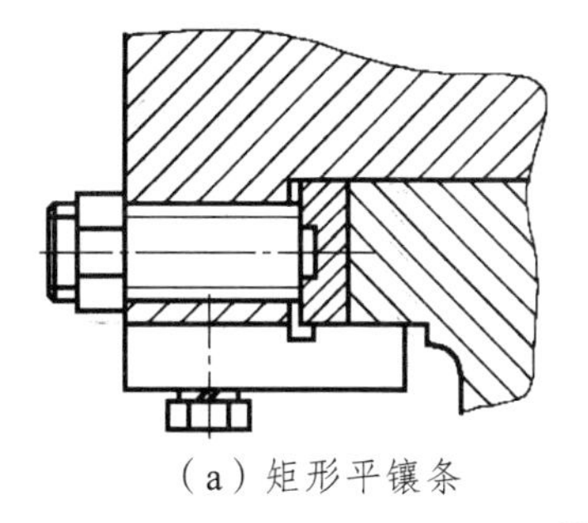

（a）矩形平镶条

（b）平行四边形平镶条

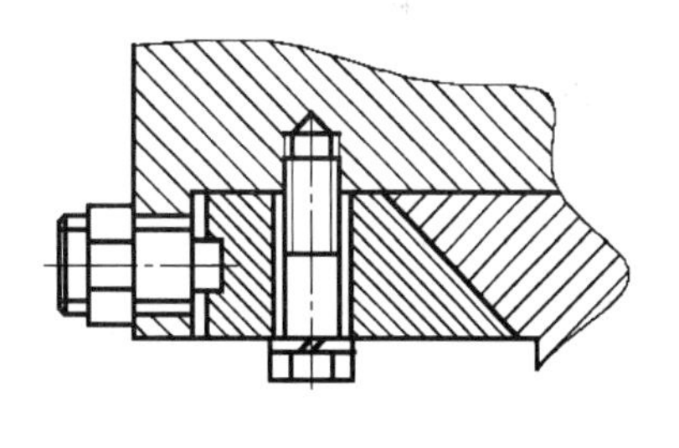

（c）梯形平镶条

图 3.33 导轨副的平镶条及间隙调整方法

动导轨的一个导轨面在长度方向（即移动方向）上做成斜面，斜度与镶条的斜度相等，但倾斜方向和镶条相反。两个斜度相等、倾斜方向相反的斜面配合，可纵向移动镶条来调整导轨副横向间隙。镶条配刮前应有一定的长度余量，以减少刮削量或避免因刮削量不足而造成废品。镶条平面与支承导轨面、镶条斜面与动导轨斜面配刮后，截取长度余量，固定在动导轨上，如图 3.34 所示。图 3.34（a）所示的调整方法是用螺钉推动镶条纵向移动，在配刮调整后铣出镶条上的沟槽，结构简单、调整方便。但螺钉的凸肩和镶条沟槽间的间隙会引起镶条在运动中窜动。图 3.34（b）所示为用双螺钉调节，避免了镶条窜动，性能较好。图 3.34（c）所示为将镶条沟槽变为圆孔，将图 3.34（a）所示的螺钉凸肩变为带圆柱销的调整套，圆柱销与圆孔配作，通过配合精度控制镶条的窜动。这种方法调整方便，但纵向尺寸较长。

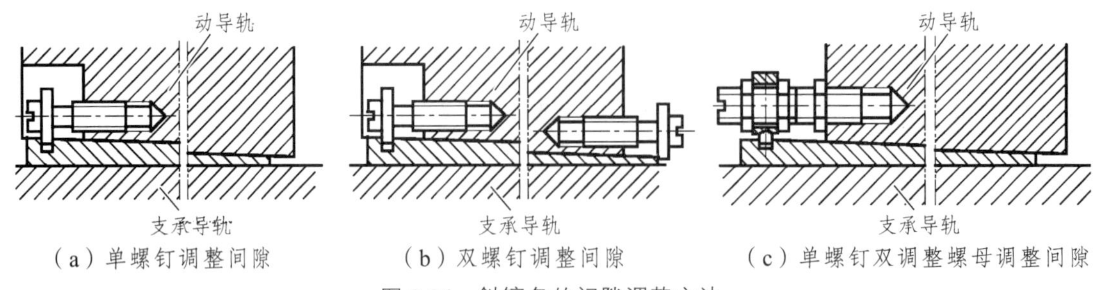

（a）单螺钉调整间隙　（b）双螺钉调整间隙　（c）单螺钉双调整螺母调整间隙

图 3.34　斜镶条的间隙调整方法

3.3.3　提高滑动导轨耐磨性的措施

1. 选用合适的材料

1）铸　铁

铸铁是一种成本低、具有良好减振性和耐磨性，易于铸造和切削加工的材料。常用铸铁有灰铸铁、孕育铸铁、耐磨铸铁等。

需手工刮削且与支承件做成一体的导轨，一般采用 HT200，在润滑与防护较好的条件下有一定的耐磨性。对耐磨性能要求较高、精加工方式为磨削且与床身做成一体的导轨，一般采用孕育铸铁 HT300。所谓孕育铸铁，是指在铁液中加入少量孕育剂，如硅、锰、铝，以及稀土元素，使铸铁获得均匀的珠光体和细片状石墨的金相组织，从而提高了强度和硬度的铸铁。HT300 孕育铸铁在机床上应用很广，如在卧式车床、转塔车床、升降台铣床及磨床等机床上都获得广泛应用。为提高耐磨性能，可进行接触电阻淬火或高频感应淬火。接触电阻表面淬火，表层大部分为细小马氏体组织，淬硬层深度为 0.2 ~ 0.25 mm，表层硬度可达到 50 HRC 以上，耐磨性可提高 1 ~ 2 倍，基本上避免了铸铁导轨的黏着磨损；硬度不低于 180 HBW 的导轨可进行高频感应淬火，淬火后硬度为 48 ~ 53 HRC，淬火深度为 1.2 ~ 2.5 mm，淬硬层组织主要为细小马氏体，高频感应淬火可使其耐磨性提高 2 倍以上。

机床导轨专用耐磨铸铁是在相应牌号的灰铸铁中加添加磷、铜、钛、钼、钒等细化晶粒的元素，从而提高了耐磨性的铸铁。对于普通机床（如车床、磨床等）床身、滑板、工作台等支承件及其导轨，可采用高磷耐磨铸铁 MTP30（$P_P = 0.4\% \sim 0.65\%$），耐磨性比 HT300 提高 1 倍以上，其应用日趋广泛。钒钛耐磨铸铁适用于制造各类中小型机床的导轨铸件，它的力学性能好，优于高磷耐磨铸铁，熔铸工艺简单，耐磨性比孕育铸铁 HT300 提高 1.5 ~ 2 倍。对于精密机床（如坐标镗床、螺纹磨床等）的床身、立柱、工作台等支承件及其导轨，采用磷铜钛耐磨铸铁 MTPCuTi20、MTPCuTi25、MTPCuTi30，容易保证铸件质量，耐磨性比孕育铸铁 HT300 高 1.5 ~ 2 倍。中小型精密机床、仪表机床的床身等支承件及其导轨，也可采用铬钼铜耐磨铸铁 MTCrMoCu25、MTCrMoCu30、MTCrMoCu35，其耐磨性比孕育铸铁高 2 倍以上。耐磨铸铁成本较高，为保证导轨耐磨性，又使机床有较好的经济效益，导轨可采用耐磨铸铁，支承件采用灰铸铁 HT150，导轨镶装于支承件上。

2）钢

为提高导轨耐磨性，可采用淬硬的钢导轨，铸铁、淬火钢组成的导轨副能够防止黏着磨损，其抗磨粒磨损的性能比不淬硬铸铁导轨副高 5 ~ 10 倍，并随合金成分和硬度的增加而提高。淬火钢导轨一般镶装在支承件上。镶钢导轨材料有合金工具钢、轴承钢（如 9 Mn2V、GCr15 等）、淬火钢（如 45、T8A 等）、渗碳钢、氮化钢（如 20CrMnTi 或 38CrMoAIA）。镶钢导轨工艺复杂，加工困难，为减少热变形，需分段制作、拼装、树脂黏结，并用螺栓固定在支承件上。目前，国内已有数控机床和加工中心采用镶装导轨。

3）塑　料

镶装导轨所用的塑料，主要是聚四氟乙烯。聚四氟乙烯有“塑料王”之称，它的摩擦系数很小，与铸铁摩擦时摩擦系数为 0.03 ~ 0.05，且动、静摩擦系数相差很小，具有很好的防止爬行的性能；具有优异的耐热性，能够在 – 250 ~ 260 °C 稳定工作，且摩擦系数在工作温度范围内几乎保持不变；强酸、强碱及各种氧化剂对它毫无作用，甚至沸腾的“王水”也不能使它产生任何化学反应。其化学稳定性好，超过玻璃、陶瓷、不锈钢、金。纯的聚四氟乙烯极不耐磨，需加入青铜粉、石墨等添加剂增加耐磨性。聚四氟乙烯导轨软带可用环氧树脂粘贴在动导轨上，其接触压强应小于 0.35 MPa。目前，聚四氟乙烯导轨软带已广泛应用，上海蓝菱科技发展公司 6S 系列导轨软带，达到美国 ASTMD3308 标准，性能指标见表 3.16；广州机床研究所生产的 TSF 机床导轨软带与铸铁的摩擦系数见表 3.17。

表 3.16　6S-001 聚四氟乙烯软带的技术指标

项目	指标	项目	指标
密度/（g/cm^3）	3.08 ~ 3.12	极限 pv 值/（MPa · m/s）	0.6
抗拉强度/MPa	20	磨损量/（mm/100 km）	<0.12
摩擦系数（N30 号机油）	0.05	黏结剪切强度/MPa	10

注：1. 摩擦系数检验条件：干摩擦，$v = 1$ m/s。
2. 极限 pv 值检验条件：$p = 0.15$ MPa，$v = 7.86$ m/min。

表 3.17　TSF 聚四氟乙烯软带对铸铁的摩擦系数

滑动速度/（mm/min）		3	5	10	25	50	100	200	400	500
N32 号机油	f_0	0.01	0.012	0.015	0.016	0.018	0.018	0.023	0.026	0.026
	f_d	0.01	0.012	0.015	0.016	0.018	0.018	0.023	0.026	0.026
干摩擦	f_0	0.013	0.015	0.016	0.018	0.022	0.022	0.024	0.029	0.029
	f_d	0.013	0.015	0.016	0.018	0.022	0.022	0.024	0.029	0.029

FQ-1、SF-1、GS 导轨板是在钢板上烧结球状青铜颗粒并浸渍聚四氟乙烯的板材，导轨板厚度为 1.5 ~ 3 mm，青铜颗粒上浸渍的聚四氟乙烯表层厚度为 0.025 mm。导轨板可用环氧树

脂黏结（或同时用螺钉固定）在动导轨上。导轨板既有聚四氟乙烯良好的摩擦特性，又具有青铜和钢的刚性和导热性，适用于中小型精密机床和数控机床，特别是润滑不良（如立式导轨）或无法润滑的导轨。

另外，环氧型耐磨涂层导轨也是常用的一种塑料导轨。环氧型耐磨涂层是以经过改性的环氧树脂为基体，加入固体润滑材料、增强材料等添加剂混合而成的。广州机床研究所生产HNT 环氧耐磨涂层导轨材料就属于这一类。HNT-3 适用于中小型精密机床导轨和数控机床导轨；HNT-5 适用于大中型机床导轨。HNT 涂料主要技术指标见表 3.18。西欧国家生产的数控机床普遍采用涂塑导轨。

表 3.18　HNT 涂料的主要技术指标

项　目	指　标	项目	指　标
密度/（g/cm^3）	1.8	粘贴抗剪强度/MPa	18
摩擦因数	<0.035	抗压强度/MPa	95

导轨副材料的选用原则：为提高导轨副的耐磨性，防止黏着磨损，导轨副应采用不同的材料制造；如果采用相同的材料，也应使用不同的热处理方式使双方具有不同的硬度。在滑动导轨中，长导轨各处的使用概率不等，导轨的磨损不均匀，不均匀磨损对机床加工精度的影响较大。因此，长导轨应采用较耐磨的和硬度较高的材料制造。普通机床的动导轨多用聚四氟乙烯导轨软带；支承导轨采用淬硬的孕育铸铁。精密机床、高精度机床的导轨表面需刮削，可采用耐磨铸铁导轨副，但动导轨的硬度应比支承导轨的硬度低 15 ~ 45 HBW。

2. 导轨面的精加工方法及其精度

提高导轨的表面精度，增加真实的接触面积，能提高导轨的耐磨性。一般要求导轨表面粗糙度值 $Ra \leqslant 0.8$ μm。精刨导轨时，刨刀沿一个方向切削，使导轨表面疏松，易引起黏着磨损，所以导轨的精加工尽量不用精刨。磨削导轨能将导轨表层疏松组织磨去，提高耐磨性，可用于导轨淬火后的精加工。刮削导轨表面接触均匀，不易产生黏着磨损，不接触的表面可储存润滑油，提高耐磨性；但刮削工作量大。因此，长导轨面一般采用精磨；短导轨和动导轨面可采用刮削。精密机床（如坐标镗床、导轨磨床）导轨副，导轨表面质量要求高，可在磨削后进行刮研。

3. 导轨的许用压强对导轨耐磨性的影响

导轨的压强是影响导轨耐磨性的主要因素之一。设计时，导轨的许用压强选取过大，会导致导轨磨损加快；若许用压强选取过小，又会增加导轨尺寸。动导轨材料为铸铁，支承导轨材料为铸铁或钢时，中型通用机床主运动导轨和滑动速度较大的进给运动导轨，平均许用压强为 0.4 ~ 0.5 MPa，最大许用压强为 0.8 ~ 1.0 MPa；滑动速度较低的进给运动导轨，平均许用压强为 1.2 ~ 1.5 MPa，最大许用压强为 2.5 ~ 3.0 MPa。由于重型机床尺寸大，许用压强可为中型通用机床的 1/2。精密机床的许用压强更小，以减少磨损，保持高精度，如磨床的平均许用压强为 0.025 ~ 0.04 MPa，最大许用压强为 0.05 ~ 0.08 MPa。专用机床、组合机床切削条件是固定的，负荷比通用机床大，许用压强可比通用机床小 25% ~ 30%。动导轨粘贴聚四氟乙烯软带和导轨板时，应使动导轨压强 p 与滑移速度 v 的乘积小于极限 pv 值。

为减小平均压强，卧式机床工作时，应保证两水平导轨都受压；立式机床的垂直导轨应有配重装置来抵消移动部件的重力。常用的配重装置为链条链轮组，链轮固定在支承件上，链条两端分别连接重锤和动导轨及移动部件，重锤质量大致为运动部件质量的 85% ~ 95%，未平衡的重力由链轮轴承和导轨的摩擦阻力以及绕在链轮上的链条的阻力来补偿。

导轨运动精度要求高的机床和承载能力大的重型机床，为减小导轨面的接触压强，减小静摩擦系数，提高导轨的耐磨性和低速运动的平稳性，可采用卸荷导轨。图 3.35 所示为常用的机械卸荷导轨装置，导轨上一部分载荷由辅助导轨上的滚动轴承承受，摩擦性质为滚动摩擦。一个卸荷点的卸荷力可通过调整螺钉调节蝶形弹簧来实现。如果机床为液压传动，则应采取液压卸荷。液压卸荷导轨是在导轨上加工出纵向油槽，油槽结构与静压导轨相同，只是油槽的面积较小，因而液压油进入油槽后，油槽压力不足以将动导轨及运动部件浮起，但油压力作用于导轨副的摩擦面之间，减小了接触面的压强，改善了摩擦性质。如果导轨的负载变动较大，则应在每一进油孔上安装节流器。

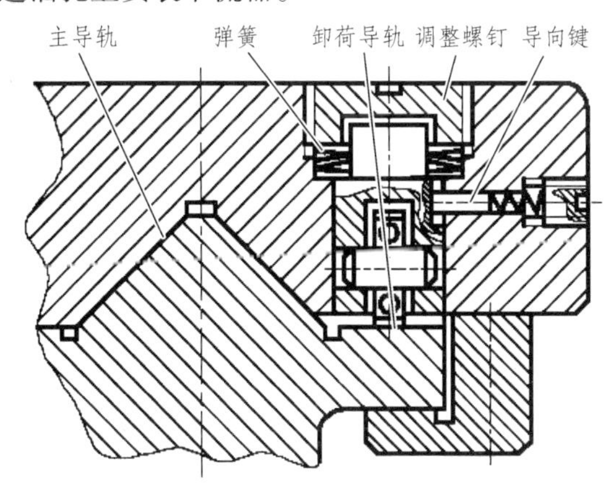

图 3.35 机械卸荷导轨

4. 润滑对导轨耐磨性的影响

从摩擦性质来看，普通滑动导轨处于具有一定动压效应的混合摩擦状态。混合摩擦的动压效应不足以把导轨摩擦面隔开。提高动压效应，改善摩擦状态，可提高导轨的耐磨性。导轨的动压效应主要与导轨的滑移速度、润滑油黏度、导轨面上油槽形式和尺寸有关。导轨副相对滑移速度越高，润滑油的黏度越大，动压效应越显著。可根据导轨的工作条件和润滑方式选择润滑油的黏度，如低载荷（压强 $p \leqslant 0.1$ MPa）、速度较高的中小型机床导轨，可采用 N32 号机械油；中等载荷（压强 $p>0.1 \sim 0.4$ MPa）、速度较低的机床导轨（大多数机床属于此类）和垂直导轨可采用 N46 号机械润滑油；重型机床（压强 $p>0.4$ MPa）的低速导轨可采用 N68、N100 号机械润滑油。导轨面上的油槽尺寸、油槽形式对动压效应的影响，在于储存润滑油的多少，储存润滑油越多，动压效应越大；导轨面的长度与宽带之比（L/B）越大，越不容易储存润滑油。因此，在动导轨上加工横向油槽，相当于减小导轨的长宽比，提高了储存润滑油的能力，从而提高了动压效应。在导轨面上加工纵向油槽，相当于提高了导轨的长宽比，因而降低了动压效应。

普通导轨的横向油槽数 K，可按表 3.19 选择。油槽的形式如图 3.36 所示。图 3.36（a）所示只有横向油槽，整个导轨宽度都可形成动压效应。图 3.36（b）、（c）所示，有纵向油槽，可集中注油，方便润滑。但由于纵向油槽不产生动压效应，因而它减少了形成动压效应的宽度。卧式导轨应首先考虑用图 3.36（a）所示的结构形式，但需要向每个横向油槽中注油（采用油杯）。在不能保证向每个横向油槽注油时，可采用图 3.36（b）所示的形式。垂直导轨可采用图 3.36 c 所示的形式，从油槽的上部注油。在卧式三角形导轨面和矩形导轨的侧面上加工油槽时，应将纵向油槽加工在上面，如图 3.36（d）、（e）所示，注油孔应对准纵向油槽，使润滑油能顺利流入各横向油槽中。其油槽尺寸可参考表 3.20 所示。

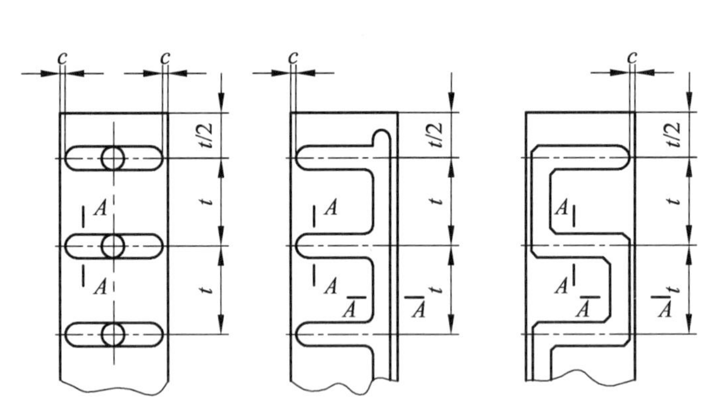

A—A

R

b

a

（a）基本油槽形式（b）集中供油油槽形式（c）垂直导轨油槽形式

（d）三角导轨油槽

（e）闭式导轨油槽

图 3.36　普通滑动导轨的油槽形式

表 3.19　普通滑动导轨横向油槽数与导轨长宽比的关系

L/B	≤10	>10～20	>20～30	>30～40
K	1～4	2～6	4～10	8～13

表 3.20　普通滑动导轨润滑油槽的尺寸

B	a	b	c	R
>20～40	1.5	3	4～6	0.5
>40～60	1.5	3	6～8	0.5
>60～80	3	6	8～10	1.5
>80～100	3	6	10～12	1.5
>100～150	5	10	14～18	2
>150～200	5	10	20～25	2
>200～300	5	14	30～50	2

3.3.4 静压导轨

将具有一定压强的润滑油，经节流器通入动导轨的纵向油槽中，形成承载油膜，油膜将导轨副的摩擦面隔开，实现液体摩擦，这种靠液压系统产生的液压油形成承载油膜的导轨称为静压导轨。静压导轨的优点是：摩擦系数小（0.005 ~ 0.01），机械效率高；导轨面被油膜隔开，不产生黏着磨损，导轨精度保持性好；导轨的油膜较厚，有均化表面误差的作用，相当于提高了制造精度；油膜的阻尼比大（ζ = 0.04 ~ 0.06）。因此，静压导轨有良好的抗振性能，低速运动平稳，防爬行性能良好。静压导轨的缺点是：结构复杂，须有一套完整的液压系统。因此，静压导轨适用于具有液压传动系统的精密机床和高精度机床的水平进给运动导轨。

静压导轨的工作原理：常用的静压导轨为闭式导轨，如图 3.37 所示。液压泵产生的液压油，经可变节流器节流后，通入导轨面的油腔 A 和辅助导轨面的油腔 B。

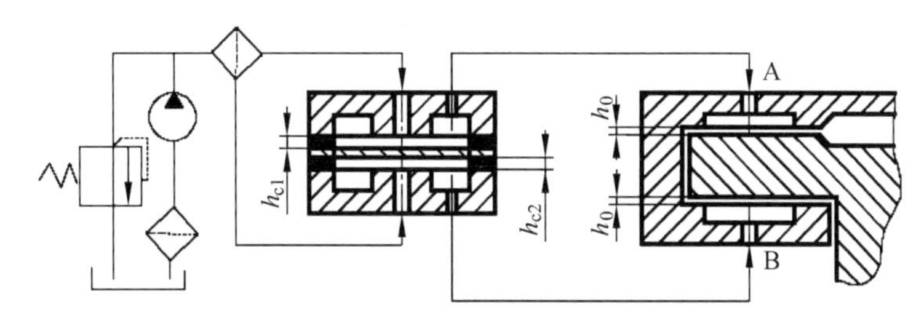

图 3.37 可变节流器反馈式静压导轨

（1）假定在初始状态时（未加载荷时），节流器的膜片处在平直状态，导轨面油腔节流口的节流缝隙宽度为 h_{c1}，辅助导轨面节流口节流缝隙宽度为 h_{c2}，导轨面的油膜厚度与辅助导轨面的油膜厚度相等，皆为 h_0。每个油腔形成一个独立的液压支承点，在液压力的作用下，动导轨及其运动部件便浮起来，形成液体摩擦。

（2）当导轨受到载荷后，动导轨及其移动部件向下移动一个位移 e（图中未表示出），此时，导轨副摩擦面的间隙由 h_0 变为 h_1，$h_1 = h_0 - \mathrm{e}$，油液经导轨摩擦面的缝隙流回油箱的阻力增大，油液流出导轨摩擦面后的压强可视为零，导致油腔 A 的压强增高为 p_1（与缝隙节流压强损失相等）；同时，辅助导轨摩擦面之间的间隙由 h_0 变为 h_2，$h_2 = h_0 + \mathrm{e}$，辅助导轨摩擦面的回油阻力减小，辅助导轨油腔 B 的压强减小至 p_2。与此同时，油压 p_1、p_2 反馈给可变节流器，在 $p_1 - p_2$ 的压强差作用下，节流器膜片向下弯曲，使节流器上腔节流缝隙变宽，节流阻力减小，下腔节流缝隙变窄，节流阻力增大，这样使得连通导轨副油腔 A 的液压压强进一步增大，而油腔 B 的液压压强则进一步减小，在油腔 A 与油腔 B 的油液压力差的作用下，可平衡外载荷。闭式静压导轨适用于双矩形导轨。

如果去掉油腔 B，则图 3.37 所示的静压导轨就变为开式导轨。开式静压导轨的节流器可采用固定节流器。开式静压导轨适用于三角形-矩形组合导轨副，且动导轨为凸三角形，以便于油腔的加工。

为使静压导轨副摩擦面有均匀一致的间隙，导轨面的几何精度和接触精度要求较高。动导轨在全长上的直线度和平面度：高精度和精密机床公差等级为 4 级；普通机床和大型机床为 5 级。导轨副摩擦面在 25.4 mm × 25.4 mm 上的均匀接触点数：高精度机床不少于 20 点；精密机床不少于 16 点；普通机床不少于 12 点。刮研点的深度：高精度和精密机床为 3 ~ 5 μm；普通机床和大型机床为 6 ~ 10 μm。为减少静压导轨的磨粒磨损，液压泵入口应安装粗滤器，液压油进入节流器前需进行精滤，过滤精度为中小型机床油液中最大颗粒为 10 μm，大型机床油液中最大颗粒为 20 μm。

直线运动的静压导轨，油腔应加工在动导轨上，在摩擦面上形成承载油膜；圆周运动的静压导轨，油腔可加工在支承导轨上，便于液压油的输送。为承受倾覆力矩，每个导轨面上的油腔个数应多于两个。油腔常用的形状如图 3.38 所示。图中，$a \approx 0.01B$，$t = 0.5a$，$c = 2a$。为避免相邻油腔液压油的相互影响，可在中间加工回油槽 E。

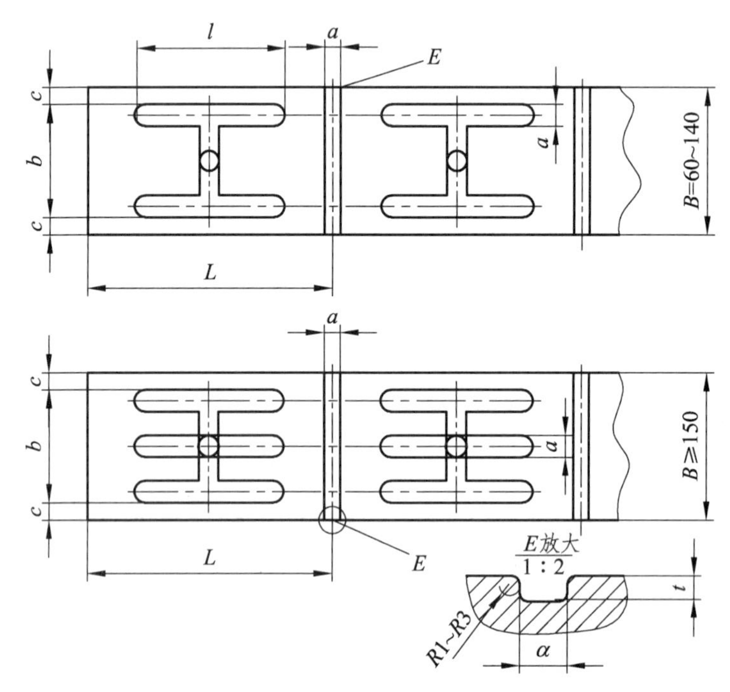

图 3.38 静压导轨油腔

3.3.5 直线滚动导轨

1. 滚动导轨

在导轨副摩擦面之间放置钢球等滚动体，使滑动摩擦变为滚动摩擦，就形成滚动导轨副。滚动导轨的优点是：摩擦系数小（f = 0.002 ~ 0.005），且静、动摩擦系数很接近；起动功率小，运动平稳，不易出现爬行现象；重复定位精度可达到 0.1 ~ 0.2 μm；磨损小，精度保持性好，寿命长；可采用油脂润滑，润滑系统简单。滚动导轨的缺点是：抗振性能较差；对脏污比较敏感，必须有良好的防护装置。滚动导轨适用于对运动灵敏度要求高的机床，如精密机床（M1432 等）和各种数控机床。

滚动导轨已形成系列，由专业厂家生产，使用时可根据精度、寿命、刚度、结构进行选择。

按循环形式划分，滚动导轨可分为循环式和非循环式滚动导轨。循环式滚动导轨的滚动体在运动过程中，沿工作滚道和返回滚道做连续循环运动；动导轨的移动行程不受限制，因而其应用广泛。非循环式滚动导轨的滚动体由保持架相对固定，并始终与支承导轨接触。保持架的长度与支承导轨长度相等，保持架的长度限制了滚动导轨的工作行程，因此，非循环式滚动导轨多用于短行程导轨。

2. 滚动导轨副的工作原理

GGB 型直线循环式滚动导轨副如图 3.39 所示，下面的支承导轨用螺钉固定在支承件上；上面的滑座固定在移动部件上，它沿支承导轨 1 做直线运动；滑座中装有四组滚珠，在支承导轨与滑座组成的直线滚道中滚动。当滚珠滚动到滑座的端部时，经合成树脂制成的端面挡球板、回球孔回到另一端形成循环。四组滚珠与支承导轨和滑座相当于四个直线运动的角接触球轴承，接触角为 45°。上面两组（如图示位置）直线运动角接触球轴承形成三角形导轨，下边两组形成三角形辅助导轨，即滚动导轨是闭式导轨，四个方向上的承载能力相同。为保证滑座的制造精度，便于调整滚珠间的间隙，滑座长度较小，相当于短 V 形支承。这样，每条支承导轨上至少有两个滑座，形成稳定的定位面，以便承受较大的倾覆力矩。

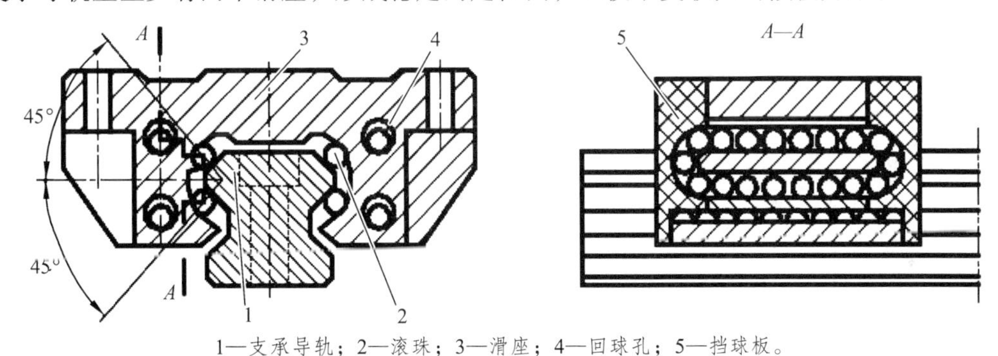

1—支承导轨；2—滚珠；3—滑座；4—回球孔；5—挡球板。

图 3.39 GGB 型直线循环式滚动导轨副原理图

3. 精度与刚度

滚动导轨副的精度分为 1 ~ 6 级，1 级最高，6 级最低。数控机床应采用 1 级或 2 级精度。

滚动导轨副的刚度与滚动轴承一样是载荷的函数，随载荷的增加而增加。因此，滚动导轨副应考虑预紧载荷。GGB 型滚动导轨副由制造厂选配不同直径的钢球来确定预紧力，用户可根据预紧要求订货。

4. 滚动导轨的设计

滚动导轨的设计计算是以在一定的载荷下移动一定距离，90%的支承不发生点蚀为依据。这个载荷与滚动轴承一样称为额定动载荷 C，移动的距离称为滚动导轨的额定寿命。滚珠导轨副的额定寿命为 50 km，滚子导轨块的额定寿命为 100 km。GGB 型滚珠导轨的公称尺寸是支承导轨的宽度 B，承载能力见表 3.21。滚动导轨副的预期寿命，除与额定动载荷和导轨上单个滑座的实际工作载荷 F 有关外，还与导轨副材料的表面硬度、滑块部分的工作温度有关。

表 3.21　GGB 型滚珠导轨副单个滑座的承载能力

公称尺寸 B/mm	16	20	25	32	40	50	63	45
额定动载荷 C/kN	7.4	12	17.3	24.5	32.5	52.4	77.3	32.5
额定静载荷 C_0/kN	11.2	17.5	25.3	54.4	44.9	70.2	100.9	44.6

注：规格 45 为非标系列。

在设计滚动导轨时，可初选滚动导轨的型号，按式（3.46）和式（3.47）计算预期寿命 L_m：滚珠导轨预期寿命

$$L_{\mathrm{m}} = 50\left(\frac{C}{F}\frac{f_1}{f_2}\right)^3 \geqslant 50\ \mathrm{km} \tag{3.46}$$

滚子导轨预期寿命

$$L_{\mathrm{m}} = 100\left(\frac{C}{F}\frac{f_1}{f_2}\right)^{\frac{10}{3}} \geqslant 100\ \mathrm{km} \tag{3.47}$$

式中　F——单个滑块的工作载荷（N）；

f_1——组合系数，$f_1 = f_H f_T f_C$；

f_H——硬度系数，当滚动导轨副硬度为 58 ~ 64 HRC 时，$f_H = 1.0$，硬度≥55 ~ 58 HRC 时，$f_H = 0.8$，硬度≥50 ~ 55 HRC 时，$f_H = 0.53$；

f_T——温度系数，当工作温度≤100 °C 时，$f_T = 1$；

f_C——接触系数，每根导轨上安装 2 个滑块时，$f_C = 0.81$；安装 3 个滑块时，$f_C = 0.72$，安装 4 个滑块时，$f_C = 0.66$；

f_2——载荷/速度系数，无冲击振动、滚动导轨的移动速度 $v \leqslant 15$ m/min 时，$f_2 = 1 \sim 1.5$；轻冲击振动、$v > 15 \sim 60$ m/min 时，$f_2 = 1.5 \sim 2$；冲击振动、$v > 60$ m/min 时，$f_2 = 2 \sim 3.5$。

进行导轨设计时，也可根据额定寿命和工作载荷 F，计算出导轨的额定动载荷 C，按额定动载荷 C 选择滚动导轨型号。额定动载荷 C 按式（3.48）计算

$$C = \frac{f_2}{f_1}F \tag{3.48}$$

式中　f_1，f_2——组合系数。

如果工作静载荷 F_0 较大，则选择的滚动导轨的额定静载荷 $C_0 \geqslant 2F_0$。

3.3.6　低速运动平稳性

1. 爬行现象及其机理

进给运动机构简图如图 3.40 所示。当电动机驱动齿轮转动时，经齿轮和丝杠螺母传动机构驱动工作台沿支承导轨做直线运动。当齿轮以很低的速度匀速转动时，工作台 2 出现速度

不均匀的跳跃式运动，其速度时快时慢，甚至出现间隙运动，时走时停，工作台这种低速运动不均匀的现象被称为爬行。在间歇微量进刀时，也会出现这种爬行现象。

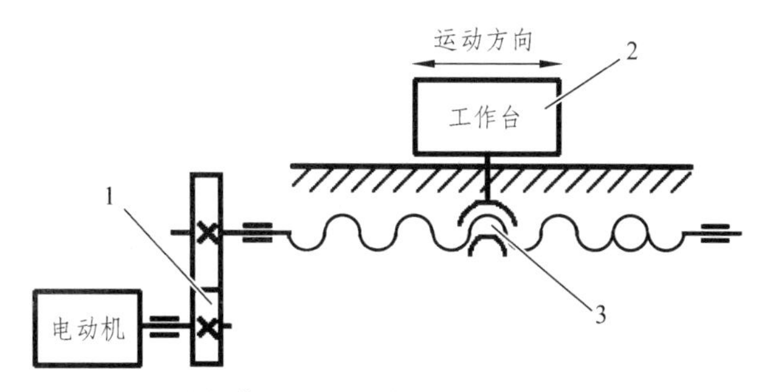

1—齿轮轨；2—工作台；3—丝杠螺母副。

图 3.40 工作台移动简图

进给系统运动速度不均匀的低速爬行，将影响机床的加工精度、定位精度，使工件表面精度降低；爬行严重时会导致机床不能正常工作。在精密机床、数控机床及大型机床中，爬行危害极大，因而，爬行的临界速度是评价机床性能的一个重要指标。

爬行是一种摩擦自激振动，其主要原因是摩擦面上的动摩擦系数小于静摩擦系数，且动摩擦系数随滑移速度的增加而减小（摩擦阻尼），以及传动系统的弹性变形的存在。

爬行机理分析：图 3.41 所示为进给传动的力学模型。主动件以极低的速度匀速移动，速度为 v；传动机构可简化为一个刚度为 K 的等效弹簧和阻尼系数为 c_1 等效阻尼器（即传动系统的总阻尼）。设动导轨及工作台的质量为 m，沿支承导轨的 x 方向移动，静摩擦力为 F_0，刚开始移动时的动摩擦力为 F_d。

当主动件以极低的速度匀速移动，驱动力小于工作台的静摩擦力 F_0 时，工作台不运动，因而传动机构产生弹性变形，相当于压缩的等效弹簧；但主动件继续运动，等效弹簧的压缩量增加至 x_0，当弹性力 Kx_0 等于 F_0 时，工作台开始移动。同时，静摩擦瞬间变为动摩擦，在摩擦力差 $\Delta F = F_0 - F_d$ 的作用下，工作台加速运动，由于动摩擦系数在低速范围内随运动速度 $\dot{x}$ 的增加而近似于线性下降，即动摩擦力 $F = F_d - c_2\dot{x}$（c_2 为导轨副的动摩擦阻尼系数），导致工作台进一步加速。当等效弹簧的压缩量逐渐恢复，驱动力减小到与动摩擦力 F 相等时，由于惯性使工作台向前冲过一小段距离后，才开始减速，这样等效弹簧将有一定的拉伸量，同时动摩擦力增加；当驱动力与等效弹簧恢复力之差小于动摩擦力 F 时，工作台停止移动。这种现象不断重复就产生爬行。

在边界摩擦和混合摩擦状态下，动摩擦系数的变化是非线性的，在等效弹簧压缩过程中，工作台的速度小于主动件的速度，工作台的速度尚未降到零时，等效弹簧的弹性恢复力又有可能大于动摩擦力，使工作台再次加速，出现时快时慢的爬行现象。

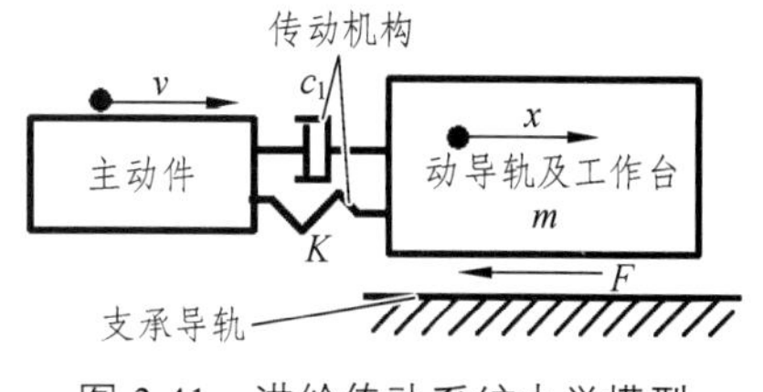

图 3.41 进给传动系统力学模型

爬行运动解析：基于对图 3.41 所示力学模型的分析，低速微量进给运动的运动方程为

$$m\ddot{x}+c_1(\dot{x}-v)-K(x_0+vt-x)+(F_\mathrm{d}-c_2\dot{x})=0$$

式中　$(\dot{x}-v)$——工作台相对于主动件的速度；

(x_0+vt-x)——工作台相对于主动件的位移，即等效弹簧的压缩量。

设

$$(c_1-c_2)/m=2\omega_0\xi\,,\quad K/m=\omega_0^2\,,\quad \omega'=\omega_0\sqrt{1-\xi^2}\approx\omega_0$$

式中　ω_0——弹性传动系统振动的固有频率；

ζ——系统的阻尼比，$\zeta=0.01\sim0.04$。

整理得

$$\ddot{x}+2\omega_0\xi\dot{x}+\omega_0^2x=\frac{\Delta F}{m}+\frac{c_1v}{m}+\omega_0^2vt$$

运动方程的特解 x_2 为

$$x_2=avt+b$$

式中　a，b——系数。

确定系数 a，b，将特解代入微分方程，得

$$2a\omega_0\xi v+a\omega_0^2vt+\omega_0^2b=\omega_0^2vt+\frac{c_1v}{m}+\frac{\Delta F}{m}$$

取 $a=1$，可得

$$b=\frac{c_1v}{K}-\frac{2\xi v}{\omega_0}+\frac{\Delta F}{K}=\frac{c_2v}{K}+\frac{\Delta F}{K}$$

设运动方程的通解 x_1 为

$$x_1=\mathrm{e}^{-\xi\omega_0t}\left(A\sin\omega_0t+B\cos\omega_0t\right)$$

式中　A，B——系数。

则二阶常系数线性非齐次方程的解 x 为

$$x=x_1+x_2=\mathrm{e}^{-\xi\omega_0t}(A\sin\omega_0t+B\cos\omega_0t)+vt+\frac{c_2v}{K}+\frac{\Delta F}{K}$$

运动的初始条件为 $t=0$ 时，$\dot{x}_0=0$，$\ddot{x}_0=\dfrac{\Delta F}{m}$

由方程解，可得

$$\dot{x}=\omega_0\mathrm{e}^{-\xi\omega_0t}\left[(-A\xi-B)\sin\omega_0t+(-B\xi+A)\cos\omega_0t\right]+v$$

$$\dot{x}_{t=0}=\omega_0(-B\xi+A)+v=0 \tag{3.49}$$

$$\ddot{x}=\omega_0^2 e^{-\xi\omega_0 t}\left[(A\xi^2+2B\xi-A)\sin\omega_0 t+(B\xi^2-2A\xi-B)\cos\omega_0 t\right]$$

$$\ddot{x}_{t=0}=\omega_0^2(B\xi^2-2A\xi-B)=\frac{\Delta F}{m}=Dv\omega_0 \tag{3.50}$$

式中　D——运动均匀性系数，$D=\dfrac{\Delta F}{v\sqrt{Km}}$。

将式（3.49）与式（3.50）联立，在计算中忽略ξ^2项，得

$$A=-\frac{v}{\omega_0}(1+D\xi)\text{，}\quad B=-\frac{v}{\omega_0}(D-2\xi)$$

将系数 A、B 代入方程解的表达式中，则运动方程的解为

$$x=-\frac{v}{\omega_0}\mathrm{e}^{-\xi\omega_0 t}\left[(D\xi+1)\sin\omega_0 t+(D-2\xi)\cos\omega_0 t\right]+vt+\frac{c_2 v}{K}+\frac{\Delta F}{K}$$

由此可得，工作台的运动速度为

$$\begin{aligned}\dot{x}&=v\left\{1-\mathrm{e}^{-\xi\omega_0 t}\left[\cos\omega_0 t+\left(\xi-D\right)\sin\omega_0 t\right]\right\}\\&=v\left[1-\left(1-2D\xi+D^2+\xi^2\right)^{\frac{1}{2}}\mathrm{e}^{-\xi\omega_0 t}\cos\left(\omega_0 t+\alpha_0\right)\right]\end{aligned}$$

爬行现象分析：对于一个传动系统来说，其系统刚度 K 和动导轨及工作台的质量 m 是一定的，因而其固有频率ω_0（ $\omega_0=\sqrt{K/m}$ ）是一个定值。由上面解的表达式可知：当阻尼比ξ为负值，即 $c_1-c_2<0$ 时，$\mathrm{e}^{-\xi\omega_0 t}>1$，且随着运动的继续而增大；不论 D 多大，工作台都将出现爬行现象，且停止时间越来越长。因为随着运动时间的增加，$(1-2D\xi+D^2+\xi^2)^{\frac{1}{2}}\mathrm{e}^{-\xi\omega_0 t}\cos(\omega_0 t+\alpha_0)>1$的时间就会增加。在阻尼比$\zeta$很小的情况下，动导轨及工作台的运动速度取决于 D 值的大小，故称 D 为运动均匀性系数。当$\mathrm{e}^{-\xi\omega_0 t}<1$时，随着运动的继续，$\mathrm{e}^{-\xi\omega_0 t}$越来越小，工作台逐步趋于等速运动，$\xi$越大，过渡过程越短。因此，改变摩擦性质，改善润滑条件，使ξ为较大的正值，可消除爬行。在混合摩擦时，滑动导轨的动摩擦阻尼比 c_2 很小，导轨副材料为钢或淬硬铸铁对聚四氟乙烯塑料时，$c_2\approx 0$；滚动导轨副的动摩擦副阻尼 $c_2=0$；静压导轨为液体摩擦，c_2 为负值。因此在机床低速微量进给时，$c_1-c_2>0$，即爬行是衰减振动，爬行至等速运动的时间主要由 c_1 决定。

总结：综上所述，当$\mathrm{e}^{-\xi\omega_0 t}\left[\cos\omega_0 t+(\xi-D)\sin\omega_0 t\right]<1$时，工作台不出现运动停顿，并随着运动的持续逐渐趋于等速运动；当$\mathrm{e}^{-\xi\omega_0 t}\left[\cos\omega_0 t+(\xi-D)\sin\omega_0 t\right]>1$时，工作台出现运动停顿，即发生爬行；当$e^{-\xi\omega_0 t}\left[\cos\omega_0 t+\left(\xi-D\right)\sin\omega_0 t\right]=1$时，是运动爬行的临界点。把满足这一关系式的 D 值称为临界运动均匀系数 D_c，此时主动件的速度称为临界速度 v_c。

工作台的最小运动速度$\dot{x}_{\min}=0$。由高等数学知识可知，当速度为极值时，速度的一阶导

数为零，即

$$\dot{x}=v\left\{1-\mathrm{e}^{-\xi\omega_0 t}\left[\cos\omega_0 t+(\xi-D_c)\sin\omega_0 t\right]\right\}=0$$

即

$$\cos\omega_0 t+(\xi-D_c)\sin\omega_0 t=\mathrm{e}^{\xi\omega_0 t} \tag{3.51}$$

$$\ddot{x}=\omega_0 v\mathrm{e}^{-\xi\omega_0 t}\left[D_c\cos\omega_0 t+(1-D_c\xi+\xi^2)\sin\omega_0 t\right]=0$$

略去ξ^2项，整理得

$$D_\mathrm{c}\cos\omega_0 t+(1-D_\mathrm{c}\xi)\sin\omega_0 t=0 \tag{3.52}$$

即

$$\tan\omega_0 t=\frac{-D_\mathrm{c}}{1-D_\mathrm{c}\xi}\text{，}\quad \tan(-\omega_0 t)=\frac{D_\mathrm{c}}{1-D_\mathrm{c}\xi}=\tan(2\pi-\omega_0 t)$$

$$\omega_0 t=2\pi-\arctan\frac{D_\mathrm{c}}{1-D_\mathrm{c}\xi}$$

$$\sin\omega_0 t=\frac{-D_\mathrm{c}}{\sqrt{1-2D_\mathrm{c}\xi+D_\mathrm{c}^2}}\text{，}\quad \cos\omega_0 t=\frac{1-D_\mathrm{c}\xi}{\sqrt{1-2D_\mathrm{c}\xi+D_\mathrm{c}^2}}$$

将 $\sin\omega_0 t$、$\cos\omega_0 t$ 的值代入式（3.51），得

$$2\pi-\arctan\frac{D_\mathrm{c}}{1-D_\mathrm{c}\xi}=\frac{1}{2\xi}\ln(1-2D_\mathrm{c}\xi+D_\mathrm{c}^2)$$

由上式可见，D_c 值仅与ξ的大小有关。传动系统的扭转阻尼比$\xi=0.02\sim0.04$；D_c 与ξ的数值对应关系见表 3.22。由于ξ值较小，可近似计算运动均匀性系数，$D_\mathrm{c}\approx2\sqrt{\pi\xi}$。

表 3.22　D_c 与ξ的对应关系

ξ	0.01	0.015	0.02	0.025	0.03	0.035	0.04
D_c	0.365 055	0.453 45	0.530 93	0.601 80	0.668 25	0.731 58	0.792 62

根据临界运动均匀系数 D_c，可得主动件临界运动速度 v_c，即

$$v_\mathrm{c}=\frac{\Delta F}{D_\mathrm{c}\sqrt{Km}}\approx\frac{\Delta F}{2\sqrt{\pi Km\xi}}=\frac{F\Delta f}{2\sqrt{\pi Km\xi}}$$

式中　F——导轨面上的正向作用力（N）；

　　Δf——静、动摩擦系数之差，见表 3.23。

表 3.23 摩擦副的摩擦系数

导轨副材料	静摩擦系数 f_0	动摩擦系数 f_d	差值Δf
铸铁-铸铁	0.25 ~ 0.27	0.15 ~ 0.17	0.1
钢-铸铁	0.20 ~ 0.25	0.05 ~ 0.15	0.12
铸铁-青铜	0.20 ~ 0.25	0.15 ~ 0.17	0.06
铸铁-聚四氟乙烯	0.05 ~ 0.07	0.02 ~ 0.03	0.03
钢-钢	0.13 ~ 0.16	0.05 ~ 0.10	0.07
钢-青铜	0.15 ~ 0.20	0.1 ~ 0.15	0.05

注：试验条件压强为 0.2 MPa，润滑油为 N68。

2. 消除爬行的措施

由前面分析可知，消除爬行现象的关键是降低爬行的临界速度。降低爬行临界速度的措施有：减小静动摩擦系数之差，改变动摩擦系数随速度变化的特性；提高传动系统的刚度，尽量减小动导轨及工作台的质量。

（1）减小静动摩擦系数之差，改变动摩擦系数随速度增加而减小的特性，具体方法如下：

① 用滚动摩擦代替滑动摩擦。采用滚动导轨和滚珠丝杠螺母，滚动摩擦系数为 0.005，几乎没有动静摩擦系数差，且动摩擦系数不随速度而变化。

② 用液体摩擦代替滑动中的混合摩擦。采用静压导轨或液压卸荷导轨，摩擦特性为液体摩擦或临界摩擦状态，液体摩擦的摩擦系数为 0.001 ~ 0.005，摩擦力是油层间的剪切力，摩擦系数小，并且没有动静摩擦系数之差，动摩擦系数随速度的增加而增加。

③ 采用减摩材料。支承导轨材料为铸铁、运动导轨粘贴聚四氟乙烯塑料时，$\Delta f = 0.03$，动摩擦系数基本不变。由表 3.17 可知，广州机床研究所生产的 TSF 导轨抗摩软带，静动摩擦系数之差为零，摩擦系数 $f_0 = f_d \leqslant 0.029$。另外，FQ-1 等导轨板都具有良好的防爬性能。

④ 采用专用导轨油。防爬导轨油是在高黏度润滑油中加入活性添加剂，可使油分子紧密吸附在导轨面上，运动停止后油膜也不会被挤坏，这样使得摩擦变为液体摩擦，从而防止了低速运动出现的爬行。

（2）提高传动系统的刚度，应注意以下几点：

① 机械传动的微量进给机构，如采用丝杠螺母传动，丝杠的拉压变形将占整个传动系统变形的 30% ~ 50%，故应适当加大丝杠直径以提高拉压刚度。同时，轴承应适度预紧，以消除间隙。

② 缩短传动链；合理分配传动比，采用先密后疏的原则，使多数传动件受力较小。

③ 对液压传动进给机构，应防止在油液中混入空气。油液混入空气后，其容积弹性模量会急剧下降，容易引起爬行。

3.4 滚珠丝杠螺母副机构

3.4.1 滚珠丝杠螺母副的工作原理及特点

滚珠丝杠螺母机构的组成：滚珠丝杠螺母机构主要由丝杠、螺母、滚珠和引导装置等组成。

滚珠丝杠副工作原理：滚珠丝杠副是将丝杠和螺母都加工成凹半圆弧形螺纹，并且在螺纹副之间放入滚珠形成的，如图 3.42 所示。当丝杠与螺母相对转动时，滚珠沿螺旋滚道滚动，螺纹摩擦为滚动摩擦，从而提高了传动精度和传动效率。为防止滚珠从螺母中滚出来，在螺母的螺旋槽两端设有回程引导装置，使滚珠能自动返回其入口，以便继续进行循环流动。

滚珠丝杠副的特点：

（1）传动效率高，摩擦损失小。滚珠丝杠副的传动效率 $\eta = 0.92 \sim 0.96$，比普通丝杠螺母提高 3 ~ 4 倍。因此，功率消耗只相当于普通丝杠螺母的 1/4 ~ 1/3。

（2）适当预紧，可消除丝杠和螺母的螺纹间隙，反向运动时就可以消除空行程的死区，定位精度高，刚度好。

（3）运动平稳，无爬行现象，传动精度高。

（4）具有可逆性，可以从旋转运动转换为直线运动，也可以从直线运动转换为旋转运动，即丝杠和螺母都可以作为主动件。

（5）磨损小，使用寿命长。

（6）制造工艺复杂。滚珠丝杠和螺母等元件的加工精度和表面质量要求高，故制造成本高。

（7）不能自锁。特别是对于垂直丝杠，由于工作台的自身重力，运动部件在传动停止后不能自锁，需增加制动装置。

3.4.2 滚珠丝杠螺母副的结构和轴向间隙调整方法

分析各种不同结构的滚珠丝杠副，其主要区别是螺纹滚道的法向截面的形状、滚道循环方式及轴向间隙的调整和预加负载的方法等三个方面。

1. 螺纹滚道法向截面的形状及其主要尺寸

螺纹滚道法向截面形状有单圆弧型面和双圆弧型面两种，如图 3.42 所示，接触角均为 $\beta = 45°$。

1）单圆弧型面

如图 3.42（a）所示，螺纹滚道法向截面形状为单圆弧型面，滚珠直径 $d \approx 0.6P_h$，P_h 为螺纹导程，螺纹滚道曲率半径为 R，$R =（1.04 \sim 1.12）r_b$。滚道磨削采用成形法加工，可获得较高的精度。磨削滚道的砂轮形状与滚道法向截面一致。接触角 β 随初始间隙和轴向负荷 F 的大小而变化。为保证接触角 $\beta = 45°$，必须严格控制径向间隙。消除间隙采用双螺母结构调整和预紧。承载后，随 F 的增大，接触变形增大，接触角 β 也增大，即 β 由接触变形的大小决定。当接触角 β 增大后，轴向刚度 K、承载能力以及传动效率 η 随之增大。

2）双圆弧型面

图 3.42（b）所示为双圆弧型面，滚珠在滚道内只与相切的两点接触，接触角β不变。两圆弧交接处有一个油构槽，可容纳润滑油和赃物，有助于滚珠流畅的滚动。有较高的接触强度，但制造较复杂。接触角$\beta = 45°$，螺纹滚道的圆弧半径 $R = 1.04\ r_b$ 或 $R = 1.11\ r_b$。滚珠与滚道圆弧的偏心距 $e = (R - r_b)\sin 45°$，r_b 为滚珠的半径，R 为滚道圆弧的半径。

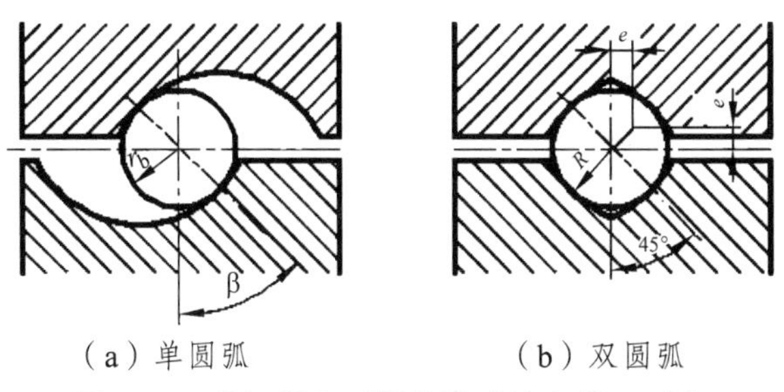

（a）单圆弧　　（b）双圆弧

图 3.42　丝杠螺母副螺纹滚道法向截面形态

2. 滚珠循环方式

按循环方式不同，滚珠丝杠分别分为内循环和外循环两种。

图 3.43 所示为外循环螺旋槽式滚珠丝杠副，在螺母的外圆上铣有螺旋槽，并在螺母内部装上挡珠器，挡珠器的舌部切断了螺纹滚道，迫使滚珠流入通向螺旋槽的孔中而完成循环。

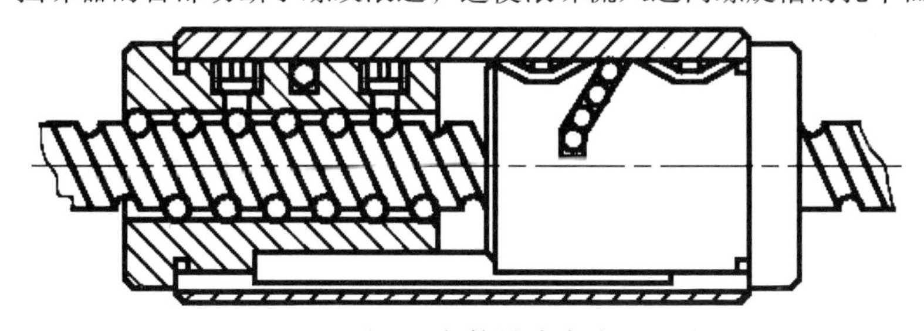

图 3.43　外循环螺旋槽式滚珠丝杠副

图 3.44 所示为内循环滚珠丝杠副，在螺母外侧孔中装有接通相邻滚道的反向器，迫使滚珠翻越丝杠的螺纹牙顶而进入相邻滚道。通常 1 个螺母上装有 3 个反向器（即采用 3 列的结构），这 3 个反向器彼此沿螺母圆周相互错开 120°，轴向间隔为（4/3 ~ 7/3）P_h（P_h为螺纹导程）；有的装有 2 个反向器（即采用双列结构），反向器错开 180°，轴向间隔为 $3P_h/2$。

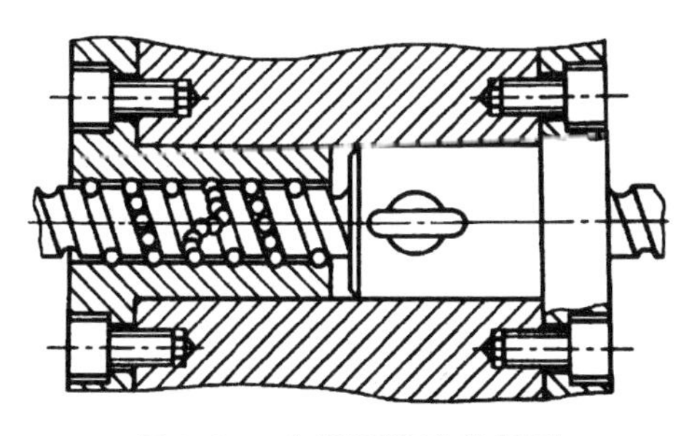

图 3.44　内循环滚珠丝杠副

3. 滚珠丝杠副轴向间隙的调整和施加预紧力的方法

滚珠丝杠副的轴向间隙会造成滚珠丝杠在起动、停止以及受冲击载荷时运动不稳定；反向运动时有空行程，影响传动精度和定位精度。常用双螺母消除轴向间隙，其结构形式有以下三种：

1）垫片调隙式

如图 3.45 所示，通常用螺钉连接两个螺母的凸缘，并在一个凸缘与螺母座之间加装垫片。改变垫片的厚度可使螺母产生轴向位移，以达到消除间隙和产生预紧力的调整轴向间隙目的。这种调整结构的特点是，结构简单，可靠性高，刚度高，装卸方便。但调整过程比较复杂。

2）螺纹调隙式

如图 3.46 所示，在单螺母 1 的外端有凸缘与螺母座用螺钉相连接，单螺母 2 的外端有三角形螺纹，它伸出套筒外，并用双圆螺母固定。旋转调整圆螺母 4，可消除间隙，并产生预紧力；调整好后再用另一个圆螺母进行锁紧，双圆螺母调整的特点是：结构紧凑，调整方便，因而应用较广泛。但双圆螺母调整间隙不是很精确。

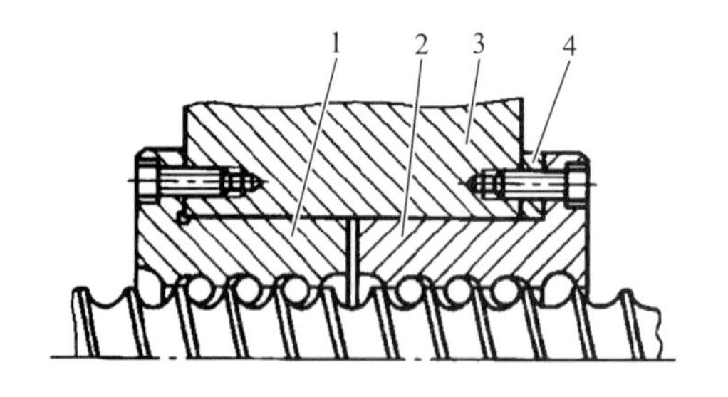

1，2—单螺母；3—螺母座；4—调整垫片。

图 3.45　双螺母垫片调隙式结构

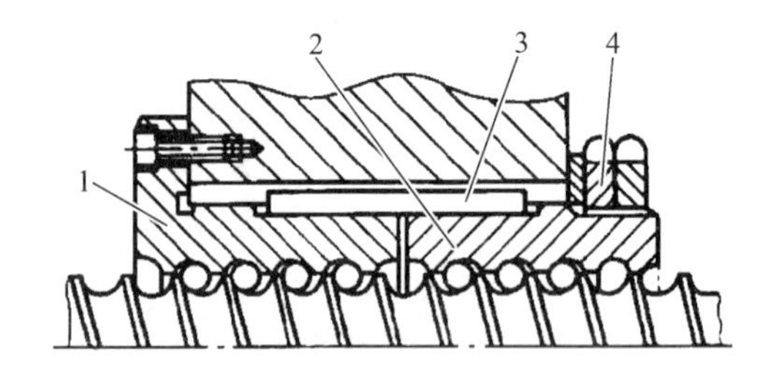

1，2—单螺母；3—平键；4—调整螺母。

图 3.46　双螺母螺纹调隙式结构

3）齿差调隙式

图 3.47 所示，齿差调隙式的方法是，在两个螺母的凸缘上制成圆柱齿轮，两齿轮的齿数相差一个齿，将螺母的凸缘齿轮套入内齿轮中，内齿轮用螺钉或定位销固定在螺母座上。调整时，先取下两端内齿轮，将两个滚珠螺母相对于螺母座同向转动，每转过一个齿，两螺母的相对轴向位移量为 $e=\frac{P_h}{z_1z_2}$，其中 P_h 为滚珠丝杠的螺距。齿差调整间隙的特点是：精确度高，但结构尺寸大，调整装配比较复杂。它适用于高精度的传动机构。

另外，滚道法向截面为双圆弧的滚珠丝杠副，也可采用单螺母结构，通过增大钢球直径来消除间隙。

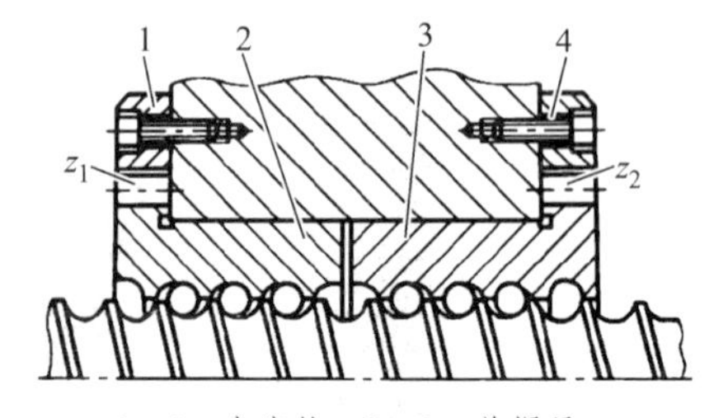

1，4—内齿轮；2，3—单螺母。

图 3.47　双螺母齿差调隙式结构

3.4.3 滚珠丝杠副的精度

滚珠丝杠副的精度（GB/T 175 87—1998）按使用范围及要求分为 1、2、3、4、5、7 和 10 级七个精度等级，1 级最高。各类机床滚珠丝杠副的推荐精度等级见表 3.24。允许任意 315 mm 行程内的行程变动量 V_{315p}（GB/T 17 587.3—1998）见表 3.25。

表 3.24 各类机床滚珠丝杠副的精度选择

机床种类		坐标方向			
		x（横向）	*y*（立向）	*z*（纵向）	*w*（刀杆）
开环系统	数控车床	2、3	—	3	—
	数控磨床	1、2	—	2	—
	数控钻床	3	3、4	3	—
	数控铣床	2	2	2	—
	数控镗床	1、2	1、2	1、2	3
	数控坐标镗床	1、2	1、2	1、2	2
	自动换刀数控机床	1、2	1、2	1、2	3
	数控线切割机床	2	—	2	—
坐标镗床、螺纹磨床		1、2	1、2	1、2	2
普通机床、通用机床		4	4	4	—
仪表机床		1、2	1、2	1、2	—

表 3.25 允许任意 315 mm 行程内行程变动量 V_{315p}　　单位：μm

精度	1 级	2 级	3 级	4 级	5 级	7 级	10 级
V_{315P}	6	8	12	16	23	52	210

3.4.4 滚珠丝杠的设计计算

与滚动轴承一样，滚珠丝杠副的主要失效形式为疲劳点蚀，在额定动载荷作用下，疲劳寿命为 10^6 转。滚珠丝杠由专业工厂生产，一般仅作为选择计算。当滚珠丝杠副在较高转速下工作时，应按寿命条件选择尺寸，并校核其载荷是否超过额定静载荷；低速工作时，应按寿命和额定静载荷两种方法确定其尺寸，选其中较大者；转速低于 10 r/min 时，可按额定静载荷其尺寸。

变转速和变载荷条件下的等效载荷为 F_m，有

$$F_m=\left(\sum_{i=1}^{k}F_i^3 n_i t_i\right)^{\frac{1}{3}}\left(\sum_{i=1}^{k}n_i t_i\right)^{-\frac{1}{3}}$$

式中 n_i——各种工作转速（r/min）；

t_i——相应转速的工作时间（min）。

变速条件下的平均速度为 n_m，有

$$n_m=\frac{1}{t}\sum_{i=1}^{k}n_i t_i$$

式中 t——各种转速下工作的总时间（min）。

当载荷在最大与最小值（F_{min} 和 F_{max}）间周期变化、时间分配不明确时，等效载荷 F_m、等效转速 n_m 分别为

$$F_m=\frac{2F_{max}+F_{min}}{3}，\quad n_m=\frac{2n_{max}+n_{min}}{3}$$

预期疲劳寿命 L_h' 为

$$L_h'=\frac{10^6}{60n_m}\left(\frac{C_a}{F_m}\frac{f_1}{f_2}\right)^3\geqslant L_h$$

式中 C_a——丝杠的额定动载荷（N），见表 3.26、表 3.27；

f_1——精度系数，1、2 级丝杠 $f_1=1$、3、4 级丝杠 $f_1=0.9$；

f_2——载荷稳定性系数，工作平稳和轻微冲击时 $f_2=1\sim1.2$，中等冲击时 $f_2=1.2\sim1.5$，较大冲击和振动时 $f_2=1.2\sim1.5$；

L_h——额定寿命（h），普通机床 $L_h=15\ 000$ h，数控机床和精密机床 $L_h=20\ 000$ h。

滚珠丝杠计算动载荷 C_a'

$$C_a'=\sqrt[3]{\frac{60n_mL_h}{10^6}}\frac{f_2}{f_1}F_m\leqslant C_a$$

可根据计算动载荷来选择丝杠的型号。滚珠丝杠副的尺寸系列及承载能力见表 3.26、表 3.27。

滚珠丝杠额定静载荷 C_{0a} 的验算

$$C_{0a}\geqslant\frac{f_1}{f_2}P_m$$

式中 f_3——硬度影响系数，硬度≥58 HRC 时，$f_3=1$；硬度为 55 ~ 58 HRC 时，$f_3=0.9$；硬度为 50 ~ 55 HRC 时，$f_3=0.6$。

表 3.26 内循环滚珠丝杠副的尺寸系列及承载能力

丝杠副参数			承载能力/kN	
公称尺寸/mm	螺距/mm	圈数×1 列数	额定动载荷	额定静载荷
32	5	1×3	14 500	45 200
		1×4	17 700	60 300
	6	1×3	19 600	56 450
		1×4	24 000	75 250
	8	1×3	25 000	67 600
		1×4	30 600	90 150
40	6	1×3	21 650	70 650
		1×4	26 450	94 200
	8	1×3	27 750	84 700
		1×4	33 900	112 900
	10	1×3	37 400	105 600
		1×4	45 700	140 800
50	6	1×3	24 000	89 550
		1×4	29 350	119 400
	8	1×3	30 400	105 200
		1×4	40 300	140 250
	10	1×3	41 450	132 300
		1×4	50 700	176 400
63	8	1×3	34 050	135 800
		1×4	41 650	181 000
	10	1×3	46 300	169 500
		1×4	56 600	226 000
	12	1×3	58 400	198 300
		1×4	71 400	264 400
80	10	1×3	51 500	217 300
		1×4	63 000	289 800
	12	1×3	66 000	259 400
		1×4	80 800	345 900
	16	1×3	96 540	338 700
		1×4	118 100	451 600

注：1. 所列滚珠丝杠副工作面硬度为 58～62 HRC，螺纹滚道的圆弧半径 $R = 1.04\,r_b$。

2. 当 $R = 1.11\,r_b$ 时，表中当量静载荷乘以 0.62，当量动载荷乘以 0.68。

表 3.27　外循环滚珠丝杠副的尺寸系列及承载能力

丝杠副参数			承载能力/kN	
公称尺寸	螺距/mm	圈数×1 列数	额定动载荷	额定静载荷
32	5	2.5×1	12 750	37 700
		3.5×1	16 100	52 750
	6	2.5×1	17 250	47 050
		3.5×1	21 850	65 840
	8	2.5×1	22 000	56 350
		3.5×1	27 850	78 900
40	6	2.5×1	19 050	58 900
		3.5×1	24 100	82 400
	8	2.5×1	24 400	70 550
		3.5×1	30 900	98 800
	10	2.5×1	32 900	88 000
		3.5×1	41 650	123 200
50	6	2.5×1	21 250	74 600
		3.5×1	26 700	90 450
	8	2.5×1	27 750	87 650
		3.5×1	33 850	122 700
	10	2.5×1	36 450	110 250
		3.5×1	46 150	154 350
63	8	2.5×1	29 950	113 150
		3.5×1	37 900	158 400
	10	2.5×1	40 750	141 250
		3.5×1	51 600	197 750
	12	2.5×1	51 400	165 250
		3.5×1	65 050	231 300
80	10	2.5×1	45 300	181 100
		3.5×1	57 350	253 600
	12	2.5×1	50 100	216 150
		3.5×1	73 550	302 600
	16	2.5×1	85 000	282 250
		3.5×1	107 550	395 100

注：1. 所列滚珠丝杠副工作面硬度为 58～62 HRC，螺纹滚道的圆弧半径 $R = 1.04\ r_b$。

2. 当 $R = 1.11\ r_b$ 时，表中当量静载荷乘以 0.62，当量动载荷乘以 0.68。

3.4.5 丝杠稳定性及支承

对于长径比大的滚珠丝杠，应进行压杆稳定性计算，并使临界载荷 $F_{cr}/F_m \geqslant 2.5$。

当 $4\mu\dfrac{l}{d_1} > 85$ 时，
$$F_{cr} = \frac{\pi^3 E d_1^2}{64(\mu l)^2}$$

当 $4\mu\dfrac{l}{d_1} < 85$ 时
$$F_{cr} = \frac{120\pi d_1^4}{d_1^2 + 0.003\,2(\mu l)^2}$$

式中 d_1——滚珠丝杠的螺纹小径（mm）；l—滚珠丝杠的最大工作长度（mm）；

μ——丝杠长度系数。其值取决于螺杆端部的支承形式，见表 3.28。

表 3.28 丝杆长度系数

螺杆端部结构	两端固定	一端固定、一端铰支	两端铰支	一端固定、一端自由
μ	0.5	0.7	1	2

注：用滚动轴承支承时，只有径向约束时为铰链支承，径向和横向均有约束时为固定支承。

由上式可知，长度系数越小，所获得的临界载荷越大，越容易满足稳定性条件。从表 3.28 的丝杠长度系数可知，两端固定支承时，长度系数最小。因此，滚珠丝杠的支承应考虑，首先采用两端固定的支承形式；其次，是一端固定、一端铰支的支承。但两端固定形式的装配和调整困难，故常用一端固定、一端铰支的支承形式。当转速较高时，固定端可采用接触角为 60°的双向推力角接触球轴承，或采用接触角为 40°的球轴承双联组配（背靠背或面对面配置）；当转速低时，固定端可采用两个推力球轴承与深沟球轴承组合支承，深沟球轴承居中。铰支端可采用深沟球轴承。滚珠丝杠用的推力角接触球轴承，如图 3.48 所示，其型号尺寸系列及承载能力见表 3.29。

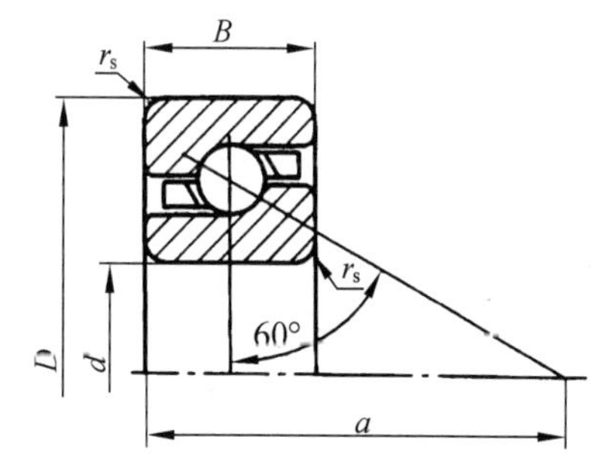

图 3.48 滚珠丝杠用推力角接触球轴

表 3.29 滚珠丝杠用推力角接触球轴承

轴承型号	外形尺寸/mm					额定载荷/kN		极限转速/（r/min）		质量/kg
	d	D	B	r_{min}	a	C_a	C_0	脂润滑	油润滑	
7602025TVP	25	52	15	1.0	41	22	30.5	11 000	16 000	0.16
7602030TVP	30	62	16	1.0	48	26	39	9 000	13 000	0.24
7602035TVP	35	72	17	1.1	55	30	50	8 000	11 000	0.34
7602040TVP	40	80	18	1.1	62	37.5	64	7 000	9 500	0.44
7602045TVP	45	85	19	1.1	66	38	68	6 700	9 000	0.50
7602050TVP	50	90	20	1.1	71	39	75	6 300	8 500	0.67

续表

轴承型号	外形尺寸/mm					额定载荷/kN		极限转速/（r/min）		质量/kg
	d	D	B	r_{min}	a	C_a	C_0	脂润滑	油润滑	
7602055TVP	55	100	21	1.5	78	40.5	81.5	6 000	8 000	0.75
7602060TVP	60	110	22	1.5	86	56	112	5 000	6 700	0.96
7602065TVP	65	120	23	1.5	92	57	122	4 800	6 000	1.20
7602070TVP	70	125	24	1.5	96	65.5	137	4 500	6 000	1.32
7602075TVP	75	130	25	1.5	101	67	150	4 300	5 600	1.45
7602080TVP	80	140	26	2.0	108	76.5	175	4 000	5 300	1.76
7602085TVP	85	150	28	2.0	116	86.5	196	3 800	5 000	2.19
7602090TVP	90	160	30	2.0	123	98	224	3 600	4 800	2.69

【例 3.1】 选择例 1.2 所述的数控镗铣加工中心需要的滚珠丝杠螺母副。

解：（1）滚珠丝杠的精度选择。该数控镗铣加工中心的定位精度为 ± 0.12 mm/300 mm，重复定位精度为 ± 0.006 mm；由表 3.25 可知，滚珠丝杠取 1 级精度。

（2）滚珠丝杠的选择。由例 1.2 中计算可知，丝杠的最大载荷 $F_{max} = 6\ 315$ N，丝杠的最小载荷 F_{min} 为摩擦力，矩形导轨的当量摩擦系数 $\mu' = 0.04$，则

$$F_{min} = \mu' G = \mu'(m_1 + m_2)g = 0.04 \times (500 + 300) \times 9.8 = 313.6 \approx 314\ (\mathrm{N})$$

等效载荷为

$$F_m = \frac{2F_{max} + F_{min}}{3} = \frac{2\times 6\ 315 + 314}{3} = 4\ 315\ (\mathrm{N})$$

机床最大进给速度为 $v_{max} = 4\ 000$ mm/min。设丝杠导程 $P_h = 10$ mm，伺服电动机与丝杠直联，所以传动比 $i = 1$，则丝杠的最大进给速度为

$$n_{max} = \frac{v_{max}}{iP_h} = \frac{4\ 000}{1\times 10} = 400\ (\mathrm{r/min})$$

最小进给速 $v_{min} = 10$ mm/min，则丝杠最小进给的转速为

$$n_{min} = \frac{v_{min}}{iP_h} = \frac{10}{1\times 10} = 1\ (\mathrm{r/min})$$

等效转速 n_m 为

$$n_m = \frac{2n_{max} + n_{min}}{3} = \frac{2 \times 400 + 1}{3} = 267\ (r/min)$$

丝杠的工作寿命取 20 000 h，$f_1 = 1$，$f_2 = 1.5$，则滚珠丝杠的计算动载荷 C'_a 为

$$C'_a = \sqrt[3]{\frac{60n_m L_h}{10^6}} \frac{f_2}{f_1} F_m = \sqrt[3]{\frac{60 \times 267 \times 20\ 000}{10^6}} \times \frac{1.5}{1} \times 4\ 315 = 44\ 260\ (N)$$

查表 3.26 内循环滚珠丝杠副的尺寸系列及承载能力可得，应选择内循环滚珠丝杠 4010-4-1，$C_a = 45\ 700$ N。

（3）选择丝杠轴承。丝杠采用伺服电动机端的轴向固定，另一端为铰支的支承形式。固定端采用一对面对面组配的推力角接触球轴承，7622030TVP/DF/P4，$C_a = 26\ 000$ N，预加载荷 $F_0 = 2\ 600$ N；铰支端采用深沟球轴承 6206/P5。

轴承寿命为

$$L_h = \frac{10^6}{60n_m}\left(\frac{C_a}{F_0 + F_m}\right)^3 = \frac{10^6}{60 \times 267} \times \left(\frac{26\ 000}{2\ 600 + 4\ 315}\right)^3 = 3\ 318\ (h)$$

铰支端轴承寿命计算，略。

（4）稳定性校核。经结构设计，丝杠长度 $l = 1\ 200$ mm，丝杠螺纹小径 $d_1 = 32.9$ mm，参考表 3.28，丝杠长度系数 $\mu = 0.7$，则

$$4\mu \frac{l}{d_1} = 4 \times 0.7 \times \frac{1\ 200}{32.9} = 102 > 85$$

丝杠材料弹性模量 $E = 210 \times 10^5$ MPa，则临界负荷 F_{cr} 为

$$F_{cr} = \frac{\pi^3 E d_1^2}{64(\mu l)^2} = \frac{\pi^3 \times 210 \times 10^5 \times 32.9^2}{64 \times (0.7 \times 1\ 200)^2} \approx 15\ 600\ (N)$$

稳定性判断

$$\frac{F_{cr}}{F_m} = \frac{15\ 600}{4\ 315} = 3.6 > 2.5$$

故所选该丝杠螺母副，符合稳定性要求。

垂直传动的滚珠丝杠必须装有制动装置。图 3.49 所示为数控卧式镗铣床主轴箱进给丝杠的制动装置示意图，采用了电磁控制的锥形摩擦离合器。锥形摩擦离合器的动锥（即旋转锥）通过齿轮副与垂直传动链相连接。当需要主轴箱上下移动时，电磁铁线圈通电，吸引制动锥（即移动锥）右移，使摩擦离合器分离。此时，伺服电机接受控制机的指令，通过齿轮减速装置带动滚珠丝杠旋转，螺母带动主轴箱做垂直移动。当伺服电机停止转动时，电磁铁线圈同时断电，在弹簧作用下使摩擦离合器的动锥向左移动，摩擦离合器压紧制动，利用摩擦力矩使得滚珠丝杠不能自由转动，因此，主轴箱不会因自重而降落。

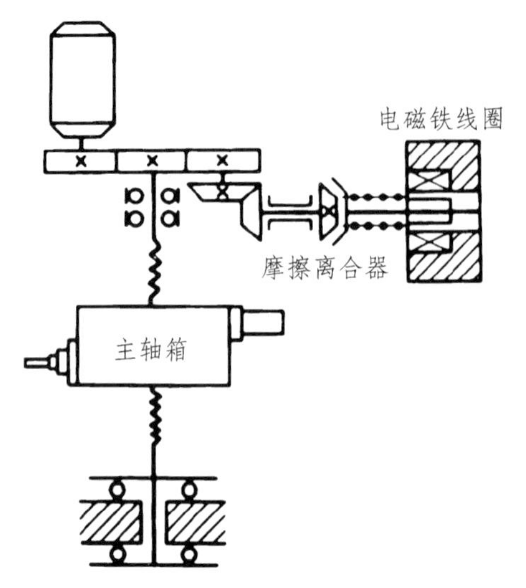

图 3.49　数控卧式铣镗床主轴箱进给丝杠的制动装置示意图

垂直传动的滚珠丝杠，也可采用内装制动装置的伺服电机直接驱动滚珠丝杠，进行起动和制动，以简化垂直运动的传动机构。

思考与练习题

1. 为什么对机床主轴要提出旋转精度、刚度、抗振性、温升及耐磨性的要求？

2. 主轴部件采用的滚动轴承有哪些类型？其特点和选用的原则是什么？

3. 试分析主轴的结构参数：跨距 L、悬伸量 a、外径 D 及内径 d 对主轴部件抗弯刚度的影响。

4. 主轴前后轴承的径向圆跳动量分别为 δ_A、δ_B，试计算 δ_A、δ_B 在主轴前端 C 处引起的径向圆跳动。

5. 提高主轴刚度的措施有哪些？

6. 主轴的轴向定位有几种？各有什么特点？CA6140 车床为什么采用后端定位？而数控机床为什么都采用前端定位？

7. 怎样根据机床切削力的特性选择主轴滚动轴承的精度？

8. 选择主轴材料的依据是什么？

9. 主轴的技术要求主要有哪几项？若达不到这些要求，会有什么影响？

10. 为什么多数数控车床采用倾斜床身？

11. 怎样提高支承件的动刚度？

12. 隔板和加强肋有什么作用？选用原则有哪些？

13. 试述铸铁支承件、焊接支承件的优缺点，并说明其应用范围。

14. 树脂混凝土支承件有什么特点？目前应用于什么类型的机床？

15. 支承件截面形状的选用原则是什么？

16. 怎么补偿不封闭支承件的刚度损失？

17. 为什么固定结合面要求有较高的表面精度？

18. 对机床导轨的基本要求是什么？

19. 按摩擦性质导轨可分为哪几类？各具有什么摩擦性质？适用于什么场合？什么是闭式导轨、开式导轨、主运动导轨、进给运动导轨？大多数普通滑动导轨属于什么摩擦性质？

20. 导轨的磨损有哪几种形式？导轨防护的重点是什么？

21. 导轨的材料有几种？各有什么特点？各适合于什么场合？

22. 聚四氟乙烯软带有什么优点？复合导轨板有什么特点？

23. 导轨副材料的选用原则是什么？

24. 常见的直线运动导轨组合形式有哪几种？说明其主要性能及应用场合。

25. 怎样提高普通滑动导轨的动压效应？静压导轨的油腔与普通滑动导轨的油槽有什么不同？液压卸荷导轨与静压导轨有什么区别？

26. 如何选择滚动导轨？

27. 什么是爬行？它产生于什么类型的运动中？产生爬行的原因是什么？消除爬行的措施有哪些？

28. 滚珠丝杠有什么特点？应用于什么场合？试述对滚珠丝杠消除轴向间隙的方法？

29. 某数控铣床，进给丝杠的当量转速 $n_m = 400$ r/min，当量负载 $F_m = 1\ 500$ N，滚珠丝杠长度为 1 000 mm。若采用内循环齿差调整预紧的双螺母滚珠丝杠副传动，试计算确定滚珠丝杠副的型号，并作压杆稳定的校核。

第 4 章
组合机床设计

本章主要内容： 组合机床的组成、类型和通用部件、组合机床总体设计、通用多轴箱设计。
重点和难点： 组合机床总体方案设计方法，通用多轴箱设计方法。

4.1 组合机床概述

组合机床是根据工件加工需要，以大量系列化、标准化的通用部件为基础，配以少量专用部件，对一种或几种工件按预先确定的工序进行加工的高效专用机床。组合机床能够对工件进行多刀、多轴、多面、多工位同时加工，可完成钻孔、扩孔、镗孔、攻螺纹、铣削、车孔的端面等工序。随着技术的发展，组合机床工艺应用范围日益扩大，如焊接、热处理、自动测量和自动装配、清洗等非切削工序，也可在组合机床上辅助完成。

组合机床主要应用于大批量生产的行业，如汽车、拖拉机、电动机、内燃机、阀门、缝纫机等制造业。组合机床主要用于加工加工箱体类零件，如气缸体、变速箱体、气缸盖、阀体等。还有一些重要零件的关键工序，虽然生产批量不大，也可采用组合机床来保证加工质量。目前，组合机床正向着高效、高精度、高自动化、柔性化和智能化方向发展。

4.1.1 组合机床的组成

图 4.1 所示为一台单工位双面复合式组合机床。它主要由滑台、镗削头、夹具、多轴箱、动力箱、立柱、立柱底座、中间底座及其控制部件和辅助部件（图中未示意）等组成。其中，夹具和多轴箱是按加工对象设计的专用部件，其余均为通用部件，且专用部件中绝大多数零件（约 70% ~ 90%）也是通用零件。

进行加工时，由电动机通过动力箱、多轴箱驱动刀具做旋转的主运动，并通过各自的滑台带动做直线进给运动。

4.1.2 组合机床的类型

根据所选用的通用部件规格及结构配置形式等方面的差异，将组合机床分为大型组合机床和小型组合机床两大类。习惯上滑台台面宽度 $B \geqslant 250$ mm 的称为大型组合机床，滑台台面宽度 $B<250$ mm 的称为小型组合机床。根据大型组合机床的配置形式可将其分为具有固定夹

具的单工位组合机床、具有移动夹具的多工位组合机床和转塔组合机床三类。本章以大型组合机床为例，介绍组合机床类型及其设计方法。

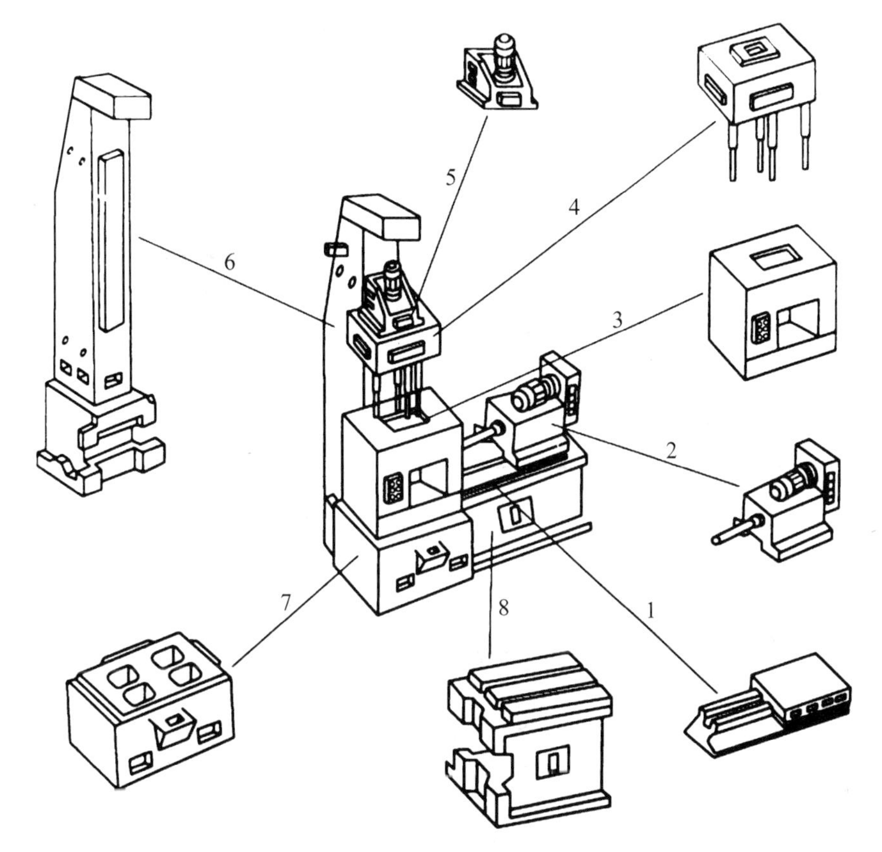

1—滑台；2—镗削头；3—夹具；4—多轴箱；5—动力箱；6—立柱；7—立柱底座；8—中间底座。

图 4.1 单工位双面复合式组合机床

1. 具有固定夹具的单工位组合机床

单工位组合机床适合于加工大中型箱体类零件。在整个加工循环中，夹具和工件固定不动，通过动力部件使刀具从单面、双面或多面对工件进行加工，如图 4.2 所示。这类机床加工精度高，但生产率低。

按照组成部件的配置形式及动力部件的进给方向，单工位组合机床又分为卧式、立式、倾斜式和复合式四种类型。

1）卧式组合机床

如图 4.2（a）所示，卧式组合机床的刀具主轴呈水平布置，动力部件带动工件沿水平方向作进给运动。按加工要求的不同，可配置成单面、双面或多面等形式。

2）立式组合机床

如图 4.2（b）所示，立式组合机床的刀具主轴垂直布置，动力部件带动刀具沿垂直方向做进给运动，一般只有单面配置一种形式。

3）倾斜式组合机床

如图 4.2（c）所示，倾斜式组合机床的动力部件呈倾斜布置，沿倾斜方向做进给运动。可配置成单面、双面或多面等形式，以加工工件上的倾斜表面。

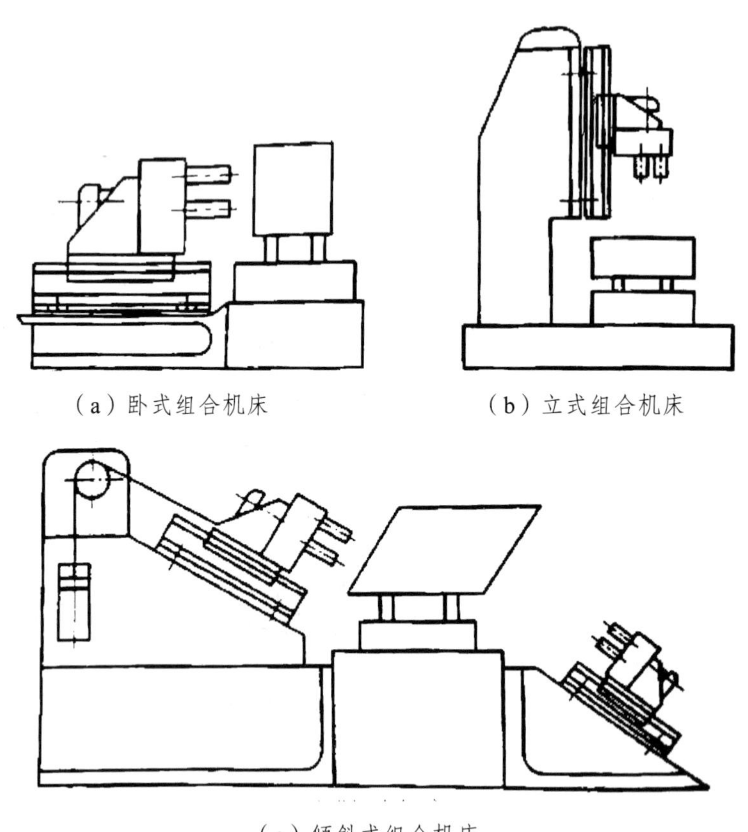

（a）卧式组合机床　　（b）立式组合机床

（c）倾斜式组合机床

图 4.2　具有固定夹具的单工位组合机床

4）复合式组合机床

图 4.1 所示为卧式、立式或倾斜式组合机床的两种或三种形式的组合。

2. 具有移动夹具的多工位组合机床

具有移动夹具的多工位组合机床的夹具和工件可按预定的工序循环，做间歇的移动或转动，以便依次在不同工位上对工件进行不同工序的加工。这类机床的生产率高，但加工精度不如单工位组合机床，多用于大批量生产中对中小型零件的加工，如图 4.3 所示。

多工位组合机床按照夹具和工件的输送方式不同，可分为以下 4 类：

1）移动工作台的组合机床

图 4.3（a）所示为工作台移动的组合机床，它可先后在两个工位上从两面对工件进行加工，夹具和工件可随工作台作直线移动来实现工位的变换。

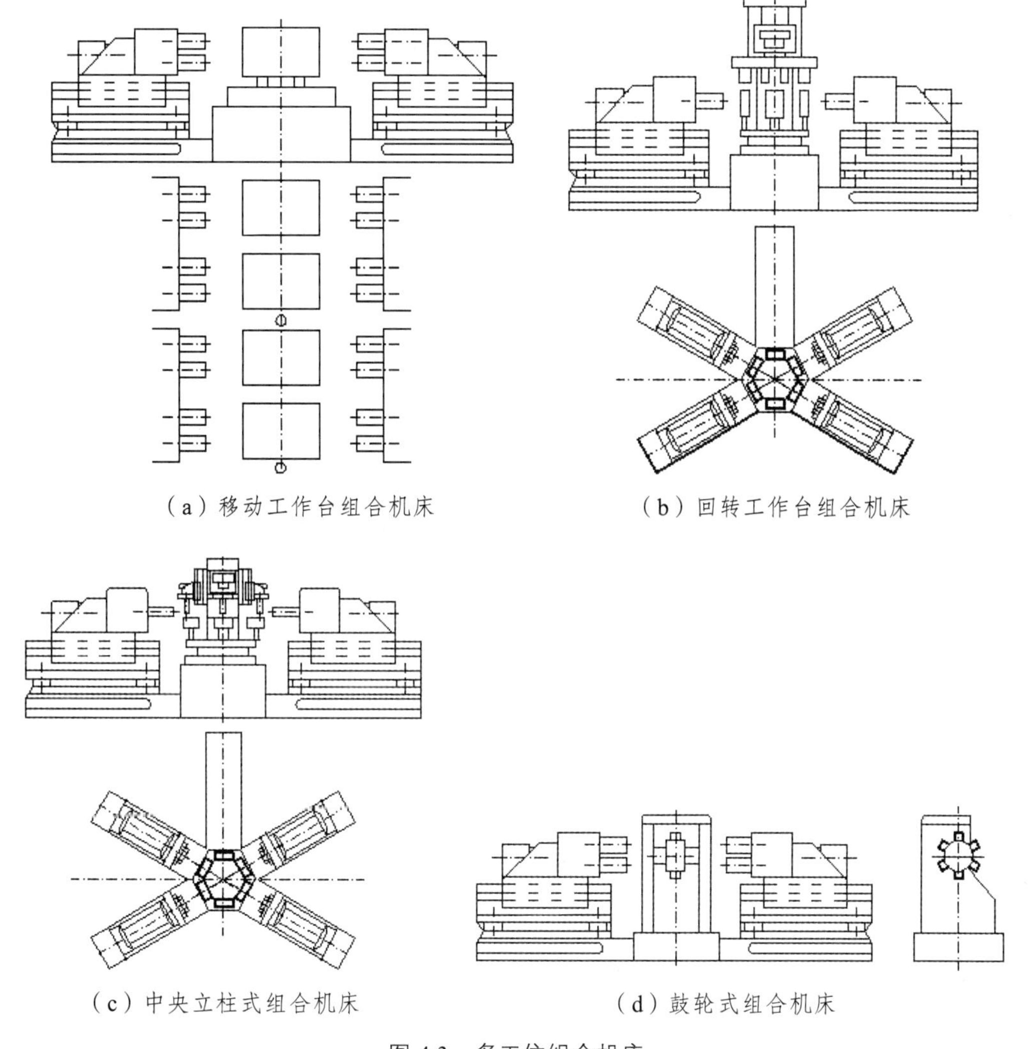

图 4.3 多工位组合机床

2）回转工作台组合机床

图 4.3（b）所示为一台六工位回转工作台组合机床，它可在每一个工位上同时对一个或几个工件进行加工，其上的夹具和工件安装在绕垂直轴线回转的回转工作台上，并随其做周期转动以实现工位的变换。由于这种机床适用于对中小型工件进行多面、多工序加工，具有专门的装卸工位，使得装卸工件的辅助时间和机动时间重合，能获得较高的生产率。

3）中央立式组合机床

图 4.3（c）所示为一台六工位中央立式组合机床，其上的夹具和工件安装在绕垂直轴线回转的环形回转工作台上，并随其做周期转动，以实现工位的变换。在环形回转工作台周围以及中央立柱上均布置有动力部件，可在各个工位上对工件进行多工序加工。

4）鼓轮式组合机床

图 4.3（d）所示为一台鼓轮式组合机床，其夹具和工件安装在绕水平轴线回转的鼓轮上，并做周期转动以实现工位的变换。该机床在鼓轮的两端有动力部件，可从两面对工件进行加工。

3. 转塔式组合机床

转塔式组合机床的特点是，几个多轴箱都安装在转塔回转工作台上，各个多轴箱依次转到加工位置对工件进行加工，如图 4.4 所示。按多轴箱是否做进给运动，可将其分为两类：

1）只实现主运动的转塔式多轴箱组合机床

多轴箱安装在转塔回转工作台上，主轴电动机通过多轴箱内的传动装置带动主轴做旋转运动；工件安装在滑台的回转工作台上（如果不需要工件转位时，可直接将其安装在滑台上），由滑台带动做进给运动，如图 4.4（a）所示。

2）既可实现主运动又可随滑台做进给运动的转塔式多轴箱组合机床

这类机床的工件固定不动（也可做周期转位），转塔式多轴箱安装在滑台上并随滑台做进给运动，多轴箱可完成主运动，如图 4.4（b）所示。

转塔式组合机床可以完成一个工件的多工序加工，因而可以减少机床的台数和占地面积，适用于中小批量生产类型。

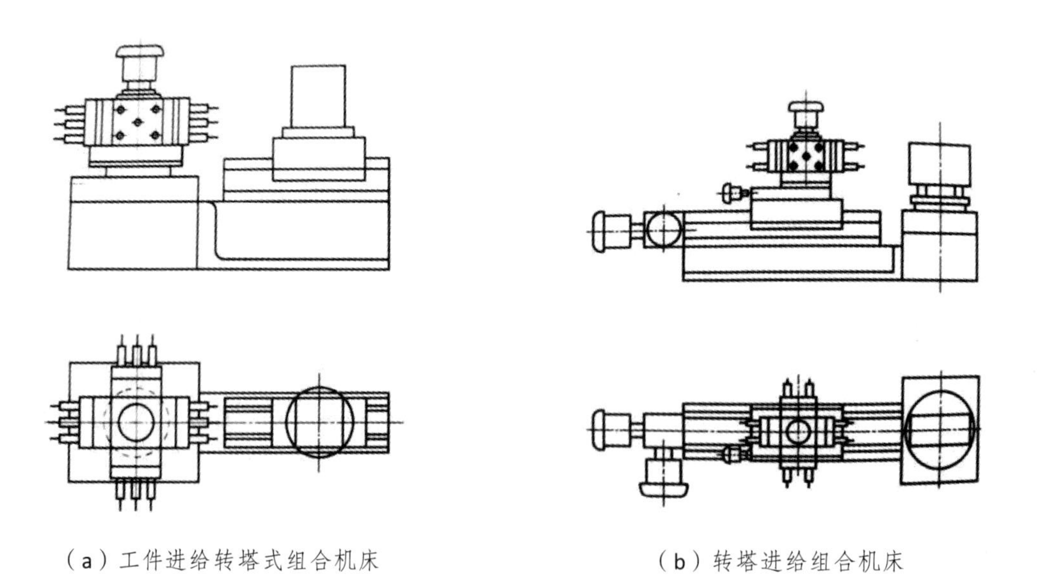

（a）工件进给转塔式组合机床　　（b）转塔进给组合机床

图 4.4　转塔式组合机床

4.1.3　组合机床的通用部件

通用部件是组合机床的基础。部件通用化程度的高低标志着组合机床的技术水平。合理选择通用部件是组合机床设计中的重要内容之一。

1. 通用部件的分类

按其在组合机床上的作用来划分，通用部件可分为以下几类：

1）动力部件

动力部件是组合机床的主要部件，它为刀具提供主运动和进给运动。动力部件包括动力滑台、配套使用的动力箱和各种单轴工艺头，如铣削头、钻削头、镗孔车端面的镗头等，其他部件均以选定的动力部件为依据来配套使用。

2）支承部件

支承部件是组合机床的基础部件，它包括侧底座、立柱、立柱底座和中间底座等，用于支承和安装各种部件。组合机床各部件之间的相对位置精度、机床的刚度主要由支承部件来保证。

3）输送部件

输送部件是用于带动夹具和工件的移动和转动，以实现工位的变换，因此，要求有较高的定位精度。输送部件主要包括移动工作台和回转工作台。

4）控制部件

控制部件用于控制组合机床的运动部件按预定的加工程序进行循环工作，它包括可编程控制器（PLC）、各种液压元件、操作板、控制挡铁和按钮台等。

5）辅助部件

辅助部件主要用于装卸、排除切屑、冷却润滑等，它包括实现自动夹紧工件的液压或气动装置、机械扳手、冷却润滑装置、排屑装置以及上下料的机械手等。

2. 通用部件的型号、规格及配套关系

按通用部件标准，动力滑台的主要参数是其工作台面宽度，其他通用部件的主要参数取决于与其配套的滑台主参数来表示。例如，液压滑台 1HY32M1B 表示台面宽度为 320 mm，经过第一次重大改进，采用镶钢导轨的精密液压滑台；镗铣动力头 1TX40A 表示与台面宽度为 400 mm 的滑台配套，主轴径向轴承采用短圆柱滚子轴承，用于精加工的铣削头。

等效采用 ISO 2562 国际标准设计的“1 字头”通用部件，按精度分为普通级、精密级（M）和高精度级（G）三种精度等级，其主要规格、型号及其配套关系见表 4.1。

表 4.1 “1 字头”系列通用部件的规格、型号及其配套关系

部件名称	标准	名义尺寸/mm					
		250	320	400	500	630	800
液压滑台	GB/T 3668.4 —1983	1HY25 1HY25M 1HY25G	1HY32 1HY32M 1HY32G	1HY40 1HY40M 1HY40G	1HY50 1HY50M 1HY50G	1HY63 1HY63M 1HY63G	1HY80 1HY80M 1HY80G
机械滑台		1HJT25 1HJT25M 1HJT25G	1HJT32 1HJT32M 1HJT32G	1HJT40 1HJT40M 1HJT40G	1HJT50 1HJT50M 1HJT50G	1HJT63 1HJT63M 1HJT63G	1HJT80 1HJT80M 1HJT80G
动力箱	GB/T 3668.5 —1983	1TD25	1TD32	1TD40	1TD50	1TD63	1TD80
侧底座	GB/T 3668.6 —1983	1CC251 1CC252 1CC251M 1CC252M	1CC321 1CC322 1CC321M 1CC322M	1CC401 1CC402 1CC401M 1CC402M	1CC501 1CC502 1CC501M 1CC502M	1CC631 1CC632 1CC631M 1CC632M	1CC801 1CC802 1CC801M 1CC802M
立柱	GB/T 3668.11 —1983	1CL25 1CL25M 1CL$_b$25 1CL$_b$25M	1CL32 1CL32M 1CL$_b$32 1CL$_b$32M	1CL40 1CL40M 1CL$_b$40 1CL$_b$40M	1CL50 1CL50M 1CL$_b$50 1CL$_b$50M	1CL63 1CL63M	
铣削头	GB/T 3668.9 —1983	1TX25 1TX25G	1TX32 1TX32G	1TX40 1TX40G	1TX50 1TX50G	1TX63 1TX63G	
钻削头		1TZ25	1TZ32	1TZ40			
镗削头		1TA25	1TA32	1TA40-N			

注：1. 机械滑台型号中，1HJ××型为滚珠丝杠传动。
2. 侧底座型号中，1CC××1 型高度为 560 mm；1CC××2 型高度为 630 mm。
3. 立柱型号中，1CL$_b$××型与机械滑台配套使用；1CL××型与液压滑台配套使用。

3. 典型通用部件

1)“1 字头”动力滑台

在动力滑台上安装动力箱和单轴工艺头，可实现组合机床的直线进给运动。在组合机床自动线中，动力部件也作为输送部件使用。

“1 字头”动力滑台由滑座、滑鞍和驱动部件等组成；采用双矩形闭式导轨，纵向用双矩形的外侧导向，用斜镶条调整导轨间隙；压板与支承导轨组成辅助导轨副，防止倾覆力矩过大而导致滑鞍（动导轨）与滑座（支承导轨）分离。这种导轨制造工艺简单，导向精度高，刚度好。滑座的导轨材料有两种：分别在型号后加 A、B 以示区别。A 表示滑座的导轨材料为 HT300，高频感应淬火，硬度为 42～48 HRC；B 表示滑座为镶装导轨，淬火硬度达 48 HRC 以上。

“1 字头”动力滑台分为 1HY 液压滑台、1HJT 机械滑台、NC-1HJT 交流伺服数控机械滑台三个系列。这三种滑台可跨系列通用。

液压滑台与机械滑台的主要区别是：液压滑台由调速阀无级调速，变换进给速度方便，液压系统的压力继电器使机床工作稳定，机床容易实现自动化；但较大的温度变化影响液压系统的性能，液压系统故障维修较困难。机械滑台需要更换交换齿轮，如图 4.5 所示，为 1HJT

传动系统，其中的交换齿轮 A、B、C、D 可实现有级变速。

1 HJT 机械滑台的快速移动电机带有断电制动器。工进时，快速电机处于制动状态，进给电机经交换齿轮驱动蜗杆蜗轮转动，蜗轮带动行星轮系的转臂旋转；由于连接快速移动电机轴的恒星轮被制动，使行星轮在绕左侧恒星轮（图示位置）公转的同时自转；又由于双联行星齿数不同，因而驱动右侧恒星轮转动，经定比机构，驱动滚珠丝杠副使工作台运动。快速移动时，由于蜗轮不能为主动件，致使行星轮系的转臂被制动，行星轮系变为定轴轮系，快速运动经左侧的恒星轮、双联行星轮、右侧恒星轮、定比机构、滚珠丝杠副驱动工作台快速移动。快速移动时可不停止工作进给，其实际移动速度为 $v_h \pm v_w$，即快速移动速度与工作进给速度的代数和。

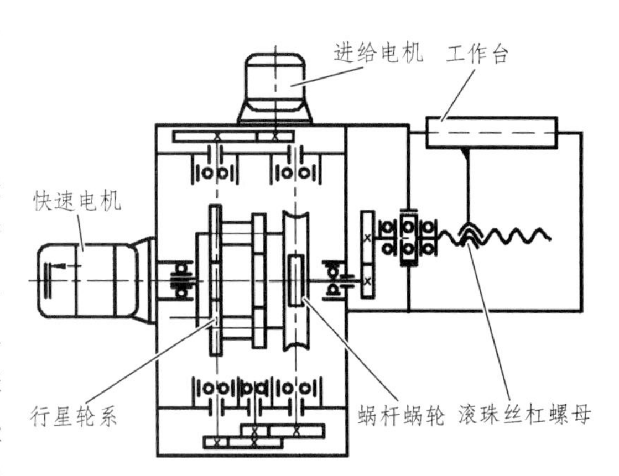

图 4.5　1HJT 机械滑台传动系统给

1 HJT 滑台的主要技术性能参数见表 4.2。

表 4.2　1 HJT 机械滑台主要技术性能参数

滑台尺寸/（mm×mm）	行程/mm	$d \times P_h$	F/N	P_1/kW	P_2/kW	v_w /（mm/min）	v_h/(m/min)
250×500	250，400	32×8	8 000	0.37	1.1	19.8～638.9	8
320×630	400，630	40×8	12 500				
400×800	400，630，1 000	50×10	20 000	0.55		15.3～533.8	6.9
500×1000		63×10	32 000	0.75	1.5		
630×1250	630，1 000	62×12	50 000	1.5	2.2	11.9～544	5.9
800×1600		80×12	80 000	2.2	3.2		

注：$d \times P_h$—滚珠丝杠直径（mm）×螺距（mm）；v_h—快速移动速度；P_1—工进功率；P_2—快进功率；v_w—工进速度。

NC-1HJT 数控机械滑台是 1HJT 机械滑台的派生产品，采用了大连机床研究所研制的 AHS-ACO4D 交流伺服系统，能自动变换进给速度和工作循环，在较大范围内实现自动调速、位置控制、程序控制。它适用于多品种、小批量柔性生产。带光电编码器的交流伺服电动机采用 SPWM 控制技术，转速在 750 r/min 以下为恒转矩调速，转速在 750～2 400 r/min 为恒功率调速。运动通过一级定比齿轮减速驱动滚珠丝杠，驱动滑鞍移动，开环系统伺服电动机的转角误差为 ±0.072°。由光栅尺组成的全闭环系统，其滑鞍位置精度可达到 ±2 μm。

2）1TD 系列动力箱

动力箱是为主轴提供切削主运动的部件。动力箱安装于滑台上，其前端与多轴箱连接。

该动力箱的输出轴驱动多轴箱的传动轴和主轴实现切削主运动。

1TD 系列动力箱按结构形式分为两种：小型组合机床动力箱和大型组合机床动力箱。小型组合机床动力箱型号为 1TD12～25，动力箱采用平键输出轴或端面键输出轴，即动力箱输出轴铣成“凸”形端，多轴箱输入轴为“凹”形端，1TD20 、1TD25 的传动比分别为 $i=21/31$、21/38；大型组合机床动力箱型号为 1TD32～80；该动力箱为平键输出轴，传动比为 $i=1/2$。动力箱结构如图 4.6 所示。动力箱的主要参数见表 4.3。

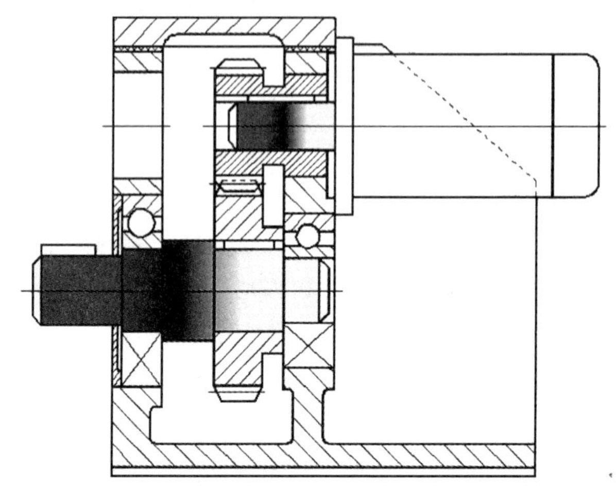

图 4.6　1TD 动力箱结构示意图

表 4.3　动力箱的主要参数

型号	h/mm	n/P_1、P_2、P_3	$B_1 \times H_1$	$B \times L$
1TD25	125	520/1.5；785/2.2	320×250	320×320
1TD32	125	715/2.2；720/3.0、4.0；470/1.5、2.2	400×320	320×400
1TD40	160	720/5.5、7.5；480/3.0、4.0、5.5	500×400	400×500
1TD50	200	720/7.5；480/4.0、5.5；730/11；485/7.5	630×500	500×630
1TD63	250	730/11、15；485/7.5、11；735/18.5；485/18.5	800×630	630×800

注：h—输出轴至滑台的距离（mm）；n/P_1、P_2、P_3—输出转速（r/min）/输出功率（kW）；$B_1 \times H_1$—与多轴箱连接尺寸（mm×mm）；$B \times L$—与滑台的连接尺寸（mm×mm）。

3）1TX 系列铣削头

1TX 系列的铣削头主要用于钢、铸铁及有色金属的平面铣削、铣槽和铣扁等工艺。普通精度级的铣削头用于粗铣；采用密齿面铣刀可进行大进给量强力铣削；高精密级（G）的铣削头用于高效、高精度的铣削，最大进给速度可达到 2.5 m/min，最高精度为：平面公差 0.01/1000～0.03/1000 mm，表面粗糙度 Ra 值≤0.4 μm。

TX 系列铣削头可分为Ⅰ型、Ⅱ型。Ⅰ型为手动移动和夹紧滑套，如图 4.7 所示，可用手动调整和夹紧机构；Ⅱ型为液压自动移动和夹紧滑套，具有液压自动让刀机构，可避免工件返回装卸工位时，刀尖划伤已加工表面。1TX 系列铣削头可与比其大一规格的滑台配套，或与同规格的 1XG 系列铣削工作台配套组成各种组合铣床。铣削头主轴孔锥度为 7：24。刀盘由拉杆拉紧，靠端面键传递扭矩。

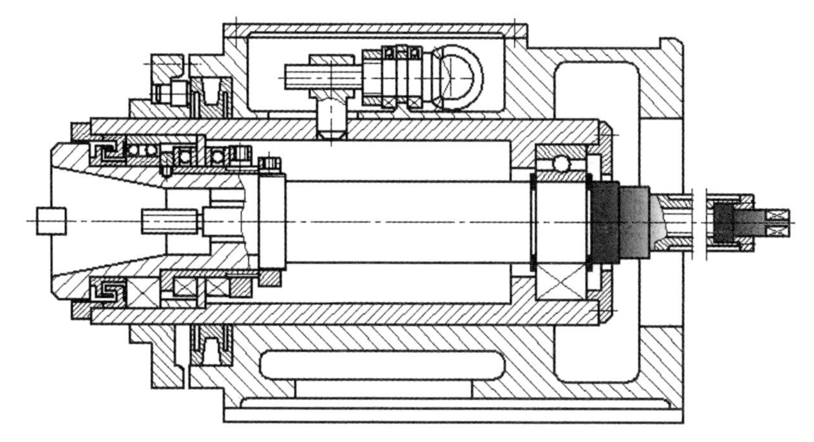

图 4.7　1TXⅠ型铣削头结构示意图

1TX 系列铣削头的转速应根据具体工序而定。同一种工件材料，若加工面积小，铣刀盘直径小，则转速高；若铣削的面积大，刀盘直径大，则转速低。低速仅为 40 r/min，高速可达到 1 600 r/min，因而它需要配有专用的传动装置。1 NG 型带传动装置，属于高速传动，用于有色金属加工；1 NGb、1 NGe 顶置式齿轮传动装置（交换齿轮变速），主要用于对铸铁、钢及有色金属的铣削加工，应用范围较广；1 NGc 尾置式交换齿轮变速传动装置，主要用于立式配置形式；1 NGd 手柄变速传动装置，用于要求经常改变切削速度的场合。1TX 系列铣削头的主要性能参数见表 4.4。

表 4.4　1TX 系列铣削头主要性能参数

型号	功率/kW	滑套调整量/mm	刀盘直径/mm	主轴转速/（r/min）	
				低速组	高速组
1TX20　1TX20G	1.1、1.5	63	80～200	125～630	200～1000
1TX25　1TX25G	2.2、3		100～250	100～500	160～800
1TX32　1TX32G	3、4、5.5	80	125～320	80～400	125～630
1TX40　1TX40G	7.5、11		160～400	63～320	100～500
1TX50　1TX50G	15、18.5、22	100	200　500	50～250	80～400
1TX63	22、30、37		250～630	40～160	80～320
1TX63G	15、18.5、22、30			63～200	160～500

注：1. 表中 1TX32　1TX32G、1TX40　1TX40G、1TX50　1TX50G 主轴转速为采用 1 NGb 传动装置时的转速范围。

2. 配套使用的尾置式交换齿轮变速传动装置 1NGc20、1NGc25、1NGc32、1NGc40 转速范围见表 4.5；1NGc50 转速范围为低速组 80～250 r/min、高速组 200～630 r/min。

4）1TA 系列镗削头

1TA 系列镗削头与同规格的 1HY、1HJT 动力滑台配套组合成镗床，完成对铸铁、钢及有色金属工件的镗孔，尺寸精度可达到 7 级，表面粗糙度 $Ra\leqslant 1.6$ μm。

图 4.8 所示为镗削头的结构示意图，主轴前端与卧式车床的短锥结构相似；镗削小直径孔时，镗刀杆用 4 ~ 6 号莫氏锥孔定位；镗削较大直径孔时，外短锥（锥度 1：4）作定位基面，拔销（图中未示出）传动转矩。1TA 系列镗削头主要技术参数见表 4.5。

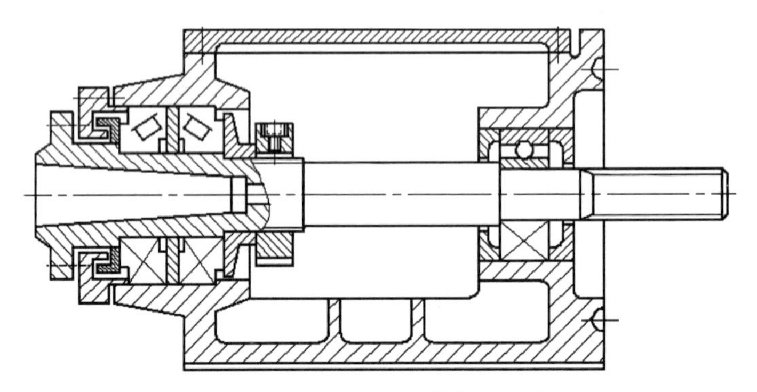

图 4.8　1TA 镗削头结构示意图

表 4.5　1TA 镗削头主要技术参数

型号	功率/kW	镗孔直径/mm	主轴前轴颈/mm	配套传动装置与主轴转速/（r/min）		
				传动装置	低速组	高速组
1TA20	1.1、1.5	20 ~ 100	60	1NG20	800 ~ 3 200	
				1NGe20	125 ~ 630	200 ~ 1 000
				1NGc20	200 ~ 1 000	
1TA25	2.2、3.0	32 ~ 125	70	1NG25	630 ~ 2 500	
				1NGe25	100 ~ 500	160 ~ 800
				1NGc25	160 ~ 800	
1TA32	3、4	50 ~ 160	85	1NG32	500 ~ 1 600	
				1NGb32	80 ~ 400	125 ~ 630
				1NGc32	125 ~ 400	320 ~ 1 000
1TA40	7.5	80 ~ 200	100	1NG40	400 ~ 1 250	
				1NGb40	63 ~ 320	100 ~ 500
				1NGc40	100 ~ 320	250 ~ 800

5）1TZ 系列钻削头

1TZ 系列钻削头可与同规格的 1HY、1HJT 动力滑台配套组合成钻床，完成钻孔、扩孔、倒角、锪平面等工艺。

1TZ 系列钻削头的结构与 1TA 系列镗削头相似，只是前轴承为 N0000 型单列圆柱滚子轴承，一对推力球轴承前端轴向定位，后支承为 00000 型深沟球轴承。1TZ 系列钻削头主要性能参数见表 4.6。

表 4.6　1TZ 系列钻削头的主要性能参数

型号	功率/kW	主轴外伸端尺寸/mm		最大钻孔直径/mm
		外径	孔径×深度	
1TZ12	0.75	40	28×85	10
1TZ16	1.1	40	28×85	16
1TZ20	1.5	50	36×106	20
1TZ25	2.2	50	36×106	25
1TZ32	3、4、5.5	67	48×129	32

注：表中最大钻孔直径的工件材料为 45 钢。

4.2　组合机床总体设计

组合机床总体设计的方法步骤与普通机床相似，但由于组合机床只能完成一种或几种工件特定工序的加工，其工艺范围较窄，主要技术参数已知，且工艺方案一旦确定，也就确定了其结构布局，因而两者总体设计的侧重点有所不同。因而，组合机床的设计任务，主要是通过待加工零件的技术分析等掌握机床设计的依据，画出详细的零件加工零件工序图；通过工艺分析，画出加工示意图；然后进行机床总体布局，画出机床尺寸联系图。其总体设计内容和方法如下。

4.2.1　工艺方案的制订

零件加工的工艺方案决定所设计组合机床的加工质量、生产率、总体布局和夹具结构等。所以，在制订工艺方案时，必须认真分析被加工零件图纸，并深入现场了解零件的形状、大小、材料、硬度、刚性、加工部位的结构特点、加工精度和表面粗糙度等技术要求，以及生产现场所采用的定位、夹紧的方法、加工工艺过程，所采用的刀具以及切削用量，生产率要求，现场环境和生产条件等。如果条件允许，还应尽可能收集国内外有关的技术资料，并进行综合分析，制订合理的工艺方案。制订工艺方案时还要遵循以下几点基本原则：

1. 选择合适、可靠的工艺方法

根据被加工零件的材料，加工部位的尺寸、形状、结构特点，加工精度、表面粗糙度以及生产率等要求，结合组合机床的工艺范围以及所能达到的加工精度，选择合适、可靠的工艺方法，以保证该机床有稳定的加工质量和较高的生产率。

2. 粗、精加工要合理安排

一般情况下，在大批量生产或零件加工精度要求较高时，应将粗、精加工工序分开，以保证加工精度和保持精加工机床的工作精度；当生产批量不大时，在能够保证加工质量的前提下，也可将粗、精加工集中在同一机床上进行，以减少机床的台数，提高经济效益。

3. 工序集中的原则

从提高机床生产率、减少机床台数考虑，要求尽量贯彻工序集中的原则。但是，工序集中程度过高，会使机床结构复杂，调整使用不便，可靠性下降，并有可能由于切削负荷过大而引起工件变形，降低加工精度，所以应合理地考虑工序集中。例如，单一工序可以相对集中在一台机床或同一工位上完成，如钻孔、镗孔、攻螺纹等。但要考虑孔距的限制，以免给多轴箱的设计带来困难或无法进行。对于大量生产的钻孔、镗孔工序，不宜集中在同一主轴箱上完成。因为钻孔和镗孔的直径以及加工时所采用的转速都相差很大，会导致主轴箱的设计困难，且钻孔轴向力会影响镗孔的加工精度。铰孔和镗孔工序也不宜集中在同一主轴箱上完成，因为铰孔采用低转速、大进给量的切削；而镗孔采用高转速、小进给量的切削，这样会使主轴箱的设计困难。

4. 定位基准及夹紧点的选择原则

选用粗基准的要求：保证能迅速可靠地加工出精基准；保证各加工表面有足够的加工余量，并尽量使主要加工表面加工余量均匀；保证各加工表面与不加工表面之间的相互位置精度。同时，需考虑定位准确、夹紧可靠、夹具结构简单、操作方便。因此，应选择零件毛坯上平整、光洁、尺寸较大、无浇口和冒口的不加工表面或加工余量小的表面作为粗基准。

对于箱体类和法兰类零件加工，一般选择“一面两孔”定位基准；轴类零件一般选择 V 形块定位，且在加工过程中应尽量使用统一的精基准。同时应注意组合机床多刀、多面、多工位加工的特点。选择定位基准和夹紧部位时，应使工件有较多的敞开面，以利于加工。另外，还应注意组合机床加工时切削力大、工件受力方向经常改变的特点，结合工件、夹紧刚度等因素，慎重地选择夹紧点，尽量减少夹紧变形。

4.2.2 确定组合机床的配置形式和结构方案

通常，在确定加工件工艺方案的同时，也就大体上确定了组合机床的配置形式和结构方案。此外，还要考虑下列因素的影响。

1. 加工精度的影响

工件的加工精度要求，往往影响组合机床的配置形式和结构方案。例如，当加工精度要求高时，应采用固定夹具的单工位组合机床；加工精度要求较低时，可采用移动夹具的多工位组合机床；工件各孔间的位置精度要求高时，应采用在同一工位上对各孔同时精加工的方法；工件各孔间同轴度要求较高时，应单独进行精加工等。

2. 工件结构状况的影响

工件的形状、大小和加工部位的结构特点，对机床的结构方案也有一定影响。例如，对于外形尺寸和质量较大的工件，一般采用固定夹具的单工位组合机床；对多工序的中小型零件，宜采用移动夹具的多工位组合机床；对大直径的深孔加工，宜采用具有较高刚性主轴的立式组合机床等。

3. 生产率的影响

生产率往往是决定采用单工位组合机床、多工位组合机床，还是组合机床自动线的重要因素。例如，从其他因素考虑应采用单工位组合机床，但由于满足不了生产率的要求，就不得不采用多工位组合机床，甚至用自动生产线来进行加工。而在选择多工位组合机床时，还要考虑工位数的因素，当工位数不超过 3 个，并能满足生产率要求时，应选用移动工作台组合机床；工位数超过 4 个时，选用回转工作台或鼓轮组合机床。

4. 生产现场条件的影响

使用组合机床的现场条件对组合机床的结构方案也有一定的影响。例如，使用单位的气候炎热，车间温度过高，使用液压传动使机床不够稳定时，则宜采用机械传动的结构形式。另外，使用单位的刃磨刀具、维修、调整能力以及车间布置的情况，都将影响组合机床的结构方案。

4.2.3 “一卡三图”的编制

组合机床总体方案通常采用“一卡三图”来描述，这是机床总体方案的具体体现。编制“一卡三图”的工作内容包括：绘制被加工零件工序图、加工示意图、机床联系尺寸图，编制生产率计算卡。

1. 被加工零件工序图

被加工零件工序图是根据选定的工艺方案，表明零件形状、尺寸、硬度以及在所要设计的组合机床上完成的工艺内容和所采用的定位基准、夹紧点的图样。它是组合机床设计的主要依据，也是制造、验收和调整机床的重要技术文件。图 4.9 所示为汽车变速器上盖在单工位双面卧式钻、铰孔组合机床上加工的零件工序图。

1）在被加工零件工序图上应标注的内容

（1）加工零件的形状、主要外廓尺寸和在本机床上要加工零件部位的尺寸、精度、表面粗糙度、几何精度等技术要求，以及对上道工序的技术要求等。

（2）本工序所选定的定位基准、夹紧部位及夹紧方向。

（3）加工时如需要中间向导，应标示出工件与中间向导间的有关部位的结构和尺寸，以便检查工件、夹具、刀具之间是否相互干涉。

（4）被加工零件的名称、编号、材料、硬度及被加工部位的加工余量等。

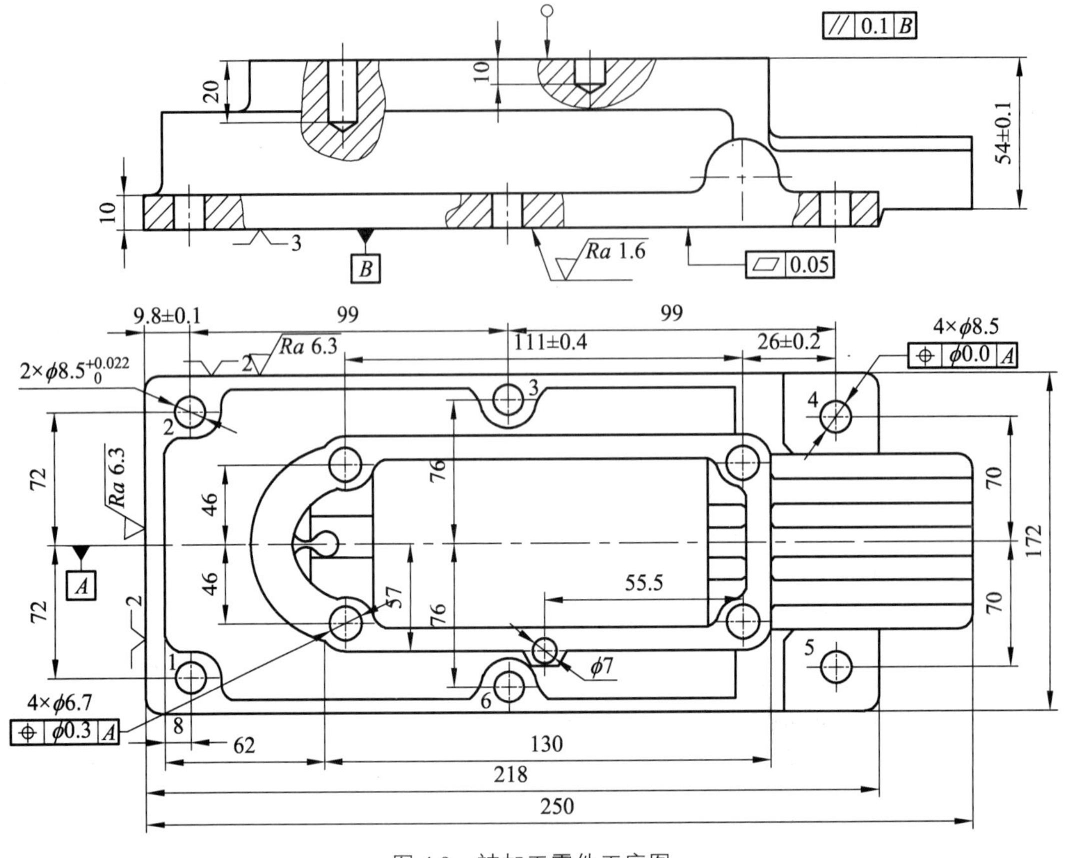

图 4.9　被加工零件工序图

2）绘制被加工零件工序图的一些规定

（1）本工序的加工部位用粗实线绘制，其余部位用细实线绘制。定位基准、夹紧部位、夹紧方向等需用符号表示；本道工序要保证的尺寸、角度等，均在其尺寸数字下用下画线标出。

（2）加工部位的位置尺寸应由定位基准算起。但有时也可将工件上某一主要孔的位置尺寸从定位基准算起，其余各孔的位置尺寸再从该孔算起。当定位基准与设计基准不重合时，要进行尺寸换算。位置尺寸的公差不对称时，要换算成对称公差尺寸，如尺寸 $10_{-0.3}^{-0.1}$ 应换算成 9.8 ± 0.1。

（3）应注明零件的加工对机床提出的某些特殊要求，如对精镗孔机床应注明是否允许留有退刀痕迹。

（4）对简单的零件，可直接在零件图上做必要的说明，而不必另行绘制被加工零件工序图，如铣削组合机床和单轴镗孔组合机床等。

2. 加工示意图

加工示意图是被加工零件工艺方案在图样上的反映，表示被加工零件在机床上的加工过程，刀具的布置以及工件、夹具、刀具的相对位置关系，机床的工作行程及工作循环等。加工示意图是刀具、夹具、多轴箱、电气和液压系统设计时选择动力部件的主要依据，是整台组合机床布局形式的原始要求，也是调整机床和刀具所必需的重要技术文件。如图 4.10 所示为汽车变速器上盖孔双面钻（铰）加工的示意图。

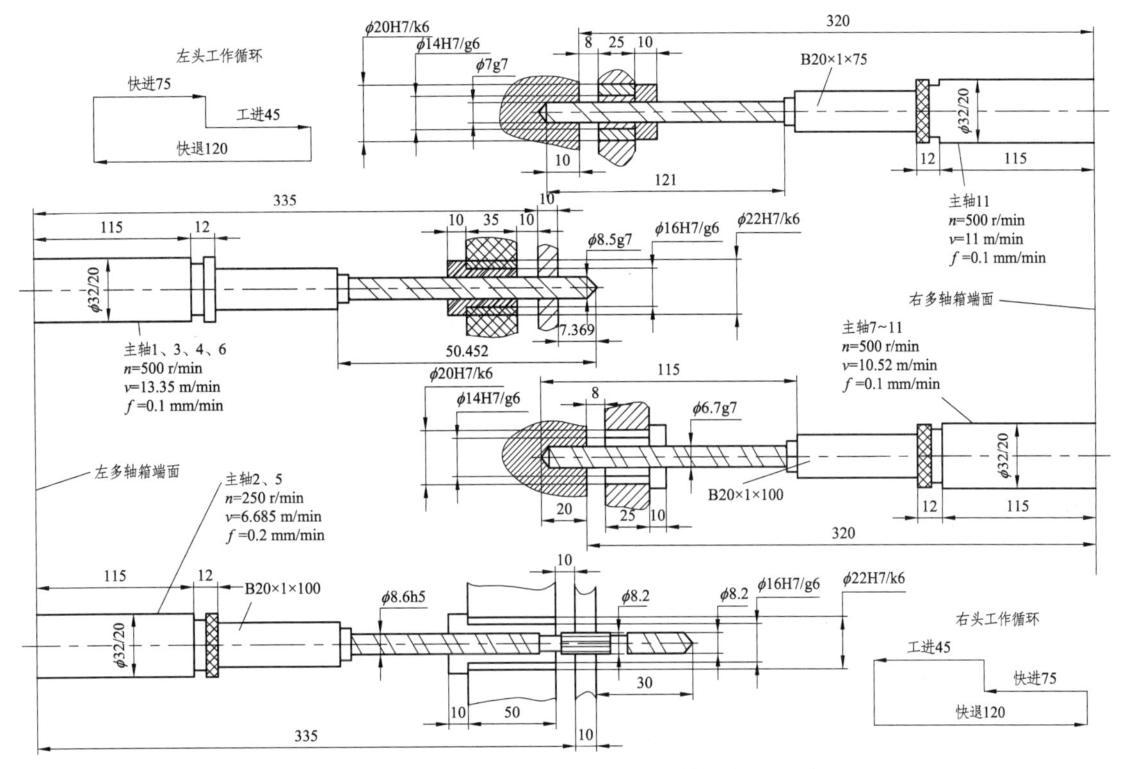

图 4.10 汽车变速器上盖孔双面钻（铰）加工示意图

1）在加工示意图上应标注的内容

（1）机床的加工方法、切削用量、工作循环和工作行程。

（2）工件、夹具、刀具与多轴箱之间的相对位置及其联系尺寸，如工件端面至多轴箱端面间的距离，刀具刀尖至多轴箱端面之间的距离等。

（3）主轴的结构类型、尺寸及外伸长度；刀具的类型、数量和结构尺寸；接杆（包括镗杆）、浮动卡头、导向装置、攻螺纹靠模装置的结构尺寸；刀具与导向装置的配合；刀具、接杆与主轴之间的连接方式。刀具应按加工终了的位置绘制。

2）绘制加工示意图之前的有关计算

在绘制加工示意图之前，应进行刀具、导向装置的选择，以及切削用量、转矩、进给力、功率和有关联系尺寸的计算。

（1）刀具的选择。选择刀具时，应考虑工艺要求与加工尺寸精度、加工材质、表面粗糙度及生产率的要求。只要条件允许，应尽量选用标准刀具。为了提高工序集中程度或满足加工精度要求，可以采用复合刀具。加工孔的刀具长度应保证在加工终了时，刀具螺旋槽尾端与导向套之间有 30 ~ 50 mm 的距离，以便于排出切屑和刀具磨损后有一定的向前调整量。在绘制加工示意图时应注意，从刀具总长中减去刀具锥柄插入接杆孔内的长度。

（2）导向套的选择。在组合机床上加工孔时，除采用刚性连接主轴加工方案外，零件上孔的位置精度主要靠刀具的导向装置来保证。因此，正确选择导向装置的类型，合理确定其尺寸、精度，是设计组合机床的重要内容，也是绘制加工示意图时必须要解决的问题。

导向装置有两大类，即固定式导向装置和旋转式导向装置。在加工孔径不大于 40 mm 或摩擦表面的线速度小于 20 m/min 时，一般采用固定式导向装置，即刀具或刀杆的导向部分，在导向套内既转动又做轴向移动。

固定式导向装置一般由中间套、可换导套和压套螺钉组成。中间套的作用是在可换导套磨损后，可较方便地进行更换，不会破坏钻模体上的孔的精度。表 4.7 列出了固定式导向装置的部分标准尺寸。表 4.8 列出了钻孔和扩孔时，导向套的长度、导向套端面与工件端面间的距离、刀具切出长度等有关尺寸。当加工孔径较大（大于 40 mm）或线速度大于 20 m/min 时，一般采用旋转式导向装置。

旋转式导向装置是将旋转副和直线移动（导向）副分别设置。它按旋转副和直线副的相对位置分为内滚式和外滚式导向两种。

表 4.7　固定式导向装置的部分标准尺寸　　　　单位：μm

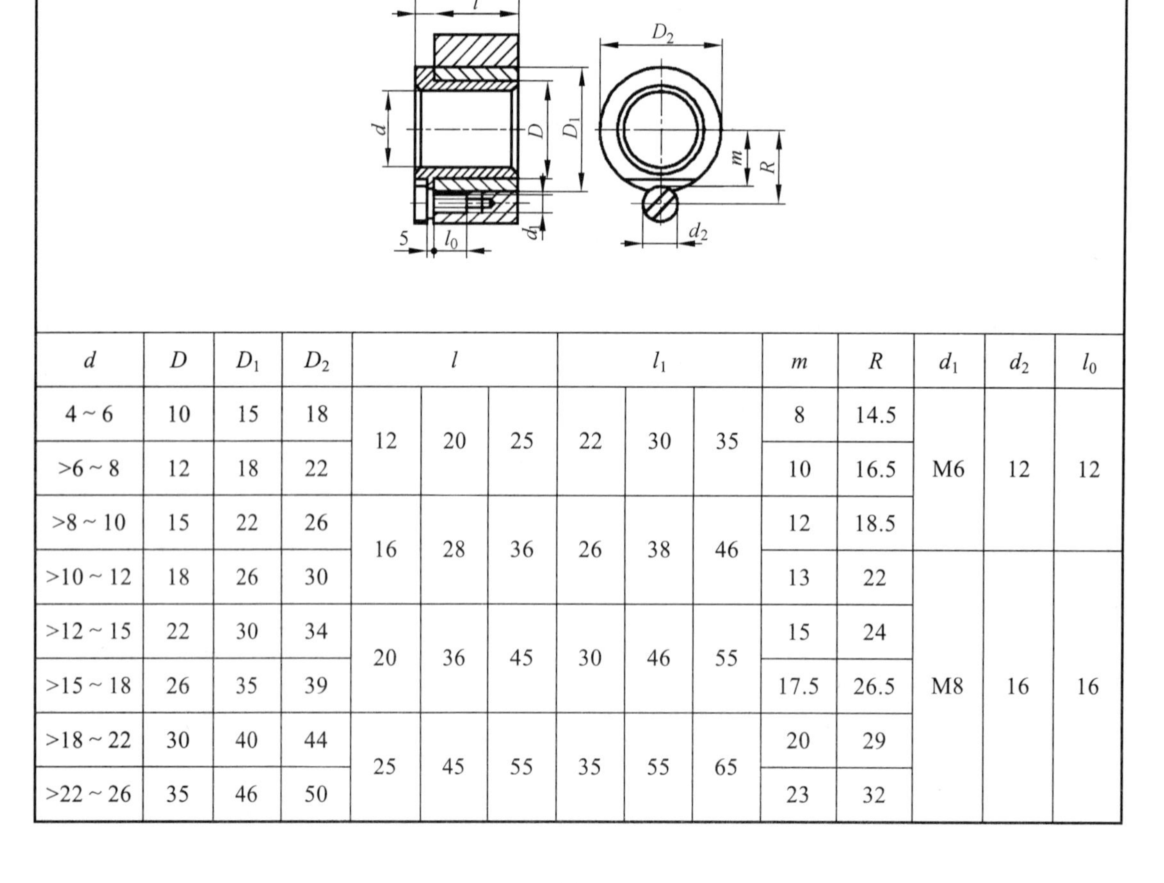

d	D	D_1	D_2	l			l_1			m	R	d_1	d_2	l_0
4～6	10	15	18	12	20	25	22	30	35	8	14.5	M6	12	12
>6～8	12	18	22							10	16.5			
>8～10	15	22	26	16	28	36	26	38	46	12	18.5			
>10～12	18	26	30							13	22	M8	16	16
>12～15	22	30	34	20	36	45	30	46	55	15	24			
>15～18	26	35	39							17.5	26.5			
>18～22	30	40	44	25	45	55	35	55	65	20	29			
>22～26	35	46	50							23	32			

表 4.8 导向装置的布置和参数选择

钻孔				
项目	l_1	l_2		l_3
与钻孔直径 d 的关系	（2～3）d	加工钢	（1～1.5）d	d/3+（3～8）mm
		加工铸铁	d	
备注	小直径取大值 大直径取小值	当 d 过大或过小时，此规律不适用		刀具出口，平面已加工时取小值，反之，取大值
扩孔				
项目	l_1	l_2		l_3
与扩孔直径 d 的关系	（2～3）d	扩孔	（1～1.5）d	10～15
		铰孔	（0.5～1.5）d	
备注	小直径取大值 大直径取小值	直径小、加工精度高时取小值		刀具出口，平面已加工时取小值，反之，取大值

图 4.11（a）所示为内滚式导向装置，滚动轴承（通常采用 4 个轴承）直接安装在镗杆上，轴承外圈安装在中间导向套中，中间导向套随镗杆一起移动。由于中间导向套的外径大于所镗孔的尺寸，故镗刀可移动到固定导向套孔内。内滚式导向装置的结构尺寸较大，其重力大于主切削力，因而切削力不能将内滚式导向装置抬起，横剖面中支承反力的中心在重力两侧摆动，摆动角小于 45°。由于滑动摩擦系数远大于滚动摩擦系数，且中间套的外径大于滚动轴承的滚动体分布圆直径，因此，在固定导向套（固定在夹具体上）和中间导向套的圆柱度、同轴度较高的情况下，中间导向套不旋转，中间导向套不需圆周定向。镗孔开始，中间导向套处于不稳定状态，故精镗孔时可在固定导向套内设置圆周定向键，以避免固定导向套的圆柱度误差影响镗孔精度。由于内滚式导向装置的质量大，因而固定导向套与中间导向套不能脱离接触，否则，需增加托架，避免导向装置因重力下垂而造成不能正确导向。但需保证开始切削时，其导向长度（中间导向套与固定导向套的重合长度）不小于中间导向套的直径 d_2；固定导向套端面至工件端面的距离为 20～50 mm，具体可视导向结构而定。内滚式导向装置适用于镗杆悬伸量小、孔径大的镗孔工艺。

图 4.11（b）所示，为外滚式导向装置，滚动轴承安装于夹具体的固定套中并预紧，镗杆相对于中间导向套的内孔滑动。由于所镗孔的尺寸大于镗杆直径，因而需在中间导向套内孔上设有引刀槽和导向键，以保证镗孔完毕时镗刀能退离工件、准确进入引刀槽中，使工件的装卸方便。为避免刀尖划伤已加工孔的孔壁，退刀时镗杆须停止转动。

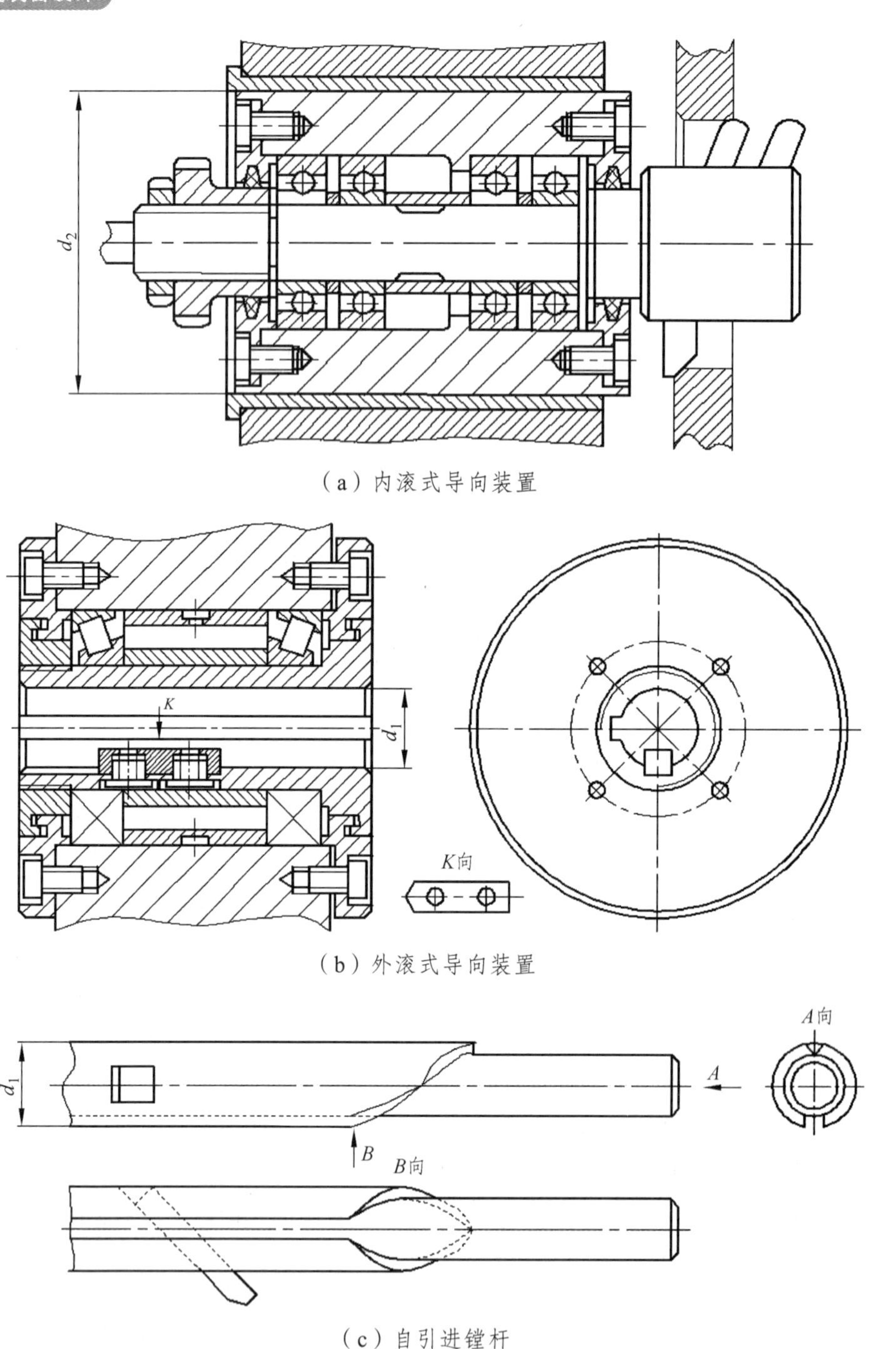

（a）内滚式导向装置

（b）外滚式导向装置

（c）自引进镗杆

图 4.11　旋转式导向装置

在圆周剖面上，引刀槽对称中心线与导向键的对称中心线所夹的圆心角一般为 90°，主要原因如下：

（1）若两中心线所夹的圆心角为 180°，而镗杆上的镗刀安装孔为方形或圆形通孔，如图 4.11（c）所示，当其边长或直径与导向键的宽度不相等，必将会影响镗杆上导向键槽的导向精度。

（2）若两中心线所夹圆心角为 180°，则工件施加到镗杆上的主切削力的反力，其方向与镗杆重力方向相同时，引刀槽和导向键槽处于水平位置，中间导向套受力截面积最小，这不符合强度与刚度理论。

在进行单导向悬臂镗孔时，设镗刀开始加工时的悬臂长度（镗刀至导向部位的距离）为 l，中间导向套的长度为 L，则 $L=(1.5\sim2)l$，且 $L>2.5d_1$，并且在结构许可的条件下，尽可能增加导向装置中滚动轴承间的跨距。

对于工件上相邻较远的两层孔壁的镗孔，或在位于较深的工件内壁上镗孔，则应采用双导向镗孔。对于双导向，后导向（即靠近主轴箱的导向）的中间导向套长度为 $L=(2.5\sim3.5)d_1$，前导向的中间导向套长度为 $L=(1.5\sim2)d_1$，但须保证开始加工时，镗杆导向部分进入导向孔内的长度不小于 d_1；前导向中间套的孔内不设导向键或采用左右螺旋导向的自引进镗杆，如图 4.11（c）所示，其螺旋角≤45°。

（3）初定切削用量。组合机床常采用多轴、多刀、多面同时加工方式，且组合机床上的刀具要有足够的使用寿命，以减少换刀次数。因此，组合机床的切削用量一般比通用机床的单刀加工要低 30%以上。在表 4.9 和表 4.10 中，分别列出了在组合机床上钻孔和扩孔时推荐的切削用量。

表 4.9　用高速钢钻头加工铸铁的切削用量

切削用量	铸　铁	
加工直径/mm	v/（mm/min）	f/（mm/r）
1~6	10~18	0.05~0.1
6-12	10~18	0.1~0.18

表 4.10　用高速钢刀具扩孔的切削用量

切削用量	铸　铁			
加工直径/mm	扩通孔		锪沉孔	
	v/（mm/min）	f/（mm/r）	v/（mm/min）	f/（mm/r）
10~15		0.15~0.2		0.15~0.2
16~25		0.2~0.25		0.15~0.3
26~40	10~18	0.25~0.3	8~12	0.15~0.3
40~60		0.3~0.4		0.15~0.3
60~100		0.4~0.6		0.15~0.3

同一多轴箱上的刀具，由于采用同一滑台实现进给，所以各刀具（除丝锥外）的每分钟进给量应相等。因此，应按工作时间最长、负荷最重、刃磨刀具较困难的所谓“限制性刀具”来确定；对于其他刀具，可以在此基础上调整其每转进给量，以满足每分钟进给量相同的要求。另外，在多轴箱传动系统设计完毕，传动齿轮齿数确定之后，还要反过来调整初定的切

削用量。

选择切削用量时，应尽量使相邻主轴的转速接近，以使多轴箱的传动链简单。使用液压滑台时，所选的每分钟进给量一般应比滑台的最小进给量大 50%，以保证进给稳定。

（4）确定切削转矩、轴向切削力和切削功率。确定切削转矩、轴向切削力和切削功率是为了分别确定主轴及其他传动件尺寸、选择滑台及设计夹具以及选择主电动机（一般是选择动力箱的驱动电动机）等提供依据。

确定切削转矩、轴向切削力和切削功率时可利用计算图或利用下列公式进行计算。

① 采用高速钻头钻铸铁孔

$$F = 26 f^{0.8} HBW^{0.6} \tag{4.1}$$

$$T = 10 D^{1.9} f^{0.8} HBW^{0.6} \tag{4.2}$$

$$P = \frac{Tv}{9\,550\pi D} \tag{4.3}$$

式中　F——轴向切削力（N）;

D——钻头直径（mm）;

f——每转进给量（mm/r）;

T——切削转矩（N · mm）;

P——切削功率（kW）;

v——切削速度（m/min）;

HBW——工件材料硬度，一般取 HBW 的最大值。

② 采用高速钢扩孔钻扩铸铁孔时，按下式计算

$$F = 9.2 f^{0.4} a_{p}^{1.2} HBW^{0.6} \tag{4.4}$$

$$T = 31.6 D a_{p}^{0.75} f^{0.8} HBW^{0.6} \tag{4.5}$$

$$P = \frac{Tv}{9\,550\pi D} \tag{4.6}$$

式中　a_p——背吃刀量（mm）。

其余同式（4.1）、式（4.2）及式（4.3）。

根据上述公式，计算出本工序钻孔、扩孔及倒角的轴向切削力、切削转矩、切削功率，并列于表 4.11 中。

表 4.11　本工序钻孔、扩孔及倒角的 F、T、P

孔位	孔数	钻头直径 D/mm	轴向切削力 F/N	转矩 T/（N · mm）	功率 P/kW
1、3、4、6	4	钻 ϕ8.5	973	2570	4×0.135
2、5	2	钻 ϕ8.2	1 635	4 178	2×0.113
7、8、9、10	4	钻 ϕ6.7	767	4×1 635	4×0.086
11	1	钻 ϕ7	802	1 777	0.093

（5）计算主轴直径。

① 按强度条件计算，45 钢主轴的直径为

$$d \geqslant \sqrt[3]{\frac{16T}{[\tau]\pi}} = 0.548\sqrt[3]{T} \tag{4.7}$$

② 按刚度条件计算，主轴直径为

$$d \geqslant \sqrt[4]{\frac{32T \times 180 \times 1000}{G\pi^2[\theta]}} = B\sqrt[4]{T} \tag{4.8}$$

式中　d——主轴直径（mm）；

T——主轴所承受的转矩（N · mm）；

$[\tau]$——许用剪应力（MPa），45 钢$[\tau] = 31$ MPa；

B——系数；

$[\theta]$——最大单位长度的允许扭转角。当材料的剪切弹性模量 $G = 8.1 \times 10^4$ MPa，刚性主轴$[\theta] = 0.25°/\text{m}$，$B = 2.316$；非刚性主轴$[\theta] = 0.5°/\text{m}$，$B = 1.948$；传动轴$[\theta] = 1°/\text{m}$，$B = 1.638$。

表 4.12 列出了通用钻削类主轴的系列参数。当计算出主轴直径后，应按表 4.12 取标准值，并尽量不要选用 15 mm 的主轴。

表 4.12　通用钻削类主轴的系列参数

主轴外伸	主轴类型	主轴直径/mm						
短主轴（用于与刀具浮动连接的镗、扩、铰等工序） 多轴箱端面　D/d　75　（立式60）	圆锥滚子轴承（短主轴）			25	30	35	40	50
长主轴（用于与刀具刚性连接的钻、扩、铰、倒角、锪平面等工序或攻螺纹工序） 多轴箱端面　D/d　75　（立式L−15）	圆锥滚子轴承（长主轴）		20	25	30	35	40	50
	深沟球轴承主轴	15	20	25	30	35	40	
	滚针轴承主轴	15	20	25	30	35	40	
主轴外伸尺寸/mm	D/d	25/16	32/20	40/28	50/36	50/36	67/48	80/60
	L	85	115	115	115	115	135	135
	孔深 l_1	74	77	85	106	106	129	129
接杆莫氏锥度		1	1、2	1、2、3	2、3	2、3	3、4	4、5

在本例中，所有主轴直径均为 $d=20$ mm，主轴外伸长度为 $L=115$ mm，内径为 $D=20$（H7）mm，内孔长度 $l_1=77$ mm。

（6）选取刀具接杆。由以上论述可知，多轴箱各主轴的外伸长度为一定值，而刀具的长度也是一定值。因此，为保证多轴箱上各刀具能同时达到终了位置，就需要在主轴与刀具之间设置调节环节。这个调节环节在组合机床上是通过可调节的刀具接杆来解决的。表 4.13 列出了大型组合机床上用的接杆尺寸参数。

接杆上的直径尺寸 d 与主轴外伸长度的内孔直径 D 配合，因此，根据接杆直径 d 和刀具的锥体莫氏锥度，从表 4.13 中选取接杆型号、莫氏锥度和接杆长度。

表 4.13　可调节杆尺寸（摘自 GB/T 3668.10—1983）　　单位：mm

d（h6）	d_1（h6）	d_2		d_3	l	l_1	l_2	l_3	螺母厚度
		锥度	基准直径						
20	Tr20×2	莫氏 1 号	12.065	17	113	46	40	25	12
					138			50	
					163			75	
					188			100	
28	r28×2	莫氏 1 号或 2 号	12.065 或 17.780	25	120	51	42	25	12
					145			50	
					170			75	
					195			100	
36	r36×2	莫氏 2 号或 3 号	17.780 或 23.825	33	148	65	50	30	14
					178			60	
					208			90	
					238			120	
48	r48×2	莫氏 3 号或 4 号	23.825 或 31.267	45	184	76	65	40	18
					224			80	
					264			120	
					304			160	

注：1. 表中所列接杆为 B 型，$d=20$ mm。$l_3=50$ mm 的接杆标注为 B20/1/50。

2. A 型接杆 $l_3=0$，$d=20$ mm 的 A 型接杆标注为 A20/1。

（7）确定加工示意图的联系尺寸。加工示意图上联系尺寸的标注如图 4.10 所示。其中，最重要的联系尺寸是工件端面到多轴箱端面之间的距离（即图 4.10 中的尺寸 335 mm、320 mm），它等于刀具悬伸长度、螺母厚度、主轴外伸长度与接杆伸出长度（可调）之和，再减去加工孔深度（如加工通孔，还应减去刀具的切出值）。

为了使所设计的机床结构紧凑，应尽量使工件端面至多轴箱端面间的距离最小。因此，选取接杆时，在主轴外伸长度及刀具类型相同的条件下，首先应选取加工部位在不同外壁中的孔径最大、长度小的主轴刀具接杆。应保证在加工终了位置时钻头等刀具的螺旋槽尾部至导向套端面的距离，以利于排除切屑和刀具刃磨后能向前调整。工件端面到多轴箱端面之间的距离还与机床的总体布局有关，如夹具尺寸等。

（8）工作进给长度的确定。工作进给长度 l 应按加工长度最大的孔来确定。工作进给长度 l 等于刀具的切入长度值 l_1（根据工件端面的误差情况，一般取 5 ~ 10 mm）、加工孔深度 l_2 及切出值 l_3（可按表 4.8 确定）之和，如图 4.12 所示。

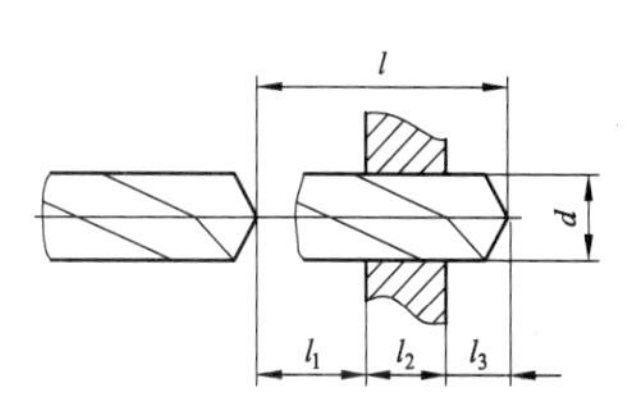

图 4.12　工作进给长度

（9）绘制加工示意图的注意事项。

① 加工示意图中各部分之间的相对位置，应按加工终了时的状况绘制，且其方向应与机床的布局相吻合。

② 工件的非加工部位用细实线绘制，其余部分一律按机械制图标准绘制。

③ 同一多轴箱上，结构、尺寸完全相同的主轴，不管数量多少，允许只绘制一根，但应在主轴上标注与工件孔号相对应的轴号。

④ 主轴间的分布可不按真实的中心距绘制，但加工孔距很小或需设置径向尺寸较大的导向装置时，则应按比例绘制，以便检查相邻主轴、刀具、导向装置等是否产生干涉。

⑤ 对于标准通用结构，允许只绘制外形，标上型号。但对一些专用结构，如导向、专用接杆等，则应绘出剖视图，并标注尺寸、精度及配合。

3. 机床联系尺寸图

机床联系尺寸图是用来表示机床的配置形式、机床各部件之间的相对位置关系和运动关系的总体布局图。它是进行多轴箱、夹具等专用部件设计的重要依据。

如图 4.13 所示，机床联系尺寸图的内容包括机床的布局形式，通用部件的型号、规格，动力部件的运动尺寸和所用电动机的主要参数，工件与各部件间的主要联系尺寸，专用部件的轮廓尺寸等。

绘制机床联系尺寸图之前，应进行下列工作及其有关计算：

1）选用动力部件

选用动力部件主要指选择型号、规格合适的滑台和动力箱。

（1）滑台的选用。通常根据滑台的驱动方式、所需进给力、进给速度、最大行程长度和加工精度等因素来选用合适的滑台。

① 驱动方式的确定。选用液压驱动还是机械驱动的滑台，可以参照通用部件介绍中对液

压滑台和机械滑台的性能特点比较，并结合具体加工要求、使用条件等来确定。本例选用 NC-1HJT 系列数控机械滑台。

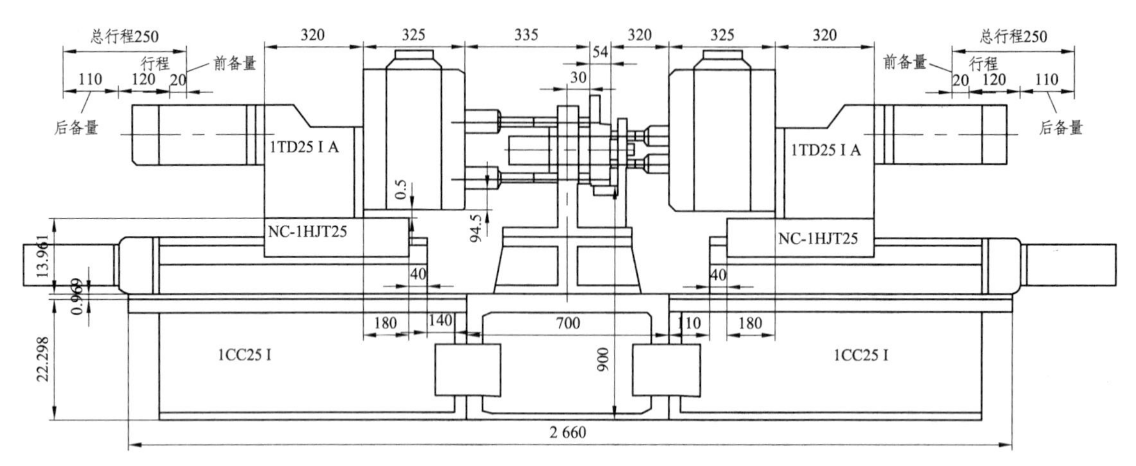

图 4.13 机床联系尺寸图

② 确定轴向进给力。滑台所需的进给力可按下式计算

$$F_{进} = \sum F_i$$

式中 F_i——各主轴加工时所产生的轴向进给力（N）。

滑台工作时，由于除了需克服各主轴的轴向力外，还要克服滑台移动时所产生的摩擦阻力，因而所选滑台的最大进给力应大于 $F_{进}$。

③ 确定进给速度。机械滑台的工作进给速度是分等级的，通过配换交换齿轮来决定；液压滑台的工作进给速度则规定在一定范围内可无级调节。对液压滑台，确定刀具切削用量时所规定的工作进给速度应为滑台最小工作进给速度的 1.5 ~ 2 倍；当液压进给系统中采用压力继电器时，实际进给速度还应更大一些。NC-1HJT 系列滑台为无级变速，工作进给速度≥5 mm/min，快速移动速度≤10 m/min。本例选择 NC-1HJT25 交流伺服数控机械滑台，工作进给速度为 50 m/min。

④ 确定滑台行程。滑台的行程除保证足够的工作行程外，还应留有前备量和后备量。前备量的作用是使动力部件有一定的向前移动的余地，以弥补机床的制造误差以及刀具磨损后能向前调整。前备量一般为 10 ~ 20 mm。本例的前备量为 20 mm。后备量的作用是使动力部件有一定的后向移动的余地，以便装卸刀具。后备量须大于主轴内孔与接杆的配合长度。所以滑台总行程应大于工作行程、前备量、后备量之和。

⑤ 精度的选择。“1 字头”系列滑台分为普通、精密、高精度三种精度等级。一般根据加工精度要求，选用不同精度等级的滑台。

（2）动力箱的选用。动力箱主要依据多轴箱所需的电动机功率来选用。多轴箱所需的电动机功率为

$$P_{主} = P_{切} + P_{空} + P_{附}。$$

由表 4.11 可知，本例左动力箱的切削功率为 $P_{切}=0.766$ kW；右动力箱的切削功率为 $P_{切}=0.437$ kW；$P_{空}$可根据轴的直径及转速由表 4.14 查得；$P_{附}$一般取所传递功率的 1%。在多轴箱传动系统设计之前，$P_{空}$无法确定时，可由下式估算。

$$P_{主}=\frac{P_{切}}{\eta}$$

式中　η——多轴箱传动效率。加工黑色金属时$\eta=0.8\sim0.9$；加工有色金属时$\eta=0.7\sim0.8$。主轴数量多、传动复杂时取小值，反之，则取大值。

表 4.14　主轴的空转功率 $P_{空}$　　单位：kW

转速/（r/min）	主轴直径/mm					
	15	20	25	30	40	50
25	0.001	0.002	0.003	0.004	0.007	0.012
40	0.002	0.003	0.005	0.007	0.012	0.018
63	0.003	0.005	0.007	0.010	0.019	0.029
100	0.004	0.007	0.012	0.017	0.030	0.046
160	0.007	0.012	0.018	0.027	0.047	0.074
250	0.010	0.018	0.028	0.042	0.074	0.116
400	0.017	0.030	0.046	0.067	0.118	0.185
630	0.026	0.046	0.073	0.105	0.186	0.291
1 000	0.042	0.074	0.116	0.166	0.296	0.462
1 600	0.066	0.118	0.185	0.266	0.473	0.749

动力箱的电动机功率应大于计算功率，并结合各主轴要求的转速大小，合理地选定动力箱的电动机功率和型号。据此，选用电动机型号为 Y100L-6B5 的 1TD25 Ⅰ 型动力箱，电动机功率为 1.5 kW，驱动轴转速为 520 r/min；动力箱输出轴至箱底面的高度为 125 mm。

当某一规格的动力部件的功率或进给力不能满足要求，但又相差不大时，不要轻易选用大一规格的动力部件，而应根据具体情况适当降低切削用量，或将刀具错开顺序加工，以降低功率和进给力。

2）确定装料高度

装料高度是指工件安装基面至机床底座的垂直距离。在组合机床标准中，推荐装料高度为 1 060 mm，但根据具体情况（如车间运送工件的滚道高度、多轴箱最低主轴高度等因素），在 850 ~ 1 060 mm 内选取。本例的取装料高度为 900 mm。

3）确定夹具轮廓尺寸

工件的尺寸和形状是确定夹具底座尺寸的基本依据。确定夹具底座尺寸时，应考虑工件的定位件、夹紧机构、刀杆导向装置的需求空间，并应满足排屑和夹具安装的需要。

一般情况下，加工示意图中已经确定了工件至导向套端面的距离和导向套的尺寸。本例中主要确定钻模板厚度及夹具体的底座尺寸。钻模板厚度应不小于最小导向长度，如图 4.13 所示，左钻模板厚度为 40 mm，右钻模板厚度为 25 mm，夹具体底座长度为 400 mm；如果是镗削加工，则镗模架体厚度为 150 ~ 300 mm。

夹具体底座高度应依据装料高度、夹具大小和中间底座高度而定，并充分考虑底座刚度，以便于布置定位元件和设置夹紧机构，便于排除切屑为原则。本例中取 240 mm（由于取中间底座标准高度为 560 mm）。

对于较复杂的夹具，在绘制联系尺寸图之前应绘制出夹具结构草图，以便确定夹具的主要技术参数、基本结构及外形控制尺寸。因此，总体设计也称为“四图一卡”。

4）中间底座轮廓尺寸

中间底座轮廓尺寸要满足夹具在其上面连接安装的需要。中间底座长度尺寸要根据所选动力部件（滑台、滑座）及装配部件（侧底座）的位置关系确定。同时应考虑多轴箱处于终了位置时，多轴箱与夹具体之间应有适当距离，以便于机床调整、维修。另外，中间底座周边应有 70 ~ 100 mm 的排屑或切削液回流槽。中间底座长度方向尺寸 L（见图 4.13），要根据所选动力部件和夹具安装要求来确定，一般可按下式计算

$$L=(L_{1左}+L_{1右}+2L_2+L_3)-2(l_1+l_2+l_3)$$

式中　L_1——在加工终了位置，多轴箱端面至工件端面间的距离（mm），在本例中 $L_{1左}=335$ mm，$L_{1右}=320$ mm；

L_2——多轴箱厚度（mm），本例多轴箱用 90 mm 后盖，$L_2=325$ mm；

L_3——工件长度（mm），本例 $L_3=54$ mm；

l_1——滑台与多轴箱的重合长度（mm），本例中 $l_1=180$ mm；

l_2——在加工终了位置，滑台前端面至滑座端面间的距离和前备量之和（mm），本例中 $l_2=40$ mm；

l_3——滑座前端面与侧底座端面的距离（mm），本例中 $l_3=110$ mm。

则中间底座长度为

$$L=(335+320+2\times325+54)-2\times(180+40+110)=699\ (\text{mm})$$

取 $L=700$ mm。

中间底座长度确定后，多轴箱端面至工件端面间的距离也就最后确定了。因此，刀具接杆的长度也就最后确定了。

中间底座高度按标准选取 560 mm。在确定中间底座高度时，应考虑切屑的储存和清理以及电气接线盒的安排。如使用切削液，还应考虑容纳 3 ~ 5 min 冷却泵流量的切削液。对于加工铸铁件的机床，为使切削液有足够的沉淀时间，其容量还应加大到 10 ~ 15 min 的流量。

5）确定多轴箱轮廓尺寸

标准中规定：卧式配置的多轴箱总厚度为 325 mm，立式配置的为 340 mm；宽度和高度按标准尺寸系列选取。具体计算时，多轴箱的宽度和高度按下式计算（参见图 4.14）

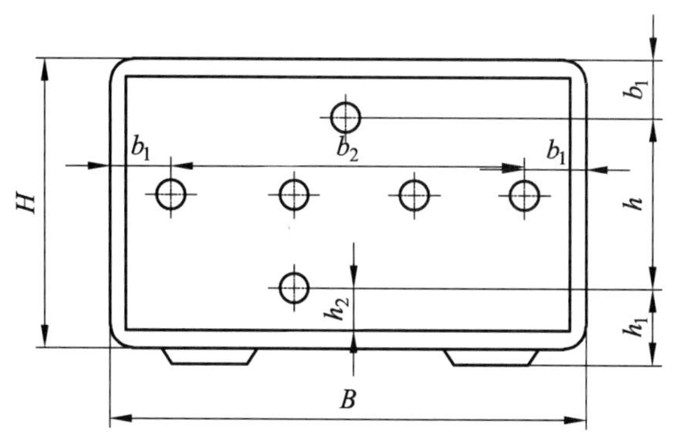

图 4.14　多轴箱轮廓尺寸的确定

$$B = b_2 + 2b_1,\ H = h + h_1 + b_1$$

式中　b_1——最边缘主轴中心至多轴箱外壁之间的距离（mm），一般取 70 ~ 100 mm；

b_2，h——分别为工件在宽度和高度方向上相距最远的两加工孔中心距（mm）；

h_1——最低主轴高度（mm）。

在上述各尺寸中，除 h_1 外，其他尺寸均为已知，h_1 确定后，多轴箱的轮廓尺寸就可以确定。对于卧式组合机床，h_1 既要保证多轴箱内的润滑油有足够的容量，又不能使其从主轴衬套中泄漏出去。一般推荐 $h_1 = 85 \sim 140$ mm。在本例中

$$h_1 = (h_2 + H_w) - (h_3 + h_4 + h_5 + h_6) = (10 + 900) - (0.5 + 250 + 5 + 560) = 94.5\ (\text{mm})$$

式中　H_w——装料高度（mm），由图 4.13 可知，$H_w = 900$ mm；

h_2——工件最低加工中心至工件底部定位基面之间的距离（mm），由图 4.14 可知，$h_2 = 10$ mm；

h_3——滑台高度（mm），NC 滑台高度 $h_3 = 250$ mm；

h_4——滑台与侧底座之间的调整垫厚度（mm），一般取 $h_4 = 5$ mm；

h_5——侧底座高度（mm），1CC25 Ⅰ 滑台侧底座高度 $h_5 = 560$ mm；

h_6——多轴箱底与滑台之间的距离（mm），一般取 $h_6 = 0.5$ mm。

由图 4.9 可知，$b_2 = 152$ mm，$h = 198$ mm，若取 $b_1 = 100$ mm，则多轴箱的轮廓尺寸为

$$B = b_2 + 2b_1 = 152 + 2 \times 100\ \text{m} = 352\ (\text{mm})$$

$$H = h + h_1 + b_1 = 198 + 94.5 + 100 = 392.5\ (\text{mm})$$

根据标准应取 $B \times H = 400\ \text{mm} \times 400\ \text{mm}$ 的多轴箱。

通过在侧底座与滑座之间设置调整垫，可以保证最低主轴中心与最低被加工孔中心在垂直方向上等高。

机床联系尺寸图应按加工终了时的位置绘制，并表明动力部件退回到最远处的位置。当工件加工部位与工件中心线不对称时，应注明动力部件中心线与夹具中心线间的距离和方向。还应在图上标明动力部件的总行程、工作行程、前备量、后备量以及液压站和电气控制装置等的安装位置。

另外，1TX 系列铣削头与其大一规格的滑台或同规格的 1GX 系列专用铣削工作台配合组成组合铣床，工序简单，配套形式固定。因此，可不绘制机床联系尺寸图。

4. 生产率计算卡

生产率计算卡是反映所设计机床的工作循环过程、动作时间、切削用量、生产率、负荷率等的技术文件。通过生产率计算卡，可以分析所拟定的方案是否满足用户对生产率及负荷的要求。机床的生产率 Q_1（件/h）按下式计算

$$Q_1 = 60/T_{单} = 60/(T_{切} + T_{附})$$

式中 $T_{单}$——单件工时（min）；

$T_{切}$——机加工时间（min），包括动力部件工作进给和固定挡铁停留时间 $t_{停}$，即

$$T_{切} = \frac{L_1}{v_{f1}} + \frac{L_2}{v_{f2}} + t_{停}$$

式中 L_1，L_2——刀具的第Ⅰ、第Ⅱ工作进给行程长度（mm）；

v_{f1}，v_{f2}——刀具的第Ⅰ、第Ⅱ工作进给量（mm/min）；

$t_{停}$——固定挡铁停留时间，一般为在动力部件进给停止状态下，刀具旋转 5 ~ 10 r 所需要的时间（min）；

$T_{辅}$——辅助时间（min），包括快进时间、快退时间、工作台移动或转位时间 $t_{移}$、装卸工件时间 $t_{装}$，即

$$T_{辅} = \frac{L_3 + L_4}{v_{fk}} + t_{移} + t_{装}$$

L_3，L_4——动力部件进给行程长度、快退行程长度（min）；

v_{fk}——动力部件的快速移动速度（mm/min）；

$t_{移}$——工作台移动或转位时间（min），一般为 0.05 ~ 0.13 min；

$t_{装}$—装卸工件时间（min），一般为 0.5 ~ 1.5 min。

机床负荷率按下式计算

$$\eta = \frac{Q_1}{Q} = \frac{Q_1 t_k}{A}$$

式中 Q——机床的理想生产率（件/h）；

A——年生产纲领（件）；

t_k——年工作时间（h），单班制工作时 t_k = 1 950 h，两班制 t_k = 3 900 h。

机床负荷率一般以 65% ~ 75%为宜，机床复杂时取小值，反之取大值。

本例的生产率计算列于表 4.15 中（左动力部件的计算未列入）。

表 4.15 机床生产率计算卡

<table>
<tr><td rowspan="3">被加工零件</td><td>图号</td><td colspan="2"></td><td colspan="2">毛坯种类</td><td colspan="2">铸件</td></tr>
<tr><td>名称</td><td colspan="2">汽车变速器上盖</td><td colspan="2">毛坯质量</td><td colspan="2"></td></tr>
<tr><td>材料</td><td colspan="2">HT200</td><td colspan="2">硬度</td><td colspan="2">175 ~ 255 HBW</td></tr>
<tr><td colspan="2">工序名称</td><td colspan="2">钻、铰螺栓孔和螺纹底孔</td><td colspan="2">工序号</td><td colspan="2"></td></tr>
<tr><td rowspan="2">序号</td><td rowspan="2">工步名称</td><td rowspan="2">工作行程/mm</td><td rowspan="2">切削速度/（m/min）</td><td rowspan="2">进给量/（mm/r）</td><td rowspan="2">进给速度/（mm/min）</td><td colspan="2">工时/min</td></tr>
<tr><td>工件时间</td><td>辅助时间</td></tr>
<tr><td>1</td><td>安装工件</td><td></td><td></td><td></td><td></td><td></td><td>0.5</td></tr>
<tr><td>2</td><td>工件定位、夹紧</td><td></td><td></td><td></td><td></td><td></td><td>0.05</td></tr>
<tr><td>3</td><td>右滑台快进</td><td>75</td><td></td><td></td><td>5 000</td><td></td><td>0.015</td></tr>
<tr><td>4</td><td>右滑台工进，钻 ϕ6.7 mm 深 20 mm</td><td>45</td><td>10.52</td><td>0.10</td><td>50</td><td>0.90</td><td></td></tr>
<tr><td>5</td><td>固定挡铁停留</td><td></td><td></td><td></td><td></td><td></td><td>0.01</td></tr>
<tr><td>6</td><td>右滑台快退</td><td>120</td><td></td><td></td><td>5 000</td><td></td><td>0.024</td></tr>
<tr><td>7</td><td>松开工件</td><td></td><td></td><td></td><td></td><td></td><td>0.05</td></tr>
<tr><td>8</td><td>卸下工件</td><td></td><td></td><td></td><td></td><td></td><td>0.5</td></tr>
<tr><td rowspan="5">备注</td><td colspan="4" rowspan="5">1. 右动力箱驱动的主轴，转速为 500 r/min
2. 一次安装加工一个工件
3. 本机床装卸工件时间取 1 min</td><td>累计</td><td>0.9</td><td>1.149</td></tr>
<tr><td>单件总工时</td><td colspan="2">2.049</td></tr>
<tr><td>机床生产率</td><td colspan="2">29.28（件/h）</td></tr>
<tr><td>理论生产率</td><td colspan="2">25.53（件/h）</td></tr>
<tr><td>负荷率</td><td colspan="2">87.2%</td></tr>
</table>

4.3 通用多轴箱设计

4.3.1 多轴箱的功用及分类

多轴箱是组合机床的重要专用部件，根据被加工零件工序图、加工示意图进行设计，由通用零件组成。它能将动力箱的动力传递给主轴，使之按要求的转速和转向旋转，并为其提供切削动力。多轴箱与动力箱一起安装于进给滑台上，可完成钻、扩、铰、镗孔等加工工序。

多轴箱分为专用多轴箱和通用多轴箱两大类。专用多轴箱根据被加工工件的特点及其加工工艺要求进行设计。专用多轴箱基本上由专用零件组成，采用不须导向装置的刚性主轴来保证加工孔的位置精度。通用多轴箱按专用要求设计，由通用零件及少量专用零件组成，采用非刚性主轴，加工时，需由导向装置引导刀具来保证被加工孔的位置精度。本节只介绍通用多轴箱的设计。

4.3.2 通用多轴箱的组成

通用多轴箱主要由箱体类零件、主轴、传动轴、齿轮以及润滑和防油泄漏元件等组成，如图 4.15 所示。其中，箱体 17、前盖 20、后盖 15 等为通用箱体类零件；主轴 1～5、传动轴 6 和 8、手柄 7、润滑油泵轴 9、传动齿轮 11、驱动轴齿轮 13 等为传动类零件；润滑油泵 12、分油器 16、注油杯 22、油盘 19（立式多轴箱不用）、防油盘 10 和排油塞 21 等为润滑和防油元件。

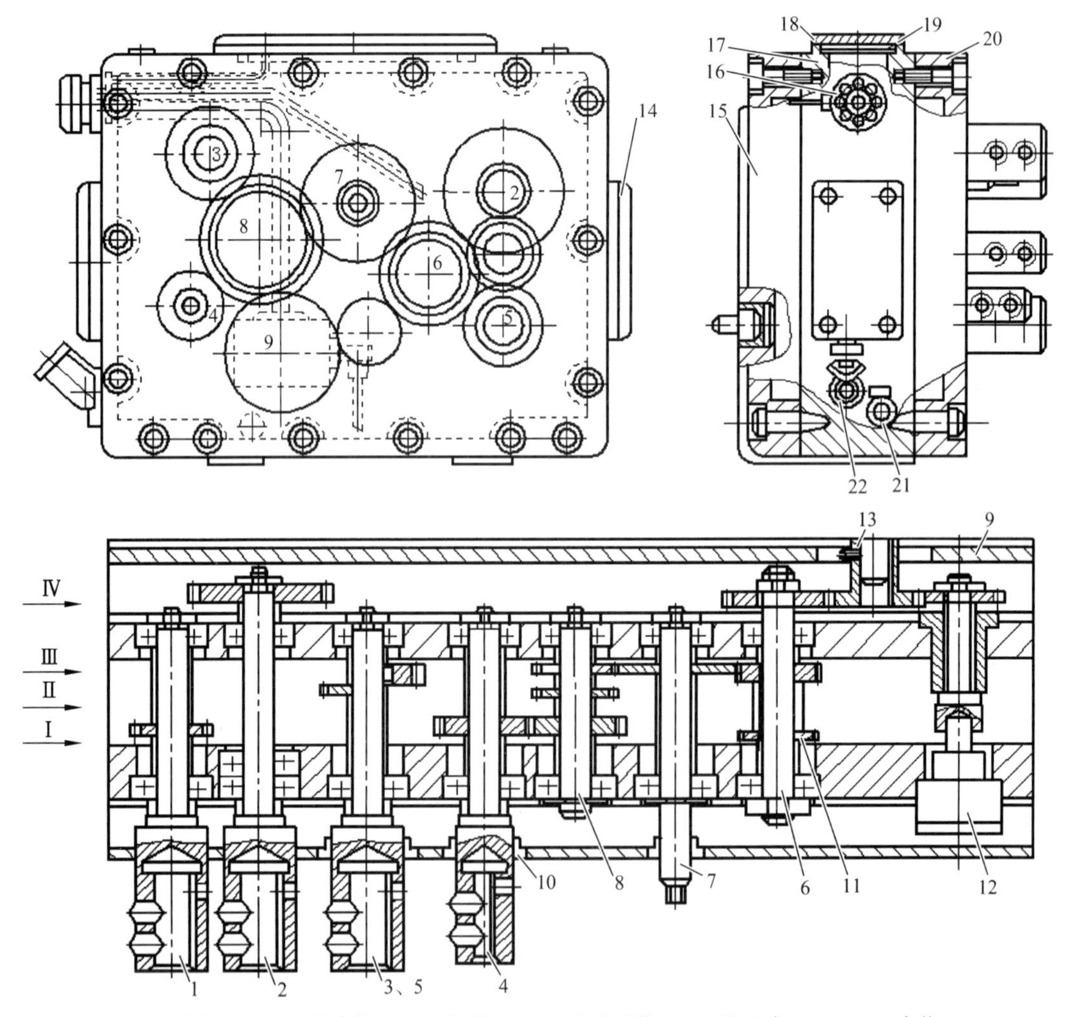

1～5—主轴；6，8—传动轴；7—手柄轴；9—润滑油泵轴；10—防油套；11，13—齿轮；12—润滑油泵；14—侧盖；15—后盖；16—分油器；17—箱体；18—上盖；19—油盘；20—前盖；21—排油塞；22—注油杯。

图 4.15 通用多轴箱基本结构

在多轴箱体的内腔，可安装三排厚度为 24 mm 的齿轮（靠近前盖的齿轮为第Ⅰ排），或两排厚度为 32 mm 的齿轮；在后盖内，可安装一排（后盖厚度为 90 mm、100 mm 时）或两排（后盖厚度为 125 mm 时）齿轮，分别为第Ⅳ、Ⅴ排，如图 4.16 所示。

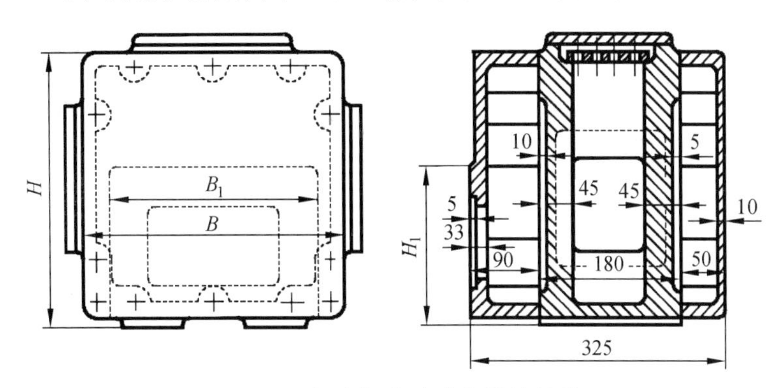

图 4.16　组合机床卧式多轴箱箱体

4.3.3　多轴箱的通用零件

多轴箱通用零件的编号方法如下：

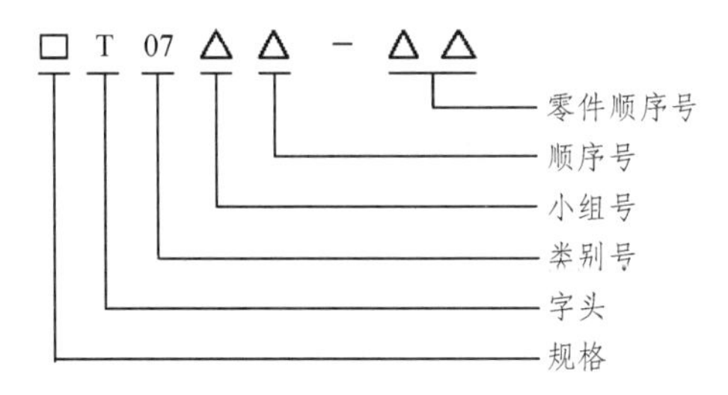

编号中 T07 表示多轴箱的通用零件；小组号分别用 1、2、3 和 4 表示箱体类、主轴类、传动轴类和齿轮类零件；顺序号和零件顺序号表示的内容随类别号和小组号的不同而不同。

例如，500 × 400T0711-11，表示宽 500 mm、高 400 mm 的多轴箱箱体；55 mm 厚的前盖、90 mm 厚的后盖代号的末四位为 11 ~ 12、11 ~ 13。30T0721-41 表示用圆锥滚子轴承支承、直径为 ϕ30 mm 的主轴；深沟球轴承支承、滚针轴承支承的主轴代号的末四位为 22 ~ 41、23 ~ 41。40T0731-44 表示有四排齿轮，用圆锥滚子轴承支承、直径为 ϕ40 mm 的传动轴；深沟球轴承支承、滚针轴承支承的传动轴代号的末四位为 32 ~ 41、33 ~ 41。

1. 通用箱体类零件

通用箱体类零件包括多轴箱的箱体、前盖、后盖、上盖和侧盖，如图 4.16 所示。箱体材料为 HT200，前盖、后盖、侧盖、上盖材料为 HT150。多轴箱箱体规格见表 4.16。多轴箱后盖与动力箱的结合面上连接螺孔、定位销孔的大小、位置应与动力箱联系尺寸相适应。

表 4.16　多轴箱箱体规格　　单位：mm

动力箱型号	$B_1 \times H_1$	B	H
1TD25A	320×250	320、400、500、630	250、320、400
1TD32A	400×320	400、500、630、800	320、400、500
1TD40A	500×400	500、630、800、1 000	400、500、630
1TD50A	630×500	630、800、1 000、1 250	500、630、800
1TD63A	800×630	800、1 000、1250	630、800、1 000
1TD80A	1 000×800	1 000、1 250	800、1 000、1 250

多轴箱箱体的标准厚度为 180 mm，卧式组合机床的多轴箱前盖厚度为 55 mm，立式组合机床前盖兼作油池用，故加厚到 70 mm；基型后盖厚度为 90 mm，变型后盖厚度有 50 mm、100 mm 和 125 mm 三种，可根据多轴箱内传动系统安排和动力箱与多轴箱的连接情况合理选用。当在后盖内只有一对齿轮啮合，且啮合的齿轮外廓（相啮合的两齿轮的中心距与两齿轮齿顶圆半径之和）不超出后盖与动力箱连接法兰的范围时，若采用总宽为 44 mm 的传动齿轮，可选用 50 mm 的后盖；若采用总宽 84 mm 的传动齿轮，可选用 90 mm 的后盖，但后盖窗口要按齿轮外廓加以扩大并进行补充加工，如图 4.17 所示。当相啮合的齿轮外廓超出后盖与动力箱连接法兰的范围或多于一对啮合齿轮时，若为Ⅳ排齿轮，需采用厚度为 100 mm 的后盖；若为Ⅴ排齿轮，需采用厚度为 125 mm 的后盖。

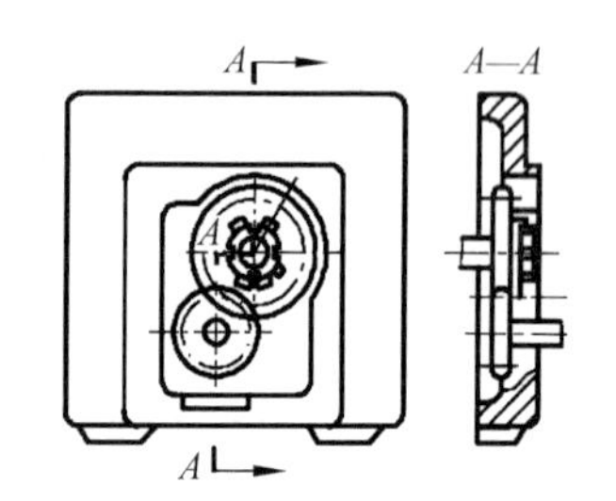

图 4.17　后盖窗口补充加工图

2. **通用轴类零件**

（1）通用主轴。通用主轴分为钻削类主轴和攻螺纹类主轴两种，如图 4.18 所示。钻削类主轴采用两端轴向定位方式，按支承形式可分为圆锥滚子轴承主轴、深沟球轴承主轴、滚针轴承主轴三种。

圆锥滚子轴承主轴，其前后支承均为圆锥滚子轴承，可承受较大的径向力和轴向力，轴承数量少，结构简单，装配调整方便，广泛用于扩孔、镗孔、铰孔和攻螺纹工序中。

深沟球轴承主轴，前支承为深沟球轴承和推力球轴承，后支承为深沟球轴承或圆锥滚子轴承。前支承的推力球轴承设置在深沟球轴承的前边，承受的轴向力大，适用于钻孔工序。

滚针轴承主轴，前后支承均为无内圈滚针轴承和推力球轴承，径向尺寸小，适用于主轴间距较小的多轴箱。

根据主轴与刀具连接方式不同，多轴箱主轴又可分为浮动主轴和刚性主轴。

浮动主轴在多轴箱前盖外的悬伸长度为 75 mm（立式主轴为 60 mm），因而称为短主轴；

采用滑块联轴器与刀杆浮动连接，用长导向或双导向装置导向，以保证加工精度；主要用于镗孔、扩孔、铰孔等工序中。

刚性主轴在多轴箱前盖外的悬伸长度大于 75 mm（立式主轴大于 60 mm），因而称为长主轴，主轴内孔与刀具或接杆尾部的配合代号为 H7/h6，配合长度与主轴内孔直径之比大于 1.6，连接刚度高，刀具前端的下垂量小，配以单导向装置，适用于钻孔、扩孔、倒角及锪平面等工序。

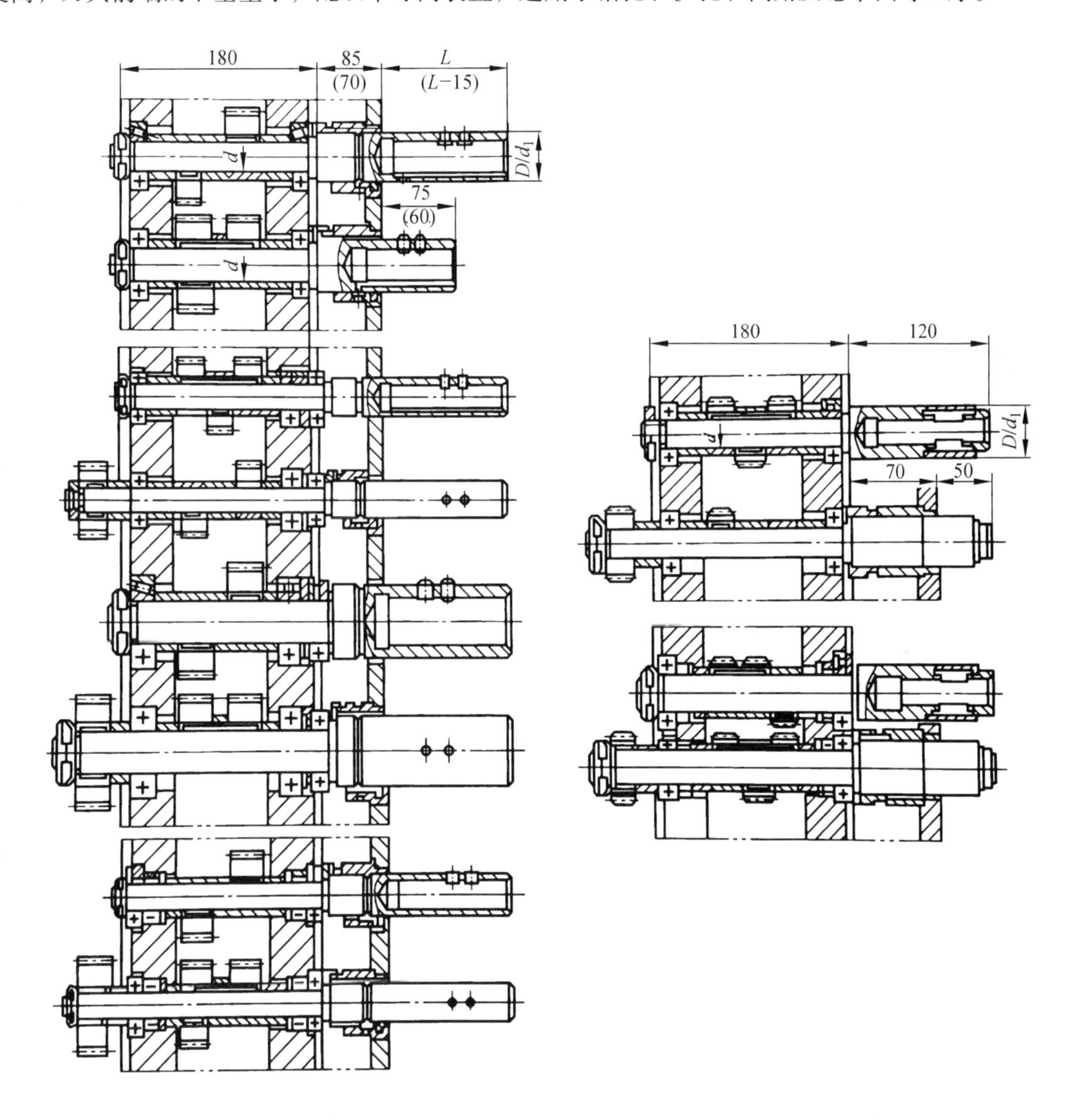

（a）钻削类主轴　　（b）滚螺纹主轴

图 4.18　通用主轴

按支承形式不同，攻螺纹类主轴分为圆锥滚子轴承主轴和滚针轴承主轴两种。圆锥滚子轴承材料一般为 40Cr 钢、C42；滚针轴承的主轴材料为 20Cr 钢、S0.5 ~ 1、C59。

通用主轴的最小间距见表 4.17。

表 4.17　通用主轴的最小间距　　单位：mm

主轴直径	圆锥滚子轴承主轴						主轴直径	深沟球轴承主轴					
	20	25	30	35	40	50		15	20	25	30	40	45
20	48						15	36					
25	50.5	53					20	39.5	43				
30	55.5	58	63				25	44.5	48	53			
35	60.5	63	68	73			30	49.5	53	58	63		
40	64.5	67	72	77	81		40	54.5	58	63	68	73	
50	69.5	72	77	82	86	91	45	58.5	62	67	72	77	81

（2）通用传动轴。按用途和支承形式不同，通用传动轴可分为圆锥滚子轴承传动轴、滚针轴承传动轴、埋头传动轴、手柄轴、液压泵传动轴和攻螺纹用蜗杆轴等 6 种，如图 4.19 所示。通用传动轴材料一般为 45 钢，热处理 T215；滚针轴承传动轴材料为 20Cr 钢，热处理 S0.5～1，C59。

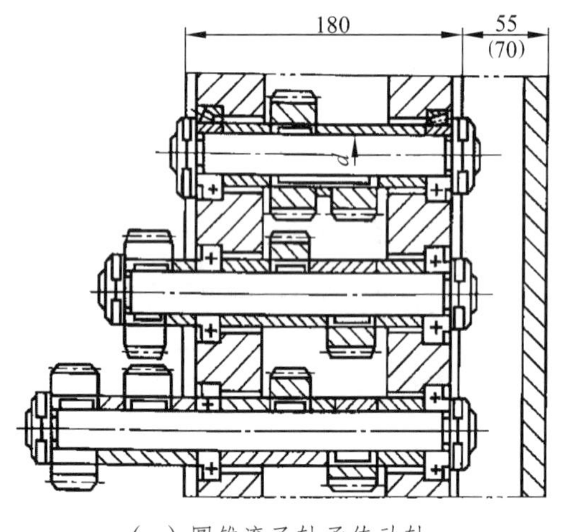

（a）圆锥滚子轴承传动轴

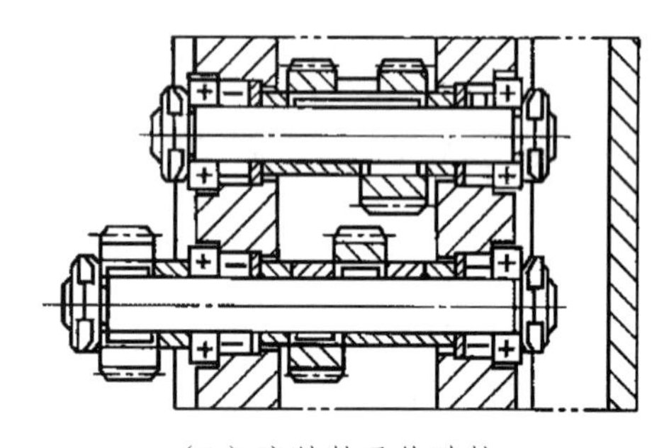

（b）滚针轴承传动轴

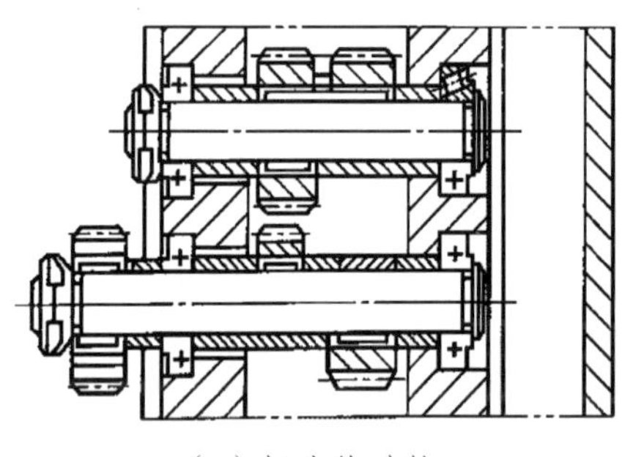

（c）埋头传动轴

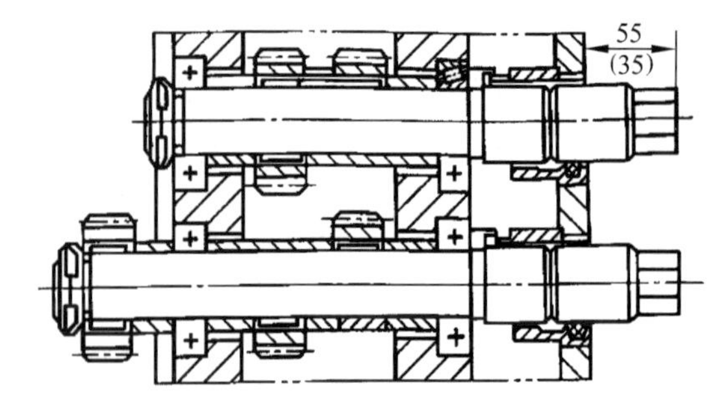

（d）手柄轴

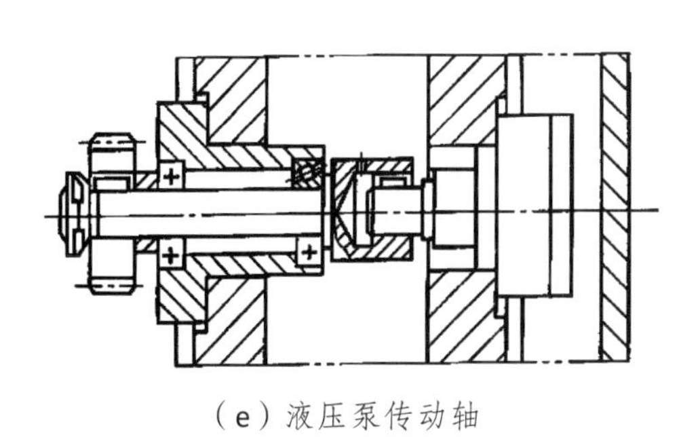

（e）液压泵传动轴

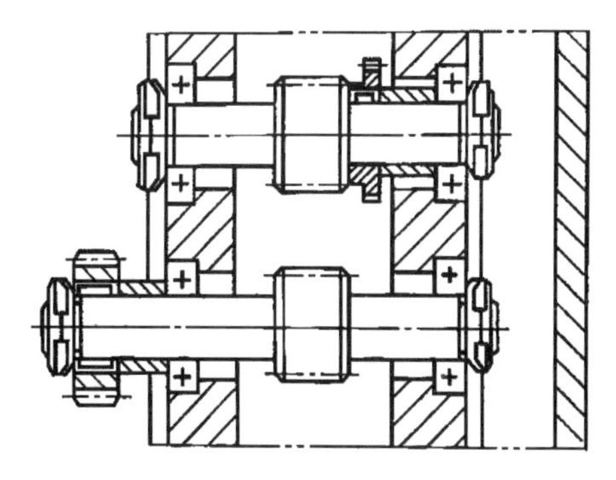

（f）攻螺纹用蜗杆轴

图 4.19 通用传动轴

（3）通用齿轮。通用齿轮包括动力箱齿轮，如图 4.20（a）所示，齿宽 32 mm，轴向总宽有 44 mm、84 mm 两种；电动机齿轮，如图 4.20（b）所示，齿宽 32 mm；传动齿轮，如图 4.20（c）所示，齿宽有 24 mm、32 mm 两种。标准齿轮为不变位齿轮，材料为 45 钢，齿部高频感应淬火 G54。

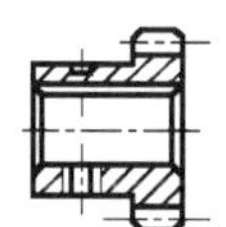

（a）动力齿轮

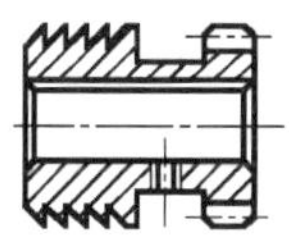

（b）电动机齿轮

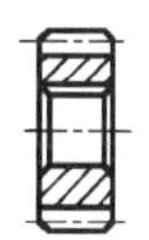

（c）传动齿轮

图 4.20 通用齿轮

（4）润滑油泵。规格较大的通用多轴箱常采用 R12-1A 叶片润滑油泵进行润滑。中等规格的多轴箱用一个润滑油泵；规格较大且主轴数量多的多轴箱用两个润滑油泵。润滑油泵的出油经分油器分配至各润滑点。润滑油泵安装在前盖内。润滑油泵轴在箱体内的悬伸长度为 24 mm。其传动方式有两种：一种是由润滑油泵传动轴传动；另一种是通过传动轴上的齿轮直接与润滑油泵轴上的齿轮啮合传动。传动齿轮宽为 12 mm。图 4.21 所示为叶片润滑油泵的主要结构尺寸。R12-1A 叶片润滑油泵的排油量为 6 mL/r，推荐转速为 550 ~ 800 r/min，转速过低将会导致吸油困难。

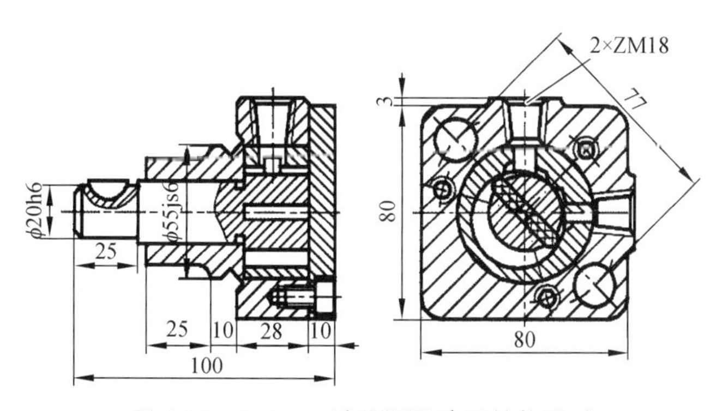

图 4.21 R12-1A 叶片润滑油泵结构尺寸

（5）其他通用零件。除上述零件外，多轴箱上还有隔套、键套、防油套、油杯、定位销以及锁紧螺母、防松垫圈等都已经标准化或通用化。

4.3.4 多轴箱设计

多轴箱是组合机床的重要部件之一，多轴箱的设计也是组合机床设计的重要内容。多轴箱设计的步骤大致为，根据“三图一卡”绘制多轴箱设计原始依据图，确定主轴结构形式及齿轮模数，拟定多轴箱传动系统，计算主轴及传动轴坐标，绘制坐标检查图，绘制多轴箱总图及零件图。

1. 绘制多轴箱设计原始依据图

多轴箱设计原始依据图是根据“三图一卡”绘制的，其主要内容如下：

（1）根据机床联系尺寸图，绘制多轴箱外形图，并标注轮廓尺寸和驱动轴 O_1 以及定位销孔的坐标值。

（2）根据联系尺寸图和加工示意图，画出工件与多轴箱的对应位置尺寸，标注所有主轴的坐标值及工件轮廓尺寸。在原始依据图中应注意：多轴箱与工件的摆放位置，在一般情况下，工件在多轴箱前面。以多轴箱的两定位销孔中心连线为横坐标，纵坐标视工件和加工孔的位置而定。当工件和加工孔基本对称时，可选择箱体中垂线为纵坐标，图 4.22 所示为原始依据图；当工件及加工孔不对称时，纵坐标可选在左销孔中心处，如图 4.23 所示。

（3）标注各主轴的转速及旋转方向。绝大部分主轴为逆时针旋转（面对主轴前端看），故逆时针转向不标记，只标注顺时针转向的主轴。

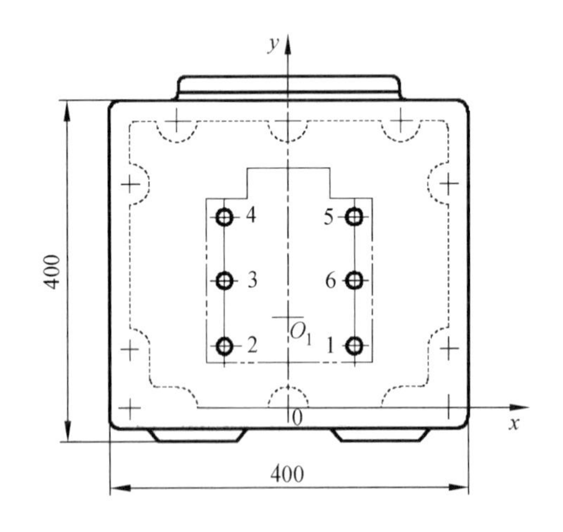

图 4.22　组合机床卧式多轴箱原始依据图

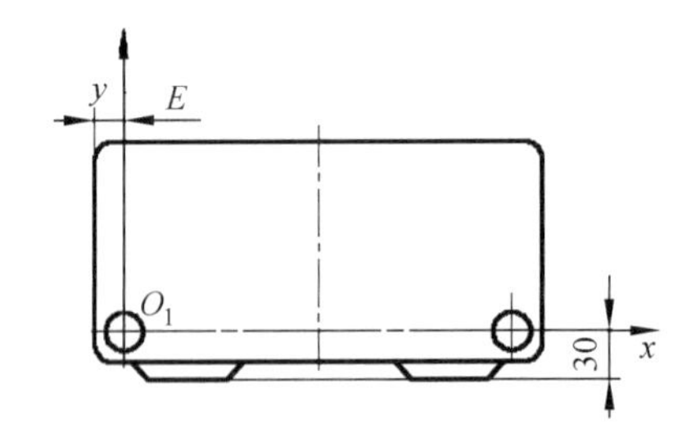

图 4.23　多轴箱坐标原点的确定

（4）列表说明各主轴的工序内容、切削用量及主轴的外伸尺寸。

（5）标明动力部件的型号及其性能参数。

组合机床卧式多轴箱原始数据见表 4.18。

表 4.18 主轴外伸尺寸及切削用量

轴号	主轴外伸尺寸/mm		工序内容	切削用量			
	D/d	L		n/（r/min）	v/（m/min）	f/（mm/r）	v_f/（m/min）
1、4、6	30/20	115	钻ϕ8.5 mm 孔	500	13.35	0.1	50
2、5	30/20	115	钻铰ϕ8.5 H8 孔	250	6.68	0.2	50

注：1. 被加工零件名称：汽车变速器上盖。材料：HT200，硬度：175～255 HBW。

2. 动力部件型号：1TD25ⅠA 动力箱，电动机型号 Y100L-6，功率 P＝1.5 kW，转速 n＝940 r/min，动力箱输出轴转速 520 r/min；NC-1 HJ25 Ⅰ数控机械滑台，交流伺服电动机型号 DKS04-ⅡB，功率 P＝1.5 kW，额定转速 n＝750 r/min，转速范围 0～2 400 r/min。

2. 确定主轴结构形式及齿轮模数

一般情况下，根据工件加工工艺、刀具和主轴的连接结构、刀具的进给抗力及切削转矩来确定主轴的结构形式。钻削加工主轴，需承受较大的单向轴向力，故最好选用深沟球轴承和推力球轴承组合的支承结构，且推力球轴承配置在主轴前端。如果主轴在前进和后退两个方向都要进行切削时，可选用前后支承都是圆锥滚子轴承的主轴支承结构，以便能承受两个方向的轴向力。如果各主轴孔间距较小，可选用滚针轴承和推力球轴承组合的支承结构，但这种结构的主轴精度和装配工艺性较差，除非必要时最好不选用。

传动轴直径可参考主轴直径大小初步确定，待传动系统拟定后再进行验证。

齿轮模数一般用类比法确定，也可以用下式估算

$$m \geqslant (30 \sim 32)\sqrt[3]{\frac{P}{zn}}$$

式中 m——估算的齿轮模数（mm）；

P——齿轮传递的功率（kW）；

Z——一对啮合齿轮中的小齿轮齿数；

n——小齿轮转速（r/min）。

多轴箱中的齿轮模数常用 2 mm、2.5 mm、3 mm、3.5 mm、4 mm 等。为便于生产，同一多轴箱中的齿轮模数不要多于两种。

3. 多轴箱的传动系统设计

组合机床多轴箱的传动系统，就是用一定数量的传动元件，把动力箱的输出轴与各主轴连接起来，组成一定的传动链，并满足各轴的转速和转向要求。

多轴箱的特点：针对某零件的特定工序恒速加工，传动链短；多主轴同时加工，传动链分支多。因此，多轴箱的传动设计，以获得需要的主轴转速和转向为原则，不存在通用机床“前缓后急”的最小传动比限制，甚至可用升速传动副驱动主轴。

1）对多轴箱传动系统的一般要求

（1）从面对主轴前端的位置看去，所有主轴（除非特殊外）应逆时针方向旋转。

（2）在保证主轴转速和转向的前提下，应力求用最少的传动轴和齿轮（数量和规格）。因此，应尽可能用一根传动轴同时带动多根主轴，并将齿轮布置在同一排位置上。当齿轮啮合中心距不符合标准时，可用变位齿轮或略微改变传动比的方法来解决。

（3）尽量避免主轴兼作从动轴用，以免增加主轴负荷，影响加工质量，遇到主轴分布较密，布置齿轮的空间受到限制，或主轴负荷较小，加工精度要求不高时，也可用一根强度较高的主轴带动 1～2 根主轴的传动方案。

（4）多轴箱内齿轮传动副的最大传动比 $i_{\max}=2$，最小传动比 $i_{\min}=1/2$；最佳传动比为 $2/3 \leqslant i \leqslant 3/2$，以使多轴箱结构紧凑；后盖内的齿轮传动比 $i_{\max} \leqslant 2$，$i_{\min} \leqslant 2/7$；除传动链的最后可采用升速传动外，应尽可能避免升速传动，以免增加空转的功率损失。

（5）用于粗加工主轴上的齿轮，应尽可能设置在前端第一排，以减少主轴的扭转变形；精加工主轴上的齿轮，应设置在第三排，以减小主轴的弯曲变形。

（6）同一主轴箱内，如有粗、精加工主轴，最好从动力箱驱动轴之后，就分两条路线传动，以免影响精加工主轴的加工精度。

（7）刚性连接镗孔主轴上的齿轮，其分度圆直径要尽可能大于被加工孔的孔径，以减少振动，提高运动平稳性。

（8）驱动轴直接带动的传动轴数不要超过两根，以免给装配带来困难。

在多轴箱传动设计中，当齿轮的排数Ⅰ～Ⅳ不够用时，可在保证齿轮强度的前提下增加排数，如在第一排齿轮位置上设两排薄齿轮，或在前盖内设置 0 排齿轮。

2）拟定多轴箱传动系统的基本方法

拟定多轴箱传动系统的基本方法：先把主轴分为几组，在每组主轴轴心组成的多边形外接圆圆心上设置传动轴；然后，在传动轴轴心组成的多边形的外接圆圆心上设置中心传动轴；把最后的中心传动轴与动力箱的驱动轴连接起来。这就是“从主轴的布置开始，最后引到驱动轴上”。注意：驱动轴的中心必须处于多轴箱箱体宽度的中心线上，其中心高从选定的动力箱的联系尺寸图中查出。

（1）把所有主轴分成几组同心圆　被加工零件上加工孔的位置分布是多种多样的，但大致可以归纳为同心圆分布、直线分布和任意分布三种类型。

如图 4.24 所示，分别示意出按单组同心圆分布和按多组同心圆分布的主轴情况。对于这类分布情况，可在同心圆圆心上设置一根传动轴，由其上的一个或几个齿轮来带动各主轴旋转。

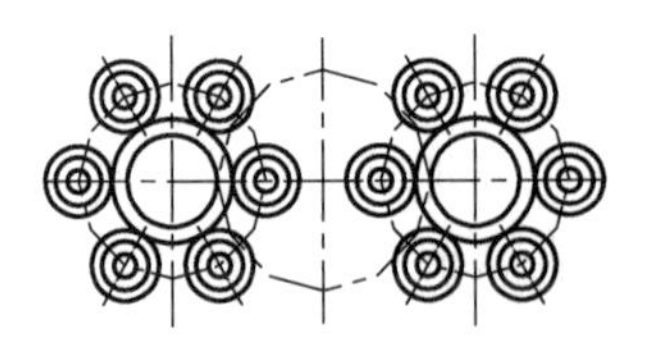

（a）主轴按双组同心圆分布

（b）主轴按单组同心圆分布

图 4.24　主轴位置按同心圆分布

图 4.25（*a*）、（b）所示分别为按直线等距分布和直线不等距分布的主轴情况。对于这类分布，可在两外侧主轴中心连线的垂直平分线上设置传动轴，由其上的一个或几个齿轮来带动各主轴旋转。如果图 4.25（b）所示中，传动轴上的大齿轮与位于中间的主轴有干涉，应为第 4 排齿轮。

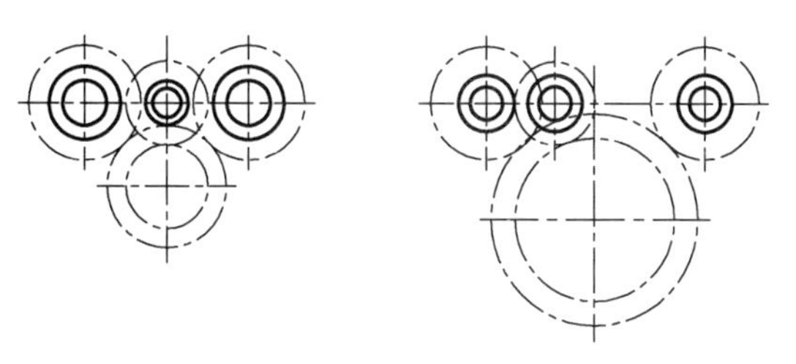

（a）三主轴等距直线布置　（b）三主轴不等距直线布置

图 4.25　主轴位置按直线布置

如图 4.26（a）所示为任意分布的主轴。对于任意分布的主轴，可将靠近的主轴组成同心圆分布和直线分布，只有较远的主轴才单独处理。如图 4.26（b）所示，将主轴 1、2、3 和主轴 4、5、6 分别化为两组同心圆，将主轴 7、8 按直线分布。因此，任意分布的主轴是同心圆分布和直线分布的混合分布。

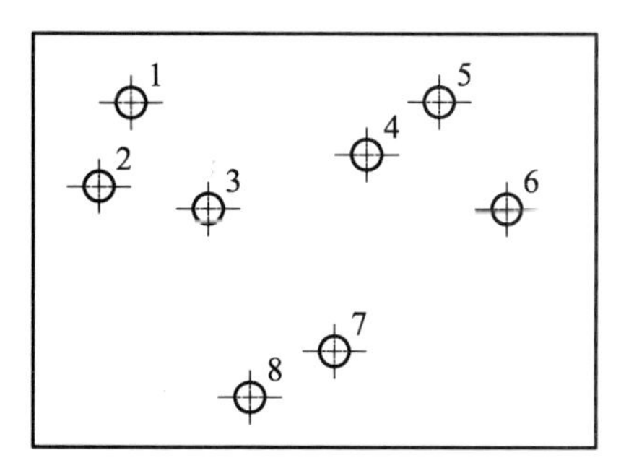

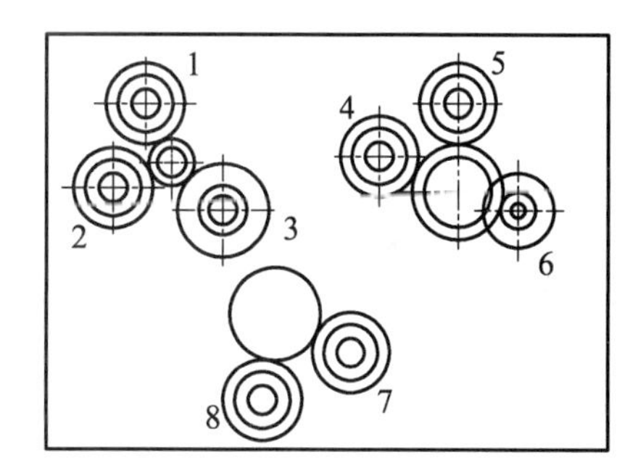

（a）主轴位置分布图　（b）主轴传动方案

图 4.26　主轴位置任意分布

（2）用传动树形图来描述多轴箱传动系统。图 4.27 所示是一种用简单线条来描述多轴箱传动系统的图形。传动树形图中的“树梢”表示各个主轴，如主轴 1 ~ 11；“树根”表示驱动轴，如驱动轴 0；各分叉点为传动轴，如传动轴 12 ~ 18。“树枝”以定向边代表各轴之间的传动副，并以箭头表示传动顺序。从图中可以看出，将主轴 1 ~ 11 分别分为 1 ~ 4，5 ~ 7，8、9，10、11 四组，分别由中心传动轴 12 ~ 15 传动。中心传动轴 12 ~ 15 中，又分为传动轴 13、14 和传动轴 12、15 两组，分别由传动轴 16、17 传动。最后由向驱动轴合拢的传动轴 18 与驱动轴 0 连接起来。

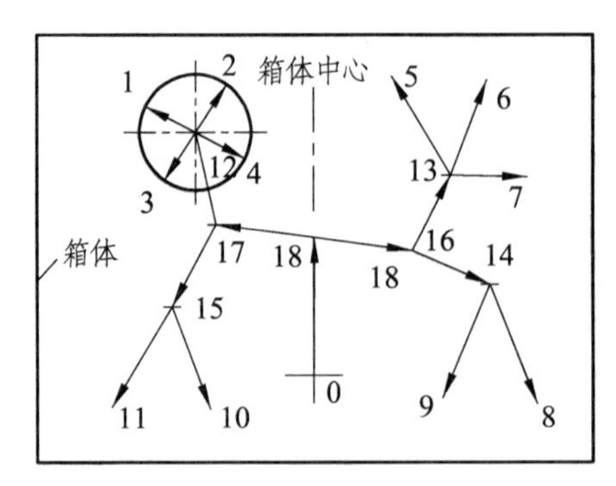

图 4.27　传动树形图

根据定向边的箭头，就可以清楚地看出系统的传动路线。

3）汽车变速器上盖钻铰孔机床左多轴箱传动系统的拟定

（1）拟定传动路线。如图 4.28 所示，把主轴 3 ~ 6 作为一组同心圆，在其圆心上布置中心传动轴Ⅱ。把主轴 1、2 作为一组，看作直线分布，在两主轴中心连线的垂直平分线上布置中心传动轴Ⅲ。同样，润滑油泵传动轴Ⅳ用中心传动轴Ⅱ驱动。然后，将中心传动轴Ⅱ、Ⅲ作为一组同心圆，在其圆心上用传动轴Ⅰ驱动。最后，将传动轴Ⅰ与驱动轴 O_1 连接起来，形成左多轴箱的传动系统。

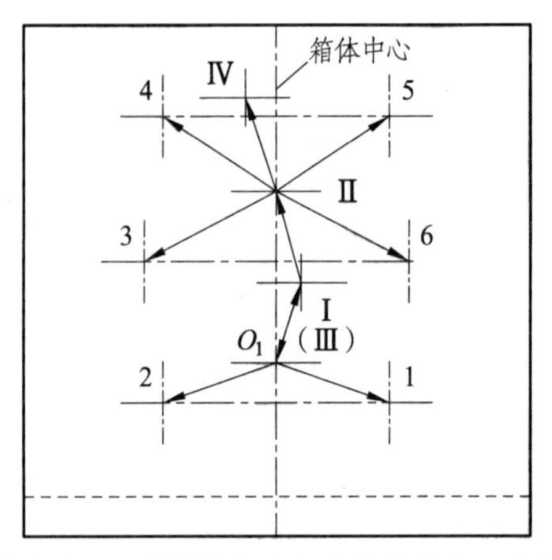

图 4.28　汽车变速器上盖钻铰机床左多轴箱传动系统的传动树形图

（2）确定驱动轴、主轴位置。驱动轴的高度由动力箱联系尺寸图中查出，距离箱体底面为 124.5 mm。根据汽车变速器上盖钻铰孔机床左多轴箱原始依据图（见图 4.22），算出驱动轴、主轴坐标值，见表 4.19。

表 4.19　左多轴箱驱动轴、主轴坐标值　　单位：mm

坐标	左销孔	驱动轴 O_1	主轴 1	主轴 2	主轴 3	主轴 4	主轴 5	主轴 6
x	− 175	0	72	− 72	− 76	− 70	70	76
y	0	94.5	64.5	64.5	163.5	262.5	262.5	163.5

（3）确定传动轴位置及齿轮齿数。确定传动轴位置及齿轮齿数的过程如下：

① 确定传动轴Ⅱ的位置及其与主轴 3、4、5、6 间的齿轮副的齿数。传动轴Ⅱ的位置为主轴 3 ~ 6 同心圆的圆心，由于主轴 3 与 6、4 和 5 对称，所以传动轴Ⅱ的横坐标为 0。设传动轴Ⅱ的纵坐标为 y_2，则

$$70^2+(262.5-y_2)^2=76^2+(y_2-163.5)^2$$

$$y_2=213-\frac{146}{33}=208.576$$

中心传动轴Ⅱ与主轴 3、4、5、6 的中心距为

$$A_{\text{II}\sim 3}=\sqrt{70^2+(262.5-208.576)^2}=88.362\ (\text{mm})$$

多轴箱的齿轮模数按驱动轴齿轮估算

$$m\geqslant 32\times\sqrt[3]{\frac{P}{zn}}=32\times\sqrt[3]{\frac{1.5}{19\times 520}}=1.71\ (\text{mm})$$

多轴箱输入齿轮的模数取 $m_1=3$ mm，其余齿轮模数取 $m_2=2$ mm。主轴 3 ~ 6 齿轮副的齿数和为 88。由于主轴 3、4、6 的转速是主轴 5 的两倍，为采用最佳传动比，主轴 3、4、6 采用升速传动，传动比 $i_{\text{II}\sim 3}=1.41$；主轴 5 采用降速传动，传动比 $i_{\text{II}\sim 5}=1/1.41$，齿轮齿数 z 分别为 36、52；52 齿的大齿轮需要变位，变位系数$\xi=0.181$，以尽量减少变位齿轮个数。传动轴Ⅱ的转速为 $n_{\text{II}}=500/1.41=353$（r/min）。

② 确定传动轴Ⅲ的位置及其与主轴 1、2 间的齿轮副的齿数，为简化结构，取传动轴Ⅲ的坐标值为（0，94.5），与驱动轴重合，则传动轴Ⅲ与主轴 1、2 的中心距 $A_{\text{III}\sim 1}$ 为

$$\text{A}_{\text{III}\sim 1}=\sqrt{72^2+(94.5-64.5)^2}=78\ (\text{mm})$$

传动轴Ⅲ与主轴 1、2 间传动副的齿数和为 78，齿轮齿数分别为 32、46，传动轴Ⅲ的转速为 $n_{\text{III}}=500/1.41=353$（r/min）。

③ 确定传动轴Ⅰ的位置及其与驱动轴、传动轴Ⅱ、Ⅲ间齿轮副的齿数。驱动轴 O_1 的直径为 $d_{o1}=30$ mm，由《机械零件设计手册》知，如图 4.29 所示的齿轮尺寸 $t=33.3$ mm，当模数 $m_1=3$ mm、齿根圆至键槽顶面距离$\delta=2\ \text{m}_1$时，驱动轴上最小齿轮的齿数为

$$z_{\min}\geqslant 2\left(\frac{t}{m_1}+2+1.25\right)-\frac{d_{\text{O1}}}{m_1}=2\left(\frac{33.3}{3}+2+1.25\right)-\frac{30}{3}=18.7$$

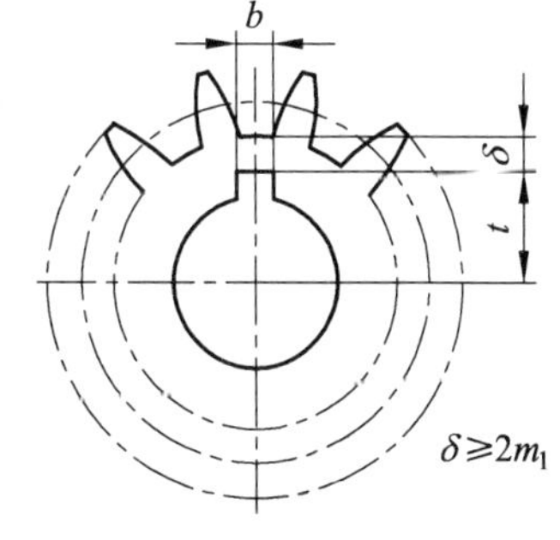

图 4.29 齿轮的最小壁厚δ

取驱动轴齿轮齿数为 19。

显然，传动轴Ⅰ的直径也应为 30 mm，这样，驱动轴至传动轴Ⅰ间的轴心距离 $A_{\text{O1}\sim\text{I}}$ 最小为 57 mm。为减少传动轴的种类，传动轴Ⅱ、Ⅲ的直径也取 30 mm。由于传动轴Ⅱ、Ⅲ的

转速为 $n_{Ⅱ}=n_{Ⅲ}=353$ r/min，则驱动轴至传动轴Ⅱ（或Ⅲ）间的传动比为

$$i_{O1\sim Ⅱ}=i_{O1\sim Ⅲ}=\frac{353}{520}=\frac{1}{1.473}$$

当 $m_2=2$ mm 时，传动轴Ⅰ上最小齿轮齿数为

$$z_{\min}\geqslant 2\left(\frac{t}{m_2}+2+1.25\right)-\frac{d_{o1}}{m_2}=2\left(\frac{33.3}{2}+2+1.25\right)-\frac{30}{2}=24.8$$

取 $z_{\min}=25$，则传动轴Ⅱ（或Ⅲ）上从动齿轮齿数为

$$z'_{Ⅰ\sim Ⅱ}=z'_{Ⅰ\sim Ⅲ}=\frac{z_{\min}}{i_{O1\sim Ⅱ}}=25\times 1.473\approx 37$$

传动轴Ⅰ、Ⅱ（或Ⅲ）的轴心距为

$$A_{Ⅰ\sim Ⅱ}=A_{Ⅰ\sim Ⅲ}=\frac{m_2}{2}(z_{\min}+z'_{Ⅰ\sim Ⅱ})=\frac{2}{2}(25+37)=62\ (\text{mm})$$

由于 $A_{OⅠ\sim Ⅰ}<A_{Ⅰ\sim Ⅲ}$，必须进行微量调整。驱动轴与传动轴Ⅰ间的齿轮副的齿数调整为 19、21，中心距为 60 mm。传动比为 $i_{O1\sim Ⅰ}=\dfrac{19}{21}=\dfrac{1}{1.105}$；传动轴Ⅰ、Ⅱ（或Ⅲ）的传动比变为

$$i_{Ⅰ\sim Ⅱ}=i_{Ⅰ\sim Ⅲ}=\frac{1}{1.473}\times 1.105=\frac{1}{1.333}$$

传动轴Ⅱ（或Ⅲ）上从动齿轮的齿数变为

$$z'_{Ⅰ\sim Ⅱ}=z'_{Ⅰ\sim Ⅲ}=25\times 1.333\approx 34$$

则传动轴Ⅰ、Ⅱ（或Ⅲ）的轴心距变为

$$A_{Ⅰ\sim Ⅱ}=A_{Ⅰ\sim Ⅲ}=\frac{m_2}{2}(z_{\min}+z'_{Ⅰ\sim Ⅱ})=\frac{2}{2}(25+34)=59\ (\text{mm})$$

传动轴Ⅰ、Ⅲ间齿轮副中的大齿轮采用变位齿轮，或将从动齿轮的齿数变为 35，使中心距变为 60 mm。

确定传动轴Ⅰ的位置。设传动轴Ⅰ的坐标为（$x_Ⅰ$，$y_Ⅰ$），则

$$\begin{cases}x_Ⅰ^2+(208.576-y_Ⅰ)^2=59^2\\ x_Ⅰ^2+(y_Ⅰ-94.5)^2=60^2\end{cases}$$

两等式相减，得

$$34\,573.6978-228.152y_Ⅰ=-119$$

即 $y_Ⅰ=152.06$

$$x_{\mathrm{I}} = \sqrt{59^2 - (208.576 - 152.06)^2} = 16.94$$

传动轴Ⅰ与驱动轴、传动轴Ⅱ、Ⅲ之间两两存在位置关系，因而可对传动轴Ⅰ的坐标值进行圆整，以利于加工，提高传动轴Ⅰ的位置精度。传动轴Ⅰ的坐标值可圆整为（17，152）。其真实的轴心距分别为

$$A_{\mathrm{O1\sim I}} = \sqrt{17^2 + (152 - 94.5)^2} = 59.960\ (\mathrm{mm})$$

$$A_{\mathrm{I\sim II}} = \sqrt{17^2 + (208.576 - 152)^2} = 59.075\ (\mathrm{mm})$$

④ 确定润滑油泵轴Ⅳ的位置。润滑油泵轴Ⅳ直接由传动轴Ⅱ上的 36 齿的齿轮传动，R12-1A 润滑油泵的推荐转速为 $n = 550 \sim 800$ r/min，因而，传动比

$$i_{\mathrm{II\sim IV}} = \frac{550 \sim 800}{353} = 1.56 \sim 2.26\ ,$$

则润滑油泵轴齿轮齿数为

$$z'_{\mathrm{II\sim IV}} = \frac{z_{\mathrm{II}}}{i_{\mathrm{II\sim IV}}} = \frac{36}{1.56 \sim 2.26} = 16 \sim 23$$

取 $z'_{\mathrm{II\sim IV}} = 22$，润滑油泵的理论转速为

$$n = n_{\mathrm{III}} \frac{z_{\mathrm{II}}}{z'_{\mathrm{II\sim IV}}} = 353 \times \frac{36}{22} = 577\ (\mathrm{r/min})$$

润滑油泵轴Ⅳ与传动轴Ⅱ的轴心距为

$$A_{\mathrm{II\sim IV}} = \frac{m_2}{2}(z_{\mathrm{II}} + z'_{\mathrm{II\sim IV}}) = \frac{2}{2} \times (36 + 22) = 58\ (\mathrm{mm})$$

润滑油泵轴Ⅳ的齿轮与轴 5 的齿轮在同一横截面上，应避免齿顶干涉。为计算方便，设两齿轮齿顶圆在 x 坐标轴上的投影不干涉，即两齿轮齿顶圆半径之和不大于主轴 5 与润滑油泵轴Ⅳ的横坐标之差。设润滑油泵轴Ⅳ的横坐标值为 x_{IV}，则

$$x_{\mathrm{IV}} = 70 - \frac{2}{2}(52 + 22) - 2 \times 2 = -8$$

取 $x_{\mathrm{IV}} = -10$，则润滑油泵轴Ⅳ的纵坐标为 y_{IV}

$$y_{\mathrm{IV}} = 208.576 + \sqrt{58^2 - 10^2} = 265.707$$

⑤ 确定手柄轴。由于传动轴Ⅰ转速较高，用传动轴Ⅰ兼作调整手柄轴，对刀或机床调整时较为省力。

各传动轴的轴心坐标值见表 4.20。各传动副的中心距及其齿轮齿数见表 4.21。

表 4.20　传动轴的坐标值　　单位：mm

传动轴编号	轴Ⅰ	轴Ⅱ	轴Ⅲ	轴Ⅳ
(x_j, y_j)	(17，152)	(0，208.576)	(0，94.5)	(−10，265.707)

表 4.21　传动副的中心距及齿轮齿数

轴距代号		$A_{O1\sim I}$	$A_{I\sim III}$	$A_{I\sim II}$	$A_{II\sim 3}$	$A_{II\sim IV}$	$A_{II\sim 4}$	$A_{III\sim 1}$
中心距值/mm		59.960	59.960	59.075	88.362	58	88.362	78
主动齿轮	z	19	25	25	52	36	36	46
	ξ	0	0	0	0.181	0	0	0
从动齿轮	z	21	34	34	36	22	52	32
	ξ	-0.013	0.48	0.037	0	0	0.181	0

注：$A_{II\sim 4}$、$A_{II\sim 6}$与$A_{II\sim 3}$相同；$A_{III\sim 2}$与$A_{III\sim 1}$的主、从动轮相反。

⑥ 验算各主轴的转速。使各主轴转速的相对转速损失在±5%以内。

$$n_1 = 520\times\frac{19}{21}\times\frac{25}{34}\times\frac{46}{32} = 497\ (\text{r/min})$$

$$n_1 = 520\times\frac{19}{21}\times\frac{25}{34}\times\frac{32}{46} = 240\ (\text{r/min})$$

$$n_{3,4,6} = 520\times\frac{19}{21}\times\frac{25}{34}\times\frac{52}{36} = 500\ (\text{r/min})$$

$$n_5 = 520\times\frac{19}{21}\times\frac{25}{34}\times\frac{36}{52} = 240\ (\text{r/min})$$

$$n_{IV} = 520\times\frac{19}{21}\times\frac{25}{34}\times\frac{36}{22} = 566\ (\text{r/min})$$

驱动轴齿轮：19/3-Ⅳ。轴Ⅰ齿轮：21/3ξ-0.013-Ⅳ，25/2-Ⅲ。轴Ⅱ齿轮：34/2ξ0.037-Ⅲ；52/2ξ0.181-Ⅱ；36/2-Ⅰ。轴Ⅲ齿轮：34/2ξ0.480-Ⅲ；32/2-Ⅰ；46/2-Ⅱ。

（4）绘制传动系统图。传动系统图是表示传动关系的示意图，即用已确定的传动件将驱动轴和各主轴连接起来，绘制在多轴箱轮廓内的传动示意图中，如图 4.30 所示。组合机床主轴数量多，为使传动系统图传动路线清晰可辨，必须标出传动齿轮在多轴箱箱体内的轴向位置。一般情况下，多轴箱箱体内腔可排放两排 32 mm 宽，或三排 24 mm 宽的齿轮，第一排距箱体前壁 4.5 mm；第三排或 32 mm 宽齿轮的第二排距箱体后壁 9.5 mm，齿轮的间隔距离为 2 mm。动力箱齿轮和驱动轴齿轮为第四排。在汽车变速器上盖钻铰孔左多轴箱传动系统图中，液压泵驱动齿轮 $z'_{II\sim IV}$ 必须为第一排，故 $z_{II\sim 5}$、$z'_{II\sim 5}$ 和 $z_{III\sim 2}$、$z'_{III\sim 2}$ 都为第一排齿轮；齿轮 $z_{II\sim 3}$、$z'_{II\sim 3}$、$z'_{II\sim 4}$、$z'_{II\sim 6}$ 和 $z_{III\sim 1}$、$z'_{III\sim 1}$ 为第二排齿轮；$z_{I\sim II}$、$z'_{I\sim II}$、$z'_{I\sim III}$ 为第三排齿轮。标出齿轮的齿数、模数、变位系数，以校验轴距是否正确。另外，应检查同排的非啮合齿轮是否有齿顶干涉，还应画出主轴直径和轴套直径，以免齿轮和相邻的主轴套相碰。

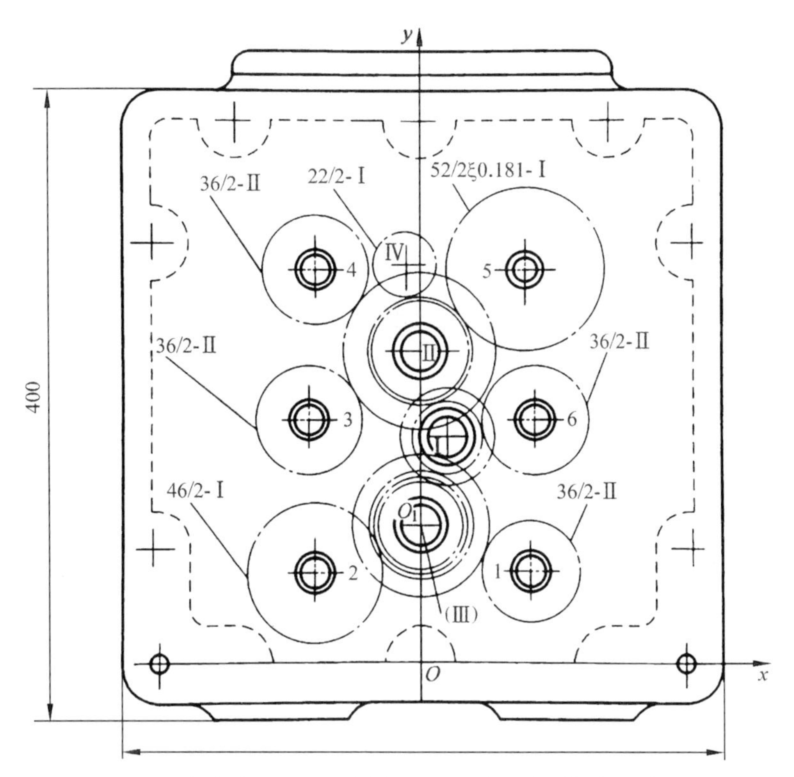

图 4.30　汽车变速器上盖钻铰孔左多轴箱传动系统图

驱动轴齿轮：19/3-Ⅳ。轴Ⅰ齿轮：21/3ξ-0.013-Ⅳ，25/2-Ⅲ。轴Ⅱ齿轮：34/2ξ0.037-Ⅲ；52/2ξ0.181-Ⅱ；36/2-Ⅰ。轴Ⅲ齿轮：34/2ξ0.480-Ⅲ；32/2-Ⅰ；46/2-Ⅱ。传动轴承型号：32206，外形尺寸 30×62×21。主轴轴承型号：6004、51204，外形尺寸 20×42×12、20×40×14

4. **绘制多轴箱总图**

通用多轴箱的总图由主视图、展开图、装配表和技术要求等四部分组成。主视图和展开图如图 4.31 和 4.32 所示。

主视图主要表明多轴箱的主轴、传动轴位置及齿轮传动系统。因此，绘制主视图就是在设计的传动系统图上画出润滑系统，标出主轴、润滑油泵轴的转向，最低主轴高度及径向轴承的外径，以检查相邻孔的最小壁厚。主轴箱多数为标准件，如定位销及销孔结构尺寸、连接螺栓直径及数量、放油塞、注油杯等，在主视图中可示意画出或省略。

展开图土要表示主轴、传动轴上各零件的装配关系，图中各个零件应按比例画出。对结构相同的同类型主轴和传动轴，可只画一根，但在轴端部需注明各结构的相同的同类型主轴和传动轴号；对轴径相同，轴向结构基本相同，只是齿轮齿数及轴向位置不同的两根或两组轴，可合画在一起，即轴心线两边各表示一根或一组轴。展开图上还应标出箱体厚度和内腔有联系的尺寸。

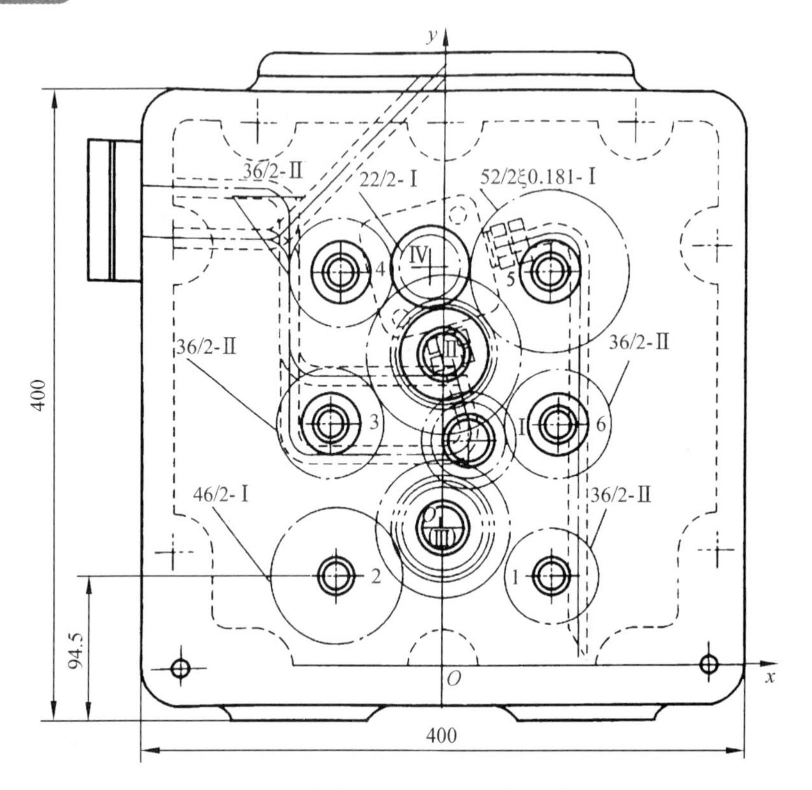

图 4.31 汽车变速器上盖钻铰孔多轴箱主视图

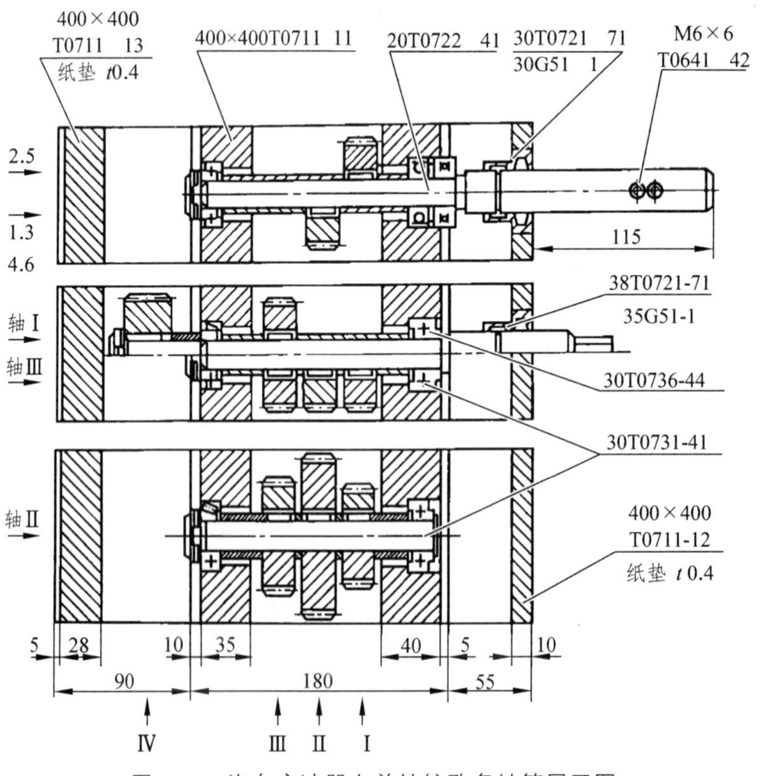

图 4.32 汽车变速器上盖钻铰孔多轴箱展开图

5. 多轴箱零件设计

多轴箱中多数零件是标准件、通用件。但对于变位齿轮等，需绘制零件图。对于多轴箱箱体、箱盖，需根据主轴、传动轴尺寸和位置，设计补充加工图。

4.3.5 攻螺纹主轴箱的设计

1. 纯螺纹工序攻螺纹靠模装置

在组合机床上加工螺纹的工艺方式是用丝锥攻制螺纹。攻螺纹主轴经双键驱动丝锥转动，产生运动，而进给运动及其与主运动之间严格的传动比则由丝锥自身保证，即当丝锥旋入螺孔 1 ~ 2 个螺牙后，丝锥便自行引进，并且当丝锥旋转一圈，其轴向移动一个导程。若整个工序都是攻螺纹，则工作进给可由丝锥实现，滑台仅提供快进和快退运动。为了使丝锥接近并顺利切入工件，攻螺纹接杆上需设置螺杆螺母靠模装置，如图 4.33 所示。其工作循环如下：滑台带动动力箱、攻螺纹多轴箱、螺纹靠模装置以及螺纹卡头进行快速移动，快速移动的终了，滑台停止；动力箱电动机正向转动，驱动攻螺纹主轴、螺纹靠模螺杆转动，在靠模螺杆转动的同时，相对于固定的靠模螺母轴向移动，带动螺纹卡头转动并轴向进给攻螺纹；攻螺纹完毕，动力箱电动机反转，丝锥反转并退回；丝锥离开工件后，动力箱电动机停止反转，滑台快速退回。

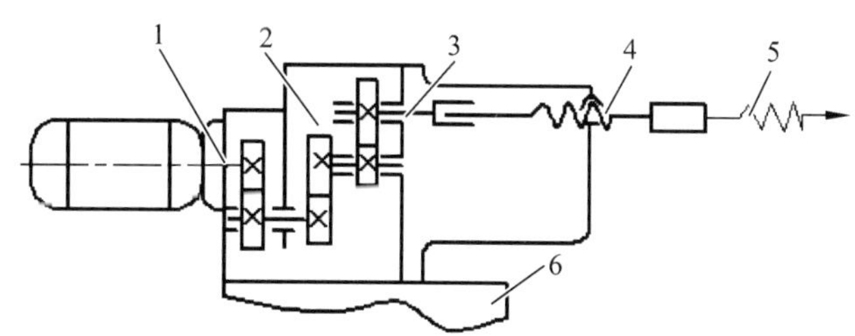

1—动力头；2—攻螺纹主轴箱；3—攻螺纹主轴；4—靠模装置；5—螺纹卡头；6—滑台。

图 4.33 攻螺纹靠模装置原理图

图 4.34 所示为攻螺纹工序所使用的攻螺纹靠模机构，型号为 T0281。攻螺纹多轴箱的前盖加厚为 300 mm。压板将套筒固定在攻螺纹多轴箱前盖上；螺纹靠模螺杆前盖外的悬伸长度为 125 mm；螺纹卡头的前端装卡丝锥，卡头的心杆插入靠模螺杆中；靠模螺杆的中部支承在衬套中，并与靠模螺母组成螺纹摩擦副，靠模螺杆的尾部插入攻螺纹主轴孔内。攻螺纹主轴靠双键将旋转运动传给靠模螺杆。靠模螺杆在攻螺纹主轴内的最大轴向位移为 60 mm，即最大攻螺纹长度为 60 mm。靠模螺母通过结合子与套筒相连接。当靠模螺杆转动时，由于靠模螺母固定不动，迫使攻螺纹靠模螺杆轴向移动，推动丝锥切入工件。当丝锥因故不能前进时，转矩增大导致套筒与靠模螺杆同步转动，停止轴向进给，这样可避免靠模机构与丝锥的损坏。

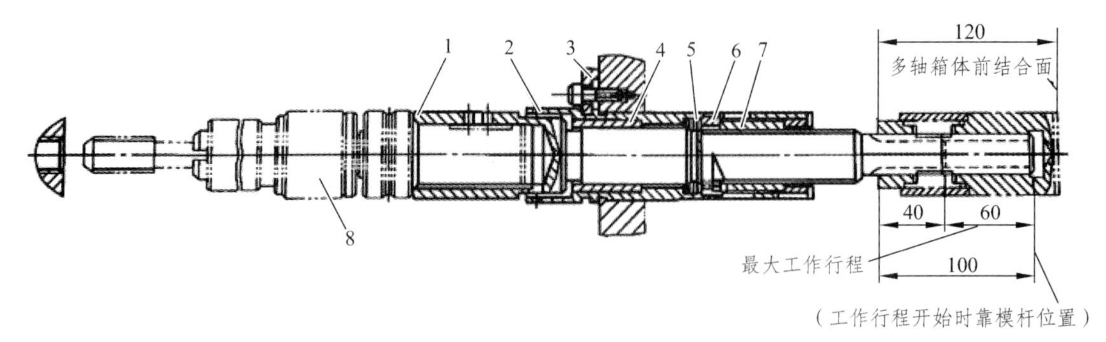

1—靠模螺杆；2—套筒；3—压板；4—衬套；5—弹簧；6—结合子；7—靠模螺母；8—螺纹卡头。

图 4.34 T0281 型攻螺纹靠模装置

螺纹卡头的结构，如图 4.35 所示。动力由靠模螺杆传入螺纹卡头体，再经销和螺纹卡头心杆传给弹簧卡头和丝锥。卡头心杆可在卡头体内做相对滑动，以消除丝锥与攻螺纹靠模杆的导程误差。用靠模机构和带有传动销的螺纹卡头组成的攻螺纹靠模装置加工的螺孔精度公差带为 6 H。

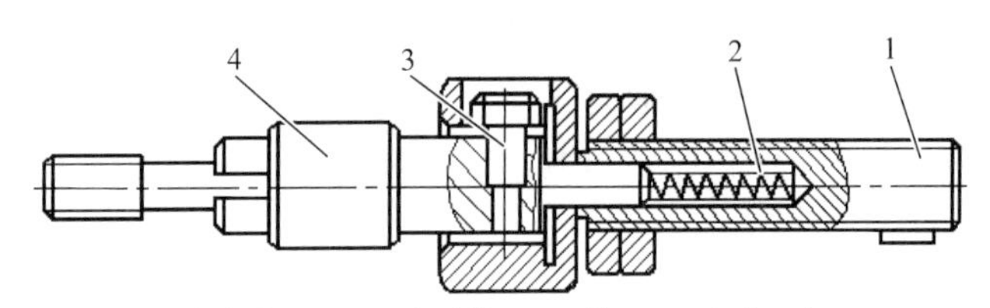

1—卡头体；2—压缩弹簧；3—销；4—卡头心杆。

图 4.35 螺纹卡头

攻螺纹组合机床应设有行程控制机构，以精确控制攻螺纹的深度尺寸。攻螺纹行程控制机构分为回转轮式和直线式攻螺纹行程控制机构。

回转轮式攻螺纹行程控制机构，如图 4.36 所示，设置在攻螺纹多轴箱的左侧或右侧。其工作原理是：多轴箱快进的终了，滑台上的挡铁压下固定在滑座上的行程开关；攻螺纹多轴箱电动机开始正向转动，带动主轴旋转运动攻螺纹。同时，通过安装在主轴上的 0 排齿轮，经一对或多对齿轮将运动传给蜗轮（图中未示出），蜗轮（模数 $m = 2$ mm，齿数 $z = 24$）带动挡铁盘转动。当丝锥攻螺纹至全深时，挡铁盘相应转过了一定角度。同时，盘上的反向挡铁压下组合行程开关的反向触点推杆，攻螺纹的电机反转，丝锥退回到原位。此时，原位挡铁压下原位触点的推杆，攻螺纹电动机停止转动，滑台快速退回。若原位或反向触点失灵，互锁挡铁随之压下互锁触点的推杆，使攻螺纹的电动机断电，实现越位保护。

设攻螺纹深度为 L（包括切入量和切出量），螺纹导程为 P_h，主轴应转 L/P_h 转；T7942 攻螺纹行程控制机构的挡铁盘在一个攻螺纹行程中的转角为 120° ~ 300°，即 1/3 ~ 5/6 转。因此，螺纹主轴至单头蜗杆轴的传动比为

$$i = \frac{z_1 z_3 \cdots}{z_2 z_4 \cdots} = \left(\frac{1}{3} \sim \frac{5}{6}\right)\frac{24P_h}{L} = (8 \sim 20)\frac{P_h}{L}$$

式中 z_1、z_2、z_3、z_4——中间传动齿轮的齿数。

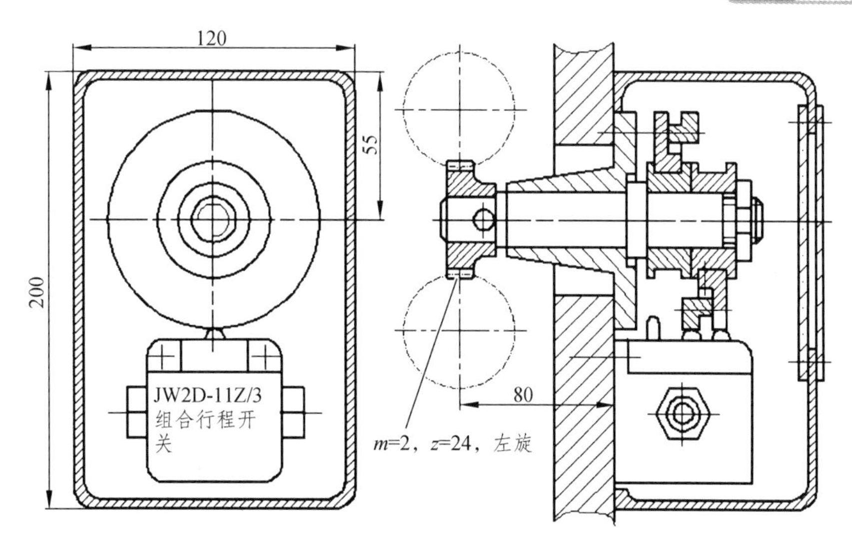

图 4.36　T7942 攻螺纹行程控制机构

在较小的攻螺纹多轴箱中或回转式攻螺纹行程控制机构安装困难的攻螺纹组合机床中，可采用直线式攻螺纹行程控制机构，在 T0281 攻螺纹靠模螺杆的前端加工一个环槽，靠模螺杆的环槽带动拨叉轴移动，拨叉轴上固定（可根据攻螺纹深度调整）的挡铁推压组合行程开关的推杆，从而控制攻螺纹深度，如图 4.37 所示。

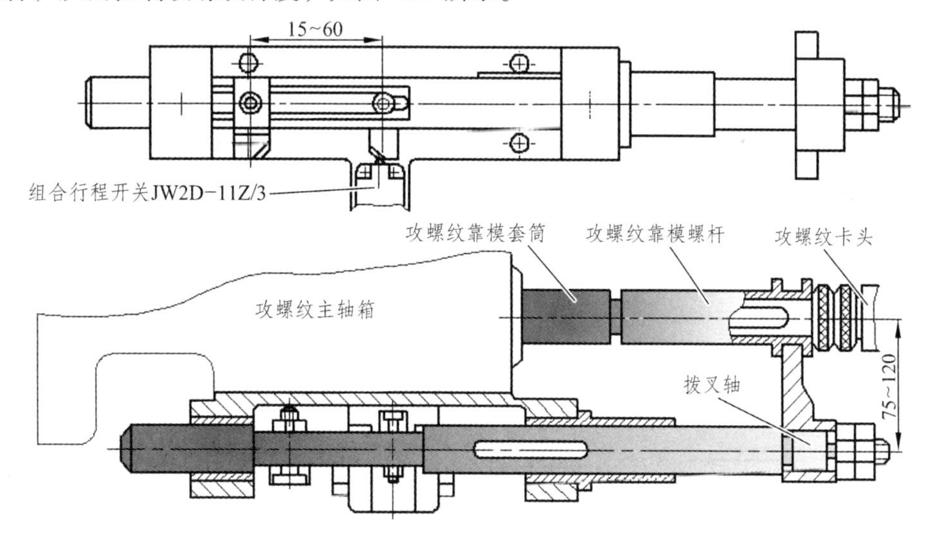

图 4.37　直线式攻螺纹行程控制机构

2. 钻孔、攻螺纹混合的多轴箱设计

在钻孔、攻螺纹混合的多轴箱中，有钻孔主轴和攻螺纹主轴，因而采用通用的多轴箱箱体，前盖厚度为 55 mm（立式为 70 mm）。动力滑台提供钻孔主轴的进给运动，而攻螺纹进给是自引法，只要丝锥及螺纹卡头转动，丝锥就会产生轴向运动，攻螺纹时攻螺纹卡头相对于攻螺纹主轴端部的位移量等于丝锥的攻螺纹行程（切入长度、攻螺纹长度、切出长度之和）与多轴箱进给量之差，即螺纹卡头相对于攻螺纹主轴是滑移的。为保证丝锥越过切入量并顺

利切入工件，钻攻混合的多轴箱仍采用攻螺纹靠模装置来攻螺纹。为使丝锥能退离工件，攻螺纹主轴采用单独的电动机和传动系统，利用电动机的正反转使丝锥攻进和退回。靠模机构安装在靠模板上，靠模板利用固定在多轴箱前盖上的导杆导向，快速移动时随多轴箱一起移动，因而称为活动靠模板；工进时，靠模板分别利用固定在攻螺纹模板和夹具上的定位装置（定位销、定位孔）来定位，即工进时，靠模板固定不动，与攻螺纹的多轴箱相同。图 4.38 所示为用靠模板攻螺纹的钻、攻混合多轴箱传动原理图。

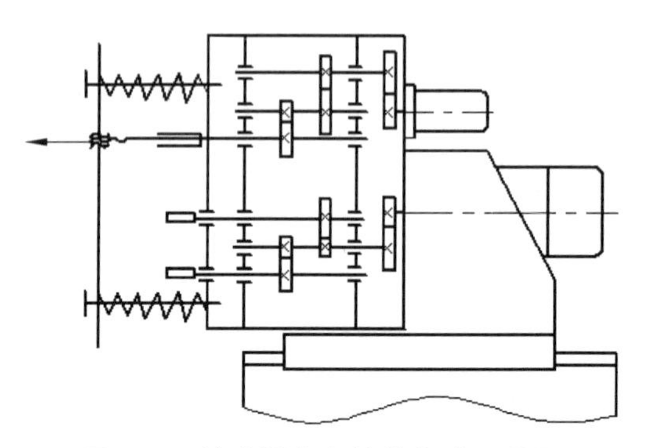

图 4.38　钻攻混合多轴箱传动原理图

T0282 型攻螺纹靠模装置主要用于活动攻螺纹模板，其特点是，没有单独的螺纹卡头，把靠模螺杆兼作为卡头体，丝锥直接插入了螺纹卡头心杆，轴向尺寸较小，如图 4.39 所示。其动力由攻螺纹主轴经弹簧键传给靠模杆，再经传动销传给卡头心杆和丝锥。靠模螺母通过定位销和压板固定在活动靠模板上。攻螺纹时，靠模螺杆在转动的同时也做轴向移动，由于靠模螺纹和丝锥螺距不可能绝对相等，而导致靠模螺杆和丝锥存在进给量误差，但弹簧 6 可补偿进给误差。若遇故障，靠模螺杆不能轴向移动时，靠模螺母后退将压板推开，并脱离定位销，靠模螺母与螺杆一起转动，可避免损坏丝锥等零件。

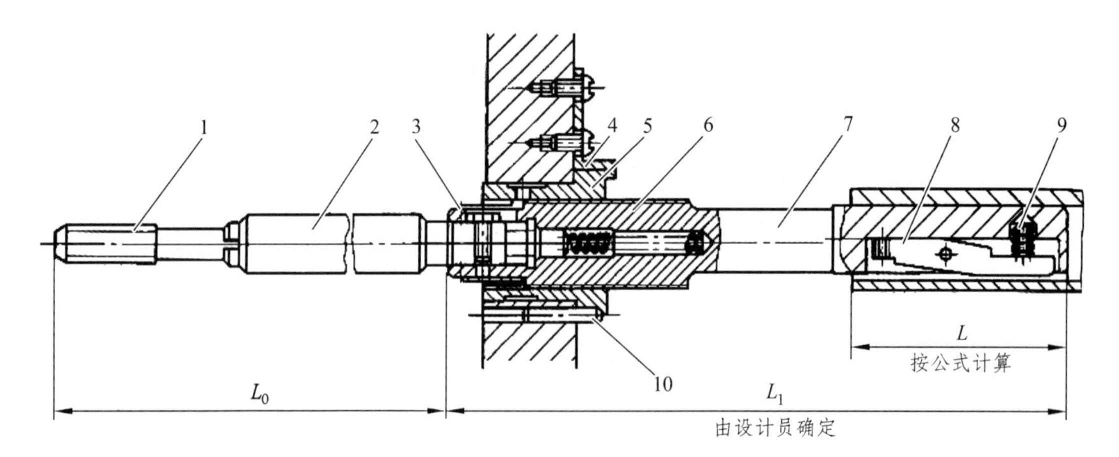

1—丝锥；2—卡头心杆；3—传动销；4—压板；5—靠模螺母；
6，9—弹簧；7—靠模螺杆；8—弹簧键；10—定位销。

图 4.39　T0282 型攻螺纹靠模装置结构图

使用时，应保证靠模螺杆尾部与主轴孔底不致发生碰撞，即靠模螺杆与主轴孔的最大重合长度 L 要小于攻螺纹主轴端部轴孔的深度，并应保证弹簧键的工作部分不脱离主轴。当攻螺纹靠模板在定位的同时起动攻螺纹电动机正转时，如图 4.40 所示，靠模螺杆与主轴孔的最大重合长度 L 按下式计算

$$L = L_{攻} + K + l_1 + l_2$$

式中 K——最小配合长度，由弹簧键的工作长度决定（mm）;

$L_{攻}$——攻螺纹行程长度（mm）;

l_1——丝锥攻螺纹和退回时滑台带动多轴箱移动的距离（mm）;

l_2——丝锥退回后，即攻螺纹电动机停止后，滑台带动多轴箱移动的距离（mm）。

当滑台的进给量为 $f_{动}$（mm/min），攻螺纹主轴转速为 $n_{主}$（r/min），靠模攻螺纹导程为 P_{h}（mm）时，丝锥攻螺纹和退回时滑台带动多轴箱移动的距离为

$$l_1 = \frac{L_{攻} f_{动}}{n_{主} P_{\mathrm{h}}}$$

则靠模螺杆与主轴孔的最大重合长度 L 为

$$L = L_{攻}\left(1 + \frac{f_{动}}{n_{主} P_h}\right) + K + l_2$$

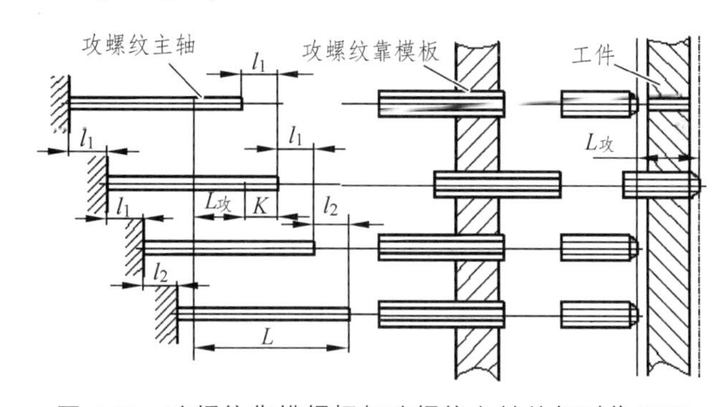

图 4.40 攻螺纹靠模螺杆与攻螺纹主轴的相对位置图

当模板定位后，多轴箱进给一段距离 l_3 后才起动攻螺纹电动机时，则 L 应增大 l_3。另外，应尽量选择较小的 L 值和较大的 L_0 值，以减小丝锥和攻螺纹底孔的同轴度误差。同样，钻攻混合多轴箱应设置行程控制装置，以便螺纹在攻至规定深度时，能及时使攻螺纹电动机反转，顺利退出丝锥。

思考与练习题

1. 什么是组合机床？其工艺特点是什么？它由哪些主要零部件组成？有哪些配置形式？适用于什么生产模式？

2. 组合机床的通用部件分为哪几类?

3. 组合机床的通用部件的主参数用什么表示? 主参数按什么规律排列?

4. “1 字头”滑台的导轨材料有哪些? 导轨的热处理方式有哪些?

5. 为什么“1 字头”滑台采用双矩形导轨，而淘汰了精度较高的三角形-矩形组合导轨?

6. 数控滑台的伺服电动机的主要技术参数是什么?

7. 机械滑台有哪几种丝杠传动形式?

8. 确定组合机床工艺方案的原则是什么? 拟定工艺方案的步骤是什么?

9. 被加工零件的工序图与机械加工工艺学中的工序图有何异同? 被加工零件工序图中有什么作用? 表示什么内容? 如何绘制?

10. 加工示意图有什么作用? 表示什么内容? 如何绘制?

11. 导向机构分为哪两类? 什么是内滚式导向和外滚式导向? 滚动导向适用于什么场合? 滚动导向的导杆与主轴以什么方式连接?

12. 组合机床联系尺寸图的作用和主要内容是什么?

13. 怎样确定组合机床的装料高度、最低主轴高度和中间底座的长度?

14. 多轴箱体是通用零件，为什么还要绘制补充加工图?

15. 钻削主轴和攻螺纹主轴有什么区别? 什么是短主轴? 有什么用途?

16. 多轴箱传动设计与通用机床的主传动设计有什么不同? 多轴箱的设计原则是什么?

17. 多轴箱主视图的作用是什么? 怎样绘制?

18. 多轴箱展开图的作用是什么? 怎样绘制?

19. 为什么攻螺纹时要用攻螺纹靠模装置? 如何控制攻螺纹行程长度?

20. 试述钻孔、攻螺纹混合的多轴箱的工作循环。攻螺纹主轴为什么要用单独的电动机驱动?

21. 攻螺纹主轴箱的前盖厚度为什么加厚到 300 mm，而钻攻混合的主轴箱采用厚度为 55 mm 的通用前盖?

22. 攻螺纹行程控制机构有哪几种? 目前主要使用哪种类型? 为什么?

第5章
专用刀具设计

本章主要内容：成形车刀及其设计、拉刀及其设计、孔加工复合刀具及其设计。
重点和难点：成形车刀及其设计方法，拉刀及其设计方法，复合刀具及其设计方法

成形刀具是加工成形表面的刀具，包括成形车刀、拉刀和成形铣刀等。本章主要介绍成形车刀和拉刀的设计原理和计算方法，孔加工复合刀具设计只做一般介绍。

5.1 成形车刀设计

成形车刀（也称样板车刀）是一种专用刀具，需要根据零件的轮廓形状进行专门的设计和制造。它主要用于卧式车床、转塔车床、自动车床上加工内外圆回转成形表面。

用成形车刀加工时，一次进给就能完成回转成形表面的加工，加工表面的形状、尺寸精度主要取决于刀具的设计和制造精度，加工精度可达 IT8 ~ IT10，表面粗糙度值为 Ra3.2 ~ 6.3 μm。它具有生产率高，加工表面形状、尺寸的一致性和互换性好，刀具重磨次数多、使用寿命长和操作简便等优点。成形车刀的缺点是设计和制造比较复杂、成本高，因此，它多用于成批大量生产中。

本节主要介绍径向正装棱体成形车刀和圆体成形车刀的设计内容、方法和步骤。

5.1.1 成形车刀的类型和装夹

1. 成形车刀的类型

在实际生产中，常用的有三种沿工件径向进给的正装成形车刀，如图 5.1 所示。

1）平体成形车刀

平体成形车刀除了对切削刃形状有一定的要求外，刀体结构和普通车刀相同。一般用于单件、小批量生产中加工简单的成形表面，如车螺纹、车圆弧面和锥齿轮的铲齿背等，如图 5.1（a）所示。

2）棱体成形车刀

棱体成形车刀的刀体为棱柱体，刀刃与工件轮廓相吻合，可沿前刀面进行重磨，其可重磨次数比平体成形车刀多，寿命长，刀体刚度高。但制造成本较高，且只能用于加工外成形

表面，如图 5.1（b）所示。

3）圆体成形车刀

圆体成形车刀的刀体是一个磨出了排屑缺口和前刀面，并带有安装孔的回转体，如图 5.1（c）所示。其特点是允许的重磨次数最多，制造也比棱体成形车刀容易，且可加工内、外成形表面，但其加工精度不如棱体成形车刀高。

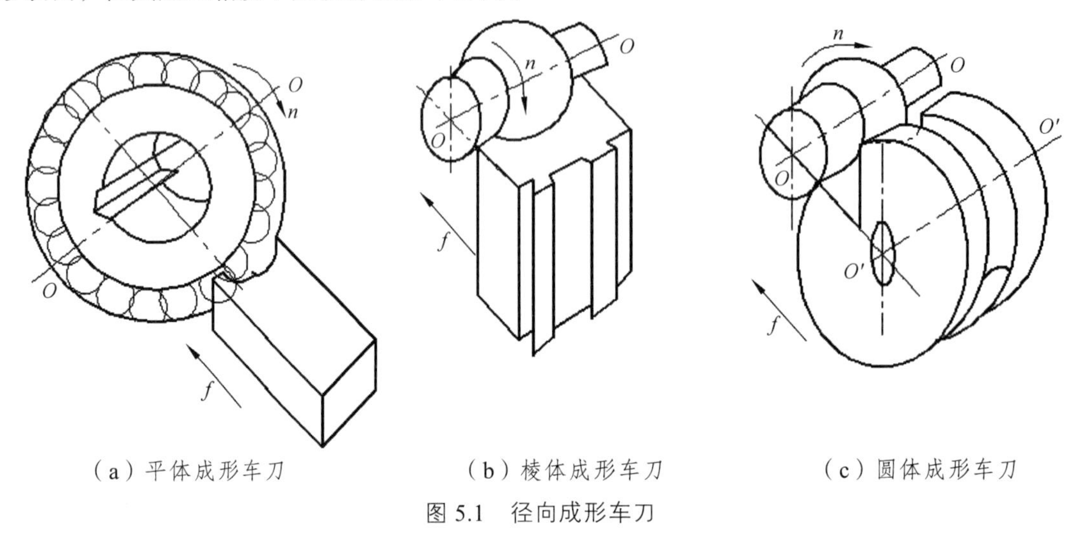

（a）平体成形车刀　（b）棱体成形车刀　（c）圆体成形车刀

图 5.1　径向成形车刀

2. **成形车刀的装夹**

成形车刀是通过专用刀夹安装在机床刀架上的。如图 5.2 所示，为棱体成形车刀和圆体成形车刀的常用装夹方法。

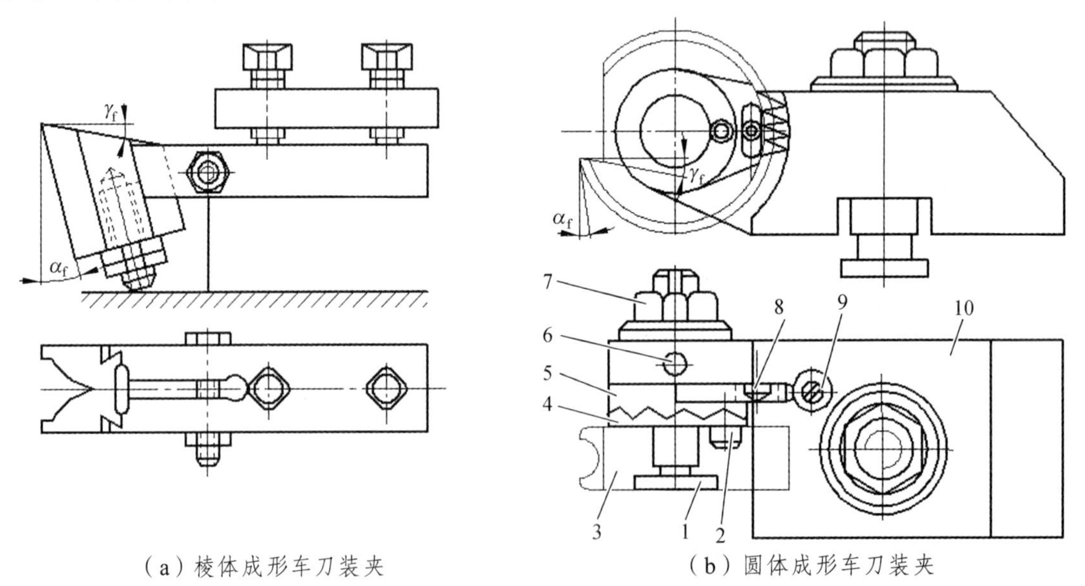

（a）棱体成形车刀装夹　（b）圆体成形车刀装夹

1—心轴；2、8—销子；3—圆体刀；4—齿环；5—扇形板；6—螺钉；7—螺母；9—螺杆；10—刀架。

图 5.2　成形车刀的装夹

图 5.2（a）所示为棱体成形车刀装夹方法。它是以燕尾的底面或与其平行的面作为定位基面安装在刀夹的燕尾槽内，并用螺钉及弹性槽将刀体夹紧。成形车刀下端的螺钉用于安装时调节刀尖位置的高度，同时可增加刀具工作时的刚度。

图 5.2（b）所示为圆体成形车刀的装夹方法。圆体刀以内孔为定位基准面套装在刀夹的带螺栓的心轴上，并通过销子与端面齿环相连，以防止刀具工作时受力而发生转动。将齿环与圆体刀一起相对扇形板转动若干齿，可以粗调刀尖的高度。扇形板同时与蜗杆啮合，转动蜗杆能微调刀尖高低。扇形板上的销子用来限制扇形板转动的范围。在心轴的表面上还开了一条小的长槽，利用止动螺钉可避免旋紧螺母时与心轴一起转动，但它允许心轴轴向移动。图中带 T 形键的螺栓用于使刀夹与机床的刀架相连接。

5.1.2 成形车刀的前角和后角

成形车刀必须具有合理的前角和后角才能有效地进行切削工作。规定其前角和后角都在垂直于工件轴线的假定工作平面内测量，并且以切削刃上最外缘点（该点称为切削刃的基点，并与工件轴线等高）的前角和后角作为标注值，分别用符号 γ_f 和 α_f 表示，如图 5.3 所示。

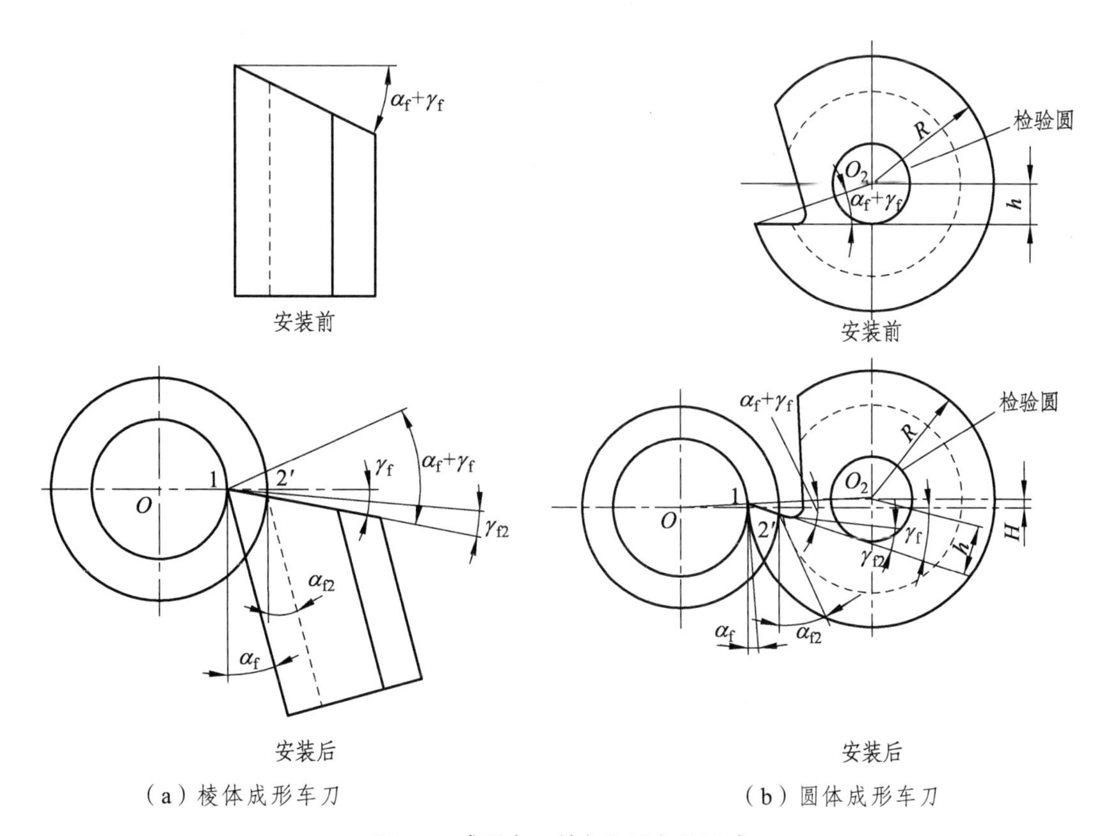

（a）棱体成形车刀　　（b）圆体成形车刀

图 5.3　成形车刀前角和后角的形成

成形车刀的前角和后角是通过刀具的正确制造和适当安装形成的。

1. 棱体成形车刀的前角和后角

制造棱体成形车刀刀具时，将前刀面和后刀面的夹角磨制成 $90°-(\gamma_f-\alpha_f)$ 角度。在安装时，只要将刀体倾斜 α_f 角，即可形成所需要的前角和后角，如图 5.3（*a*）所示。

2. 圆体成形车刀的前角和后角

制造圆体成形车刀时，应使前刀面与刀具中心 O_2 的距离为 h。安装时，再使刀具中心 O_2 高于工件的中心 H，同时使切削刃上最外点（即基点）与工件中心等高，即可形成所需要的前角和后角，如图 5.3（b）所示。h 和 H 之值可由式（5.1）和式（5.2）计算

$$h=R\sin(\gamma_f+\alpha_f) \tag{5.1}$$

$$H=R\sin\alpha_f \tag{5.2}$$

式中　R——圆体成形车刀最大的外圆半径（mm）。

不但在制造圆体成形车刀时要保证 h 值，而且在重磨时也应使 h 值不变。为此，通常在刀具端面上刻一个以 O_2 为中心、h 为半径的圆作为刃磨检验圆，重磨时应保证前刀面与这个检验圆相切。

从图 5.3 可以看出，当 $\gamma_f>0$ 时，切削刃上只有基点 1 与工件中心等高，而切削刃上其他各点都低于工件中心。因此，由于切削刃上各点的切削平面和基面位置不同，因而切削刃上各点的前角和后角也都不相同，距离基点越远（径向）的点，其前角越小，后角越大，即 $\gamma_{f2}<\gamma_f$，$\alpha_{f2}>\alpha_f$。

在自动车床上使用圆体成形车刀，其前、后角通常根据机床刀架的尺寸及刀具的安装尺寸 H 和重磨尺寸 h 而定。为便于制造和测量，H 和 h 的尺寸一般圆整成 0.5 mm 的倍数。

5.1.3　成形车刀的截形设计

成形车刀的截形设计是根据回转体成形工件轴断面的轮廓形状和已确定的刀具相关参数来求解成形车刀的截形。

回转体工件的成形轮廓形状是规定在通过其轴线的平面内测量的；而成形车刀的截形是规定在与后刀面垂直的断面 N—N 内测量。对于圆体成形车刀，N—N 断面也就是刀体的轴断面。

1. 刀具截形设计的必要性

成形车刀刀刃磨钝后需要进行重磨，一般只刃磨前刀面。要保证重磨后切削刃的形状不发生变化，需要保证在不同位置的法平面内，成形车刀后刀面的截形要完全一致。

问题分析：理论上只有当 $\gamma_f=0°$，$\alpha_f=0°$ 时，如图 5.4（a）所示，成形车刀的截形与工件的轮廓形状才能完全相同；但实际上后角 $\alpha_f=0°$ 的刀具是无法进行切削的，所以，当成形车刀的前角 $\gamma_f=0°$，后角 $\alpha_f=0°$ [见图 5.4（b）]时，成形车刀的截形与工件轮廓形状就不相同。具体地说，刀具截形深度 P 小于相应的工件轮廓形状深度 a_p，即 $P<a_p$；而刀具的截形宽度与工件轮廓形状宽度相等。因此，为了使成形刀能切出准确的工件形状，设计成形车刀时，必须对刀具的截形进行修正计算。

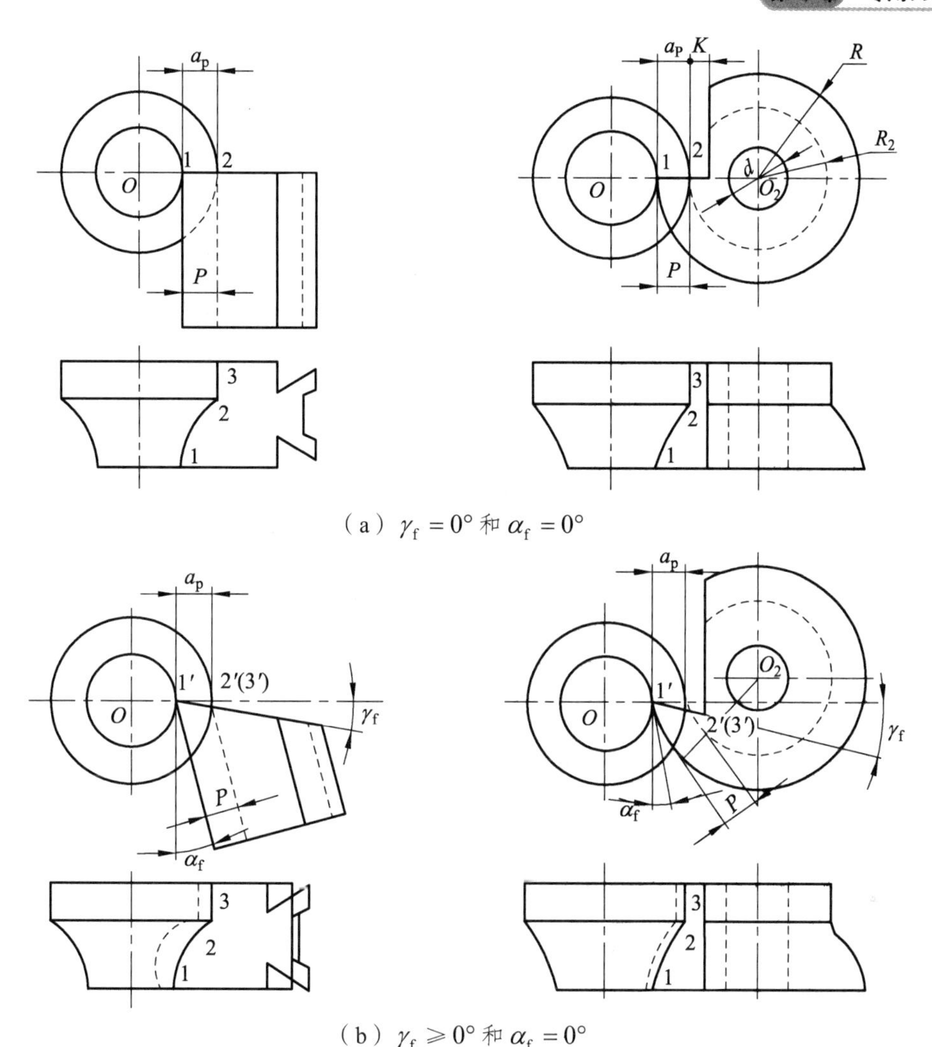

图 5.4 成形车刀截形与工件轮廓形状间的关系

2. 刀具截形修正计算方法

1）确定工件成形表面的组成点和基点

为了减少计算工作量，一般只选择工件轮廓形状上的转折点及其他特殊点（作为轮廓形状的组成点）进行计算。

对于直线段轮廓形状，可选取两端点作为其组成点；以工件轮廓形状的半径最小点作为计算的基点 1；对于曲线段轮廓形状，可适当选取组成点数，然后，依次对各组成点编号，并在工件轮廓形状图上标出各组成点的轴向尺寸和径向尺寸。

在标注尺寸时，需要注意：有公差要求的径向尺寸应取平均尺寸作为计算尺寸。例如，工件上的尺寸为 $\phi30_{-0.2}^{\ 0}$ mm 时，其计算尺寸为 $\left(30+\dfrac{0+(-0.2)}{2}\right)\text{mm}=29.9\ \text{mm}$。当工件上的径向尺寸未注公差时，允许将该尺寸直接作为计算尺寸。

2）求解刀具截形组成点的方法

成形车刀的截形设计实际上就是根据工件轮廓形状各组成点求出刀具截形的相应组成点。求解刀具截形组成点的常用方法有作图法、公式计算法和查表法三种。

各种方法的特点：作图法比较简单、直观，但误差大、精确度低；计算法的精确度高，但计算工作量大，特别是当计算的组成点较多时，易产生差错，如果利用计算机编程计算也比较方便；查表法是根据计算结果预先列成表格，设计时只要根据已知条件查表或通过简单运算就可得到设计结果，设计精度也比较高，且简便、迅速。故在实际生产中常用计算法和查表法进行设计，用作图法辅以校验，也可把几种方法综合运用。

（1）作图法。

① 用作图法求棱体成形车刀的截形。如图 5.5（a）所示。

第一步，先用放大比例，按计算尺寸画出零件的主、俯视图，确定基点 1，选定组成点 2、3、4…

第二步，在主视图上，从基点 1 作刀具前刀面和后刀面的两条投影直线，分别与水平线和垂直线相交成 γ_f 角和 α_f 角，设前刀面投影线与工件上的半径为 r_2、r_3（r_4）…各圆的交点为 2′、3′（4′）…

第三步，过这些点 2′、3′（4′）…作平行于基点处后刀面的直线，则它们分别与基点处后刀面的垂直距离 P_2、P_3（P_4）…就是所要求的棱体成形车刀各组成点的截形深度。

第四步，根据刀具截形宽度与工件轮廓形状宽度相等，以及各组成点径向深度尺寸，或用投影法求出刀刃轮廓上的点，然后，从基点开始顺次连接各点，即可画出成形车刀刀刃截形。

② 用作图法求圆体成形车刀的截形，如图 5.5（b）所示。

第一步，先用放大比例，按计算尺寸画出零件的主、俯视图，确定基点 1，选定组成点 2、3、4…

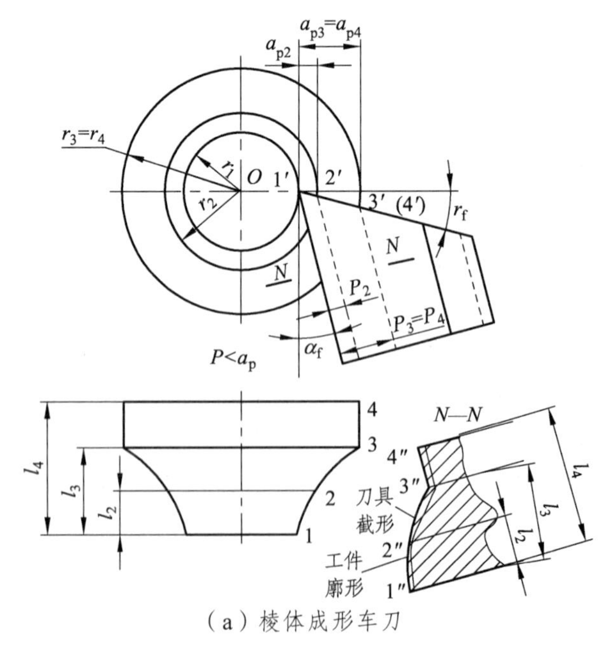

（a）棱体成形车刀

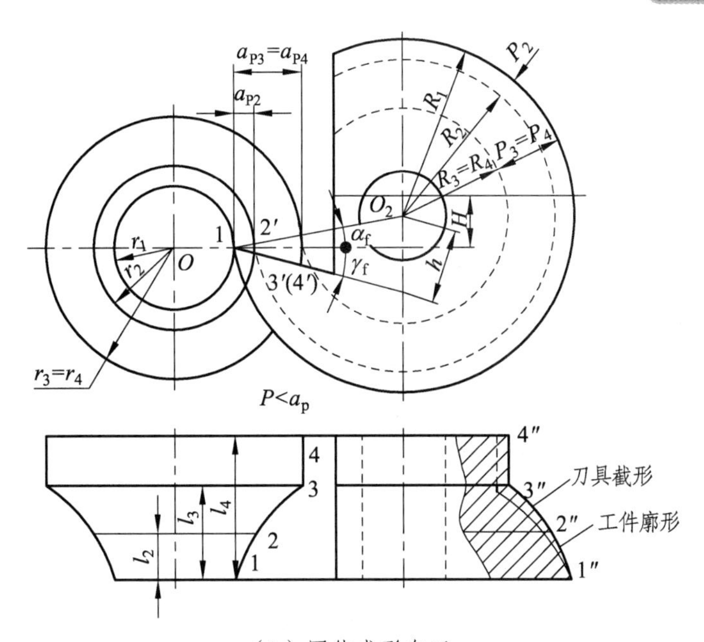

（b）圆体成形车刀

图 5.5　用作图法来确定成形车刀的截形

第二步，在工件主视图上，先通过基点 1（与工件中心等高且与之距离最近的轮廓点）向下作一条与水平线成 γ_f 角的前刀面线，向上作一条与水平线成 α_f 角的上斜线。

第三步，以基点 1 为圆心，以 R 为半径作圆弧与上斜线相交于 O_2 点，即为圆体成形车刀的圆心。

第四步，设工件上半径 r_2 、r_3（r_4）…各圆与前刀面线的交点为 2′、3′（4′）…然后以 O_2 为圆心，分别以 2′、3′（4′）…各点与刀具圆心 O_2 点的距离 R_2、R_3（R_4）…为半径画圆弧，则 R_2、R_3（R_4）…即为所求刀具截形上各组成点的半径。

第五步，用投影法，从 1、2、3、4…点向右作水平线，同时，作与半径 R_2、R_3（R_4）、…、R 各圆相切的铅垂线，与水平线对应相交于 1″、2″、3″、4″…点。

第六步，用光顺的线连接 1″、2″、3″、4″…点，由此即可作出刀具轴向截面内的截形 1″—2″—3″—4″—…

（2）计算法。

用此方法可修正计算刀具的截形，但应首先作出计算图，如图 5.6 所示，然后按下述步骤和公式，求出刀具各组成点的截形深度尺寸。

① 求刀具前刀面上各组成点的尺寸 C_x，利用切削时工件和刀具的几何关系，作出棱体成形车刀的计算图如图 5.6（a）所示，圆体成形车刀计算图如图 5.6（b）所示，即

$$C_x=\sqrt{r_x^2-h_1^2}-r_1\cos\gamma_{f1}=\sqrt{r_x^2-(r_1\sin\gamma_{f1})^2}-r_1\cos\gamma_{f1} \tag{5.3}$$

将式中下角标 x 分别用 2、3、4…代入式（5.3），即可求出前刀面上刀刃各组成点的相应尺寸 C_2、C_3（C_4）…

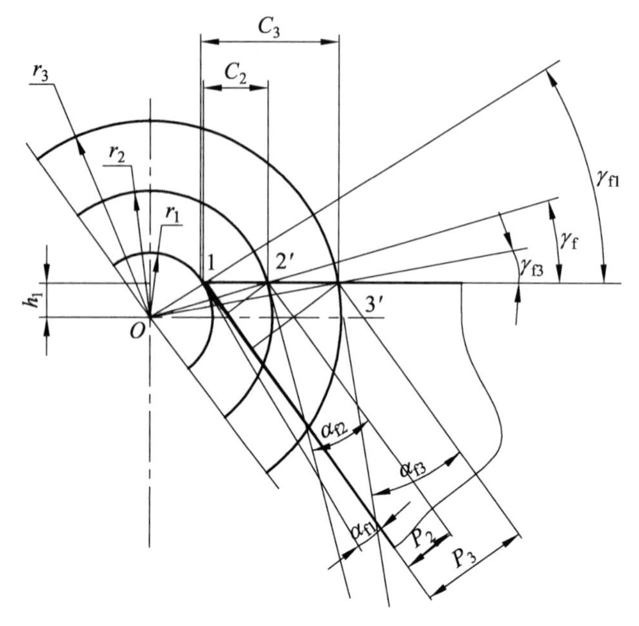

（a）棱体成形车刀

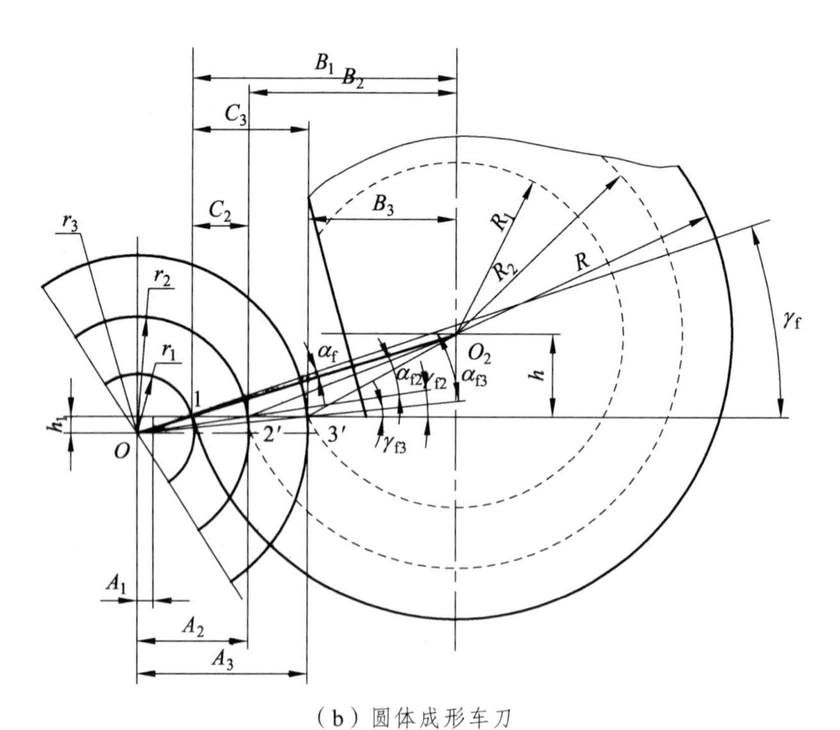

（b）圆体成形车刀

图 5.6　成形车刀截形计算分析图

② 求刀具刀刃各组成点的截形深度。

棱体成形车刀截形深度 P_x 为

$$P_x = C_x \cos(\gamma_{f1} + \alpha_{f1}) = C_x \sin\beta \tag{5.4}$$

式中 β——棱体成形车刀前刀面与后刀面间的夹角，即刀楔角，$\beta = 90° - \gamma_f - \alpha_f$。

圆体成形车刀廓形半径 R_x 为

$$R_x = \sqrt{R^2 + C_x^2 - 2RC_x \cos(\gamma_f + \alpha_f)} \tag{5.5}$$

3）双曲线误差分析

用成形车刀加工圆锥表面时会产生双曲线误差。图 5.7（*a*）所示，为用棱体成形车刀加工圆锥表面。对于棱体成形车刀，由于刀具的前角 $\gamma_f > 0°$ 的关系，其前刀面 *M—M* 不通过工件的轴线，即切削圆锥部分的切削刃 12′不在工件的轴向断面内。由几何学可知，平面 *M—M* 与理想圆锥表面的交线为外凸的双曲线形状 132′。因此，若要加工出准确的圆锥表面需将 *M—M* 平面（即前刀面）内的切削刃形状设计成与此凸双曲线形状一致的、内凹的双曲线。但实际上为了简化成形车刀的设计与制造，通常将刀具截形设计成直线，这就必然在工件上多切去了一部分材料，因此实际得到的并非圆锥表面，而是凹的、回转双曲线表面，从而形成表面形状误差。通常把这种加工误差称为双曲线误差。

如图 5.7（b）所示，为用圆体成形车刀加工圆锥表面。对于圆体成形车刀，除了因刀具的前角 $\gamma_f > 0°$ 所产生的双曲线误差外，因为刀具前面与刀具轴线相距 *h*，因此，前刀面与刀具锥体部分的交线所形成的切削刃 142′为外凸的双曲线。所以用圆体成形车刀加工圆锥表面产生的双曲线误差会更大，一般可达到 0.4 mm，甚至更大。

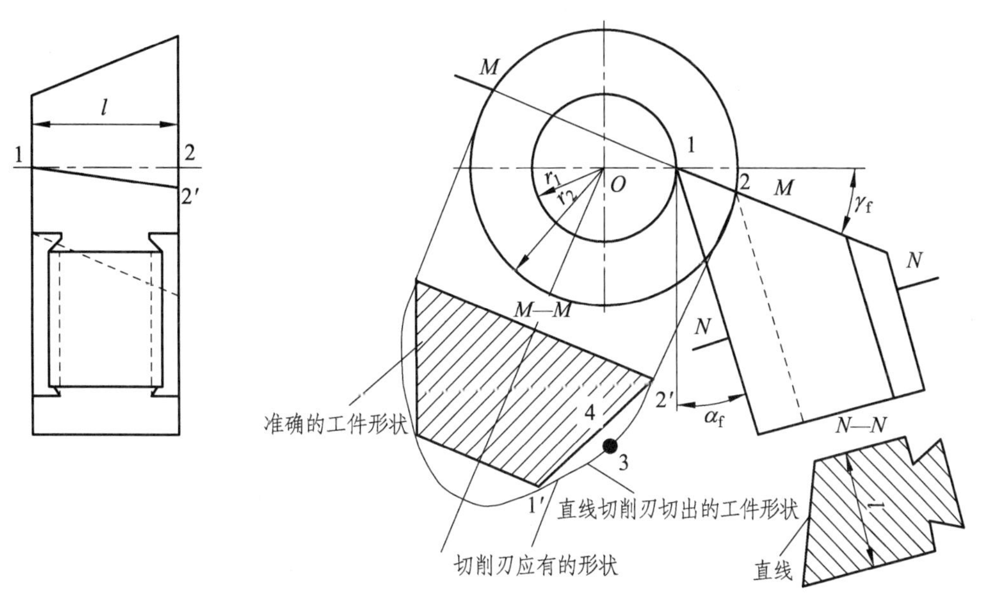

（a）用棱体成形车刀加工

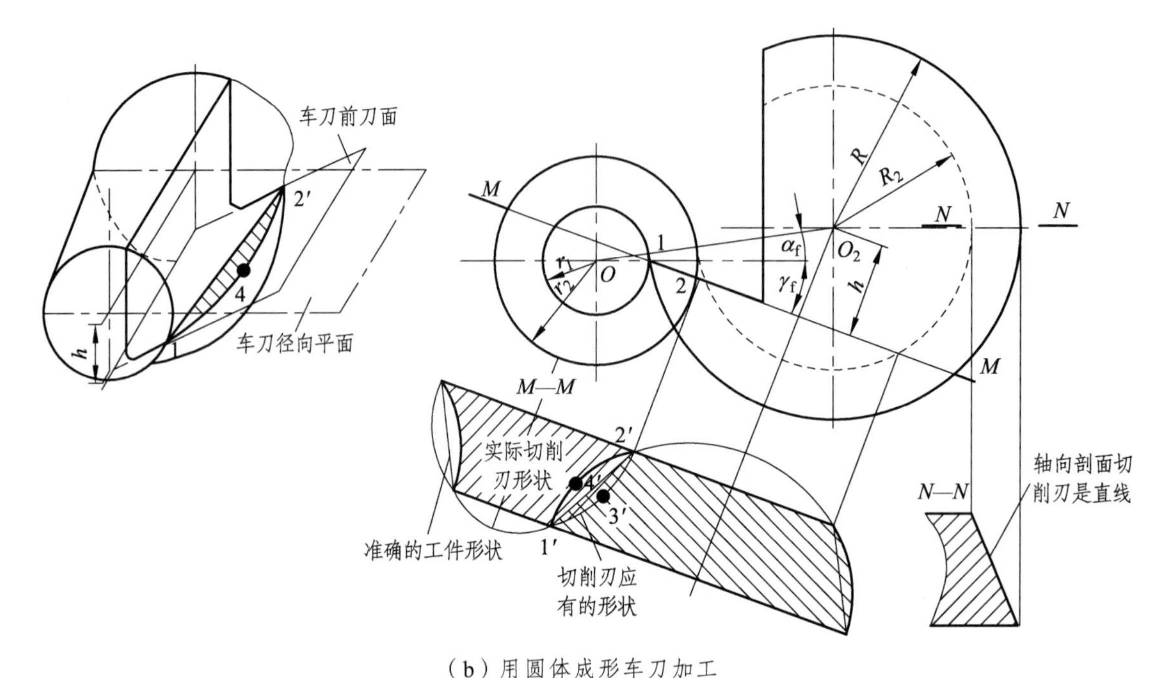

（b）用圆体成形车刀加工

图 5.7　成形车刀加工圆锥体表面时产生的误差

减小双曲线误差的措施：一是减小成形车刀的前角值；二是加工圆锥表面成形车刀尽量选用棱体成形车刀。

5.2　成形车刀设计要点

本节以径向进给的棱体成形车刀和圆体成形车刀为例，介绍成形车刀的设计内容、方法和步骤。

5.2.1　确定刀体的结构尺寸

1. 棱体成形车刀

如图 5.8 所示，棱体成形车刀的装夹部分多采用燕尾结构，因为这种刀体结构的装夹稳固可靠，能承受较大的切削力。燕尾结构的主要尺寸有刀体总宽度 L_0、刀体高度 H，刀体厚度 B 以及燕尾测量尺寸 M 等。

1）刀体总宽度 L_0

在图 5.9（a）中

$$L_0 = L_c \tag{5.6}$$

式中　L_c——成形车刀切削刃的总宽度（mm）。

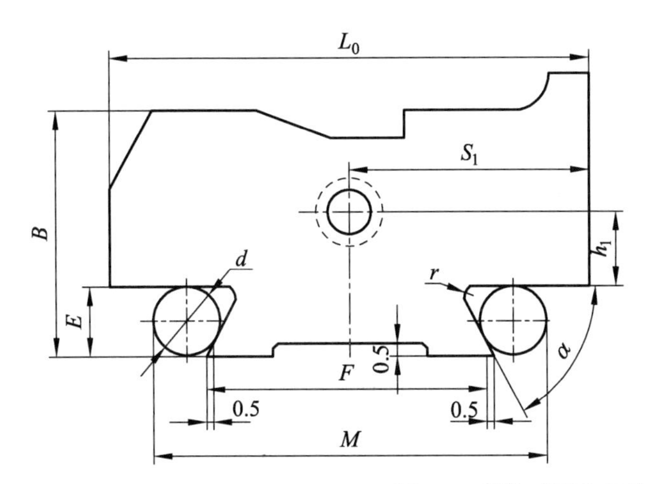

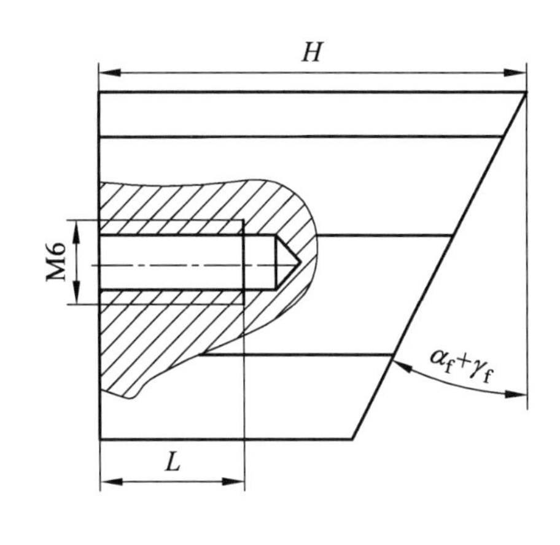

图 5.8　棱体成形车刀的结构尺寸

如图 5.9 所示，a 是为了避免切削刃转角处过尖而设的附加切削刃（mm），其取值为 $a=0.5\sim3$ mm，如图 5.9（a）中的 9—10 段。b 为考虑工件端面的精加工和倒角而设的附加切削刃宽度（mm），其数值应大于端面加工余量和倒角的宽度。为使该段附加切削刃在正交平面内具有一定的后角，一般取 $k_r=15°\sim45°$，b 值一般取 $1\sim3$ mm；如工件有倒角，k_r 应等于倒角的角度值，让 b 值比倒角宽度大 $1\sim1.5$ mm，如图 5.9（a）中的 1—9 段。c 是为保证后续切断工序顺利进行而设的预切槽切削刃的宽度（mm），c 值常取 $3\sim8$ mm，如图 5.9（a）中的 5—6—7—11 段。d 是为保证成形车刀切削刃处比工件毛坯表面长而设的附加切削刃宽度（mm），常取 $d=0.5\sim2$ mm，如图 5.9（a）中的 11—12。

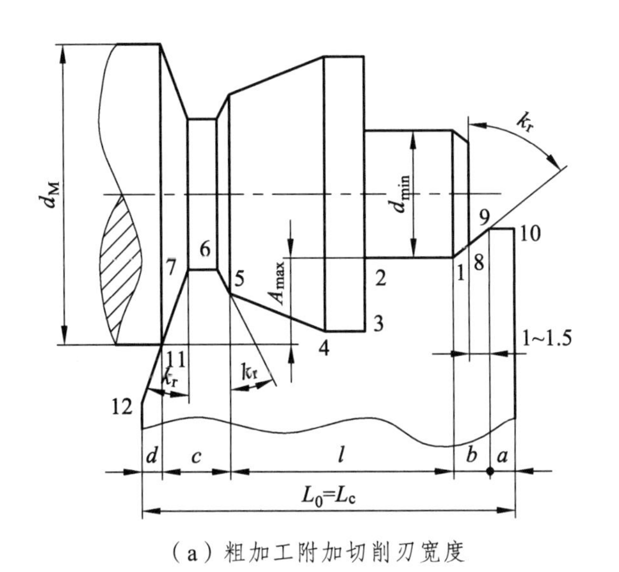

（a）粗加工附加切削刃宽度

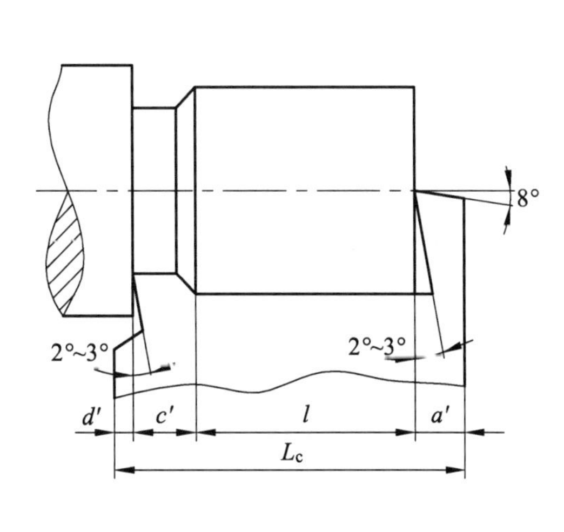

（b）精加工附加切削刃宽度

图 5.9　成形车刀的附加切削刃

在实际生产中，有时也可以取图 5.9（b）所示的附加切削刃形式，其中 a'、c'、d'的数值视具体情况而定（其中 $a'>3$ mm）。

在确定切削刃总宽度 L_c 时，还应考虑机床功率及工艺系统的刚度。因为径向成形车刀切削刃同时参加切削，径向切削分力和切削宽度都很大，很容易引起切削振动。一般应限制切削刃总宽度 L_c 与工件的最小直径 d_{min} 的比值，使 L_c/d_{min} 不超过下列数值即可：粗加工 $L_c/d_{min} \leqslant 2 \sim 3$；半精加工 $L_c/d_{min} \leqslant 1.8 \sim 2.5$；精加工 $L_c/d_{min} \leqslant 1.5 \sim 2$。工件直径较小时取小值，反之，取大值。

当 L_c/d_{min} 大于许用值或 $L_c>80$ mm（为经验值）时，可采取下列措施：

（1）将工件轮廓形状分段，改用两把或数把成形车刀切削加工。

（2）改用切向进给成形车刀。

（3）如已确定用径向进给方式，可在工件非切削部分增设辅助支承，如滚轮托架，以增加工艺系统刚度。

2）刀体高度 H

刀体高度 H 与机床横刀架距离主轴中心高度有关。在机床刀架空间允许的条件下，H 尽量取大值，以增加刀具的重磨次数。一般推荐 $H = 55 \sim 100$ mm。如采用对焊结构，高速钢部分长度不小于 40 mm（或取 $H/2$）。

3）刀体厚度 B

刀体厚度 B 应保证刀体有足够的强度，易于装入刀夹，排除切屑方便，切削顺利。具体设计时，刀体厚度应满足

$$B \geqslant E + A_{max} + (0.25 \sim 0.5) L_0$$

式中 E——燕尾槽底面与其平行面的距离（mm），如图 5.8 所示；

A_{max}——工件最大轮廓形状深度（mm），如图 5.9（a）所示。

4）燕尾测量尺寸 M

燕尾测量尺寸 M 的值应与切削刃总宽度 L_c 和测量滚柱直径 d'相适应，见表 5.1。

此外，为了方便调整棱体成形车刀的高度，增加成形车刀切削时的刚度，在刀体底部做有螺孔以旋入螺钉，螺孔大小常取 M6。

表 5.1 棱体成形车刀的结构尺寸 单位：mm

结构尺寸						检验燕尾尺寸		
$L_0=L_c$	F	B	H	E	f	滚柱直径 d′	M	
							尺寸	极限偏差
15 ~ 20	15	20	55 ~ 100（可视机床刀夹而定）	$7.2^{+0.36}_{0}$	5	5 ± 0.005	22.89	0 − 0.1
22 ~ 30	20	25					27.87	
32 ~ 40	25			$9.2^{+0.36}_{0}$	8	8 ± 0.005	37.62	0 − 0.12
45 ~ 50	30	45					42.62	
55 ~ 60	40			$12.2^{+0.48}_{0}$	12		52.62	0 − 0.14
65 ~ 70	50	60					62.62	
75 ~ 80	60						72.62	

注：1. d'—滚柱直径。当 d'不是表中数值时，按下式计算

$$M=F+d'\left(1+\tan\frac{\alpha}{2}\right)$$

2. 燕尾角 $\alpha=60^\circ\pm10'$，圆角半径 $r_{\max}=0.5$ mm。燕尾底面及与之相距为 E 的表面不能同时作为工作表面。
3. S_1 与 h_1 尺寸（见图 5.8）视具体情况而定。l 视机床刀夹而定，应保证满足最大调整范围。

2. 圆体成形车刀

如图 5.10 所示为圆体成形车刀，其主要的结构尺寸有刀体总宽度 L_0、刀体半径 R_0、内孔直径 d 及其夹固部分尺寸等。

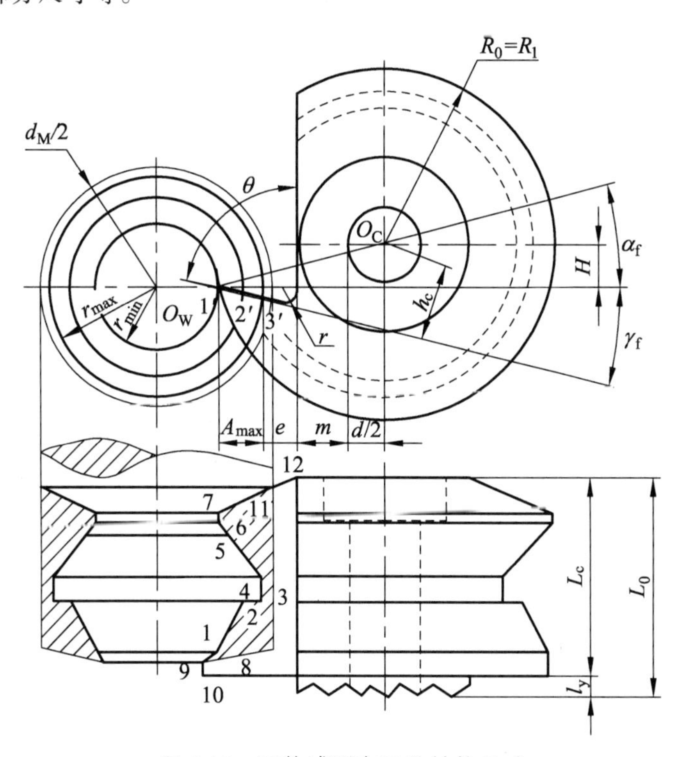

图 5.10 圆体成形车刀的结构尺寸

1）刀体总宽度

$$L_0 = L_c + l_y$$

式中 L_c——切削刃的总宽度（mm）;

l_y——除切削刃外其他部分的宽度（mm）;

2）刀体外径和内孔直径

确定刀体外径时，要考虑工件的最大轮廓形状深度、排屑、刀体强度及刚度等问题，取值的大小要受机床横刀架中心高度及刀夹空间的限制。一般可按下式进行计算，再取与其相近的标准值

$$D_0 \geqslant 2(A_{max} + e + m) + d$$

式中 D_0——刀具轮廓形状的最大直径（mm）;

A_{max}——工件最大轮廓形状深度（mm）;

E——保证足够大的容屑空间所需要的径向距离（mm），可根据切削厚度和切屑的卷曲程度选取，一般取 3 ~ 12 mm，加工脆性材料时取小值，反之，取大值;

m——刀体壁厚（mm），根据刀体强度的要求选取，一般为 5 ~ 8 mm;

d——刀体内孔直径（mm），其值应保证刀体和与之配合的心轴具有足够的强度和刚度，可依据切削用量和切削力的大小取值为（0.25 ~ 0.45）D_0，计算后再取相近的标准值 10 mm、（12 mm）、16 mm、（19 mm）、20 mm、22 mm、27 mm 等，其中带括号者为非优选系列尺寸。

3）刀体夹固部分尺寸

圆体成形车刀常采用内孔与端面定位，螺栓夹固的结构，如图 5.11 所示。沉头孔（虚线）用于容纳螺栓的头部。刀体端面的凸台齿纹，一方面可以防止切削时刀具与刀夹之间发生相对转动，另一方面还可粗调刀尖的高度。为简化制造，也可制作一个可换的具有端面齿的齿环，然后用销子与圆刀体相连。

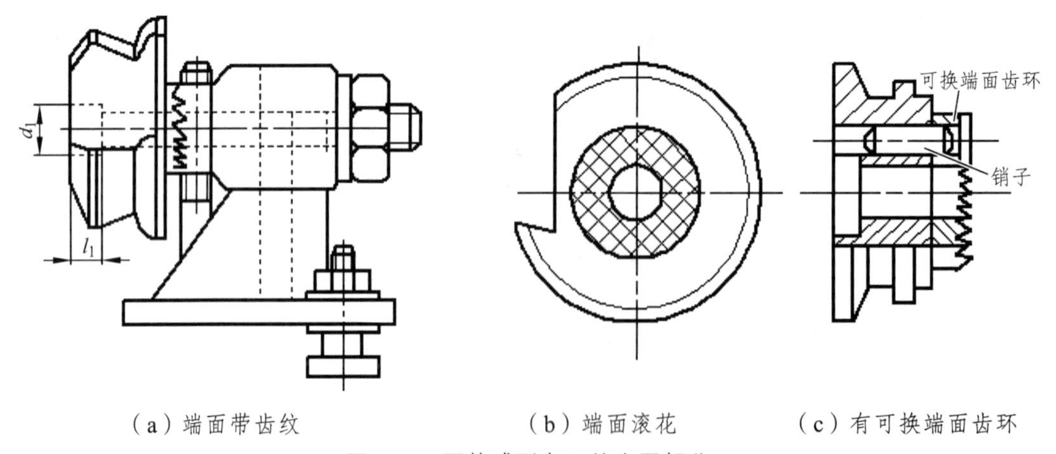

（a）端面带齿纹　（b）端面滚花　（c）有可换端面齿环

图 5.11　圆体成形车刀的夹固部分

端面带齿纹和端面有带销孔的圆体成形车刀的结构尺寸可参见表 5.2 和表 5.3。

表 5.2 端面带齿纹的圆体成形车刀结构尺寸 单位：mm

结构图

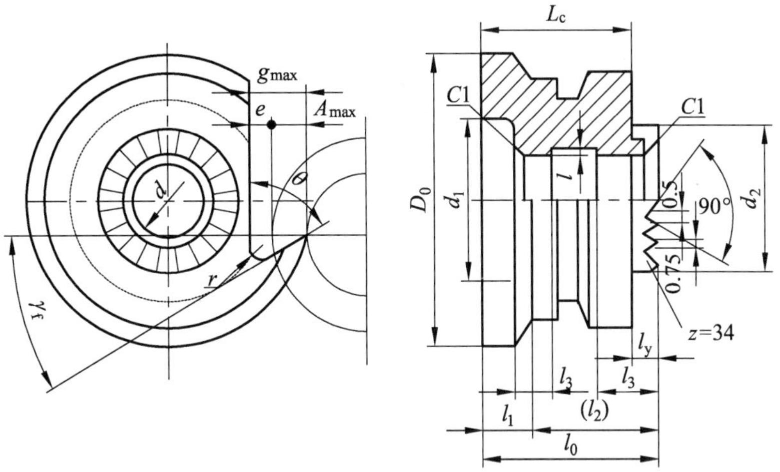

工件轮廓形状深度 A_{max}	刀具尺寸						端面齿纹尺寸	
	D_0	d	d_1	g_{max}	e	r	d_2	l_y
<4	30	10	16	7	3	1	—	—
4 ~ 6	40	13	20	10	3	1	20	3
6 ~ 8	50	16	25	12	4	1	26	3
8 ~ 10	60	16	25	14	4	2	32	3
10 ~ 12	70	22	34	17	5	2	35	4
12 ~ 15	80	22	34	20	5	2	40	4
15 ~ 18	90	22	34	23	5	2	45	5
18 ~ 21	100	27	40	26	5	2	50	5

注：1. 表中外径 D_0 允许用于 A_{max} 更小的情况。

2. 沉头孔深度 $l_1=\left(\frac{1}{4}\sim\frac{1}{2}\right)l_0$。

3. g_{max} 是按 A_{max} 的上限给出，由 $g=A_{max}+e$ 计算得出的 g 值可圆整为 0.5 的倍数。内孔成形车刀的 e 值可小于表中的值。

4. 当孔深 l_2>15 mm 时，需增加空刀槽，$l_3=\frac{1}{4}l_2$。

5. 当 $\gamma_f<15°$ 时，θ取 80°；$\gamma_f\geqslant15°$ 时，θ取 70°。

6. 端面齿齿形角β可为 60°或 90°，齿顶宽度为 0.75 mm，齿底宽度为 0.5 mm，齿数 $z=10\sim50$。如考虑通用，可取 $z=34$，$\beta=90°$。

7. 各种车床都有应用，多用于卧式车床。

表 5.3　端面带销孔的圆体成形车刀的结构尺寸　　单位：mm

机床型号	刀具结构形式	刀具尺寸									销孔尺寸			通用的 A_{max}
		L_0	D_0	d	d_1	d_2	l_1	g	L_c	d_4	d_3	m	c_1	
C1312	A	<6	45	10	15	—	2～5	9	L_0	—	4.1	—	9	<6
	B	>6							—					
C1318	A	<10	52	12	20	32		11	L_0	—	6.2	—	11	<6
	B	12～22				—			—			8		
	C	>22								30				
C1325	A	<10	60	16	25	32		2.5	L_0	—	7.2	—	12.5	<7
	B	12～22				—			—			8		
	C	>22								35				
C1336	A	<10	68	16	25	32		14	L_0	—	8.2	—	14	<11
	B	12～22				—			—			8		
	C	>22								35				

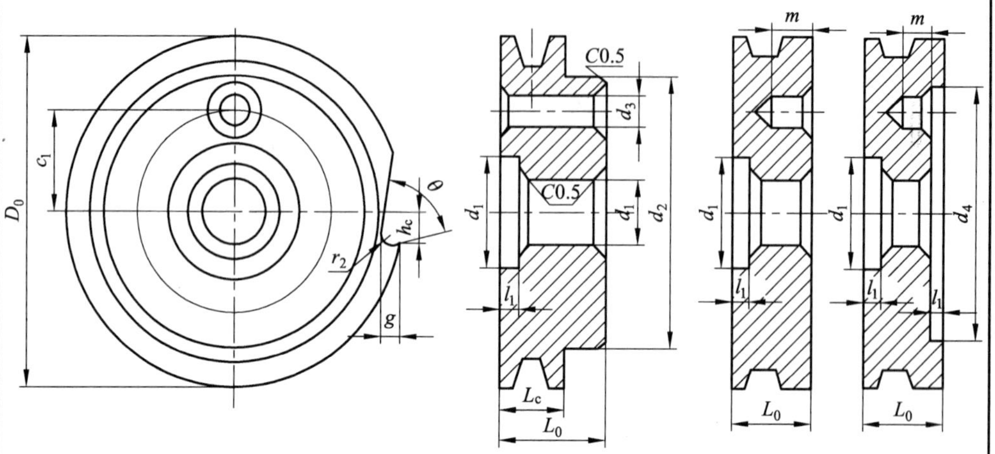

注：1. h_c—刀具中心至前刀面的距离，由 $h_c = R_0 \sin(\gamma_f + \alpha_f)$ 计算。

2. 当 $\gamma_f < 15°$ 时，θ取 80°；$\gamma_f \geqslant 15°$ 时，θ取 70°。

3. 多用于单轴自动车床。

5.2.2　选择前角和后角

成形车刀的前角和后角是指在假定工作平面内测量的，切削刃上基点处的前角和后角。

成形车刀的前角 γ_f 和后角 α_f 可根据工件材料和刀具类型，参考表 5.4 进行选取。但需要校验切削刃上主偏角 k_r 为最小值点处的后角 α_0，一般不得小于 2°～3°，否则，必须采取措施加以解决。

表 5.4　成形车刀的前角和后角

工件材料	材料的力学性能		前角 γ_f / (°)	成形车刀类型	后角 α_f / (°)
钢	R_m/GPa	<0.5	20	圆体型	10～15
		0.5～0.6	15		
		0.6～0.8	10		
		>0.8	5		
铸铁	硬度/HBW	160～180	10	棱体型	12～17
		180～220	5		
		>220	0		

5.2.3　截形设计

可参见 5.1.3 截形设计部分。

5.2.4　成形车刀的样板设计

设计制造和使用成形车刀时，较高精度的刀具截形可利用投影仪等进行检验，一般精度的刀具截形常用样板检测。

成形车刀样板一般需要成对设计、制造，分工作样板和校对样板。工作样板用于制造成形车刀时检验刀具的截形，校对样板用于检验工作样板的精度和磨损程度。

成形车刀样板的工作面形状和尺寸要与成形车刀的截形吻合。样板工作面尺寸的标注基准和成形车刀上截形尺寸的标注基准一致。样板各部分公称尺寸等于刀具截形上对应的公称尺寸。样板工作面各尺寸的公差通常取成形车刀截形尺寸公差的 1/3～1/2，并且按对称分布。当成形车刀截形尺寸公差较小时，如为 ± 0.01 mm 时，样板上对应尺寸公差也可取 ± 0.01 mm，但该成形车刀的最后尺寸应通过千分尺、投影仪等量具量仪来检验。

样板的角度公差是成形车刀截形角度公差的 10%，且不小于 3′。

样板工作面的表面粗糙度值为 Ra0.08～0.32 μm。

制造样板的材料，一般选用工具钢 T10A 或经表面渗碳处理的 15 钢、20 钢，其热处理表面硬度为 40～61 HRC。样板厚度一般取 1.5～2.5 mm。

5.2.5 成形车刀的技术要求

1）刀具材料

（1）切削部分：一般选用高速钢，热处理硬度 63 ~ 65 HRC。

（2）刀体部分：用 45 钢或 40Cr，热处理硬度为 38 ~ 45 HRC。

2）表面粗糙度

（1）刀具前、后面的表面粗糙度为 *Ra*0.2 μm。

（2）基准表面粗糙度为 *Ra*1 ~ 3.22 μm。

（3）其余表面的粗糙度为 *Ra*1.6 ~ 3.2 μm。

3）成形车刀的尺寸公差

（1）截形轮廓的形状公差可参考表 5.5 选取。刀具轮廓形状深度和宽度公差，可根据工件的直径或宽度公差对应选择。

表 5.5 成形车刀的轮廓形状公差　　单位：mm

工件直径或宽度公差	刀具轮廓形状深度公差	刀具轮廓形状宽度公差
0.12	0.020	0.040
0.20	0.030	0.060
0.30	0.040	0.080
0.50	0.060	0.100
>0.50	0.080	0.200

注：表中所列公差值，其偏差为对称分布。

（2）圆体成形车刀的外径 D_0 按 h11 ~ h13 选取；内径 *d* 按 H6 ~ H8 选取。

（3）棱体成形车刀的刀体高度 *H* 的极限偏差取 ± 2 mm。

4）成形车刀的几何位置尺寸公差

（1）圆体成形车刀。

① 前刀面对刀具轴线的平行度公差，在 100 mm 长度上不超过 0.15 mm。

② 切削刃对刀具内孔轴线的径向圆跳动为 0.02 ~ 0.03 mm。

（2）棱体成形车刀。

① 两侧面对燕尾槽基准面的垂直度误差，在 100 mm 长度上，不超过 0.02 ~ 0.03 mm。

② 刀具截形对燕尾槽基准面的平行度误差，在 100 mm 长度上不超过 0.02 ~ 0.03 mm。

5.3 成形车刀设计举例

设计成形车刀的主要内容是根据工件的轮廓形状进行计算，较准确求得成形车刀的刀刃截形。下面通过实例介绍成形车刀截形设计和计算的方法。

1. 圆体成形车刀设计

【例 5.1】　原始条件：零件如图 5.12 所示，工件材料为易切钢 Y15，圆棒料的直径 $\phi 32$ mm，大批量生产，欲用成形车刀加工出全部外表面，并切出预切槽，用 C1336 单轴转塔自动车床加工。要求：（1）设计圆体成形车刀；（2）设计棱体成形车刀。

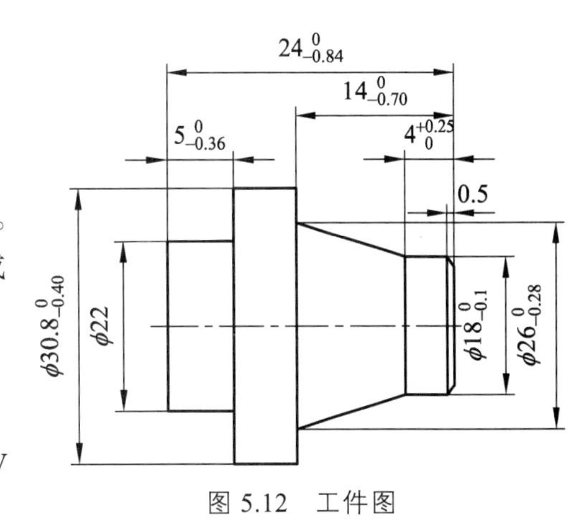

图 5.12　工件图

解： 1）加工该零件的圆体成形车刀设计

其设计方法步骤如下：

（1）选择刀具材料，选用普通高速钢 W18Cr4V 制造。

（2）选择刀具前角 γ_{f} 和后角 α_{f}，由表 5.4 查得：$\gamma_{\mathrm{f}}=15°$，$\alpha_{\mathrm{f}}=10°$。

（3）画出刀具截形（包括附加切削刃）的计算图。如图 5.13 所示，取 $k_{\mathrm{r}}=20°$，$a=3$ mm，$b=1.5$ mm，$c=6$ mm，$d=0.5$ mm（其含义同图 5.9）。确定工件轮廓形状的基点和各组成点 1～12。以 0—0 线（通过点 9—10 段的直线切削刃）为基准（以便于对刀），计算出工件上编号 1～12 各点处的计算半径 r_{jx}。

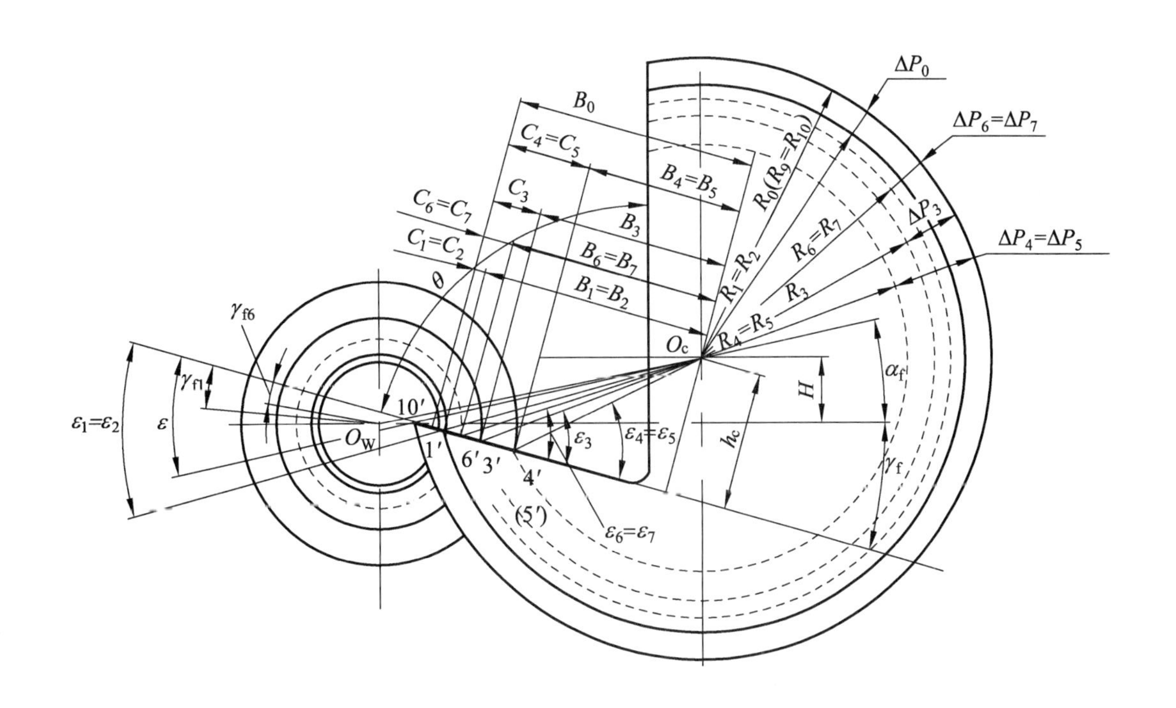

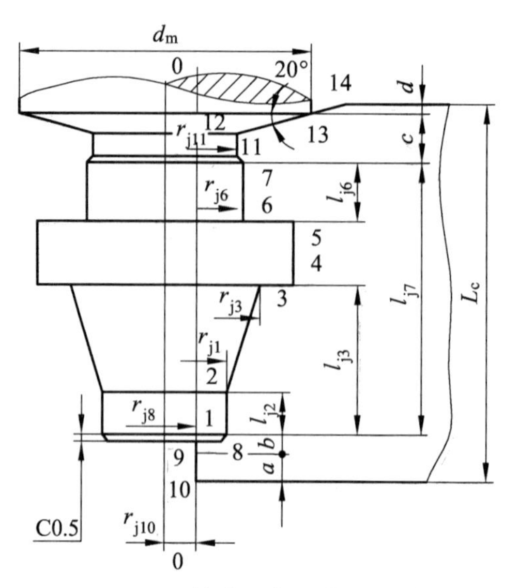

图 5.13　圆体成形车刀截形计算图

$$r_{jx}=\text{半径基本尺寸}\pm\frac{\text{半径公差}}{2}$$

$$r_{j1}=\frac{18}{2}-\frac{\frac{0.1}{2}}{2}=9-\frac{0.1}{4}=8.975\ (\text{mm})=r_{j2}$$

$$r_{j3}=\frac{26}{2}-\frac{0.28}{4}=12.930\ (\text{mm})$$

$$r_{j4}=r_{j5}=\frac{30.8}{2}-\frac{0.40}{4}=15.300\ (\text{mm})$$

$$r_{j6}=r_{j7}=11.000\ (\text{mm})$$

$$r_{j8}=r_{j1}-0.5=8.475\ (\text{mm})$$

$$r_{j9}=r_{j10}=r_{j0}=r_{j1}-(0.5+1.0)=7.475\ (\text{mm})$$

$$r_{j11}=r_{j12}=r_{j6}-\frac{0.5}{\tan 20^\circ}=9.626\ (\text{mm})$$

再以点 1 为基准，算出计算长度 l_{jx}

$$l_{jx}=\text{基本长度}\pm\frac{\text{公差}}{2}$$

$$l_{j2}=(4-0.5)+\frac{0.25}{2}=3.63\ (\text{mm})$$

$$l_{j3}=l_{j4}=(14-0.5)-\frac{0.7}{2}=13.15\ (\text{mm})$$

$$l_{j6}=5-\frac{0.36}{2}=4.82\ (\text{mm})$$

$$l_{j7}=(24-0.5)-\frac{0.84}{2}=23.08\ (\text{mm})$$

（4）计算切削刃总宽度 L_c，并校验 $\frac{L_c}{d_{min}}$ 值。

$$L_c = l_{j7} + a + b + c + d = 23.08 + 3 + 1.5 + 6 + 0.5 = 34.08\ (\text{mm})$$

取 $L_c = 34$ mm，$d_{min} = 2r_{j8} = 2 \times 8.475 = 16.95$（mm）

则 $\frac{L_c}{d_{min}}=\frac{34}{16.95}=2.0<2.5$，允许。

（5）确定刀体结构尺寸。应使 $D_0 = 2R_0 \geqslant 2(A_{max} + e + m) + d$（见图 5.10）。

由表 5.3 查得，C1336 单轴转塔自动车床所用圆体成形车刀 $D_0 = 68$ mm、$d = 16$ mm，又已知毛坯半径为 16 mm，则加工工件形状的最大深度为

$$A_{max} = 16 - r_{j8} = 16 - 8.475 = 7.525 \approx 7.5\ \text{mm}$$

代入上式，则可得

$$e+m \leqslant R_0 - A_{max} - \frac{d}{2} = 34-7.5-8 = 18.5\ \text{mm}$$

可选取 $e = 10$ mm、$m = 8$ mm，并选用带销孔的结构形式。

（6）用计算法求圆体成形车刀截形上各组成点的半径 R_x。其计算过程和结果见表 5.6。

标注刀具截形径向尺寸时，应选择加工要求最高的 1—2 段轮廓形状作为尺寸标注基准，其他各组成点用截形深度 δR_x 表示径向尺寸。各组成点的截形深度 δR_x 的公差见表 5.6。

（7）校验最小后角。编号 7—11 段切削刃与进给方向（即工件径向）的夹角最小，因而这段切削刃上的后角最小，其值为

$$\begin{aligned}\alpha_o &= \arctan[\tan(\varepsilon_{11}-\gamma_{f11})\sin 20^\circ] \\ &= \arctan[\tan(26.67^\circ - 11.59^\circ)\sin 20^\circ] \\ &= 5.27^\circ\end{aligned}$$

因为一般要求最小后角不小于 2° ~ 3°，因此校验的后角合格。

（8）车刀轮廓形状宽度。l_x 即为相应于工件轮廓形状的轴向计算长度 l_{jx} 的刀具宽度尺寸，由于刀具宽度方向的尺寸与工件的轴向尺寸相等，其数值及公差可确定如下（公差值是按表 5.5 确定的，表中未列出者可酌情取为 ± 0.2 mm）

$$l_2 = l_{j2} = (3.63 \pm 0.02)\ \text{mm}$$

$$l_3 = l_4 = l_{j3} = l_{j4} = (13.15 \pm 0.03)\ \text{mm}$$

$$l_5 = l_6 = l_{j5} = l_{j6} = (4.82 \pm 0.02)\ \text{mm}$$

$$l_7 = l_{j7} = (23.08 \pm 0.05)\ \text{mm}$$

$$l_8 = l_{j8} = (0.5 \pm 0.02)\ \text{mm}$$

表 5.6　圆体成形车刀轮廓形状计算表

单位：mm

$H_c = R_0 \sin(\gamma_f + \alpha_f) = 34\sin(15° + 10°) = 14.369\ 02$

$B_0 = R_0 \cos(\gamma_f + \alpha_f) = 34\cos(15° + 10°) = 30.814\ 46$

轮廓形状组成点	r_{jx}	$\gamma_{fx} = \arcsin\left(\frac{r_{j0}}{r_{jx}}\sin\gamma_f\right)$	$C_x = r_{jx}\cos\gamma_{fx} - r_{j0}\cos\gamma_f$	$B_x = B_0 - C_x$	$\varepsilon_x = \arctan\left(\frac{h_c}{B_x}\right)$	$R_x = \frac{h_c}{\sin\varepsilon_x}$（精确到 0.001）	$\Delta R = (R_1 - R_x) \pm \delta$（精确到 0.01）
9、10（作为 0 点）	7.475	15°					$\Delta R_0 = -1.39 \pm 0.02$
1、2	8.975	$\gamma_{fx} = \arcsin\left(\frac{7.475}{8.975}\sin 15°\right) = 12.448\ 52°$	$C_1 = 8.975\cos 12.448\ 52 - 7.475\cos 15° = 1.543\ 70$	$B_1 = 30.814\ 46 - 1.543\ 70 = 29.270\ 76$	$\varepsilon_1 = \arctan\left(\frac{14.369\ 02}{29.270\ 76}\right) = 26.146\ 43°$	$R_x = \frac{14.369\ 02}{\sin 26.146\ 43°} = 32.607$	0
3	12.930	8.605 29°	5.564 14	25.250 32	29.642 60°	29.052	$\Delta R_3 = 3.56 \pm 0.02$
4、5	15.300	7.264 45°	7.956 89	22.857 57	32.154 82°	27.000	$\Delta R_4 = 5.61 \pm 0.03$
6、7	11.00	10.129 83°	3.608 23	27.206 23	27.840 86°	30.768	$\Delta R_6 = 1.84 \pm 0.02$
8	8.475	13.195 82°	1.030 92	29.783 54	25.754 91°	33.069	$\Delta R_8 = -0.46 \pm 0.02$
11、12	9.626	11.594 51°	2.209 28	28.605 18	26.671 40	32.011	$\Delta R_{11} = 0.60 \pm 0.02$

注：1. 表中只以 1 点（同 2 点）为例，说明圆体成形车刀半径 R_1 的详细计算过程，其他各组点的计算过程从略，只给出各步骤的计算结果。ΔR 则以 9、10 点为例进行计算。

2. ΔR 的公差是根据表 5.5 决定的。

（9）画出刀具工作图及样板工作图。如图 5.14 与图 5.15 所示。

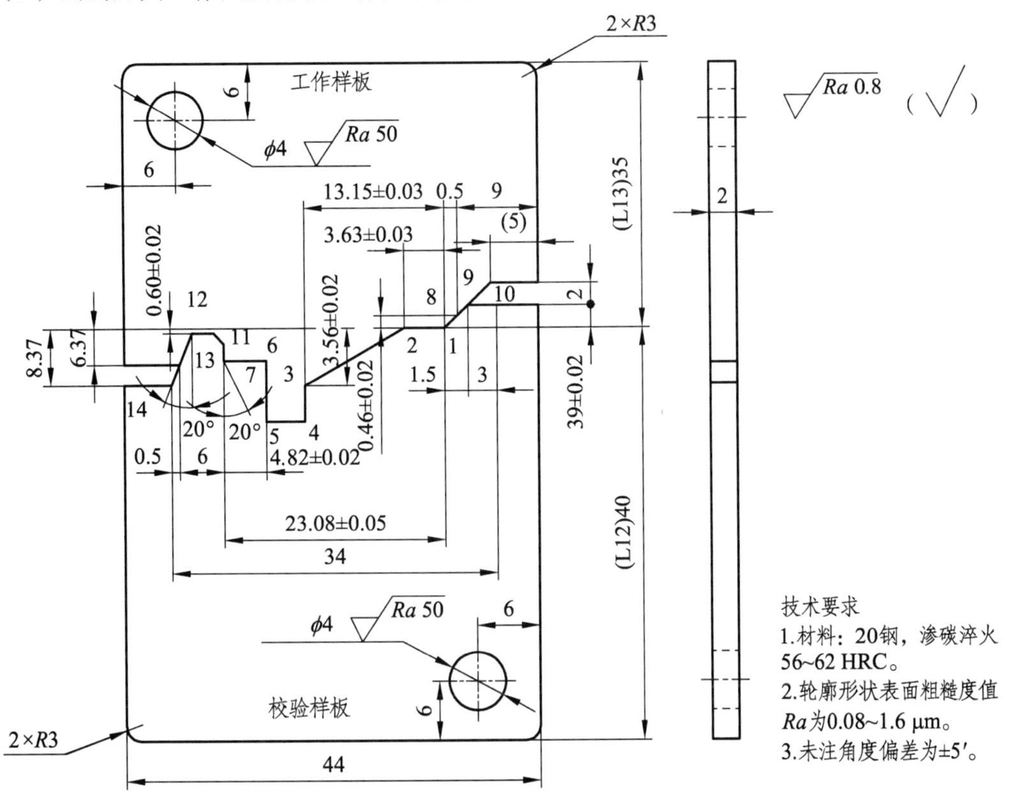

图 5.14 成形车刀样板

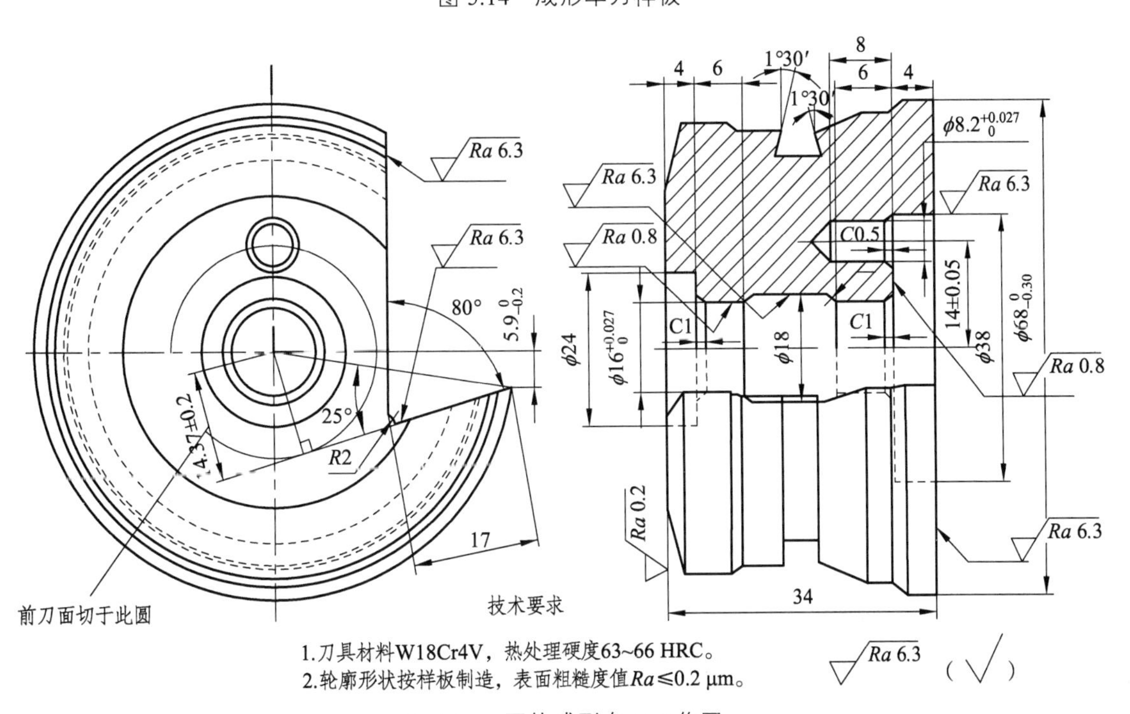

1.刀具材料W18Cr4V，热处理硬度63~66 HRC。
2.轮廓形状按样板制造，表面粗糙度值$Ra \leqslant 0.2$ μm。

$\sqrt{Ra\ 6.3}$ （√）

图 5.15 圆体成形车刀工作图

2. 棱体成形车刀设计

加工该零件的主要设计步骤如下：

（1）选择刀具材料。选用普通高速钢 W18Cr4V，采用整体结构。

（2）选择前角 γ_f 与后角 α_f。参见表 5.4，取值为 $\gamma_f = 15°$， $\alpha_f = 12°$。

工件轮廓尺寸与前面圆体成形车刀设计相同，这里不再重复（从略）。

（3）画出刀具截形计算图如图 5.16 所示。

首先标出工件轮廓形状上各组成点 1 ~ 12，确定 0—0 线为基准，计算出零件编号 1，2，3，…，12 各点的计算半径 r_{jx}（同圆体成形车刀的设计）。

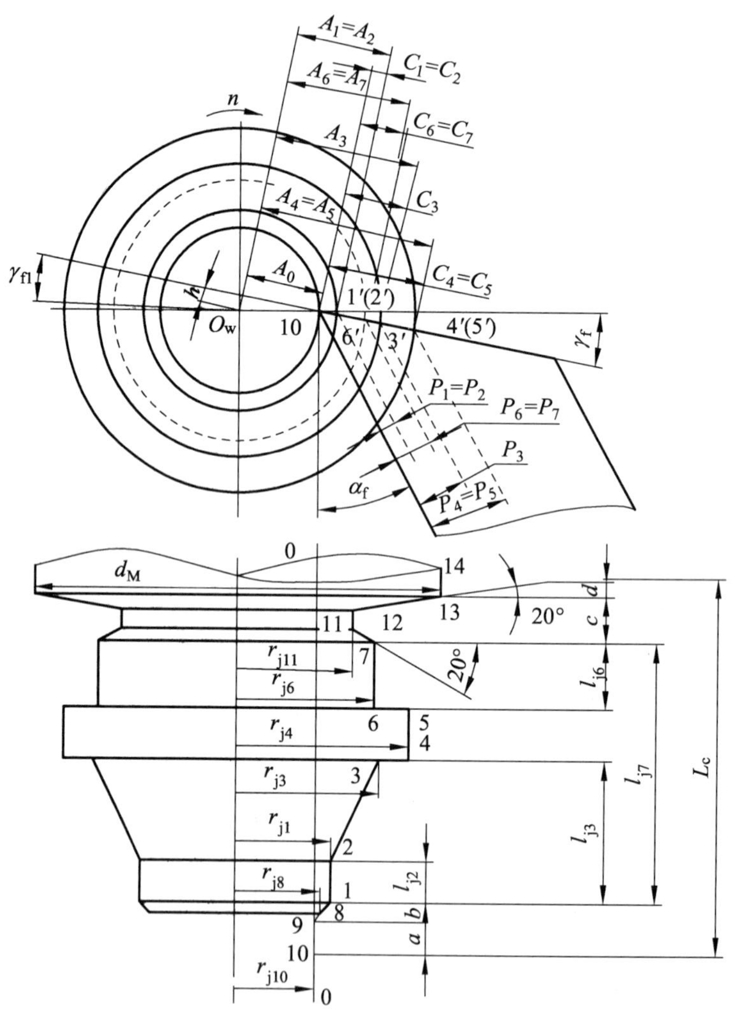

图 5.16　棱体成形车刀轮廓形状计算图

（4）确定刀具结构尺寸（参考表 5.1）。

$$L_C = 34\ \text{mm}，H = 75\ \text{mm}，F = 25\ \text{mm}，E = 9.2\ \text{mm}$$

$$d' = 8\ \text{mm}，f = 8\ \text{mm}，M = (37.62_{-0.12}^{\ 0})\ \text{mm}$$

（5）用计算法求出 $N—N$ 断面内刀具截形上各组成点距 0—0 线的尺寸 P_x，然后选择 1—2 段为基准线（其原因与圆体成形车刀设计相同），计算出刀具截形上各组成点到该基准线的垂直距离 ΔP_x，即刀具各组成点的截形深度。计算结果和过程见表 5.7。根据表 5.5 确定各组成点的截形深度 ΔP_x 的公差。

表 5.7 棱体成形车刀轮廓形状计算表 单位：mm

$h = r_{j0}\sin\gamma_f = 7.475\sin15° = 1.934\,7$，$A_0 = r_{j0}\cos\gamma_f = 7.475\cos15° = 7.220\,3$						
轮廓形状组成点（x）	r_{jx}	$\gamma_{fx} = \arcsin\left(\dfrac{h}{r_{jx}}\right)$	$A_x = r_{fx}\cos\gamma_{fx}$	$C_x = A_x - A_0$	$P_x = C_x\cos(\gamma_f + \alpha_f)$（精确到 0.001）	$\Delta P_x = (P_x - P_1) \pm \delta$（精确到 0.001）
9、10（作为 0 点）	7.475	15°			0	$\Delta P_9 = -1.38 \pm 0.02$
1、2 点	8.975	$\gamma_{f1} = \arcsin\left(\dfrac{1.934\,7}{8.975}\right) = 12.448\,5°$	$A_1 = 8.975 \times \cos12.448\,5° = 8.764\,8$	$C_1 = 8.764\,9 - 7.220\,3 = 1.543\,7$	$P_1 = 1.543\,7 \times \cos(15° + 12°) = 1.375$	0
3 点	12.930	8.695 3°	12.784 4	5.564 1	4.958	$\Delta P_3 = 3.58 \pm 0.02$
4、5 点	15.300	7.217°	15.278 0	8.057 7	7.1795	$\Delta P_4 = 5.80 \pm 0.02$
6、7 点	11.000	10.129 8°	10.828 5	3.608 2	3.215	$\Delta P_6 = 1.84 \pm 0.02$
8 点	8.475	13.195 8°	8.251 2	1.030 9	0.919	$\Delta P_8 = -0.46 \pm 0.02$
11、12 点	9.626	11.594 5°	9.429 6	2.209 3	1.968	$\Delta P_{11} = 0.59 \pm 0.02$

注：1. 表中只以 1 点（同 2 点）为例，说明棱体成形车刀廓形深度 P_1 的详细计算过程，其他各点计算过程从略，仅给出各步骤的计算结果。ΔP 则以 3 点计算为例。
2. ΔP 的公差是根据表 5.5 确定的。

（6）校验最小后角。与圆体成形车刀设计相同这里从略。

（7）确定棱体成形车刀轮廓形状宽度 l_x。也与圆体成形车刀设计相同。

（8）确定刀具夹固方式。棱体成形车刀采用燕尾结构。

（9）绘制棱体成形车刀工作图与样板工作图。样板图参见图 5.14。

5.4 拉刀的设计

拉刀是具有许多刀齿的刀具。由于拉刀的后一个（或一组）刀齿高于前一个刀齿，因而它能在一个拉削行程中，将工件的金属材料余量一层一层地切除掉。

与其他加工相比，拉削加工具有如下特点：

（1）生产率高。拉削时，一次行程可完成粗、精加工，因此其生产率很高。

（2）加工精度与表面质量高。由于拉床的拉削速度很低（一般 $v_c \leqslant 18$ m/min），切削厚度很小（一般精切齿的切削厚度为 0.005 ~ 0.02 mm），采用液压驱动，切削过程平稳，因此加工表面粗糙度 Ra 值（0.8 ~ 3.2 μm）小，加工精度高（可达到 IT7 ~ IT8 级）。

（3）加工范围广。不同拉刀可以加工出各种形状的通孔和通槽及没有障碍的外表面。有些形状的表面是其他切削加工方法很难完成的。

（4）拉刀使用寿命长。这是由于拉削的速度低，因而切削温度低，刀具磨损慢。

（5）拉床结构简单。因为拉削加工只需要一个主运动（直线运动），进给运动靠刀具的齿升量来完成，故拉床的结构简单。

由于拉刀结构比一般刀具复杂，其制造成本高，故拉刀多用于成批大量的生产中。在被加工零件的形状、尺寸标准化或加工一些特殊形状内外表面时，即使小批量生产或单件生产中使用拉刀，也能获得较好的经济效果。

拉刀种类很多，本节仅以圆孔拉刀的设计为例，介绍拉刀设计的基本方法和步骤。

5.4.1 拉刀简介

1. 拉刀的分类和用途

可按不同的方法对拉刀进行分类，常用其分类如下：

1）按加工表面的不同分为内拉刀和外拉刀

内拉刀是用于拉削各种形状的通孔和孔中的通槽等内表面，图 5.17 所示，为常用的各种内拉刀；外拉刀是用来拉削工件的外表面，图 5.18 所示为几种外拉刀。

（a）圆孔拉刀

（b）方孔拉刀

（c）花键拉刀

（d）渐开线拉刀

图 5.17 各种内拉刀

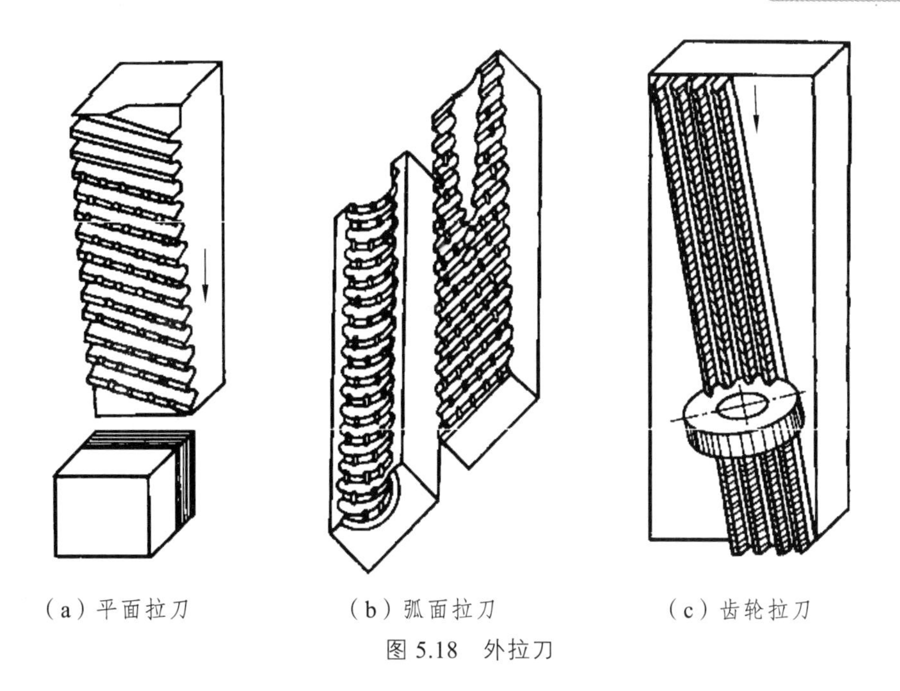

图 5.18　外拉刀

2）按加工时拉刀所受力的性质不同可分为拉刀和推刀

拉刀是在拉伸状态下工作，工作时受拉力；推刀是在压缩状态下工作，工作时受压力，如图 5.19 所示。

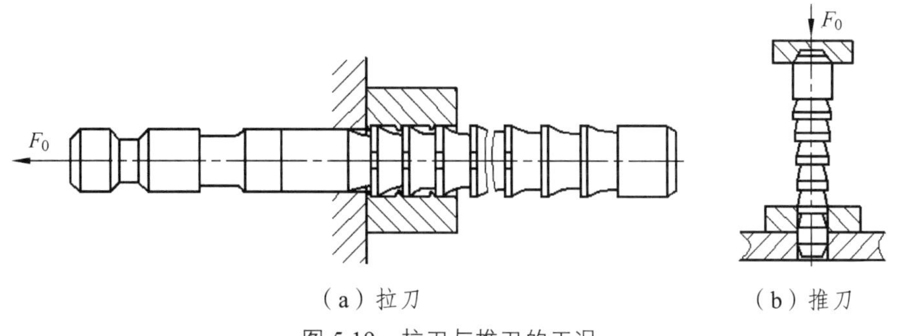

图 5.19　拉刀与推刀的工况

2. 拉刀的结构

虽然拉刀的种类很多，但是它们的结构组成是相似的。下面介绍圆孔拉刀的结构和组成，如图 5.20 所示。圆孔拉刀主要由工作部分和非工作部分组成。

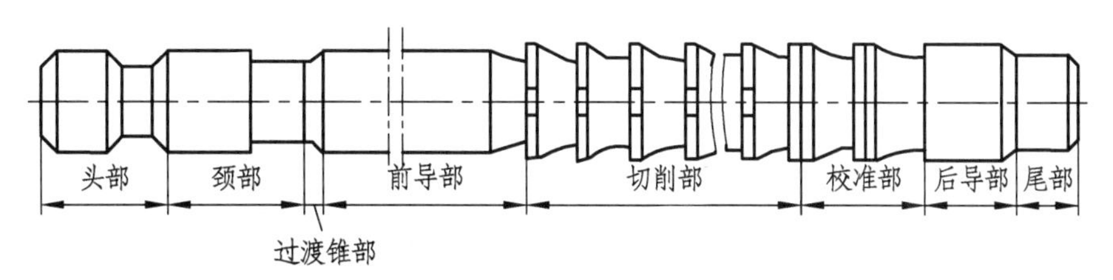

图 5.20　圆孔拉刀的组成部分

1）工作部分

拉刀工作部分是由许多按顺序排列的刀齿组成，每个刀齿都有前角、后角和刃带。根据各刀齿在拉削加工时所起的作用不同，可将刀齿分为切削齿和校准齿两种。

（1）切削齿承担全部余量材料的切除工作，由粗切齿、过渡齿和精切齿组成。

（2）校准齿指拉刀上最后面的几个刀齿，其直径都相同（与最后一个精切齿的直径相等），不承担切削工作，仅起着修光、校准的作用。当切削齿因重磨而使直径减小时，它可依次递补成为切削齿，故它具有后备作用。

2）非工作部分

拉刀非工作部分由头部、颈部、过渡锥部、前导部、后导部、尾部组成。

（1）头部与拉床的夹头连接，可传递拉削运动和拉力。

（2）颈部是头部与过渡锥部之间的连接部分，也是打规格标记的位置。

（3）过渡锥部呈圆锥形，可以引导拉刀的前导部顺利地进入工件的预制孔中。

（4）前导部引导拉刀进入正确的位置，以保证工件预制孔与拉刀的同轴度，并可检查工件预制孔的孔径尺寸，以防止第一个刀齿因负荷过重而发生崩刃。

（5）后导部在最后几个校准齿离开工件之前起导向作用，以防止工件下垂而损坏已加工表面。

（6）尾部在拉刀又长又重时应设计有尾部。工作时，拉床的托架支承在拉刀尾部，以防止拉刀下垂。

3）拉刀切削部分的结构要素

拉刀切削部分的结构要素，如图 5.21 所示。包括下列内容：

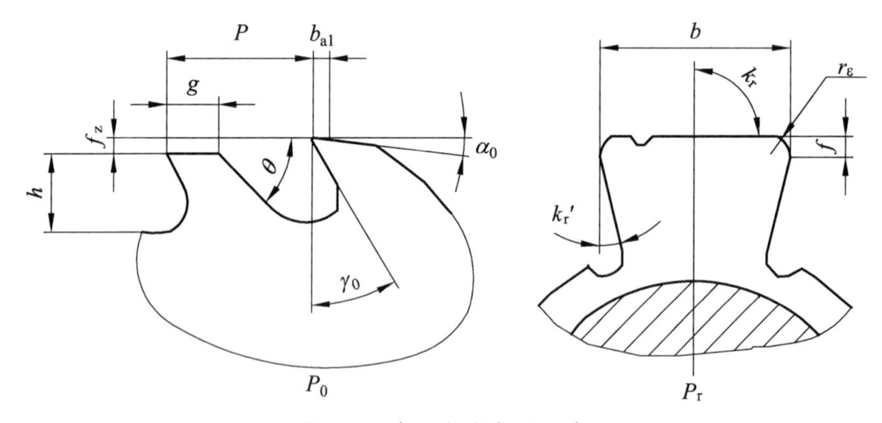

图 5.21　拉刀切削部分要素

（1）几何角度。

前角 γ_0：在正交平面内测量的、前刀面与基面之间的夹角。

后角 α_0：在正交平面内测量的、切削平面与后刀面之间的夹角。

主偏角 k_r：在基面内测量的、主切削刃在基面上的投影与进给运动方向（齿升量测量方向）

之间的夹角。除成形拉刀外，各种拉刀的主偏角多为 90°。

副偏角 k_r'：在基面内测量的、副切削刃在基面上的投影与已加工表面之间的夹角。

（2）结构参数。

齿升量 f_z ：拉刀前后相邻两刀齿（或齿组）的高度之差。

齿距 p：相邻两刀齿间的轴向距离。

容屑槽深度 h：从顶刃到容屑槽槽底的距离。

齿厚 g ：从切削刃到齿背棱线的轴向距离。

齿背角 θ：齿背与切削平面之间的夹角。

刃带宽度 b_{a1} ：沿刀轴方向测量的刀齿刃带宽度尺寸。

齿宽 b：在基面内测量的、刀齿两副切削刃在基面上投影之间的距离。

刀尖圆弧半径 r_ε：在基面内测量的、主副切削刃投影之间所夹的圆弧半径。

3. 拉削方式（拉削图形）

拉刀从工件上把要切除的余量材料切下来的顺序，称为拉削方式。用于表述拉削方式的图形，称为拉削图形。

拉削方式选择的合理与否，将直接影响加工表面质量、生产率和拉刀的制造成本以及拉刀上各刀齿负荷的分配、拉刀的长度、拉削力的大小和拉刀的使用寿命等。

拉削方式可分为分层式、分块式（轮切式）及组合式（综合式）三类。

1）分层式拉削

分层式拉削可分为成形式和渐成式两种。

（1）成形式。按照成形式设计的拉刀，每个刀齿的切削刃形状与被加工最终要求的形状相似，各切削齿的高度向后依次递增，拉削时工件上的拉削余量被一层一层地切去，最终由最后一个切削齿切出所要求的尺寸，经校准齿修光，达到预定的尺寸精度及表面粗糙度。如图 5.22 所示，分别为成形式圆孔拉刀的拉削图形、方孔拉刀的拉削图、平面拉刀的拉削图。采用成形式拉刀可获得较低的加工表面粗糙度值。但由于拉削刃工作长度（切削宽度）大，故其允许的齿升量很小；在拉削余量一定时，需要较多的刀齿数，因此拉刀比较长。由于成形式拉刀的每个刀齿形状都与被加工工件的最终表面形状相似（或相同），因此除圆孔拉刀外，其余制造都比较困难。

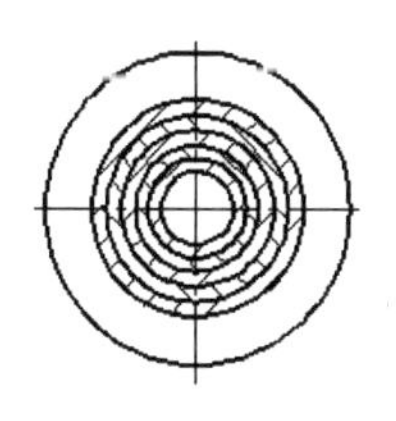

（a）圆孔拉削

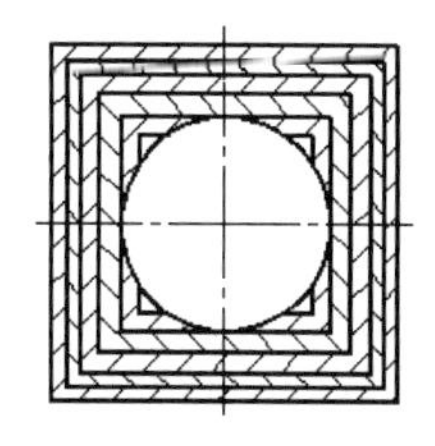

（b）方孔拉削

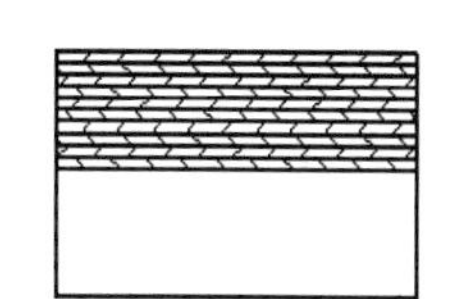

（c）槽拉制

图 5.22　成形式拉削图形

（2）渐成式。按照渐成式设计的拉刀，刀齿的切削刃形状与被加工表面的最终形状不同，被加工工件表面的形状和尺寸由各刀齿的副切削刃逐渐形成。如图 5.23 所示分别为渐成式拉削花键、方孔和凹形面的拉刀拉削图。这时拉刀刀齿可制成简单的直线形或圆弧形，所以加工复杂成形表面时，拉刀的制造要比成形式简单。其缺点是加工表面会出现副切削刃的交替痕迹，因此加工表面质量较差。

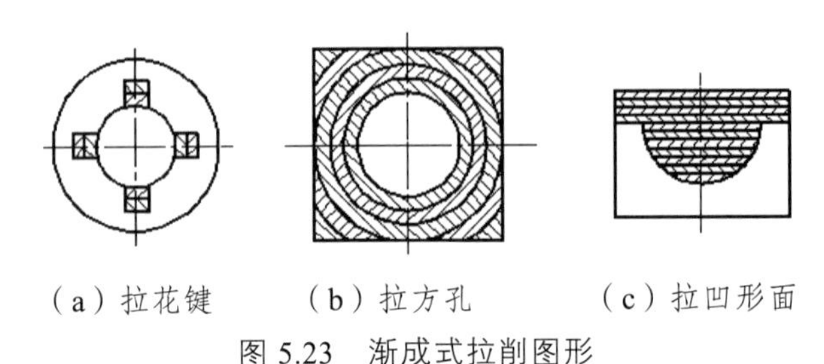

（a）拉花键　（b）拉方孔　（c）拉凹形面

图 5.23　渐成式拉削图形

2）分块式拉削

分块式与分层式拉削方式的区别在于，工件上的每层金属是由一组尺寸基本相同的刀齿切削的，每个刀齿仅切一层金属的一部分。图 5.24 所示，反映了三个刀齿为一组的圆孔分块式拉刀刀齿的形状和相互位置，第一齿与第二齿的直径相同，但切削刃位置互相错开，各切除工件上同一层金属中的几段材料，剩下的残余材料由同一组的第三个刀齿切除。这第三个齿不开分屑槽，考虑加工表面弹性恢复，其直径略小于前两个齿的直径。

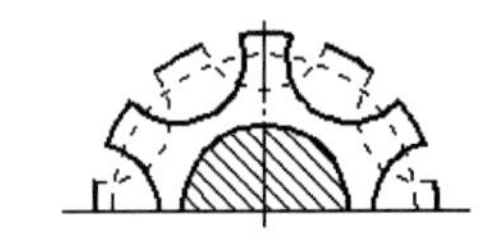

图 5.24　分块式拉削图形

分块式拉削方式与分层式拉削方式相比较，每个刀齿参加工作的切削刃长度较小，在保持相同拉削力的情况下，允许较大的齿升量（切削厚度）。因此，在拉削余量一定时，分层式拉刀所需的刀齿总数要少很多，拉刀长度大大缩短。但加工表面质量不如成形式拉刀加工的好。

3）组合式拉削

按组合拉削方式设计的拉刀，称为组合式拉刀，它结合了成形式拉刀与分块式拉刀的优点，即粗切齿按分块式结构设计，精切齿则采用成形式结构设计。这种结构的优点：既可缩短拉刀的长度，保持较高的生产率，又可获得较好的加工表面质量。我国生产的圆孔拉刀大多采用这种结构。如图 5.25 所示为组合式拉削图形，粗切齿采用不分组的分块式拉刀结构，即第一个刀齿切去一层金属的一半左右，第二个刀齿比第一个刀齿高出一个齿升量，除了切去第二层金属的一半左右外，还切去第一个刀齿留下的第一层金属的一半左右；后面的刀齿都以同样的顺序交错切削，直到把粗切余量切完为止。精切齿则采取分层式结构设计。

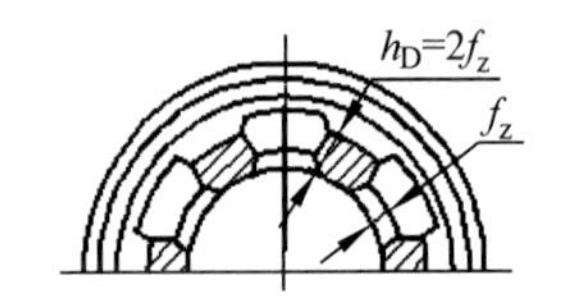

图 5.25　组合式拉削图形

5.4.2 圆孔拉刀的设计

拉刀设计的主要内容有：工作部分和非工作部分的结构参数设计；拉刀强度和拉床拉力校验；绘制拉刀工作图等。

1. 工作部分设计

工作部分是拉刀的主要组成部分，它直接决定拉削效率和加工表面质量以及拉刀的制造成本。

1）确定拉削方式（拉削图形）

圆孔拉刀一般采用组合式拉削方式。

2）确定拉削余量

拉削余量 A 是指拉刀应切除材料层厚度的总和。确定拉削余量的原则是，在保证去除前道工序所造成的加工误差和表面破坏层的前提下，尽量选较小的拉削余量，以缩短拉刀长度。确定方法有经验公式法和查表法。

（1）当拉削前的预制孔为钻孔或扩孔时

$$A = 0.005D_{\mathrm{m}} + (0.1 \sim 0.2)\sqrt{L_0} \tag{5.7}$$

式中 L_0——拉削长度（mm）；

D_{m}——拉削后的孔径（mm）。

（2）当拉削前预制孔为镗孔或粗铰孔时

$$A = 0.005D_{\mathrm{m}} + (0.05 \sim 0.1)\sqrt{L_0} \tag{5.8}$$

（3）当拉削前的孔径 D_0 和拉削后的孔径 D_{m} 已知时，则

$$A = D_{\mathrm{mmax}} - D_{0\min} \tag{5.9}$$

式中 D_{mmax}——拉削后孔的最大直径（mm）；

$D_{0\min}$——拉削前孔的最小直径（mm）。

也可根据被拉削孔的直径、长度和预制孔加的工精度等用查表法来确定拉削余量 A。

3）确定拉刀材料

拉刀的材料一般选用 W6Mo5Cr4V2 高速钢，按整体结构制造，一般不焊接柄部。由于拉刀的制造精度要求较高，在拉刀的成本中，加工费所占的比重较大，为了延长拉刀寿命，也常用 W2Mo9Cr4VCo8（M42）和 W6Mo5Cr4V2Al 等硬度和耐磨性均较高的高性能高速钢制造。拉刀还可用整体硬质合金做成环形齿，经过精磨后套装于 9SiCr 或 40Cr 钢做成的刀体上。

4）刀齿几何参数的选择

拉刀刀齿的主要几何参数应根据工件材料选择，可参见表 5.8 和图 5.26。

表 5.8 刀齿主要几何参数

<table>
<tr><th colspan="2" rowspan="2">工件材料</th><th colspan="2">前角 γ_0</th><th colspan="2">后角 α_0</th><th colspan="3">刃带宽度 b_{a1}/mm</th></tr>
<tr><th>数值/（°）</th><th>极限偏差/（°）</th><th>切削齿</th><th>校准齿</th><th>粗切齿</th><th>精切齿</th><th>校准齿</th></tr>
<tr><td rowspan="3">钢</td><td>≤197 HBW</td><td>16 ~ 18</td><td rowspan="8">+ 2
+ 1</td><td rowspan="5">$2°30'^{+1°}_{0}$</td><td rowspan="5">$1°^{+30'}_{0}$</td><td rowspan="8">≤0.1</td><td rowspan="8">>0.1 ~ 0.2</td><td rowspan="8">>0.3 ~ 0.5</td></tr>
<tr><td>>197 ~ 229 HBW</td><td>15</td></tr>
<tr><td>>229 HBW</td><td>10 ~ 12</td></tr>
<tr><td rowspan="2">灰铸铁</td><td>≤180 HBW</td><td>8 ~ 10</td></tr>
<tr><td>>180 HBW</td><td>5</td></tr>
<tr><td colspan="2">可锻铸铁、球墨铸铁、蠕墨铸铁</td><td>10</td><td>$2°^{+1°}_{0}$</td><td rowspan="3">$30'^{+1°}_{0}$</td></tr>
<tr><td colspan="2">铝合金、巴氏合金</td><td>20 ~ 25</td><td>$2°30'^{+1°}_{0}$</td></tr>
<tr><td colspan="2">铜合金</td><td>5 ~ 10</td><td>$2°^{+1°}_{0}$</td></tr>
</table>

注：拉削不锈钢、高温合金、钛合金等材料时，不留刃带。若留刃带，必须小于 0.05 mm。

（1）前角 γ_0 拉刀前角一般根据工件材料选取。工件材料的强度（硬度）低时，前角选大值；反之，选小值。

校准齿的前角取小些，为了制造方便，也可取与切削齿相同的前角值。

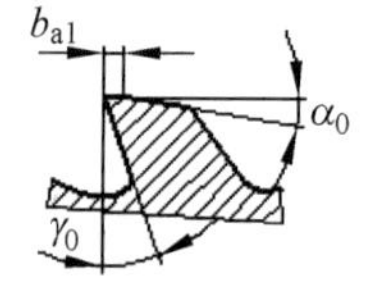

图 5.26 刀齿主要几何参数

（2）后角 α_0 拉削时切削厚度很小，根据金属切削原理中后角的选择原则，拉刀的后角应取较大值。但由于（内）拉刀一般重磨前刀面，若后角取得太大，刀齿直径就会减小得很快，拉刀使用寿命会显著缩短。因此，内拉刀切削齿的后角都选得较小，校准齿的后角比切削齿的后角更小。

（3）刃带宽度 b_{a1} 各类拉刀刀齿都留有刃带，以便于制造拉刀时控制刀齿的直径；校准齿的刃带还可以保证沿前刀面重磨时刀齿直径不变。各类刀齿的刃带宽度见表 5.8。

5）确定齿升量 f_z

在拉削余量确定的情况下，齿升量越大，则切除全部余量所需的刀齿数就越少，拉刀长度就可缩短，其制造成本就会降低，生产率可提高。但齿升量过大，拉刀会因强度不足而被拉断，并且拉削表面质量也不易保证。

粗切齿、精切齿和过渡齿的齿升量各不相同。粗切齿的齿升量较大，以保证尽快切除 80% 以上的余量材料。精切齿的齿升量较小，以保证加工精度和加工表面质量，但由于存在切削刃钝圆半径 r_n，故精切齿的齿升量不得小于 0.005 mm，否则，当切削厚度 $h_D<r_n$ 时，将不能切下切屑，造成对加工面的严重挤压，会恶化加工表面质量，加剧刀具磨损。过渡齿的齿升量是由粗切齿的齿升量逐步过渡到精切齿齿升量，以保证拉削过程的平稳。

综上所述，齿升量确定的原则是，在保证加工表面质量、足够容屑空间和拉刀强度的前提下，尽量选取较大值。圆孔拉刀粗切齿的齿升量可参照表 5.9 选取。

表 5.9　圆孔拉刀粗切齿的齿升量　　　　单位：mm

Ⅰ. 分层式切削											
工件材料	碳钢和低合金钢 R_m/GPa			高合金钢 R_m/GPa		不锈钢	铸铁		铸钢	铝	青铜黄铜
	<0.49	≥0.49～0.735	≥0.735	<0.784	≥0.784		灰铸铁	可锻铸铁			
齿升量 f_z	0.015～0.02	0.015～0.03	0.015～0.025	0.025～0.03	0.01～0.025	0.01～0.03	0.03～0.08	0.05～0.1	0.02～0.05	0.02～0.05	0.05～0.12

Ⅱ. 分块式拉刀				
拉刀直径 d	>10～30	>30～50	>50～100	>100
齿升量 f_z	0.05～0.1	0.08～0.16	0.1～0.2	0.15～0.25

Ⅲ. 组合式拉刀					
拉刀直径 d	>10～15	>15～20	>20～30	>30～45	>45～85
齿升量 f_z	0.03	0.035	0.04	0.05	0.06

注：1. 拉削后工件表面粗糙度值要求较小，或工件材料加工性较差，或工件刚性差（如薄壁筒），或拉刀强度低时，齿升量取小值。
2. 小于 0.015 mm 的齿升量只适用于精度要求很高或研磨得很锋利的拉刀。

6）确定齿距 p

拉刀齿距的大小，直接影响拉刀的容屑空间和拉刀长度以及拉刀同时工作的齿数。当齿距 p 大时，同时工作的齿数 z_e 减少，则拉削的平稳性降低，且增加了拉刀长度，还会降低生产率。反之，当齿距 p 较小时，同时工作的齿数 z_e 增加，拉削过程的平稳性增加，但拉削力增大，可能导致拉刀的强度不足。为了保证拉削过程的平稳和拉刀强度足够，确定齿距时应保证拉刀同时工作的齿数 $z_e = 3 \sim 8$，见表 5.10。

表 5.10　拉刀齿距及同时工作齿数

齿　别	拉削条件	齿距 p 的计算式/mm	同时工作齿数 z_e 的计算式
粗切齿和过渡齿	同廓式拉刀	$p=(1.25\sim1.5)\sqrt{L_0}$	最少同时工作齿数 $z_{e\min}=\dfrac{L_0}{p}$ 最多同时工作齿数 $z_{e\max}=\dfrac{L_0}{p}+1$
	轮切式拉刀 组合式拉刀	$p=(1.45\sim1.9)\sqrt{L_0}$	
	f_z>0.15 mm	$p=(1.75\sim2)\sqrt{L_0}$	
	孔中有空刀槽		
精切齿和校准齿	当 p>10 mm 时	$p_j=(0.6\sim0.8)p$	
	当 p≤10 mm	$p_j=p$	

注：1. L_0 为工件被拉削表面的总长度。
2. 拉削短工件和脆性材料时，系数取小值；拉削长工件或韧性材料时，系数取大值。
3. 计算出 p 值，应取接近的标准值。
4. 同时工作的齿数应满足 $3 \le z_e \le 8$ 的校验条件，如算出 $z_e<3$，可把几个工件叠在一起多件拉削。
5. 因精切齿重磨后要递补为粗切齿或过渡齿，故 p>10 mm 的精切齿齿距也可以等于 p。

过渡齿的齿距与粗切齿的齿距相同；精切齿的齿距小于粗切齿的齿距；校准齿的齿距与精切齿的齿距相同，一般为粗切齿齿距的 7/10。

当拉刀总长度允许时，为了方便制造，也可将各类刀齿选用相同的齿距。有时为了提高拉削表面质量，避免拉削过程的周期性振动，拉刀也可以设计成不相等的齿距。

7）确定容屑槽的形状和尺寸

拉削属于闭式切削。在拉削过程中，切下的切屑需全部容纳在容屑槽中，因此，容屑槽的形状和尺寸应能保证能较宽敞地容纳切屑，并尽量使切屑紧密卷曲。为同时保证足够的容屑空间和拉刀的强度，在一定齿距下，可以选用浅槽、基本槽和深槽，以适应不同的要求。常用的容屑槽尺寸参数参见表 5.11。

表 5.11　拉刀容屑槽尺寸　　单位：mm

粗切齿齿距 p	浅槽				基本槽				深槽			
	h	g	r	R	h	g	r	R	h	g	r	R
7	2	2.5	1	4	2.5	2.5	1.3	4	3	2.5	1.5	5
8	2	3	1	5	2.5	3	1.3	5	3	3	1.5	5
9	2.5	3	1.3	5	3.5	3	1.8	5	4	3	2	7
10	3	3	1.5	7	4	3	2	7	4.5	3	2.3	7
11	3	4	1.5	7	4	4	2	7	4.5	4	2.3	7
12	3	4	1.5	8	4	4	2	8	5	4	2.5	8
13	3.5	4	1.8	8	4	4	2	8	5	4	2.5	8
14	4	4	2	10	5	4	2.5	10	6	4	3	10
15	4	5	2	10	5	5	2.5	10	6	5	3	10
16	5	5	2.5	12	6	5	3	12	7	5	3.5	12
17	5	5	2.5	12	6	5	3	12	7	5	3.5	12
18	6	6	3	12	7	6	3.5	12	8	6	4	12
19	6	6	3	12	7	6	3.5	12	8	6	4	12
20	6	6	3	14	7	6	3.5	12	9	6	4.5	14
21	6	6	3	14	7	6	3.5	14	9	6	4.5	14
22	6	6	3	16	7	6	3.5	16	9	6	4.5	16
24	6	7	3	16	8	7	4	16	10	7	5	16
25	6	8	3	16	8	8	4	16	10	8	5	16
26	8	8	4	18	10	8	5	18	12	8	6	18
28	8	9	4	18	10	9	5	18	12	9	6	18
30	8	10	4	18	10	10	5	18	12	10	6	18
32	9	10	4.5	22	12	10	6	22	14	10	7	22

注：1. 各型容屑槽的容屑面积 $A=\frac{1}{4}\pi h^2$。

2. 使用组合式拉刀或拉削韧性材料时，应采用直线齿背双圆弧槽型或曲线齿背槽型。

容屑槽尺寸应满足的容屑条件：由于切屑在容屑槽内卷曲和填充不可能很紧密，为保证容屑，容屑槽的有效容积必须大于切屑所占有的体积，即满足

$$V_{p}>V_{c}$$

或

$$K=\frac{V_{p}}{V_{c}}>1$$

式中　V_{p}——容屑槽的有效容积（mm^{3}）；

V_{c}——切屑体积（mm^{3}）；

K——容屑系数。

由于切屑在宽度方向的变形很小，故容屑系数也可用容屑槽有效截面积和切屑的纵向截面面积之比来表示，如图 5.27 所示，即

$$K=\frac{A_{p}}{A_{D}}=\frac{\frac{\pi h^{2}}{4}}{h_{D}L_{0}}=\frac{\pi h^{2}}{4h_{D}L_{0}} \tag{5.10}$$

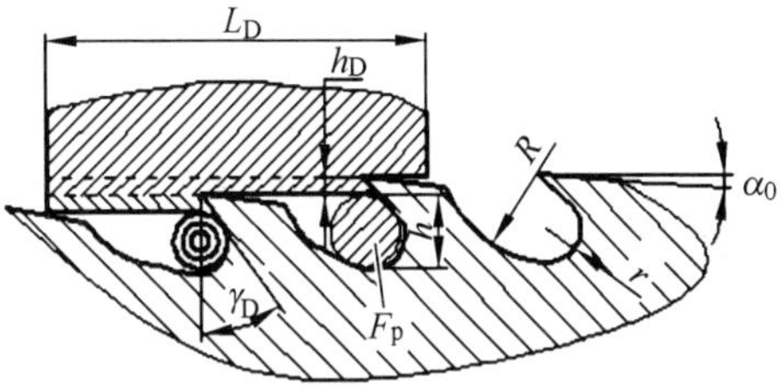

图 5.27　容屑槽形状

式中　A_{p}——容屑槽有效截面面积（mm^{2}）；

A_{D}——切屑纵向截面面积（mm^{2}）；

h_{D}——切削厚度（mm），组合式拉削 $h_{D}=2f_{z}$，其他方式拉削 $h_{D}=f_{z}$。

当许用容屑系数[K]和切削厚度 h_{D} 已知时，容屑槽深度 h 用下式计算

$$h\geqslant 1.13\sqrt{[K]h_{D}L_{0}} \tag{5.11}$$

其中[K]值可从表 5.12 中选取。根据计算结果，可选用较大的标准值 h。

表 5.12　轮切式拉刀容屑槽的容屑系数

切削厚度 h_{D}/mm	齿距 p/mm		
	4.5 ~ 9	10 ~ 15	16 ~ 25
	许用容屑系数[K]		
≤0.05	3.3	3.0	2.8
>0.05 ~ 1	3.0	2.7	2.5
>0.1	2.5	2.2	2.0

注：1. 本表适用于组合式圆拉刀，其切削厚度 $h_{D}=2f_{z}$。

2. 本表适用于切削刃宽度 $b_{D}\leqslant 1.2\sqrt{D_{g}}$ 的情况下加工钢料（D_{g} 为圆形拉刀齿直径公称尺寸）。

3. 当 $b_{D}>(1.2\sim 1.5)\sqrt{D_{g}}$ 时，表中的[K]值增大 0.3。

4. 加工灰铸铁时可取[K] = 1.5。

5. 当几个薄工件重叠在一起（$L_{0}=3\sim 10$ mm）拉削时，取[K] = 1.5。

常用拉刀的容屑槽形状如图 5.28 所示。

（1）直线齿背容屑槽。这种槽型的齿背与前刀面均为直线，两者与槽底为圆弧 r 圆滑连接，容屑空间较小，其优点是形状简单、制造容易。

（2）曲线齿背容屑槽。这种槽形由两段圆弧 R、r 和前刀面组成，容屑空间较大，便于切屑卷曲。适用于深槽或齿距较小或拉削韧性材料的工件。

（3）直线齿背双圆弧容屑槽。这种槽形由两段圆弧 r 和一段直线组成。当齿距 p>16 mm 时可选用该槽形。其优点是容屑空间大，适用于拉削长度大或带空刀槽的工件。

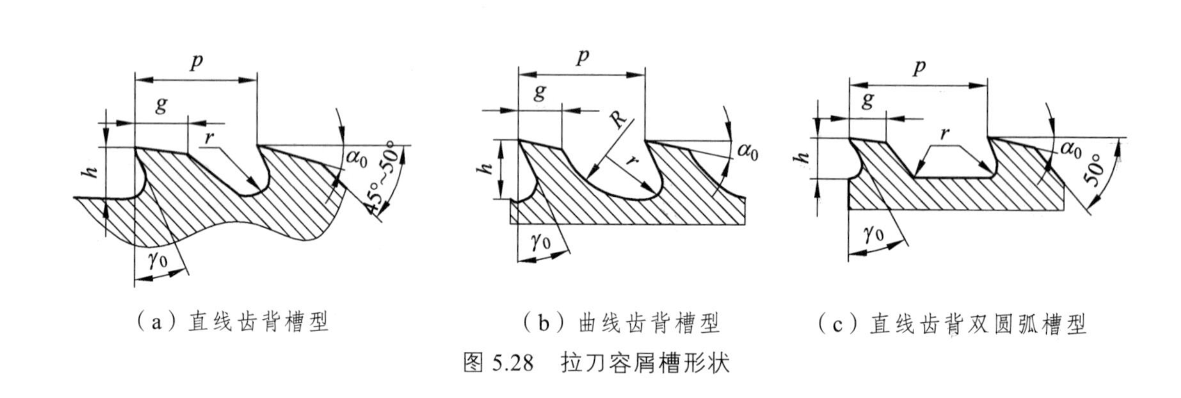

（a）直线齿背槽型　（b）曲线齿背槽型　（c）直线齿背双圆弧槽型

图 5.28　拉刀容屑槽形状

8）设计分屑槽

分屑槽的作用是将较宽的切屑分割成窄切屑，以便于切屑的卷曲、容纳和清除。拉刀前、后刀齿上的分屑槽应交错磨出。常见的分屑槽有圆弧形和角度形两种，它们的形状如图 5.29 所示，其尺寸见表 5.13。组合式圆拉刀的粗切齿、过渡齿一般采用圆弧形分屑槽，精切齿采用角度形分屑槽。

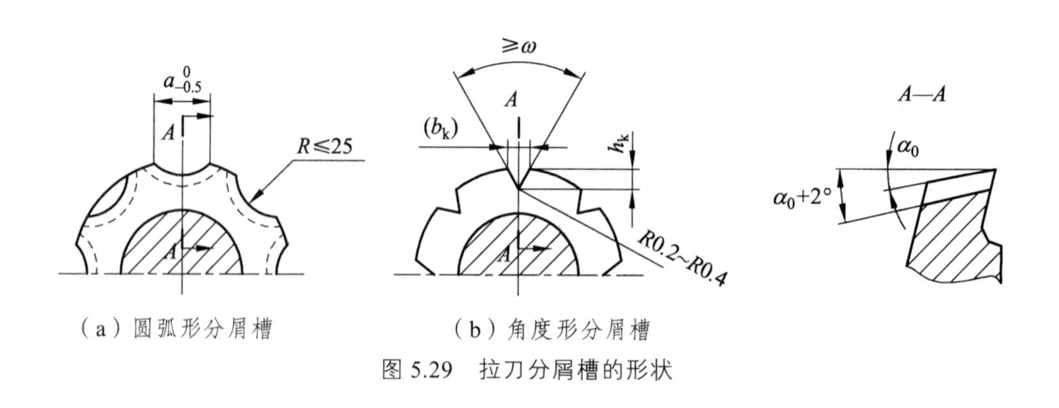

（a）圆弧形分屑槽　（b）角度形分屑槽

图 5.29　拉刀分屑槽的形状

表 5.13 拉刀分屑槽的尺寸 单位：mm

Ⅰ. 圆拉刀圆弧形分屑槽的尺寸[①]

拉刀直径 D_g	槽数 n_k	槽宽 a	拉刀直径 D_g	槽数 n_k	槽宽 a	拉刀直径 D_g	槽数 n_k	槽宽 a	拉刀直径 D_g	槽数 n_k	槽宽 a
>10 ~ 11	4	3.5	>19.5 ~ 21	8	3.5	>35 ~ 37	10	5.5	>56 ~ 59	12	7.5
>11 ~ 12		4	>21 ~ 23		4	>37 ~ 38		5.5	>59 ~ 62		7.5
>12 ~ 13		4.5	>23 ~ 25		4.5	>38 ~ 40		6	>62 ~ 65	16	6
>13 ~ 14	6	3.2	>25 ~ 27		4.8	40 ~ 42	12	5	>65 ~ 68		6.5
>14 ~ 15		3.5	>27 ~ 29		5.2	>42 ~ 45		5.5	>68 ~ 72		6.5
>15 ~ 16.5		4.5	>29 ~ 31	10	4.5	>45 ~ 48		5.8	>72 ~ 76		7
>16.5 ~ 18		4.5	>31 ~ 33		5	>48 ~ 53		6.5	>76 ~ 81	18	7.5
>18 ~ 19.5		4.8	>33 ~ 35		5	>53 ~ 56		7	>81 ~ 87		8

Ⅱ. 圆拉刀角度形分屑槽的尺寸[②]

拉刀直径 D_g	槽数 n_k	槽宽 b_k	槽深 h_k	拉刀直径 D_g	槽数 n_k	槽宽 b_k	槽深 h_k	拉刀直径 D_g	槽数 n_k	槽宽 b_k	槽深 h_k
>10 ~ 13	6	0.6 ~ 1	0.5	>40 ~ 45	20	0.7 ~ 1.2	0.6	>75 ~ 80	36	0.8 ~ 1.4	0.7
>13 ~ 16	8			>45 ~ 50	22			>80 ~ 85	38		
>16 ~ 20	10			>50 ~ 55	24			>85 ~ 90	40		
>20 ~ 25	12			>55 ~ 60	26			>90 ~ 95	42		
>25 ~ 30	14			>60 ~ 65	28			>95 ~ 100	44		
>30 ~ 35	16			>65 ~ 70	30			>100 ~ 105	46		
>35 ~ 40	18			>70 ~ 75	32			>105 ~ 110	50		

注：① 适用于组合式拉刀的粗切齿和过渡齿，以及轮切式拉刀的切削齿。

② a. 适用于同廓式拉刀的切削齿和组合式拉刀的精切齿。

b. 槽数根据 $n_k = \dfrac{\pi D_g}{6 \sim 7}$ 计算，D_g 为拉刀圆形齿直径的公称尺寸。

c. 当拉刀图样上标注出分屑槽角度 ω 及槽深 h_k 后，b_k 尺寸已定，图样上不须标注。ω 可取 60° ~ 90°，以使两侧刃上有一定后角。

设计分屑槽时应注意以下几点：

（1）分屑槽的深度 h_k 必须大于齿升量，否则不起分屑作用。角度形分屑槽的角度 $\omega = 90°$，深度 $h_k > 0.1$ mm，槽宽 $b_k = 2h_k > 0.2$ mm，$b_{kmax} = 1.5$ mm。圆弧形分屑槽的刃宽略大于槽宽。

（2）分屑槽两侧刃上需具有足够大的后角。

（3）分屑槽槽数 n_k 应保证切削宽度不太大，使切屑窄平、易卷曲。为便于测量刀齿直径，槽数 n_k 应取偶数。

（4）在拉刀最后一个精切齿上不做分屑槽。拉削灰铸铁等脆性材料时，切屑呈崩碎状，不必做出分屑槽。

9）确定拉刀齿数和直径

（1）拉刀齿数。根据已确定的拉削余量 A，选定的粗切齿的齿升量 f_z，按下式估算切削齿的齿数 z（包括粗切齿、过渡齿和精切齿的齿数），即

$$z=\frac{A}{2f_z}+(3\sim5) \tag{5.12}$$

估算齿数的目的是估算拉刀长度。如拉刀长度超过了规定要求，需设计成两把或三把一套的成套拉刀。

拉刀切削齿的齿数要通过对刀齿直径排表来确定，该表一般排列于拉刀工作图的左下侧。过渡齿的齿数、精切齿的齿数和校准齿的齿数的多少可参考表 5.14 选取。

表 5.14 圆孔拉刀过渡齿、精切齿和校准齿齿数

孔加工精度	粗切齿齿升量 f_z/mm	过渡齿齿数	精切齿齿数	校准齿齿数
IT7 ~ IT8	>0.06 ~ 0.15	3 ~ 5	4 ~ 7	5 ~ 7
	>0.15 ~ 0.3	3 ~ 7		
	>0.3	6 ~ 8		
IT9 ~ IT10	≤0.2	2 ~ 3	2 ~ 5	4 ~ 5
	>0.2	3 ~ 5		

（2）各刀齿直径。圆孔拉刀第一个粗切齿主要用来修正预制孔的飞边，可不设齿升量，此时第一个粗切齿的直径等于预制孔的最小直径（也可稍大于预制孔的最小直径，但该齿实际切削厚度小于齿升量）。其余粗切齿直径为前一刀齿直径加上两倍的齿升量。过渡齿齿升量逐步减少（直到接近精切齿齿升量），其直径等于前一刀齿直径加上两倍的实际齿升量。最后一个精切齿直径与校准齿直径相同。

校准齿无齿升量，各齿直径均相同。为了使拉刀有较长的寿命，取校准齿的直径等于工件拉削后孔允许的最大直径 D_{mmax}。考虑到拉削后孔径可能产生扩张或收缩，校准齿的直径 $d_{校}$应取为

$$d_{校}=D_{mmax}\pm\delta \tag{5.13}$$

式中 δ—拉削后孔径扩张量或收缩量（mm），有收缩时取“+”，有扩张时取“－”，见表 5.15。

表 5.15 拉削孔径扩张量参考值　　单位：mm

孔径公差	孔径扩张量 δ	孔径公差	孔径扩张量 δ	孔径公差	孔径扩张量 δ
0.025	0	0.035 ~ 0.06	0.005	0.18 ~ 0.29	0.03
0.027	0.002	0.06 ~ 0.1	0.01	0.3 ~ 0.34	0.04
0.03 ~ 0.033	0.004	0.11 ~ 0.17	0.02	>0.4	0.05

注：由于拉刀的刀齿上有毛刺及积屑瘤等，拉削后孔径常会扩大，故在工厂中设计拉刀时一般都不考虑孔扩张量。而规定校准齿直径的上极限偏差为 0，下极限偏差按被加工孔的直径公差取为 − 0.005 ~ − 0.015 mm，当孔直径公差大时，下极限偏差取大值，反之，则取小值。

通常孔径的收缩发生在拉削薄壁工件或韧性大的金属材料时；孔径的扩张受拉刀制造精

度、拉刀长度和拉削条件等因素的影响。

拉刀切削直径的排表方法。递增法：可以先确定第一个粗切齿直径后，再按顺序逐步确定其他切削齿的直径；递减法：也可先确定最后一个粗切齿的直径，然后反向逐步确定其他切削齿的直径。后一种方法较前一种节省时间。

2. 拉刀其他部分设计

1）头部（前柄）

拉刀头部尺寸已经标准化，设计时可参照国家标准 GB/T 3832—2008 进行选择。

2）颈部与过渡锥部

拉刀的商标和规格一般刻印在颈部上。颈部直径可取与头部直径相同的值，也可略小于头部直径（一般小于 0.5 ~ 1 mm）。颈部长度要保证拉刀在第一个刀齿尚未进入工件孔之前，拉刀的头部能被拉床的夹头夹住，即应考虑拉床床壁和花盘的厚度、夹头与机床壁的间距等数值，如图 5.30 所示。拉刀颈部长度（包括过渡锥长度）的计算公式为

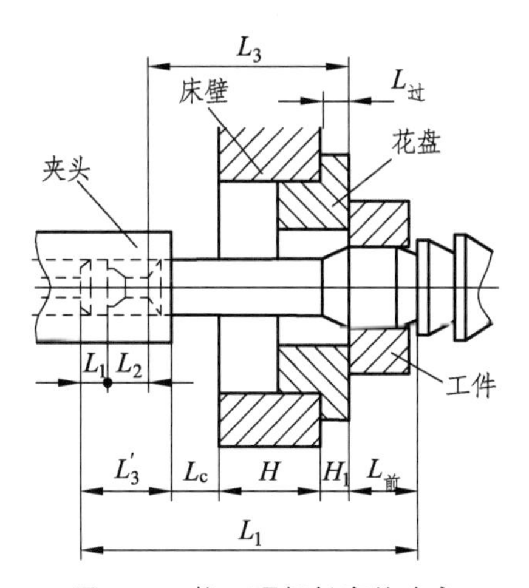

图 5.30　拉刀颈部长度的确定

$$L_3 = H + H_1 + L_c + (L_3' - L_1 - L_2) \tag{5.14}$$

对于最常用的 L6110、L6120、L6140 三种型号的拉床，可分别取颈部长度（包括过渡锥）为 110 mm、160 ~ 180 mm 和 200 ~ 220 mm。因直径小于 30 mm 的拉刀的夹头尺寸小于拉床床壁孔径，允许拉刀牵引夹头进入拉床床壁孔内 10 ~ 30 mm，故小规格拉刀的颈部长度可以减短一些。

在实际生产中，为了缩短拉刀长度，还可将花盘拆去，配置厚度比花盘厚度 H_1 小的大衬套（对于 L6110、L6120 和 L6140 型拉床，衬套厚度可分别取为 10 mm、14 mm 和 16 mm）。大规格拉刀可直接用大衬套，中小规格拉刀除用大衬套外，还要配上小衬套，衬套之间可采用过渡配合 H7/k6。这样又可使拉刀颈部长度减短 20 ~ 35 mm。

拉刀图样上通常不标注颈部长度，而标注柄部前端到第一个刀齿之间的长度 L_1'，其值为

$$L_1' \geqslant L_1 + L_2 + L_3 + l_{前} \tag{5.15}$$

式中　$l_{前}$——拉刀前导部的长度（mm）。

3）前导部、后导部和尾部

前导部直径的公称尺寸应等于拉削前预制孔的最小直径 $D_{0\min}$，其长度 $l_{前}$一般等于工件拉削孔长度 L_0。当孔的长径比大于 1.5 时，可取为 $0.75L_0$，但不得小于 40 mm。

后导部直径的公称尺寸等于拉削后孔的最小直径 $D_{m\min}$，其长度 $l_{后}$可取为工件长度的 $\frac{1}{2} \sim \frac{2}{3}$，但不得小于 20 mm。当拉削有空刀槽的内表面时，后导部的长度应大于工件空刀槽一端拉削长度与空刀槽长度之和。

尾部长度一般取为拉削后孔径的 $\frac{1}{2} \sim \frac{7}{10}$，其直径等于护送托架衬套的孔径。

4）拉刀总长度

拉刀总长度受拉床允许的最大行程、拉刀刚度、拉刀生产工艺水平、热处理设备等因素的限制，一般不超过表 5.16 所规定的数值。否则，需要修改设计或改为两把以上的成套拉刀。总长度 L 可按下式计算

$$L = L_1' + l_{粗} + l_{精} + l_{校} + l_{后}$$

式中　L_1'——柄部前端到第一个刀齿之间的长度（mm）；

$l_{粗} = z_{粗} \times p$；

$l_{精} = z_{精} \times p_{精}$；

$l_{校} = z_{校} \times p_{校}$。

表 5.16　圆拉刀允许的最大长度　　　　单位：mm

拉刀直径 D_g	>12～15	>15～20	>20～25	>25～30	>30～50	>50
最大总长度 L	600	800	1 000	1 200	1 300	1 500
	精密圆拉刀一般不超过 $20D_g$					

3. 拉刀强度及拉床拉力校验

1）拉削力

拉削时，虽然拉刀每个刀齿的切削厚度很薄，但由于多个刀齿同时参加切削工作，切削刃总长度很大，因此拉削力仍旧很大。

组合式圆孔拉刀的最大拉削力 $F_{\max}$ 为

$$F_{\max} = F_c' \pi \frac{d_0}{2} z_e \tag{5.16}$$

式中　F_c'——刀齿切削刃单位长度的切削力（N/mm），可由表 5.17 查得。对组合式圆孔拉刀

应按 $2f_Z$ 查出 F_c'。

表 5.17 拉刀切削刃 1 mm 长度上的切削力 F_c' 单位：N/mm

切削厚度 h_D/mm	工件材料及硬度								
	碳钢			合金钢			铸铁		
	≤197 HBW	>197～229 HBW	>229 HBW	≤197 HBW	>197～229 HBW	>229 HBW	灰铸铁 ≤180 HBW	灰铸铁 >180 HBW	可锻铸铁
0.01	64	70	83	75	83	89	54	74	62
0.015	78	86	103	99	108	122	67	80	67
0.02	93	103	123	124	133	155	79	87	72
0.025	107	119	141	139	149	165	91	101	82
0.03	121	133	158	154	166	182	102	114	92
0.04	140	155	183	181	194	214	119	131	107
0.05	160	178	212	203	218	240	137	152	123
0.06	174	191	228	233	251	277	148	163	131
0.07	192	213	253	255	277	306	164	181	150
0.075	198	222	264	265	286	319	170	188	153
0.08	209	231	275	275	296	329	177	196	161
0.09	227	250	298	298	322	355	191	212	176
0.10	242	268	319	322	347	383	203	232	188
0.11	261	288	343	344	374	412	222	249	202
0.12	280	309	368	371	399	441	238	263	216
0.125	288	320	380	383	412	456	245	274	226
0.13	298	330	390	395	426	471	253	280	230
0.14	318	350	417	415	448	495	268	297	245
0.15	336	372	441	437	471	520	284	315	256
0.16	353	390	463	462	500	549	299	330	271

注：同廓式圆孔拉刀，其切削厚度 $h_D = f_Z$；组合式圆孔拉刀的 $h_D = 2f_Z$。式中，f_Z 为刀齿的齿升量。

2）拉刀强度校验

由于拉刀工作时，主要承受拉应力，因此可按式（5.17）进行强度校验

$$\sigma = \frac{F_{max}}{A_{min}} \leqslant [\sigma] \tag{5.17}$$

式中 A_{min}——拉刀上危险截面面积（mm^2），$A_{min} = \dfrac{\pi(d_1 - 2h)^2}{4}$；

$[\sigma]$——拉刀材料的许用应力（MPa）。

拉刀危险截面可能是柄部或第一个切削齿的容屑槽底部截面处。高速钢的许用应力$[\sigma]=343\sim392\ \mathrm{MP}a$，40Cr 钢的许用应力$[\sigma]=245\ \mathrm{MP}a$。

3）拉床拉力校验

拉刀工作时的最大拉削力一定要小于拉床的实际拉力，即

$$F_{max}\leqslant K_mF_m \tag{5.18}$$

式中 F_m——拉床额定拉力（N）；

K_m——拉床状态系数，新拉床 $K_m=0.9$，较好状态的旧拉床 $K_m=0.8$，不良状态的旧拉床 $K_m=0.5\sim0.7$。

4）圆孔拉刀的技术条件

设计圆孔拉刀时，可参照 JB/T 7962—2010 标准来提出其制造的技术要求。

5.4.3 组合式圆孔拉刀设计示例

【例 5.2】 已知条件：

（1）拉削后孔径 $D_m=\phi25H8\left(^{+0.033}_{0}\right)$mm，要求表面粗糙度 $Ra\leqslant1.6\ \mu\mathrm{m}$。

（2）预制孔径 $D_0=\phi24^{+0.021}_{0}$ mm。

（3）拉削长度 $L_0=60$ mm，孔内无空刀槽。

（4）工件材料 45 钢，硬度为 220 ~ 230 HBW。

（5）拉床型号 $L6120$，公称拉力 $F_m=200$ kN（拉床处于良好状态）。

设计步骤和计算见表 5.18。

表 5.18 组合式圆孔拉刀设计步骤及计算举例

序号	设计项目	计算公式或选取方法	计算精度	设计结果
1	选择拉刀材料			W6Mo5Cr4V2
2	确定拉削余量 A	$A=D_{mmax}-D_{0min}$	0.001	$A=$（25.033 − 24）mm = 1.033 mm
3	选取齿升量 f_Z	查表 5.9		粗切齿 $f_Z=0.04$ mm 精切齿 $f_Z=0.01$ mm
4	选择拉刀几何参数 前角 γ_0 后角 α_0 刃带宽 b_{a1}	查表 5.8		切削齿 $\gamma_0=15^{+2^\circ}_{-1^\circ}$ $\alpha_0=2^\circ30'^{+1^\circ}_{0}$ 校准齿 $\gamma_0=15^{+2^\circ}_{-1^\circ}$ $\alpha_0=1^{\circ}{}^{+30'}_{0}$ $b_{a1}\begin{cases}粗切齿 b_{a1}\leqslant0.1\ \mathrm{mm}\\精切齿 b_{a1}=0.1\sim0.2\ \mathrm{mm}\\校准齿 b_{a1}=0.3\sim0.5\ \mathrm{mm}\end{cases}$

续表

序号	设计项目	计算公式或选取方法	计算精度	设计结果
5	确定齿距 粗切齿齿距 p 精切齿齿距 $p_{精}$ 校准齿齿距 $p_{校}$	按表 5.10， $p=(1.45\sim1.9)\sqrt{L_0}$，系数取 1.5；当 p>10 时，$p_{精}=p_{校}=(0.6\sim0.8)p$，系数取 0.75		$p=1.5\sqrt{60}=11.6$ mm，取 $p=12$ mm $p_{精}=p_{校}=9$ mm
6	同时工作齿数 z_{emax}	$z_{e\max}=\dfrac{L_0}{p}+1$，需满足 $3\leqslant z_{emax}\leqslant 8$	整数	$z_{emax}=\dfrac{60}{12}+1=6$
7	容屑槽形状	查表 5.11		选直线齿背双圆弧槽型
8	确定许用容屑系数[K]	查表 5.12，组合式拉刀 $h_D=2f_Z=0.08$ mm		$[K]=2.7$
9	计算容屑槽深 h	按式（5.11）得 $h\geqslant1.13\sqrt{[K]h_DL_0}$ 计算后，再查表 5.11 取标准值		$h\geqslant1.13\sqrt{2.7\times60\times0.08}=4.07$ (mm) 取 $h=5$ mm
10	确定容屑槽尺寸	按表 5.11 选取深槽		粗切齿 $p=12$ mm，$h=5$ mm，$g=4$ mm，$r=2.5$ mm 精切齿和校准齿 $p_{精}=p_{校}=9$ mm，$h-4$ mm，$g=3$ mm，$r=2$ mm
11	分屑槽参数	查表 5.13		粗切齿(圆弧形分屑槽)：槽数 $n_k=8$，槽宽 $a=4.5$ mm，弧形槽半径 $R\leqslant25$ mm 精切齿(角度形分屑槽)：槽数 $n_k=12$，槽深 $h_k=0.5$ mm，槽底半径 $r=0.4$ mm，槽角 $\omega=60°\sim90°$
12	粗算切削齿齿数 $z_{切}$	按式（5.12）得 $z=\dfrac{A}{2f_z}+(3\sim5)$	整数	$z=\dfrac{1.033}{2\times0.04}+5\approx18$ 取 $z_{粗}=13$（包括过渡齿），$z_{精}=5$
13	确定校准齿齿数 $z_{校}$	查表 5.14	整数	取 $z_{校}=5$
14	确定校准齿直径 $d_{切}$	按式（5.13）得 $d_{校}=D_{mmax}-\delta$ 由表 5.15，取 $\delta=0.004$ mm	0.001	$d_{校}=$（25.033－0.004）＝25.029 mm
15	确定拉刀各刀齿直径	$d_1=d_{0\min}+$（1～2）f_z，系数取 1		如拉刀工作图 5.31 所示
16	拉刀柄部结构形式及尺寸	选Ⅱ型-A 无周向定位面的圆柱形前柄形式，尺寸查相关手册		$D_1=\phi22^{-0.020}_{-0.053}$ mm $D_2=\phi16.5^{0}_{-0.18}$ mm $D_1'=\phi21.7$ mm，$L_1=20$ mm，$L_2=25$ mm，$c=4$ mm

续表

序号	设计项目	计算公式或选取方法	计算精度	设计结果
17	颈部直径 $D_{颈}$ 颈部长度 L_3	按式(5.13)及图5.30，L6120型拉床 $L_3 = 160 \sim 180$ mm		取 $D_{颈} = D_1 = \phi 22_{-0.053}^{-0.020}$ mm 取 $L_3 = 180$ mm
18	过渡锥长度 $l_{过}$	一般为 10 mm、15 mm 或 20 mm		取 $l_{过} = 15$ mm
19	前导部直径 $d_{前}$ 前导部长度 $l_{前}$	$d_{前} = D_{0\,\min}$ 一般 $l_{前} = L_0$，当孔的长径比 >1.5 时，$l_{前} = 0.75L_0$	0.01	$d_{前} = \phi 24\mathrm{f}7$ $l_{前} = 0.75 \times 60$ mm $= 45$ mm
20	后导部直径 $d_{后}$ 后导部长度 $l_{后}$	$d_{后} = D_{m\min}$ $l_{后} = \left(\frac{1}{2} \sim \frac{2}{3}\right) L_0$		$d_{后} = \phi 25\mathrm{f}7$ 取 $l_{后} = 40$ mm
21	柄部前端到第一齿长度 L_1'	按式（5.15）得 $L_1' \geqslant L_1 + L_2 + L_3 + l_{前}$	整数	$L_1' \geqslant (20 + 25 + 180 + 45) = 270$ (mm)
22	计算最大拉削力 $F_{\max}$	按式（5.16）得 $F_{\max} = F_c' \pi \frac{d_0}{2} z_e$ 按 $h = 2f_Z$ 查表 5.17 得 $F_c' = 231$ N/mm	0.01	$F_{\max} = 231 \times \pi \frac{25}{2} \times 6 \approx 54.43$ (kN)
23	拉床拉力校验	按式（5.18）得 $F_{\max} \leqslant K_m F_m \leqslant 0.8F_m$		$F_{\max} \leqslant 0.8 \times 200 = 160$（kN）。拉床的拉力足够
24	拉刀强度校验	按式（5-17）得 $\sigma = \frac{F_{\max}}{A_{\min}} \leqslant [\sigma]$ $A_{\min} = \frac{\pi(d_1 - 2h)^2}{4}$ $h = 5$ mm		$A_{\min} = \frac{\pi \times 14.04^2}{4} = 155$ (mm²) $\sigma = \frac{54\,430}{155} = 351 < 392$ (MPa)， 满足强度要求
25	计算和校验拉刀总长 L	$L = L_1' + l_{粗} + l_{精} + l_{校} + l_{后}$ $l_{粗} = z_{粗} \times p = 13 \times 12$ $= 156$（mm） $l_{精} = z_{精} \times p_{精} = 5 \times 9$ $= 45$（mm） $l_{校} = z_{校} \times p_{校} = 5 \times 9$ $= 45$（mm） $L \leqslant [L]_1$，$[L]$查表 5.16	末尾数为 0 或 5	$L =$（$270 + 156 + 45 + 45 + 40$）$= 556$（mm），取 $L = 555$（mm） $[L] = 1\,000$ mm，总长度在许可范围内

拉刀工作图通常按 1∶1 的比例来画，但齿形和分屑槽一般用放大比例画出。由于切削齿的刃带宽度很窄，所以在主视图上刃带宽度可不必表示。这样，也容易使与校准齿直径相同的最后一个精切齿与校准齿相区别。此外，在拉刀工作图上必须画出工件简图，并列出必要的原始数据，以便于工艺人员审定拉刀各部分的尺寸，如图 5.31（b）所示。

偏差	±0.015													$^{0}_{-0.01}$				$^{0}_{-0.009}$					
直径	24.04	24.12	24.20	24.28	24.36	24.44	24.52	24.60	24.68	24.76	24.83	24.89	24.93	24.95	24.97	24.99	25.01	25.029					
齿号	1	2	3	4	5	6	7	8	9	10	11	12	13	14	15	16	17	18	19	20	21	22	23

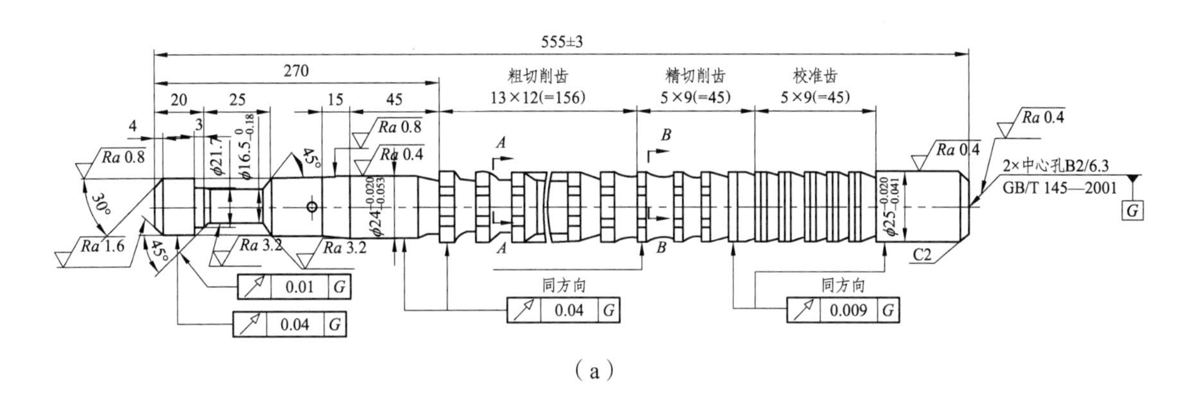

(a)

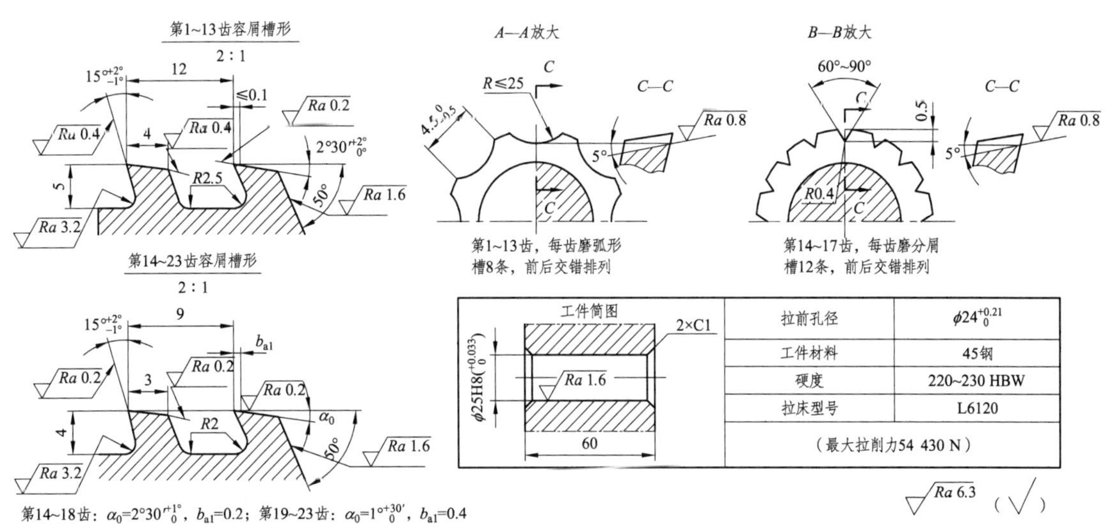

第14~18齿：$\alpha_0=2°30'^{+1°}_{0}$，$b_{a1}=0.2$；第19~23齿：$\alpha_0=1°^{+30'}_{0}$，$b_{a1}=0.4$

技术要求：

1.热处理硬度：刀齿和后导部63~66 HRC，前导部60~66 HRC，柄部40~52 HRC。

2.第1~13齿的相邻刀齿直径偏差≤0.015 mm，第14~17齿的相邻刀齿直径偏差≤0.01mm。

3.第18~23齿尺寸一致性的误差小于0.005mm，且不允许有正锥度。

4.拉刀表面不得有裂纹、碰伤、锈迹等缺陷。

5.拉刀切削刃应锋利，不得有毛刺、崩刃和磨削烧伤。

6.拉刀容屑槽的连接应圆滑，不允许有台阶，容屑槽槽底应抛光。

7.拉刀颈部标记：ϕ25H8×60。

(b)

图 5.31 组合式圆孔拉刀工作图（材料 W6Mo5Cr4V2）

5.5 孔加工复合刀具

5.5.1 简 介

孔加工复合刀具是由两把或两把以上单个孔加工刀具结合在一个刀体上所形成的专用刀具。这种刀具在组合机床及其自动线上获得广泛应用，一般需要进行专门设计和制造。

1. 孔加工复合刀具的特点

孔加工复合刀具具有以下优点：

1）生产率高

用同类工艺复合刀具同时加工几个表面时，可使机动时间重合；用不同类工艺复合刀具对一个或几个表面进行顺序加工时，能减少辅助时间（如换刀等）。因此，使用孔加工复合刀具能大大提高生产率。

2）加工精度高

用孔加工复合刀具能使被加工表面之间获得较高的位置精度（如孔与孔的同轴度、孔与端面之间的垂直度等），还能减少工件的安装次数，并减小定位误差，有利于提高工件的加工精度和表面质量。

3）加工成本低

用孔加工复合刀具可方便地实现工序集中，从而减少工序或工位的数量。对自动加工生产线来说则可大大节省投资，同时对工人的操作水平要求也较低。

4）加工范围广

用孔加工复合刀具不仅可以在实体材料上加工出孔，也可对已有孔进行扩孔；既能加工圆柱孔、圆锥孔、螺纹孔、台阶孔以及相隔一定距离的同轴孔，也能加工凸台、沉孔平面等，如图 5.32 所示。

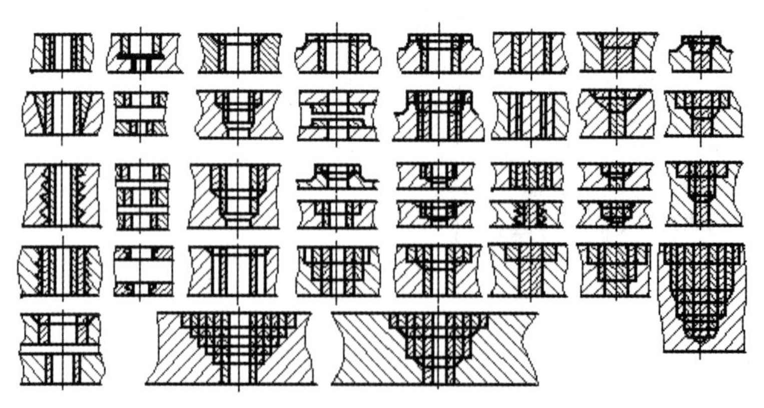

图 5.32 孔加工复合刀具的切削图形

但是，与单个刀具相比较，孔加工复合刀具不仅需要专门设计、制造，同时刃磨也比较困难。因此，孔加工复合刀具多用于成批大量生产的组合机床和自动线上。应特别指出：如果复合刀具的设计、制造、刃磨和使用不当，或在刀具管理上缺乏相应措施，也难以得到预期加工效果。

2. **孔加工复合刀具的分类**

按加工工艺是否相同，复合刀具可分为

1）同类工艺复合刀具

同类工艺复合力具包括复合钻、复合扩孔钻、复合铰刀、复合丝锥及复合镗刀等，如图 5.33 所示。

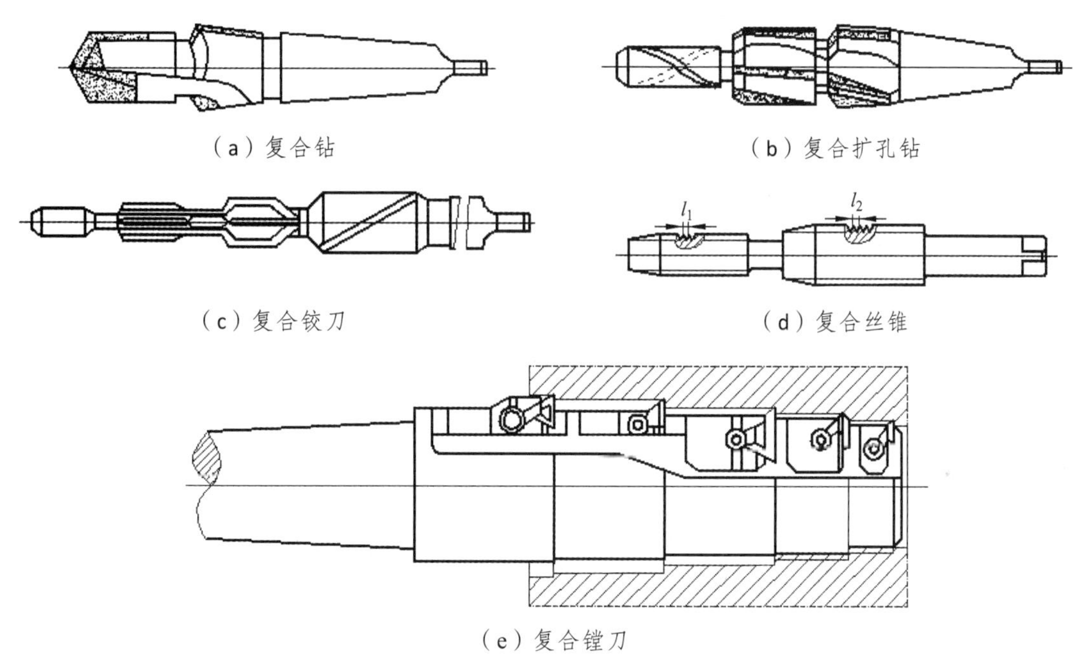

（a）复合钻　（b）复合扩孔钻

（c）复合铰刀　（d）复合丝锥

（e）复合镗刀

图 5.33　同类工艺复合刀具

2）不同类工艺复合刀具

不同类工艺复合刀具有钻-扩复合刀具、钻-扩-铰复合刀具、钻-攻复合刀具、钻-镗复合刀具、镗-扩复合刀具、镗-锪复合刀具以及钻-扩-锪复合刀具等，如图 5.34 所示。

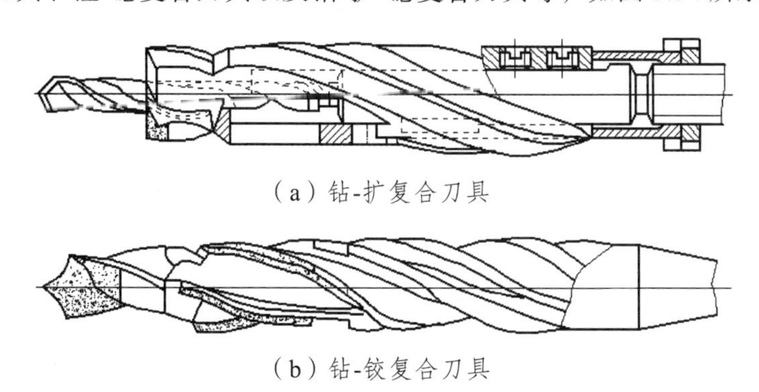

（a）钻-扩复合刀具

（b）钻-铰复合刀具

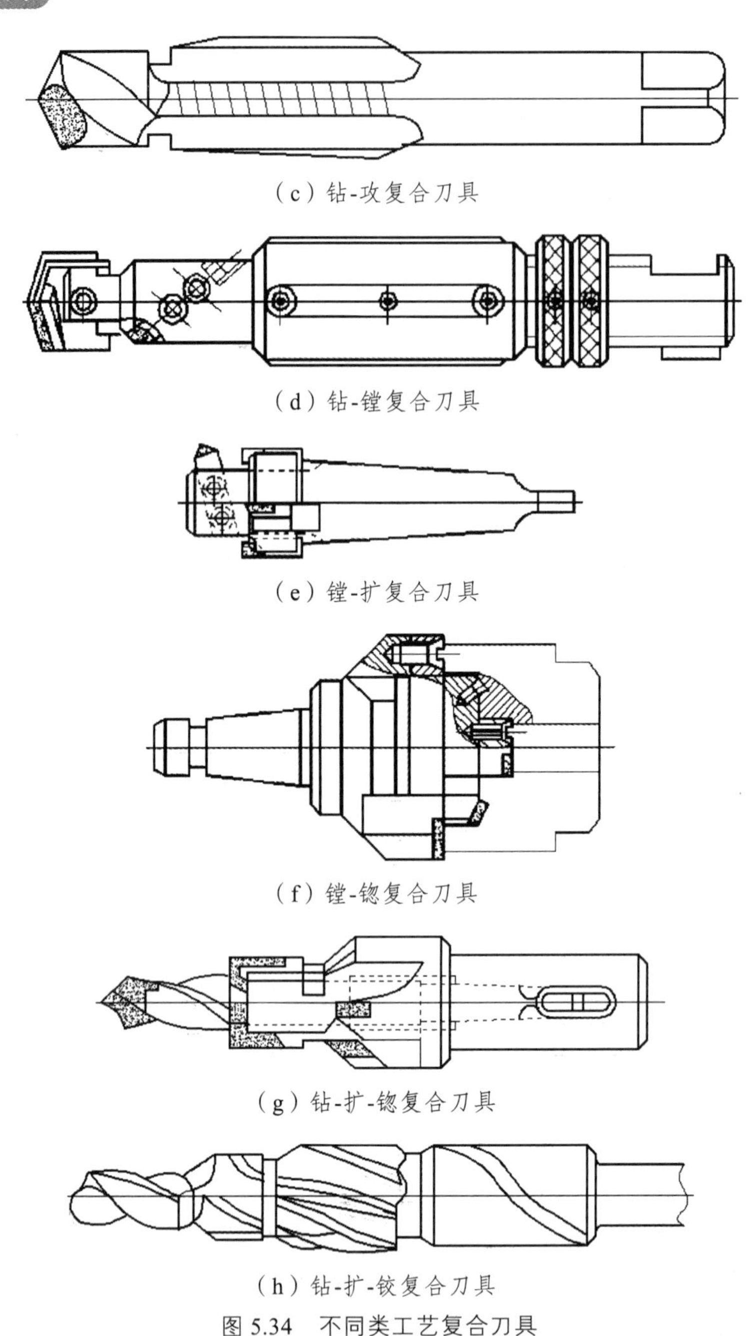

（c）钻-攻复合刀具

（d）钻-镗复合刀具

（e）镗-扩复合刀具

（f）镗-锪复合刀具

（g）钻-扩-锪复合刀具

（h）钻-扩-铰复合刀具

图 5.34　不同类工艺复合刀具

5.5.2　孔加工复合刀具设计要点

设计孔加工复合刀具时，各单个刀具的切削刃形状、几何参数、刀齿数、切削锥部的长度及配合孔径（或刀柄直径）等参数大部分均参照标准刀具酌情选取。本节主要介绍孔加工复合刀具的一些特殊要求和设计要点。

1. 合理选择刀具材料

（1）对于同时加工多个表面的复合刀具，由于要承受较大的转矩，故要选用强度较高的刀具材料。

（2）当各单个刀具之间的直径尺寸或切削持续时间相差较大时，为使其使用寿命尽可能接近，可分别选用不同的刀具材料。直径大、切削持续时间长的单个刀具应采用耐热性、耐磨性较好的刀具材料。

（3）对于结构复杂的复合刀具，为获得较长的刀具使用寿命，应选用耐磨性较好的刀具材料。

（4）复合刀具的切削部分与刀体部分可分别选用不同的材料。

2. 合理选择结构形式

（1）从保证刀具具有足够的强度和刚度的角度来选择其结构形式。孔加工复合刀具所承受的总切削力是同时参加切削的各单个刀具切削力的总和，故其转矩及轴向切削力均较大，而其刀体（杆）直径尺寸又受到被加工孔径的限制，因此，对于强度和刚度较差的刀具（如加工细长孔的复合刀具），一般采用整体式结构。

（2）从保证加工精度及表面质量的角度来选择其结构形式。整体式复合刀具不仅刚性好，而且位置精度高。所以，复合刀具中只要有精加工刀具（如钻-扩-铰复合刀具中的铰刀），应尽量采用整体式结构，以保证加工质量。

（3）从保证合理的使用寿命的角度考虑来选择其结构形式。为了使复合刀具中各单个刀具的使用寿命尽可能接近，以减少换刀次数，节省换刀时间，一般可采用镶焊结构或装配式结构，便于根据各单个刀具的工作条件，分别采用不同的刀具材料和热处理方式。

（4）从保证刃磨方便的角度来选择其结构形式。凡要刃磨端面的复合刀具，一般应尽量采用装配式结构。因为如做成整体式或焊接式结构，在刃磨端齿（如钻-扩复合刀具）时，会碰伤其他单个刀具。而设计成装配式结构，刃磨时可以拆开分别进行刃磨，从而避免相互干扰。

3. 重视容屑及排屑问题

用孔加工复合刀具切削时，同时参加切削工作的刀齿较多，会产生大量切屑，若容屑空间不够或排屑不畅，则会造成前、后刀齿切下的切屑互相干扰和阻塞，致使刀齿崩裂，甚至刀具折断。因此设计时必须引起重视，一般应注意以下两点：

（1）加大容屑空间。一般标准孔加工刀具（如扩孔钻、铰刀等）的容屑空间较小。影响容屑空间的主要因素有刀齿数和容屑槽的深浅。故在设计孔加工复合刀具时，应在刀齿强度允许的条件下，尽量增大容屑槽深度或适当减少刀齿数。

对于用端面齿进行切削的孔加工复合刀具（如锪平面、锪沉孔复合刀具），要注意保证端面齿有足够的容屑槽深度，以免切屑堵塞空间。

（2）排屑应通畅。为保证切屑能顺利地从切削区排出，在设计孔加工复合刀具时，应尽量使单个刀具切下的切屑从各自的排屑槽中排出，或使前、后刀齿的排屑槽圆滑连通，控制流向，使切屑互不干扰地顺利排出。

增大排屑槽的螺旋角也有利于排屑，一般麻花钻的螺旋角$\beta = 30°$，复合钻的螺旋角则可增大至40°左右。

由于细碎的切屑占用的容屑空间较小，也容易排出，所以在较宽的切削刃上开出分屑槽，有利于排屑。必要时，可以采用高压切削液进行强迫排屑。

4. 合理选择导向装置

一般孔加工复合刀具的轴向尺寸较长，刚度相对较差。正确合理地选择导向装置，使复合刀具在切削时保持正确位置，可提高工艺系统的刚度，改善切削过程的稳定性，从而保证工件加工精度及表面质量。因此，导向装置是孔加工复合刀具设计的重要部分。

孔加工复合刀具的导向装置结构形式，一般可分为固定式导向装置和旋转式导向装置两大类。旋转式导向装置又可分为内滚式和外滚式导向两种。

导向装置的选用原则、结构参数与组合机床总体设计中加工示意图的导向装置相同。

5. 正确确定刀具总长度

孔加工复合刀具的长度与刀具的工作行程（包括切入量与切出量）、被加工孔的长度及相关尺寸、刀具备磨量、导向装置尺寸等因素有关。设计时要根据具体情况进行分析计算。

1）同类工艺孔加工复合刀具

此类复合刀具多用于加工多层壁面上的同轴孔。此时，刀具工作行程长度由其中一个较大的壁厚来确定，在图 5.35（a）中，工作行程为 $L = l_1 + l_2 + l_3$，即其行程等于较大壁厚与切入和切出尺寸之和。

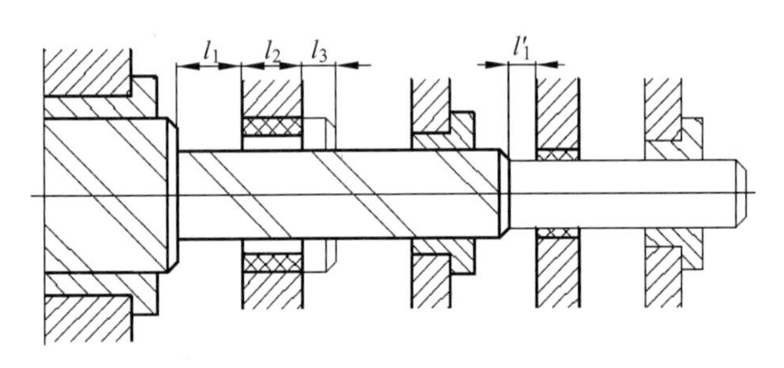

（a）有导向杆的复合刀具的工作行程

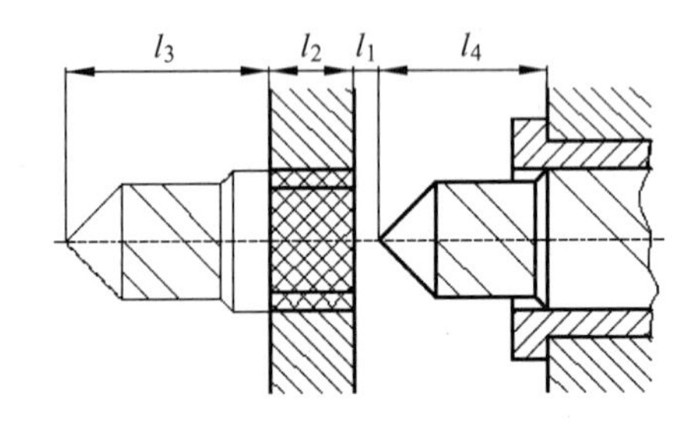

（b）无导向杆的复合刀具的工作行程

图 5.35　复合刀具的工作行程

在确定刀具长度时，要考虑待前一把刀具切入工件一定深度（即切削过程比较稳定），后一把刀具才可开始切入，即图中 $l_1 > l_1'$。因为在前一把刀具刚切入时，由于刀杆悬伸量大，在切削力的作用下，会产生晃动。此时，如果后一把刀具也切入，则切削力骤增，刀杆会晃动得更加厉害，会导致加工孔径的误差扩大，降低加工精度。

2）不同类工艺孔加工复合刀具

此类复合刀具一般用于顺序加工同一孔。为了提高孔的加工精度和表面质量，应避免前

（粗加工）、后（半精加工或精加工）工序的刀具同时切削。如设计钻-扩复合刀具，如图 5.35（b）所示，在确定刀具长度时，要考虑当钻头完全切出后，扩孔钻方可开始投入工作，$l_4>l_2$。

【例 5.3】 如图 5.36 所示，为用复合扩孔钻加工阶梯孔时，计算刀具长度及工作行程。

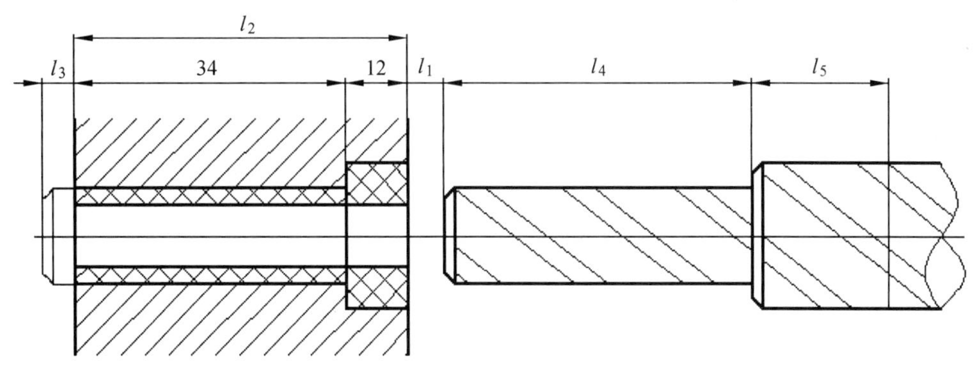

图 5.36 用复合扩孔钻加工阶梯孔

由图可知，阶梯孔的深度为

$$l_2 = 34 + 12 = 46 \text{ mm}$$

复合扩孔钻的工作行程为

$$L = l_1 + l_2 + l_3$$

式中 L——工作行程（mm）；

l_1——切入量，一般取 2 ~ 3 mm；

l_2——孔深（mm）；l_3—切出量（mm），一般取 2 ~ 3 mm。

如图 5.36 所示，则该复合扩孔钻的工作行程为

$$L = l_1 + l_2 + l_3 = 2 + 46 + 2 = 50 \text{ mm}$$

由于钻头、扩孔钻和铰刀等刀具都是重磨端刃，因此在设计复合刀具长度时，不仅要满足工作行程的要求，还需要有备磨量，以保证刀具有足够的刃磨次数。其中备磨量的大小应根据刀具的具体情况来确定。

对于该复合扩孔钻，可取备磨量为 4 mm，则前一把扩孔钻的实际长度应为

$$l_4 = l_3 + 34 + 4 = 40\ (\text{mm})$$

后一把扩孔钻的有效切削部分长度为

$$l_5 = l_1 + 12 + 4 = 18\ (\text{mm})$$

因此，这把复合扩孔钻的实际工作行程为

$$L' = L + 4 = 50 + 4 = 54\ (\text{mm})$$

思考与练习题

1. 成形车刀的类型有哪些？各有何特点？

2. 棱体成形车刀和圆体成形车刀装夹时，应如何定位、夹紧和调整？

3. 成形车刀的前角γ_f和后角α_f是如何形成的？应在哪个参考平面内测量？

4. 画图分析棱体成形车刀和圆体成形车刀切削刃上各点的前角和后角的变化规律。

5. 说明成形车刀截形设计的重要性。

6. 用成形车刀加工圆锥表面时，为什么会产生双曲线误差？棱体成形车刀和圆体成形车刀加工时产生的双曲线误差有何不同？如何消除或减小该误差？

7. 成形车刀样板为什么要成对设计？

8. 棱体成形车刀和圆体成形车刀的主要结构尺寸有哪些？如何确定？

9. 成形车刀的前角和后角的制造误差对加工精度有何影响？

10. 成形车刀一般采用什么材料制造？为什么？

11. 试述拉削加工的特点。

12. 什么是拉削方式（拉削图形）？试比较成形式、渐成式、分块式及组合（综合）拉刀的特点。

13. 试述组合式圆孔拉刀的粗切齿、精切齿和校准齿的作用。为什么需要设计过渡齿？

14. 拉刀各类刀齿的齿升量如何选择？对拉削过程有何影响？

15. 圆孔拉刀的前角和后角是在什么平面内测量的？为什么拉刀后角值取得很小？

16. 试述拉刀刃带的作用。为什么各类刀齿的刃带宽度不同？

17. 在设计拉刀时为什么要考虑容屑问题？影响容屑系数的因素有哪些？

18. 拉刀齿距应如何确定？拉刀同时工作齿数对拉削过程有何影响？

19. 圆孔拉刀粗切齿为什么需要设计分屑槽？常用分屑槽有哪几种形式？

20. 圆孔拉刀的精切齿、校准齿的齿数如何确定？校准齿直径及公差如何确定？

21. 圆孔拉刀的前导部和后导部各起何作用？如何确定它们的直径？

22. 拉削力如何计算？如果拉刀设计强度不足，请提出改进措施。

23. 如图 5.37 所示为小轴零件，用作图法分别求出棱体成形车刀和圆体成形车刀的截形。已知：（1）棱体成形车刀的$\gamma_f=10°$、$\alpha_f=8°$。

（2）圆体成形车刀的$\gamma_f=10°$、$\alpha_f=8°$，刀体直径$D=100$ mm。

24. 工件如图 5.38 所示，材料为$R_m=650$ mm 的碳钢棒料，毛坯及工件各部分尺寸见表 5.19，成形表面粗糙度 *Ra* 值为 3.2 μm，在 C1336 型单轴自动车床上加工。要求设计圆体成形车刀。

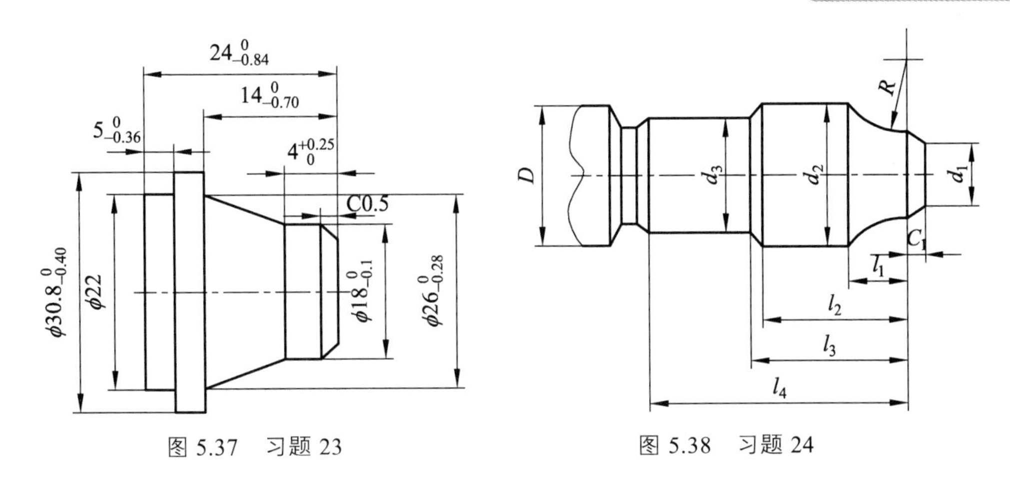

图 5.37　习题 23　　　　图 5.38　习题 24

表 5.19　习题 5.24 工件轮廓形状尺寸　　　　单位：mm

<table>
<tr><th>尺寸参数（行）</th><th rowspan="2">D</th><th rowspan="2">d_1（h10）</th><th rowspan="2">d_2</th><th rowspan="2">d_3（h11）</th><th rowspan="2">l_1</th><th rowspan="2">l_2</th><th rowspan="2">l_3</th><th rowspan="2">l_4</th><th rowspan="2">$R\pm0.1$</th></tr>
<tr><th>序号（列）</th></tr>
<tr><td>1</td><td rowspan="3">20</td><td>11.36</td><td rowspan="2">19</td><td rowspan="2">15</td><td rowspan="2">10</td><td rowspan="2">12</td><td rowspan="2">15</td><td rowspan="3">30</td><td>15</td></tr>
<tr><td>2</td><td>13.64</td><td>20</td></tr>
<tr><td>3</td><td>9.96</td><td>18</td><td>16</td><td>15</td><td>20</td><td>23</td><td>30</td></tr>
<tr><td>4</td><td rowspan="3">25</td><td>16.36</td><td rowspan="2">24</td><td rowspan="2">20</td><td rowspan="2">10</td><td rowspan="2">20</td><td rowspan="2">25</td><td rowspan="3">30</td><td>15</td></tr>
<tr><td>5</td><td>18.64</td><td>20</td></tr>
<tr><td>6</td><td>14.96</td><td>23</td><td>20</td><td>15</td><td>22</td><td>25</td><td>30</td></tr>
<tr><td>7</td><td rowspan="3">30</td><td>20.36</td><td rowspan="2">28</td><td rowspan="2">25</td><td rowspan="2">10</td><td rowspan="3">20</td><td rowspan="2">27</td><td rowspan="3">35</td><td>15</td></tr>
<tr><td>8</td><td>22.64</td><td>20</td></tr>
<tr><td>9</td><td>20.96</td><td>29</td><td>27</td><td>15</td><td>25</td><td>30</td></tr>
<tr><td>10</td><td rowspan="3">35</td><td>26.36</td><td rowspan="3">34</td><td rowspan="3">32</td><td rowspan="2">10</td><td rowspan="3">25</td><td rowspan="3">30</td><td rowspan="3">40</td><td>15</td></tr>
<tr><td>11</td><td>28.64</td><td>20</td></tr>
<tr><td>12</td><td>25.96</td><td>15</td><td>30</td></tr>
</table>

25. 工件如图 5.39 所示，材料为 Y15 易切钢，$R_m=490$ mm，毛坯及工件各部分尺寸见表 5.20，成形表面粗糙度 R_a 值为 3.2 μm。要求设计棱体成形车刀。

26. 工件如图 5.40 所示，材料为 45 钢，用 C2150 六轴自动车床加工全部成形表面。要求设计棱体成形车刀。

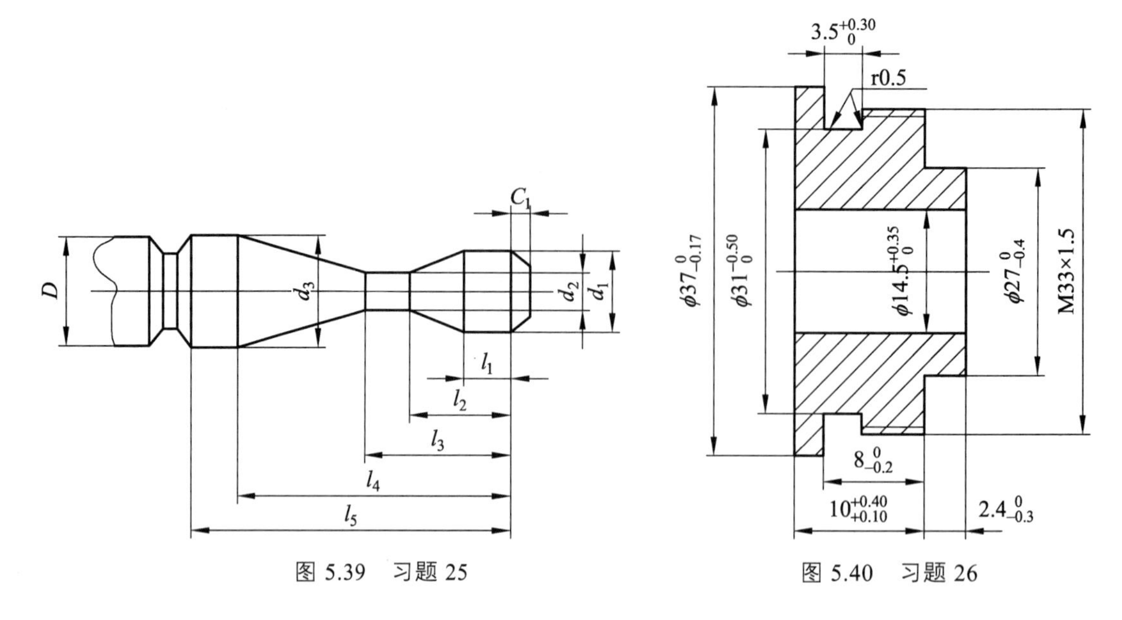

图 5.39　习题 25　　　　图 5.40　习题 26

27. 用 C1336 型单轴自动车床加工图 5.41 所示的工件，毛坯为棒材 ϕ34 mm 的 35 钢。要求设计成形车刀，加工成形表面，要求车光端面保持尺寸 $5^{+0.14}_{0}$ mm。

28. 工件如图 5.42 所示，材料为 30 钢，棒料 ϕ35 mm，成形表面需要加工。要求设计棱体成形车刀。

29. 图 5.43 所示为 6305 轴承内环，毛坯为 GCr15 钢，直径 ϕ38 mm，用 C2150 六轴自动车床加工。要求设计成形车刀。

30. 工件如图 5.44 所示，其材料为 $R_m = 735$ mm 的 45 钢，硬度为 185 ~ 220 HBW。内孔尺寸 $\phi D_m \times L_0$ 分别为：①ϕ20 H7×30；②ϕ25 H8×40；③ϕ30 H7×40；④ϕ35 H8×55；⑤ϕ40 H7×50；⑥ϕ45 H8×70；⑦ϕ50 H7×60；⑧ϕ55 H8×60；⑨ϕ60 H7×60；⑩ϕ75 H7×80。在 L6120 型卧式拉床上加工，拉床工作状态良好。要求设计组合式圆孔拉刀。拉前预制孔用麻花钻或扩孔钻钻出。

表 5.20　习题 5.25 工件轮廓形状尺寸　　　　单位：mm

尺寸参数（行） 序号（列）	D	d_1（h10）	d_2（h12）	D_3（h13）	l_1	l_2	l_3	l_4	l_5
1	20	16	12	18	2	5	8	12	15
2			14		3		10		
3	25	20	18	24	4	7	10	15	16
4		18	16		5		12		20
5	30	20	12	28	5	8	12	16	20
6			15	29	6	12	15	20	25
7	35	30	20	33	6	12	15	19	25
8		25	18	34	8	10	12	15	30
9	40	38	30	38	10	15	20	25	40
10		30	26	39	25	30	35	40	50

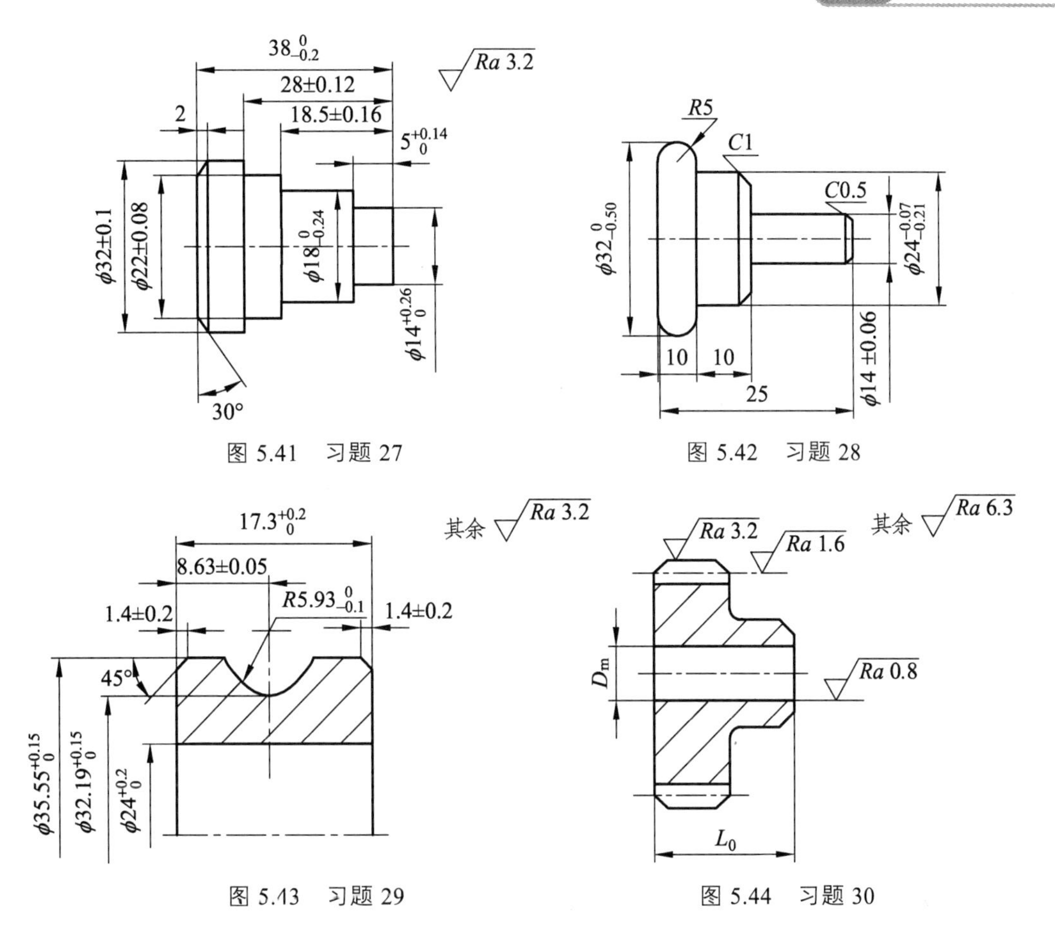

图 5.41　习题 27

图 5.42　习题 28

图 5.43　习题 29

图 5.44　习题 30

第 6 章 机床夹具设计

本章主要内容： 机床夹具的组成和类型、工件和夹具的定位设计、工件和夹具的夹紧设计、夹具的导向装置和对刀装置、专用夹具设计方法。

重点和难点： 工件和夹具的定位设计、夹紧设计，专用夹具设计原理和方法。

金属切削加工时，工件在机床上的安装对加工精度和效率有重要影响。工件安装一般有找正安装和采用机床夹具安装两种方式。在单件小批量生产时，常采用找正法直接在机床上安装工件；而在成批大量生产时，应采用夹具在机床上间接安装工件。夹具是机床与工件之间的连接装置，其主要作用是使工件相对于机床或刀具具有正确的位置并实施可靠夹紧，以保证该正确位置在工件加工中不发生变化。机床夹具的性能将直接影响工件的加工表面质量和生产效率，故机床夹具的设计和制造在机械制造中具有重要作用。

6.1 机床夹具简介

6.1.1 机床夹具的基本组成

如图 6.1 所示为一铣键槽用的夹具，按其组成元件的功能来看可分为以下几种：

（1）定位元件及定位装置，是用于确定工件正确位置的元件或装置，如图 6.1 中的 V 形块和圆柱销就是该夹具的两个定位元件，其主要作用是限制工件在不同方向的自由度，起到定位作用。凡是夹具都有定位元件，它是实现夹具功能的基本元件。

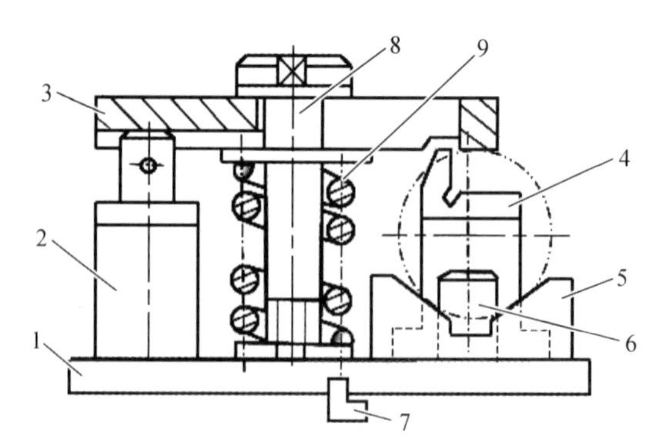

1—夹具体；2—液压缸；3—压板；4—对刀块；5—V 形块；
6—圆柱销；7—定向键；8—螺栓；9—弹簧。

图 6.1 铣键槽夹具

（2）夹紧元件及夹紧装置是用于固定工件在夹具中已获得正确位置的元件或装置。图 6.1 中的夹紧机构由液压缸、压板、螺栓、弹簧等组成。一般来说，工件定位之后必须将其夹紧，使其加工时在切削力等的作用下不改变已获得的正确位置。夹具的夹紧机构多种多样，所有能用于夹紧的机构和原理都可以考虑。在实际生产中应用最多的仍属螺旋机构、斜面机构、偏心机构和杠杆机构等结构形式。其动力源有手动、液压和气动等。一般夹具都有自己的夹紧机构。但需注意，在某些情况下，同一个元件可能具有定位和夹紧的双重功能。

（3）导向元件。用于确定刀具（如钻头、镗刀）位置并引导刀具的元件，称为导向元件。导向元件只有在钻削、镗削类夹具中才具备。导向元件也可供钻镗类夹具在机床上安装时作为基准找正用，故有时它也被列入对刀元件。

（4）对刀元件及定向元件。用于确定刀具（如铣刀）相对于夹具定位元件位置的元件，称为对刀元件。如图 6.1 所示铣键槽夹具中的对刀块，它的作用是通过塞尺调整铣刀的位置。对铣床夹具来说，只有对刀元件不能完全保证加工过程中铣刀对工件的正确位置。为了保证铣刀的进给方向沿着调整好的位置而不发生偏离，在铣床夹具的安装基面上沿着进给方向安装了两个定向键（图 6.1 中的件 7），使该定向键与机床工作台中央的一个 T 形槽配合，保证了夹具在机床上有一个正确的方向，从而保证了铣刀对工件的正确位置及进给方向。一般情况下，对刀元件和定向元件是配套使用的。

（5）夹具体。夹具体是用于将夹具的各种元件、装置连接成一体，并通过它将整个夹具安装在机床工作台上的构件。夹具体一般采用铸铁制造，它是保证夹具刚度和改善夹具动力学特性的重要部分。如果夹具的刚性不好，加工时将会引起较大的变形和振动，从而产生较大的加工误差。

（6）其他元件及装置。根据加工需要设置的其他元件或装置，如分度装置、驱动定位销的传动装置、气缸及管路附件、液压缸及油路、电动装置等。

6.1.2　机床夹具的类型

机床夹具的种类很多，形状各异，常见的分类方法有两种。

1. 按夹具的通用特性来划分

1）通用夹具

通用夹具是通用性较好的夹具，由专门的机床附件厂制造，一般不需要调整就可使用的一类工件夹具。如车床上的三爪卡盘，铣床上的平口钳、分度头，平面磨床上的电磁吸盘等。它不仅用于单件小批生产中，在大批量生产中也常被采用。

2）专用夹具

专用夹具是指专门为某个零件的某道加工工序而设计的夹具。专用夹具只有在大批量生产的情况下才具有很好的经济效果。专用夹具的设计、制造工作量大，而且其结构随着产品的更新而变化，因此，它的特点是准备周期长、投资大。

本章主要以专用夹具的设计为主，介绍夹具设计的原理和方法。

除大批量生产外，在中、小批量生产中，为了保证加工精度，有时也需要采用一些专用夹具，但在其结构设计时要进行具体的技术经济分析。

3）可调夹具

可调夹具是指通过调节装在通用夹具基础件上的某些可调件，或者更换其可换元件，以达到能适应若干不同种类工件加工的一类夹具。它比专用夹具有更强的适应产品更新的能力。在中、小批量生产中，使用可调夹具往往会获得最佳经济效益。

4）成组夹具

成组夹具是根据成组加工工艺的原则，针对一组形状相近、工艺相似的零件而设计的夹具。它可以对同一组工件不经调节或只做微小的调节就可以加工。这也是由通用基础件和可更换调整元件组成的夹具。

5）组合夹具

这类夹具是有预先制造好的标准元件和部件，按照零件加工工序的要求组合装配起来，使用完后可拆卸存放，其元件和部件可以重复使用。它适用于新产品试制或小批量生产。目前，组合夹具的元件都已经标准化，但对于尺寸过小或过大的工件，还没有相应的组合夹具标准件。对位置精度要求过高的工件，也不宜采用组合夹具。

6）随行夹具

随行夹具是一类在自动线和柔性制造系统中使用的夹具，它既要完成工件的定位和夹紧，又要作为运载工具将工件在机床之间进行输送，输送到下一道工序机床后，随行夹具应在机床上准确地定位和可靠夹紧。一般来说，一条生产线上有许多随行夹具，每个随行夹具随着工件经历工艺的全过程。在工件加工完成后卸下随行夹具，然后再装上新的待加工工件，进行循环使用。

2. 按所使用的机床来划分

按使用的机床来分，机床夹具可分为车床夹具、铣床夹具、镗床夹具、磨床夹具和钻床夹具等。

按所使用的机床分类，反映出各类夹具的结构特征。如车床、磨床类夹具都是有回转轴线的，各定位元件工作面对回转轴线都有位置度要求。钻床、镗床类夹具，一般都有引导刀具的钻套、镗套等导向元件。导向元件的轴线对各定位元件的工作面都有相应的位置度要求。铣床类夹具，一般都有对刀块及定向键等元件，各定位元件工作面对它们都有位置度的要求。从设计角度上来说，这样分类比较易于类比。

3. 按夹具的动力源来分类

按所使用的动力源来分类，夹具可分为手动夹具、气动夹具、液压夹具、磁力夹具、真空夹具和离心力夹具等。

6.2 工件的定位和夹具的定位设计

6.2.1 工件的定位

在前面的相关内容中，已经对工件安装定位做了许多讨论。这里只对某些概念进行介绍和论述，以更好地理解定位原理。

1. 工件的定位原理

在制订工件的加工工艺规程时，已经初步考虑了加工的工艺基准问题，并且还绘制了工序简图。设计夹具时原则上应选工艺基准作为定位基准。无论工艺基准还是定位基准，均应符合六点定位原理。

六点定位原理是指按一定的规则布置六个约束点，限制工件的六个自由度，使工件实现完全定位。这里要明确，每个点都必须起到限制一个运动自由度的作用，而决不能用一个以上的点来限制同一个自由度，因此，这六个点决不能随意布置。

2. 完全定位和不完全定位

根据对工件加工表面位置度的要求，有时需要将工件的六个自由度完全限制，这种定位称为完全定位。有时需要限制的自由度少于六个，这种定位称为不完全定位。如在平面磨床上磨长方体工件的上表面时，只要求保证工件上下表面的厚度尺寸和平行度，以及上表面的表面粗糙度要求，该工序的定位只需限制三个自由度，即一个移动自由度和两个转动自由度，这属于不完全定位。

在加工中，有时为了使定位元件帮助承受切削力、夹紧力，以保证一批工件的进给长度一致，减少对机床的调整和操作，常常会对无位置尺寸要求的自由度也加以限制，这种定位方案符合六点定位原理，是允许的，有时也是必要的。

3. 欠定位和过定位

根据加工表面的位置尺寸要求，需要限制的自由度均已被限制，这种定位称为正常定位，它可以是完全定位，也可以是不完全定位。

根据加工表面的位置尺寸要求，如果需要限制的自由度没有完全被限制，这种定位称为欠定位。如果工件的某自由度被两个或两个以上的约束重复限制，这种定位称为过定位（或重复定位）。欠定位和过定位都属于非正常定位。欠定位不能保证位置精度，是绝对不允许的；过定位一般是不允许的，它不能保证正确的位置精度，但在特殊场合下，如果应用得当，过定位不仅是允许的，而且会成为对加工有利的因素。

6.2.2 常用定位元件及其所能限制的自由度数

常见的定位元件有支承钉、支承板、定位销、锥面定位销、V 形块、定位套、锥度心轴等，常见的定位元件所限制的自由度数见表 6.1。下面仅分析前 5 种定位元件所能限制的自由度数目，其他定位元件可用同样的方法来进行分析。

表 6.1 常见定位情况所限制的自由度数

工件的定位面	夹具的定位元件				
平面	支承钉	定位情况	一个支承钉	两个支承钉	三个支承钉
		示意图	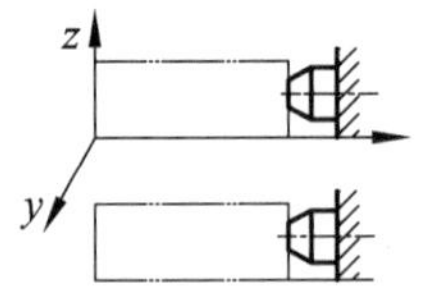	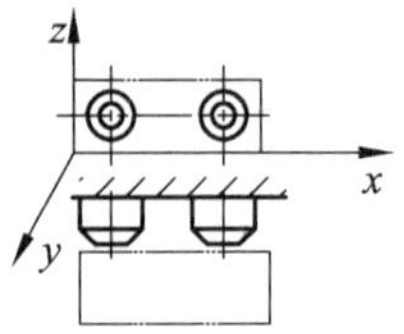	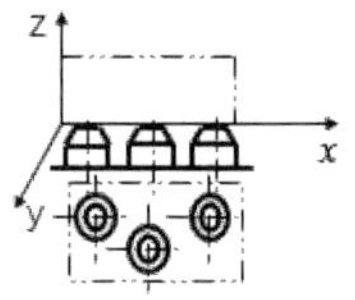
		限制的自由度	$\vec{x}$	$\vec{y}$，$\widehat{x}$	$\vec{z}$，$\widehat{x}$，$\widehat{y}$
	支承板	定位情况	一块条形支承板	两块条形支承板	一块大面积支承板
		示意图	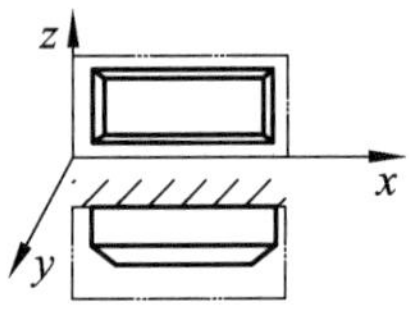	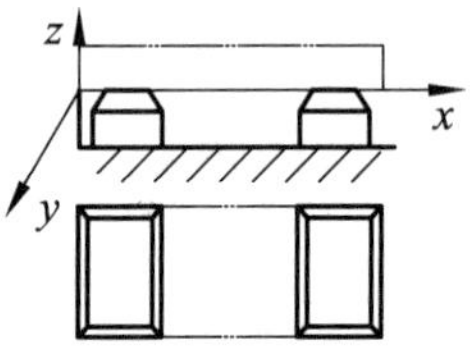	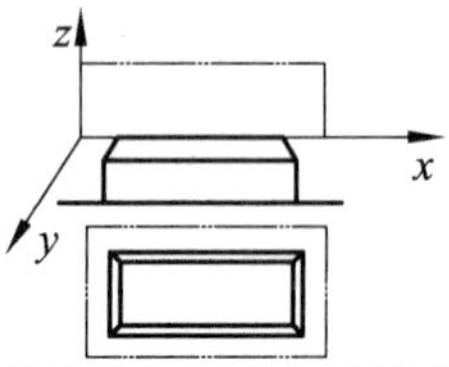
		限制的自由度	$\vec{y}$，$\vec{z}$	$\vec{z}$，$\widehat{x}$，$\widehat{y}$	$\vec{z}$，$\widehat{x}$，$\widehat{y}$
圆柱孔	圆柱销	定位情况	短圆柱销	长圆柱销	两段短圆柱销
		示意图	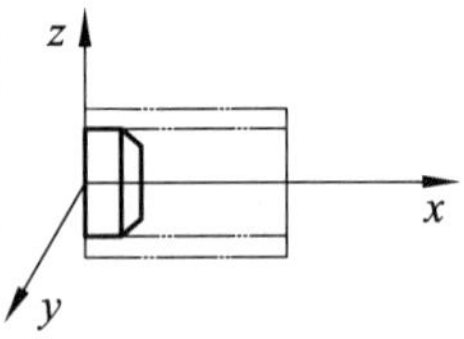	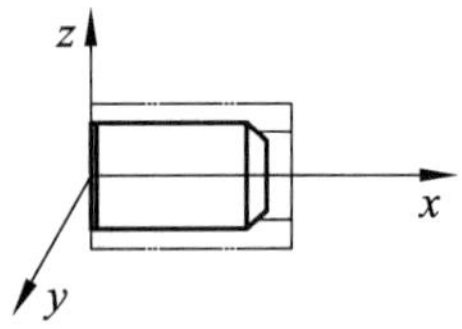	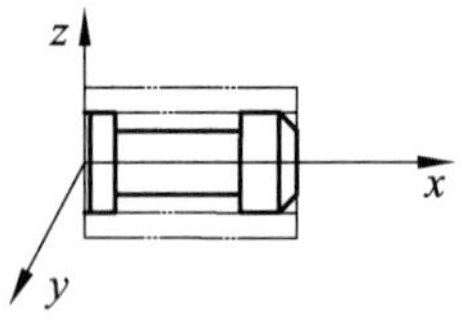
		限制的自由度	$\vec{y}$，$\vec{z}$	$\vec{y}$，$\vec{z}$，$\widehat{y}$，$\widehat{z}$	$\vec{y}$，$\vec{z}$，$\widehat{y}$，$\widehat{z}$
		定位情况	菱形销	长销小平面组合	短销大平面组合
		示意图	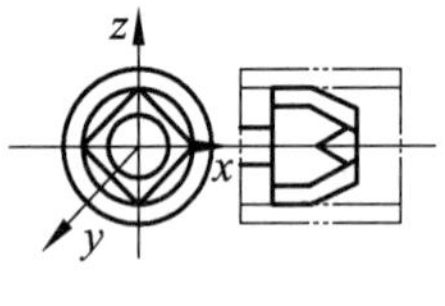	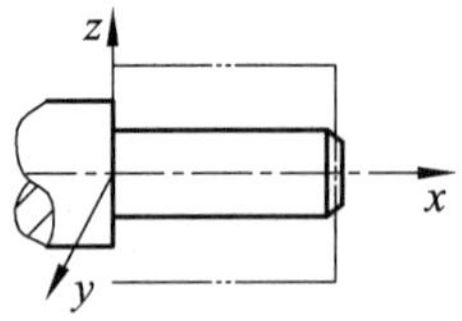	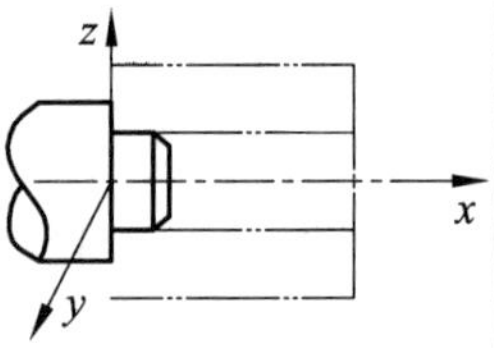
		限制的自由度	$\vec{z}$	$\vec{x}$，$\vec{y}$，$\vec{z}$，$\widehat{y}$，$\widehat{z}$	$\vec{x}$，$\vec{y}$，$\vec{z}$，$\widehat{y}$，$\widehat{z}$
	圆锥销	定位情况	固定锥销	浮动锥销	固定锥销与浮动锥销组合
		示意图	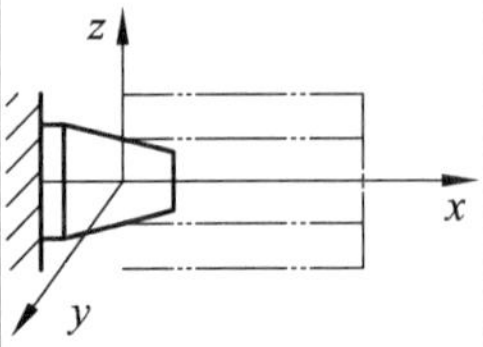	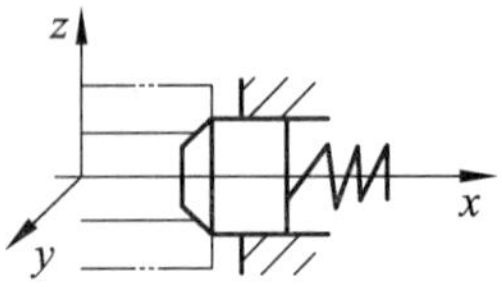	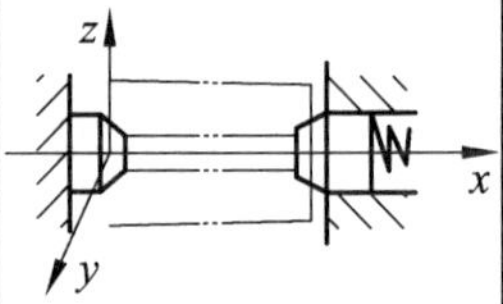
		限制的自由度	$\vec{x}$，$\vec{y}$，$\vec{z}$	$\vec{x}$，$\vec{z}$	$\vec{x}$，$\vec{y}$，$\vec{z}$，$\widehat{y}$，$\widehat{z}$

续表

工件的定位面	夹具的定位元件				
圆柱孔	心轴	定位情况	长圆柱心轴	短圆柱心轴	小锥度心轴
		示意图	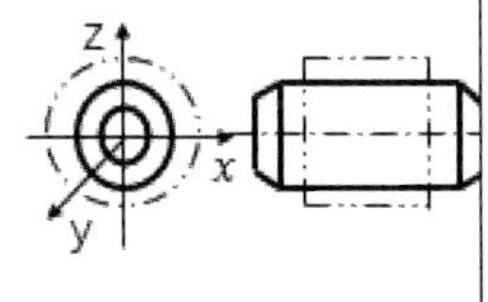	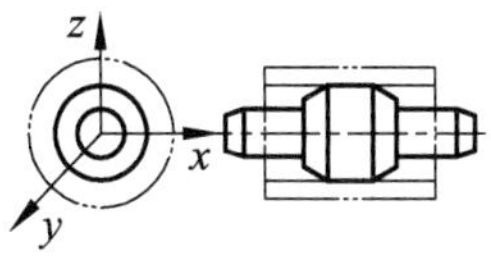	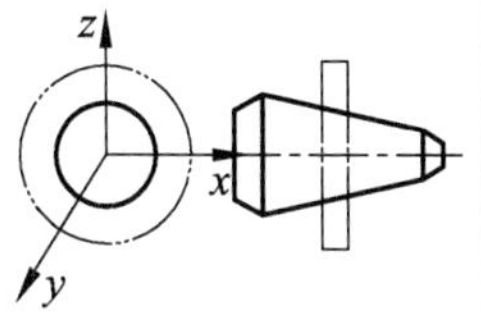
		限制的自由度	$\vec{x}$，$\vec{z}$，$\widehat{x}$，$\widehat{z}$	$\vec{x}$，$\vec{z}$	$\vec{x}$，$\vec{z}$
外圆柱面	V 形块	定位情况	一块短 V 形块	两块短 V 形块	一块长 V 形块
		示意图	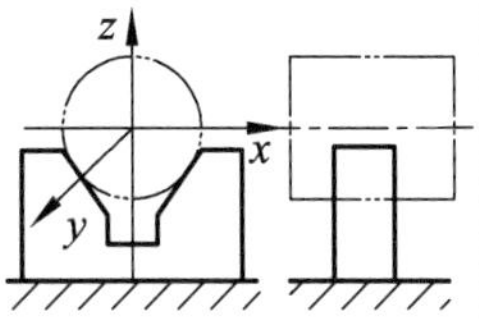	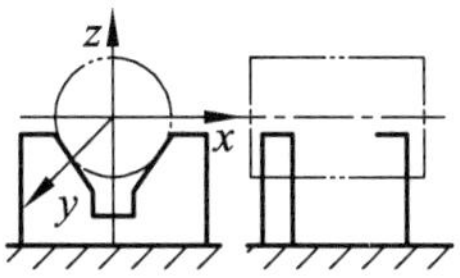	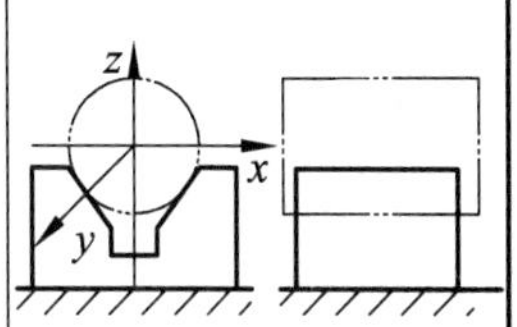
		限制的自由度	$\vec{x}$，$\vec{z}$	$\vec{x}$，$\vec{z}$，$\widehat{x}$，$\widehat{z}$	$\vec{x}$，$\vec{z}$，$\widehat{x}$，$\widehat{z}$
	定位套	定位情况	一个短定位套	两个短定位套	一个长定位套
		示意图	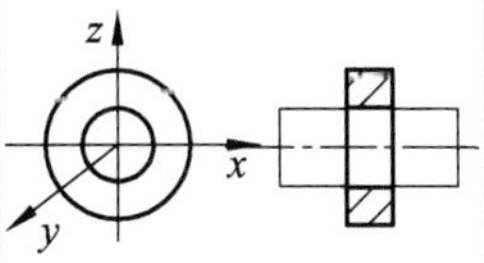	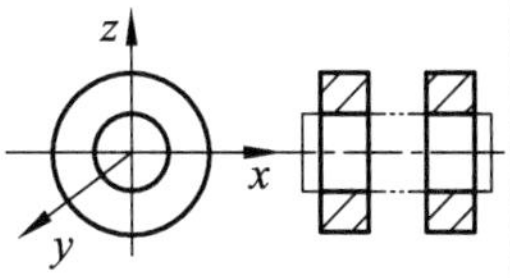	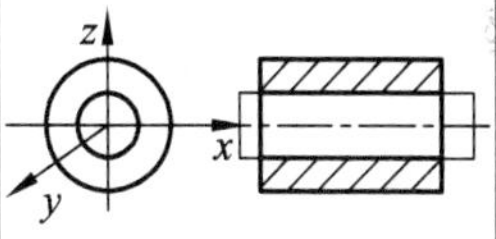
		限制的自由度	$\vec{x}$，$\vec{z}$	$\vec{x}$，$\vec{z}$，$\widehat{x}$，$\widehat{z}$	$\vec{x}$，$\vec{z}$，$\widehat{x}$，$\widehat{z}$
圆锥孔	顶尖和锥度心轴	定位情况	固定顶尖	浮动顶尖	锥度心轴
		示意图	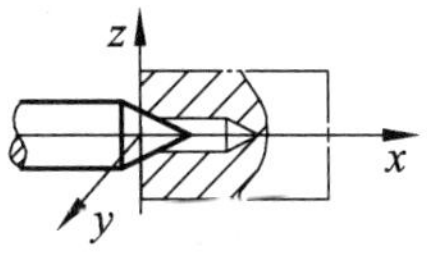	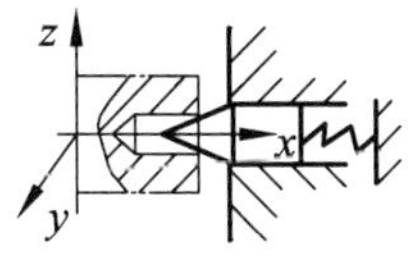	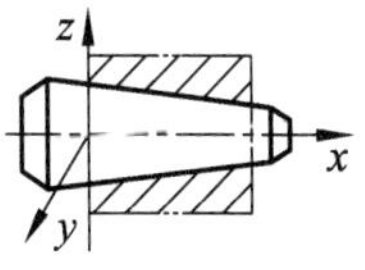
		限制的自由度	$\vec{x}$，$\vec{y}$，$\vec{z}$	$\vec{x}$，$\vec{z}$	$\vec{x}$，$\vec{y}$，$\vec{z}$，$\widehat{y}$，$\widehat{z}$

1. **支承钉**

其种类和形状如图 6.2 所示。在分析它们所能限制的自由度时，认为一个支承钉相当于一个几何点，形成一个点定位副，故只能限制一个自由度；两个支承钉组合形成直线定位副，可限制两个自由度；三个支承钉组合形成平面定位副，限制三个自由度。支承钉组合多用于粗基准定位中。

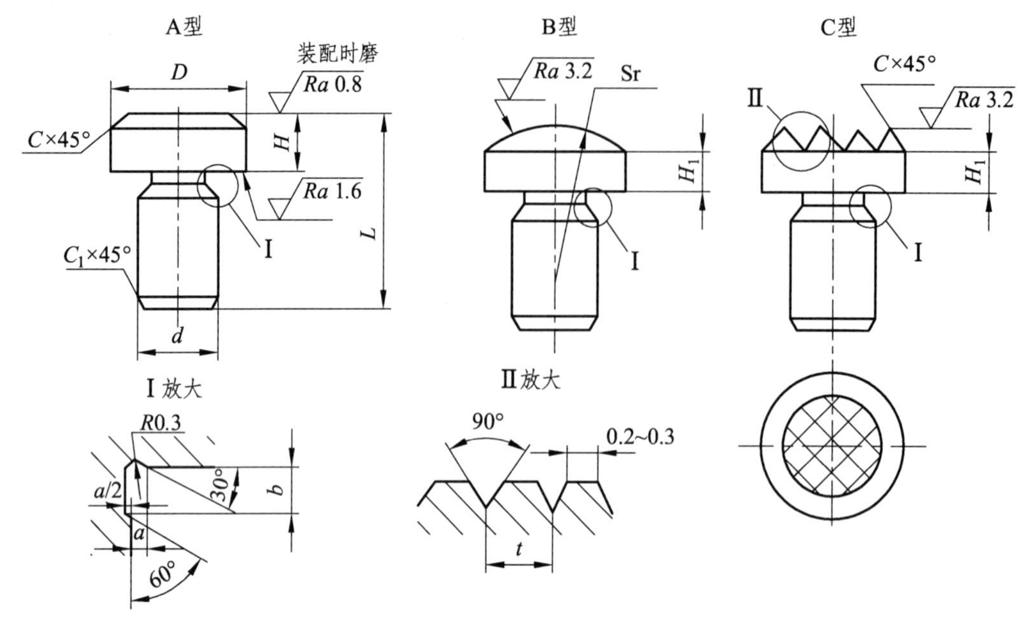

图 6.2　支承钉的种类和形状

2. 支承板

其种类和形状如图 6.3 所示。这类定位元件多用于精基准平面定位且成组使用。使用时必须保证一组支承板等高。故支承板的工作面装配后必须在一道工序中精磨，以保证等高。一组支承板，与精基准面接触形成平面定位副，相当于三个支承钉或三个点定位副，限制三个自由度。一块长支承板定位时，形成线定位副，限制两个自由度。

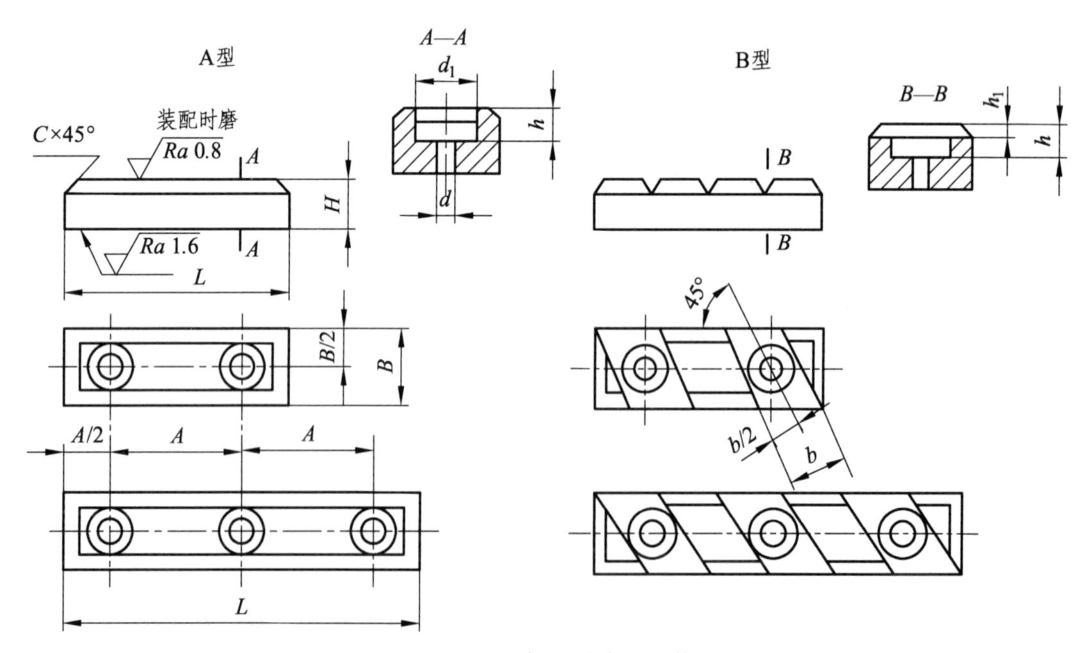

图 6.3　支承板的种类和形状

3. 定位销

这是工件以孔为基准时最常用的定位元件。标准定位销的结构如图 6.4 所示。根据定位销和工件基准孔的有效接触长度与孔径之比，可分为短定位销和长定位销两种。一般把有效接触长度 $L<(0.5\sim0.8)d$（d 为孔径）时，视为短销；把有效长度 $L>(0.8\sim1.2)d$ 时，视为长销。分析短销所能限制的自由度时，从理论上讲，把它看成接触长度无限短的无间隙接触的定位副，如图 6.5 所示。从图 6.5（a）看出，短销只限制了工件的 $\vec{x}$、$\vec{y}$ 两个自由度，而不能限制 $\vec{z}$、$\hat{z}$ 自由度；从图 6.5（b）可看出，短销不能限制 $\hat{x}$、$\hat{y}$ 转动自由度。故短销只能限制工件的两个移动自由度。在结构设计上，为了保证定位销的强度和提高耐磨性，则必须具有一定的接触长度，但应尽可能短些。

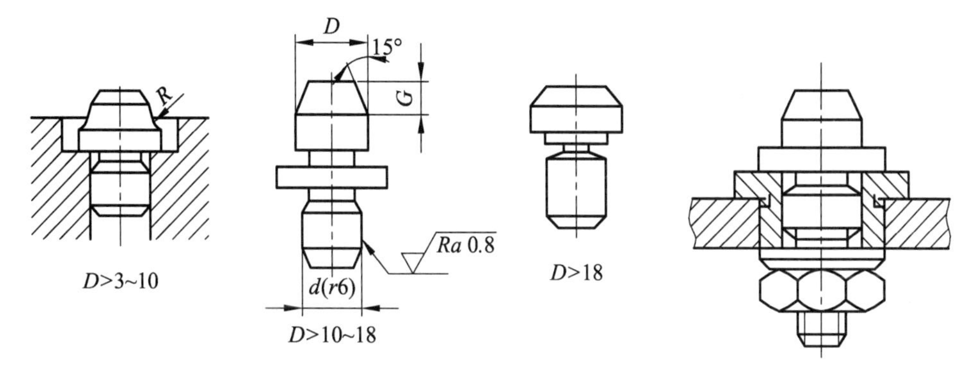

（a）小直径定位心轴（b）中等直径定位心轴（c）大直径定位心轴（d）可更换定位套的定位销

图 6.4　标准定位销的结构

工件用长定位销定位，可以看成两个短销和工件基准孔的接触定位。如图 6.6 所示的情况，除不能限制 $\vec{z}$、$\hat{z}$ 自由度外，其余四个自由度都受到了限制。故长销能分别限制工件的两个移动自由度和两个转动自由度。

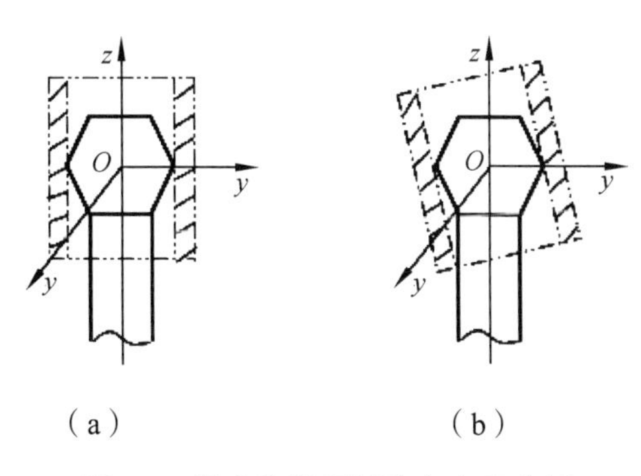

（a）　（b）

图 6.5　短定位销限制的自由度分析

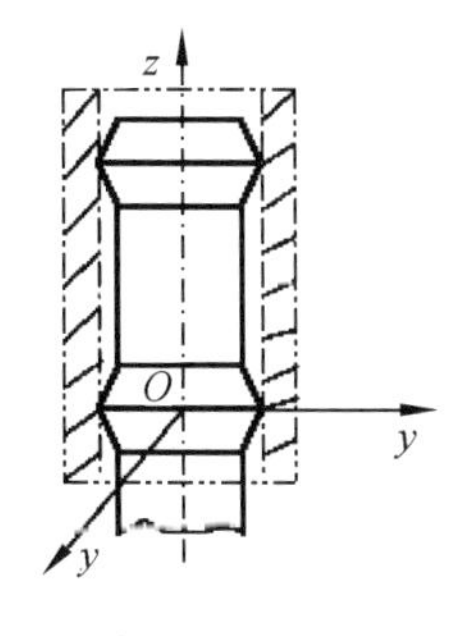

图 6.6　长定位销限制的自由度分析

为了便于安装，定位销和工件的基准孔之间留有一定的间隙，间隙的大小按加工工件的精度要求而定。

除上述两种圆柱定位销（长圆柱销和短圆柱销）之外，削边圆柱销（或称为削边销）也是常用的一种孔定位元件。削边销的结构如图 6.7 所示。最常用的是图 6.7（b）所示的菱形销。削边销也分短销和长销两种。采用削边销是为了补偿工件的定位基准与夹具定位元件之间的实际尺寸误差，消除过定位的影响。它的直径选择除留有必要的安装间隙外，还需要考虑补偿上述误差所需要的间隙。在分析削边销所能限制的自由度时，由于必要的间隙所引起的移动和转动可以不予考虑，这样的话，削边短销只能限制一个自由度，削边长销只能限制两个自由度。至于限制哪个自由度，则要看其具体运用情况。

4. 锥面定位销

锥面定位销的工作面是锥面。如图 6.8 所示，锥面和基准孔的棱边接触可形成理想的线接触，它除了限制 $\vec{x}$、$\vec{y}$ 自由度外，还限制了 $\vec{z}$ 自由度，共限制了三个移动自由度。在实际应用中，为了减少基准孔棱边的误差对定位的影响，常采用图 6.8（b）所示的无齿槽锥面定位销。削边锥面定位销用于粗基准孔的定位设计中，锥顶角一般取为 90°。

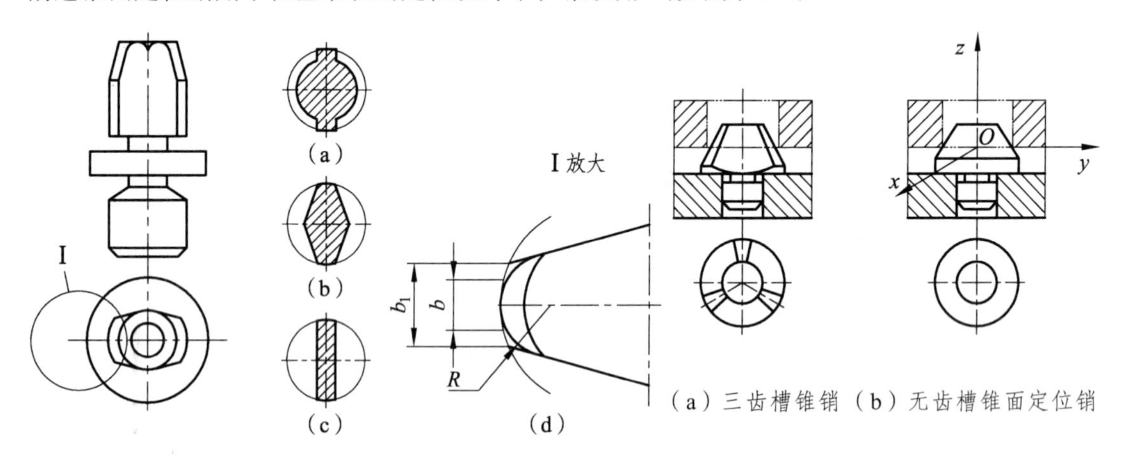

图 6.7　削边销的结构

图 6.8　锥面定位销

5. V 形块

当工件以外圆柱面定位时，不论是粗基准还是精基准，均可采用 V 形块作为定位元件。它也分短 V 形块和长 V 形块两种。一般 V 形块和工件定位面的接触长度小于工件定位直径时，属于短 V 形块；大于 1.5 ~ 2 倍工件定位直径时，属于长 V 形块。如图 6.9（a）所示为短 V 形块，图 6.9（b）所示为由两个中心平面重合的短 V 形块组成的长 V 形块。

分析 V 形块所能限制的自由度时，也可以把短 V 形块看作无限短，如图 6.10 所示理想的两点接触形成两个点定位副，只能限制 $\vec{y}$、$\vec{z}$ 两个移动自由度。同理，长 V 形块四点接触形成四个点定位副，限制四个自由度，即 $\vec{y}$、$\widehat{y}$、$\vec{z}$、$\widehat{z}$ 自由度。V 形块的 V 形角有 60°、90°、120°三种。其中 90°的应用最为广泛。V 形块的结构尺寸已标准化。

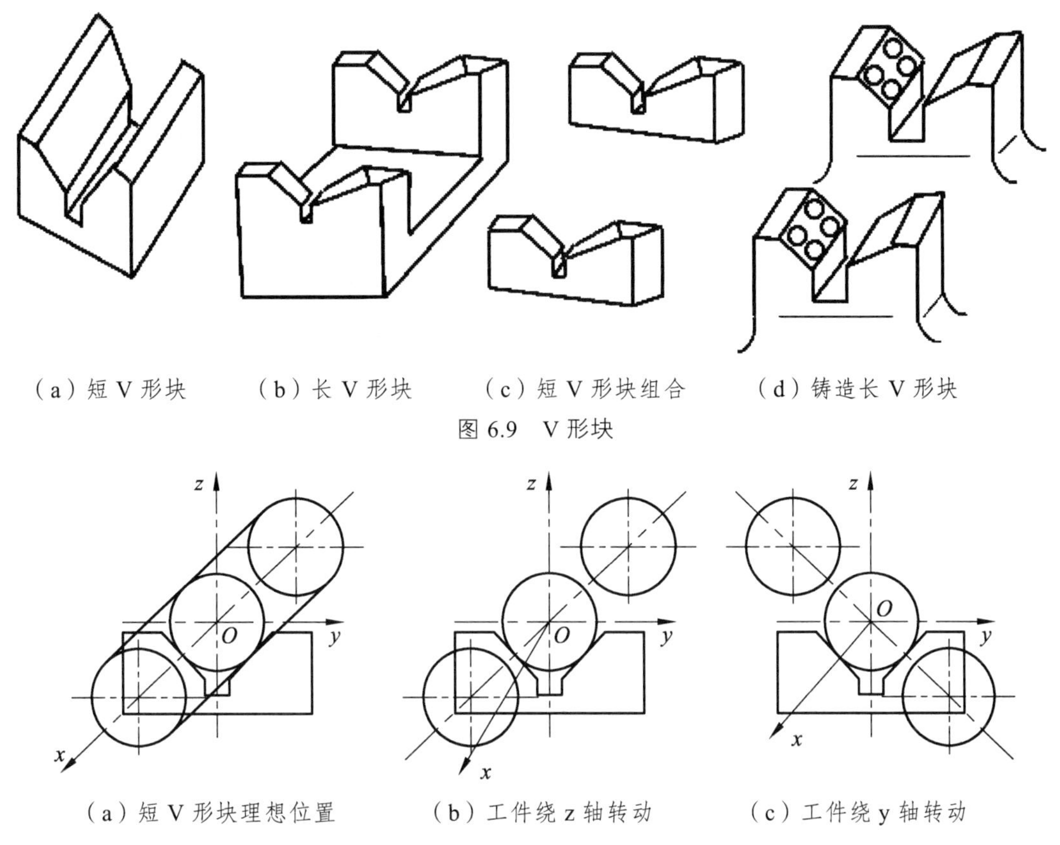

（a）短 V 形块　（b）长 V 形块　（c）短 V 形块组合　（d）铸造长 V 形块

图 6.9　V 形块

（a）短 V 形块理想位置　（b）工件绕 z 轴转动　（c）工件绕 y 轴转动

图 6.10　短 V 形块限制的版自由度数分析

6.2.3　定位基准及定位元件的合理选择

工件的定位基准选定之后，就应选择合适的定位元件与之接触形成定位副，实现工件的定位。如果定位元件选择得不合适，虽然能形成所需数量的定位点，但不能达到工件定位的目的。

常见的工件定位基准表面有以下几种。

1. 平面定位基准

1）粗基准定位

以未经加工的平面定位时，一般选择三个圆头支承钉组成三个点定位副，限制三个自由度，如图 6.11 所示。三个支承钉的分布不能在同一条直线上，而应呈三角形分布，并且使三角形分布的面积尽可能大些，以增加定位稳定性。由于定位基准是未经加工过的“粗糙”表面，表面高低不平的随机性较大，三个支承钉所决定的平面不是工件较理想的定位位置，必须做一些调整。这时，可将一个支承钉做成可调整的结构，常用的可调支承钉的结构如图 6.12 所示。有时定位表面为断续表面、阶梯表面或有某些缺陷时，可将支承钉做成如图 6.13 所示的浮动支承，也称为自动调节支承。浮动调节支承不管是两个点还是三个点接触工件，仍算一个定位副。因此，自动调节支承的采用，不增加点的定位副的数量。

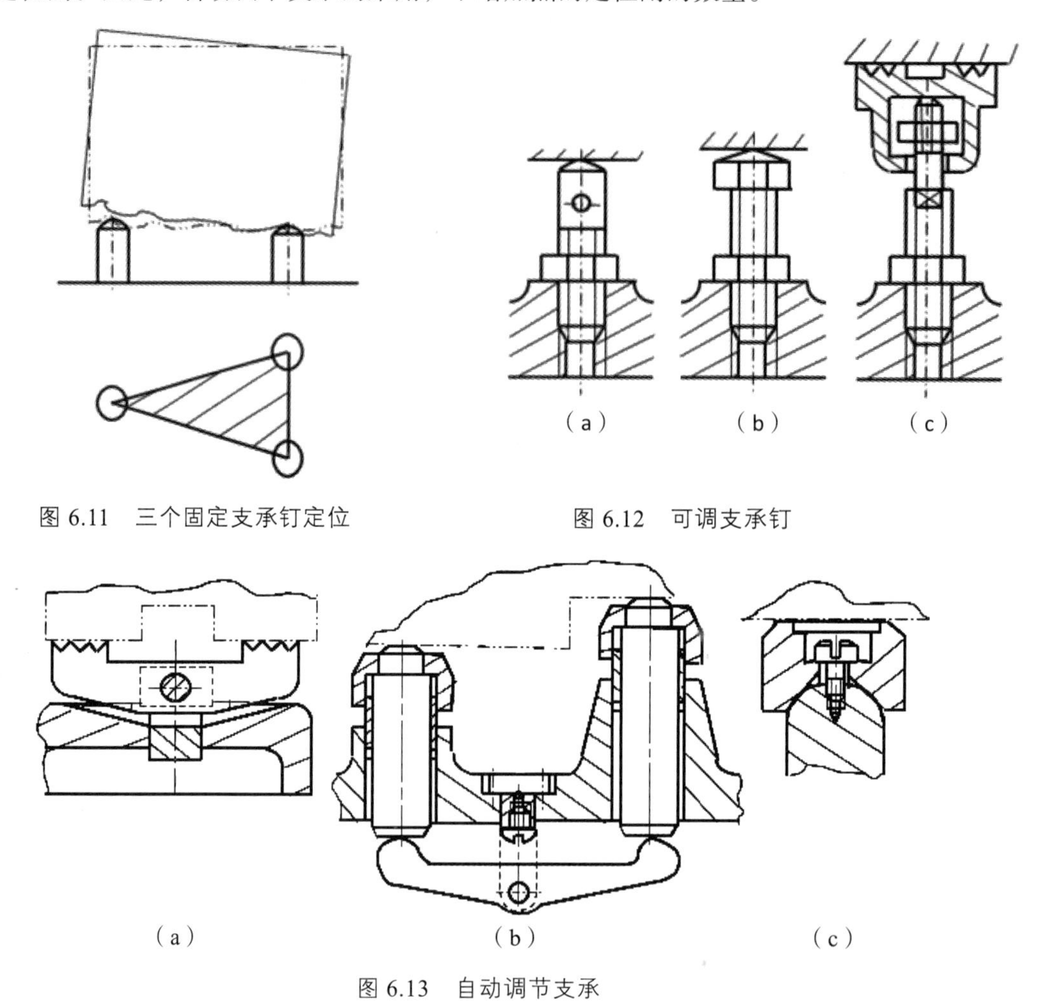

图 6.11　三个固定支承钉定位

图 6.12　可调支承钉

图 6.13　自动调节支承

在上述定位情况下，由于三点支承刚性不足，常常会在夹紧力、切削力等的作用下，引起工件的局部变形或振动，影响加工质量。为了增加支承刚性，还可采用一种辅助支承。所谓辅助支承，是指为了增加定位支承刚性而采用的支承。它必须在工件定位后再添加，而且不能破坏工件已获得的定位位置。所以辅助支承不起限制自由度的作用，它需要随工件的情况而仔细地调整。

2）精基准定位

以精基准平面定位时，一般都采用一组支承板作为定位元件。所用支承板的数量及布置的原则是，保证具有足够的支承刚度而无过大的接触面积，且不产生夹紧变形。

2. 圆孔定位基准

1）粗基准定位

由于粗基准孔的几何形状误差和表面粗糙度值都较大，一般多采用三点式定心可胀心轴。

当孔的长度较长时，可采用图 6.14 所示的两端可胀心轴。当旋紧螺母时，使锥面 A、B 相对移动，各自推动滑销 1 向外胀开而将工件定心。复位时，松开螺母，靠弹簧圈将滑销缩回。当孔的长度较短时，可采用一组可胀滑销，如果两个同轴孔相距较远时，可在两端设置三点式可胀心轴。一组可胀滑销相当于一个短定位销。

三点式定心可胀心轴是加工箱体零件的第一道工序最常用的定位元件。一般是以重要的主轴孔为粗基准，先加工出箱体的定位基准面，再以该定位基准为精基准定位加工各孔。此外，也有采用大锥角（120°）锥销定位的，靠推销锥面与孔的边缘构成定位副来实现定位。此时，必须要求基准孔棱边的孔形比较规则，没有飞边、毛刺等。

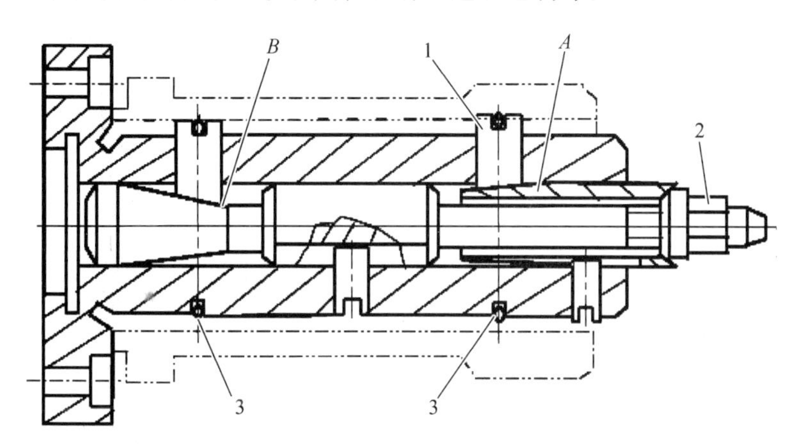

1—滑销；2—螺母；3—弹簧圈。

图 6.14 三点式定心可胀心轴

2）精基准定位

以加工过的孔定位，均可采用前面讨论的定位销作为定位元件。不过应根据具体情况，选用长销或短销。长销通常称为心轴，长销多用于较大孔的定位。以较大精基准孔定位时，应视加工精度的要求选用有间隙定位心轴或无间隙定位心轴。以小孔定位时，一般选用有间隙定位销。间隙定位销又分为固定式和伸缩式两种。在组合机床生产线上，为了使工件较方便地推入夹具，应采用伸缩式定位销。装夹过程：先将工件推入夹具，再将定位销伸出，使工件定位。加工结束后，先将定位销缩回，再将工件推出。伸缩式定位销可用于手动或液压等驱动。

伸缩式定位销与固定式定位销相比，装卸工件方便，容易实现自动化；但其结构复杂，刚性较差，定位精度低。当工件质量较小时，采用固定式定位销可以简化夹具结构，提高定位精度。对定位精度要求较高的大而重的工件，也需采用固定式定位销。

3. 外圆柱面定位基准

1）粗基准定位

粗基准定位通常采用定心定位元件，如自定心三爪卡盘、双 V 形块等。

2）精基准定位

除可采用上述对粗基准的定位方法和定心定位元件外，还可采用间隙定位套或无间隙弹性薄壁套来实现定心定位，也可用内锥面定位元件定心定位。

4. 其他成形面定位基准

这类成形面的定位基准，常采用双V形块或V形块与其他元件组合的定位元件定位。如图6.15所示，其中用V形块实现工件的对中定位，即对中工件的对称平面。可移动的V形块只限制工件的一个自由度。

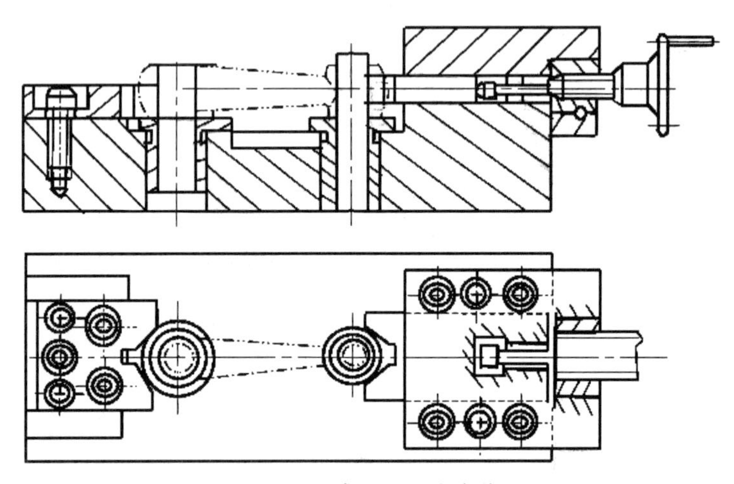

图6.15 成形面对中定位

锥孔也是一种常见的定位基准，如回转体工件（如轴）的中心孔，与之相适应的定位元件是顶尖，顶尖常安装在机床尾座套筒上与三爪卡盘配合来实现定位夹紧，可提高定位精度，实现定位基准统一。

6.2.4 定位设计

前面所介绍的单个定位基准定位时对定位元件的选择，是夹具设计的基础。而通常工件是由一组定位基准在夹具中组合定位的。夹具设计的首要任务就是要选择一组合适的定位元件，遵循工件定位的规律，实现对工件的正确定位。

常见工件的组合基准：一组平面组合基准；平面和曲面的组合基准；平面和孔的组合基准；一组孔的组合基准。

在讨论组合基准定位时，应首先从工件的工序图上分清哪个基准是主要基准（第一定位基准），哪个是次要定位基准（第二定位基准）。

1. 一组平面组合基准及平面与曲面组合基准的定位设计

1）两个平面基准的定位设计

如图6.16所示，在长方形工件上加工一个宽度为 b 的矩形通槽。工件以底面 M、侧面 N 为定位基准，保持尺寸 $H_{-\Delta H}^{0}$ 及尺寸 B。

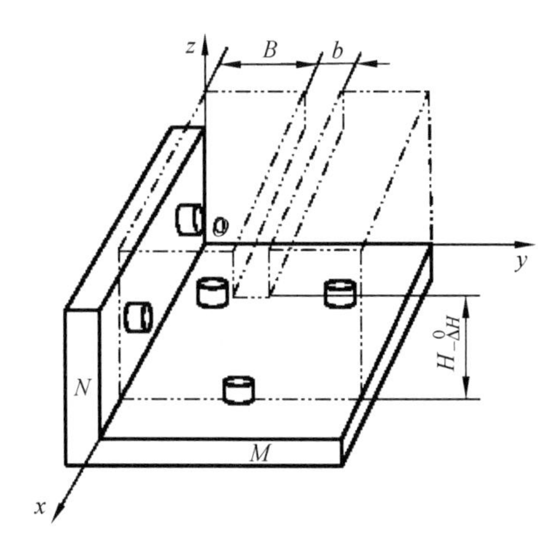

图 6.16 两个平面基准定位设计简图

问题分析：底面 M 应为第一定位基准，侧面 N 应为第二定位基准。在夹具设计时，应采用一组支承板，其中一个支承板与底面 M 接触形成面接触（即三点定位副），可限制 $\widehat{x}$ 、$\widehat{y}$ 和 $\vec{z}$ 三个自由度；采用另一块支承板和侧面 N 接触，形成线接触，相当于两个点定位副，可限制 $\vec{y}$ 和 $\widehat{z}$ 两个自由度。共限制了五个自由度，也只需要限制这五个自由度。为了平衡切削力而在 x 方向设置的支承，可认为不限制自由度。

2）平面和曲面组合基准的定位设计

如图 6.17 所示的圆盘形工件，在其上钻直径为 d 的孔时，工件底平面为第一定位基准，因为孔轴线应与底平面垂直；外圆柱面为第二定位基准，它保证孔的位置尺寸 e。在夹具的定位设计时，应采用一组支承板与工件底平面接触形成面定位副（即三个点定位副），$\widehat{x}$ 、$\widehat{y}$ 和 $\vec{z}$ 三个自由度。因为工件的对称轴为 z 轴，所以 $\widehat{z}$ 转动自由度不需要限制。从理论上说，沿 z 轴的移动自由度，也无须限制。虽然支承板限制了 z 轴的移动自由度，但由于钻头在 z 方向上的进给运动，故该自由度应视为未被限制。

3）曲面和平面组合基准的定位设计

在圆柱形工件上钻孔或铣不通的键槽时，圆柱面为第一定位基准，端面为第二定位基准。

如图 6.18（a）所示为在圆柱表面铣键槽的工序，在夹具定位设计时，采用一个长 V 形块和一个端面支承钉与工件接触，长 V 形块可限制四个自由度，端面支承钉限制了一个移动自由度，共需限制五个自由度。

如图 6.18（b）所示，为在圆柱体上铣一个平面的定位，虽然该定位设计与图 6.18（a）一样，但其端面支承钉已经没有定位的意义，这只是为了平衡切削力的需要而设置的支承，所以该定位在理论上只需限制四个自由度。

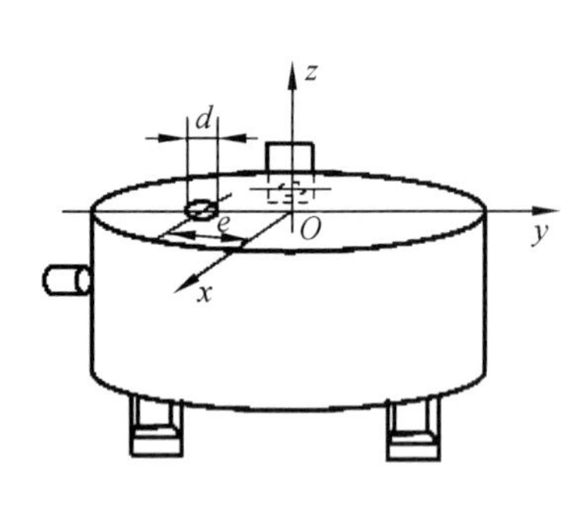

图 6.17　盘形工件设计定位简图

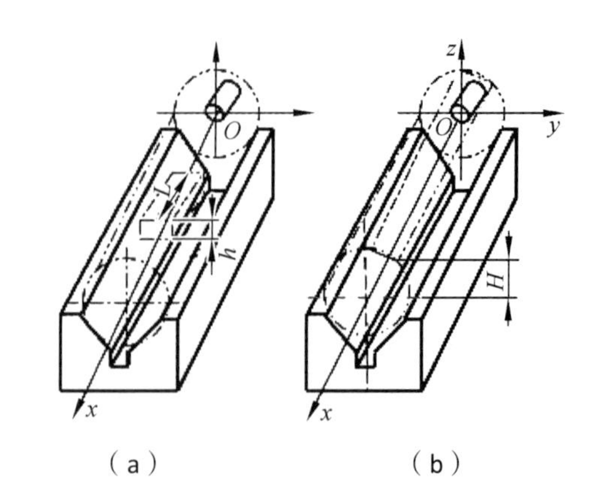

图 6.18　圆柱形工件定位设计简图

2. 平面和孔组合基准的定位设计

1）一面一孔组合基准的定位设计

（1）大平面和短孔组合基准的定位设计。如图 6.19 所示为一环形工件，规定该工件的工序基准为大平面 *A* 和孔 *B*。在定位设计时，采用一个大支承平面和一个短圆柱销来定位。大支承平面限制了三个自由度，短圆柱销限制了两个自由度。显然，大平面为第一定位基准，孔为第二定位基准。由于采用了固定式间隙配合的短圆柱销定位，故有一定的定位误差。为了提高定心精度，可将圆柱销改为圆锥销。为了消除定位干涉，圆锥销应采用弹簧浮动式，如图 6.20 所示。由于圆锥销能上下浮动，它已经不限制工件的 $\vec{z}$ 自由度。

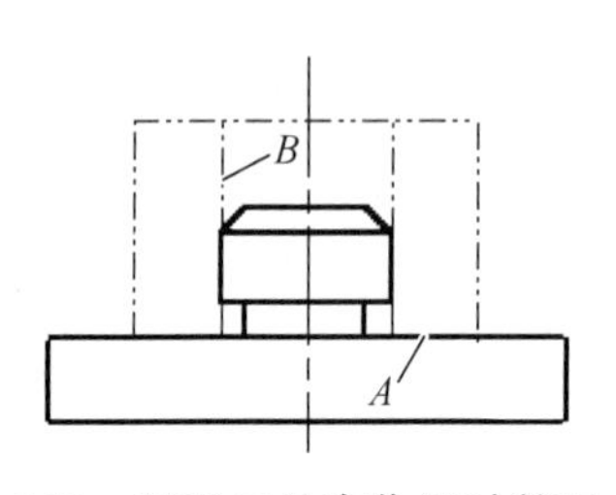

图 6.19　环形工件定位设计简图

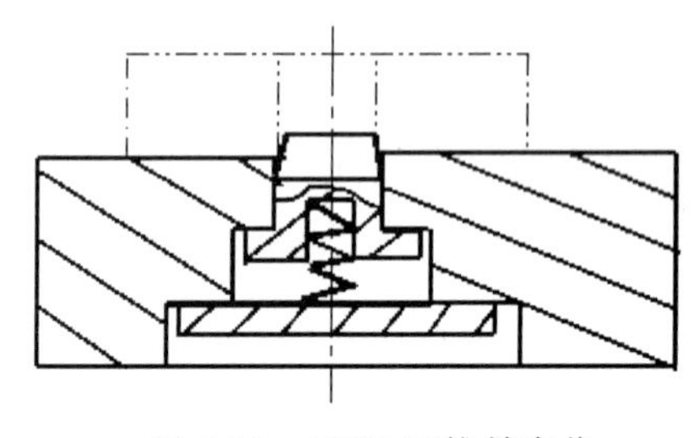

图 6.20　平面-圆锥销定位

（2）平面和长孔的组合基准的定位设计　在设计以平面和长孔为组合基准的定位时，按工件的加工要求有如下两种情况。

① 大平面与短销的组合定位：把平面作为第一基准时，采用较大的支承板与平面基准接触，可限制三个自由度。此时，应采用短圆柱销或浮动圆锥销，可限制两个自由度，共限制五个自由度。但此时不能采用长定位销，因为若采用长定位销将会产生过定位现象，如图 6.21 所示。由于实际工件的孔和端面之间存在着垂直度误差，如图 6.21（a）所示；当施加夹紧力时，就会使长销发生弯曲，如图 6.21（b）所示，从而破坏了定位的状态。

② 小平面与长销的组合定位：把圆柱销作为第一定位基准，采用长定位销可限制工件的四个自由度，即 $\vec{x}$、$\hat{x}$；$\vec{z}$、$\hat{z}$ 自由度，端面应是小平面的一点接触，限制一个自由度。在受

力情况下，要保证长销的正确定位，同时端面又能很好地接触，通常采用如下两种方法：

- 平面支承采用球面浮动结构，如图 6.22（a）所示，这样的平面支承只限制一个移动自由度，同时又能承受较大的力。
- 将平面支承面的接触面积尽可能地减小，如图 6.22（b）所示，也是常用的结构。

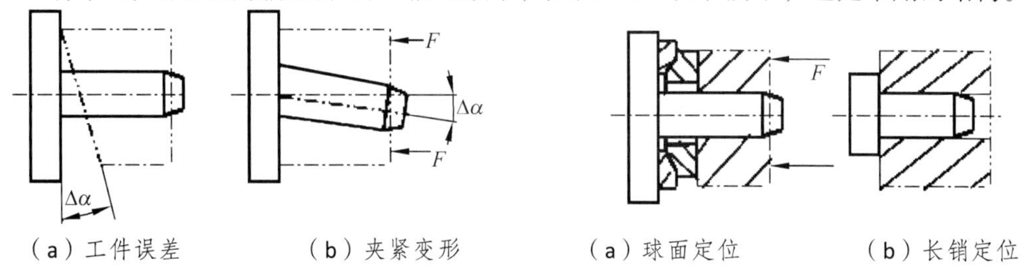

（a）工件误差　（b）夹紧变形

图 6.21　大平面和长定位销定位

（a）球面定位　（b）长销定位

图 6.22　孔为第一定位基准的定位

2）一面两孔组合基准的定位设计

一面两孔组合基准的定位是在箱体类工件加工时最常采用的一种组合基准定位方法，习惯上称为一面两孔定位，它能实现基准统一，简化夹具的结构。该定位设计，把平面作为第一定位基准，一个工艺孔作为第二定位基准，另一个工艺孔作为第三定位基准。在具体设计时，究竟采用哪个工艺孔作为定位基准，应从对工件加工技术要求的分析来确定。

在一面两孔组合基准的定位设计时，采用一组支承板与工件的平面基准定位，限制三个自由度（$\vec{z}$、$\widehat{x}$、$\widehat{y}$）；若采用两个短圆柱销与两个工艺孔接触定位时，理论上限制四个自由度，实际为五个（$\vec{x}$、$\vec{y}$；$\vec{x}$、$\vec{y}$、$\widehat{z}$），总共限制八个自由度，这样就形成了过定位。这是因为工件上两个工艺孔的中心距和夹具上的两定位销的中心距之间存在误差，可能形成如图 6.23 所示的情况，无法将工件装到夹具上。很明显是由于重复限制了 y 方向的移动自由度所致。

目前，较好的一个解决方法是，将一个定位销沿 x 方向对称削边，使之成为菱形销（也称削边销），如图 6.24 所示。因此，对一面两孔定位的定位元件所限制的自由度分配为：支承平面限制 $\widehat{x}$、$\widehat{y}$ 和 $\vec{z}$ 自由度；圆柱销限制 $\vec{x}$、$\vec{y}$ 自由度；菱形销限制 $\widehat{z}$ 自由度。

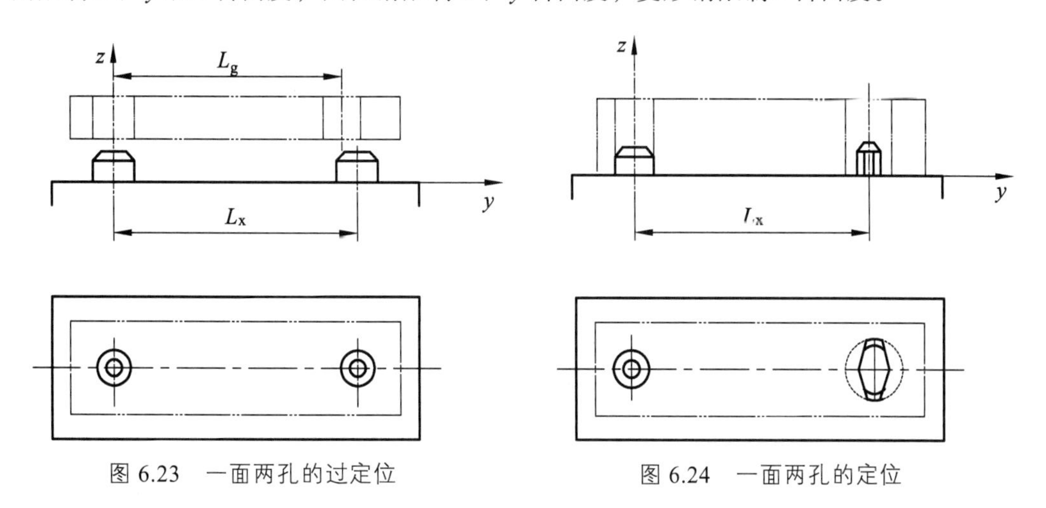

图 6.23　一面两孔的过定位

图 6.24　一面两孔的定位

在实际夹具设计中，两销定位的设计将按下面步骤进行。

【例 6.1】 已知条件：已知工件上两圆柱孔的尺寸及中心距，即 D_1、D_2、L_g 及其公差，如图 6.25 所示。

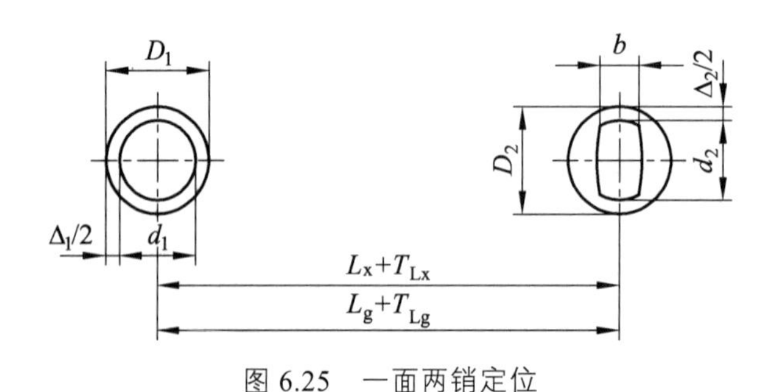

图 6.25 一面两销定位

解：计算过程如下：

（1）确定夹具上两定位销的中心距 L_x。首先，把工件上两孔中心距公差化为对称公差，即

$$L_{g-T_{g\min}}^{+T_{g\max}} = L_g \pm \frac{1}{2}T_{L_g}$$

式中 T_{gmax}，T_{gmin}——工件上两孔间距的上下极限偏差（mm）；

T_{Lg}——工件上两圆柱孔中心距的公差（mm），$T_{Lg} = T_{gmax} - T_{gmin}$。

取夹具上两定位销之间的中心距为 $L_x = L_g$，其中心距公差为工件孔中心距公差的 1/5 ~ 1/3，即 T_{Lx} = （1/5 ~ 1/3）T_{Lg}。把两定位销中心距的公差也转化成对称形式，即

$$L_X = L_g \pm \frac{1}{2}T_{L_x}$$

（2）确定圆柱销直径 d_1 及其公差。

一般圆柱销 d_1 与孔 D_1 为基孔制间隙配合，d_1 的公称尺寸等于孔 D_1 的公称尺寸，一般销 d_1 的公差等级比孔 D_1 高一级，因此选其公差配合为 H7/g6 或 H7/f6。

（3）确定棱形销的直径 d_2、宽度 b 及其公差。

可按表 6.2 查得 D_2，再选相应的 b；按下式计算出棱形销与孔配合的最小间隙$\varDelta_{2\min}$，再计算菱形销的直径。

$$\varDelta_{2\min} = 2b\,(T_{Lx} + T_{Lg})\,/D_2$$

$$d_2 = D_2 - \Delta_{2\min}$$

式中 b——菱形销的宽度（mm）；

D_2——工件上与菱形销配合的孔的直径（mm）；

$\varDelta_{2\min}$——用菱形销定位时，销与孔的最小配合间隙（mm）；

T_{Lx}——夹具上两销的中心距公差（mm）。

菱形销的公差可按配合 H/g 选取，销的公差等级应比孔的公差等级高一级。

表 6.2　棱形销尺寸　　单位：mm

D_2	3 ~ 6	6 ~ 8	8 ~ 20	20 ~ 25	25 ~ 32	32 ~ 40	40 ~ 50
B	$D_2-0.5$	D_2-1	D_2-2	D_2-3	D_2-4	D_2-5	
b	2	3	4	5		6	8
b_1	1	2	3			4	5

注：b_1——削边部分宽度；b——削边后留下圆柱部分宽度。

3. 孔及孔系组合基准的定位设计

1）以一个孔为基准的定位设计

（1）小锥度心轴的定位设计。

这是一种定心精度很高的定位方式，多用于外圆磨削的加工中，如图 6.26 所示。小锥度心轴定位是靠工件与心轴接触处 L_k 的弹性变形而获得对工件的定位和夹紧。它限制工件的四个自由度。工件沿轴线方向虽不能移动，但因心轴的锥角很小，每个工件在轴线方向上的位置差别很大，故不能视其为轴向定位。

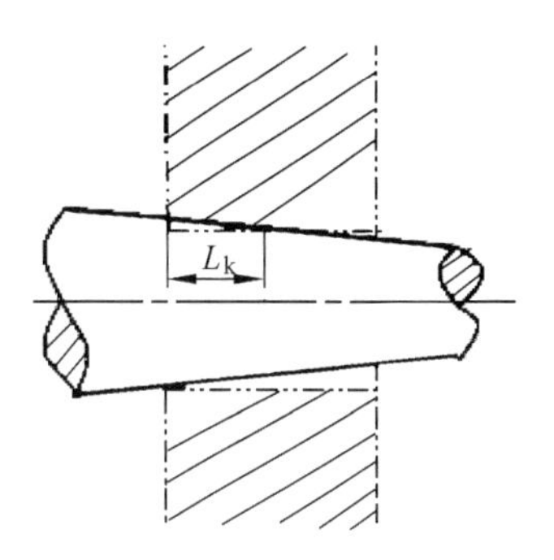

图 6.26　小锥度心轴的定位

（2）用过盈配合心轴定位的设计。

如图 6.27（a）所示，一般用压力机将心轴压入工件孔内，如图 6.27（b）所示。工件的基准孔与心轴表面的接触限制了四个自由度，在工件沿心轴轴线方向虽未设定位元件，但是工件在心轴上的位置 L_1 由压入量或挡圈的高度决定；另外，工件与心轴之间的摩擦力使工件在加工过程中保持这个位置不变，故应认为获得了定位，即工件被限制了五个自由度。

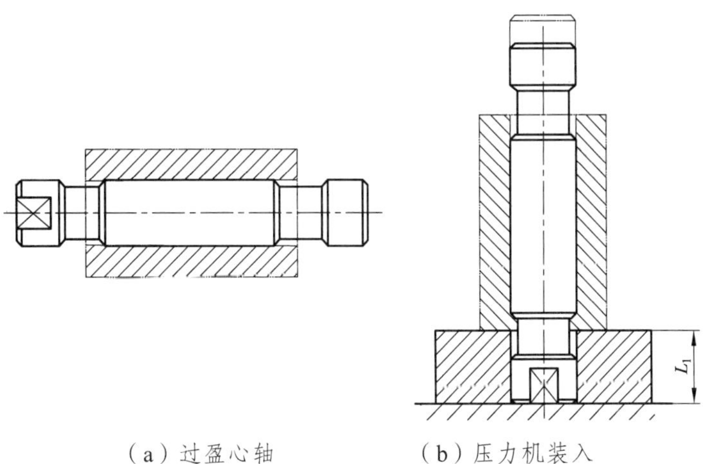

（a）过盈心轴　　（b）压力机装入

图 6.27　过盈心轴定位

2）两个同轴孔组合基准的定位设计

（1）两个同轴的粗基准孔组合定位设计，可采用前面介绍的两端三点式可胀心轴结构进行定位。

（2）两个同轴的精基准孔组合定位设计，可采用图 6.28 所示的同轴间隙心轴进行定位。

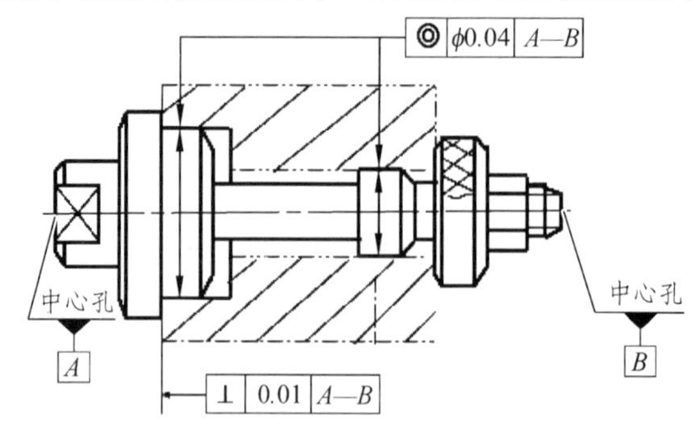

图 6.28　同轴间隙心轴的定位

（3）两个中心孔定位时，轴类零件可采用两个顶尖定位，相当于两个锥销定位。如图 6.29（a）所示，左边的固定顶尖限制三个移动自由度，右边的弹性顶尖限制两个自由度。若工件加工与左端面有尺寸要求时，可将其左端的固定顶尖改为图 6.29（b）所示的浮动结构，工件的一个轴向移动自由度由顶尖套来限制。

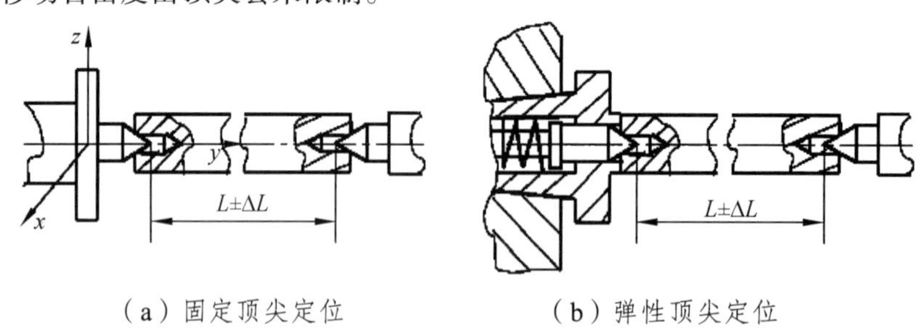

（a）固定顶尖定位　　（b）弹性顶尖定位

图 6.29　两端顶尖定位

3）孔系组合基准的定位设计

在箱体工件加工的第一道工序中常采用孔系来定位。一般以两个同轴孔以及与该同轴孔较远的另一个孔作为定位基准。粗基准孔采用可胀式心轴，如图 6.30 所示。同轴孔 A、B 以两组三点式可胀心轴形成一个长圆柱销，可限制四个自由度。在孔 C 中用一个两点式可胀心轴，这相当于一个削边销，可限制一个转动自由度。

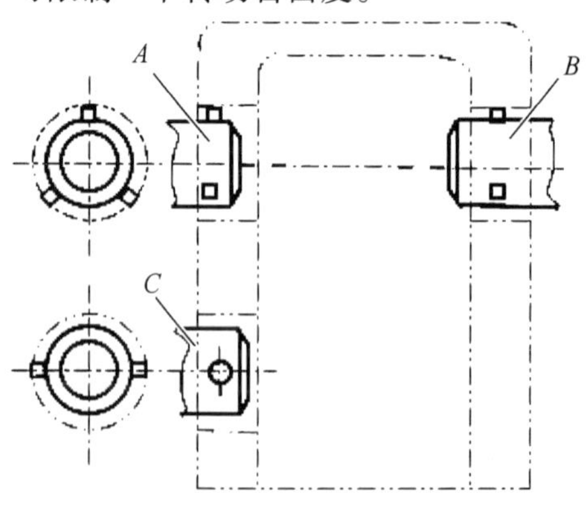

图 6.30　孔系的组合基准定位

6.2.5 定位误差的分析和计算

当遵循定位原理时，可使工件在夹具中占据预定的正确加工位置。这里所指的支承点和工件是几何概念的点和物体。实际上工件的定位基准和定位元件均有制造误差，因而工件在夹具中的实际位置将在一定的范围内变动，即存在一定的定位误差。在设计定位装置时，就要控制这一定位误差在加工要求所允许的范围内。

1. 定位误差的产生

举例来说，图 6.31 所示为一铣键槽的工序，本工序要求保证尺寸 $A_{-T_A}^{0}$。为此，加工中就需要限制工件在尺寸 A 方向上的移动自由度。从限制工件自由度的角度看，工件可以以内孔作为定位基准，也可以以外圆的下母线作为定位基准，因为这两个基准在加工尺寸 A 方向上所限制的自由度是完全相同的，但这两种定位方法所产生的定位误差并不相同。

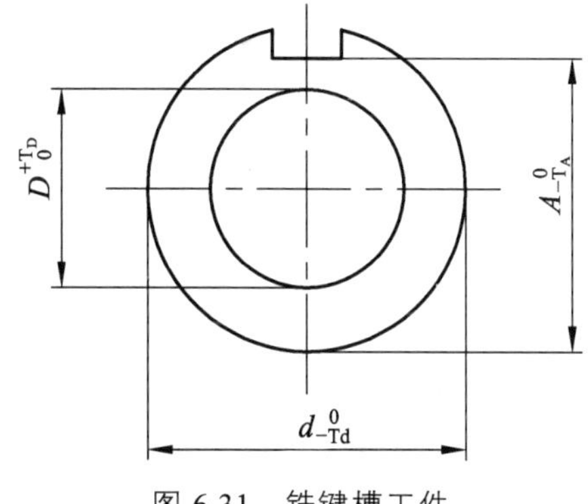

图 6.31 铣键槽工件

下面按两种定位方法来分析：

（1）工件以下母线定位。图 6.32 所示为工件以下母线定位的情况，其定位基准与要加工尺寸的设计基准重合，遵循了基准重合原则。刀具按尺寸 A 调整，采用调整法加工，对于同一批工件而言，如不考虑其他因素的影响，则不论工件的外径和孔径如何变化，刀具与定位基准之间的尺寸是稳定不变的，即不存在定位引起的误差。

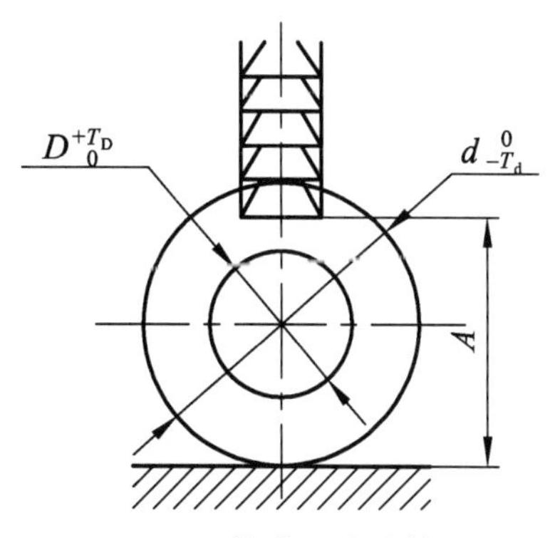

图 6.32 基准重合的情况

（2）工件以孔定位。如图 6.33 所示，工件以孔作为定位基准，此时，定位基准与尺寸的设计基准不重合，刀具是按尺寸 A'调整的，这时加工中所直接保证的尺寸是 A'，而工序图上要求保证的尺寸是 A，它是间接获得的。由图 6.33 可以看出，对于一批工件来说，当刀具按 A'调整好而处于一定位置时，则每个工件的加工尺寸 A 的设计基准相对于定位基准的位置（以圆孔的中心表示）将随着定位尺寸（即加工尺寸设计基准与定位基准之间的联系尺寸）的变化而变化，其最大变化量为定位尺寸 $d/2$ 的公差的一半 $T_d/2$，因此，加工尺寸 A 就产生了一个误差。它是由于定位基准与设计基准不重合所造成的，故称为基准不重合误差，以Δ_B 表示。

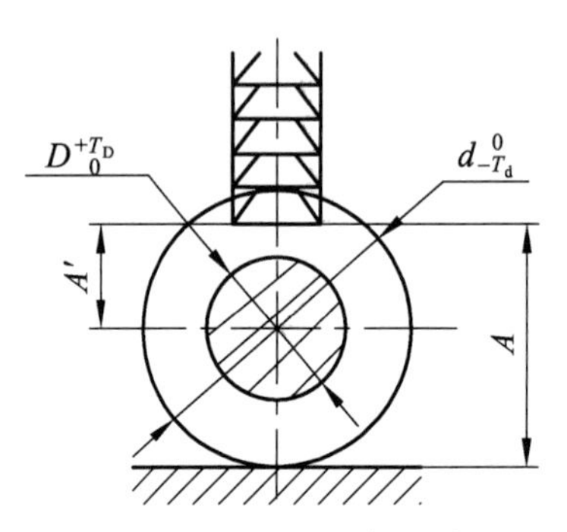

图 6.33　基准不重合的情况

此外，当采用工件的孔为定位基准在心轴上定位时，其理想情况是孔的中心与心轴轴线重合，但由于定位基准与定位元件存在制造误差，同时，为了使工件易于套装在心轴上，还必须使定位孔与心轴之间有一定的配合间隙。这样，孔中心与心轴轴线便不能重合，由于重力作用，必然使定位基准下移，即整个工件下移。因此，当按心轴轴线调整好刀具的位置之后来加工一批工件时，则加工尺寸 A 便产生了一个由于工件定位基准相对于在夹具中理想位置的位移所造成的误差，称为基准位移误差，以Δ_Y 表示。

基准不重合误差Δ_B 与基准位移误差Δ_Y 对同一批工件所引起的综合加工尺寸误差，就是工件在夹具中定位时所产生的定位误差，以Δ_D 表示。其实质为加工尺寸的设计基准相对于定位元件工作表面的位置，在加工尺寸方向上可能产生的最大位移量。

2. 定位误差的求法

1）基准不重合误差Δ_B 的求法

基准不重合误差Δ_B 的产生，是由于定位基准与设计基准不重合，其值等于定位尺寸公差在加工尺寸方向上的投影，它的实质是设计基准相对于定位基准在加工尺寸方向上可能产生的最大位移量。因此，求Δ_B 的关键在于找出定位尺寸公差。

当定位尺寸为单独的一个尺寸时，其定位尺寸公差可直接求出（图 6.31 中为 $T_d/2$）；当定位尺寸由一组尺寸组成时，则定位尺寸公差可按尺寸链原理求出（解尺寸链）。

显然，基准不重合误差的大小，只取决于工件定位基准的选择，而与其他因素无关。要减小该误差值，只有提高定位基准与设计基准之间的相互位置精度；要消除这个误差，就必须使定位基准与设计基准重合。

2）基准位移误差$\varDelta_Y$的求法

在工件定位时，$\varDelta_Y$ 的产生是由于定位基准表面与定位元件工作表面都有制造误差和装配间隙的存在，以致使工件定位基准在夹具中相对于定位元件工作表面的位置产生了位移。所以，求$\varDelta_Y$ 就是要找出定位基准在夹具中相对于定位元件工作表面的位置，在指定方向上所能产生的最大位移量。

对于图 6.31 所示的示例来说，由于孔径尺寸为 $D^{+T_D}_{0}$，如果心轴为 $d_{x-T_{d_x}}^{\ 0}$，孔与心轴的配合属于间隙配合，则在垂直方向上的基准位移误差$\varDelta_Y$，由图 6.34 可得

$$\varDelta_Y = OO_1 = \frac{T_D + T_{d_x}}{2} = \frac{D_{max} - d_{x\min}}{2}$$

式中 D_{max}——工件孔的最大直径（mm）；

d_{xmin}——心轴的最小直径（mm）。

3）定位误差$\varDelta_D$的求法

当分别求出了基准不重合误差$\varDelta_B$ 和基准位移误差后$\varDelta_Y$，再求出它们对加工尺寸的综合影响，即可得到定位误差$\varDelta_D$。仍以图 6.31 所示的键槽加工工序为例，由图 6.34 可知，$\varDelta_B$ 和$\varDelta_Y$ 对加工尺寸的综合影响为

$$\varDelta_D = \varDelta_B + \varDelta_Y = \frac{T_d}{2} + \frac{D_{max} - d_{x\min}}{2}$$

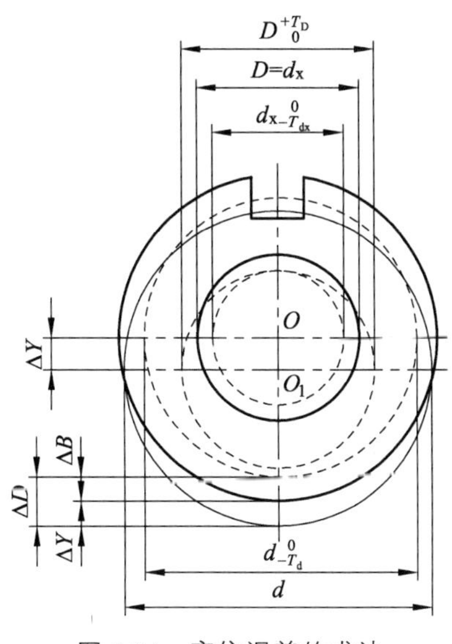

图 6.34 定位误差的求法

这里要强调的是，定位误差主要发生在按调整法加工一批工件时，如果采用逐件试切法进行加工，则根本不存在定位误差。

3. 常见定位方式的定位误差分析和计算

1）工件以平面定位

工件以平面定位时可能产生的定位误差，主要是由基准不重合引起的。分析和计算基准不重合误差的要点在于找出联系设计基准和定位基准之间的定位尺寸。当定位尺寸是由多个尺寸环组成时，这时的定位误差实际上等于此尺寸链中所有组成环的公差之和。

2）工件以圆孔定位

工件以圆孔在不同定位元件上定位时，所产生的定位误差是不同的，因此，下面按不同定位元件分别加以讨论：

（1）工件以圆孔在与之过盈配合的圆柱心轴上定位。因为工件圆孔与心轴是过盈配合，所以定位副间无径向间隙，这时不存在径向基准位移误差（$\varDelta_{Y_y}=0$，$\varDelta_{Y_z}=0$）。工件在轴线方向上的轴向定位误差，则可利用压力机的压下行程加以控制，故$\varDelta_{D_x}=0$，由此可见，过盈配合圆柱心轴的定心精度是相当高的。

（2）工件以圆孔在锥度心轴上定位。由于锥面有自动补偿径向间隙的作用，虽然工件圆孔直径有制造误差，在锥度心轴上定位也不会引起径向基准位移误差，即

$$\varDelta_{Y_y}=0\text{，}\quad \varDelta_{Y_z}=0$$

这说明，锥度心轴的定心作用较好。但工件会沿心轴的轴向发生位移，从而造成轴向定位误差（见图 6.35）。对一批工件而言，轴向定位误差可由下式计算

$$\varDelta_{D_x}=\frac{T_D}{2\tan\alpha}$$

式中　α——锥度心轴的半锥角（°）；

　　　T_{D}——工件圆孔的直径公差（mm）。

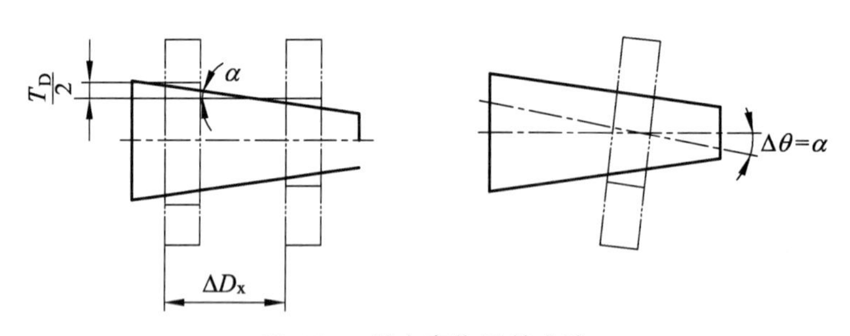

图 6.35　轴向定位误差求法

此外，工件在锥度心轴上可能产生轴线偏转的转角定位误差$\varDelta\theta$。因为圆孔在锥体上仅靠大头端接触定位，而小头端与圆孔之间则有间隙，所以会使工件轴线发生偏转。对于一批工件而言的转角定位误差为$\varDelta\theta=\alpha$。由此可见，锥度心轴存在轴向定位误差和转角定位误差。

（3）工件圆孔与圆柱心轴（或定位销）以间隙配合定位。根据心轴（或定位销）放置位置的不同，有不同的情况：

① 心轴水平放置。由于定位副间存在径向间隙，因此有径向基准位移误差。在重力作用下定位副只存在单边间隙，即工件始终以孔壁与心轴上母线接触，故此时的径向基准位移误差仅在 z 轴方向且向下，如图 6.36 所示。

$$\Delta Y_z = \frac{\varepsilon + T_{\mathrm{D}} + T_{\mathrm{d}}}{2}$$

式中 ε——定位副间的最小配合间隙（mm）；

T_{D}——工件圆孔直径公差（mm）；

T_{d}——心轴外圆直径公差（mm）。

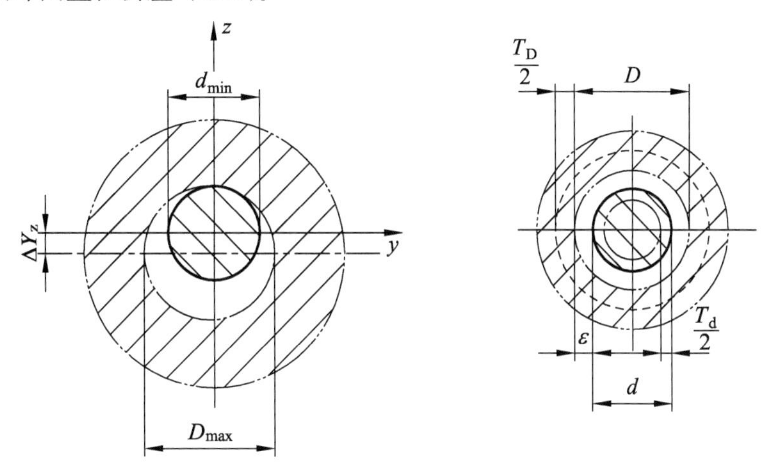

图 6.36 工件以圆孔在间隙配合圆柱心轴上定位的定位分析（心轴水平放置时）

② 心轴垂直放置。由于定位副间存在径向间隙，因此也必将引起径向基准位移误差。不过，这时的径向定位误差不再只是单向的，而是在水平面内任意方向上都有可能发生，其最大值也比心轴水平放置时大一倍，如图 6.37 所示。

$$\Delta_{Yx} = \Delta_{Y_y} = \varepsilon + T_D + T_d$$

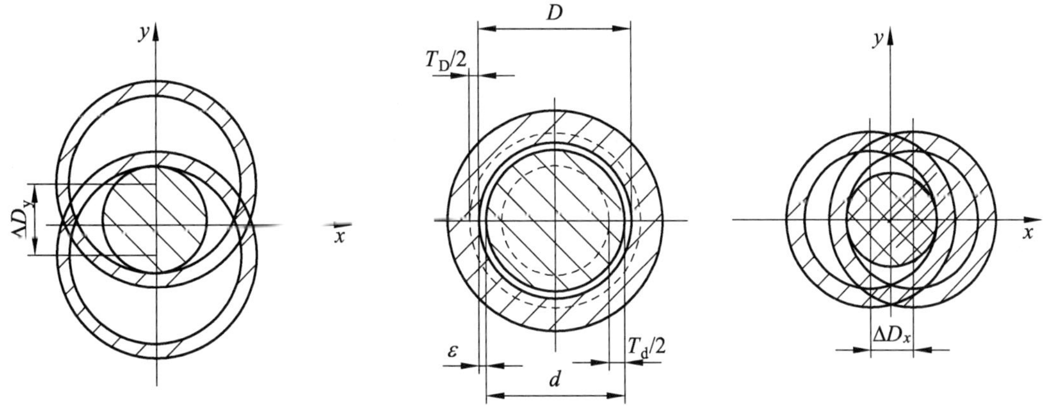

图 6.37 工件以圆孔在间隙配合圆柱心轴上定位的定位分析（心轴垂直放置时）

3）工件以外圆定位

在实际生产中有不少工件以其圆柱面作为定位基准，常在 V 形块中定位。由于工件在 V 形块中定位时，是以外圆柱面与平面相接触，所以只要 V 形块工作表面对称，就可以保证定位基准中心在 V 形块的对称面上，即工件定位基准在水平方向上的位移为零。但由图 6.38 可以看出，在垂直方向上，因为定位基准存在误差，致使定位基准在夹具中相对于理想位置产生的位移，其值为

$$\Delta_Y = \overline{OO_1} = \frac{T_D}{2\sin\frac{\alpha}{2}}$$

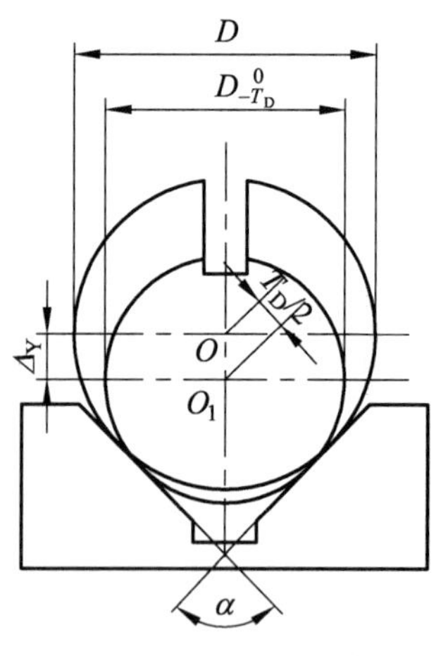

图 6.38 Δ_X 的计算

由上式可知，随着 V 形块α角度的增大，在垂直方向上的位移Δ_Y 将减小；但当α过大时，将会引起工件在水平方向上的定位不稳，因此，V 形块的α角一般常采用 90°，有时也采用 120°。

当工件在 V 形块中定位时，定位误差的大小与其加工尺寸的标注方法有关，如图 6.39 所示。

（1）当加工尺寸是从外圆柱面的轴线起标注时，在保证尺寸 A_0 时，由于定位基准与设计基准重合，则基准不重合误差$\Delta_B = 0$，所以

$$\Delta_D = \Delta_Y = \frac{T_d}{2\sin\frac{\alpha}{2}}$$

当$\alpha = 90°$时，$\delta_D = 0.707T_d$。

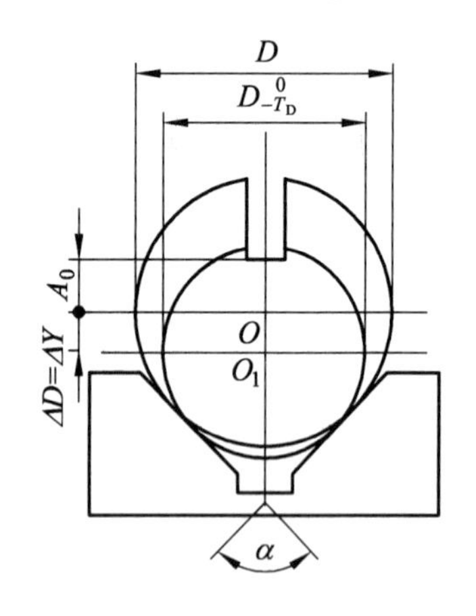

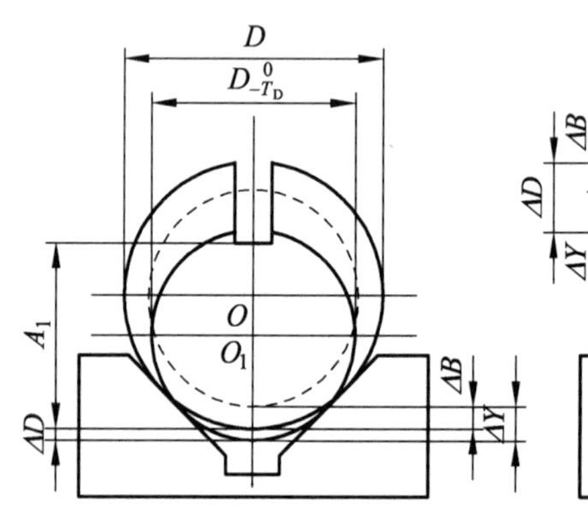

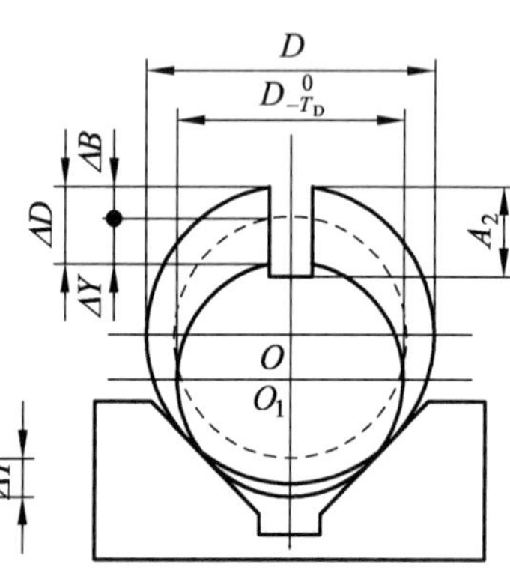

图 6.39 定位误差的计算

（2）当加工尺寸是从外圆柱面的下母线起标注时，由于定位基准与设计基准不重合，而有基准不重合误差的存在，其值为 $\Delta_B = \frac{T_d}{2}$。

在保证加工尺寸 A_1 时，Δ_B 与Δ_Y 对 A_1 的综合影响为

$$\varDelta_D = \varDelta_Y - \varDelta_B = \frac{T_d}{2}\left(\frac{1}{\sin\frac{\alpha}{2}} - 1\right)$$

当$\alpha = 90°$时，$\varDelta_D = 0.207T_d$。

（3）当加工尺寸是从外圆柱面的上母线起标注时，在保证加工尺寸 A_2 时，$\varDelta_B$ 与$\varDelta_Y$ 对 A_1 的综合影响为

$$\varDelta_D = \varDelta_Y + \varDelta_B = \frac{T_d}{2}\left(\frac{1}{\sin\frac{\alpha}{2}} + 1\right)$$

当$\alpha = 90°$时，$\varDelta_D = 1.207T_d$。

上述分析表明，轴套类零件在 V 形块上定位时，由于加工尺寸的标注方法不同，所产生的定位误差就不同。以下母线为设计基准时，定位误差最小；以轴线为设计基准时，其定位误差次小；以上母线为设计基准时其定位误差最大。故轴套类零件上键槽的尺寸，一般多以下母线为设计基准。在以后产品零件设计时应考虑合理标注零件的设计尺寸。

4）工件以“一面两孔”定位

当采用一个圆柱销和一个棱形销作为定位元件，如图 6.40 所示，圆柱销相当于垂直放置的心轴，它起着限制工件在水平面内移动自由度的作用，销与孔的直径误差及其配合间隙造成了定位的基准位移误差，即

$$\varDelta_{Yx} = \varDelta_{Yy} = \varepsilon_1 + T_{D1} + T_{d1}$$

式中　T_{D1}——与圆柱销配合的孔直径误差（mm）；

T_{d1}——圆柱销直径误差（mm）；

ε_1——圆柱销与孔配合的最小间隙（mm）。

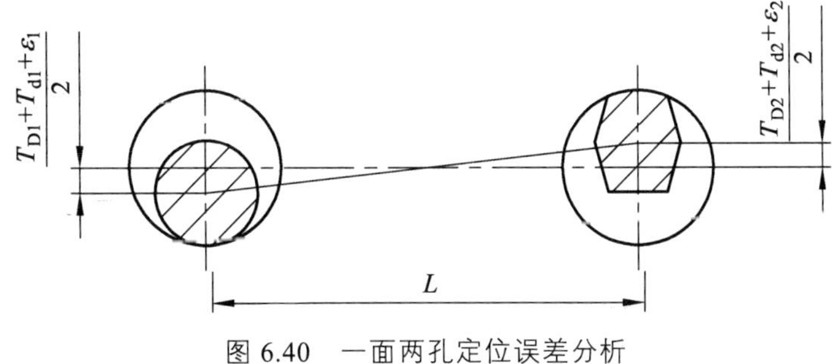

图 6.40　一面两孔定位误差分析

圆柱销与菱形销配合可限制工件绕 z 轴的转动自由度，同样，由于销与孔的直径误差及其配合间隙，造成工件的转角误差为

$$\sin\alpha = \pm\frac{T_{D1} + T_{d1} + \varepsilon_1 + T_{D2} + T_{d2} + \varepsilon_2}{2L}$$

式中　T_{D2}——与菱形销配合的孔的直径误差（mm）;

T_{d2}——菱形销直径误差（mm）;

ε_2——菱形销与孔配合的最小间隙（mm）;

L——圆柱销与菱形销的中心距（mm）。

6.3　工件的夹紧及夹具的夹紧装置设计

6.3.1　夹紧的目的和要求

工件在夹具中定位后，一般都要进行夹紧，以使工件在加工过程中保持已获得的定位不被破坏。因为工件在加工过程中要受到切削力、惯性力、夹紧力等的作用，会产生变形或位移，从而影响工件的加工质量。所以工件的夹紧也是保证加工精度的一个十分重要的问题。为了获得良好的加工效果，一定要把工件在加工过程中的位移、变形等控制在加工精度所允许的范围之内。夹紧问题的处理有时会比定位点的设计更加困难。夹紧的目的是保证工件在夹具中定位获得的正确位置在加工过程中不发生变化，以承受切削力的作用，并保证加工过程的安全可靠。在夹具设计中，夹紧机构的合理设计往往要花费设计人员较多的心血。

在设计夹紧机构时，一般应满足以下主要原则（即夹紧要求）:

（1）夹紧工件时不能破坏工件在定位元件上所获得的正确位置。

（2）夹紧力大小应能保证在整个加工过程中工件的位置不变，不产生不允许的振动。

（3）夹紧不要使工件产生过大的变形和表面损伤。

（4）夹紧机构必须可靠。夹紧机构各元件要有足够的强度和刚度；手动夹紧机构必须保证自锁；机动夹紧机构应有联锁保护装置；夹紧行程必须足够。

（5）夹紧机构的操作必须方便、安全和省力，符合工人的操作习惯。

（6）夹紧机构的复杂程度、自动化程度必须与生产纲领和工厂的生产条件相适应。

上面要求的前三条是为了保证加工质量和安全生产的，必须无条件满足，这是衡量夹紧装置好坏最根本的准则。其他要求的重要性取决于具体条件，第四条在选择夹紧力方向和作用点时应有所考虑；第五条、第六条在拟定夹紧装置的具体结构时或进行夹具的调整机构设计时进行考虑，有些则在拟定夹紧装置的具体结构时或进行夹具的整体设计时考虑。在审核夹具设计方案时要综合考虑这些原则。

6.3.2　工件上夹紧点的选择及夹紧力的确定

1. 夹紧点的选择

夹紧点的选择是影响工件夹紧状态的首要因素，只有正确地选择夹紧点，才能合理估算出所需要的夹紧力。如果夹紧点选择不当，不仅会增大工件的夹紧变形，甚至影响工件的夹紧可靠性。所以夹紧点的选择是夹紧装置设计中所要处理的首要问题。

1）夹紧点选择的一般原则

（1）尽可能使工件的夹紧点与支承点对应，使夹紧力作用在支承点上，以尽量减少夹紧变形；凡有定位支承点的地方，其对应处都应选择夹紧点并施加适当的夹紧力，避免在加工过程中工件离开定位元件。

（2）夹紧点的选择应尽量靠近加工表面，并且选择在不致引起过大夹紧变形的位置。

2）减少夹紧变形的措施

有时在一个工件上很难找出合适的夹紧点，如图 6.41 所示的工件为高支承座在镗床上镗孔，还有一些薄壁工件等，均不容易找到合适的夹紧点。这时，可以采取以下减少夹紧变形的措施：

（1）增加辅助支承和辅助夹紧点。图 6.41 所示的工件可以采用如图 6.42 所示的方法，增加一个辅助支承点及辅助夹紧力 F_{j1}，就可以获得满意的夹紧状态。

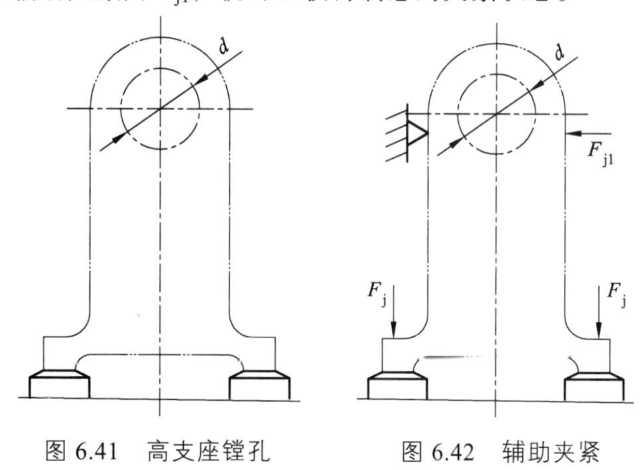

图 6.41　高支座镗孔　　图 6.42　辅助夹紧

（2）分散着力点和增加压紧件的接触面积。如图 6.43 所示，为用一块活动的压板将夹紧力的着力点分散成两个或四个，从而改变着力点的位置，可减少夹紧变形。如图 6.44（a）所示，为自定心三爪卡盘夹紧薄壁工件的情况，产生了夹紧变形。如将图 6.44（a）改为图 6.44（b）所示的形式，采用宽卡爪，增大其与工件的接触面积，减少了接触点的比压，从而减小了夹紧变形。

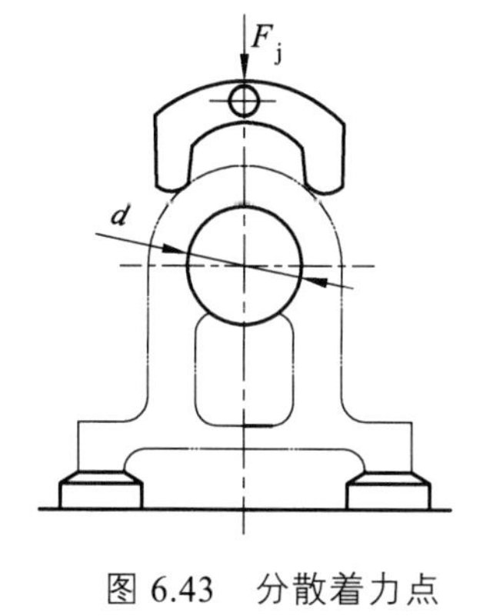

图 6.43　分散着力点

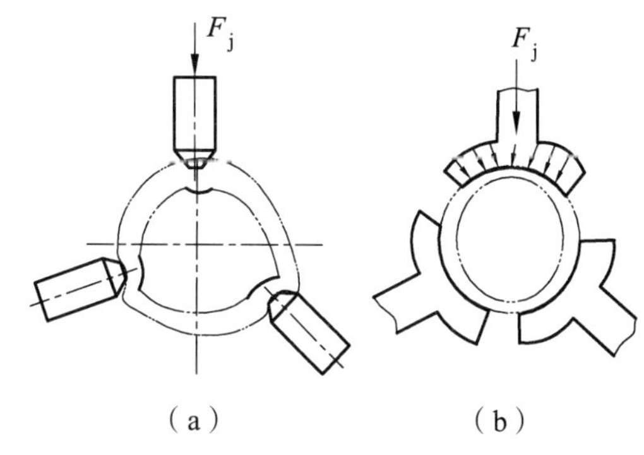

图 6.44　薄壁套的夹紧变形及改善

2. 夹紧力的确定

在设计夹紧装置时，正确估计切削力的大小及方向是确定夹紧力的主要依据。切削力的大小可根据工艺条件，从有关的书籍和手册中查找公式和相关切削参数进行计算，也可由切削实验测量等获得。至于切削力的方向，在夹具设计时应尽量使其指向定位支承，这样可减少所需的夹紧力。计算夹紧力时，按静力平衡条件计算的夹紧力应再乘以裕度系数。

计算夹紧力时常见的几种情况：

1）定位支承件承受全部切削力

图 6.45 所示为拉孔时的情况，当支承承受了全部的切削力时，工件就无须再夹紧。

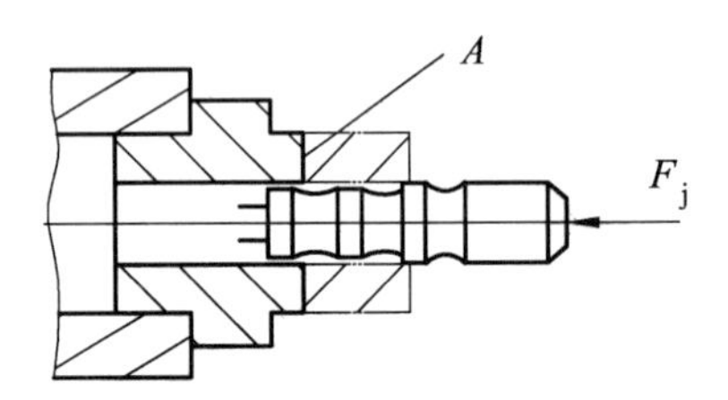

图 6.45　拉孔时切削力的方向

2）定位支承件承受部分切削力

绝大多数夹具属于这类情况。理论上定位销的作用是定位，不应该承受切削力，以免产生变形而影响定位精度。但实际上使定位销完全不承受切削力是很难做到的，故在使用定位销组合定位的夹具中，定位销可能承受一部分切削力。鉴于此情况，在设计定位销时，应视其安装位置考虑是否增加其刚度。

在如图 6.46 所示的镗孔工序中，工件以一面两孔定位，支承板和定位销属于部分承受切削力的情况。在镗刀切削的一个圆周内，切削力的方向是变化的，应选择对夹紧最不利的切削状态作为计算夹紧力的依据，如图 6.46 所示的切削位置就是这种状态。主切削力 F_z 的方向向上，有使工件离开支承的趋势，径向切削力 F_y 与支承面平行。在不使定位销承受切削力的作用时，根据水平方向受力平衡的条件，应有

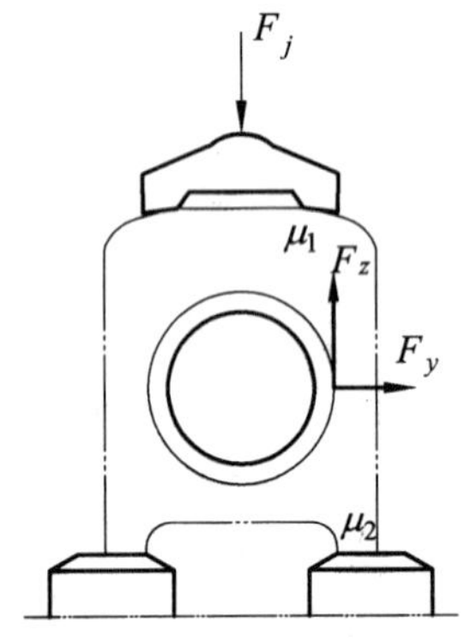

图 6.46　镗孔时的切削力

$$F_y=(F_j-F_z)(\mu_1+\mu_2)$$

则理论上计算夹紧力 F_j 为

$$F_j=\frac{F_y}{\mu_1+\mu_2}+F_z$$

根据前面讨论，为安全可靠，实际夹紧力应再乘以裕度系数，即

$$F_j=K\frac{F_y+F_z(\mu_1+\mu_2)}{\mu_1+\mu_2}$$

式中 K——夹紧力裕度系数；

μ_1、μ_2——工件与压板和支承面间的摩擦系数。

3）由定位副的摩擦力平衡切削力

这是应用非常广泛的一类夹紧力与切削力的平衡方式。多数车床、磨床夹具都属于这类情况。

（1）各种可胀心轴定位的车、磨夹具，其夹紧力的计算公式为

$$F_j = K\frac{F}{\mu}$$

式中 F——切削力（N）；

μ——工件与夹紧元件之间的摩擦系数；

K——夹紧力裕度系数。

由于可胀心轴的种类很多，其夹紧原理各异，所需夹紧力的计算因结构的不同而不同。

（2）过盈心轴和小锥度心轴都是靠定位副的弹性变形产生所需的夹紧力，因此设计过盈心轴时的过盈量，则取决于切削力的大小。一般设计时并不需要计算夹紧力，将心轴按公差带分段做成一组心轴，每组过盈量的大小一般按 r6 选取。

（3）间隙心轴是靠两端面的摩擦力平衡切削力的，故需要较大的夹紧力。按图 6.47 所示的夹紧力与切削力平衡方程，可得夹紧力 F_j 为

$$F_j = K\frac{F}{2\mu_s}$$

式中 μ_s——工件端面与夹紧元件之间的摩擦系数。

（4）定位支承完全不受切削力。这类夹紧多见于翻转钻模夹具或自动生产线上统一基准定位的钻床夹具。这类夹具的示意图如图 6.48 所示。其夹紧力和切削力方向相反，这时需要较大的夹紧力来平衡切削力和重力的作用，因此夹紧力裕度系数 K 要取大些，其夹紧力的计算式为

$$F_j = K(F_z + G)$$

式中 G——工件的重力；

F_z——主切削力（N）。

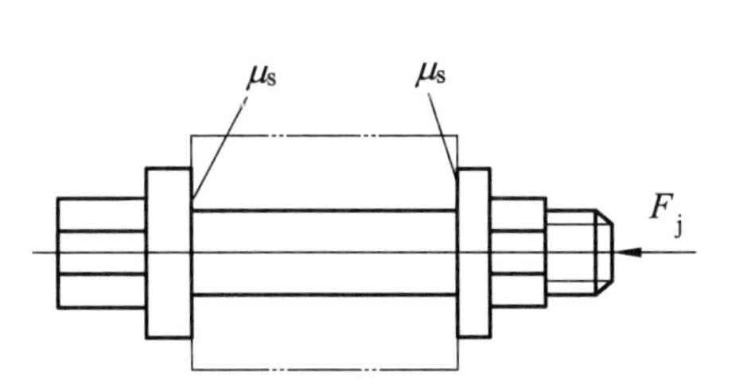

图 6.47 间隙心轴的夹紧力计算

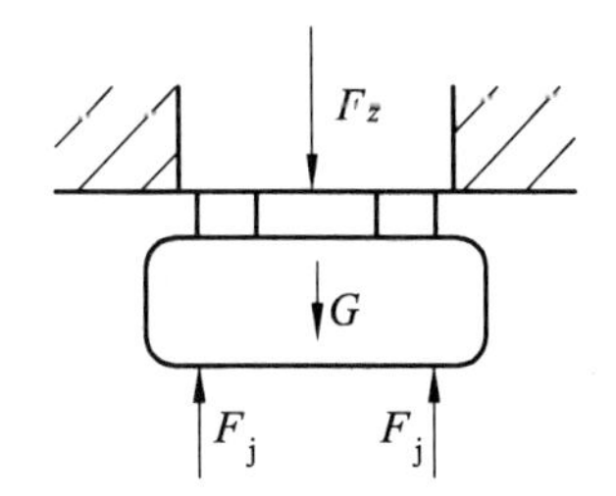

图 6.48 夹紧力与切削力方向相反

3. 夹紧力裕度系数的确定

在确定夹紧力裕度系数时，要考虑以下几种因素：

（1）在零件加工过程中，随机因素引起的切削力的波动比较大，为简化计算，往往只要考虑主要的切削力，故在夹紧力的计算公式中应乘以一个考虑切削力波动影响的系数 K_0，K_0 称为基本安全系数。

$$K_0 = 2.0 \sim 2.5$$

（2）手动夹紧机构的夹紧力，由于操作者的疲劳程度的影响也会产生较大的波动，故在计算公式中，应乘以手动夹紧力波动系数 K_1，K_1 称为动力源波动系数。

$$K_1 = 1.5 \sim 2.5$$

（3）在多刀和多向加工时，更难准确计算切削力的大小，也不易确定其方向。因此，在计算夹紧力的公式中，应乘以考虑计算准确性的影响系数 K_2，K_2 称为复合加工系数。

$$K_2 = 1 \sim 1.2$$

（4）断续切削加工及刀具的钝化，使切削力产生较大的波动，故在夹紧力的计算公式中应乘以考虑切削状况及刀具状况的影响系数 K_3，K_3 称为切削状况及刀具钝化系数。

$$K_3 = 1 \sim 1.3$$

（5）粗、精加工的差异很大，粗加工的余量变化也较大，故在夹紧力计算公式中，还应考虑乘以粗精加工差异的影响系数 K_4，K_4 称为加工性质系数。

$$K_4 = 1 \sim 1.2$$

综上所述，夹紧力裕度系数为

$$K = K_0 K_1 K_2 K_3 K_4$$

4. 摩擦因数μ的确定

摩擦因数主要取决于工件与支承件或压紧件之间接触面的表面粗糙度。一般摩擦因数μ可按下列数据选取：

（1）工件和支承表面均为光滑表面时，$\mu = 0.16 \sim 0.25$。

（2）支承表面有与切削力方向一致的沟槽时，如图 6.49（a）所示，$\mu = 0.3$。

（3）支承表面有与切削力方向垂直的沟槽时，如图 6.49（b）所示，$\mu = 0.4$。

（4）支承表面有网纹沟槽时，如图 6.49（c）所示，$\mu = 0.7 \sim 0.8$。

6.3.3 常用夹紧机构的设计

1. 对夹紧机构的设计要求

（1）可浮动。为了使压板可靠地夹紧工件，或使用一块压板实现多点夹紧，由于工件上各夹紧点之间存在位置误差，一般要求夹紧机构中的压板和支承件要有浮动自位能力，否则，将会使夹紧机构产生变形或达不到夹紧工件的目的。图 6.50 所示是两种浮动机构的实例，各图中的 *A*、*B* 处都为浮动连接。

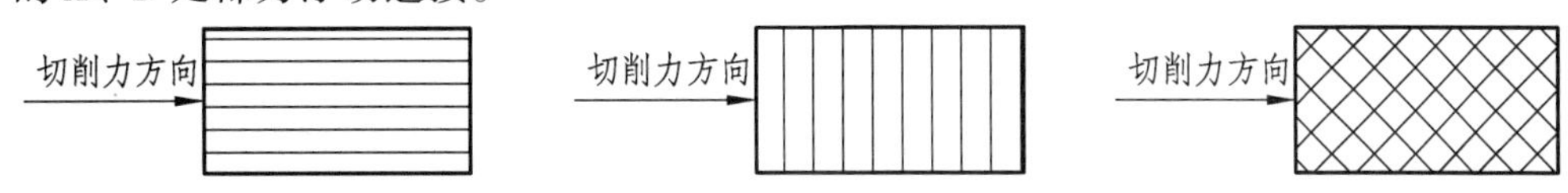

（a）支承面纹理方向与切削力相同（b）支承面纹理方向与切削力垂直（c）支承面网状纹理方向

图 6.49 支承件表面的沟槽方向

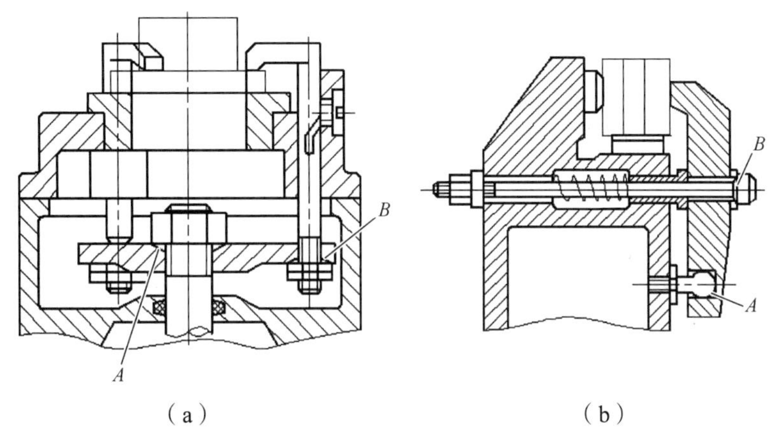

（a）　　（b）

图 6.50 浮动机构

（2）可联动。为了实现几个方向的夹紧力同时或顺序作用，并使操作简便，在设计夹紧机构时可应用联动机构。图 6.51 所示的机构为实现相互垂直的两个方向夹紧力同时作用的联动机构。

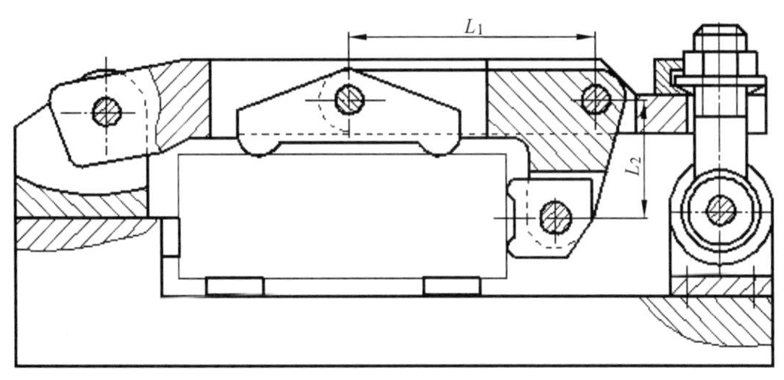

图 6.51 实现相互垂直作用力的联动机构

（3）可增力。为了减小动力源的作用，在夹紧机构中常采用增力机构。常用的增力机构有杠杆机构、斜面机构、螺旋机构、铰链机构及其组合。

（4）可自锁。当去掉动力源的作用后，仍能保持对工件的安全夹紧状态称为夹紧机构的自锁。

自锁是夹紧机构的重要特性，对有些夹具的夹紧机构自锁是十分必要的。常用的自锁机构有螺旋、斜面及偏心机构等。

2. 夹紧机构中常用施力机构的设计

1）螺栓螺母施力机构

螺栓螺母施力机构在夹具中的应用最广泛，其优点是结构简单、制造方便、施力范围大、自锁性能好。在设计时，应根据所需夹紧力的大小，选择合适的螺纹直径。表 6.3、表 6.4 给出了螺栓与螺母施力机构所能施加于夹紧机构的力的大小。表 6.5 给出了螺栓端部的当量摩擦半径，仅供夹具设计时作为参考。

表 6.3　螺栓施力机构的作用力

螺纹公称直径/mm	中径的半径/mm	手柄长度 L/mm	原始作用力/N	产生的夹紧力/N		
				Ⅰ	Ⅲ	Ⅳ
10	4.50	120	25	4 200	3 000	4 000
12	5.43	140	35	5 700	4 000	5 800
16	7.35	190	65	10 600	7 200	8 500
20	9.19	240	100	16 500	11 400	8 500
24	11.02	310	130	23 000	16 000	14 600

注：1. 此表建立在 $L = 1.4d_2$，牙型角 $\alpha = 2°30' \sim 3°30'$，$\phi' = 6°34'$，$\mu_1 = \tan\phi_1 = 0.1$，$\beta_1 = 120°$的基础上，并考虑了螺杆所能承受的强度。
2. 螺栓端部形式见表 6.5。

表 6.4　螺母施力机构的作用

形式	简图	螺纹公称直径 d/mm	螺纹中径 d_2/mm	手柄长度 L/mm	手柄作用力 F_1/N	产生的夹紧力 F_j/N
带柄螺母		8	7.188	50	50	2 060
		10	9.026	60		1 990
		12	10.863	80	80	3 540
		16	14.701	100	100	4 210
		20	18.376	140		4 700
用扳手六角螺母		10	9.026	120	45	3 570
		12	10.863	140	70	5 420
		16	14.701	190	100	8 000
		20	18.376	240	100	8 060
		24	22.052	310	150	13 030
蝶形螺母		4	3.545	8	10	130
		5	4.480	9	15	178
		6	5.350	10	20	218
		8	7.188	12	30	296
		10	9.026	17	40	450

注：螺母支承面的外径 d_1 取 $2d$。

表 6.5　螺栓端部的当量摩擦半径

形式	Ⅰ	Ⅱ	Ⅲ	Ⅳ
	点接触	平面接触	圆周线接触	圆环面接触
简图		d_0	R　β_1	D_0　D
r'	0	$\frac{1}{3}d_0$	$R\cot\frac{\beta_1}{2}$	$\frac{1}{3}\left(\frac{D^3-D_0^3}{D^2-D_0^2}\right)$

2）斜面施力机构

斜面施力机构适用于夹紧力大而行程小，以气动或液压为动力源的夹具。它的结构形式很多，一般可分为自锁斜面和不自锁斜面两种。

（1）斜面施力机构夹紧力的计算　最简单的斜面施力机构如图 6.52 所示，动力源以力 F_s 作用于斜块的大端。如图 6.52（a）所示，斜块施加到工件的夹紧力 F_j 的大小可按图示的力平衡条件进行计算，根据作用力与反作用力定律，它等于工件作用于斜块上表面的正压力。F_f 为夹具体的支承力，F_1 和 F_2 为斜块上、下两接触面间的摩擦力。设 F_j 和 F_1 的合力为 F_j'，F_f 和 F_2 的合力为 F_f'，则 F_f 和 F_f' 之间的夹角即为夹具体与斜块之间的摩擦角 φ_1，F_j 和 F_j' 的夹角为工件与斜块之间的摩擦角 φ_2，夹紧工件时，F_s、F_j' 和 F_f' 三力平衡构成如图 6.52（b）所示力三角形 $\triangle ABC$。由图中力三角形的几何关系可得

$$F_s = F_j'\sin\varphi_2 + F_f'\sin(\alpha+\varphi_1)$$

因为

$$F_j' = \frac{F_j}{\cos\varphi_2}\,,\quad F_f' = \frac{F_j}{\cos(\alpha+\varphi_1)}\,,\quad F_s = F_j\tan\varphi_2 + F_j\tan(\alpha+\varphi_1)$$

所以

$$F_j = \frac{F_s}{\tan\varphi_2 + \tan(\alpha+\varphi_1)}$$

式中　α——为斜块的斜角（°）。

当 α、φ_1、φ_2 均很小，且 $\varphi_1=\varphi_2=\varphi$ 时，$\tan\alpha\approx 0$，$\tan(\alpha+\varphi)\approx 0$，根据两角和的正切公式，上式可简化为

$$F_j = \frac{F_s}{\tan(\alpha + 2\varphi)}$$

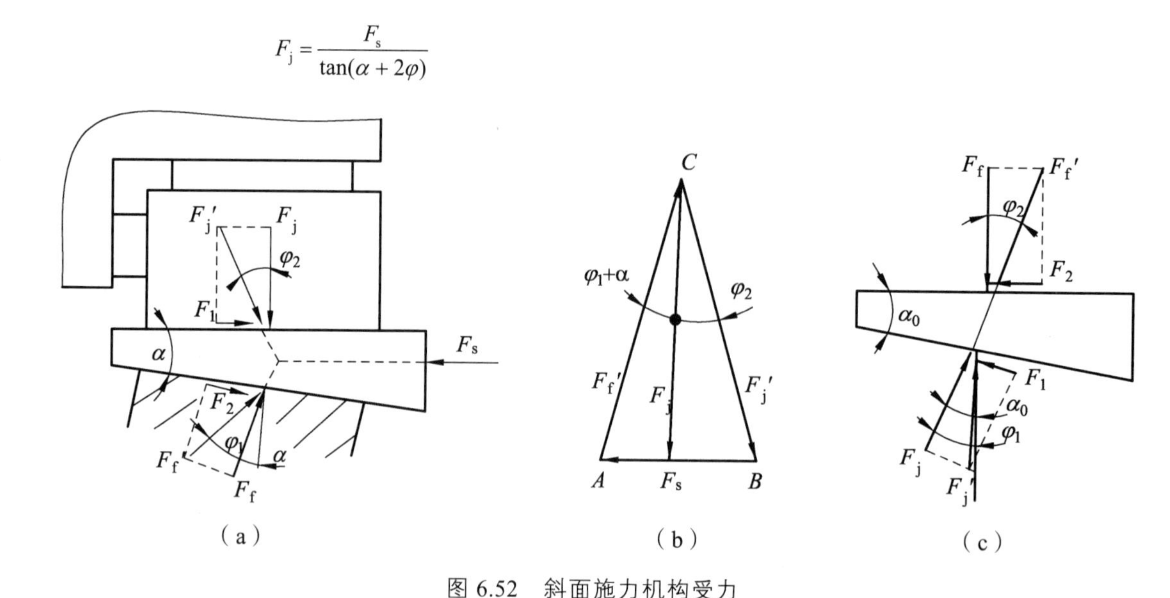

图 6.52　斜面施力机构受力

（2）斜面施力机构的自锁条件。当动力源的作用力 F_s 为零时，斜块有松动退出的运动趋势，斜块上摩擦力 F_1 和 F_2 的方向应与图 6.52（a）所示的情况相反。根据力的平衡条件，合力 F_j' 与 F_f' 应大小相等，方向相反，并位于一条直线上，如图 6.52（c）所示。因此

$$\varphi_2 = \alpha_0 - \varphi_1，\ \alpha_0 = \varphi_1 + \varphi_2$$

故自锁条件为

$$\alpha < \alpha_0 = \varphi_1 + \varphi_2 = 2\varphi\ （设\ \varphi_1 = \varphi_2 = \varphi）$$

一般钢铁的摩擦因数 $\mu = 0.1 \sim 0.15$；摩擦角 $\varphi = \arctan\mu = 5°43' \sim 8°32'$；即 $\alpha < 17°$；为可靠起见，通常 $\alpha = 6° \sim 8°$。

3）偏心夹紧机构

偏心夹紧机构的主要特点：结构简单、动作迅速，但它的夹紧行程受偏心距的限制，夹紧力较小，故一般适用于工件被夹压表面的尺寸公差较小和切削过程中振动不大的场合，多用于小型工件的夹具中。

（1）偏心夹紧施力原理和施力特性。

① 偏心施力的原理：如图 6.53（a）所示的圆偏心轮，其直径为 D，偏心距为 e，以 $O_m = D/2 - e$ 为半径作圆，圆偏心轮实际上相当于由套在“基圆”（图中的虚线圆）上的弧形楔所构成。此基圆的直径为 $D - 2e$，如果将手柄装在偏心轮的上半部，则夹紧工件时是用偏心轮下半部的弧形楔来工作的。由于回转中心 O 至偏心轮工作表面上各点的距离是不相等的，故当顺时针方向转动手柄时，就相当于此弧形楔卡紧在轴和夹紧件受压表面之间而产生施力作用。

② 偏心施力特性：偏心轮实际上是斜面的一种变形，与平面斜面相比，主要特性是其工作表面上各夹紧点的升角不是一个常数，它随偏心转角 φ_x 的改变而变化。若以基圆圆周的一

半长为横坐标，相应的升程为纵坐标，将弧形楔展开，则得图 6.53（b）所示的曲线斜面，曲线上任一点的切线与水平线的夹角即为斜面上该点的升角。设α_x为任意施力点 x 处的升角，其值可从△OxC 中由正弦定理求得

$$\frac{\sin\alpha_x}{e}=\frac{\sin(180-\varphi_x)}{D/2}，\quad \sin\alpha_x=\frac{2e}{D}\sin\varphi_x$$

式中 φ_x——为偏心轮的转角，其变化范围为 $0°\leqslant\varphi_x\leqslant180°$。

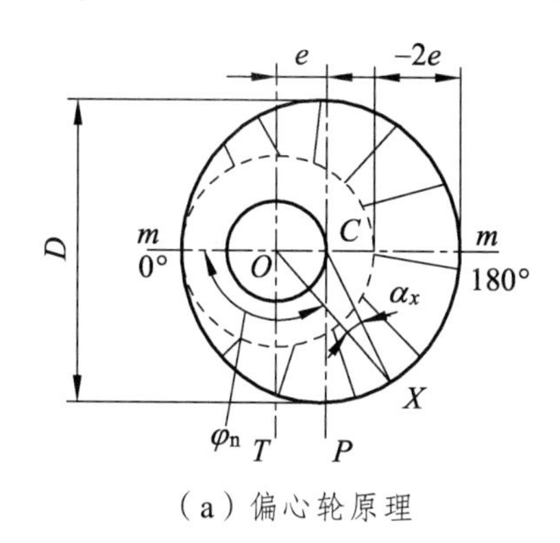

（a）偏心轮原理

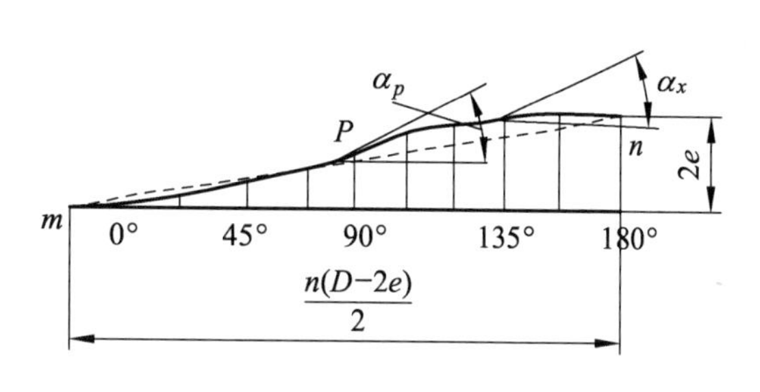

（b）偏心轮工作表面展开

图 6.53　圆偏心轮特性

由上式可知，当$\varphi_x=0°$，m 点的升角最小$\alpha_m=0°$；随着转角φ_x的增大，升角α_x也增大；当$\varphi_x=90°$时（即 T 点），升角 α_T 为最大值，此时

$$\sin\alpha_T=\sin\alpha_{max}=\frac{2e}{D}，\quad \alpha_T=\alpha_{max}=\arcsin\frac{2e}{D}$$

当φ_x继续增大时，α_x将随φ_x的增大而减小；当$\varphi_x=180°$时，即 n 点处，升角$\alpha_n=0°$。

偏心轮的这一特性很重要，这与其设计时工作段的选择、自锁性能、施加作用力的计算以及主要结构尺寸的确定有极大关系。

（2）偏心轮工作段的选择。

从理论上来说，偏心轮下半部整个轮廓曲线上任何一点都可以用来作为施力点，相当于偏心轮转过 180°，夹紧件的总行程为 $2e$，但实际上为了防止松夹和咬死，常取 P 点左右圆周上的$\frac{1}{6}\sim\frac{1}{4}$圆弧，即偏心轮转角应为$\varphi=60°\sim90°$范围所对应的圆弧为工作段。由图 6.54（a）可知，当 OC 处于水平位置时，施力点位于圆弧 mn 的中点 P 处，该点的升角可由直角三角形△OPC 求得

$$\alpha_p=\arctan\frac{2e}{D}$$

当$\frac{2e}{D}$很小时，可以认为$\alpha_p=\alpha_T=\alpha_{max}$。

因此，在设计偏心轮时，为简化计算，常以偏心 C 处于水平位置时的施力点 P 视为最大的施力点，偏心轮工作段的选择通常以 P 点为依据，如图 6.54（b）所示。选取与 P 点左右对

称的 AB 弧为工作段，由图 6.53（b）可知，该段近似为直线，该工作段上任意点的升角变化不大，几乎近于常数，可以获得比较稳定的自锁性能，因而，在实际工作中多按此种情况来设计偏心轮。

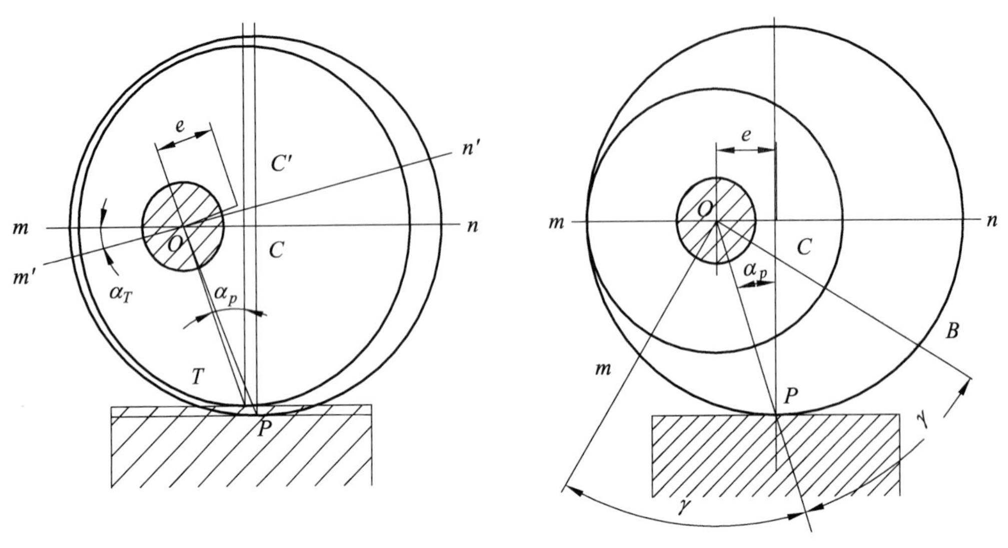

（a）圆心、偏心、施力点 P 的关系　　（b）施力点 P 与偏心轮工作段的关系

图 6.54　偏心轮工作段的选择

（3）偏心轮施力的自锁条件。

使用偏心轮夹紧时，必须保证自锁，否则就不能使用。与前面斜面施力机构相似，要保证偏心轮施力点自锁性能，应满足下列条件

$$\alpha < \alpha_{max} \leqslant \alpha_0 = \varphi_1 + \varphi_2$$

式中　α_{max}——偏心轮工作段的最大升角（°）；

φ_1——偏心轮与夹紧工件之间的摩擦角（°）；

φ_2——偏心轮与转轴处的摩擦角（°）。

即偏心轮夹紧自锁条件是，其工作段的升角不超过与之接触的两摩擦角之和。

因为取 $\alpha_p = \alpha_{max}$，则 $\tan\alpha_p \leqslant \tan(\varphi_1 + \varphi_2)$，已知 $\tan\alpha_p = \frac{2e}{D}$。为可靠起见，不考虑转轴处的摩擦，即取 $\mu_2 = \tan\varphi_2 \approx 0$；又因为 $\tan\alpha_p \leqslant \mu_1$，故得偏心轮施力点自锁时的外径 D 和偏心量 e 的关系为

$$\frac{2e}{D} \leqslant \mu_1$$

当 $\mu_1 = 0.10$ 时，$\frac{D}{e} \geqslant 20$；$\mu_1 = 0.15$ 时，$\frac{D}{e} \geqslant 14$。称 $\frac{D}{e}$ 之值为偏心率或偏心特性。

按照上述关系设计偏心轮时，应按已知的摩擦因数和需要的工作行程定出偏心量 e 及偏心轮的直径 D。一般摩擦因数取较小的值，以使偏心轮的自锁性能更加可靠。

（4）偏心轮施加力的计算。

如图 6.54（b）所示，当偏心轮以 mPn 弧的中点 P 作为施力点时，该点的升角 $\alpha_p \approx \alpha_{max}$，在此点夹紧所需的力接近于最小值。计算其施力时，可以把偏心轮的工作情况看成是一个塞在转轴和压紧件之间的升角为 α_p 的假想斜面，如图 6.55 所示，作用于手柄上的原始力矩 F_sL 由转轴将力传至施力点 P，变成力矩 $F_s'\rho$，此两力距应相等，即有

$$F_s' = \frac{F_s L}{\rho}$$

力 F_s' 的水平分力为 $F_s'\cos\alpha_p$，即为作用于假想斜面大端且垂直于直边的外力。因为升角 α_p 较小，可近似取 $F_s'\cos\alpha_p = F_s'$。因此，根据前面分析的斜面施力原理，该偏心轮施加于夹紧件上的力为

$$\bar{F}_j = \frac{F_s'}{\tan\varphi_1 + \tan(\alpha_p + \varphi_2)}$$

将 F_s' 的值代入上式，可得

$$\bar{F}_j = \frac{F_s'}{\tan\varphi_1 + \tan(\alpha_p + \varphi_2)} = \frac{F_s L}{\rho[\tan\varphi_1 + \tan(\alpha_p + \varphi_2)]}$$

或

$$\bar{F}_j \approx \frac{F_s L}{\rho\tan(\alpha_p + 2\varphi)}$$

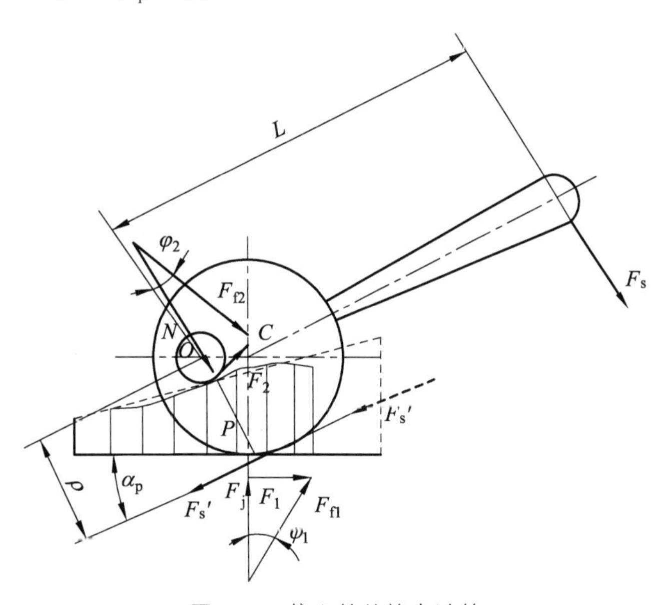

图 6.55　偏心轮的施力计算

如取转轴中心到施力点 P 的回转半径为 $\rho = \dfrac{R}{\cos\alpha_p}$，$\varphi = \varphi_1 = \varphi_2$，$\tan\varphi = \mu = 0.15$，力臂 $L =$（2～2.5）D，$\tan\alpha_p = \dfrac{2e}{D} = 2 \times \dfrac{1}{14} = \dfrac{1}{7}$，则得此条件下的施力大小为

$$\bar{F}_j = (9 \sim 11)F_s$$

一般，若手动作用于力臂上的力为 150 N，可得表 6.6 的数值。

表 6.6　手动偏心轮的夹紧力

偏心轮尺寸/mm			夹紧力/N	偏心轮尺寸/mm			夹紧力/N
直径 D	力臂长 L	偏心距 e		直径 D	力臂长 L	偏心距 e	
40	75	2	1 900	65	90	3.5	1 400
50	90	2.5	1 840	80	130	5	1 400
60	130	3	2 200	100	150	6	1 500

在其他任意点施力时，所需的力均较 P 点施力时大，无须精确计算。

（5）偏心轮施力机构的设计程序。

① 确定偏心轮工作段的行程。

如图 6.56 所示，设偏心轮工作段为 AB，当手柄顺时针转动时，工作段的行程为

$$h_{AB} = h_B - h_A$$

式中　h_B——在 B 点夹紧时工件的下极限尺寸（mm）；

h_A——在 A 点夹紧时工件的上极限尺寸（mm）。

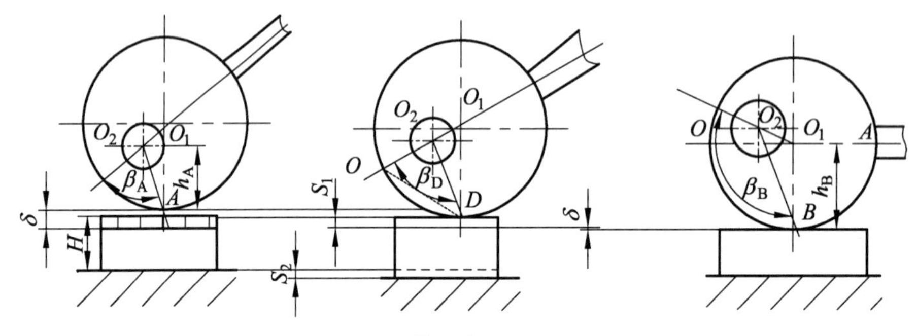

图 6.56　偏心轮的夹紧行程

理论上工作段 AB 的最小夹紧行程等于压紧件受压表面的位置变化量δ。但实际上还要考虑下列因素：

S_1——夹紧机构的弹性变形量（mm），一般取 0.05 ~ 0.15 mm。

S_2——工件行程的储备量（mm），一般取 0.1 ~ 0.3 mm。

因此，实际上偏心轮的工作段行程为

$$h_{AB} = h_B - h_A = \delta + S_1 + S_2$$

而

$$h_A = R - e\cos\beta_A,\ h_B = R + e[\cos(\pi - \beta_B)] = R - e\cos\beta_B$$

将 h_A、h_B 代入上式，得

$$h_{AB}=e\left(\cos\beta_A-\cos\beta_B\right)$$

式中 e——偏心量（mm）；

β_A——OO_1 与 O_1A 的夹角；

β_B——OO_2 与 O_1B 的夹角；

R——圆偏心轮的半径（mm）。

② 确定偏心轮的结构尺寸。

为保证所设计的偏心轮能产生所需的行程，可按上面所得各式计算偏心量，即

$$e=\frac{h_{AB}}{\cos\beta_A-\cos\beta_B}=\frac{\delta+S_1+S_2}{\cos\beta_A-\cos\beta_B}$$

实际应用中，e 值一般取 1.7 ~ 7 mm，偏心轮直径是根据自锁条件的偏心率特性来确定，即

$$\frac{D}{e}\geqslant(14\sim20)$$

取

$$D=(14\sim20)e$$

3. 其他夹紧机构

1）定心夹紧机构的设计

一般按照以下两种原理来进行定心夹紧机构的设计：

（1）定位夹紧元件按等速位移原理来均分工件定位面的尺寸误差，实现自动定心或对中并夹紧。常见的三爪自定心卡盘就属于此类，它是按照阿基米德等速线来设计的。

（2）定位夹紧元件按均匀弹性变形原理来实现定心和夹紧。如图 6.57（a）所示是以工件外圆柱面定位来实现定心夹紧的夹具，称为弹簧夹头。如图 6.57（b）所示是以工件内孔定位来实现定心夹紧的夹具，称为弹簧心轴。这两种夹具都有一个弹性元件，称为弹簧套筒，即图 6.57（a）中的件 1 和图 6.57（b）中的件 1，其具体结构如图 6.58 所示。它的结构尺寸、材料及热处理、加工精度等对使用性能的影响很大，它是该类夹具的关键零件。一般情况下，弹簧套筒由夹头部分 A、弹性部分 B 及导向部分 C 组成。夹头部分的锥角有正锥角和倒锥角两种，如图 6.59 所示。为了改善接触情况，同时考虑到使用过程中产生的磨损，弹簧套筒的锥角与锥体相差 1°。通常把套筒的锥角取为 30°，所以锥体的锥角的正锥角取为 31°，倒锥角取为 29°。然而，对于专用的弹簧夹头，由于它与工件定位基准之间的配合间隙很小，因此其变形量也很小，此时两锥角可取为一致。

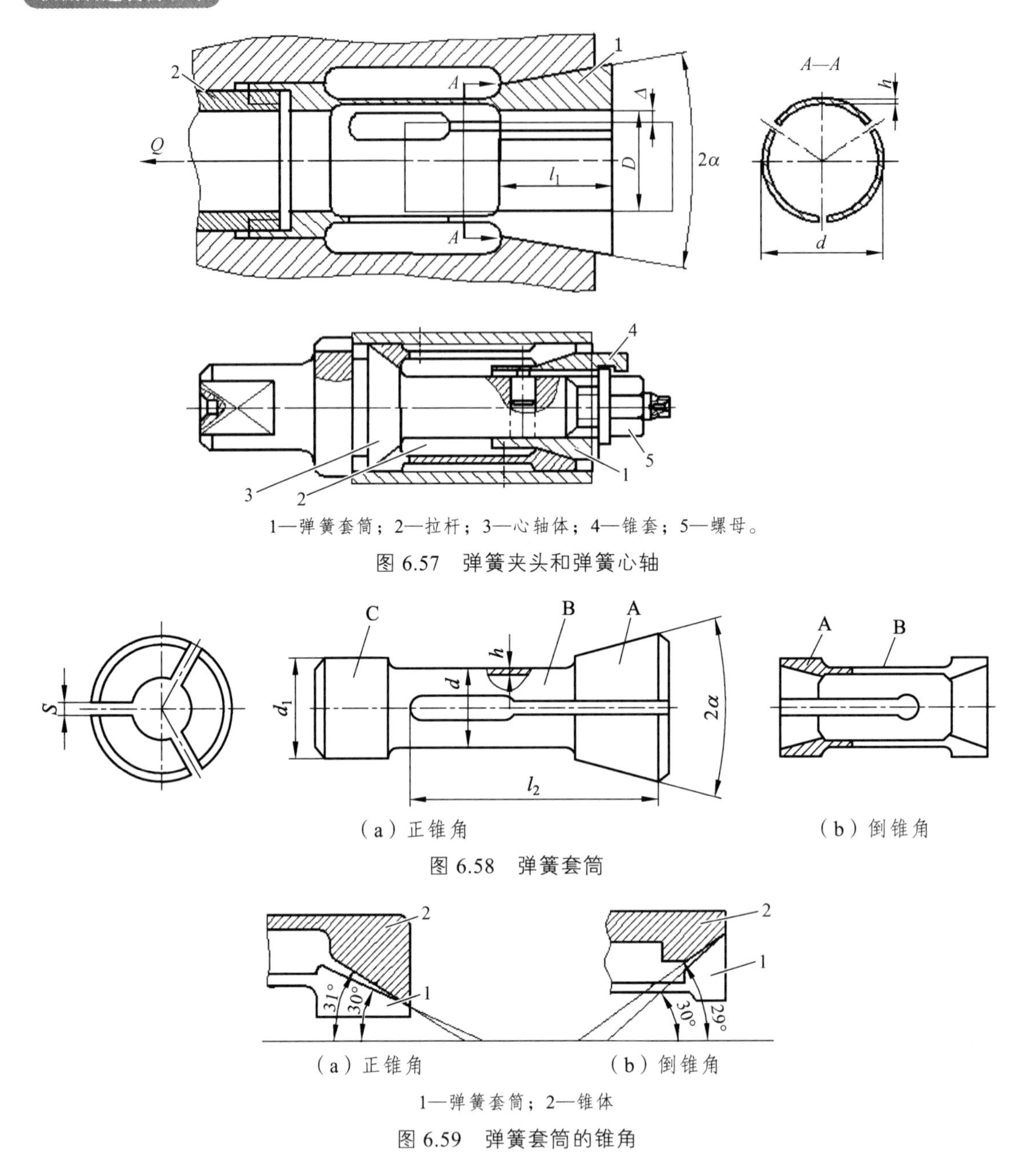

1—弹簧套筒；2—拉杆；3—心轴体；4—锥套；5—螺母。

图 6.57　弹簧夹头和弹簧心轴

（a）正锥角　　（b）倒锥角

图 6.58　弹簧套筒

（a）正锥角　　（b）倒锥角

1—弹簧套筒；2—锥体

图 6.59　弹簧套筒的锥角

对于弹簧心轴，为了增加夹紧力和夹紧刚性，其锥角也可取为 15°，该数值已经接近于斜楔的自锁角，因此必须设计松开套筒的机构，如图 6.57（b）所示中的锥套上的钩形槽和螺母的凸肩相结合，拧松螺母即可将锥套带出，从而使弹簧套筒弹性恢复到原状而自动松开，以便于拆卸工件。

结构设计、材料及热处理：在弹簧套筒夹头部分开有三条或四条纵向槽，将其圆周分成三瓣或四瓣以便于胀缩。为了提高套筒的定心精度，除严格控制纵向槽的均布误差、壁厚误差外，套筒的变形量不宜过大，否则将造成表面接触不良，影响定心精度。因此，要求工件定心基准孔的公差一般在 0.5 mm 以下，其定心精度一般可达到 0.01 ~ 0.04 mm。弹性部分的厚度一般在 1.5 ~ 3.0 mm 范围内选取。弹簧套筒最常用的材料是 65 Mn，也可采用 T7A、T8A、9CrSi、12CrNi3A 等材料。热处理后的硬度，夹头部分为 55 ~ 60 HRC，其他部位为 40 ~ 45 HRC。若整体淬火，则硬度不得超过 55 HRC。

2）联动夹紧机构

在夹紧机构中，常常会遇到对工件需要多点同时夹紧，或对多个工件同时夹紧，有时需要对工件先可靠定位后再夹紧，或者先锁定辅助支承再夹紧等。这时为了使夹紧过程的操作迅速方便，提高生产率，减轻操作者的劳动强度，可采用联动夹紧机构。

设计联动夹紧机构时应注意下列几点：

（1）由于联动机构的动作和受力情况都比较复杂，故应仔细进行其机构的运动分析和受力分析，以确保能够实现设计的意图。

（2）在联动机构中，要充分注意在哪些地方应设置浮动环节，如铰链、球面垫等，还要注意浮动的方向和浮动大小，要注意设置必要的调整环节，以保证各夹紧力均衡，夹紧运动不发生干涉。

（3）各压板都能很好地松夹，以便装卸工件。

（4）要注意整个机构和传动受力环节的强度和刚度适当。

（5）联动机构不能设计得太复杂，要注意提高其可靠性，降低制造成本。

6.4 机床夹具的其他装置

除了前面介绍的机床夹具组成部分（定位元件、夹紧装置、夹具体等）外，在某些情况下机床夹具还需要其他一些装置才能符合该夹具的使用要求，这些装置有导向装置、对刀装置、分度装置、对定装置及动力装置等。

6.4.1 孔加工刀具的导向装置

对刀具的导向是为了保证加工孔的位置精度，增加对钻头和镗杆的支承以提高其刚度，减少刀具的弯曲变形，确保孔加工的位置精度符合要求。

1. 钻孔的导向装置

在钻床夹具中钻头的导向采用钻套，钻套有固定钻套、可换钻套、快换钻套和特殊钻套四种，如图 6.60 和图 6.61 所示。

图 6.60（a）所示的固定钻套是将钻套直接压入钻模板或夹具体的孔中，配合为过盈配合，其特点是位置精度高、结构简单，但磨损后不易更换，它适合于中、小批量生产中只钻一次的孔加工。对于要连续加工的孔，如钻-扩-铰的加工，则要采用可换钻套或快换钻套。

图 6.60（b）所示的可换钻套是先把衬套用过盈配合 H7/n6 或 H7/r6 固定在钻模板或夹具体孔上，再采用间隙配合 H6/g5 或 H7/g6 将可换钻套装入衬套中，并用螺钉压住钻套。这种

钻套的特点是更换方便，适合于中等批量以上的生产中。对于在一道工序内需要连续加工的孔，如钻-扩-铰的加工，应采用快换钻套。

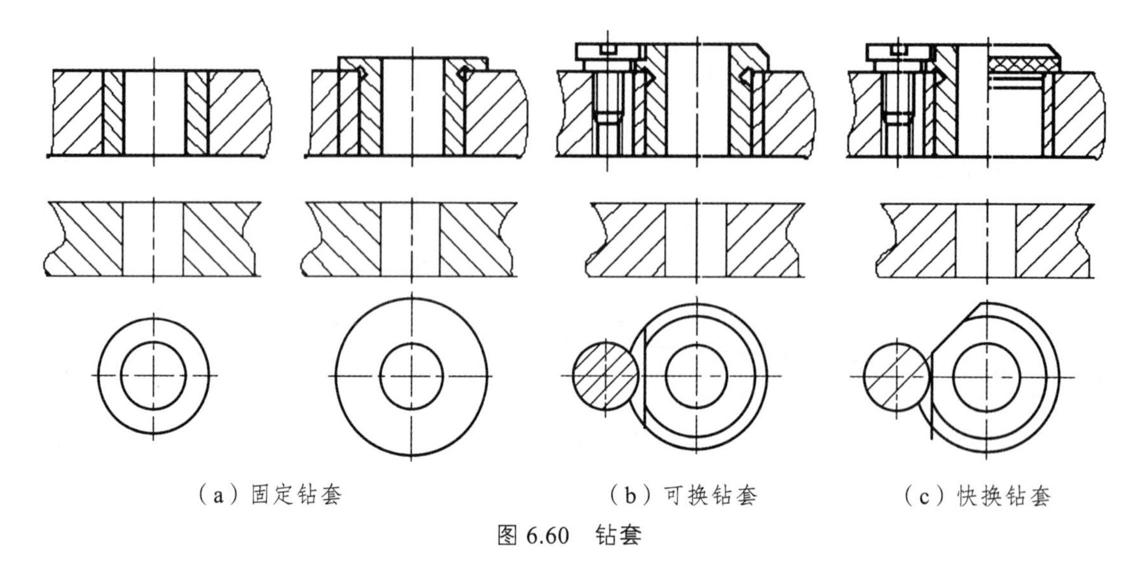

（a）固定钻套　　（b）可换钻套　　（c）快换钻套

图 6.60　钻套

图 6.60（c）所示的快换钻套与可换钻套在结构上基本相似，只是在钻套头部多开一个圆弧状或直线状缺口。在更换钻套时，只需将钻套逆时针方向转动，当缺口转到压紧螺钉位置时即可取出钻套。该钻套的优点是更换迅速。

上述钻套均已经标准化，实际设计时，可以查阅机床夹具设计手册选用。但对于一些特殊场合，可以根据加工条件的特殊性设计专用钻套，如图 6.61 所示为几种特殊钻套。图 6.61（a）所示钻套用于两孔间距较小的场合；如图 6.61（b）所示为使钻套更贴近工件孔，改善导向效果的结构；图 6.61（c）所示为加工斜面上的孔用钻套。

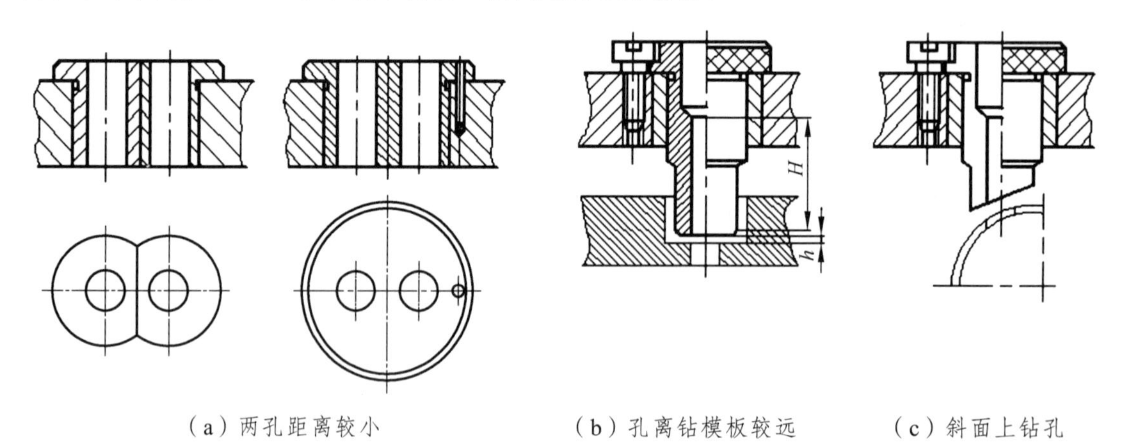

（a）两孔距离较小　　（b）孔离钻模板较远　　（c）斜面上钻孔

图 6.61　特殊钻套

设计时，要注意钻套的高度 H 和钻套底端与工件间的距离 h。钻套高度是指钻套与钻头接触部分的长度。

钻套高度太短就不能起到良好的导向作用，会降低加工孔的位置精度；如果太长，则会增加与钻头的摩擦，加剧钻套的磨损。一般取 $H=(1\sim2)d$，当孔径 d 大时，取小值；当孔径 d 小时，取大值；对于 $d<5$ mm 的孔，$H\geqslant2.5d$。h 的大小决定了排屑空间的大小；对于铸铁类脆性材料工件，$h=(0.6\sim0.7)d$；对于钢类韧性材料工件，$h=(0.7\sim1.5)d$。

注意：h 取值不要太大，否则，容易产生钻头的偏斜。对于在斜面、弧面上钻孔，h 可取得再小一些。

2. 镗孔的导向装置

对于箱体类零件上孔系的加工，若采用精密坐标镗床或加工中心加工时，一般不需要导向。孔系位置精度由机床本身精度和精密坐标系统来保证。

对于普通镗床或由车床改造的镗床，为了保证孔系的位置精度，需要采用镗模来引导镗刀，孔系的位置由镗模上的镗套来保证。镗套有两种：一种是固定式镗套，其结构如图 6.62 所示，它适用于镗杆速度低于 20 m/min 时的镗孔。而镗杆速度高于 20 m/min 时，为了减小镗套磨损、提高镗孔精度，可采用回转式导向。回转式导向装置的选用原则、结构参数与前述组合机床总体设计中加工示意图的导向装置相同。

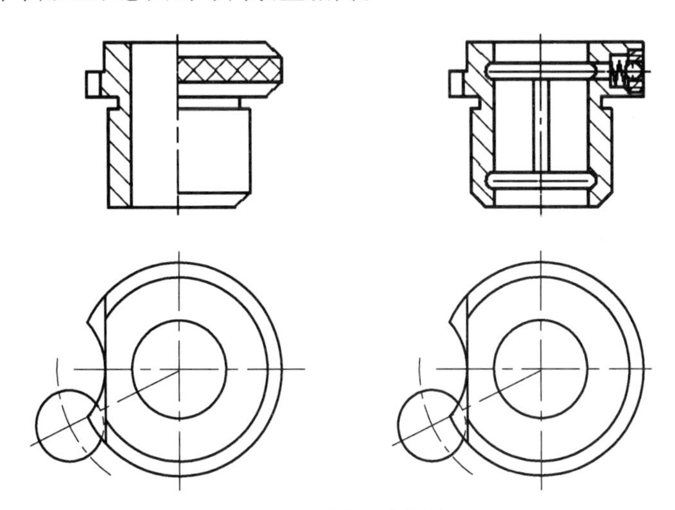

图 6.62 固定式镗套

6.4.2 对刀装置

在铣床或刨床夹具中，刀具相对于工件的位置需要进行调整，因此，常设置对刀装置。在对刀时，一般不允许铣刀与对刀装置的工作表面接触，而是通过塞尺来校验它们之间的相对位置，这样可防止对刀时损坏刀具，避免加工时刀具经过对刀块而产生摩擦。

在铣床上具体对刀时，可以这样做：移动机床工作台，使刀具靠近对刀块，在刀齿刀刃与对刀块间塞进一规定尺寸的塞尺，让切削刃轻轻靠近塞尺，抽动塞尺时感觉到有一定摩擦力存在，这样确定刀具的最终位置，然后抽走塞尺，就可以开动机床进行加工。

图 6.63 所示为几种常见的铣床对刀情况，对刀块已经标准化，可以按需选用；对于特殊

形式的对刀块可以自行设计。

对刀装置通常制成单独元件，用销钉和螺钉紧固在夹具体上，其位置要便于使用塞尺进行对刀，并且不妨碍工件的装卸。

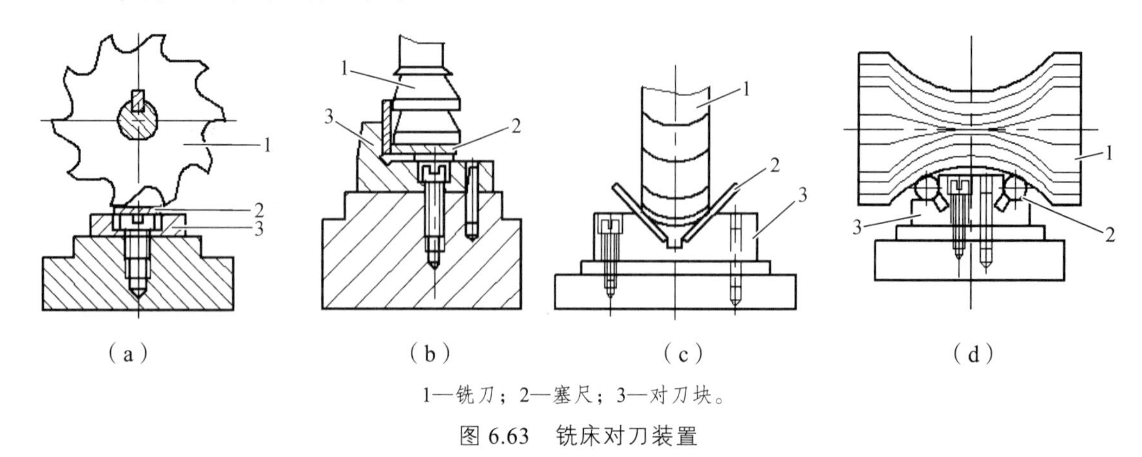

1—铣刀；2—塞尺；3—对刀块。

图 6.63 铣床对刀装置

对刀块对刀表面的位置应以定位元件的定位表面来标注，以减小基准转换误差，该位置尺寸加上塞尺厚度应该等于工件的加工表面与定位基准面间的尺寸，该位置尺寸的公差应为工件尺寸公差 1/5 ~ 1/3。

在批量生产加工中，为了简化夹具结构，采用标准工件对刀或试切法对刀，第一件对刀后，后续工件就不再对刀，此时可以不设置对刀装置。

6.4.3 分度装置

在机械加工中，经常遇到在工件的一次定位夹紧后，要完成数个工位的加工。当使用通用机床加工时，往往是在夹具上设置分度装置来实现这种多工位的加工要求。

1. 分度装置的分类及组成

常见的分度装置有回转分度装置和直线移动分度装置两类。

1）回转分度装置

回转分度装置是指在不必松开工件而是通过回转一定的角度来完成多工位加工的分度装置。它主要用于加工有一定回转角度要求的孔系、槽或多面体等。

2）直线移动分度装置

直线移动分度装置是指不必松开对工件，而能沿直线移动一定距离，从而完成对工件多工位加工的分度装置。它主要用于加工有一定距离要求的平行孔系和平行槽等表面。

由于这两类分度装置在设计中所要考虑的问题基本相同，而且回转分度装置的应用最多，所以本节只讨论回转分度装置的有关问题。

为了简化分度夹具的设计、制造，可以把工作夹具安装在通用的回转工作台上来实现分度。图 6.64 所示为一立轴式通用转台。

通用的回转工作台一般由以下几部分组成：

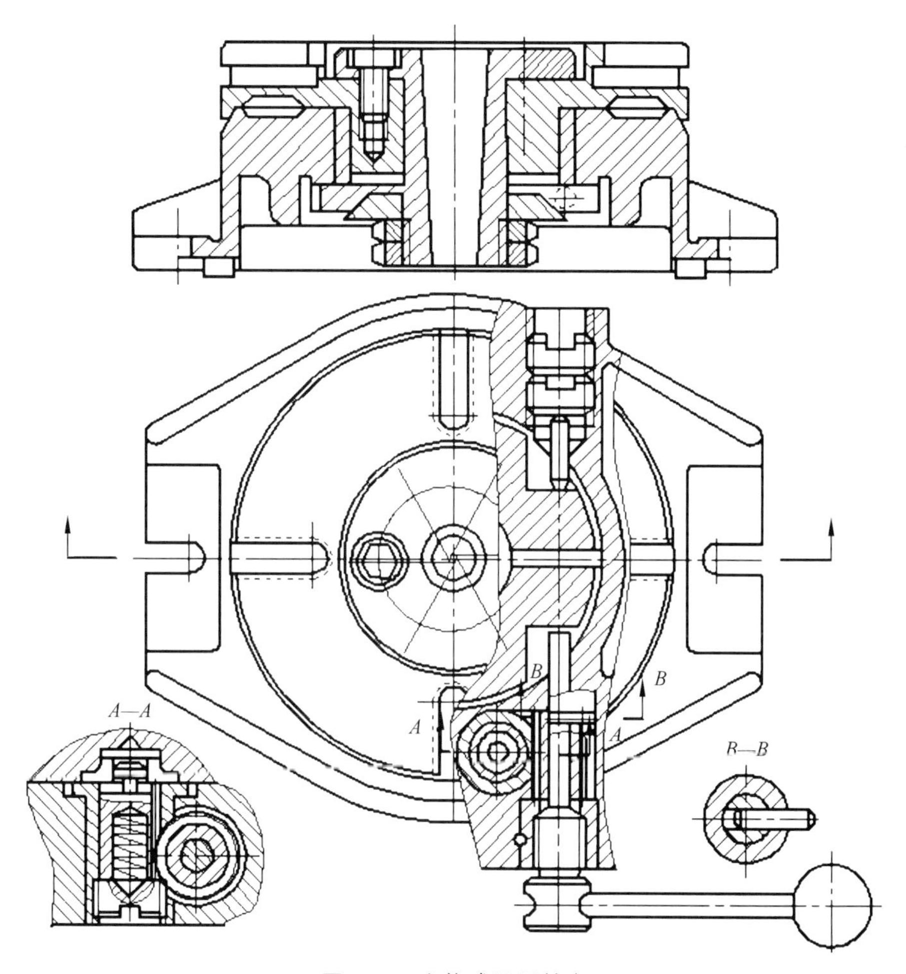

图 6.64　立柱式通用转台

（1）固定部分。固定部分主要是转台体，它是整个回转分度装置的基体，通过它使分度装置与机床工作台相连，分度装置的各组成部分也都装在它上面。

为了保证回转分度装置的精度持久不变，要求转台体刚性好、尺寸稳定、耐磨损。

（2）转动部分。转动部分主要为转盘和转动套或转动轴，工作夹具就装在它上面。

（3）分度对定机构。分度对定机构的作用是确保实现工件的分度要求，并在分度之后使其转动部分相对固定部分的位置得到准确的定位。

（4）抬起与锁紧机构。为了保证回转工作台工作时的刚性，防止振动，以提高分度对定的精度，在分度对定之后还应将转动部分锁紧在转台上，使之与固定部分成为一体。这一点对铣削头加工尤为重要。

对于大型回转台（特别是立轴式），当其回转部分质量较大时，为使转动轻便省力，在回转分度前应将转盘稍稍抬起，因此还需要抬起机构。

2. 分度对定机构的设计

分度对定机构主要由分度盘和对定机构两部分组成。分度盘一般与转盘连接在一起，对定机构则安装在固定部分的底座上。根据分度对定的方式，这类机构有齿盘式、滚珠式和插销式等类型。前两种用于需要精密分度的场合，制造过程复杂、成本高。一般的回转分度装置多采用插销式，这种机构的主要元件是分度盘和对定销，按照这两种元件的相互位置关系，可分为轴向分度和径向分度。

轴向分度的对定销有如下几种结构形式，如图 6.65 所示。

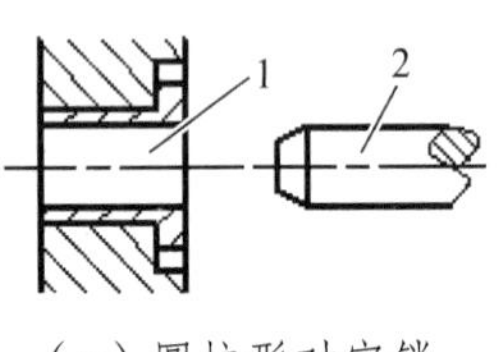

（a）圆柱形对定销

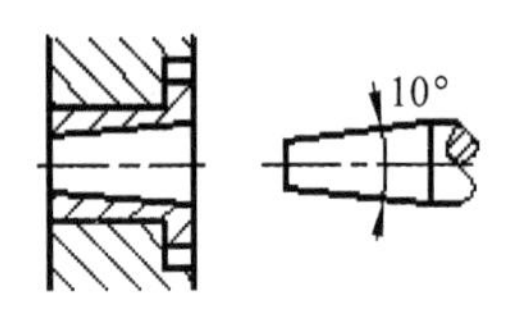

（b）圆锥形对定销

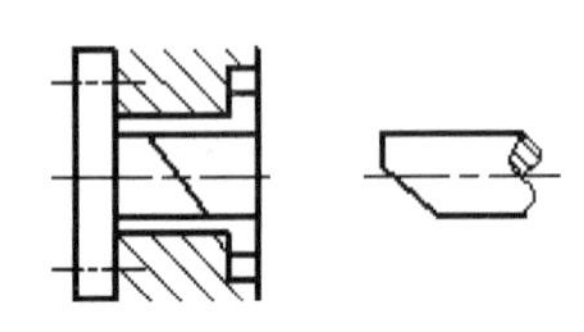
（c）带斜面圆柱形对定销

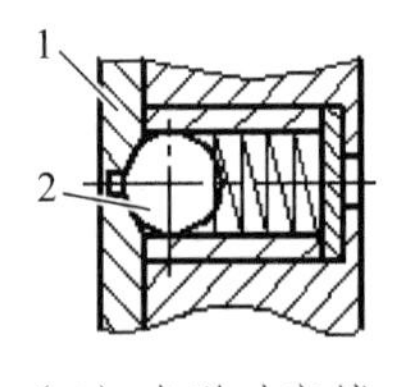

（d）球形对定销

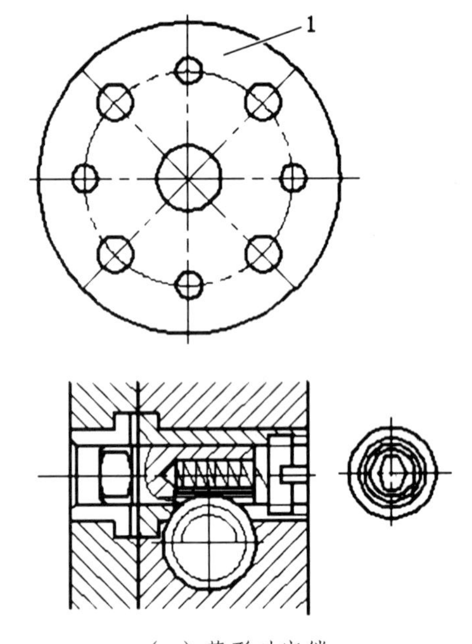

（e）菱形对定销

1—分度盘；2—对定销。

图 6.65　轴向分度

图 6.65（a）所示为圆柱形对定销。由于这类定位销无法补偿销与孔的配合间隙，故其分度精度不高，但结构简单，易于制造，使用时不易受切屑污物的影响，应用较广。

图 6.65（b）所示为圆锥形对定销。由于这类定位销能够补偿销与孔的配合间隙，故其分度精度较高，但使用时易受切屑污物的影响而降低分度精度，因此在使用时，要从结构上考虑屑尘的影响。

图 6.65（c）所示为带斜面的圆柱形对定销。由于斜面的作用，圆柱面的一边总是在分度孔中相对应的一侧，使分度误差永远分布在斜面一边，所以常用于精密分度。该对定销斜角多采用 15°～18°。

图 6.65（d）所示为球形对定销。其优点是结构简单，操作方便；缺点是分度精度不高，并且由于其锥坑较浅，以致定位不十分可靠。故一般多用于初分度，或用在切削负荷较小、分度精度要求不高的场合。

图 6.65（e）所示为菱形对定销。由于在同样条件下，该对定销比圆柱对定销的分度精度高，制造也不困难，因此其应用较多。

径向分度的对定销主要有如下几种结构形式：锥销、斜销、球形销、插齿销、楔形销等，如图 6.66 所示。它们的应用情况与轴向分度中的同类型基本相同，故不再赘述。

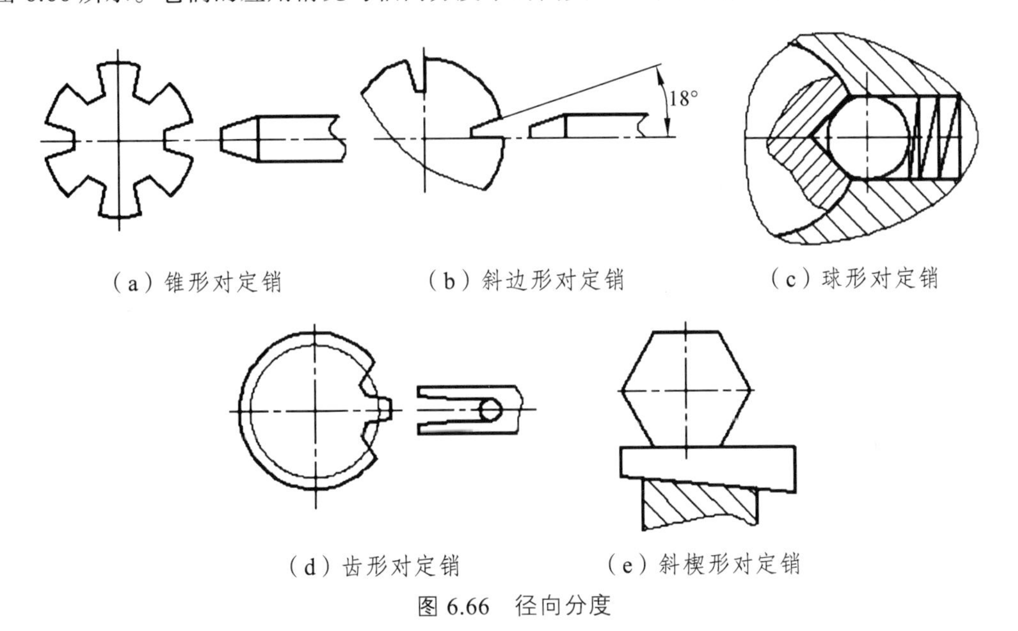

（a）锥形对定销　（b）斜边形对定销　（c）球形对定销

（d）齿形对定销　（e）斜楔形对定销

图 6.66　径向分度

6.4.4　对定装置

在进行机床夹具的总体设计时，除了工件在夹具上的定位外，还要考虑夹具在机床上的定位和固定，才能保证夹具（含工件）相对于机床主轴（或刀具）、机床运动导轨有准确的位置和方向。

夹具在机床上的定位有两种基本形式：一种是将夹具安装在机床的工作台上，如铣床、刨床和镗床夹具；另一种是将其安装在机床主轴上，如车床夹具（三爪卡盘、花盘等）。

1. 铣床类夹具

夹具体底面是夹具的主要基准面，要求该底面经过比较精密的加工，夹具的各定位元件相对于此底平面应有较高的位置精度要求。为了保证夹具具有相对切削运动的准确的方向，在夹具体底平面的对称中心线上开有定向键槽，安装两个定向键。夹具是靠这两个定向键来定位在工作台面中心线上的 T 形槽内。导向键与 T 形槽应采用良好的配合，一般宽度 B 选用 H7/h6 配合；再用 T 形槽螺钉固定夹具。

由此可见，为了保证工件相对于切削运动有准确的方向，夹具上导向元件必须与两定向键保持较高的位置精度，如平行度或垂直度。定向键的结构和使用如图 6.67 所示。

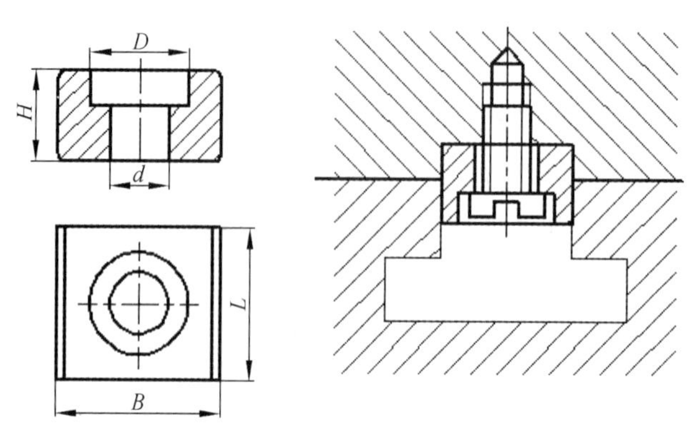

图 6.67　定向键

2. **车床类夹具**

此类夹具一般安装在机床主轴上，主轴端部的结构形式已经标准化（国家标准有 A 型头、C 型头和 D 型头等），设计时关键是要了解所选用车床主轴端部的结构。当切削力较小时，可选用莫氏锥柄式的夹具形式，夹具安装在机床主轴的莫氏锥孔内（如车床上的用双顶尖安装工件，有时配上鸡心夹头），如图 6.68（a）所示。

图 6.68（b）所示为车床夹具，靠圆柱面 D 和端面 A 定位，由螺纹 M 连接和压板防松。这种定位方式的制造方便，但定位精度较低。

图 6.68（c）所示为车床夹具，靠短锥面 K 和端面 T 定位，由螺钉固定。这种定位方式不但定心精度高，而且刚度也高，但这种方式属于过定位，而且对夹具体上的锥孔和端面制造精度要求高，一般要经过与主轴端部的配磨加工。

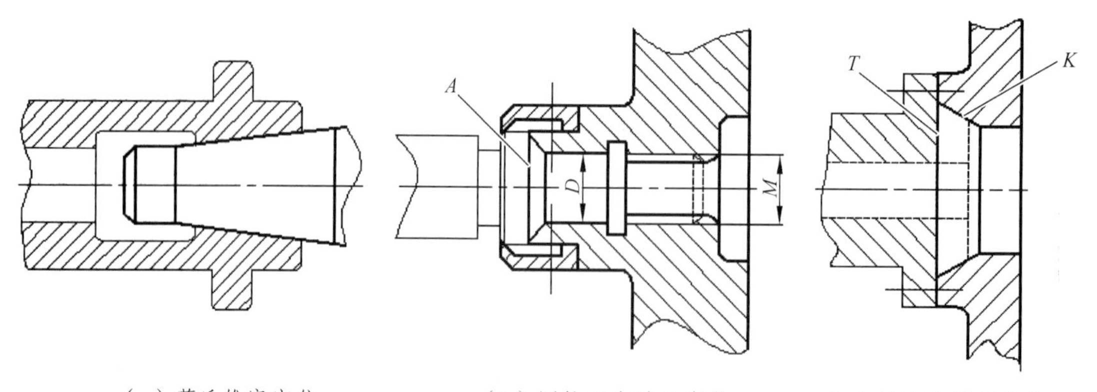

（a）莫氏锥度定位　（b）圆柱面和端面定位　（c）锥面和端面定位

图 6.68　夹具在主轴上的安装

6.4.5 动力装置

在各种生产规模中手动夹紧机构都有着广泛的应用，但手动夹紧的动作缓慢，工人劳动强度大，夹紧力变动大。在大批量生产中，往往采用机动夹紧，如气动、液动、电磁和真空夹紧。机动夹紧可以克服手动夹紧的缺点，提高生产率，还有利于实现自动化，当然机动夹紧的成本也高。

1. 气动夹紧装置

气动夹紧装置是采用压缩空气作为夹紧装置的动力源。压缩空气具有黏度小、不污染、输送分配方便等优点。其缺点是夹紧力比液压夹紧小，一般压缩空气的工作压力为 0.4～0.6 MP*a*，结构尺寸较大，有排气噪声。

典型的气动传动系统如图 6.69 所示。

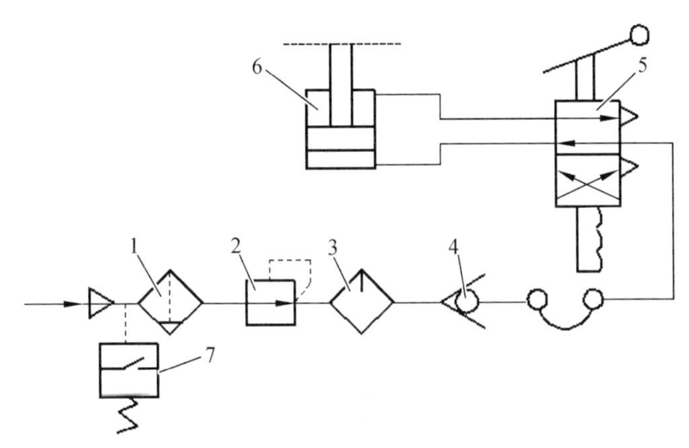

1—空气过滤器；2—调压阀；3—油雾器；4—单向阀；5—方向控制阀；6—气缸；7—压力继电器。

图 6.69 典型的气动传动系统

2. 液压夹紧装置

液压夹紧装置的工作原理和结构基本上与气动夹紧装置相似。与气动夹紧装置相比，液压夹紧装置的优点：

（1）液压油工作压力高，因此液压缸尺寸小，不需增力机构，夹紧装置紧凑。

（2）液压油具有不可压缩性，因此夹紧装置的刚度大，系统工作平稳可靠。

（3）液压夹紧装置噪声小。

其缺点是系统要有一套供油装置，成本要相对高一些。因此，它适用于具有液压传动系统的机床和切削力较大的场合。

3. 气-液联合夹紧装置

所谓气-液联合夹紧装置是指利用压缩空气为动力，以油液为传动介质联合夹紧装置。它兼有气动和液压夹紧装置的优点。如图 6.70 所示的气液增压器就是将压缩空气的动力转换成较高的液体压力，以供应夹具的夹紧液压缸。

气液增压器的工作原理：当三位五通换向阀由手柄扳到预夹紧位置时，压缩空气进入左边气缸的气室 B，推动活塞 1 向右移动，将 b 油室的油压经 a 油室传至夹紧液压缸下端，推动活塞 3 来预夹紧工件。由于直径 D 和 D_1 相差不大，因此液压油的压力 p_1 仅稍大于压缩空气的压力 p_0。但由于直径 D_1 比 D_0 大，因此左气缸会将 b 室的油大量压入夹紧液压缸，实现快速的预夹紧。此后，当把手柄扳到高压夹紧位置，压缩空气进入右边气缸室 C，推动活塞 2 向左移动，a、b 两室被隔断，由于 D 远大于 D_2，这使得 a 室中的压力增大许多，推动活塞 3 加大夹紧力，实现高压夹紧；当把手柄扳到放松位置时，压缩空气同时进入左气缸的 A 室和右气缸的 E 室，此时活塞 1 左移而活塞 2 右移，a、b 两室连通，a 室油压降低，就会放松工件。

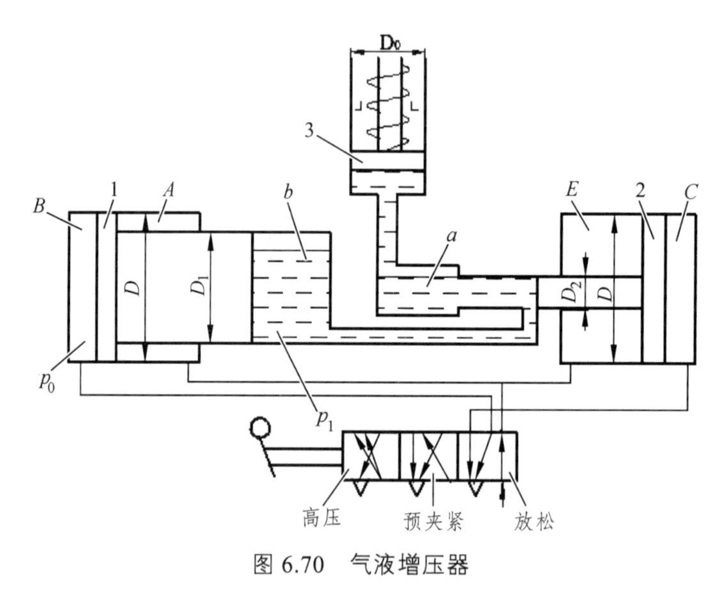

图 6.70　气液增压器

4. 其他动力装置

1）真空夹紧

真空夹紧是利用抽取工件上基准面与夹具上定位面间封闭空腔的空气后形成真空来吸紧工件，也就是利用工件外表面上受到的大气压力来压紧工件的。真空夹紧特别适用于由铝、铜及其合金、塑料等非导磁材料制成的薄板形工件或薄壳形工件。图 6.71 所示为真空夹紧的工作情况。

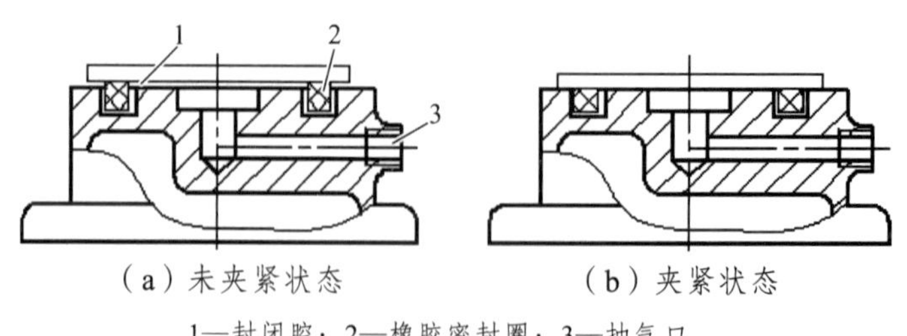

（a）未夹紧状态　　（b）夹紧状态

1—封闭腔；2—橡胶密封圈；3—抽气口。

图 6.71　真空夹紧

2）电磁夹紧

如平面磨床上的电磁吸盘，当线圈中通上直流电后，其铁心就会产生磁场，在磁场力的作用下将导磁性工件夹紧在吸盘上。

3）其他方式夹紧

它们通过重力、惯性力、弹性力等将工件夹紧，这里就不再介绍了。

6.5　机床专用夹具的设计

在机床专用夹具的设计中，关于定位、夹紧的有关问题以及相关的机构设计等共性问题在前面已经讨论，本节主要阐述典型机床夹具设计中各自的特点和需要注意的问题。

6.5.1　钻床夹具

1. 钻床夹具的特点和主要类型

在各类钻床和组合机床等设备上进行钻、扩、铰孔的夹具，统称为钻床夹具。由于在钻孔时不便于用试钻法把刀具调整到规定的位置，采用划线法加工的精度和生差率较低，故当生产批量较大时，常使用专用钻床夹具（钻床夹具习惯上称为钻模）。在钻床夹具上，一般都装有距定位元件一定距离的钻套，通过钻套来引导刀具就可以保证被加工孔的坐标位置，并防止钻头在切入后的偏斜，这就是钻床夹具的主要优点。在机械加工中，钻床夹具被广泛应用，与其这一特点有密切关系。它能保证并提高被加工孔的位置精度，有利于提高加工孔的尺寸精度和降低表面粗糙度值，缩短工序时间。

一般根据工件的形状、大小、选用的机床及加工孔的分布形式，确定钻床夹具的结构形式。按结构特征，钻床夹具可分为固定式钻床夹具、回转式钻床夹具、翻转式钻床按夹具、盖板式钻床夹具和滑柱式钻床夹具等。

1）固定式钻床夹具

在加工中相对于工件的位置保持不变的夹具，称为固定式钻床夹具。常用于立式钻床上加工较大的单孔、或在摇臂钻床、多轴钻床上加工平行孔系。

2）回转式钻床夹具

这类钻床夹具具有分度、回转装置，能够围绕某一固定轴线（水平、垂直或倾斜）回转，主要用于加工以某轴线为中心分布的轴向或径向孔系。

3）翻转式钻床夹具

它像一个多面体那样可以做不同方位的翻转，翻转时连同工件一起手工操作。如工件尺寸较小，生产批量也不大，工件上有不同方位上的孔要在一个工序内完成，采用翻转钻床夹具安装比较方便。

4）盖板式钻床夹具

它用于加工工件上的小孔。这种钻床夹具没有夹具体，钻套、定位元件和夹紧元件一般都固定在钻模板上，使用时将其覆盖在工件上，定位夹紧后即可加工。使用它加工重型工件上的小孔时，在加工过程中工件的位置始终保持不变，此时，盖板式钻床夹具实际上是固定式钻床夹具的一种特殊形式。

5）滑柱式钻床夹具

这是一种标准化、通用化的可调整夹具，其定位元件、夹紧元件和钻套可根据工件的不同来更换，而钻模板、滑柱、夹具体及传动、锁紧等可以继承不变。它适用于小型工厂的不同类型的生产。

2. 钻套和钻模板设计

钻套的作用是确定被加工工件上孔的位置，并引导钻头、扩孔钻或铰刀进给，防止在加工过程中发生偏斜。其结构形式、设计要点前面已经述及，这里不再赘述。

钻模板与夹具体连接，它是保证钻床夹具精度的重要零件。按其与夹具体上的连接方式，钻模板可以分为下列几种：

1）固定式钻模板

固定式钻模板靠螺钉和销钉固定连接在夹具体上，在装配后镗钻套的底孔，保证钻套底孔的位置精度要求。因此，固定式钻模板精度高，但装卸工件不方便。

2）铰链式钻模板

钻模板采用铰链与夹具体连接，可以方便地打开，便于装卸工件、清理切屑，对于钻孔后需要攻螺纹的情况尤为合适。但钻套的位置精度较低，结构也较复杂。

3）可卸式钻模板

可卸式钻模板以两孔在夹具体上的一组圆柱销和菱形销上定位，并用铰链和螺栓将模板和工件一起夹紧，加工完毕需要将钻模板卸下才能装卸工件。其工作原理与盖板式钻床夹具相似。使用这类钻模板时，装卸过程费时费力，钻套的位置精度较低，故一般多在使用其他形式的钻模板不便于装卸工件时采用。当工件有几个加工面时，为便于装卸工件，可将其中一个或两个工作面的钻模板做成可卸式的。

4）活动式钻模板

在某些情况下，钻模板往往不能像上述各类钻床夹具一样设置在夹具体上，而是将它连接在主轴箱体上，并随主轴箱而运动，这种模板称为活动式钻模板。

在设计钻模板的结构及尺寸时，要注意刚度设计。除滑柱式钻床夹具外，在钻模板上不应有夹紧反力的作用，以免变形。对于较大的钻模板，宜选用铸铁材料，时效处理，以保持其稳定性。

3. 钻床夹具结构的选择

在设计钻床按夹具时，首先要考虑的问题是根据工件的形状、尺寸、质量和加工要求、零件生产批量、工厂工艺装备的技术状况等具体条件，来选定夹具的结构类型；然后再进一步解决保证和提高被加工孔位置精度的问题。在进行钻床夹具结构类型选择时，应注意以下几点：

（1）当被钻孔的直径大于 10 mm 时（特别是钢件），钻床夹具应固定在工作台上。

（2）翻转式钻床夹具适用于加工中小型工件，否则应采用回转式钻床夹具。

（3）当加工几个不在同心圆周上的平行孔系时，如工件夹具的总重量比较大，应采用固定式夹具在摇臂钻床上加工。如生产批量较大，则可在立式钻床上采用多轴传动头进行加工。

（4）对于孔的垂直度和孔距精度要求不高的中小型工件，应优先采用滑柱式钻床夹具，以缩短夹具的设计、制造周期。一般孔的垂直度要求小于 0.1 mm，孔距位置公差小于 ± 0.15 mm，如不采取特殊措施，不宜采用滑柱式钻床夹具。

（5）对于钻模板和夹具体为焊接结构的钻床夹具，因焊接应力不能彻底消除，精度不能保证，故一般只在工件孔距公差大于 ± 0.15 mm 时才采用。

（6）工件被加工孔要求定位基准面的距离公差或孔距公差小于 0.05 mm 时，只有采用固定式钻模板和固定式钻套才能保证。

4. 钻床夹具设计示例

【例 6.2】　如图 6.72 所示为一拨叉类零件，材料为铸铁，产量为中批量生产，设计需要在摇臂钻床上加工其两个 ϕ12G7 和 ϕ25G7 孔的夹具。

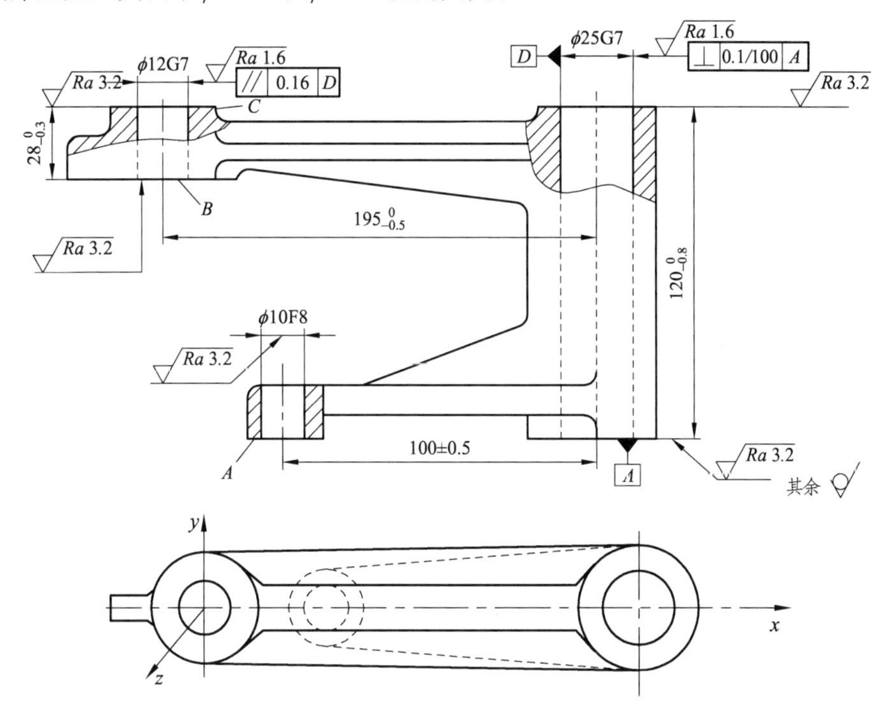

图 6.72　拨叉零件图

解：第一步　加工工艺分析

在本工序中，除保证孔本身的尺寸精度和表面粗糙度要求外，还需要保证以下的位置精度：

两孔轴线的平行度误差不得大于 0.16 mm；

孔与端面的垂直度误差不得大于（0.1/100）mm；

两孔中心距精度为$195_{-0.5}^{\ 0}$ mm；

孔ϕ25G7 与已加工表面ϕ10F8 孔相距为（100 ± 0.5）mm；孔壁厚应均匀。

从结构上看，该工件的刚性较差，ϕ25G7 为深孔（$L/D>5$），且两孔的加工精度要求较高，故本工序应分为三个工步，即钻、扩、铰。在进入本工序前，工件上的平面 A、B、C 和ϕ10F8 已经加工过，这为定位基准的选择提供了有利条件。

第二步　定位方案和定位元件的设计

工件的定位必须解决两个问题，其一，根据工件加工技术要求，确定应该限制的自由度；其二，使定位误差控制在允许的范围内。

该拨叉工件的两个孔，在三个坐标方向都有要求，为保证加工质量，应按完全定位的方式来设计夹具。定位基准的选择应注意基准重合原则，尽量以精基准定位和考虑孔壁均匀等特殊要求，工件的定位有下列三个可能方案：

第一方案：以平面 C、ϕ25G7 外廓的半圆周、ϕ12G7 外廓的一侧为定位基准，以限制工件的六个自由度，而从 A、B 面钻孔。其优点是工件安装稳定，但违背基准重合原则，使孔中心距尺寸（100 ± 0.5）mm 不易保证，且钻模板不在一个平面上，夹具结构复杂。

第二方案：以平面 A、B，工件外廓的一侧和销孔ϕ10F8 为基准实现定位。其优点是工件安装稳定，定位基准与设计基准重合。但其突出问题是：平面 B 和 A 形成“台阶”式定位基准。由于尺寸 120 mm 和 28 mm 的公差影响平面 B 和 A 之间的尺寸，将造成工件倾斜，可能使孔与端面的垂直度超差。另外，以外廓一侧定位，限制工件的回转自由度，不易保证孔壁的均匀性。

第三方案：以平面 A、销孔ϕ10F8 和ϕ25G7 外廓的半圆周进行定位，满足完全定位的要求，做到基准重合。如采用自动定心夹紧机构来实现ϕ25G7 外廓的定位夹紧，还可保证孔壁均匀。但工件的安装稳定性较差，需要使用辅助支承来承受钻削ϕ12G7 孔时的轴向钻削力，夹具结构较第二方案复杂。

从保证加工要求（包括孔壁均匀性）和夹具结构的复杂性两方面来分析比较，第一方案可不予考虑；第二方案的夹具结构可能较简单，但定位误差大，难以保证加工要求；第三方案，对于中批量生产来说，增加辅助支承所引起的成本增加，分摊到每个工件上还是很少的。因此，应按第三方案来设计定位装置。

为实现第三种定位方案，所使用的定位元件又有下面两种可能性，如图 6.73 所示。

（1）用夹具平面、短削边销、固定 V 形块给工件定位[见图 6.73（a）]。此方案在纵长方向上的定位误差较大，不易保证尺寸（100 ± 0.5）mm 的要求。另外，安装工件不太方便。

（2）用夹具平面、短圆柱销、活动 V 形块给工件定位[见图 6.73（b）]。这样的定位方式，在纵长方向上的定位误差取决于圆柱销和孔的配合性质。使用活动 V 形块具有较好的对中性，可保证孔壁均匀，且装卸工件较方便，故应按此方案设计夹具。

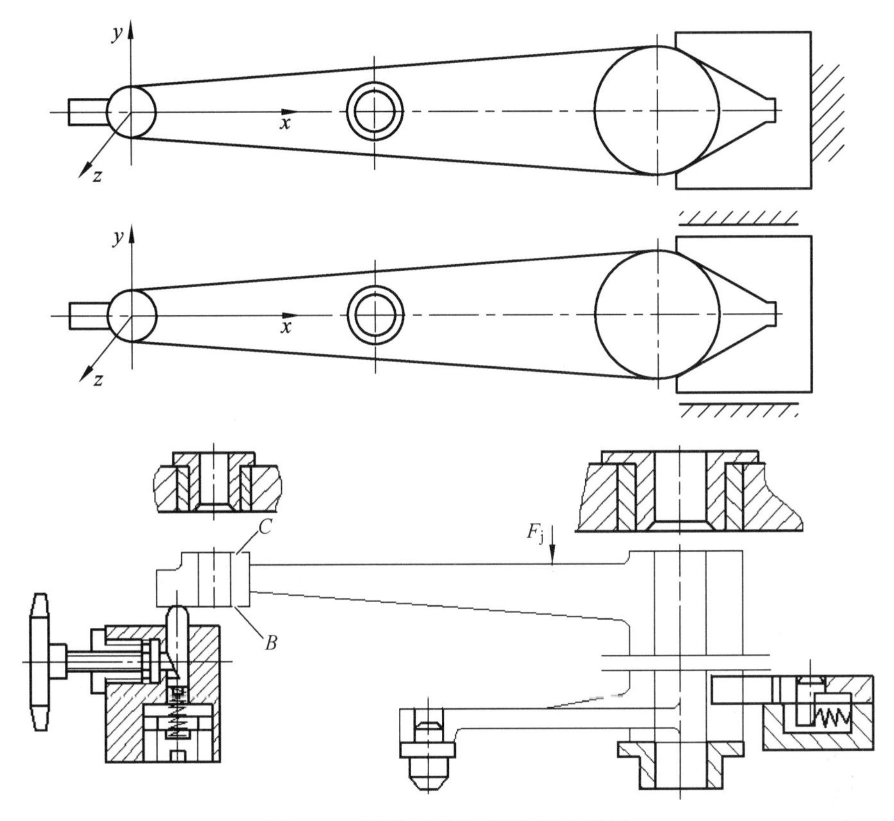

图 6.73　定位方案和定位元件设计

定位元件选用带肩平面的短圆柱销和带肩平面的短套，两定位件的肩平面应在同一水平面上，并和两钻套的轴线保持垂直。在工件的平面 B 上，采用辅助支承，以增加工件的安装刚度，防止工件受力后发生倾斜和变形。

第三步　确定夹紧方式、设计夹紧装置

由于该工件的结构刚性较差，应注意使夹紧力朝向主要定位基准，并使其作用点落在刚性较好的部位。如图 6.73（c）所示，夹紧力 F_j 应作用在靠近 ϕ25G7 的加强肋之上。在 ϕ12G7 孔附近，由于使用辅助支承来承受钻孔的轴向力，且孔径较小，因此不要施加夹紧力。对于钻削时所产生的扭转力矩，一方表面，依靠夹紧力 F_j 所产生的摩擦阻力矩来平衡，另一方面，则由活动 V 形块承受。为了能产生较大的夹紧力，故采用螺旋压板机构对工件进行夹紧。

第四步　钻套、钻模板、夹具体及整体结构设计

由于两个加工孔需要依次进行钻、扩、铰的加工。故钻套选用快换式的，其孔径尺寸公差可按本节第二部分所介绍的方法确定。其结构尺寸可查阅有关手册。

由于两孔中心相距较远，故钻模板以用固定式为宜，模板上预先加工有孔，其中心距严格按工件的公差缩小。钻模板通过销钉和螺钉固定在夹具体上，在装配时还要注意保证钻套轴线与定位元件的尺寸关系和相互位置要求。

上述各种夹具元件的结构和布置，基本上决定了夹具体及夹具整体的结构形式。如图 6.74 所示，该夹具为框式结构，装卸工件较方便、刚性较好。

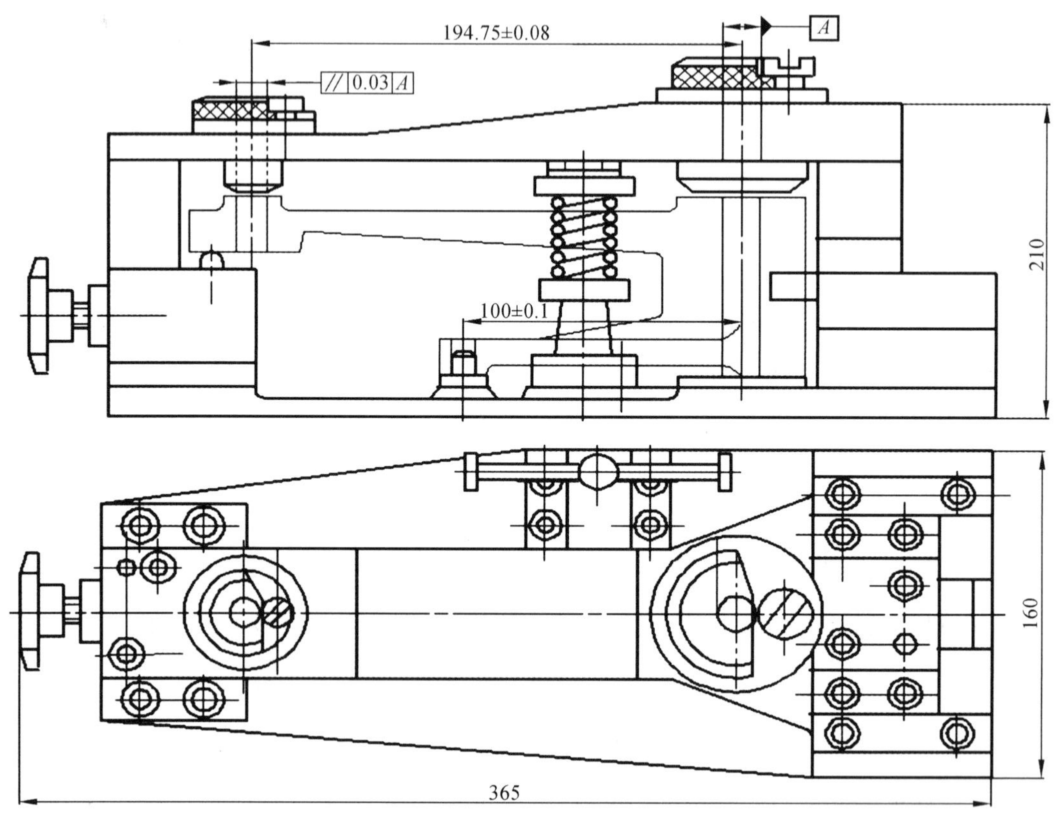

图 6.74　双孔钻床夹具

第五步　确定夹具总图的技术要求

技术要求主要是规定定位元件的精度，限制夹具装配和在机床上的安装误差。对于上述双孔钻床夹具，主要是确定：

（1）钻套孔径与刀具、钻套外径与衬套孔的配合种类和精度等级。

（2）钻套与钻套之间、钻套与定位元件之间的尺寸关系和相互位置要求。

（3）钻套与夹具安装基准面之间的位置精度（平行度或垂直度）。

（4）定位元件与工件定位基准的配合种类和精度等级。

此外，在夹具总图上需标注夹具外形的最大轮廓尺寸，有时还要标注定位元件与夹具体的配合或其他主要配合表面的配合性质等。

在确定上述夹具的装配、检验尺寸的允差值时，可根据经验选取工件相应尺寸公差的 1/5 ~ 1/2（可参见表 6.7），必要时可用误差计算不等式加以验算。

表 6.7 双孔钻床夹具技术要求

序号	工件加工要求/mm	选取比例	夹具上相应技术要求/mm
1	孔间距 $195_{-0.5}^{0}$	1/3	两钻套距离 194.75±0.08
2	孔间距 100±0.5	1/5	定位套和定位销相距 100±0.1
3	两孔轴线平行度 0.16/全长	1/5	两钻套轴线平行度 0.03/全长
4	孔和端面垂直度 0.1/100	（0.01～0.05）/100	钻套与定位平面的垂直度，定位面和夹具底面的平行度 0.02/100

5. **钻孔精度分析**

用钻床夹具加工孔时，其位置精度除了受定位误差的影响外，夹具的制造误差和装配误差，如钻套的配合间隙和位置误差，以及加工过程中刀具可能产生的偏斜误差等，也直接影响孔的位置精度。因此，当被加工孔的位置精度要求较高时，应进行精度分析核算，以确保所设计的夹具能保证工件的加工要求。

为使精度分析具有普遍意义，将钻床夹具中的各种加工情况简化为图 6.75 所示的示意图。工件以设计基准定位，夹具采用固定钻模板，设工件上孔Ⅰ与导向孔定位基准的尺寸为 $L_1 \pm 0.5T_1$；孔Ⅱ与孔Ⅰ的距离尺寸为 $L_2 \pm 0.5T_2$；夹具上相应的尺寸为 $L_2' \pm 0.5T_2'$。

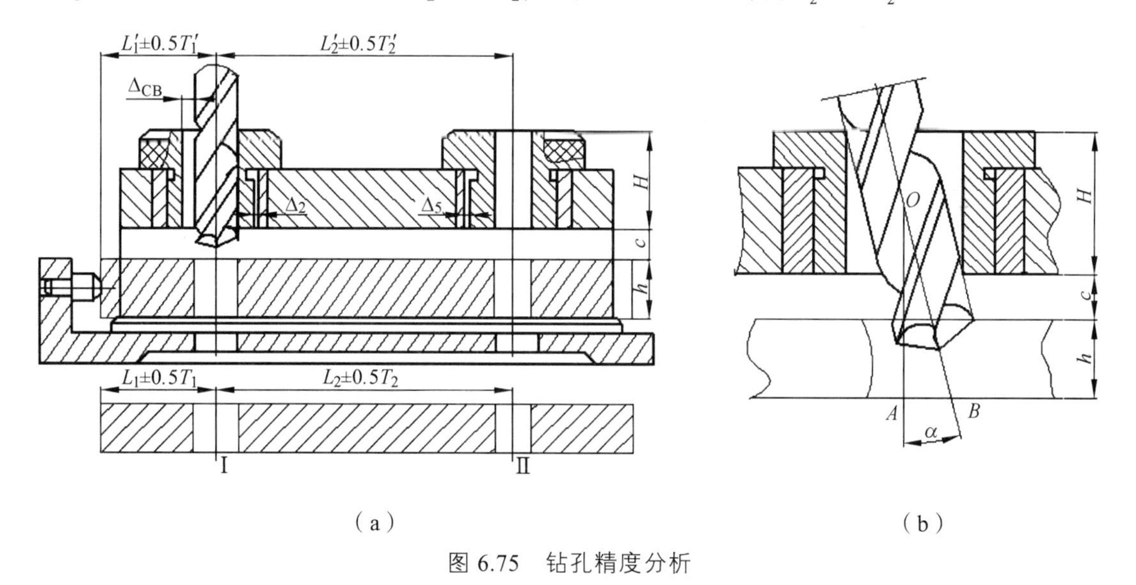

图 6.75 钻孔精度分析

由图中可以看出，孔Ⅰ至导向基准的尺寸精度受下列误差因素的影响：

（1）第一个固定衬套的位置误差为$\varDelta_1$，其值等于夹具上相应的尺寸 L_1' 的公差 α。

（2）第一个可换钻套与衬套的配合间隙所引起的误差$\varDelta_2$，其值等于衬套的最大孔径与可换钻套的最小外径之差。

（3）第一个可换钻套内外圆表面的同轴度所引起的误差$\varDelta_3$，其值等于两倍偏心距（$2e$）。

（4）在加工过程中，刀具可能产生的偏斜误差，由下面两种误差所组成：

① 刀具与钻套的配合间隙所引起的刀具偏斜误差Δ_P；

② 刀具在加工过程中弯曲变形。

其中第二个原因的误差很复杂，难以估算。为简化起见，暂且把这项误差略去不计，则刀具偏斜误差可由图 6.75（b）求出。

由△*AOB* 得

$$\Delta_P = 2AB = 2\left(\frac{H}{2} + c + h\right)\tan\alpha$$

而
$$\tan\alpha = \frac{\Delta_{CB}}{H}$$

式中 Δ_{CB}——钻头与钻套间的最大间隙。当孔深小于直径，或采用前后双导向时，Δ_{CB}可忽略不计。

上述各项误差综合起来，应小于尺寸 L_1 的公差 T_1。但是，图 6.75 中钻模板为固定的，工件侧面和支承钉也无间隙，如果在左侧采用铰链式钻模板，工件又是安装在定位销上，则铰链连接的间隙，工件基准孔与定位销之间的间隙对加工尺寸 L_1 的影响，也应计算在内，前者（即铰链连接的间隙）设为Δ_4，后者（即工件基准孔与定位销之间的间隙的影响）设为Δ_D，故得

$$\Delta_D + \Delta_1 + \Delta_2 + \Delta_3 + \Delta_4 + \Delta_P \leqslant T_1$$

以上各项误差因素都按最大值计算，作为粗略估算，多用此法。实际上各项误差不可能同时出现最大值，各项误差的方向也很可能不一致，因此，其综合误差可按概率法求出

$$\sqrt{\Delta_D^2 + \Delta_1^2 + \Delta_2^2 + \Delta_3^2 + \Delta_4^2 + \Delta_P^2} \leqslant T_1$$

在加工孔Ⅱ时，尺寸 L_2 的精度除受上述误差因素的影响外，还需考虑下列各项误差因素的影响：

（1）夹具上两固定衬套的轴线距离 L_2' 的公差 T_2'。

（2）第二个可换钻套与衬套的最大配合间隙。

（3）第二个可换钻套内外圆的同轴度误差所引起的误差。

（4）刀具在第二个导套内的偏斜误差等 Δ_P' 等。

由以上分析可知，要想提高钻床夹具的工作精度，必须设法减小这些误差因素的影响，以使这些误差综合起来不超过加工尺寸的公差范围。

6.5.2 车床夹具

1. 车床夹具的主要类型和工作特点

车床夹具包括各种类型车床上使用的专用夹具。车床主要用于加工零件的内外圆柱面、圆锥面、回转成形面、螺纹表面以及相应的端平面等。这些表面都是围绕车床主轴旋转轴线而形成的，根据这一加工特点和夹具在车床上的安装位置，将车床夹具分为两种基本类型，

或者是这两种类型的组合。

1）安装在车床主轴上的夹具

在车床上使用的各种类型的心轴及其带动装置、通用的三爪卡盘、四爪卡盘和专用的花盘等都是安装在车床主轴上的。这类夹具的工作特点：夹具和机床主轴相连接并带动工件一起随主轴旋转，因此，它对工件的夹紧、夹具的平衡和安全等问题，在设计时必须很好地加以解决，特别是当转速较高时这些问题尤为重要。

2）安装在车床床鞍上的夹具

对于某些较大的畸形工件或者某一尺寸过长的工件，当需要加工其上的圆柱表面或端面时，如果将工件安装在主轴上的夹具中进行加工，这显然不合理，甚至不可行。这时可以在车床的床鞍上设置相应的专用夹具，刀具则通过辅助工具安装在车床主轴上，加工时工件只做进给运动。例如，在车床上加工箱体零件的孔或孔系时，其夹具就安装在床鞍上。

在实际生产中，车床夹具用得最多的是第一类型，其中包括心轴、三爪卡盘等回转类自定心夹具以及四爪卡盘、花盘等专用夹具。由于车床和磨床加工定位的相近性，所以其夹具的设计也有共性。

2. 专用卡盘的设计要点

在生产中常遇到车削壳体、支架、托架等类零件上的圆柱表面及端面的情况，有时还需在一次安装中用分度的方法车削相距较近的两个孔或偏心台阶孔。这类零件的形状比较复杂，被加工的圆柱表面与其他表面之间往往有相互位置精度要求。直接用通用卡盘来装夹比较困难，有时甚至是不可能的。当生产批量比较大时，使用花盘及其他机床附件装夹工件，则生产率不能满足生产纲领的要求。在这种情况下，就需要设计专用卡盘。

在设计专用卡盘时，应注意以下几个基本问题：

1）定位装置设计要点

在车床上加工回转表面时，定位的共同特点是使加工表面的中心线与机床主轴的旋转轴线重合，夹具上定位装置的结构和布置，必须保证这一点。但由于工件的结构不同，定位装置的结构和布置显然也不同。例如，对于套类和盘类工件，常要求定位基准、加工表面、机床主轴三者轴线重合；而对于托架、壳体类工件，由于被加工的圆柱表面与设计基准之间有尺寸和相互位置精度的要求，或者需要在一次安装中用回转分度的方法来加工不同中心的回转表面。因此，定位装置的布置主要是使设计基准安置在距离机床主轴轴线的某一正确位置上。也就是定位装置的工作表面和主轴轴线的相互位置关系，要与被加工表面对它的设计基准的相互位置关系相适应。

2）夹紧装置的设计要点

由于在车床上加工时，工件和夹具一起随着主轴做旋转运动，故在车削过程中，工件除受到切削转矩的作用外，由于不对称性和误差的存在，整个夹具还受到离心力的作用，并且转速越高，离心力越大。此外，切削力和重力相对于夹具的方向是变化的。此外，切削力和重力相对于夹具的方向是变化的。因此，夹紧装置所产生的夹紧力必须足够大，自锁性能要可靠。

3）夹具体及其与机床的连接

由于在车床上加工时夹具在旋转，为保证工作安全，要求夹具体是圆柱形的。夹具体的形状还应注意防止切屑和切削液的飞溅，或连续切屑缠绕可能引起的不便等现象。

此外，由于夹具是在悬臂状态下工作，为保证加工的稳定性，夹具的结构应力求简单、悬臂尺寸要短，使重量轻而刚性好。

车床夹具在机床主轴上的安装一般有两种方法：

（1）对于小卡盘，可通过锥柄安装在机床主轴锥孔中，并用螺栓拉紧。

（2）对于径向尺寸较大的卡盘，可通过一个过渡盘或花盘与机床主轴连接。过渡盘与机床主轴的连接方式，则根据所使用机床主轴前端的结构而定。

4）夹具的平衡

若工件或夹具结构为非对称结构，则必须做动平衡实验。否则会破坏主轴的回转精度，从而影响加工精度，严重时会发生安全事故。如果机床主轴的刚性较好，工作转速不是太高时，不必对其平衡的配重进行精确计算。可以在实际工作中用试配的方法来确定平衡块的质量。为了达到较好的平衡性，并能加快平衡过程，应使配重块的质量和位置有进行调整的余地，即应有平衡调整装置。如配重块可以有多片，或在结构上开有径向槽或圆弧槽等，以便在平衡过程中能进行调整。

6.5.3 铣床夹具

1. 铣床夹具的特点和主要类型

铣床在机械加工中应用广泛，设计铣床夹具的工作量也比较大。故在设计这类夹具时，应充分考虑铣削加工的特点：一般切削用量较大，多属于断续切削，故切削力较大时容易产生振动。因此夹紧装置要有足够的夹紧力，夹具本身也应具有足够的刚度和强度。

另外，由于铣削加工的万能性，常遇到结构形体不规则的工件，因此，还要尽量考虑采用快速安装工件的装置，以节省辅助时间。

在结构上，铣床夹具的重要特征是，采用定向键和对刀装置来确定夹具与机床、刀具之间的相对位置。

由于在铣削加工过程中多数情况是夹具与工作台一起做进给运动，而铣床夹具的整体结构又在很大程度上取决于铣削加工的进给方式，故可将铣床夹具分为直线进给式、圆周进给式和仿形进给式三种类型。

1）直线进给的专用铣床夹具

在铣床夹具中，直线进给的铣床夹具最为常见，它又可分为单工位和多工位两种。为了进一步提高生产率，可从以下几方面考虑其结构设计：

（1）采用联动的夹紧机构。

（2）采用气压、液压等传动装置。

（3）使加工的机动时间和装卸工件的时间重合。

2）圆周进给的专用铣床夹具

圆周铣削法的进给运动是连续不断的，能够在机床不停车的情况下装卸工件，因此是一种生产率很高的加工方法，适用于较大批量的生产。

在设计圆周进给的铣床夹具时应考虑以下主要问题：

（1）沿圆周排列的工件应尽量紧凑，以减少铣刀的空行程、减小夹具体的尺寸和质量。

（2）对于尺寸很大的夹具，最好不要制成整体的。

（3）夹紧工件的手柄应沿转台的四周分布，便于工人操作。

（4）操作工人的劳动强度要适当，不能过度紧张，因此，应尽量采用机械化、自动化夹紧装置。

3）机械仿形进给的靠模夹具

工件上的各种曲线轮廓，可以在专用的靠模铣床上进行加工。但当生产条件受到限制时，也可以通过靠模夹具在一般万能铣床上进行加工。随着数控车床的广泛应用，这类夹具应用越来越少。

2. 铣床夹具设计时应注意的问题

1）定位装置设计的要点

对于铣床夹具的设计，应特别注意定位的稳定性，当工件以平面定位时，定位元件的布置应尽量使支承分布的三角形最大；必要时还要采用辅助支承；导向定位的两支承点应相距最远等。

对于多工位的定位装置，设计时还需注意：各定位元件之间必须具有正确的相互位置关系；定位元件要便于加工和装配调整；热处理时不能产生不允许的变形。

2）夹紧装置设计的要点

设计铣床夹具的夹紧装置，特别要求应有较好的夹紧刚度；夹紧力要足够大，力的作用点要靠近加工表面，尽量落在刚性较好的部位；而且要有利于定位的稳定性。必要时采用辅助夹紧装置。由于铣床夹具一般只作进给运动，无须经常搬动，所以夹紧装置的各元件及有关的其他元件，可以做得粗壮一些，以提高刚性。

此外，应尽量采用快速的夹紧方法，如采用联动夹紧等。但还要注意解决结构的复杂件和经济性之间的矛盾，设计结构不能过于复杂。

3）定向键和对刀装置的布置

定向键与定位元件之间虽无尺寸联系，但必须要根据加工要求规定定位元件对定向键的位置精度要求。对刀装置的位置则应根据定位元件的工作表面来确定。故需规定对刀装置对定位元件的坐标尺寸及其公差，并提出合理的位置精度要求。

6.5.4 镗床夹具

1. 镗床夹具的特点及主要类型

镗床夹具也称为镗模，它主要用于加工箱体、支架等类工件上的孔或孔系。与钻床夹具相似，镗床夹具包括引导刀具的导套（称为镗套）以及安装镗套的镗模架。与钻床夹具的不同之处是，镗模的加工精度要求更高，镗套引导的不是刀具的切削部分而是安装镗刀的镗杆。

用镗模镗孔时，工件的加工精度可以不受镗床精度的影响，而由镗模的精度来保证。因为镗床的主轴和镗杆采用浮动连接，镗床只是提供镗杆的转动动力。因此，利用镗模不仅可以在镗床上镗孔，也可以在钻床上、铣床及车床上镗孔。

镗模的结构类型主要取决于其导向装置，导向装置的设计不仅要考虑加工孔的位置精度，更主要的是要考虑加工时镗杆的刚度，因此应视加工情况设置导向，以使镗杆获得高的支承刚度。

1）单支承导向

单支承导向的镗杆在镗模中只有一个镗套导向，该镗套可位于刀具前面或后面，分别形成前导向和后导向。这时镗杆与机床主轴采用刚性连接，镗杆的一端直接插入机床主轴的莫氏锥孔中，并使镗套的轴线与主轴轴线重合。这项调整工作比较困难，机床主轴的回转精度会影响镗孔精度。因此，单支承导向只适用于加工小孔和短孔。

图 6.76（a）所示为单支承前导向，其镗套设置在刀具的前方。它主要用于加工直径 $D>60$ mm、长径比 $\frac{L}{D}<1$ 的通孔。这种支承形式便于在加工过程中进行观察和测量。但装卸工件时，刀具的引进和退出行程较长。

图 6.76（b）所示为单支承后导向，其镗套设置在刀具的后方。这种支承形式主要用于加工直径 $D<60$ mm 的通孔或不通孔，装卸工件和调整刀具方便，尺寸 h 为镗套端面到工件的距离，此距离不宜过大，只要装卸工件方便即可，否则镗杆悬伸过长，刚性减弱，影响孔的位置精度。

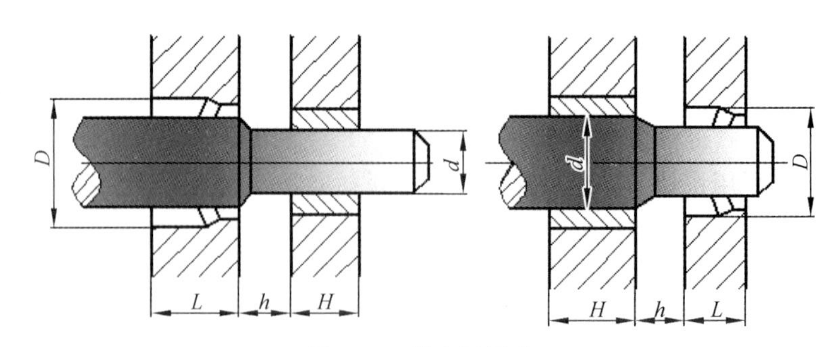

图 6.76　单支承导向

2）双支承导向

采用双支承导向的镗模如图 6.77 所示，镗杆与镗床主轴采用浮动连接。镗孔的位置精度主要取决于镗模架上镗套的位置精度，因此，它对前后两镗套的同轴度要求很高。

双支承导向的设置有两种形式。如图 6.77（a）所示，为前后单支承导向，两个镗套分别设置在工件的前、后方，这是目前使用最普遍的方法。它主要用于加工孔径较大、长度较长的孔，或一组同轴孔，而且孔径和位置精度要求很高的场合。这种导向方式的缺点是镗杆较长，刚度较差。如果工件的前、后孔相距较远，当镗套间的距离 $L>10d$（d 为镗杆直径）时，应增加中间导向支承（箱体内），以提高镗杆的刚度及导向精度。

图 6.77（b）所示为双支承后导向。当在某些情况下因条件限制，不能使用前、后设置的双导向时，可在刀具后方设置两个镗套。这种方式既有上一方式的优点，又避免了它的缺点。但是，由于镗杆是悬臂支承，故镗杆伸出支承的距离 L_1 应小于 $5d$，而且还应保持镗杆的导向长度 $L_2>(1.25\sim1.5)L_1$，以利于增加镗杆的刚度和轴向移动时的平稳性。

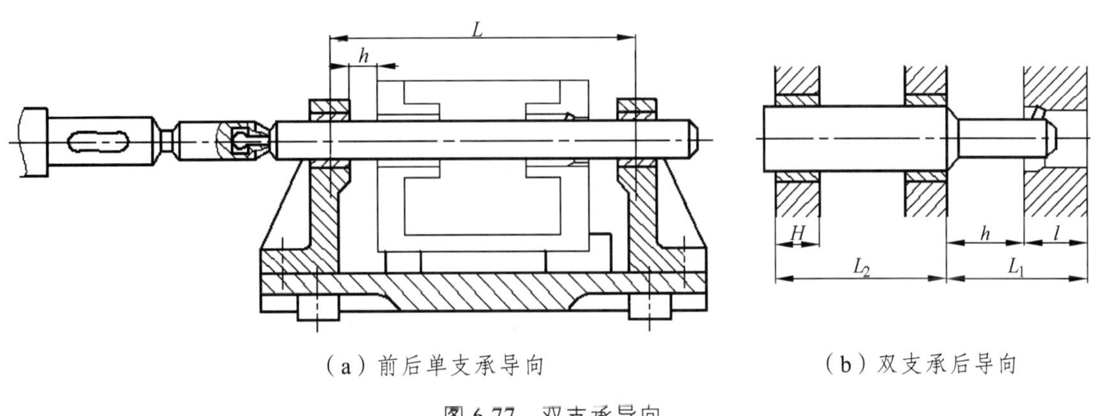

（a）前后单支承导向　　（b）双支承后导向

图 6.77　双支承导向

2. 镗床夹具设计中的几个主要问题

1）镗套与镗杆的配合

镗套与镗杆以及衬套等的配合必须选择适当，过紧容易研坏或咬死，过松则不能保证加工精度。设计镗模时，可以参考表 6.8 来确定其配合。

表 6.8　镗杆与镗套的配合

配合表面	镗杆与镗套	镗套与衬套	衬套与支架
配合性质	$\frac{H7}{g6}\left(\frac{H7}{h6}\right)$、$\frac{H6}{g5}\left(\frac{H6}{h5}\right)$	$\frac{H7}{h6}\left(\frac{H7}{js6}\right)$、$\frac{H6}{h5}\left(\frac{H6}{js5}\right)$	$\frac{H7}{n6}$、$\frac{H6}{n5}$

一般加工精度低于 IT8 级精度的孔或粗镗孔时，镗杆选用 IT6 级精度；当精加工 IT7 级精度的孔时，镗杆选用 IT5 级精度。回转式镗杆与镗套的配合采用 $\frac{H7}{h6}$ 或 $\frac{H6}{h5}$。当加工精度要求更高时，常采用研配法使镗杆与镗套的配合间隙达到最小值，但此时只能应用于低速加工，以免发热咬死。

镗套内孔与外圆的同轴度公差一般为 $\phi0.01$ mm。内孔的圆柱度公差一般为 0.001 ~

0.02 mm，表面粗糙度值 $Ra \leqslant 0.1 \sim 1.0\ \mu m$；外圆表面粗糙度值 $Ra \leqslant 0.4 \sim 1.6\ \mu m$。

镗套的材料可选用铸铁、青铜、粉末冶金或钢等，其硬度一般应低于镗杆的硬度。

2）镗模架的设计

固定镗套的支架称为镗模架，一般用铸铁制造。镗模架应设计成单独体，不要与夹具体设计成一体，更不要与夹紧装置用支架相连接。这样可便于制造，更重要的是有利于位置精度的获得，还可避免其他不利因素对镗模架精度的影响。在结构设计时，要特别注意刚度设计。镗模架用螺钉和销钉固定在夹具底座上，并保证有足够的接触刚度，螺钉的直径、数量、分布要合适。

镗模架不宜用焊接结构，以免焊接应力引起蠕变而失去精度。还应注意，不允许镗模架承受夹紧反力，如图 6.78 所示。图 6.78（a）所示为错误的设计，夹紧施力后会使镗模架变形，可改用图 6.78（b）所示的结构，或用其他的夹紧形式。

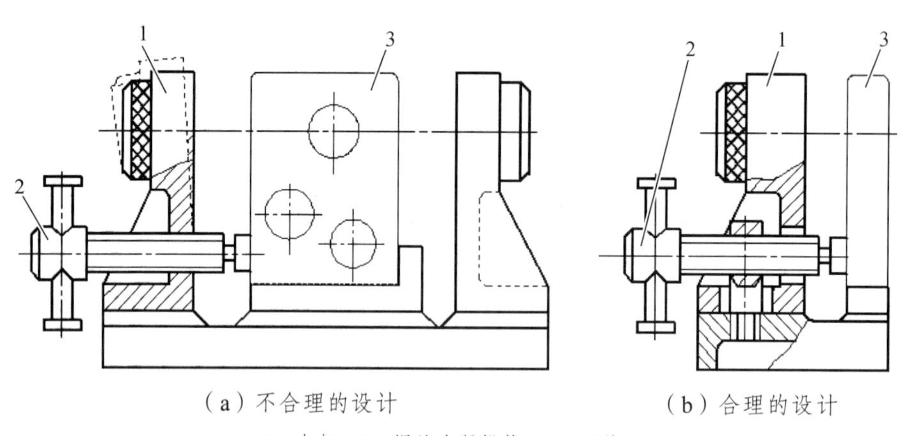

（a）不合理的设计　　（b）合理的设计

1—支架；2—螺旋夹紧机构；3—工件。

图 6.78　不允许镗架承受夹紧反力

3）镗床夹具底座的设计

一般镗床夹具尺寸比较大，镗模架和底座都是主要的支承件，因此，对它们的刚度和稳定性的要求很高，底座更是如此。因为底座上要安装各种元件，受到加工过程中各种力的作用。为了提高刚度，除了选取适当的壁厚外，应合理地布置加强肋。常见的是采用十字形肋，这样可以使铸造应力分布均匀，减少变形。并且肋与肋之间的面积应相等。同时，可使加强肋的底面与底座周边的底面在同一平面上，这样可提高底座在机床上的安装刚度。

镗模底座上的平面应按所要安装的各种元件的位置做出相应的凸台面，其高度为 3 ~ 5 mm，加工后再经过刮研，保证使有关元件在安装时接触良好。凸台表面应与夹具的安装基面（底面）平行或垂直，其公差值一般取 0.01 mm/100 mm。为了保证镗模在机床上定向的准确性，便于找正定位元件的位置，可在底座的侧面加工出窄长的找正基面。此基面的表面粗糙度值一般取 $Ra1.6\ \mu m$（刮削），平面度公差为 0.05 mm，找正基面与安装基面的垂直度公差在 0.01 mm 以内。

由于镗模结构尺寸较大，为在机床上安装牢固，夹具上应设置适当数目的耳座，还应有起重耳环，以便于夹具的搬运吊装。

为了保证夹具的精度稳定，镗模架和底座应进行时效处理，必要时粗加工后可进行第二次时效处理。

4）镗　杆

镗杆的设计对镗孔精度影响很大，所以在设计镗模前应确定镗杆的尺寸。镗杆的主要尺寸是直径和长度。直径受到加工孔径的限制，在可能情况下应尽量取大些的直径，以增加其刚度。一般取 $d=(0.6\sim0.8)D$，（D 为工件镗孔的直径）。镗杆的长度应尽量短些。镗杆的制造精度对其回转精度有很大的影响，其导向部分的尺寸精度要求较高，粗镗时按 g6，精镗时按 g5 制造，表面粗糙度值 Ra 为 0.2 ~ 0.4 μm，圆度和圆柱度公差不应超过直径公差的1/2，在 500 mm 长度内的直线度公差为 0.01 mm。一般要求镗杆表面硬度应高于镗套，而内部则要有好的韧性。因此多选用 45 钢或 40Cr 钢制造，也可用热处理变形小的 20Cr 钢渗氮淬火处理。

6.5.5　机床夹具总体设计

1. 机床专用夹具的设计步骤

机床专用夹具的设计步骤大致如下：

1）收集并研究与设计有关的各种原始资料

（1）分析工件的工作图（零件图）及有关的装配部件图，研究工件的结构、技术要求及在部件中的作用。

（2）分析工件的毛坯图、工艺规程、本工序的加工要求和前后工序的联系，加工余量及切削用量等。

（3）熟悉本工序所用设备的主要技术规格及安装夹具部位的公称尺寸，刀具的形状、尺寸规格及精度等。

（4）了解产品的生产纲领和今后的发展状况。

（5）了解夹具制造部门的设备状况及工艺水平。

2）合理确定夹具的类型及其总体布局，绘出夹具结构草图

（1）研究工艺人员提供的资料和操作者对夹具提出的意见和特殊要求。

（2）分析过去设计的同类夹具的结构及使用情况，以便改进并设计出更合理的工艺性结构。

（3）分析国内外同类工件的加工方法及有关夹具的使用状况，以便吸取经验，为我所用，并用于设计实践中。

（4）根据工件被加工面对基准面的相互位置精度要求，为确保加工的实现，运用六点定位原理及定位副组成原则确定相应的定位装置，并进行定位误差的定量计算及校核。

（5）确定夹紧方案并相应处理好夹紧力的着力点、指向及大小，设计出合理可靠的夹紧装置。

（6）确定刀具的引导方案，并设计引导元件或对刀装置。

（7）确定其他元件或装置（定位键、分度装置等）的结构形式，并设计具体结构。

（8）规划各种装置或元件的布局，并确定夹具体及夹具的总体结构。

（9）进行工序的精度分析。经过对总体布局多种方案的分析和比较，确定一个最合理的方案草图，并组织制造、使用部门的有关人员进行会审，以便完善总体布局方案。

3）绘制夹具总装配图

夹具总装配图应遵循国家制图标准进行绘制，比例应尽量按 1∶1，这样可使所绘制的总图具有良好的直观性。夹具总装配图的视图数量应尽可能少，但必须把夹具的工作原理、整体结构和各种装配、元件的相互关系标示清楚。要尽可能按加工位置原则来布置主视图并安排好其余各视图的位置，留出标题栏、明细表和技术要求的标注位置。夹具总装配图的绘制程序如下：

（1）用双点画线将工件必须要绘制的内外轮廓和工件上的定位、夹紧及被加工面等绘制在各个视图的适当位置上，并用网纹线表示加工余量。

（2）将工件视为假想透明体，即所绘制工件轮廓不遮挡夹具任何轮廓的投影。然后，依次绘出定位、导向（或对刀）、夹紧及其他辅助装置的投影。最后绘出夹具体。夹具与工件表面的最小距离，对已加工表面不小于 4 mm，对未加工表面不小于 8 mm。

（3）拟定夹具总装技术要求。

（4）进行元件编号并填写明细栏。

4）绘制夹具元件的零件图

完成夹具体总设计并经审核批准后，方可绘制各元件的零件图（是指所有非标准件）。零件图的主视图方位，最好与该元件在总图上的视图位置一致。

由于机床夹具属于单件生产类型，故其总装配精度通常是采用调整法或修配法来保证的。因此，在标注元件的技术要求时，除与总装技术要求协调外，往往采用注解法加以说明，如在某尺寸上注明“装配时与件××配作”或“调整时磨”或“见总图技术要求”等字样。

夹具元件的尺寸、公差和技术要求必须与总装技术要求相协调。通常采用如下两种方法来保证装配精度：

（1）当夹具的某装配精度要求不高时，且影响该装配精度的链环又不多时，可用解尺寸链的方法确定有关元件相应的精度，来直接保证该装配精度。

（2）当夹具的某装配精度要求很高时，且影响该装配精度的链环又较多时，宜采用装配时直接加工或用调整法来保证装配精度，此方法在经济上也是合适的。

5）整理并修正机床夹具设计说明书

机床夹具设计的各步骤既有一定的顺序，又可以在一定范围内交叉进行。一般来说，图样设计完成后应整理出符合要求的说明书。机床夹具设计图样完成并投入制造后，设计工作的全过程尚未完全结束。只有待处理完制造、装配、调整及使用过程中发现的全部问题，直至使用该夹具加工出合格的工件并达到预定的生产率为止，才能完成夹具设计的全过程。

2. 机床夹具的精度分析

在本章第二节中已经讨论了定位误差的有关问题，它是影响工件加工精度的因素之一。在使用机床夹具加工工件时，机床夹具的安装误差、刀具的调整误差及加工方法误差等也会对工件的加工精度产生影响。它们应满足下列误差不等式，才能加工出合格的工件，即

$$\varDelta_D + \varDelta_A + \varDelta_T + \varDelta_G \leqslant T_G$$

式中　$\varDelta_D$，$\varDelta_A$，$\varDelta_T$，$\varDelta_G$——机床夹具的定位误差、安装误差、刀具的调整误差、加工方法误差。

定位误差前面已经分析，这里仅对其他误差进行讨论。

1）机床夹具的安装误差$\varDelta_A$

机床夹具的安装误差是夹具在机床上安装时，因夹具的安装面偏离了规定位置，从而引起定位支承在工序精度方向上产生的位移误差。夹具的安装误差一般由下列两种情况造成：

（1）因夹具的定位元件与夹具的安装面之间位置不准确所引起的误差。

（2）因夹具安装面的制造误差及与机床安装面不准确而引起的误差。

实际上，引起安装误差$\varDelta_A$ 的两种因素往往同时并存，因此在夹具设计时应以适当的技术要求加以限制。当工件的位置精度要求很高或夹具的组成环节较多，经装配无法满足总装技术要求时，可在调试阶段采用就地加工定位支承面的办法将$\varDelta_A$降至最小。

2）刀具的调整误差$\varDelta_T$

刀具的调整误差包括刀具引导及对定两项误差。前者是指刀具与导向元件或对刀元件结合不准确所引起的引导误差，后者是指刀具相对于夹具的定位元件位置不准确所引起的对定误差。

对铣床夹具，则只需在总装图上标出对刀块工作面至定位元件间的公称尺寸及对称偏差，其公差即是允许的调整误差$\varDelta_T$值。

对于钻模，则应在控制引导副配合公差带的同时，还应控制引导件轴线至定位元件的位置公差。

3）加工方法误差$\varDelta_G$

加工方法误差是加工过程中有关因素产生的误差。其有关影响因素如下：

（1）与机床工作精度有关的误差。如主轴的径向圆跳动、轴向圆跳动；主轴回转轴线与导轨的相互位置精度，如平行度、垂直度误差等。

（2）与刀具有关的误差。如刀具的几何形状误差，刀具结构自身各几何要素的相互位置误差以及因刀具磨损所造成的误差。

（3）与调整有关的误差。如对刀调整时的人为误差，加工过程中的测量误差。

（4）与变形有关的误差。由于切削力和切削热的作用，引起工艺系统的弹性变形和热变形而产生的误差。

加工过程中产生误差具有很大的偶然性，很难准确定量的描述。故一般常按（1/5 ~ 1/2）T_G取值，并作为校核的依据。

4）误差不等式不成立时应采取的措施

当上面误差不等式不能满足时，可根据机床精度、刀具精度、磨损和系统可能产生的变形等因素来分别处理。其中常用的措施如下：

（1）减小工件在夹具中的定位误差，主要措施有：

① 在不增加夹具结构复杂程度的前提下，应尽量采用基准重合原则。

② 若有可能，应尽量用平面定位副代换其他定位副。

③ 酌情压缩与定位误差有关的几何参数的工序公差（即提高工序精度）。

④ 采用高精度自动定心结构或采用划线调整法使工件在夹具中接近理想位置。

（2）减小夹具在机床中的安装误差，主要措施有：

① 提高夹具安装元件的精度及夹具安装元件与机床结合面的结合精度。

② 在夹具体上设置工艺基面，以便在机床上矫正夹具的位置。

③ 适当提高定位元件与安装元件间的位置精度至可行、可度量的数值。

④ 直接利用定位元件找正夹具在机床上的位置，以减小安装误差。

⑤ 调整夹具时，在使用夹具的机床上就地加工过渡连接件或定位元件的工作表面，借以降低或消除夹具的安装误差。

（3）减小刀具的调整误差，主要措施有：

① 提高引导副自身的配合精度。

② 采用合理的工艺性结构，为提高引导元件（或对刀元件）对定位元件间的位置精度提供结构保证。

③ 总装时采用高精度设备，直接加工引导件（或对刀元件）的安装面（如钻模板上安装钻套的底孔、铣床夹具上安装对刀块的结合面等），可直接保证引导件（或对刀元件）对定位元件位置精度要求。

（4）减少加工方法误差，主要措施有：

① 合理确定加工方法误差在工序位置公差中的占比。

② 改用高精度、高刚度机床。

③ 减少夹具的组成环数，合理使用辅助夹紧装置，提高系统的刚度。

④ 尽量使夹紧力的指向与切削力同向并指向固定支承，降低夹具的重心，不用受压失稳元件，并采用吸振结构，以改善系统刚度。

3. 机床夹具技术要求的制定

制定机床夹具的总装技术要求，是关系到工件的加工精度、夹具制造的难易程度、劳动量、夹具使用寿命及经济效益的一项重要工作。

1）夹具总图上应标注的技术要求

夹具总图上一般应标注与夹具的制造、装拆、检测、调试及使用有关的内容。在夹具总图上通常应标注如下五种尺寸及相互位置公差。

（1）夹具外形的最大轮廓尺寸。这类尺寸表明夹具在机床上占据的空间尺寸大小和可能的活动范围，以便检查所设计的夹具是否与机床、刀具及辅具配套或产生干涉现象。

（2）定位副的配合公差带及定位支承间的位置精度。定位副应标注出公称尺寸、基本偏差及公差等级；定位支承间的位置精度应包含距离尺寸及相互位置公差。

（3）引导副的配合公差带、引导元件间的位置精度及其一个引导元件对定位元件的位置精度。引导副的配合公差带应标注公称尺寸、基本偏差及公差等级；而位置精度包含距离尺寸及相互位置公差，主要用以确定导向（或对刀）元件相互之间以及导向（或对刀）元件对定位元件的正确位置。对钻（镗）床夹具而言，即指钻（镗）套轴线与定位元件间的位置精度；对设有对刀元件的铣床夹具，则指对刀工作面之间的位置精度以及对刀块工作面对定位元件间的距离尺寸。

（4）夹具（指定位元件）对机床装夹面间（即夹具安装面）的相互位置公差。这类公差用以确定定位元件与机床安装面之间的正确位置。它包含安装副配合公差带、安装元件相互之间及定位元件对安装面的相互位置公差三个内容。例如，铣床夹具中定位键与机床工作台中央 T 形槽的配合公差带，定位键侧面对夹具底面以及定位元件对夹具底面与定位键侧面的相互位置公差。

（5）其他结合副的公差带及相互位置精度。这类技术要求是指夹具内部各结合副的配合公差带及其有关元件间的相互位置精度要求。如定位元件与夹具体的配合公差带、滑柱钻模的滑柱与衬套内孔的配合公差带、滑柱钻模导柱间的距离尺寸等。

此外，对夹具制造、调试及使用的一些特殊要求，如夹具的平衡等则应用文字在总图上加以说明。

2）机床夹具技术要求公差值的确定

由于在误差分析计算方面有关影响因素的不确定性以及资料不完善，故多采用经验估算，或根据已有经验数据确定夹具技术要求的公差值（简称夹具公差），在实际确定时可分为两种情况考虑：

（1）直接与工序位置精度有关的夹具公差。对于这种情况，一般可按下列原则估算夹具公差（以 T_j 表示）：

夹具上的线性尺寸公差及角度公差 $T_j=(1/5\sim1/2)T_G$，夹具与工件的尺寸及角度公差选取参见表 6.9 和表 6.10。

表 6.9 机床夹具的尺寸公差

工件的尺寸公差/mm	夹具相应尺寸公差占工件公差的比例
<0.02	3/5
0.02 ~ 0.05	1/2
0.05 ~ 0.20	2/5
0.20 ~ 0.30	1/3

表 6.10　机床夹具的角度公差

工件的角度公差	夹具相应角度公差占工件公差的比例
0°1′～0°10′	1/2
0°10′～1°	2/5
1°～4°	1/3

夹具工作表面相互间的距离尺寸公差及相互位置公差 T_{j} =（1/3～1/2）T_{G}。

当加工尺寸为未注公差尺寸时，夹具的线性尺寸公差取±0.10 mm；当工件角度为未注公差角度时，一般夹具的角度取±10′，要求严格时取±5′，甚至取±1′；当加工面未提出相互位置要求时，夹具上的相应位置公差不超过（0.02～0.05）mm/100 mm。

工件的工序位置精度、生产规模、夹具的复杂程度以及夹具制造部门的技术水平和设备状况，对夹具公差的取值有一定的影响。对于生产规模较大，夹具制造结构复杂而工序位置精度要求不太高时，夹具公差应取严些，以延长夹具的使用寿命；而对小批量生产或工序位置精度要求较高时，则夹具公差可取大些，以便于制造。

表 6.9～表 6.11 所列为在生产实践中积累的确定夹具公差的经验数据，可供参考。

表 6.11　常见元件的配合公差

元件名称	部件及配合		备注
衬套	外径与本体	H7/r6 或 H7/n6	
	内径	H6 或 H7	
固定钻套	外径与钻模板	H7/r6 或 H7/n6	
	内径	G7 或 F8	公称尺寸是刀具的上极限尺寸
可换钻套快换钻套	外径与衬套	H6/g5 或 H7/g6	
	内径	钻孔及扩孔时 F8	公称尺寸是刀具的最大尺寸
		粗铰孔时 G7	
		精铰孔时 G6	
镗套	外径与衬套	H6/h5、（H6/j5） H7/h6、（H7/j6）	
	内径与镗杆	H6/g5、（H6/h5） H7/g6、（H7/h6）	
支承钉	与夹具体配合	H7/r6 或 H7/n6	
定位销	与工件基准配合	H7/g6、H7/f6 H6/g5、H6/f6	
	与夹具体配合	H7/r6 或 H7/n6	
可换定位销	与衬套配合	H7/g6	
钻模板铰链轴	轴与孔配合	G7/h6、F8/h6	

（2）与加工要求无直接关系的夹具公差。这类夹具公差并非对加工精度无影响，而是指无法直接从相应的加工尺寸公差中取多大比例作为夹具公差。属于这类夹具公差的多为夹具中各组成的连接副，如定位元件与夹具体、可换钻套与衬套、铰链轴与孔等，一般可凭经验或根据公差配合国家标准来确定。如夹具上起导向作用并有相对滑动的连接副，一般选用 H7/h6；有相对运动而无导向作用的连接副，常选用 H7/g6 或 H7/f6；铰链连接则按基轴制选用 G7/h6 或 F8/h6 等间隙配合（见表 6.11）。

在确定夹具某尺寸公差时，不论工件上相应尺寸公差是单向的，还是双向的，都应化成双向对称分布的偏差，然后取其 1/5 ~ 1/2 按对称分布的双向偏差标注在夹具总图上。

思考与练习题

1. 机床夹具由哪些部分组成？
2. 举例说明机床夹具在机械加工中的作用。
3. 举例说明工件在机床夹具中定位的概念，定位和夹紧有何区别。
4. 什么是过定位？造成的后果是什么？消除过定位的措施有哪些？
5. 试述定位误差的概念、产生的原因及其计算方法。
6. 已知工件直径 $D=90^{+0.2}_{0}$ mm，$B=35^{+0.3}_{0}$ mm，$\alpha=45°$，试初步估算图 6.79 所示的定位方式能否满足尺寸 $A=40^{+0.25}_{0}$ mm 的精度要求。

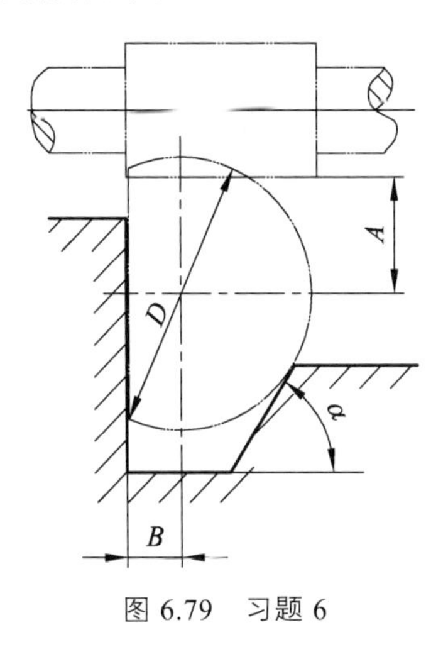

图 6.79　习题 6

7. 如图 6.80（a）所示夹具用于在三通管中心 O 处加工一孔，应保证孔轴线与管轴线 Ox、Oz 垂直相交；图 6.80（b）所示为车床夹具，应保证该外圆与内孔同轴；图 6.80（c）所示为车台阶轴；图 6.80（d）所示为在圆盘零件上钻孔，应保证孔与外圆同轴；图 6.80（e）所示用于钻铰连杆小头孔，应保证大、小头孔的中心距精度和两孔的平行度。试分析各图的定位方案，指出各方案所限制的自由度，判断有无欠定位或过定位，对方案中不合理处提出改进意见。

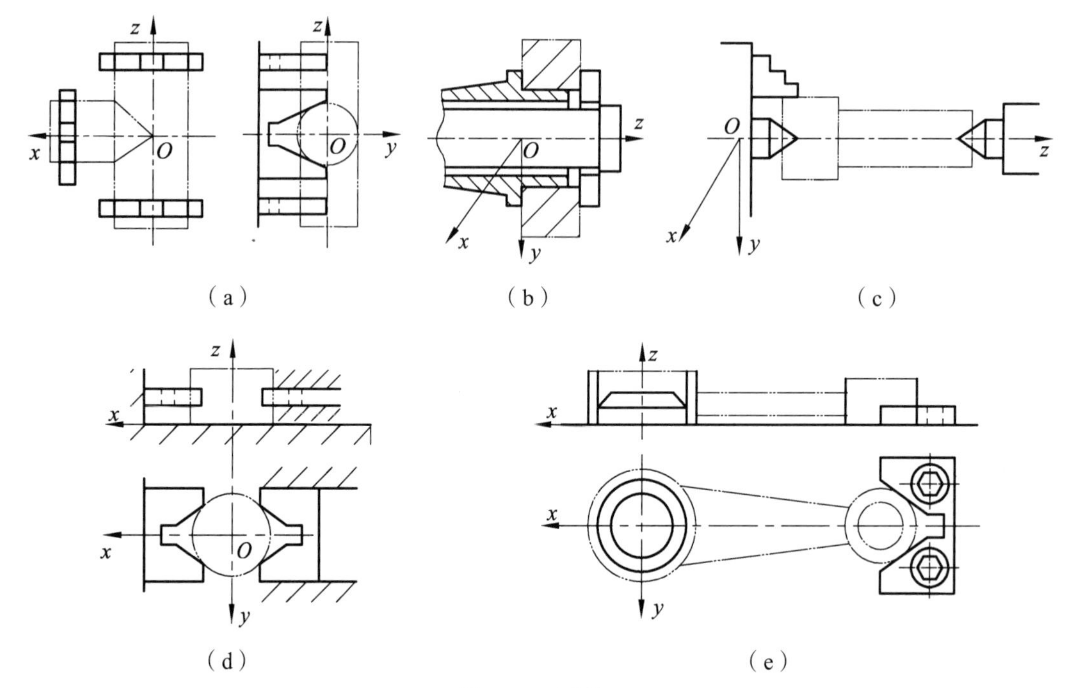

图 6.80　习题 7

8. 在图 6.81（a）所示零件上铣键槽，要求保证尺寸 $54_{-0.14}^{\ 0}$ mm 及对称度。现有三种定位方案：分别如图 6.81（b）、（c）、（d）所示。已知内、外圆的同轴度误差为 ϕ0.02 mm，其余参数如图 6.81 所示。试计算三种方案的定位误差，并从中选出最优方案。

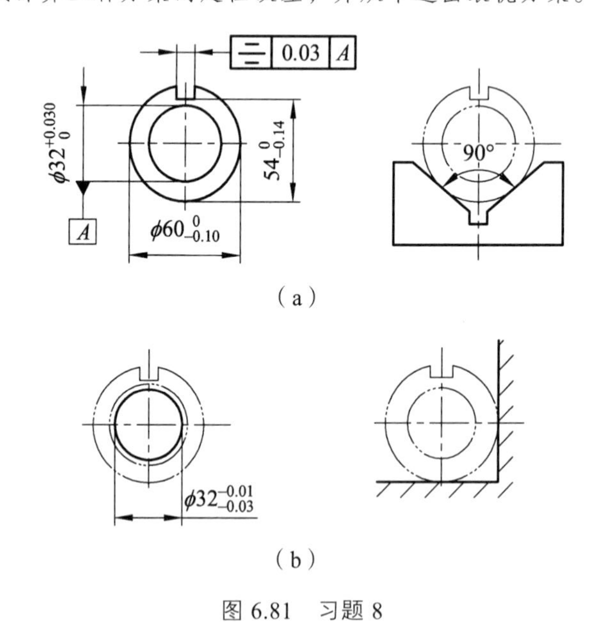

图 6.81　习题 8

9. 如图 6.82 所示齿轮坯的内孔和外圆已加工合格，即 $d=\phi80_{-0.1}^{\ 0}$ mm，$D=\phi35_{\ 0}^{+0.02}$ mm。现在插床上用调整法加工内键槽，要求保证尺寸 $H=38.5_{\ 0}^{+0.2}$ mm。忽略内孔与外圆同轴度误差，试计算该定位方案能否满足加工要求。若不能满足，应如何改进？

10. 阶梯轴工件的定位如图 6.83 所示，欲钻孔 O，保证尺寸 A，试计算工序尺寸 A 的定位误差。

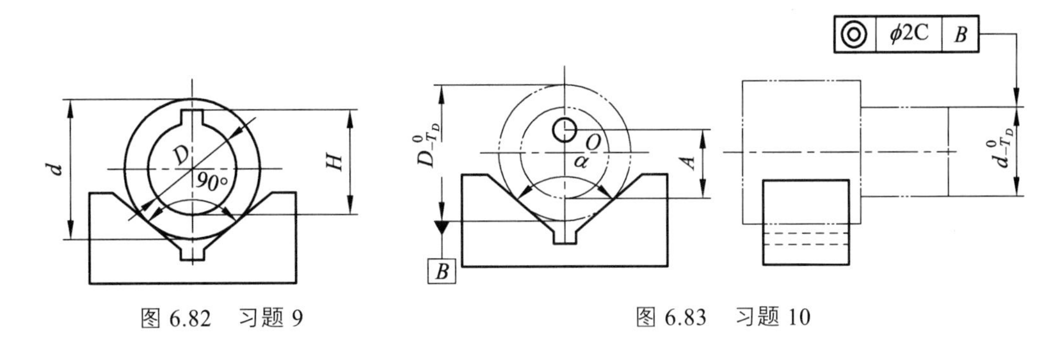

图 6.82 习题 9　　图 6.83 习题 10

11. 夹紧装置的作用是什么？不良的夹紧装置会产生什么后果？

12. 选择夹紧力作用点应注意哪些原则？请以简图举出几个夹紧力作用点不合格的例子，说明其可能产生的后果。

13. 指出图 6.84 中各定位、夹紧方案及结构设计中不正确的地方，并提出改进意见。

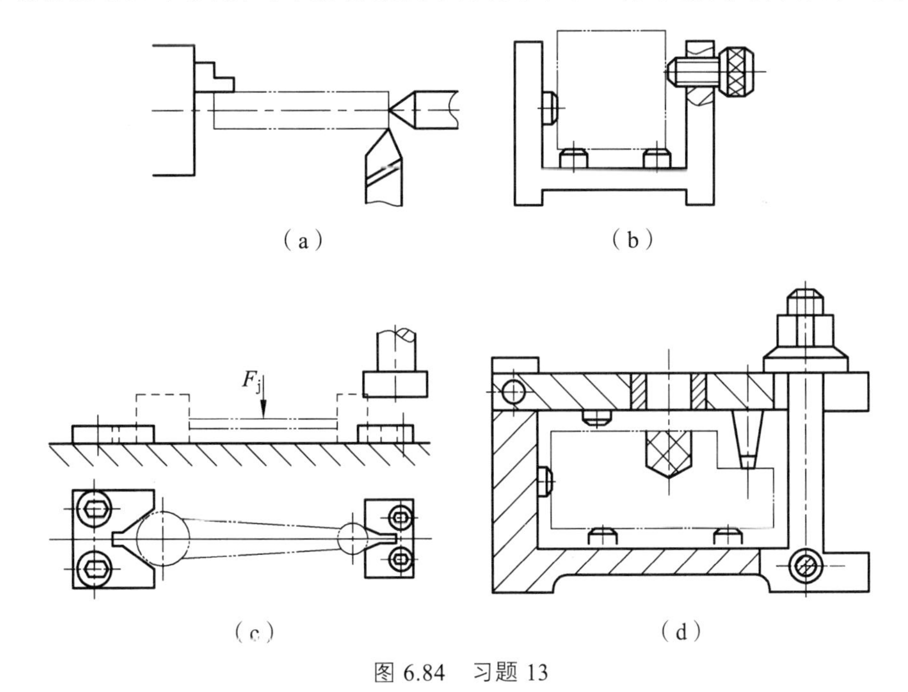

图 6.84 习题 13

参考文献

[1] 李庆余，孟光耀，岳明君. 机械制造装备设计[M]. 4 版. 北京：机械工业出版社，2018.
[2] 机械工程手册编委会. 机械工程手册　传动设计卷[M]. 2 版.北京：机械工业出版社，1997.
[3] 机械工程手册编委会. 机械工程手册　机械制造工艺及设备卷[M]. 2 版.北京：机械工业出版社，1997.
[4] 机械工程手册编委会.机械工程手册　电工、电子与自动控制卷[M]. 2 版.北京：机械工业出版社，1997.
[5] 机械设计手册编委会. 机械设计手册[M]. 3 版. 北京：机械工业出版社，2001.
[6] 成大先. 机械设计手册[M]. 5 版. 北京：化学工业出版社，2007.
[7] 代曙. 金属切削机床[M]. 北京：机械工业出版社，1993.
[8] 东北大学. 机械零件设计手册[M]. 北京：冶金工业出版社，1994.
[9] 机床设计手册编写组. 机床设计手册[M]. 北京：机械工业出版社，1986.
[10] 迟建山，丛风廷. 组合机床设计[M]. 上海：上海科学技术出版社，1993.
[11] 谢家瀛.组合机床设计简明手册[M]. 北京：机械工业出版社，1994.
[12] 关慧贞. 机械制造装备设计[M]. 4 版. 北京：机械工业出版社，2015.
[13] 韦彦成. 金属切削机床构造与设计[M]. 北京：国防工业出版社，1991.
[14] 乐兑谦. 金属切削刀具[M]. 北京：机械工业出版社，1993.
[15] 王先逵. 机械制造工艺学[M]. 3 版. 北京：机械工业出版社，2013.
[16] 王爱玲等. 现代数控机床结构与设计[M]. 北京：兵器工业出版社，1999.
[17] 徐发任. 机床夹具设计[M]. 重庆：重庆大学出版社，1993.
[18] 哈尔滨工业大学，上海工业大学. 机床夹具设计[M]. 上海：上海科学技术出版社，1989.
[19] 陆剑中，孙家宁.金属切削原理与刀具[M]. 北京：机械工业出版社，2012.
[20] 安虎平.金属切削原理与刀具（习题解答）[M]. 兰州：兰州大学出版社，2008.
[21] 李俊勤，费仁元. 数控机床及其使用与维修[M].北京：国防工业出版社，2000.
[22] 白成轩. 机床夹具设计新原理[M].北京：机械工业出版社，1997.
[23] 孔秀长. 机床夹具设计原理[M].济南：山东大学出版社，1993.
[24] 宋殷. 机床夹具设计[M]. 郑州：河南科学技术出版社，1985.
[25] 东北重型机械学院，等. 机床夹具设计手册[M]. 上海：上海科学技术出版社，1980.
[26] 蔡光耀. 机床夹具设计[M].北京：机械工业出版社，1990.